“十二五”职业教育国家规划教材
经全国职业教育教材审定委员会审定

热工过程自动控制技术

（第二版）

主　编　谢碧蓉
副主编　向贤兵　曾　蓉　成福群
编　写　蒲晓湘
主　审　谢援朝　张广辉

中国电力出版社
CHINA ELECTRIC POWER PRESS

内 容 提 要

本书为“十二五”职业教育国家规划教材。

本书内容分为四部分，第一部分（第一章）介绍自动控制系统的基本知识；第二部分（第二章）介绍单元机组中典型控制系统的应用分析；第三部分（第三～五章）介绍大型火电机组的锅炉炉膛安全监控系统、汽轮机监控系统、顺序控制系统的作用、工作原理及应用技术；第四部分（第六章）介绍火电厂烟气脱硫脱硝控制系统的结构、工作流程及应用技术。

本书突出针对性和应用性，注重实用，理论联系实际，力求反映当前热工新技术；内容深入浅出、文字通俗易懂，并配有大量实例、图表、图片，便于多媒体教学。

本书可供高职高专电力技术类电厂热能动力装置、火电厂集控运行等专业教学使用，也可供火电机组职工培训使用，还可供运行人员和热控技术人员参考。

图书在版编目（CIP）数据

热工过程自动控制技术/谢碧蓉主编. —2版. —北京：中国电力出版社，2015.8（2022.7重印）

“十二五”职业教育国家规划教材

ISBN 978-7-5123-6917-7

Ⅰ.①热… Ⅱ.①谢… Ⅲ.①热工过程—自动控制—高等职业教育—教材 Ⅳ.①TK122

中国版本图书馆CIP数据核字（2014）第292975号

中国电力出版社出版、发行

（北京市东城区北京站西街19号 100005 http://www.cepp.sgcc.com.cn）

北京雁林吉兆印刷有限公司印刷

各地新华书店经售

*

2007年6月第一版

2015年8月第二版 2022年7月北京第十一次印刷

787毫米×1092毫米 16开本 21印张 517千字

定价 **42.00** 元

前　言

近年来，随着我国经济的飞速发展，电力需求急速增长，促使电力工业进入了快速发展的新时期。我国电力工业的技术装备水平有了较大提高，大型火力发电机组有了较快增长，超（超）临界压力机组逐渐成为我国各大电网的主力机组。同时，环保及节能也对电力工业提出了新要求。为适应高职高专电厂热能动力装置、火电厂集控运行等专业的教学需要以及相关技术人员的学习需要，特编写此书。

本书共分六章，第一章介绍自动控制系统的基础知识，第二章介绍单元机组模拟量控制系统（MCS），第三章介绍锅炉炉膛安全监控系统（FSSS），第四章介绍汽轮机监控系统，第五章介绍顺序控制系统（SCS），第六章介绍火电厂烟气脱硫脱硝控制系统。

本书在选材方面力求反映当前电厂热工过程自动控制技术的现状，注重先进性、实用性，以实例阐述应用，便于读者掌握，并体现以下特点：

（1）注重理论与实践相结合，以解决生产过程中的实际问题为目标，以培养职业技能为核心。

（2）力求反映当前电力生产的新知识、新技术，主要介绍当前大型火电机组（300、600、1000MW 火电机组）及循环流化床锅炉采用的自动控制技术。

（3）从高职高专培养高技能应用型人才的实际需求出发，突出高职高专教学"必需"、"够用"和"有用"的原则。

（4）体系新颖。根据现场生产实际，将汽包锅炉蒸汽温度控制系统、汽包锅炉给水控制系统、煤粉锅炉燃烧控制系统、单元机组协调控制系统、超临界压力机组控制系统、循环流化床锅炉控制系统纳入计算机分散控制系统（DCS）的模拟量控制系统（MCS）中讲授，方便读者更好地理论联系实际。

（5）全面地反映了当前大型火电机组的锅炉保护、汽轮机保护、单元机组联锁保护、旁路控制系统、锅炉安全监控系统 FSSS、汽轮机数字电液控制系统 DEH、汽轮机监测仪表系统 TSI、给水泵汽轮机数字电液控制系统 MEH、汽轮机紧急跳闸系统 ETS、辅助设备顺序控制系统 SCS 等知识，较好地满足了当前大型火电机组高度自动化对运行、检修人员的要求。

（6）本书内容体现了先进性、综合性、实用性，并且配有丰富的实例、图表、图片和数据，适合多媒体教学的需要。

本书由重庆电力高等专科学校谢碧蓉主编，并编写绪论和第一章、第四章；向贤兵编写第二、三章；曾蓉编写第五章；成福群编写第六章；蒲晓湘参加了第一章的编写。全书由谢碧蓉统稿。

本书由重庆发电厂张广辉副教授和西安电力高等专科学校谢援朝教授主审；本书在编写过程中得到了重庆电力高等专科学校其他教师的帮助和支持，在此一并表示感谢。

由于编者水平所限，加之编写时间仓促，书中难免有不妥之处，敬请读者批评指正。

编　者

2015 年 6 月

目　录

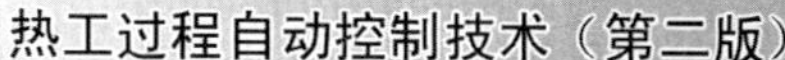
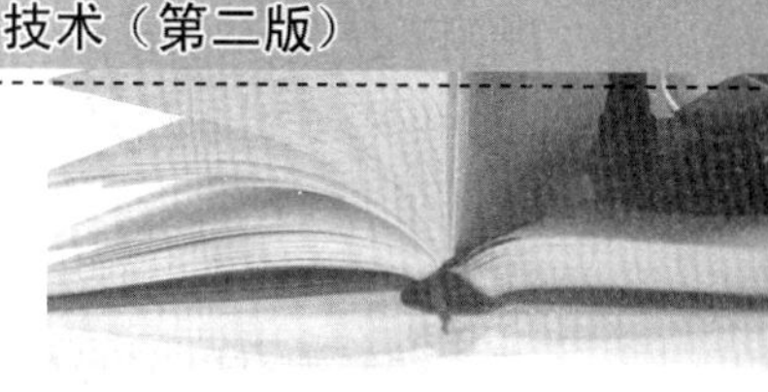

绪　　论

一、火电厂实现生产过程自动化的意义

随着国民经济的高速增长，社会生产和生活的各个方面对电能的需求量日益增多。电力工业作为国民经济的先导行业，得到了迅猛发展，目前已进入了大电网、大机组、高参数、高度自动化的时代。由于高参数、大容量机组的快速发展，装机数量日益增多，导致了对机组自动化程度的要求也日益提高。以“4C”（Computer、Control、Communication、CRT）技术为基础的现代火电机组热工自动化技术也得到了迅速发展。其中，在20世纪80年代出现的计算机分散控制系统（Distributed Control System，DCS）最具代表性，现已广泛应用于大型机组的自动控制中。

大型机组的特点之一是监视点多（600MW机组I/O点多达3000～5000个，发电机—变压器组和厂用电源等电气部分监视纳入DCS之后，I/O点已超过7000个），参数变化速度快，被控对象数量大（600MW机组超过1300个），各个被控对象又相互关联，因此，操作稍有失误，所引起的后果都会是十分严重的。传统的炉、机、电分别监控的方式，已不能适应600MW级以上大型单元机组监控的要求。如果仅由运行人员完成大型机组的监视与控制操作任务，不仅运行人员体力和脑力劳动强度大，而且很难做到及时调整和避免人为的操作失误，因此必须由高度计算机化的机组集控取而代之。

大量事实证明，自动化技术对于提高火电机组的安全经济运行水平是行之有效的，它可以保证机组在启停工况、正常运行工况和参数异常工况下的自动监测、控制和保护，以实现机组的安全、经济运行。

（1）在机组的正常运行过程中，自动化系统能根据机组运行要求，自动将运行参数维持在要求值，以期取得较高的效率（如热效率）和较低的消耗（如煤耗、厂用电率等）。以望亭发电厂14号机组（300MW）为例，使用美国西屋公司WDPF微机DCS后，仅DCS的自动控制和在线效率监控功能的投用，就分别降低机组供电煤耗3.6g/（kW·h）和0.85g/（kW·h），综合降低的机组供电煤耗可达4.45g/（kW·h）。以该机组年发电量18亿kW·h计算，每年可节约标准煤8010t，可见其经济效益是相当可观的。

（2）在机组运行工况出现异常，如参数越限、辅机跳闸时，自动化设备除及时报警外，还能迅速、及时地按预定的规律进行处理。这样既能保证机组设备的安全，又能保证机组尽快恢复正常运行，减少机组的停运次数。

（3）当机组从运行异常发展到可能危及设备安全或人身安全时，自动化设备能适时采取果断措施进行处理，以保证设备及人身的安全。如锅炉主燃料跳闸（Master Fuel Trip，MFT）、汽轮机监测仪表系统（Turbine Supervisory Instrumentation，TSI）和汽轮机紧急跳闸系统（Emergency Trip System，ETS）等。

（4）在机组启停过程中，自动化设备又能根据机组启动时的热状态进行相应的控制，以避免机组产生不允许的热应力而影响机组的运行寿命，即延长机组的服役期。如汽轮机的计算机应力估算和寿命管理系统、汽轮机自启停系统（Turbine Automatic System，TAS）等。

（5）随着电网的发展，对自动发电控制（Automatic Generation Control，AGC）的要求日趋严格。AGC是现代电网控制中心的一项基本和重要的功能，是电网现代化管理的需要，也是电网商业化运营的需要。而要实现AGC，单元机组必须有较高的自动化水平，单元机组协调控制系统必须能投入稳定运行。

随着机组容量的增大和参数的提高，对于机组安全经济运行的要求不断提高，火电厂的自动化水平也不断得到提高，从传统的机、炉、电分别人工监控发展到今天的单元机组集控，自动化系统的功能也已从单台辅机和局部热力系统发展到整个单元机组的检测与控制。而随着整个单元机组自动化的不断完善以及电网发展的需要，火电厂热工自动化的功能必然会与调度自动化系统（Automatic Dispatch System，ADS）相协调而实现电网的AGC。自动化系统在一般情况下虽不需要人工干预，但在特定情况下却要求人工给予提示或协调。因此，随着机组自动化水平的提高，也要求运行人员具有更高的技术和文化水平。

大型火电机组自动控制系统的组成如图0-1所示，这些自动控制系统集中反映了机组的自动化水平。

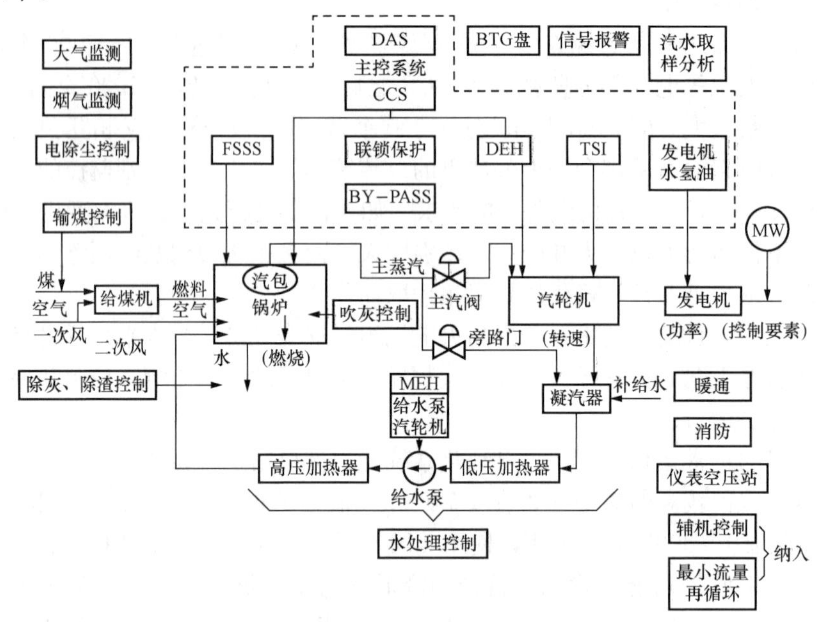

图0-1　大型火电机组自动控制系统组成示意图

二、火电机组热工过程自动化的内容

火电机组热工过程自动化的内容可以概括为自动检测、自动控制、顺序控制、自动保护、管理和信息处理。

（1）自动检测。自动地检查和测量反映生产过程运行状态及生产设备工作状态的各项参数的变化，以监视生产过程和设备的状态及变化趋势。

对于锅炉，自动检测的主要参数包括炉膛温度、炉膛压力、过量空气系数、汽包水位和压力、过热蒸汽温度和压力、再热蒸汽温度和压力、排烟温度等；对于汽轮机，自动检测的主要参数包括机前压力，控制级压力，机组功率，转子的转速、位移、偏心度、振动，汽缸的热应力和热膨胀等。

常用的自动检测设备主要包括模拟仪表、数字式仪表，以及图像显示、数据记录、报表打印和自动报警装置等。

（2）自动控制。自动维持生产过程在规定的工况下，使被控量尽可能快地等于设定值，也称自动调节。

对于锅炉，自动控制主要包括锅炉给水自动控制、过热蒸汽和再热蒸汽温度自动控制、锅炉燃烧过程自动控制等；对于汽轮机，自动控制主要包括汽轮机转速自动控制、凝汽器水位自动控制等；对于机组，自动控制主要包括协调控制以完成 AGC 功能。

（3）顺序控制。按照生产过程和运行要求预先设定的程序，自动对生产过程和相应设备进行操作和控制，也称程序控制。

对于单元机组，顺序控制主要用于对主机和辅机的启动、停止以及辅助系统的投入、切除进行自动控制，如汽轮机的自动启、停控制，炉膛吹扫过程控制，燃烧器的自动点火、切换控制，磨煤机的自动启、停控制等。

（4）自动保护。包括主机、辅机和各支持系统及其相互间的联锁保护，以防止误操作。当设备发生故障或危险工况时，自动采取保护措施，以防止事故进一步扩大或保护生产设备不受严重破坏。

对于单元机组，自动保护主要包括锅炉炉膛超压保护，汽轮机超速保护，发电机过电流、过电压保护等。

（5）管理和信息处理。对电厂中各台机组的生产情况（如发电量、频率、主要参数，机组设备的完好率、寿命），电厂的煤、油、水资源情况，以及环境污染情况等进行监督、分析，供管理人员做出相应的决策。包括厂级管理信息系统（Management Information System，MIS）和厂级监控信息系统（Supervisory Information System，SIS）。其中，MIS 主要收集和处理非实时的生产经营、管理数据，以优化电厂经营管理；SIS 主要收集和处理电厂生产过程的实时数据，以优化电厂运行。

三、单元机组炉、机、电集控

目前国内 600MW 机组基本上实现了炉、机、电集控运行。以平圩发电厂、北仑发电厂、石洞口第二发电厂、华能南通发电厂和利港发电厂为例，电厂的控制室均为炉、机、电集控布置，除北仑发电厂为一台机组一个控制室外，其他四厂均为两台机组共用一个控制室。运行人员在控制室的盘台上可以实现单元机组的启动、停止、正常运行及事故处理的全部监视和操作。但机组启动前的一次性操作设备，如检修用隔离阀及独立的与机组无直接联系的设备，由现场操作人员操作。表盘布置将锅炉、汽轮机、发电机作为一个整体来监视和控制，即自动控制系统是按一个运行人员监视与控制炉、机、电全部工况来设计和布置的，采用炉机长（机组长）制。

上述五个发电厂的操作盘台布置和监控方式大致可分为以下三类。

1. 以操作台为主、计算机为辅的布置和监控方式

平圩发电厂属于该类型。平圩发电厂的计算机数据采集系统（DAS）只用作监视，在启动时为运行人员提供操作指导，运行人员根据计算机的操作指导在操作台上启动辅机、操作

阀门和风门等。启动辅机时由继电器组成的逻辑回路进行控制；正常运行时计算机采集数据，在CRT上显示图像和数据等做运行监视用，并有报警、打印等功能，可以提醒运行人员并代替人工抄表。此外，还有机组性能计算功能，如计算汽轮机热应力，机组煤耗、效率等。该类监控方式还处于炉机电集控的初级阶段，计算机只代替了部分常规仪表，控制台、盘仍较长，需数名人员监盘操作。

2. 操作台手操与计算机CRT、键盘软手操并存的布置和监控方式

华能南通发电厂和利港发电厂采用该方式。这两个电厂都采用以NETWORK-90（N-90）DCS为主的监控方式。除在控制台上装置了CRT外，还在控制盘上装有较多的操作器（DCS数字控制站）、操作开关（DLS数字逻辑站）以及部分显示器（DIS数字显示站），该类数字控制站、数字逻辑站和数字显示站是DCS的一部分。运行人员的监视和操作既可以通过CRT和键盘进行，也可以在上述三种数字站上进行。

在数字控制站上除可进行手/自动切换、手动增/减操作和设定值修改外，还有过程变量、设定值和控制输出三种量的数字显示；在数字逻辑站上除可进行启/停或开/关操作外，还有设备的状态指示，如运行/停止、已开/已关；数字显示站有三个过程变量的显示。通过数字控制站和数字逻辑站进行操作来启停辅机、开关阀（风）门，以及通过手操执行机构开大/关小阀（风）门，虽然是在控制盘上操作，但必须通过DCS的有关总线和模件，这些操作已受到计算机逻辑的制约。启动辅机时严格按功能组进行顺序控制。例如在启动一组磨煤机时，先开润滑油泵和有关风门，再开磨煤机、给煤机。这样启动操作比较安全，减少了操作步骤和误操作。在数字站上操作与在CRT键盘上操作在逻辑功能上是等效的，但数字控制站的手操与CRT键盘上的手操还是有些区别的。数字控制站操作时仅通过多功能控制器（MFC）的扩展母线，且多功能控制器故障时，操作器可以通过旁路直接操作，即具有后备硬手操的功能；而CRT键盘的操作除需经过扩展母线外，还需经过模件、模件总线和工厂环路，经过通信送到执行机构，执行机构的动作再逆向传送到CRT，这样来回的传送要求有关模件、模件母线和工厂环路完好，且在CRT和键盘上必须逐一调用画面和逐一操作，对运行人员的操作水平有较高的要求。

3. 以计算机CRT、键盘软手操为主的布置和监控方式

石洞口第二发电厂和北仑发电厂采用该布置和监控方式。该方式以计算机CRT和键盘为主进行正常运行监视和控制，在控制盘上保留一定数量的数字操作站和辅机停止按钮，以保证启动时操作的灵活性和在计算机系统故障时仍能实现机组的安全停运。这种以计算机CRT和键盘软手操为主的布置和监控方式，对计算机系统的可靠性和可用率要求很高，因此采用了冗余技术，如石洞口第二发电厂的管理指令系统（Management Command System，MCS）共有两套，每套都具备整个单元机组的监视和操作功能。随着机组自动化水平的不断提高、要求人工干预的减少以及DCS可靠性的提高，这种以计算机CRT、键盘软手操为主的布置和监控方式已经成为600MW及以上容量机组集控室布置和运行监控的主要方式。

DCS新的发展是采用超大型屏幕CRT，国内外新建电厂大多采用该技术。在控制室内只布置一套超大型墙幕式CRT（键盘/球标），另设2～4台通常的CRT（键盘/鼠标/球标/光笔）。机组各热力系统和电气系统的模拟图、参数显示、状态显示、报警显示、操作指导等均可在该超大型墙幕式CRT上显示、操作，完全取消了BTG盘。华能汕头发电厂二期工程600MW机组即采用该方式布置。

第一节　自动控制系统的基本知识

在工业生产过程中，为了保证生产的安全性、经济性，保持设备的稳定运行，必须对生产过程中的一些物理参数进行控制，使它们保持在所要求的额定值附近，或按照一定的要求变化。这些物理参数包括火电厂中汽轮机的转速，锅炉蒸汽的温度、压力，汽包的水位，炉膛压力等。在设备运行中，这些参数会经常受到各种因素的影响而偏离额定值（规定值），此时运行人员要及时进行操作，对其加以控制，使这些参数保持为所希望的数值。这个控制任务可以由人工操作来完成，称为人工控制；也可由一整套自动控制装置（控制设备）来代替人工操作，称为自动控制。

一、自动控制的基本概念

（一）人工控制

早期的控制是通过人工操作来完成的，称为人工控制。汽包水位人工控制如图 1-1(a) 所示，其控制过程如下：

首先，操作人员通过眼睛观察被控量水位的变化，同时利用大脑分析观察的结果。将观察到的水位 h 与其给定值 h_0 进行比较，判断是否存在偏差，以及偏差的大小和方向（水位比给定值高还是低），决定是否需要对控制阀进行操作：开大还是关小，以及按什么规律进行操作（是缓开还是猛开，先过调再回调等）。手则根据大脑的指挥（命令）去操作给水控制阀，使水位 h 恢复正常。

可见，人工控制就是通过人的眼睛、大脑和手分别进行观察、分析和操作来实现的。控制过程就是了解情况、分析决策、执行操作的过程。人工控制的质量取决于操作人员的运行经验和操作的熟练程度，控制精确度较低。

在图 1-1(a)所示的人工控制中，从扰动发生，到被控量重新恢复到给定值，其间要经过一个过渡过程，即要经过一段时间，这段过渡时间的长短及被控量偏差的大小取决于操作人员的运行经验。这些经验包括对被控对象特性的了解，以及根据被控对象特性确定的控制规律。若运行人员不了解被控对象的特性，则无法正确进行控制。

（二）自动控制

随着生产的发展，人工控制已远远不能满足生产的要求。用一整套自动控制装置来代替人工控制中操作人员的作用，使生产过程不需要操作人员的直接参与而能自动地执行控制任务，就是自动控制。

自动控制是指在没有人直接参与的情况下，利用自动控制装置使被控制对象（如机器、

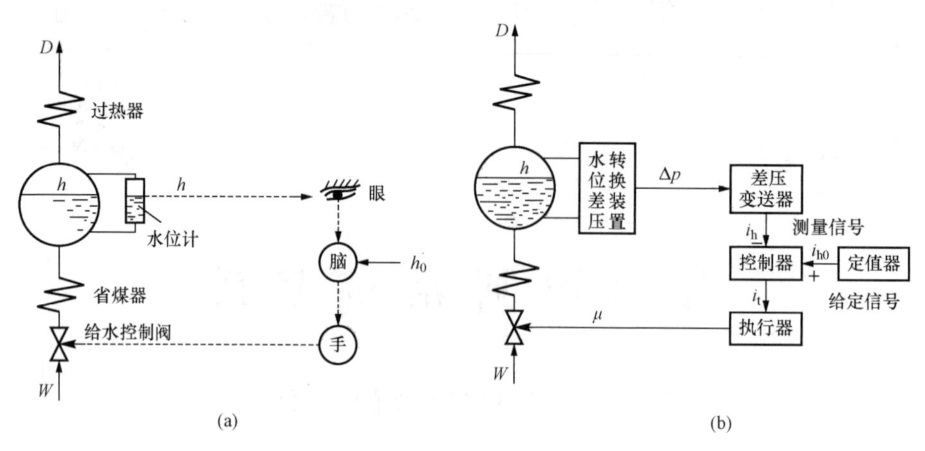

图 1-1　锅炉汽包水位控制示意图

(a) 人工控制；(b) 自动控制

生产过程）的某一物理量（或工作状态）自动地按照预定的规律运行（或变化）。

图 1-1(b)所示为汽包水位自动控制的示意图。实现自动控制作用所需要的自动控制装置主要包括三个部分：

（1）测量部件（变送器）。用来测量被控量的大小，并将被控量转变成某种便于传送、且与被控量大小成正比（或某种函数关系）的信号 i_h。测量部件代替了人眼。

（2）运算部件（控制器）。控制器接受测量部件输出的与被控量大小成比例的信号，与被控量的给定值进行比较，当被控量与给定值之间存在偏差时，根据偏差的大小和方向，按预定的运算规律进行运算，并根据运算结果发出控制指令。这里，控制器代替了人脑。

（3）执行机构（执行器）。根据控制器送来的控制指令驱动控制机构，改变控制量。如图 1-1(b)所示的执行器，根据控制器输出信号 i_t，改变给水控制阀开度 μ，从而改变给水量 W。可见，执行器起人手的作用。

（三）常用术语

在自动控制领域，经常使用以下专业术语。

（1）被控对象（控制对象）。指被控制的生产设备或生产过程，如汽轮机、汽包。

（2）被控量。表征生产过程是否正常而需要控制的物理量，如汽轮机的转速、给水压力、汽包水位等。

（3）给定值。根据生产工艺要求，被控量应该达到的数值。例如，汽包水位的希望值为 h_0，h_0 即汽包水位 h 的给定值。

（4）扰动。引起被控量偏离其给定值的各种原因。如给水流量的变化会引起汽包水位变化，给水流量的变化称为扰动。

（5）控制机构。改变对象流入量或流出量的机构，如图 1-1(b)中的给水控制阀。

（6）控制作用。控制机构在执行器带动下施加给被控对象的作用。

（7）控制量。由控制作用来改变，以控制被控量的变化，使被控量恢复为给定值的物理量。如上例中水位的控制是通过改变给水量来实现的，给水量就是汽包炉水位控制系统中的控制量。

二、自动控制系统的组成及方框图

用一套自动控制装置代替人工操作，实现自动控制，把自动控制装置与被控对象连接起来，就构成了自动控制系统，如图 1-1(b)所示。

（一）自动控制系统的组成

由前例可知，汽包炉水位自动控制系统由被控对象和自动控制装置两个基本部分组成，也就是说，自动控制系统包括起控制作用的自动控制装置（如变送器、控制器、执行器等）和在自动控制装置控制下运行的生产设备（即被控对象）。在控制过程中，这两部分是相互作用的。当被控量受到扰动而变化后，其值与给定值之差作用于控制器，使控制器动作。控制器的动作通过执行器去改变控制阀的开度，使给水量变化，给水量的变化又反过来作用于被控对象，从而使被控量逐步趋近其给定值。

自动控制系统中的各装置是通过信号的传递和转换相互联系起来的。

（二）自动控制系统的方框图

锅炉汽包水位自动控制系统中的信号传递关系可用图 1-2 所示的方框图直观地表示出来，像这种能直观地表达自动控制系统中各设备之间相互作用与信号传递关系的示意图称为自动控制系统的方框图。方框图是研究自动控制系统的重要工具。

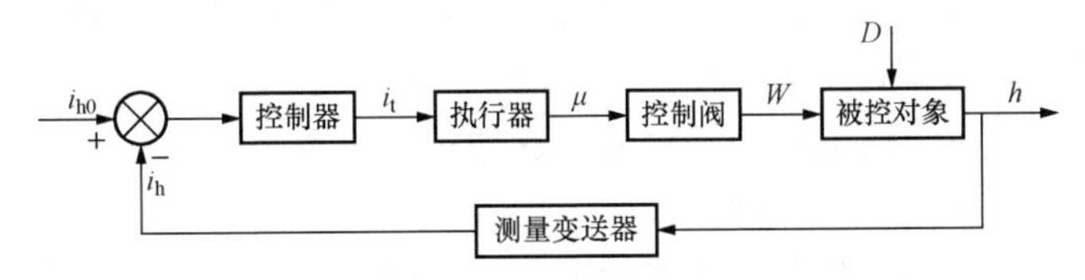

图 1-2　锅炉汽包水位自动控制系统方框图

方框图有四个要素，如图 1-3 所示。

(1) 信号线。用箭头表示信号“x”的传递方向的连接线，如图 1-3(a)所示。

(2) 汇交点。即信号相加点，表示两个信号“x_1”与“x_2”的代数和，如图 1-3(b)所示。

(3) 分支点。即信号引出点，表示把信号“x”分两路取出，如图 1-3(c)所示。

(4) 环节。方框图中的每一个方框即一个环节，如图 1-3(d)所示。环节表示系统中一个元件或一个设备，或者几个设备的组合体。x 为环节的输入信号，y 为环节的输出信号。

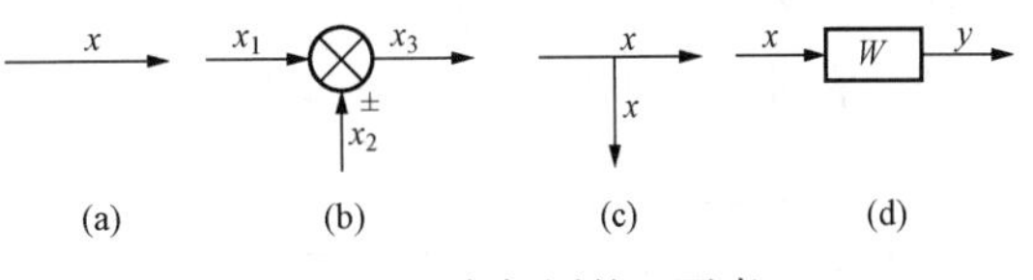

图 1-3　方框图的四要素

(a) 信号线；(b) 汇交点；(c) 分支点；(d) 环节

方框图中，环节的输入信号是引起环节变化的原因，而环节的输出信号则是在该输入信号作用下环节变化的结果。如汽包水位变化的原因可以是给水流量或者蒸汽流量的变化，故给水流量和蒸汽流量都是汽包环节的输入信号。蒸汽流量或给水流量变化都会引起汽包内部工况发生变化，其结果是水位变化，水位是这个环节的输出信号。应当注意，环节的输入信号与输出信号之间的因果关系是不可逆的。如上例中，蒸汽流量或给水流量的变化都能引起水位变化，但水位的变化不能反过来影响给水流量或蒸汽流量，即信号只能沿箭头方向传递，具有单向性。方框图中的信号线只是表示环节之间信号的传递关系，不代表实际物料的流动。例如蒸汽流量是“汽包”环节的输入信号，是从蒸汽流量的变化会直接引起水位发生变化这一因果关系的意义来说的，故方框图与实际的生产流程图是有本质区别的。

自动控制系统的方框图一般是一个闭合回路。图 1-2 中水位 h 通过测量变送器、控制器和执行器等环节，反过来影响水位本身。所以这个系统中的信号是在闭合回路中传递的，这种系统称为闭环系统或反馈系统。传递到控制器的信号是给定水位 i_{h0} 与实际水位 i_h 的偏差值。当水位升高时，偏差信号 $e=i_{h0}-i_h$ 是一个负值，其意义是要关小给水控制阀，使水位向反方向变化。因此，自动控制系统是一个“负反馈系统”，这种负反馈的实质就是“基于偏差、消除偏差”。如果不存在被控量与给定值的偏差，就不会产生控制作用，而控制作用的最终目的是要消除偏差，使被控量重新恢复到给定值。

三、自动控制系统的基本控制方式

1. 开环控制

开环控制是指控制装置与被控对象之间只有顺向作用而没有反向联系的控制过程，如图 1-4 所示。因此，开环控制系统的输出量不对系统的控制作用发生影响。目前用于国民经济各部门的一些自动化装置，如自动售货机、自动洗衣机、产品自动生产线以及交通指挥的红绿灯转换等，一般都是开环控制系统。

开环控制系统的控制装置只按照给定的输入信号对被控对象进行单向控制，而不对被控制量进行测量并反向影响控制作用。在开环控制中，对于系统的每一个输入信号，必有一个固定的工作状态和一个系统输出量与之对应。这种对应关系调整越准确，元件的参数及性能变动越小，开环系统的工作精度就越高。

一般来说，开环控制结构简单、成本低廉、工作稳定。因此，当系统的输入信号及扰动作用能预先知道时，应采用开环控制且可取得较为满意的效果。但由于开环控制不能自动修正被控量的偏离，系统的元件参数变化以及外来的未知扰动对控制精度影响较大，所以它的使用有一定的局限性。

2. 闭环控制

闭环控制是指控制装置与被控对象之间既有顺向作用，又有反向联系的控制过程，如图 1-5 所示。闭环控制是自然界中一切生物控制自身运动的基本规律，也是工程自动控制的基本原理，它可以实现复杂而准确地控制。

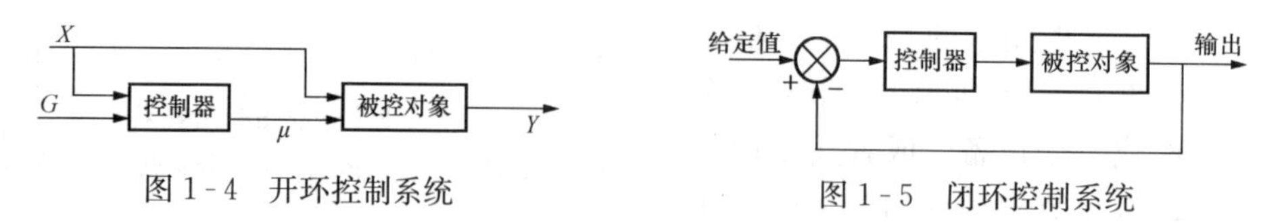

图 1-4　开环控制系统　　图 1-5　闭环控制系统

闭环控制根据实际偏差进行控制，具有自动修正被控量偏离的能力，可以修正元件参数变化以及外界扰动引起的误差，其控制精度较高。但正是由于存在反馈，闭环控制也有其不足之处，就是可能出现振荡，严重时会使系统无法工作。这是由于被控量出现偏离之后，经过反馈便形成一个修正偏离的控制作用。但在这个控制作用和它所产生的修正偏离的效果之间，一般是有时间延迟的，因此被控量的偏离不能立即得到修正，从而有可能使被控量处于振荡状态。如果系统参数选择不当，不仅不能修正偏离，反而会使偏离越来越大，系统无法工作。自动控制系统设计的重要课题之一，就是要解决闭环控制中的该类“振荡”或“发散”问题。

如果要求实现复杂且精度较高的控制任务，可将开环控制和闭环控制方式适当结合起来，组成一个比较经济且性能较好的控制系统，即复合控制系统。

3. 复合控制

复合控制是开环控制和闭环控制相结合的一种控制方式。实质上，它是在闭环控制回路的基础上，附加一个输入信号或扰动作用的前馈通路。前馈通路通常由对输入信号的补偿装置或对扰动作用的补偿装置组成，分别称为按输入信号补偿和按扰动作用补偿的复合控制系统，如图 1-6 所示。

复合控制中的前馈通路相当于开环控制，因此对补偿装置的参数稳定性要求较高，否则会由于补偿装置参数本身的漂移而减弱其补偿效果。此外，前馈通路的引入对闭环回路性能的影响不大，却可大大提高系统的控制精度，因此获得了广泛应用。目前，在雷达站随动系统、飞机自动驾驶仪系统中，都广泛使用复合控制系统。

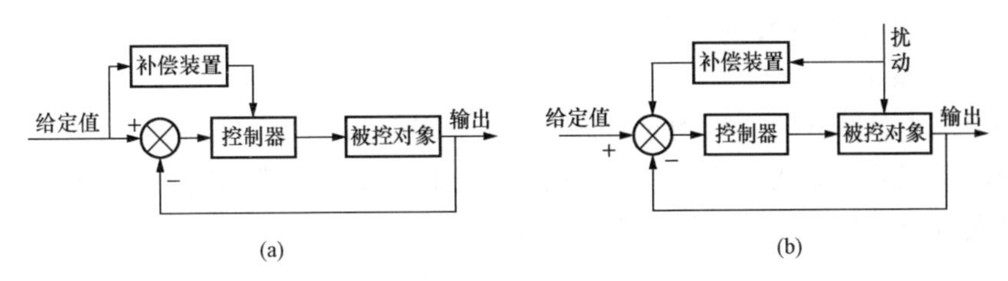

图 1-6 复合控制系统方框图

(a) 按给定值补偿；(b) 按扰动作用补偿

四、自动控制系统的分类

由于生产过程和生产设备不同，所以被控对象具有不同的性质。对自动控制系统可从不同的角度进行分类，每种分类都反映了自动控制系统的某些特点。

（一）按控制信号的馈送方式分类

1. 前馈控制系统

前馈控制系统直接根据扰动进行控制，也称为开环控制，如图 1-4 所示。若控制量选择合适，就可以及时抵消扰动的影响，使被控量保持不变。但由于没有被控量的反馈，控制过程结束后，很难保证被控量等于给定值。因此在一般的生产过程中，这种系统是不能单独使用的。

2. 反馈控制系统

反馈控制系统按反馈的原理进行工作，即根据偏差进行控制，最终消除偏差，也称为闭环控制，如图 1-5 所示。

3. 前馈—反馈控制系统

在反馈控制系统的基础上加入主要扰动的前馈控制，即构成前馈—反馈控制系统，也称为复合控制系统，如图 1-6 所示。与反馈控制系统相比，它具有更高的快速性和控制质量，因此得到了比较广泛的应用。

（二）按给定值的变化规律分类

1. 定值（恒值）控制系统

被控量的给定值在运行中恒定不变的系统称为定值控制系统，例如锅炉的汽包水位控制系统、锅炉的过热汽温控制系统等。

2. 程序控制系统

被控量的给定值是时间的已知函数的控制系统称为程序控制系统，例如发电厂锅炉和汽轮机的自启停控制系统。

3. 随动控制系统

被控量的给定值是时间的未知函数的控制系统称为随动控制系统。例如在机组滑压运行中的锅炉负荷控制回路中，主蒸汽压力的给定值是随外界负荷而变化的，其变化规律是时间的未知函数。

4. 比值控制系统

这种控制系统是维持两个变量之间的比值保持一定数值。例如锅炉燃烧过程中，要求空气量随燃料量的变化而成比例变化，这样才能保证经济燃烧。因此，对于锅炉燃烧经济性的控制，要求采用比值控制系统。

（三）按控制系统信号的形式分类

1. 连续控制系统

当控制系统中各部分的信号均是时间变量 t 的连续函数时，称该类系统为连续控制系统。连续控制系统的运动状态或特性一般用微分方程来描述。模拟式工业自动化仪表和用模拟式仪表来实现自动化的过程控制系统均属该类系统。

2. 离散控制系统

当控制系统中某处或多处的信号为在时间上离散的脉冲序列或数码形式时，这种系统称为离散控制系统。离散系统和连续系统的区别仅在于信号只在特定的离散瞬时是时间的函数。离散信号可由连续信号通过采样开关获得，具有采样的控制系统又称为采样控制系统。离散系统的运动状态或特性一般用差分方程来描述，其分析研究方法也不同于连续系统。

自动控制系统的分类还有很多，这里不一一赘述。

五、自动控制系统的性能指标

（一）自动控制系统的过渡过程

控制系统在受到某一扰动后，被控量将偏离原来的稳态值而产生偏差，系统的控制作用又使其趋近于回到原来的稳态值，这一过程称为控制系统的过渡过程，或称为控制过程。对于定值控制系统，在受到扰动后，被控量的变化总是先偏离给定值，经历一个变化过程后，又趋近于给定值。以后只要系统不受到新的扰动，系统中的参数就不再发生变化。因此，控制系统存在两种状态，即系统的静态（或称为稳态）和动态（或称为暂态、瞬态）。

被控量不随时间变化的平衡状态称为系统的静态，静态出现在控制过程结束之后。一个处于静态的系统，一旦受到某一扰动，系统内部就会发生物质或能量的不平衡，被控量将偏离给定值而随时间变化，这种被控量随时间变化的不平衡状态称为系统的动态。干扰作用使系统由静态进入动态，控制作用使系统克服扰动的影响，建立新的平衡，恢复到静态。例如锅炉汽压控制系统中，当负荷发生扰动使蒸汽流量发生变化时，被控量汽压就会发生变化，系统进入动态；控制器根据汽压的偏差发出控制指令，改变燃料量，使之与蒸汽流量重新平衡，被控量汽压重新稳定在给定值上，系统重新进入静态。这样，系统就经历了一个过渡过程。因此，过渡过程就是系统在控制装置的控制作用下，克服扰动的影响，从动态重新进入新的静态的过程。

显然，在不同形式和幅度的扰动作用下，自动控制系统的过渡过程是不一样的。实际生产过程中可能遇到的扰动形式是多种多样的。为了分析控制系统性能指标的好坏，判断一个控制系统能否满足实际生产过程的需要，通常是选择实际过渡过程中遇到的一种最典型、最经常出现的扰动形式作为研究自动控制系统性能指标的标准输入信号。如果控制系统在这种标准信号扰动下能很好地完成控制任务，则在其他形式的信号扰动下必然也能满足实际工作的要求。在自动控制系统中，最常用的扰动信号是一种在某一时刻突然变化、过了此时刻则不再变化的信号，称为阶跃信号。阶跃信号的数学表达式为

$$x(t)=\begin{cases}x_0 & t\geqslant 0\\0 & t<0\end{cases}\tag{1-1}$$

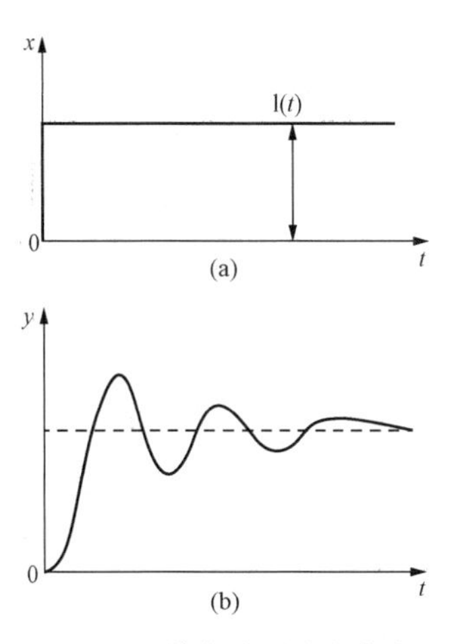

图 1-7 单位阶跃响应曲线
(a) 阶跃信号的函数曲线；
(b) 阶跃响应曲线

阶跃信号的函数曲线如图 1-7(a)所示，如果 $x_0=1$，则称为单位阶跃信号。已知控制系统对单位阶跃输入信号的反应，根据线性系统的叠加原理就可以很方便地推算出对其他幅度的阶跃输入的反应。

在分析控制系统的控制性能时，人们最关心的是系统在扰动作用下，被控量是否能通过控制作用回复到稳态值。在一定条件下，可以不考虑系统的具体物理结构，而把分析的重点放在控制系统的输入信号与输出信号之间的关系上。

输入信号选定为阶跃信号后，研究的对象就是系统的输出信号 $y(t)$。控制系统在阶跃信号作用下，如果将其被控量（即系统的输出信号）随时间的变化规律用一条曲线来描述，则该曲线称为控制系统的过渡过程曲线，或称为系统的阶跃响应曲线，如图 1-7(b)所示。人们可以通过对过渡过程曲线的研究来评价控制系统的控制性能（控制品质）。

（二）控制系统在阶跃信号作用下过渡过程的基本形式

自动控制系统在阶跃信号作用下，其过渡过程可能具有如图 1-8 所示的几种不同形式。

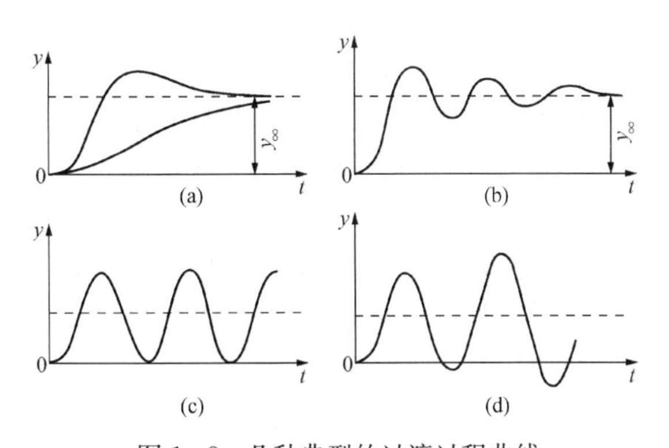

图 1-8 几种典型的过渡过程曲线
(a) 非周期过程；(b) 衰减振荡过程；
(c) 等幅振荡过程；(d) 渐扩振荡过程

由图 1-8(a)和图 1-8(b)表示的两种过渡过程可以看出，被控量在经历一个动态过程之后能够重新达到稳态值。具有这两种过渡过程的系统称为稳定的控制系统，其中图 1-8(a)所示的过渡过程没有发生振荡，称为非周期过渡过程；图 1-8(b)所示的被控量在稳态值上下来回摆动几次，最后趋于稳态值，这是衰减振荡的过渡过程。图 1-8(c)和图 1-8(d)所示的过渡过程曲线表明被控量不能趋于一个稳态值，这类控制系统的过渡过程是不稳定的。图 1-8(c)所示过渡过程是一个不衰减的等幅振荡过程，这种过程界于稳定与不稳定之间（称为边界稳定或临界稳定），属于不稳定的范畴。图 1-8(d)所示被控量的幅值随着时间的增加而增大，称为渐扩振荡过程。具有这种过程的控制系统一旦受到扰动，其被控量就可能会超过生产上允许的限值而发生事故，如汽包锅炉

给水控制系统受到扰动就可能会发生锅炉缺水或满水事故。显然，具有后两种过渡过程的系统是不能采用的。

（三）自动控制系统的性能指标

从生产过程的要求看，不仅希望过渡过程是稳定的，而且希望控制系统能随时保持被控量与给定值相等，不受任何扰动的影响。但实际上扰动经常发生，被控量总会发生变化而产生偏差。从生产的要求和控制系统的实际出发，一般从稳定性、准确性和快速性三个方面来衡量控制系统的控制性能。

1. 稳定性

过渡过程的稳定性是对控制系统的最基本要求，稳定性满足要求是控制系统能被采用的首要条件，只有稳定的控制系统才能完成自动控制的工作。在实际生产过程中，不仅要求系统是稳定的，而且要求系统具有一定的稳定性裕度，以保证系统在被控对象参数或控制设备参数发生变化时还能稳定地工作。控制系统的稳定性裕度一般用衰减率这个指标来衡量，其计算式为

$$\varphi=\frac{y_{m1}-y_{m2}}{y_{m1}}=1-\frac{y_{m2}}{y_{m1}} \tag{1-2}$$

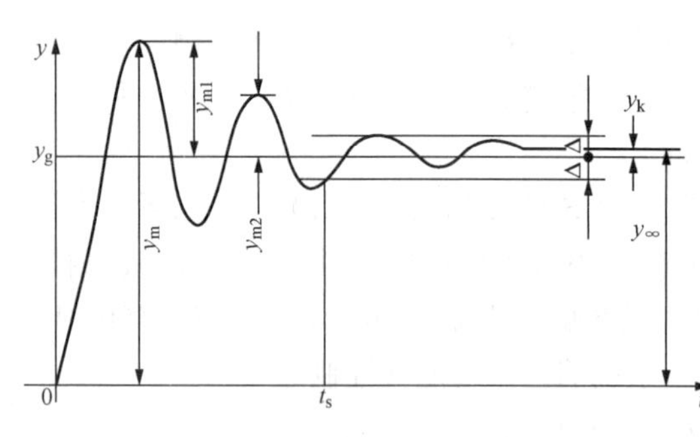

图 1-9　控制过程性能指标

式中：φ 为衰减率；y_{m1}、y_{m2} 分别为被控量受到扰动后的第一个波峰值和第二个波峰值，如图 1-9 所示。

当 $\varphi=0$ 时，系统处于边界稳定，而当 $0<\varphi<1$ 时，系统是稳定的，φ 越大，控制过程的稳定程度越高，但过程进行得慢，控制时间长，被控量的动态偏差大；反之，稳定程度低。因此，一般认为热工控制过程中，衰减率 $\varphi=0.75\sim0.98$ 的控制过程较好，即控制过程在振荡 2～3 次后就基本结束。

2. 准确性

准确性是指被控量的偏差大小，它包括动态偏差 y_m 和静态偏差 y_k。在控制过程中，被控量与给定值之间的最大偏差称为动态偏差，如图 1-9 所示被控量的第一个波峰的高度。对热工控制过程来说，y_m 越小越好。

被控量变化后，虽经过控制，但它不一定能调回到原来的给定值上。在控制过程结束后，被控量的稳态值 y_∞ 与给定值 y_g 之间的残余偏差，称为静态偏差 y_k。对于无差自动控制系统，希望 y_k 越小越好（$y_k=0$ 为无差控制；$y_k\neq0$ 为有差控制）。

3. 快速性

快速性是指过渡过程持续时间的长短，一般用过渡过程时间（也称为调整时间）t_s 表示。过渡过程时间就是从扰动引起被控量发生变化开始到被控量重新恢复到稳态值为止所经历的时间。在实际生产过程中，要使被控量与给定值绝对相等基本是不可能的。一般用过渡过程曲线衰减到与稳态值之差 Δ 不超过$\pm$（2～5）%稳态值所经历的时间作为过渡过程时间。过渡过程时间越短，控制过程进行越快，说明控制系统克服扰动的能力越强。

对于热力设备的控制过程，稳定性是一个控制系统能否投入的先决条件，应在满足 $\varphi=$

0.75～0.98的前提下，再尽量提高控制过程的准确性和快速性。

第二节　线性自动控制系统的数学描述

在进行系统的分析和设计时，定性地了解系统的工作原理及运动过程非常重要，但要更深入地定量研究系统的动态特性，要做的首要工作就是建立控制系统的数学模型。

一、线性自动控制系统的数学模型

（一）基本概念

1. 数学模型

控制系统的数学模型，是描述系统输入、输出变量以及内部各变量（物理量）之间关系的数学表达式。在静态条件下，描述各变量之间关系的数学方程称为静态模型；在动态过程中，描述各变量之间关系的数学方程称为动态模型。建立控制系统数学模型的目的是用一定的数学方法对系统的性能进行定性分析和定量计算，乃至综合与校正系统。

在自动控制系统的分析设计中，建立合理的系统动态模型是一项极为重要的工作，它直接关系到控制系统能否去实现给定的任务。许多情况表明，由于所建立的被控对象的动态模型不合理，控制系统也就失去了它应有的作用。但这并不意味着数学模型越复杂就越合理。合理的数学模型是指它应以最简化的形式正确地代表被控对象或系统的动态特性。通常，可以暂时先忽略一些比较次要的物理因素（如系统中存在的分布参数、变参数及非线性因素等），或根据系统不同的工作范围而得到不同的简化数学模型。但如果简化的数学模型不合理，则用简化数学模型对系统进行分析的结果与实际系统的实验研究结果出入很大，这个简化数学模型便不能采用。简化的数学模型通常是一个线性微分方程。

2. 线性系统

系统的数学模型为线性微分方程的控制系统称为线性系统。

在一定的限制条件下，绝大多数控制系统都可以用线性微分方程描述。线性微分方程式的求解一般都有标准方法，因此，线性系统的研究具有重要的实用价值。

线性系统的主要特点是满足叠加原理，即系统存在几个输入时，系统的输出等于各个输入分别作用于系统的输出之和；当系统输入增加或减小时，系统的输出也按同样比例增加或减小。

在线性系统中，根据叠加原理，如果有几个外作用同时加于系统，则可以将它们分别处理，依次求出各个外作用单独加入时系统的响应，然后将这些响应叠加。此外，每个外作用在数值上都可只取单位值。这样一来，可大大简化线性系统的分析和设计。

3. 非线性系统

如果系统中存在非线性特性的组成环节或元件，系统的特性需用非线性微分方程来描述，这种系统称为非线性系统。非线性系统不具有叠加性和均匀性，因此叠加原理是不适用的。

严格地讲，实际的控制系统都存在着不同程度的非线性特性，如放大器的饱和特性，运动部件的间隙、摩擦和死区等。例如，伺服电动机有一定的起动电压（称为死区），同时由于它的电磁转矩不可能无限增加，因而出现饱和；又如齿轮减速器有间隙存在等。虽然含有非线性特性的系统可以用非线性微分方程描述，但它的求解很困难。这时除了可以用计算机进行数值计算外，有些非线性特性还可以在一定工作范围内用线性系统模型近似（称为非线性模型的线性化）。

4. 相似系统

相似系统是指具有相同形式的数学模型，而物理性质不同的系统。在方程中占有相同位置的物理量称为相似量。相似系统的概念在工程中非常有用，因为一种系统可能比另一种相似系统更易通过实验加以研究。例如，可以通过对电气系统的研究代替对相似的机械、液力、热力系统等的研究。

在自动控制理论中，往往可以依据不同系统的动态特性的共同性将系统按信号的传递和连接划分成若干个环节，然后加以综合和分析，便可以得到有关自动控制系统的稳定性及其控制性能的基本理论和结论。

（二）建立数学模型的基本方法

控制系统或元件的数学模型可以用机理分析法和实验分析法建立。

采用机理分析法时，应从元件或系统所依据的物理或化学规律的基本定律出发，建立数学模型并经实验验证。例如，建立电气网络的数学模型是基于基尔霍夫定律，建立机械系统的数学模型则是基于牛顿运动定律。

采用实验分析法时，应对实际系统或元件加入一定形式的输入信号，用求取系统或元件的输出响应的方法建立数学模型。

（三）数学模型的基本类型

在经典控制理论中，常用的数学模型有微分方程、传递函数、阶跃响应特性、动态结构图等。

1. 微分方程法

微分方程法是研究环节动态特性的最基本方法。它根据基本物理规律对环节进行分析，求出反映环节输入信号和输出信号之间因果关系的微分方程，用以描述环节的动态特性。

【例 1-1】 建立图 1-10 所示 RC 电路的动态微分方程。

解 当 u_1 变化时，u_1↑导致 i↑，i 对 C 充电，使 u_2 增大，至 $u_2=u_1$ 时充电结束。该动态过程可用图1-11所示的方框图表示。

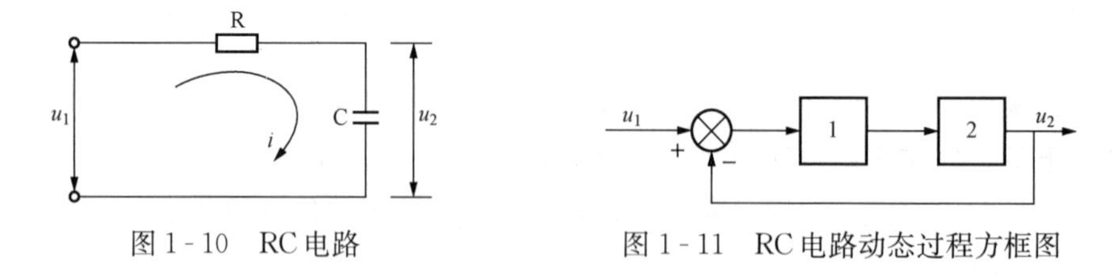

图 1-10　RC 电路　　图 1-11　RC 电路动态过程方框图

图 1-11 中环节 1 代表 u_1 与 u_2 的差值的变化引起电流 i 变化的过程。根据欧姆定律得

$$i=\frac{u_1-u_2}{R}$$

环节 2 代表 u_2 随 i 对 C 充电而变化的过程（设 u_2 初始电压为 0），即

$$u_2=\frac{1}{C}\int_0^t i\,\mathrm{d}t=\frac{1}{C}\int_0^t\frac{u_1-u_2}{R}\mathrm{d}t$$

对 u_2 微分有

$$\frac{du_2}{dt}=\frac{1}{RC}(u_1-u_2)$$

化简得

$$RC\frac{du_2}{dt}+u_2=u_1 \tag{1-3}$$

式（1-3）就是以 u_1 为输入信号、u_2 为输出信号的 RC 电路的动态微分方程表达式。将该微分方程求解，可以得到在给定输入信号作用下，输出信号的变化过程，即知道环节的动态特性。

令 $RC=T$（时间常数），则当 $t=0$、$u_2=0$ 时，其解为

$$u_2=u_1(1-e^{-t/T})$$

对于结构比较简单的环节，用微分方程表示其动态特性，具有物理意义清楚、定量准确、求解方便的优点。但是对于比较复杂的系统或环节，往往需要用高阶微分方程来描述。由于高阶微分方程的建立和求解都比较困难，工程上常用其他方法来表示环节的动态特性，其中传递函数法是工程上使用最广泛的方法。

2. 传递函数法

传递函数法是描述环节动态特性的一种常用方法。借助拉普拉斯（Laplace）变换（简称拉氏变换，见附录一）可由微分方程得到传递函数这一数学模型。

（1）传递函数的定义。在线性定常系统中，初始条件为零时，环节输出信号的拉氏变换与输入信号的拉氏变换之比，称为环节的传递函数，用 $W(s)$ 表示，如图 1-12 所示，即

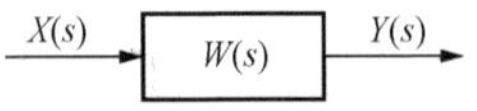

$$W(s)=\frac{L[y(t)]}{L[x(t)]}=\frac{Y(s)}{X(s)} \tag{1-4}$$

X(s) → W(s) → Y(s)

图 1-12　环节的传递函数方框图

可见，传递函数与环节的微分方程存在一一对应的关系。当环节的微分方程确定后，它的传递函数也就唯一确定了。

应注意：①传递函数是在系统满足零值条件下定义的，若初始条件不为“0”，则必须把初始条件考虑进去；②凡是可以用线性微分方程描述的系统或环节，都可以用传递函数来表示其动态特性。

（2）传递函数的求取方法。为了分析方便，以上述 RC 电路为例，讨论传递函数的求取方法。

方法一：由传递函数的定义求取。

通过相应的微分方程取拉氏变换建立起来。对【例 1-1】中 RC 电路的微分方程式（1-3）两边取拉氏变换，即

$$L\left[RC\frac{du_2}{dt}+u_2\right]=L[u_1]$$

得

$$RC[sU_2(s)-u_2(0)]+U_2(s)=U_1(s)$$

化简得

$$U_2(s)=\frac{1}{RCs+1}U_1(s)+\frac{RC}{RCs+1}u_2(0)$$

式中：$u_2(0)$ 为 u_2 的初始值。

若RC电路的初始条件为零，即 $u_2(0)=0$，则

$$U_2(s)=\frac{1}{RCs+1}U_1(s)$$

传递函数为

$$W(s)=\frac{U_2(s)}{U_1(s)}=\frac{1}{RCs+1}$$

步骤：①写出系统的微分方程；②取微分方程的拉氏变换（设全部初始条件为零）；③求出输出量与输入量之比，即得传递函数。

方法二：利用拉氏变换的微、积分定理求取。

【例1-1】中RC电路的微分方程为

$$RC\frac{\mathrm{d}u_2}{\mathrm{d}t}+u_2=u_1$$

根据拉氏变换的微分定理，用符号“s”表示微分运算符$\frac{\mathrm{d}}{\mathrm{d}t}$，即 $s\triangleq\frac{\mathrm{d}}{\mathrm{d}t}$。为了便于区别，用 s 代替$\frac{\mathrm{d}}{\mathrm{d}t}$后，$u_1$、$u_2$ 相应记为 $U_1(s)$、$U_2(s)$，则上式可以写为

$$RCsU_2(s)+U_2(s)=U_1(s)$$

$$U_2(s)=\frac{1}{RCs+1}U_1(s)$$

传递函数为

$$W(s)=\frac{U_2(s)}{U_1(s)}=\frac{1}{RCs+1}$$

由此可见，由环节的微分方程可以得到环节相应的传递函数，同样，通过变量代换，也可以从传递函数得到相应的微分方程。

3. 阶跃响应特性法

环节的特性是环节内在性质的反映，与输入信号的具体形式无关。但是，只有在输入信号作用下，环节才进入动态过程，输出信号发生变化才能使环节的特性表现出来，人们才能对环节的动态特性进行比较直观的研究。显然，不同形式的输入信号作用下，输出信号的变化过程是不一样的。设输入信号为

$$x(t)=\begin{cases}x_0 & t\geqslant 0\\ 0 & t<0\end{cases}$$

它的拉氏变换为

$$X(s)=L[x(t)]=\frac{x_0}{s}$$

若环节的传递函数为 $W(s)$，则它的阶跃响应为

$$y(t)=L^{-1}[Y(s)]=L^{-1}[W(s)X(s)]=L^{-1}[W(s)\frac{x_0}{s}] \tag{1-5}$$

当环节的传递函数给定后，它的阶跃响应也就确定了。这就是说，求取阶跃响应也是研究环节动态特性的一种方法。由高等数学知识知道，已知象函数 $Y(s)$，查拉氏变换表可以求出它对应的时间函数 $y(t)$。附表2列出了常用函数的拉氏变换，如果已知环节的传递函

数 $W(s)$，查表就可求得环节的阶跃响应。

【例 1 - 2】　设【例 1 - 1】RC 电路的输入信号为

$$u_1(t)=\begin{cases}U_0 & t\geqslant 0\\ 0 & t<0\end{cases}$$

输入信号的拉氏变换为

$$U_1(s)=L[u_1(t)]=\frac{U_0}{s}$$

由前面的例题分析已知

$$U_2(s)=\frac{1}{RCs+1}U_1(s)=\frac{1}{RCs+1}\frac{U_0}{s}$$

$$u_2(t)=L^{-1}\left[\frac{U_0}{(RCs+1)s}\right] \tag{1 - 6}$$

查拉氏变换对照表，得

$$u_2(t)=U_0(1-e^{-\frac{t}{RC}})$$

当 t 趋向于 0（$t\to 0$）时有

$$u_2(t)=U_0(1-e^{-0})=U_0(1-1)=0$$

当 t 趋向于无穷大（$t\to\infty$）时有

$$u_2(t)=U_0(1-e^{-\infty})=U_0(1-0)=U_0$$

把在阶跃信号作用下，环节输出信号随时间的变化规律用曲线表示出来，便得到环节的阶跃响应曲线，如图1 - 13所示。

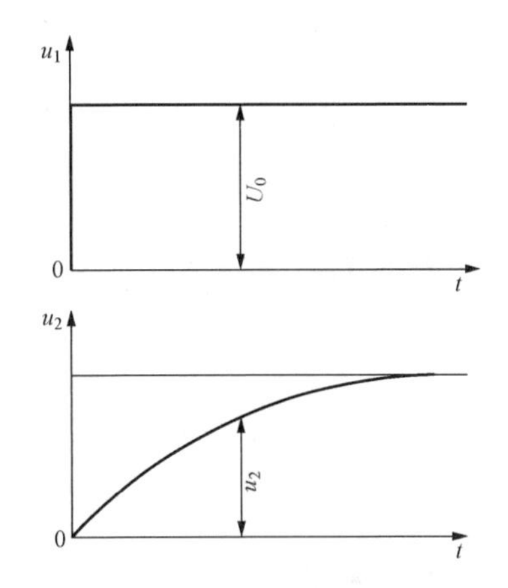

图 1 - 13　RC 电路的阶跃响应曲线

阶跃响应曲线的物理意义十分明确。$t=0$ 时加入输入信号 U_0，由于初始条件为零，电容上电压不能突变，输出电压 $u_2=0$，输入电压全部加在 R 上，电路中电流最大（$i=U_0/R$），也即对电容的充电电流最大，u_2 随时间上升的速度最大。随着时间推移，u_2 不断上升，电路中电流逐渐减小［$i=(U_0-u_2)/R$］，u_2 上升速度越来越小。最后，电路中的电流趋于零，电阻上的电压也趋于零，u_2 趋于 u_1，直到 $u_2=u_1=U_0$ 为止，过渡过程才结束。可见，利用阶跃响应特性曲线分析环节的特性，具有形象直观的优点。

在电厂生产过程中，有许多输入信号近似于阶跃信号，如负荷突然变化，阀门、挡板的开与关等。因此，阶跃响应能比较直观、比较接近生产实际地反映出环节的输出信号在扰动作用下的变化情况。只要生产过程允许，一般也比较容易通过控制机构（如控制阀门）或扰动机构造成一个阶跃输入扰动。所以常在现场用阶跃响应试验来检验控制系统的工作性能。另一方面，有些实际的被控对象，用建立微分方程的方法求取动态特性往往十分困难，用阶跃响应试验求取其阶跃响应曲线却比较容易。在实际生产过程中，往往是先通过试验求取被控对象的阶跃响应曲线，再根据曲线所包含的对象动态特性的信息确定对象近似的传递函数。有时，利用理论建模得到的数学模型（即对象特性传递函数），也要通过阶跃特性试验来验证。因此，阶跃响应特性法也是研究环节动态特性的一种有效方法。

另外还有一些研究系统动态特性的方法，如频率特性法、状态变量法等，这里不再一一赘述。

二、典型环节的动态特性

环节是组成系统的基本单元。任何复杂的控制系统，总是由若干个简单的环节按一定的连接方式组合而成的。环节的具体结构可能千差万别，但描述它们动态特性的数学模型，即微分方程及传递函数的形式却只有几种。因此，多种多样的环节就可以归纳为几种典型的环节，包括比例环节、积分环节、惯性环节、微分环节、纯迟延环节和二阶环节。

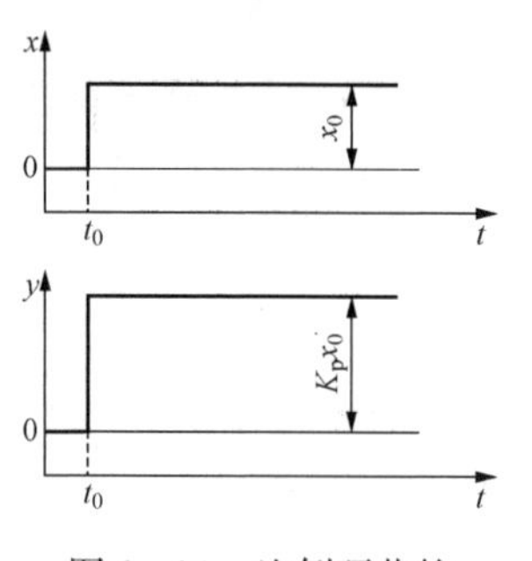

图 1-14　比例环节的阶跃响应曲线

1. 比例环节

比例环节是最简单的环节，其输出信号 $y(t)$ 与输入信号 $x(t)$ 是同类型的时间函数且成比例关系，它的动态方程为

$$y(t)=K_{p}x(t) \tag{1-7}$$

式中：K_p 为环节的比例系数。

比例环节的传递函数为

$$W(s)=\frac{Y(s)}{X(s)}=K_{p} \tag{1-8}$$

比例环节的阶跃响应曲线如图 1-14 所示。比例环节的实例很多，如杠杆等。

2. 积分环节

积分环节输出量的变化速度与输入量成正比。积分环节的动态方程为

$$\frac{dy(t)}{dt}=K_{i}x(t) \tag{1-9}$$

式（1-9）等号两边同时取积分，得

$$y(t)=K_{i}\int_{0}^{t}x(t)dt=\frac{1}{T_{i}}\int_{0}^{t}x(t)dt$$

式中：T_i 为积分时间。

积分环节的传递函数为

$$W(s)=\frac{Y(s)}{X(s)}=\frac{1}{T_{i}s} \tag{1-10}$$

积分环节的阶跃响应曲线如图 1-15 所示。

积分环节的实例很多。例如储藏物质、能量的元件，以流量作为输入信号，以表征储存物质或者能量多少的参数作为输出信号，其动态特性就属于积分环节，如单容水箱、电容电路。

3. 一阶惯性环节

一阶惯性环节的动态方程为

$$T_{c}\frac{dy(t)}{dt}+y(t)=Kx(t) \tag{1-11}$$

一阶惯性环节的传递函数为

$$W(s)=\frac{Y(s)}{X(s)}=\frac{K}{T_{c}s+1} \tag{1-12}$$

一阶惯性环节的阶跃响应曲线如图 1-16 所示，是一条指数曲线。

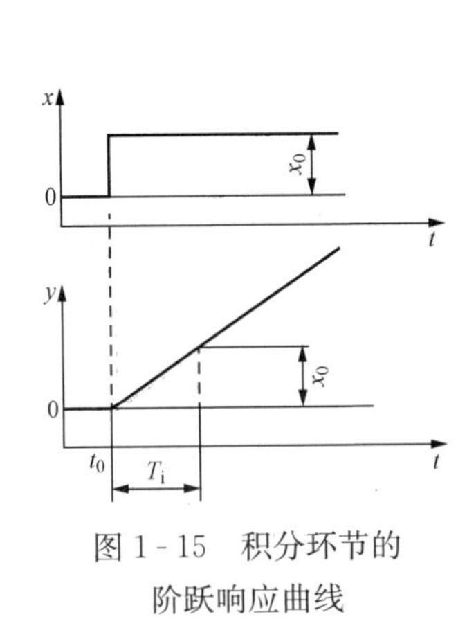

图 1-15　积分环节的阶跃响应曲线

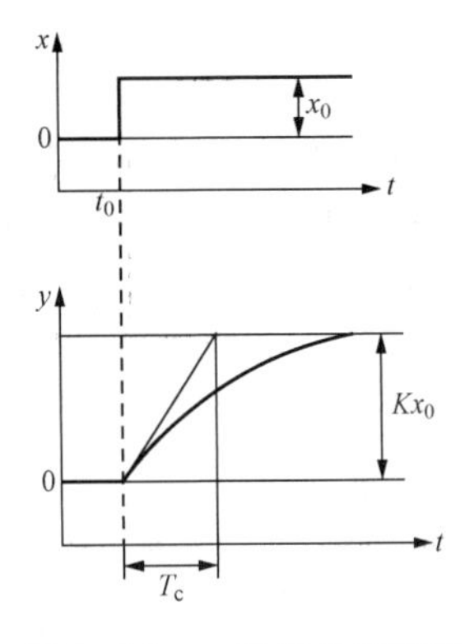

图 1-16　一阶惯性环节的阶跃响应曲线

一阶惯性环节的例子很多，前面介绍的 RC 电路，以 u_2 为输出信号就是一阶惯性环节。

惯性环节在结构上有一个共同特点，即内部都是由一个阻力（电阻、水阻）和一个容量（电容、水容）组成的。由于具有一定的容量，并存在一定的流动阻力，所以在输入量（物料或者能量）发生阶跃变化时，惯性环节的物理状态不能发生突变，输出量不能及时反映输入量的变化，因而表现出具有一定的惯性。环节惯性的大小取决于环节内部的阻力和容量。

4. 微分环节

（1）理想微分环节。理想微分环节的输出信号与输入信号的变化速度成比例。

理想微分环节的动态方程为

$$y(t)=T_{\mathrm{d}}\frac{\mathrm{d}x(t)}{\mathrm{d}t} \tag{1-13}$$

式中：T_{d} 为理想微分环节的时间常数。

理想微分环节的传递函数为

$$W(s)=\frac{Y(s)}{X(s)}=T_{\mathrm{d}}s \tag{1-14}$$

在阶跃输入信号作用下，理想微分环节的输出特性如图 1-17(a)所示。当输入有一个阶跃变化时，输出突然升至无穷大，然后瞬时回复到零。

理想微分环节的斜坡响应曲线如图 1-17(b)所示。从曲线上可以看出，过渡过程一开始，输出信号就达到并保持了 v_0T_{d} 的数值，而输入信号要经过时间 T_{d} 后才能上升到 v_0T_{d}。从这个意义上说，输出信号比输入信号超前了一段时间 T_{d}，这使环节在初始阶段有一个较输入信号强的输出作用，即微分环节在起始阶段有加强作用，故有时称微分时间常数 T_{d} 为超前时间，T_{d} 越大，超前作用越强。

（2）实际微分环节。由于实际设备的能量总是有限的，而且设备都具有一定的惯性，在实际工业过程自动控制中，经常使用的是具有一定惯性的微分环节，称为实际微分环节。

一阶实际微分环节的动态方程为

$$T_{\mathrm{D}}\frac{\mathrm{d}y(t)}{\mathrm{d}t}+y(t)=K_{\mathrm{D}}T_{\mathrm{D}}\frac{\mathrm{d}x(t)}{\mathrm{d}t} \tag{1-15}$$

式中：T_{D} 为实际微分环节的时间常数；K_{D} 为实际微分环节的传递系数（微分增益）。

一阶实际微分环节的传递函数为

$$W(s)=\frac{Y(s)}{X(s)}=\frac{K_D T_D s}{T_D s+1}=\frac{K_D}{T_D s+1}\cdot T_D s \tag{1-16}$$

一阶实际微分环节的阶跃响应曲线如图 1-18 所示，是一条指数曲线。与理想微分环节类似，在阶跃信号加入的瞬间，输出信号有一个跃变。但这个跃变值是有限的，随后输出信号开始按指数规律衰减。当 t 趋于无穷大时，y 的变化速度趋于零，输出信号恢复到初始值。在起始点变化速度最大，输出值也最大。

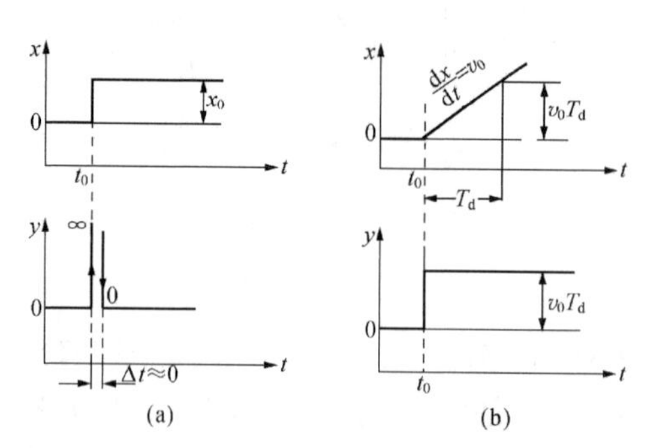

图 1-17　微分环节的响应曲线
(a) 阶跃输入；(b) 斜坡输入

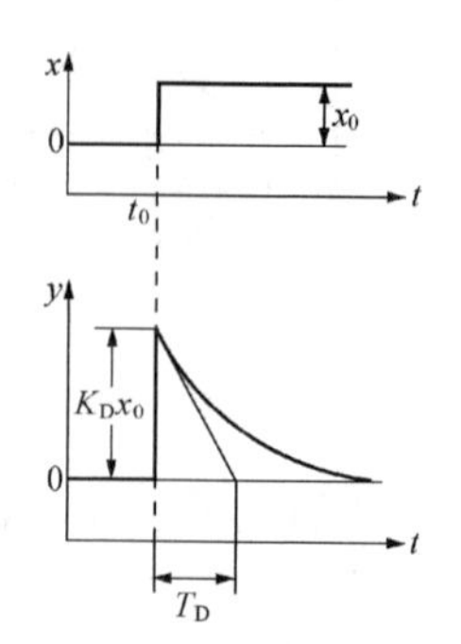

图 1-18　一阶实际微分环节的阶跃响应曲线

实际微分环节的实例很多。在 RC 串联电路中，如果取电阻上电压 u_R 为输出信号，该电路就是实际微分环节的一个例子。

5. 纯迟延环节

热工对象常常具有一定的迟延性，如火电厂中的输煤皮带。由于输入点与输出点之间有一定的距离，所以输出信号比输入信号落后了一段时间。这种输出信号与输入信号的形式完全相同而只是落后了一段时间的环节，称为纯迟延环节。

纯迟延环节的动态方程为

$$y(t)=x(t-\tau_0) \tag{1-17}$$

式中：τ_0 为纯迟延时间，即输出信号落后于输入信号的时间。

纯迟延环节的传递函数为

$$W(s)=\frac{Y(s)}{X(s)}=e^{-\tau_0 s} \tag{1-18}$$

纯迟延环节的阶跃响应曲线如图 1-19 所示。如果输入信号是一个阶跃信号，则纯迟延环节的输出信号也是一个与输入大小相同的阶跃信号，只是时间上落后了 τ_0。

凡是在空间存在一定的距离，而信号只能以有限速度传递的元件或设备，均属于纯迟延环节。

6. 二阶振荡环节

二阶振荡环节的动态方程为

$$T^2\frac{d^2}{dt^2}y(t)+2\zeta T\frac{d}{dt}y(t)+y(t)=x(t) \tag{1-19}$$

二阶振荡环节的传递函数为

$$W(s)=\frac{Y(s)}{X(s)}=\frac{1}{T^2s^2+2\zeta Ts+1} \tag{1-20}$$

令 $\omega_n=\dfrac{1}{T}$，则

$$W(s)=\frac{\omega_n^2}{s^2+2\zeta\omega_n s+\omega_n^2} \tag{1-21}$$

式中：ω_n 为二阶振荡环节的无阻尼自然振荡频率；ζ 为二阶振荡环节的阻尼比。

当输入量 $x(t)$ 为阶跃信号时，输出量 $y(t)$ 将可能呈现振荡特性。无阻尼自然振荡频率 ω_n 和阻尼比 ζ 是决定 $y(t)$ 的振荡特性的两个重要参数。

图 1-20 所示的 RLC 网络即为二阶振荡环节。

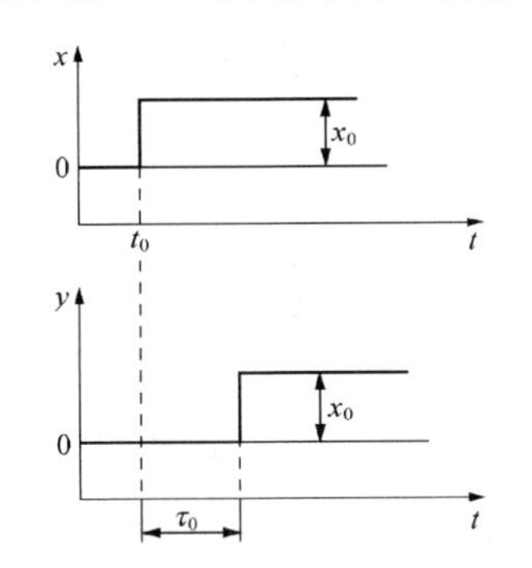

图 1-19　纯迟延环节的阶跃响应曲线

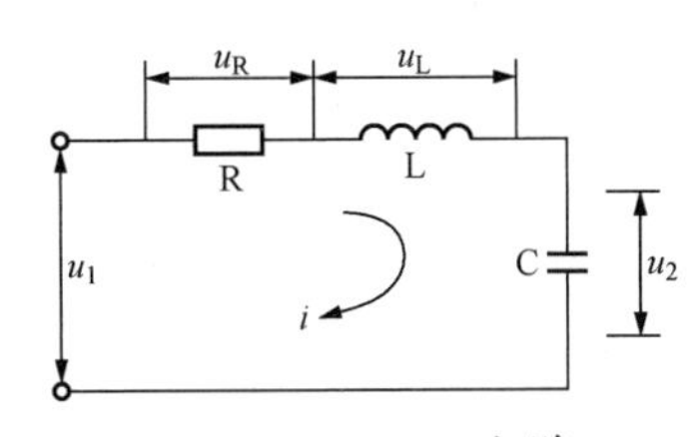

图 1-20　RLC 电路

三、环节的基本连接方式

研究环节特性，就是要研究系统的动态特性，从而研究系统的动态性能。从构成控制系统的方框图看，自动控制系统总是由一些典型的环节按照一定的信号传递关系组合而成的。虽然这些环节的连接方式是多种多样的，有时甚至是很复杂的，但其方框图经过简化后，环节之间的连接方式总可以归纳成为串联、并联和反馈连接等几种典型的连接方式。因此，掌握方框图在几种典型连接方式下系统传递函数的综合方法是十分重要的。

1. 环节的串联

若干个环节串接起来称为环节的串联，如图 1-21 所示。串联连接的环节，前一环节的输出为后一环节的输入，其中任一环节的输出对前面的环节无反向作用。

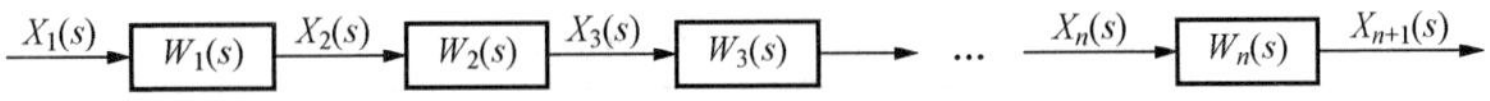

$X_1(s)$ → $W_1(s)$ → $X_2(s)$ → $W_2(s)$ → $X_3(s)$ → $W_3(s)$ → … $X_n(s)$ → $W_n(s)$ → $X_{n+1}(s)$

图 1-21　环节的串联

设各串联环节的传递函数分别为 $W_1(s)$、$W_2(s)$、$W_3(s)$、…、$W_n(s)$，那么，各环节串联后总的传递函数为

$$\begin{aligned}W(s)&=\frac{X_{n+1}(s)}{X_1(s)}=\frac{X_2(s)}{X_1(s)}\frac{X_3(s)}{X_2(s)}\cdots\frac{X_{n+1}(s)}{X_n(s)}\\&=W_1(s)W_2(s)W_3(s)\cdots W_n(s)\end{aligned} \tag{1-22}$$

由此可见，若干个环节串联后总的传递函数等于各串联环节传递函数的乘积。

2. 环节的并联

几个环节同时受一个输入信号的作用，而输出信号又汇合在一起，如图 1-22 所示，环节的这种连接方式称为并联。

设各并联环节的传递函数分别为 $W_1(s)$、$W_2(s)$、$W_3(s)$，则并联后总的传递函数为

$$W(s)=\frac{Y(s)}{X(s)}=\frac{Y_1(s)-Y_2(s)+Y_3(s)}{X(s)}$$

$$=W_1(s)-W_2(s)+W_3(s) \tag{1-23}$$

由此可见，并联环节的总传递函数为各并联环节传递函数的代数和。

3. 环节的反馈连接

两个环节按图 1-23 所示的方式首尾相连，形成一个闭合回路，这种连接方式称为反馈连接。其中 $X_1(s)$为系统的输入信号，$Y(s)$为系统的输出信号，$X_2(s)$为系统的反馈信号。正向通道中的环节 $W_1(s)$称为正向环节，反馈通道中的环节 $W_2(s)$称为反馈环节。反馈方式分为负反馈和正反馈两类。

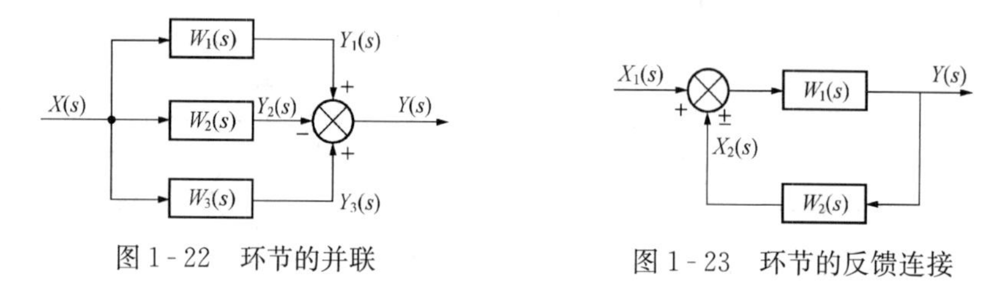

图 1-22　环节的并联　　图 1-23　环节的反馈连接

（1）负反馈连接。负反馈时，正向环节的输入、输出信号间的关系为

$$Y(s)=W_1(s)[X_1(s)-X_2(s)]$$

反馈环节的输入、输出信号间的关系为

$$X_2(s)=W_2(s)Y(s)$$

整理后得环节总的传递函数为

$$W(s)=\frac{Y(s)}{X_1(s)}=\frac{W_1(s)}{1+W_1(s)W_2(s)} \tag{1-24}$$

（2）正反馈连接。正反馈时，正向环节与反馈环节输入、输出信号间的关系分别为

$$Y(s)=W_1(s)[X_1(s)+X_2(s)]$$

$$X_2(s)=W_2(s)Y(s)$$

环节总的传递函数为

$$W(s)=\frac{Y(s)}{X_1(s)}=\frac{W_1(s)}{1-W_1(s)W_2(s)} \tag{1-25}$$

由此可见，环节反馈连接后总的传递函数是一个分数表达式。分子是从输入端到输出端正向通路各传递函数的乘积，分母是 1 加上（负反馈时）或减去（正反馈时）由反馈构成的闭合回路中各环节传递函数的乘积。

环节按负反馈连接后，传递函数也可写为

$$W(s)=\frac{1}{\dfrac{1}{W_1(s)}+W_2(s)}$$

若 $W_1(s)=K$(常系数)，且 $K\gg1$，则

$$W(s)\approx\frac{1}{W_2(s)} \tag{1-26}$$

这就是说，当正向环节具有比例性质，且其比例系数很大时，闭环系统的动态性质主要

取决于反馈环节的特性，而与正向环节的特性无关。根据这个原则，可以设计出具有不同动态特性的常规模拟控制器，也可以用反馈原理改善电子电路的性能。

对于反馈连接，若从反馈点 $X_2(s)$ 处断开回路，则系统由闭环形式转变为开环形式，此开环系统的传递函数为

$$W_K(s) = W_1(s)W_2(s) \tag{1-27}$$

而闭环后的反馈连接传递函数也可写成

$$W_B(s) = \frac{W_1(s)}{1 \pm W_K(s)} \tag{1-28}$$

以上三种基本结构的等效变换是方框图等效变换中最常用的方式。但是，闭环系统方框图往往既包含了这些基本连接方式，又有这些连接方式的交错。通过方框图的等效变换，可求出系统在不同输入作用下的传递函数。

第三节　自动控制系统时域分析

分析和设计系统的首要工作，是确定系统的数学模型。一旦建立了合理的、便于分析的数学模型，就可以对已组成的控制系统的动态性能和稳态性能进行分析，从而得出改善系统性能的措施。

一、概述

一个自动控制系统设计得成功与否，取决于该系统能否对现场各种干扰引起的被控量变化起到良好的控制作用。因此，在设计自动控制系统时，应该根据系统实际运行时可能受到的干扰，以及经常的输入信号作用形式，对其工作性能进行必要的分析研究。在工程上常用的一种分析方法是，对控制系统施加与现场实际相吻合的、随时间变化的输入信号，求得控制系统输出（即被控量）的时间响应，从而分析研究控制系统的工作性能。为了便于研究，需要对现场实际输入信号进行近似的抽象处理，处理后的信号也要尽量符合控制系统实际工作时的输入信号。这样，就可以既简化分析过程中的数学运算，又使分析结果具有实际意义。这种方法就是控制系统的瞬态时域分析法。

（一）典型输入信号

为了便于分析、比较各种控制系统的性能，采用一些所谓的典型输入信号。于是，对系统输入信号进行典型化处理后，就可以比较系统性能的优劣。

1. 典型输入信号的选取原则

典型输入信号的选取既应大致反映系统的实际工作情况，又应力求形式简单以便于分析，此外还必须选取使系统处于最不利情况下的输入信号。如果系统在典型输入信号作用下的性能能够满足要求，则认为系统在实际输入信号作用下的性能也能令人满意。

另外，所选取的典型输入信号应易于利用叠加原理。对于任意形式的输入信号，可视其为某些典型输入信号的叠加组合，从而得出输出的形状。

2. 常用的典型输入信号

在控制工程中，常用的典型输入信号有以下几种。

（1）阶跃函数。如前所述，阶跃函数的函数式为

$$r(t) = \begin{cases} R & t \geq 0 \\ 0 & t < 0 \end{cases}$$

式中：R 是常数，称为阶跃函数的阶跃值。

当 $R=1$ 时的阶跃函数称为单位阶跃函数，记为 $1(t)$，如图 1-24（a）所示。单位阶跃函数的拉氏变换为

$$R(s)=L[1(t)]=\frac{1}{s}$$

在 $t=0$ 处的阶跃信号，相当于一个不变的信号突然加到系统上，如指令的突然转换、电源的突然接通、负荷的突变等，都可视为阶跃作用。

（2）斜坡函数。斜坡函数的定义为

$$r(t)=\begin{cases}Rt & t\geqslant 0\\ 0 & t<0\end{cases}$$

这种函数相当于随动系统中加入一个按恒定速度变化的位置信号，该恒定速度为 R。当 $R=1$时，称为单位斜坡函数，如图 1-24(b)所示。单位斜坡函数的拉氏变换为

$$R(s)=L[t]=\frac{1}{s^2}$$

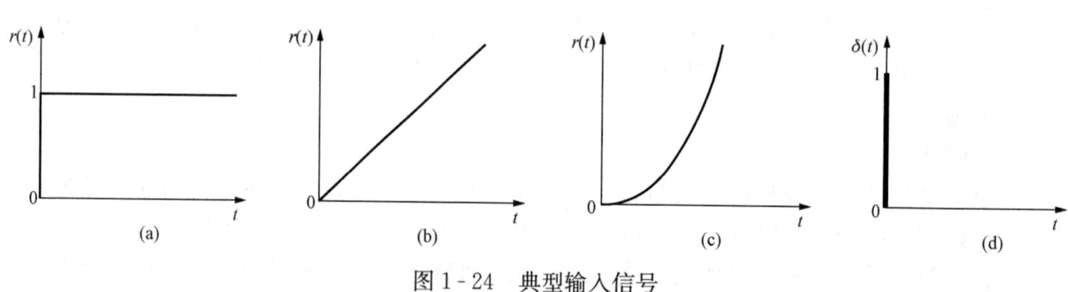

图 1-24　典型输入信号

（a）单位阶跃函数；（b）单位斜坡函数；（c）单位抛物线函数；（d）理想单位脉冲函数

（3）抛物线函数。抛物线函数的定义为

$$r(t)=\begin{cases}\dfrac{1}{2}Rt^2 & t\geqslant 0\\ 0 & t<0\end{cases}$$

这种函数相当于随动系统中加入一个按照恒加速度变化的位置信号，加速度为 R。当 $R=1$时，称为单位抛物线函数，如图 1-24(c)所示。单位抛物线函数的拉氏变换为

$$R(s)=L\left[\frac{1}{2}t^2\right]=\frac{1}{s^3}$$

（4）单位脉冲函数。其定义为

$$\begin{cases}r(t)=\delta(t)=\begin{cases}\infty & t\geqslant 0\\ 0 & t<0\end{cases}\\ \int_{-\infty}^{+\infty}\delta(t)\mathrm{d}t=1\end{cases}$$

单位脉冲函数的积分面积是 1。理想单位脉冲函数如图 1-24(d)所示，其拉氏变换为

$$R(s)=L[\delta(t)]=1$$

理想单位脉冲函数在现实中是不存在的，只有数学上的意义。在系统分析中，它是一个重要的数学工具。此外，在实际中有很多信号与脉冲函数相似，如脉冲电压信号、冲击力、阵风等。

（5）正弦函数。其定义为

$$r(t)=A\sin\omega t$$

式中：A 为振幅；ω 为角频率。

其拉氏变换为

$$R(s)=L[A\sin\omega t]=\frac{A\omega}{s^2+\omega^2}$$

用正弦函数作为输入信号，可以求得系统对不同频率的正弦输入函数的稳态响应，由此可以间接判断系统的性能。

究竟选择哪种典型函数作为输入信号，应结合系统的实际工作情况来考虑。如果在实际工作中，系统承受的输入多为突然变化的信号，则用阶跃信号作为典型输入比较恰当，如炉温控制系统；如果系统在实际工作中受到随时间变化的输入作用，则用斜坡函数作为典型输入，如跟踪卫星的天线控制系统；当系统的实际输入信号是冲击输入量时，则采用脉冲函数作为典型输入更符合实际。

（二）时域性能指标

时域中评价系统的暂态性能，通常以系统对单位阶跃输入信号的暂态响应为依据，这时系统的暂态响应曲线称为单位阶跃响应或单位过渡特性，典型的单位阶跃响应曲线如图1-25所示。为了评价系统的暂态性能，规定如下指标：

（1）延迟时间 t_d。指输出响应第一次达到稳态值的50%所需的时间。

（2）上升时间 t_r。指输出响应从稳态值的10%上升到90%所需的时间。对有振荡的系统，则取响应从零到第一次达到稳态值所需的时间。

（3）峰值时间 t_p。指输出响应超过稳态值而达到第一个峰值所需时间。

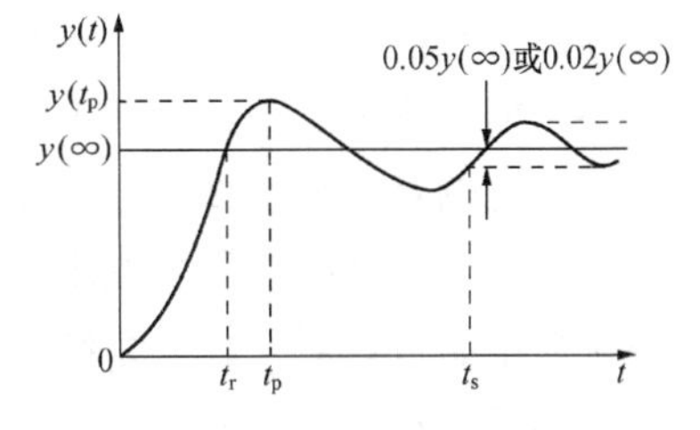

图1-25　具有衰减振荡的单位阶跃响应曲线

（4）调整时间 t_s。指当输出量 $y(t)$ 和稳态值 $y(\infty)$ 之间的偏差达到允许范围［一般取±2%或±5% $y(\infty)$］并维持在该允许范围以内所需的最小时间。

（5）最大超调量（或称超调量）$\sigma_p\%$。指暂态过程中输出响应的最大值超过稳态值的百分数，即

$$\sigma_p\%=\frac{y(t_p)-y(\infty)}{y(\infty)}\times100\% \tag{1-29}$$

（6）振荡次数 N。指在调整时间 t_s 内，被控量 $y(t)$ 穿越其稳态值 $y(\infty)$ 直线的次数之半，即

$$N=\frac{t_s}{t_f} \tag{1-30}$$

$$t_f=2\pi/\omega_d$$

式中：t_f 为阻尼振荡周期；ω_d 为阻尼振荡频率。

上述几项指标中，峰值时间 t_p、上升时间 t_r 和延迟时间 t_d 均表征系统响应初始阶段的快慢；调整时间 t_s 表示系统过渡过程的持续时间，从总体上反映了系统的快速性；超调量

$\sigma_p\%$及振荡次数 N 则标志暂态过程的稳定性。

二、线性系统的稳定性

（一）概念

一个线性系统正常工作的首要条件，就是它必须是稳定的。稳定性是指系统受到扰动作用后偏离原来的平衡状态，在扰动作用消失后，经过一段过渡过程时间能否回复到原来的平衡状态或足够准确地回复到原来的平衡状态的性能。若系统能恢复到原来的平衡状态，则认为系统是稳定的；若扰动消失后系统不能恢复到原来的平衡状态，则认为系统是不稳定的。线性系统的稳定性取决于系统本身固有的特性，与扰动信号无关。

（二）线性系统稳定的充分必要条件

线性系统的稳定性取决于瞬时扰动取消后暂态分量的衰减与否，而暂态分量的衰减与否，又取决于系统闭环传递函数的极点(系统的特征根)在 s 平面(即根平面)的分布。如果所有极点都分布在 s 平面的左侧，系统的暂态分量将逐渐衰减为零，则系统是稳定的；如果有极点分布在 s 平面的虚轴上，则系统的暂态分量做等幅振荡，系统处于临界稳定状态；如果有极点分布在 s 平面的右侧，系统具有发散的暂态分量，则系统是不稳定的。所以，线性系统稳定的充分必要条件是，系统特征方程式所有的根（即闭环传递函数的极点）全部为负实数或具有负实部的共轭复数，也就是所有的极点分布在 s 平面虚轴的左侧。

由于求解高阶系统特征方程式的根很复杂，所以对高阶系统一般都采用间接方法判断其稳定性。常用的间接方法是利用代数稳定判据（劳斯判据、古尔维茨判据）和频率法稳定判据（奈奎斯特判据）分析系统的稳定性。

三、控制系统的暂态响应分析

在时域内对系统微分方程求解，以获得系统的响应是时域法的本质。这对一阶系统、二阶系统简单易行，对于高阶系统来说则比较复杂。但高阶系统在大多数情况下可以近似为一阶系统或二阶系统，因此，对一阶系统和二阶系统的研究成为研究高阶系统的基础，具有普遍意义。

（一）一阶系统的暂态响应分析

凡其动态特性可用一阶微分方程描述的系统称为一阶系统。

一阶系统的动态方程为

$$T\frac{\mathrm{d}y(t)}{\mathrm{d}t}+y(t)=r(t) \tag{1-31}$$

传递函数为

$$W(s)=\frac{Y(s)}{R(s)}=\frac{1}{Ts+1} \tag{1-32}$$

式中：T 称为时间常数。

T 是表征系统惯性的一个重要参数，所以一阶系统也称惯性环节。式（1-32）称为一阶系统的数学模型。令输入信号为不同形式的时间函数，利用拉普拉斯反变换，即可求得一阶系统的各种输出响应。

设一阶系统的输入信号为单位阶跃函数 $x(t)=1(t)$，则系统输出量的拉氏变换为

$$Y(s)=\frac{1}{s(Ts+1)}=\frac{1}{s}-\frac{T}{Ts+1}$$

对上式进行拉氏反变换，得单位阶跃响应为

$$y(t)=1-e^{-t/T} \qquad (t\geqslant 0) \tag{1-33}$$

或

$$y(t)=Y_{ss}+Y_{tt}$$

式中：$Y_{ss}=1$，代表输出量中的稳态分量，反映控制系统跟踪控制信号或抑制扰动信号的能力和准确度，是控制系统的重要特性之一；$Y_{tt}=-e^{-t/T}$，代表输出量中的暂态分量，反映控制系统的动态性能，是控制系统的另一个重要特性。

对于稳定的系统，当时间 t 趋于无穷大时，Y_{tt}衰减为零。

一阶系统的单位阶跃响应曲线如图 1-26 所示，是一条初始值为零、以指数规律上升到稳态值 1 的曲线。由于响应曲线在 [0，∞) 的时间区间内始终不会超过其稳态值，所以通常把这样的响应称为非周期响应。一阶系统的非周期响应具备两个重要的特点：

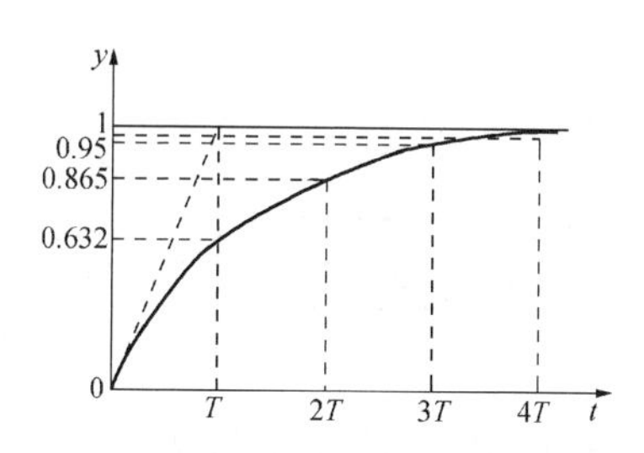

图 1-26　一阶系统的单位阶跃响应曲线

(1) 可以用时间常数 T 去度量系统输出量的数值。例如当 $t=T$ 时，$y(t)$的数值等于其稳态值的 63.2%；而当 t 等于 $2T$、$3T$ 和 $4T$ 时，$y(t)$的数值分别等于稳态值的 86.5%、95%和 98.2%。根据这个特点，可以用实验的方法确定待测系统是否属于一阶系统，或等效一阶系统。

(2) 响应曲线的初始斜率等于 $1/T$。因为有

$$\left.\frac{dy(t)}{dt}\right|_{t=0}=\left.\frac{1}{T}e^{-t/T}\right|_{t=0}=\frac{1}{T} \tag{1-34}$$

这表明一阶系统的单位阶跃响应如果以初始速度等速上升至稳态值 1，所需要的时间恰好为 T。式 (1-34) 是在单位阶跃响应实验曲线上确定一阶系统时间常数的方法之一。

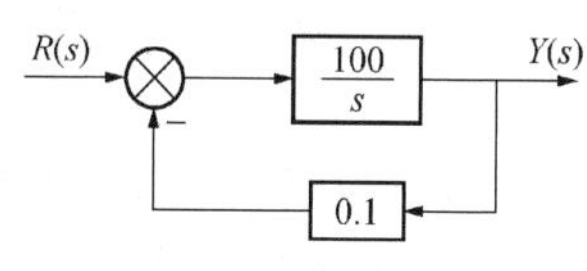

图 1-27　【例 1-3】图

根据暂态性能指标的定义，可以求得调节时间：$t_s=3T$（对应 5%误差带）；$t_s=4T$（对应 2%误差带）。显然，时间常数 T 越小，调整时间 t_s 越小，响应的快速性也越好。

同理求得延迟时间为 $t_d=0.69T$；上升时间为 $t_r=2.20T$；而峰值时间 t_p 和超调量 $\sigma_p\%$显然都不存在。

【例 1-3】　一阶系统的结构如图 1-27 所示。试求系统单位阶跃响应的调整时间 t_s。如果要求 $t_s\leqslant 0.1s$，试求系统的反馈系数。

解　由系统结构图写出闭环传递函数为

$$W(s)=\frac{Y(s)}{R(s)}=\frac{\frac{100}{s}}{1+\frac{100}{s}\times 0.1}=\frac{10}{0.1s+1}$$

其中时间常数为

$$T=0.1(s)$$

因此调整时间为

$$t_s=3T=0.3(s) \qquad (取 5\% 误差带)$$

接下来求满足 $t_s\leqslant 0.1s$ 的反馈系数的值。假设该值为 K_t，则同样可由结构图写出闭环

传递函数为

$$W(s)=\frac{Y(s)}{R(s)}=\frac{\frac{100}{s}}{1+\frac{100}{s}\times K_t}=\frac{\frac{1}{K_t}}{\frac{0.01}{K_t}s+1}$$

得时间常数为

$$T=0.01/K_t(\mathrm{s})$$

根据题意要求 $t_s\leqslant 0.1\mathrm{s}$，则

$$t_s=3T=0.03/K_t\leqslant 0.1$$

所以有

$$K_t\geqslant 0.3$$

（二）二阶系统的暂态响应分析

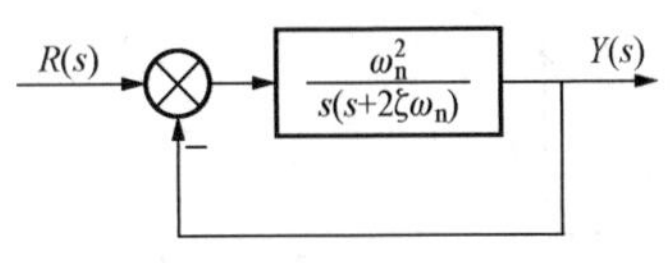

图 1 - 28　典型二阶系统的结构图

由二阶微分方程描述的系统称为二阶系统，在控制工程中应用极为广泛。图 1 - 28 所示为典型二阶系统的动态结构图，系统的传递函数为

$$W(s)=\frac{\omega_n^2}{s^2+2\zeta\omega_n s+\omega_n^2} \tag{1-35}$$

二阶系统的特征方程为

$$s^2+2\zeta\omega_n s+\omega_n^2=0 \tag{1-36}$$

特征根为

$$s_{1,2}=-\zeta\omega_n\pm\omega_n\sqrt{\zeta^2-1} \tag{1-37}$$

当 $\zeta>1$ 时，系统有两个不相等的负实根，称为过阻尼状态；当 $\zeta=1$ 时，系统有两个相等的负实根，称为临界阻尼状态；当 $0<\zeta<1$ 时，系统有一对实部为负的共轭复根，系统时间响应具有振荡特性，称为欠阻尼状态；当 $\zeta=0$ 时，系统有一对纯虚根，称为无阻尼状态，系统时间响应为持续的等幅振荡。

图 1 - 29 所示为二阶系统的单位阶跃响应曲线，可以看出，在不同阻尼比时，二阶系统的暂态响应有很大区别。当 $\zeta=0$ 时，系统不能正常工作；而在 $\zeta=1$ 时，系统的暂态响应又进行得太慢。所以，对二阶系统来说，欠阻尼情况（$0<\zeta<1$）是最有意义的，下面讨论这种情况下的暂态响应及暂态性能指标。

1. 欠阻尼情况的暂态响应分析

由于 $0<\zeta<1$，若令 $\sigma=\zeta\omega_n$，$\omega_d=\omega_n\sqrt{1-\zeta^2}$，则

$$s_{1,2}=-\zeta\omega_n\pm j\omega_n\sqrt{1-\zeta^2}=-\sigma\pm j\omega_d \tag{1-38}$$

式中：σ 为衰减系数，是具有频率的量纲；ω_d 为阻尼振荡频率。

两极点是一对共轭复极点且具有负实部，因而位于 s 平面的左半部分。

当输入信号为单位阶跃函数时，系统输出量的拉氏变换为

$$Y(s)=\frac{\omega_n^2}{s^2+2\zeta\omega_n s+\omega_n^2}\times\frac{1}{s}=\frac{1}{s}-\frac{s+2\zeta\omega_n}{s^2+2\zeta\omega_n s+\omega_n^2}$$

$$=\frac{1}{s}-\frac{s+\zeta\omega_n}{(s+\zeta\omega_n)^2+\omega_d^2}-\frac{\zeta\omega_n}{(s+\zeta\omega_n)^2+\omega_d^2}$$

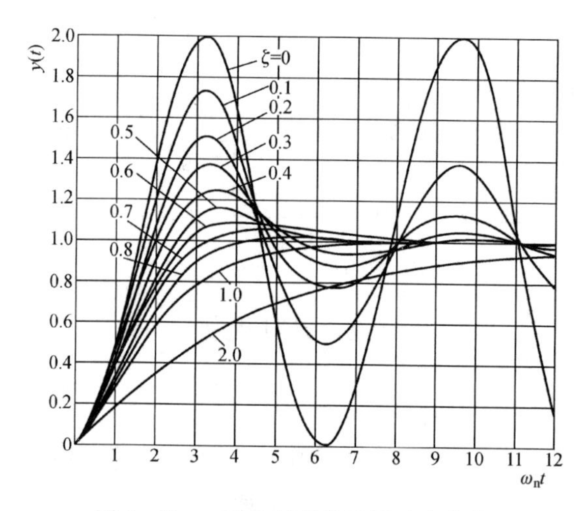

图 1-29　二阶系统单位阶跃响应曲线

$$=\frac{1}{s}-\frac{s+\zeta\omega_n}{(s+\zeta\omega_n)^2+\omega_d^2}-\frac{\zeta\omega_n}{\omega_d}\times\frac{\omega_d}{(s+\zeta\omega_n)^2+\omega_d^2}$$

对上式进行拉氏反变换可得

$$y(t)=L^{-1}[Y(s)]=1-e^{-\zeta\omega_n t}\left(\cos\omega_d t+\frac{\zeta}{\sqrt{1-\zeta^2}}\sin\omega_d t\right)\qquad(t\geqslant 0)$$

令 $\sin\beta=\sqrt{1-\zeta^2}$ 或 $\cos\beta=\zeta$，则

$$y(t)=1-\frac{1}{\sqrt{1-\zeta^2}}e^{-\zeta\omega_n t}\sin(\omega_d t+\beta)\qquad(t\geqslant 0)\tag{1-39}$$

式（1-39）中 $\beta=\arctan\frac{\sqrt{1-\zeta^2}}{\zeta}$ 或 $\beta=\arccos\zeta$，$\left(1-\frac{1}{\sqrt{1-\zeta^2}}e^{-\zeta\omega_n t}\right)$ 呈指数规律衰减。

由式（1-39）知，欠阻尼二阶系统的单位阶跃响应由两部分组成：①稳态分量 $Y_{ss}=1$，表明系统在单位阶跃函数作用下不存在稳态误差。②暂态分量 Y_{tt} 是阻尼正弦振荡项，其振荡频率为 ω_d，其数值与阻尼比 ζ 有关。由于暂态分量衰减的快慢程度取决于包络线 $1\pm\frac{e^{-\zeta\omega_n t}}{\sqrt{1-\zeta^2}}$ 的收敛快慢程度，而当阻尼比 ζ 一定时，包络线收敛的程度取决于指数函数 $e^{-\zeta\omega_n t}$ 的幂，所以称 $\sigma=\zeta\omega_n$ 为衰减系数。σ 越大，衰减越快。

2. 欠阻尼二阶系统特征量 σ、ζ、ω_n 和 ω_d 之间的关系

欠阻尼二阶系统的特征根为

$$s_{1,2}=-\zeta\omega_n\pm j\omega_n\sqrt{1-\zeta^2}=-\sigma\pm j\omega_d$$

由图 1-30 可知，衰减系数 σ 是闭环极点到虚轴的距离；阻尼振荡频率 ω_d 是闭环极点到实轴的距离；无阻尼振荡频率 ω_n 是闭环极点到原点的距离。设 $0s_1$ 与负实轴夹角为 β，则

$$\cos\beta=\frac{\zeta\omega_n}{\omega_n}=\zeta\tag{1-40}$$

3. 欠阻尼情况的暂态性能指标

(1) 上升时间 t_r。根据定义，当 $t=t_r$ 时，$y(t_r)=1$，由式（1-39）得

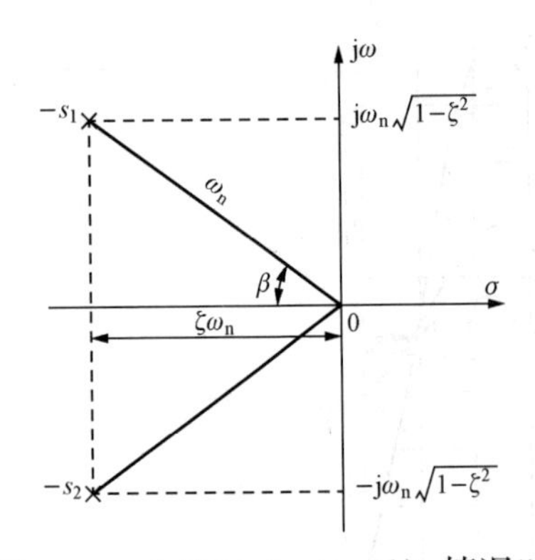

图 1-30　欠阻尼（$0<\zeta<1$）情况时特征根的分布

$$y(t_r)=1-\frac{1}{\sqrt{1-\zeta^2}}e^{-\zeta\omega_n t_r}\sin(\omega_d t_r+\beta)=1$$

则
$$\frac{1}{\sqrt{1-\zeta^2}}e^{-\zeta\omega_n t_r}\sin(\omega_d t_r+\beta)=0$$

由于 $\frac{1}{\sqrt{1-\zeta^2}}\neq 0$，$e^{-\zeta\omega_n t_r}\neq 0$，所以必有

$$\omega_d t_r+\beta=\pi$$

于是上升时间为

$$t_r=\frac{\pi-\beta}{\omega_d}=\frac{\pi-\beta}{\omega_n\sqrt{1-\zeta^2}} \tag{1-41}$$

显然，增大 ω_n 或减小 ζ，均能减小 t_r，从而加快系统的初始响应速度。

（2）峰值时间 t_p。将式（1-39）对时间 t 求导，并令其为零，可求得峰值时间 t_p，即

$$\left.\frac{dy(t)}{dt}\right|_{t=t_p}=\omega_d\cos(\omega_d t_p+\beta)-\zeta\omega_n\sin(\omega_d t_p+\beta)=0$$

从而得

$$\tan(\omega_d t_p+\beta)=\tan\beta \qquad \Rightarrow \omega_d t_p=0,\ \pi,\ 2\pi,\ 3\pi,\ \cdots$$

根据峰值时间定义，它对应最大超调量，即 $y(t)$第一次出现峰值的时间，所以应取

$$\omega_d t_p=\pi \qquad \Rightarrow t_p=\frac{\pi}{\omega_d}=\frac{\pi}{\omega_n\sqrt{1-\zeta^2}} \tag{1-42}$$

当 ζ 一定时，极点距实轴越远，t_p 越小。

（3）超调量 $\sigma_p\%$。当 $t=t_p$ 时，$y(t)$ 达最大。对于单位阶跃输入，系统的稳态值 $y(\infty)=1$，将式（1-42）代入式（1-39），得最大输出为

$$y(t)_{max}=y(t_p)=1-\frac{1}{\sqrt{1-\zeta^2}}e^{-\zeta\omega_n t_p}\sin(\omega_d t_p+\beta)=1-\frac{e^{-\zeta\pi/\sqrt{1-\zeta^2}}}{\sqrt{1-\zeta^2}}\sin(\pi+\beta)$$

又由图 1-30 可知

$$\sin(\pi+\beta)=-\sin\beta=-\sqrt{1-\zeta^2}$$

则

$$y(t_p)=1+e^{-\zeta\pi/\sqrt{1-\zeta^2}}$$

所以超调量为

$$\sigma_p\%=\frac{y(t_p)-y(\infty)}{y(\infty)}\times 100\%=e^{-\zeta\pi/\sqrt{1-\zeta^2}}\times 100\% \tag{1-43}$$

可见，超调量 $\sigma_p\%$只与 ζ 有关。ζ 越大，超调量 $\sigma_p\%$越小。

（4）调整时间 t_s。在达到稳态值之前，$y(t)$ 在两条包络线之间振荡，如图 1-31 所示。包络线方程 $1\pm\frac{1}{\sqrt{1-\zeta^2}}e^{-\zeta\omega_n t}$ 与稳态值 $y(\infty)$ 之差为$\frac{1}{\sqrt{1-\zeta^2}}e^{-\zeta\omega_n t}$。包络线衰减到 $0.05y(\infty)$ 或 $0.02y(\infty)$ 时系统稳定，即 $\frac{1}{\sqrt{1-\zeta^2}}e^{-\zeta\omega_n t}=0.05y(\infty)$ 或 $0.02y(\infty)$。

1）5%误差带。计算式为

$$e^{-\zeta\omega_n t_s}=0.05\sqrt{1-\zeta^2}$$

求得

$$t_s=\frac{1}{\zeta\omega_n}\left[3-\frac{1}{2}\ln(1-\zeta^2)\right]\approx\frac{3}{\zeta\omega_n},\quad 0<\zeta<0.9 \tag{1-44}$$

2）2%误差带。同理得

$$t_s=\frac{1}{\zeta\omega_n}\left[4-\frac{1}{2}\ln(1-\zeta^2)\right]\approx\frac{4}{\zeta\omega_n},\quad 0<\zeta<0.9 \tag{1-45}$$

（5）振荡次数 N。计算式为

$$N=\frac{t_s}{t_f}=\frac{t_s}{\dfrac{2\pi}{\omega_n\sqrt{1-\zeta^2}}}$$

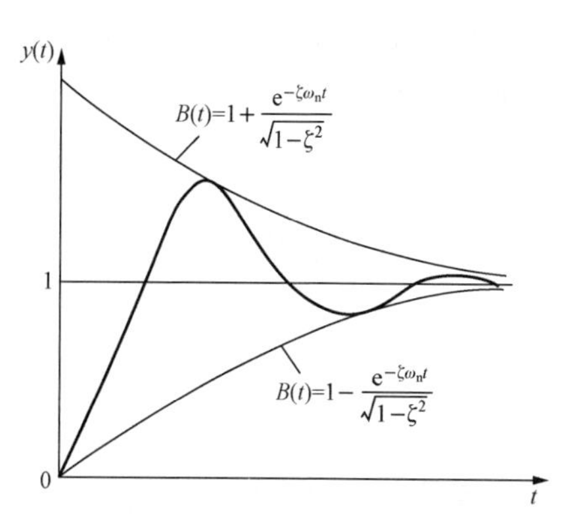

图 1-31　欠阻尼二阶系统单位响应曲线的一对包络线

对于 5%误差带有

$$t_s=\frac{3}{\zeta\omega_n}$$

则

$$N=\frac{\dfrac{3}{\zeta\omega_n}}{\dfrac{2\pi}{\omega_n\sqrt{1-\zeta^2}}}=\frac{3}{2\pi}\sqrt{\frac{1}{\zeta^2}-1} \tag{1-46}$$

由以上讨论，可以得到如下结论：

（1）阻尼比 ζ 是二阶系统的一个重要参数，由 ζ 值的大小，可以间接判断一个二阶系统的暂态品质。在过阻尼（$\zeta>1$）情况下，暂态特性为单调变化曲线，没有超调量和振荡，但调整时间较长，系统反应迟缓；而当 $\zeta\leqslant 0$ 时，输出量作等幅振荡或发散振荡，系统不能稳定工作。

（2）一般情况下，系统在欠阻尼（$0<\zeta<1$）情况下工作。但是 ζ 过小，则超调量大，振荡次数多，调整时间长，暂态特性品质差。应该注意，超调量只与阻尼比有关。因此，通常可以根据允许的超调量来选择阻尼比 ζ。

（3）调整时间与系统阻尼比 ζ 和 ω_n 这两个特征参数的乘积成反比。在阻尼比一定时，可通过改变 ω_n 来改变暂态响应的持续时间。ω_n 越大，系统的调整时间越短。

（4）为了限制超调量，并使调整时间 t_s 较短，阻尼比 ζ 一般在 0.4～0.8 之间，这时阶跃响应的超调量将在 25%～1.5%之间。

【例 1-4】　汽包锅炉水位控制系统如图1-32 所示。已知被控对象的传递函数为

$$W_0(s)=\frac{0.037}{s(1+30s)}$$

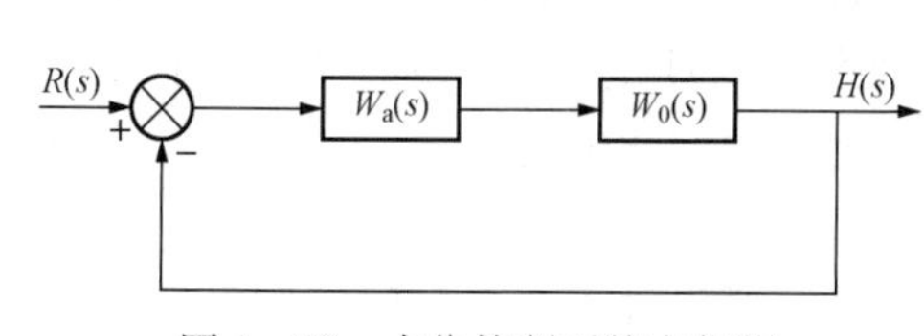

图 1-32　水位控制系统方框图

如果汽包水位控制器采用比例控制器，则

$$W_a(s)=\frac{1}{\delta}$$

试求，控制器的比例带 $\delta=160\%$时，在单位阶

跃输入作用下，该系统瞬态响应过程中各特征量的数值。

解 由图1-32可求得，锅炉汽包水位控制系统的传递函数为

$$W(s)=\frac{H(s)}{R(s)}=\frac{W_0(s)W_a(s)}{1+W_0(s)W_a(s)}$$

将给出的 $W_0(s)$ 和 $W_a(s)$ 分别代入上式得

$$W(s)=\frac{\frac{0.037}{s(1+30s)}\frac{1}{\delta}}{1+\frac{0.037}{s(1+30s)}\frac{1}{\delta}}=\frac{0.037}{30\delta s^2+\delta s+0.037}$$

可见该系统为二阶系统。将上式与二阶系统传递函数的标准形式（1-35）比较，得

$$\begin{cases}2\zeta\omega_n=\frac{\delta}{30\delta}=\frac{1}{30}\\ \omega_n^2=\frac{0.037}{30\delta}\end{cases}$$

可知当 $\delta=160\%=1.6$ 时，$\zeta=0.6$，$\omega_n=0.028\text{rad/s}$。

因为 $0<\zeta=0.6<1$，所以该二阶系统处于欠阻尼状态。对于单位阶跃输入信号 $R(s)=\frac{1}{s}$，由式（1-39）得

$$h(t)=1-\frac{1}{\sqrt{1-\zeta^2}}e^{-\zeta\omega_n t}\sin(\omega_d t+\beta)$$

根据前面求得的各特征量关系式，并将 ζ、ω_n 的数值代入，可得

$$t_r=\frac{\pi-\beta}{\omega_n\sqrt{1-\zeta^2}}=\frac{\pi-0.93}{0.0224}=98.7(\text{s})$$

$$t_p=\frac{\pi}{\omega_n\sqrt{1-\zeta^2}}=\frac{\pi}{0.0224}=140(\text{s})$$

$$\sigma_p\%=e^{-\zeta\pi/\sqrt{1-\zeta^2}}\times100\%=e^{-2.355}\times100\%=9.5\%$$

$$t_s=\frac{3}{\zeta\omega_n}=178.6(\text{s})\qquad（取5\%误差带）$$

式中：$\beta=\arctan\frac{\sqrt{1-\zeta^2}}{\zeta}=53°6'=0.93(\text{rad})$。

第四节 热工被控对象动态特性

在过程控制的对象中，一般总有某些物质（或能量）输入，同时又有某些物质（或能量）输出。而对象一般具有储存物质（或能量）的能力，储存量的多少通过被控量表示。因此，被控量是反映对象的输入量和输出量之间平衡状态的物理量（或化学量）。所谓对象的动态特性，就是对象的某一输入量变化时，其被控量随时间变化的规律。

一、热工被控对象动态特性

热工被控对象是热工自动控制系统的重要组成部分，要设计一个合理的控制系统，必须了解对象的动态特性，要确定出控制器的最佳整定参数，也必须了解对象的动态特性。了解

了对象的动态特性，还可以对新设计的工艺设备提出要求，使之满足所需要的动态特性，为设计满意的控制系统创造先决条件。因此，研究对象的动态特性对实现生产过程自动化具有重要意义。

（一）热工被控对象的分类

热工过程中的被控对象大多比较复杂，为了便于分析它们的动态特性，通常可按以下两种方法对现场中的被控对象进行分类。

1. 按被控对象有无自平衡能力划分

按被控对象有无自平衡能力划分，可分为有自平衡能力被控对象和无自平衡能力被控对象。

自平衡能力是指对象在受到扰动后，平衡状态被破坏，无需外加任何控制作用，仅依靠对象本身自动平衡的倾向就能使被控量趋于某一稳定值的能力。

（1）有自平衡能力被控对象。具有自平衡能力的被控对象称为有自平衡能力被控对象，简称有自平衡对象，图 1－33 所示水箱就是一个有自平衡对象，该对象具有自平衡能力。

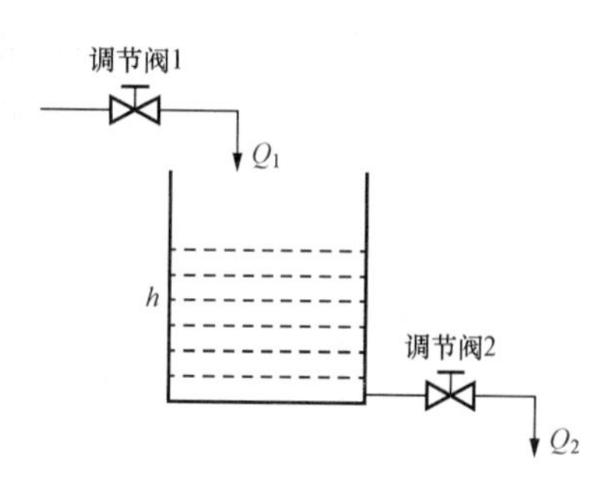

图 1－33 有自平衡能力被控对象

若设水箱水位 h 为该被控对象的被控量，假设水箱在 $t=t_0$ 时刻以前处于平衡状态，即水箱的流出量等于流入量，$Q_2=Q_1$；水箱水位等于恒定值，$h=h_0$。在 $t=t_0$ 时刻流入量 Q_1 突然增加，导致水箱水位升高，使得水箱底部所承受的压力增加，从而导致调节阀 2 前后差压增加，流出量 Q_2 变大；流出量 Q_2 的增加又影响水位上升的速度，使得水位增加的速度降低，是一个负反馈作用。经过一段时间的自调整，水箱水位又重新达到某一稳定值。可见，该水箱具有自平衡的能力。

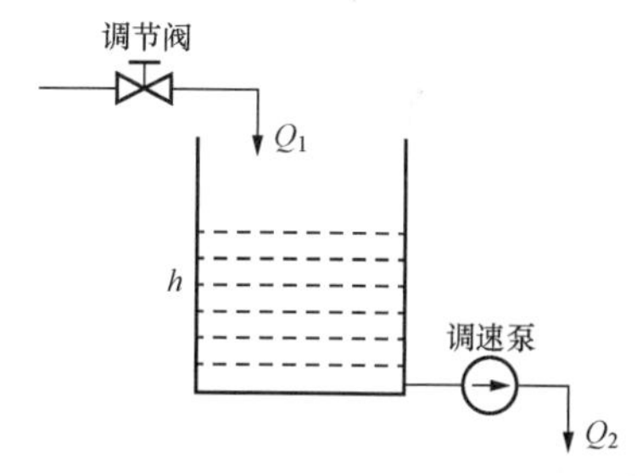

图 1－34 无自平衡能力被控对象

（2）无自平衡能力被控对象。不具有自平衡能力的被控对象称为无自平衡能力被控对象，简称无自平衡对象。无自平衡对象在受到扰动后，其被控量不能依靠自身能力趋于某一稳定值，必须借助外加的控制作用才能恢复到稳定值，图 1－34 所示水箱就是一个无自平衡对象，该对象无自平衡能力。

若设水箱水位 h 为该被控对象的被控量，假设水箱在 $t=t_0$ 时刻以前处于平衡状态，即水箱的流出量等于流入量，$Q_2=Q_1$；水箱水位等于恒定值，$h=h_0$。在 $t=t_0$ 时刻流入量 Q_1 突然增加，导致水箱水位升高，使得水箱底部所承受的压力增加；但流出量由调速泵决定，不受水箱底部压力变化的影响，因而流出量仍为定值，不发生变化。因此，水箱水位将会持续上升，无法恢复到稳定值，对象无自平衡能力，是无自平衡对象。

2. 按被控对象包含容积的数量多少划分

按被控对象包含容积的数量多少划分，可分为单容被控对象和多容被控对象。

（1）单容被控对象。单容被控对象比较简单，被控对象只包含一个容积，图 1－33 和图 1－34 所示对象均为单容被控对象。

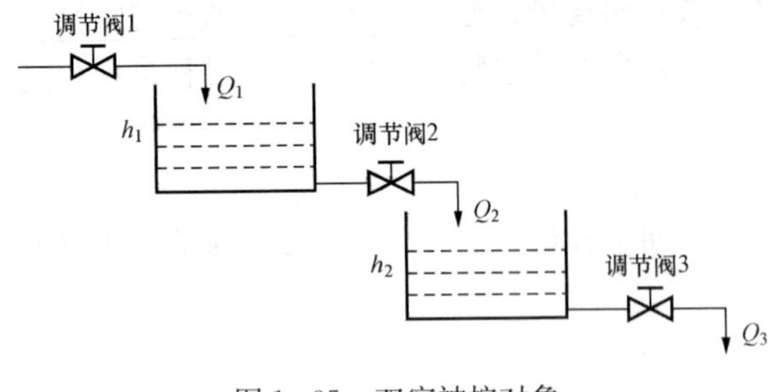

图 1-35　双容被控对象

（2）多容被控对象。多容被控对象相对来说比较复杂，被控对象包含两个或两个以上容积，图 1-35 所示被控对象为由水箱构成的双容被控对象。

在热工现场，被控对象通常是从有无自平衡能力和包含容积数目的多少两个方面同时进行考虑的，因而就有单容有自平衡被控对象、多容有自平衡被控对象和单容无自平衡被控对象、多容无自平衡被控对象四类。它们的传递函数以及单位阶跃响应曲线见表 1-1。

表 1-1　　被控对象的数学模型及动态特性

对象类别	传递函数	单位阶跃响应曲线
单容有自平衡能力被控对象	$W(s)=\frac{Y(s)}{R(s)}=\frac{k}{Ts+1}$ 式中　k——单容被控对象的比例系数； T——单容被控对象的时间常数	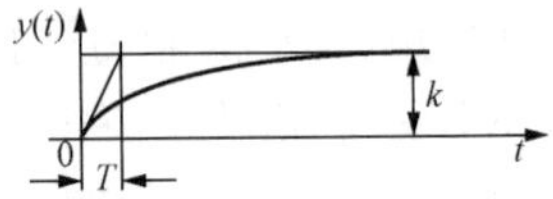
单容无自平衡能力被控对象	$W(s)=\frac{Y(s)}{R(s)}=\frac{1}{T_a s}$ 式中　T_a——单容无自平衡对象的时间常数（积分时间）	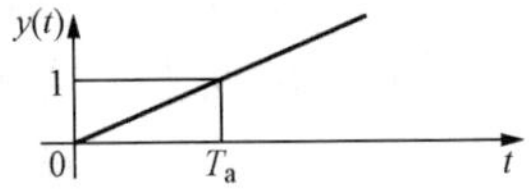
多容有自平衡能力被控对象	$W(s)=\frac{Y(s)}{R(s)}=\frac{k}{(Ts+1)^n}\approx\frac{k}{Ts+1}e^{-\tau s}$ 其中　$n\approx 24\times\frac{0.12+\tau/T_c}{2.93-\tau/T_c}$ $T\approx\frac{\tau+0.5T_c}{n-0.35}$ 式中　k——被控对象的比例系数； T——多容被控对象的惯性时间常数； n——多容被控对象的容积数目； τ——迟延时间	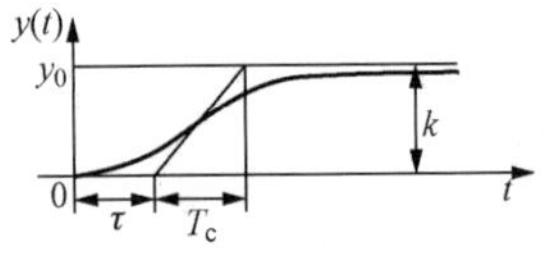
多容无自平衡能力被控对象	$W(s)=\frac{Y(s)}{R(s)}=\frac{1}{T_a s(Ts+1)^n}\approx\frac{1}{T_a s}e^{-\tau s}$ 其中　$T_a\approx\frac{1}{0H}\tau$ $n\approx\frac{1}{2\pi}\left[\frac{0H}{y(\tau)}\right]^2-\frac{1}{6}$ $T=\frac{1}{n}\tau$ 式中　T_a——积分时间； T——多容被控对象的惯性时间常数； n——多容被控对象的惯性环节数目； τ——迟延时间	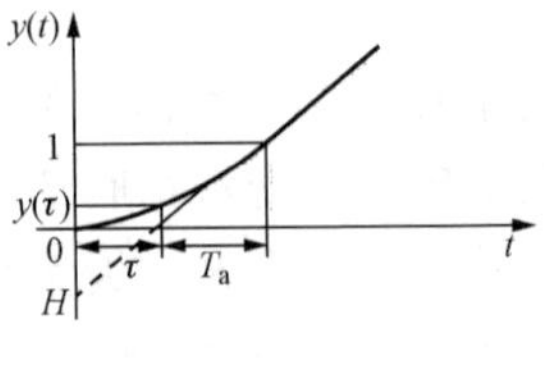

（二）影响对象动态特性的结构性质

对象的动态特性取决于工艺设备的结构、运行条件和内部的物理（或化学）过程。在热工生产过程中，被控对象（以下简称对象）在结构上是多种多样的，而影响对象动态特性的主要特征参数有容量系数、阻力和传递迟延。

1. 容量系数

众所周知，电容器可以储存电荷，水箱可以储存水，锅炉的汽包也可以储存水。生产过程中大多数对象具有储存物质（或能量）的能力，容量系数就是衡量对象储存物质（或能量）能力的一个特征参数。

图 1 - 33 所示水箱中，水箱的流入水量为 Q_1，流出水量为 Q_2。某一时刻后流入量 Q_1 等于流出量 Q_2，水箱的水位 h 将稳定在某一值。设某种原因引起 $Q_1 \neq Q_2$，水箱内储水量就会发生变化，而这种变化则由水箱水位的变化表现出来。在 $\mathrm{d}t$ 时间内，水箱内储水量的变化为 $\mathrm{d}G=(Q_1-Q_2)\mathrm{d}t$，显然不平衡流量越大，储水量的变化量就越大。对于一个截面积为 A 的圆柱形水箱，其水位的变化速度就越快，即

$$Q_1-Q_2=C\frac{\mathrm{d}h}{\mathrm{d}t} \tag{1-47}$$

式中：C 为比例系数。

由于 $\mathrm{d}G=(Q_1-Q_2)\mathrm{d}t$，则 C 又可表达为

$$C=\frac{\mathrm{d}G}{\mathrm{d}h} \tag{1-48}$$

式（1 - 48）表明，比例系数 C 是被控量（h）变化一个单位时需要对象物质储存值（G）的变化量，C 称为对象的容量系数。

设水箱的截面积为 A，则 $\mathrm{d}G=A\mathrm{d}h$，因此容量系数 C 在数值上等于 A。这意味着水箱的截面积越大，在同样大小的不平衡流量作用下，水位变化速度就越小，即抵抗扰动的能力越强。从这一方面来说，容量系数描述了对象抵抗扰动的能力。

2. 阻力

我们知道，电路中电流会受到电阻的阻力，流体在管路中流动受到阀门等给予的阻力等。就是说，物质（或能量）在传输过程中总是要遇到或大或小的阻力，因此需给予推动物质（或能量）流动的压差（如电位差、水位差、温度差等）。

在图 1 - 33 所示的水箱系统中，流出侧有阀门 2，在阀门 2 的开度一定时，流出水量 Q_2 的大小就取决于水箱水位 h 的高低。换言之，水箱流出水量每变化一个单位需要水位变化的多少，则取决于流出侧阀门 2 的阻力。阻力表达式为

$$R=\frac{\mathrm{d}h}{\mathrm{d}Q} \tag{1-49}$$

在图 1 - 33 所示的水箱系统中某一时刻流入量 Q_1 阶跃增加 ΔQ_1，随即有不平衡水量 $\mathrm{d}G$ 出现，水箱水位 h 开始增加。在阀门 2 开度一定，即流出侧阻力为 R_2 时，水位 h 的增加引起流出水量 Q_2 的增加。这样，不平衡水量 $\mathrm{d}G$ 随时间增加而逐渐减小，水位 h 的增加速度越来越小，最终为零，这时水箱水位 h 稳定在一个新的数值上。本来被控量 h 的变化是由不平衡流量（Q_1-Q_2）引起的，由于流出侧阻力的存在，水位变化反过来又影响不平衡流量的变化，最终使被控量进入新的稳定状态。这种不需要外来作用只依靠对象自身来恢复平

衡的现象称为对象的自平衡。显然，对象的阻力使之在动态过程中表现出自平衡能力。

3. 传递迟延

图1-36所示也是一个水箱系统，它与图1-33所示的水箱系统的不同之处就是控制流入水量的阀门1与水箱之间有一段距离（不容忽略的）。在图1-36中，设某一时刻调节阀门1阶跃开大$\Delta\mu$，则其流出量Q_1随即阶跃增加ΔQ_1，然而因水流过一段距离需要时间，所以流入水箱引起水位变化的流入量Q_1'并不能立即变化。显然被控量水箱水位h的变化也要顺延一段时间。

上述被控量变化的时刻落后于扰动发生的时刻的现象称为对象的传递迟延。由于这种迟延是物质（或能量）在传输过程中因传输距离的存在而产生的，所以又称为传输迟延或纯迟延。

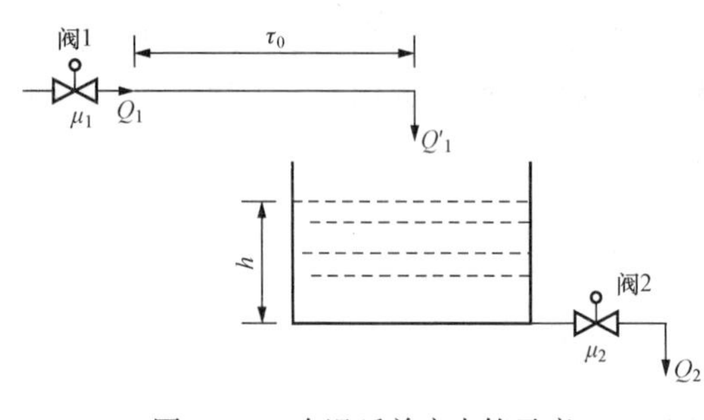

图1-36　有迟延单容水箱示意

对具有传递迟延的对象，为分析方便，往往将引起迟延的因素从对象中分离出来，而作为一个独立的环节。在图1-36所示系统中，设进入水箱的流入量Q_1'与水位之间具有的传递函数为$W'(s)$，Q_1与Q_1'之间存在传输时间τ_0，即

$$\frac{Q_1'(s)}{Q_1(s)}=e^{-\tau_0 s} \tag{1-50}$$

则整个水箱系统的传递函数为

$$W(s)=W'(s)e^{-\tau_0 s} \tag{1-51}$$

传递迟延可能发生在流入侧（即控制侧），也可能发生在流出侧（即负荷侧），或两侧都存在。迟延发生在流入侧，控制作用将不能及时影响被控量；迟延发生在流出侧，将造成控制器在被控量发生变化时不能立即动作。总之，在设计主设备及其控制系统时，应尽量避免或减小对象的传递迟延。

二、热工被控对象动态特性的特点

通过大量的现场测试和分析得知，尽管各种热工对象千差万别，但从它们的阶跃响应曲线（也称飞升曲线）来看，大多数热工对象的动态特性是不振荡的，被控量往往是单调变化的（见表1-1）。热工对象典型的阶跃响应曲线可以概括为两种类型，一类是有自平衡能力的［如图1-37(a)所示］，另一类是无自平衡能力的［如图1-37(b)所示］。

1. 有自平衡能力的对象

被控对象有无自平衡能力，取决于对象本身的结构，并与生产过程的特性有关。对象自平衡的实质是对象输出量变化对输入量发生影响的结果，或者说，对象内部存在着负反馈。

图1-37(a)所示为有自平衡能力对象的单位阶跃响应曲线，做此阶跃响应曲线的渐近线，并经过该阶跃响应曲线的拐点A做切线，得时间间隔τ和T_c，把对象输出的稳态变化量记作K，由此可定义下列特征参数：

(1) 自平衡率ρ。$\rho=\dfrac{1}{K}$，ρ越大表示对象的自平衡能力越强。也就是说，对象受到干扰作用后，输出的稳态变化量K(K为对象的静态放大系数)越小，表示对象的自平衡能力越大。当$\rho=0$（即$K\to\infty$时），其阶跃响应曲线如图1-37(b)所示。

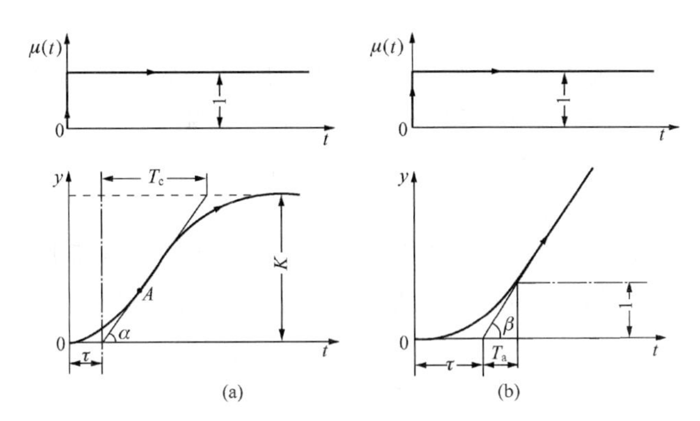

图 1-37　热工被控对象的典型阶跃响应曲线

(a) 有自平衡能力的；(b) 无自平衡能力的

(2) 时间常数 T_c。如果被控量以曲线上的最大速度（即阶跃响应曲线上拐点 A 处的速度）变化，则从起始值至最终值所需的时间，就是对象的时间常数。

从阶跃响应曲线上可求得其最大速度为

$$\varepsilon = \tan\alpha = \frac{K}{T_c} \tag{1-52}$$

式中：ε 为对象的响应速度（又称飞升速度），表示对象在单位阶跃输入作用下，输出量可能出现的最大变化速度。

通常将对象的响应速度 ε 的倒数定义为对象的响应时间 T_a，即

$$T_a = \frac{1}{\varepsilon}$$

式 (1-52) 也可写成

$$T_c = \frac{K}{\varepsilon} = \frac{1}{\varepsilon\rho} = \frac{T_a}{\rho} \tag{1-53}$$

(3) 迟延时间 τ。是指从输入信号阶跃变化瞬间至切线与被控量起始值横轴交点间的距离。如图 1-37(a)所示。

对于有自平衡能力的对象，当 ρ、T_c、τ 这三个特征参数分别取不同值时，单位阶跃响应曲线如图 1-38 所示。

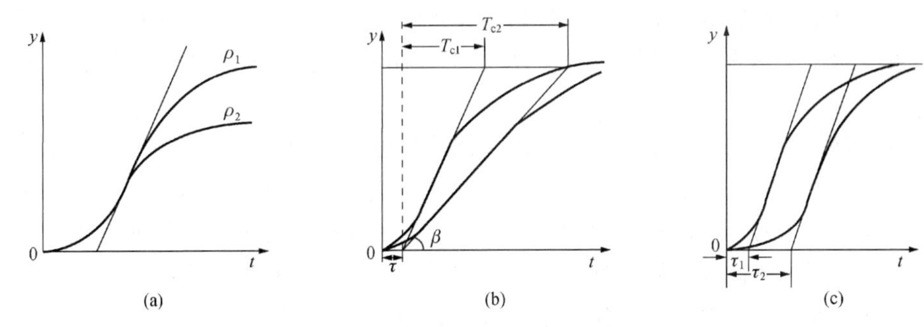

图 1-38　特征参数变化时的单位阶跃响应曲线

(a) $\rho_1 < \rho_2$；(b) $T_{c1} < T_{c2}$；(c) $\tau_1 < \tau_2$

2. 无自平衡能力的对象

在阶跃输入扰动下，被控量在最后阶段以一定的速度不断变化，始终不能稳定下来的对象称为无自平衡能力的对象，图 1 - 37(b)所示为无自平衡能力对象的单位阶跃响应曲线。做该曲线的渐近线，与时间坐标轴相交，得到时间间隔 τ 和倾斜角 β，由此可定义下列特征参数：

(1) 迟延时间 τ。是指从输入信号阶跃变化瞬间至渐近线与时间坐标轴交点间的距离。

(2) 响应速度 ε。表示输入信号阶跃变化量为 1 时，阶跃响应曲线上被控量的最大变化速度，即

$$\varepsilon = \tan\beta \tag{1-54}$$

或

$$T_a = \frac{1}{\varepsilon} = \text{ctan}\beta \tag{1-55}$$

式中：T_a 为响应时间。

响应时间的数值等于被控量以其响应曲线上的最大速度变化时，被控量的变化量等于输入信号阶跃变化量所需经历的时间。但由于对象的输入信号和被控量的量纲一般是不同的，所以这里所说的两个变化量相等仅限于其数值相等。

(3) 自平衡率 $\rho=0$。

综上所述，两种不同类型的热工对象（即有自平衡能力和无自平衡能力），都可统一用 ε、ρ、τ 三个特征参数来表征它们的动态特性。应该指出，这种表征并不是很确切的，但在热工自动控制中沿用已久，而且也有其方便之处，所以这三个特征参数在热工自动控制系统的工程整定中经常用到。

3. 热工被控对象动态特性的基本特点

从典型的热工对象阶跃响应曲线可以看出热工被控对象的动态特性有如下特点：

(1) 有一定的迟延和惯性。即在输入量发生阶跃变化时，输出量不可能立即跟着改变。这是因为热工被控对象内部有介质的流动和传热过程，存在流动和传热的阻力，而且被控对象本身总是有一定的物质储存容量（如锅炉的汽水容积）和能量的储存容量（如锅炉的蓄热）。因此，当输入和输出的物质或能量发生变化时，表征对象的物质或能量储存量的参数（如锅炉汽包水位，汽温和汽压等），其变化必然会有一定的惯性。

(2) 热工对象是不振荡环节。在设计热工设备时，考虑到运行的安全可靠，会尽量使它的各种参数在运行中不发生振荡。因此，在热工控制系统中，热工对象通常是一个不振荡环节。

(3) 热工对象阶跃响应曲线的最后阶段，被控量可能达到新的稳态值［见图 1 - 37(a)］，也可能始终没有稳态值，而是以一定速度不断变化下去［见图 1 - 37(b)］。这是因为热工被控对象通常具有一定的容量。从前面的分析可知，如果被控量对输入信号能发生反作用，则被控对象就会呈现出惯性环节的特性。例如锅炉过热汽温被控对象，当减温水或烟气侧扰动使过热汽温发生变化时，汽温的变化又会反过来影响烟气对蒸汽的传热量，故该对象具有自平衡能力。如果被控量对输入信号不能发生反作用，对象则会呈现出积分环节的特性。例如锅炉汽包水位被控对象，无论是进入汽包的给水量，还是从汽包出去的蒸汽量均不受水位的影响，故该对象无自平衡能力。

第五节 控制器动态特性

自动控制器（简称控制器）和被控对象组成一个相互作用的闭合回路，如图 1-39 所示。

自动控制系统的控制质量取决于它的动态特性，即取决于组成控制系统的被控对象和控制器的动态特性。被控对象的动态特性一般是难以人为改变的。因此，对于对象结构一定的控制系统，控制过程质量的好坏主要取决于控制系统的结构形式和控制器的动态特性。

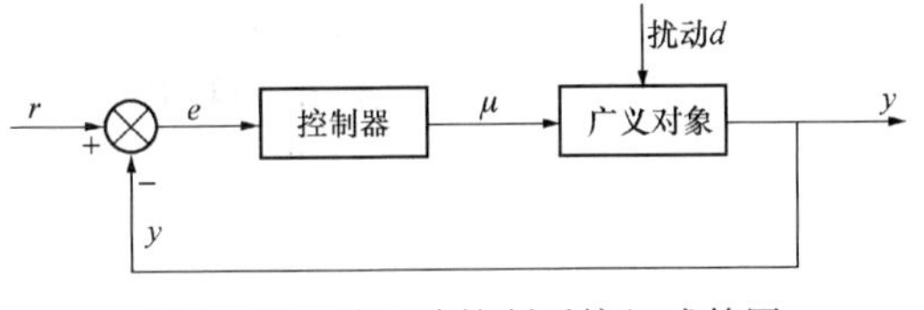

图 1-39 单回路控制系统组成简图

控制器的动态特性也称为控制器的控制规律，是控制器的输入信号［一般为被控量与给定值的偏差信号 $e(t)$］与输出信号［一般代表了执行机构的位移 $\mu(t)$］之间的动态关系。为了得到一个满意的控制过程，必须根据被控对象的动态特性确定控制系统的结构形式，选择控制器的动作规律，使自动控制系统有一个较好的动态特性。

PID（Proportion Integration Differentiation）控制是比例积分微分控制的简称。在生产过程自动控制的发展历程中，PID 控制是历史最久、生命力最强的基本控制方式。在 20 世纪 40 年代以前，除在最简单的情况下可采用开关控制外，它是唯一的控制方式。此后，随着科学技术的发展，特别是计算机的诞生和发展，涌现出许多先进的控制方法，然而直到现在，PID 控制由于自身的优点仍然是得到最广泛应用的基本控制方式。

PID 控制具有以下优点：

（1）原理简单，使用方便。PID 控制是由 P、I、D 三个环节通过不同组合构成的。其基本组成原理比较简单，学过控制理论就较容易理解。参数的物理意义也比较明确。

（2）适应性强。可以广泛应用于化工、热工、冶金、炼油以及造纸等各种生产部门。

（3）鲁棒性强。即其控制品质对被控对象特性的变化不太敏感。

一、PID 控制器的基本控制作用

PID 控制器的控制规律中最基本的作用是比例、积分和微分作用，下面分别讨论。

1. 比例控制作用（简称 P 作用）

在比例控制作用中，控制器的输出信号 $\mu(t)$ 与输入偏差信号 $e(t)$ 成比例关系，即

$$\mu(t)=K_{P}e(t) \tag{1-56}$$

式中：K_{P} 为比例系数（或称比例增益），视情况可设置为正或负。它的传递函数为

$$W_{P}(s)=\frac{\mu(s)}{E(s)}=K_{P} \tag{1-57}$$

应注意，这里所说的控制器输出 $\mu(t)$ 实际上是对其起始值 $\mu_{0}(t)$ 的增量。因此当偏差 $e(t)=0$ 因而 $\mu(t)=0$ 时，并不意味着控制器没有输出，只说明此时有 $\mu(t)=\mu_{0}(t)$。

当控制器只有比例作用时，控制器输出 $\mu(t)$ 的大小和变化速度随时与偏差 $e(t)$ 的大小和变化速度成正比。因此，控制的动作基本正确，只要适当选择比例系数 K_{P}，就可以使系统较快地达到平衡（即控制过程结束）。比例作用在控制系统中是促使控制过程稳定的因素，

其阶跃响应见表 1-2。

从式（1-56）还可看出输出 $\mu(t)$ 与输入 $e(t)$ 之间有一一对应的关系。控制机构位置 $\mu(t)$ 必须随对象负荷的改变而改变，这样才能适应负荷变化的要求。因此，当对象负荷变化时，控制机构位置必须改变，即被控量与给定值之间的偏差必然发生改变。所以控制过程结束后被控量有稳态（静态）偏差，有时称比例作用为有差作用。

2. 积分控制作用（简称 I 作用）

在积分控制作用中，控制器的输出信号 $\mu(t)$ 与输入偏差信号 $e(t)$ 对时间的积分成正比，即

$$\mu(t)=\frac{1}{T_{\mathrm{i}}}\int_{0}^{t}e(t)\mathrm{d}t \tag{1-58}$$

式中：T_{i} 为积分时间。它的传递函数为

$$W_{\mathrm{I}}(s)=\frac{\mu(s)}{E(s)}=\frac{1}{T_{\mathrm{i}}s} \tag{1-59}$$

积分作用控制器的输出 $\mu(t)$ 与偏差 $e(t)$ 对时间的积分成比例，只要有偏差 $e(t)$ 存在，输出 $\mu(t)$ 就随时间而不断改变；只有当偏差 $e(t)$ 等于零时，控制过程才能结束（重新达到平衡）。因此，控制过程如能结束，偏差必然消失，即控制结束后不存在偏差，其阶跃响应见表 1-2。

表 1-2　PID 的基本控制作用

调节规律 \ 内容	传递函数	主要参数及其对调节作用的影响	阶跃响应曲线（偏差信号阶跃变化量为 Δe）
P 控制规律	$W_{\mathrm{P}}(s)=K_{\mathrm{P}}=\frac{1}{\delta}$	比例作用与比例系数成正比关系，与比例带成反比关系	$\mu(t)$；$K_{\mathrm{P}}\cdot\Delta e$；0；$t$
I 控制规律	$W_{\mathrm{I}}(s)=\frac{1}{T_{\mathrm{i}}s}$	积分作用与积分时间成反比关系	$\mu(t)$；1；Δe；0；T_{i}；t
D 控制规律　理想	$W_{\mathrm{D}}(s)=T_{\mathrm{d}}s$	微分作用与微分时间成正比关系	$\mu(t)$；∞；$\Delta t\rightarrow 0$；0；t
D 控制规律　实际	$W_{\mathrm{D}}(s)=\frac{K_{\mathrm{D}}}{T_{\mathrm{D}}s+1}\cdot T_{\mathrm{D}}s$	微分作用与微分时间成正比关系	$\mu(t)$；$K_{\mathrm{D}}\Delta e$；0；t

但在控制过程中，控制量的大小与偏差对时间的积分成比例，而控制量的变化速度都与偏差的大小成比例。因此，在被控对象受到扰动的初期，被控量变化速度快而偏差小，此时

控制量的变化速度慢而动作幅度小，控制动作不及时；而当被控量达到最高（或最低）值时，偏差值大、变化速度等于零，此时控制量的变化量已经比较大而且还以更快的速度向同一方向变化，这样的动作会造成控制过程的振荡。因此在热工过程的自动控制中很少采用只具有积分作用的控制器。

3. 微分控制作用（简称D作用）

在微分控制作用中，控制器的输出信号$\mu(t)$与输入偏差信号的微分（即偏差的变化率）成正比，即

$$\mu(t)=T_{d}\frac{de(t)}{dt} \tag{1-60}$$

式中：T_{d}为微分时间。它的传递函数为

$$W_{D}(s)=\frac{\mu(s)}{E(s)}=T_{d}s \tag{1-61}$$

式（1-60）说明控制机构的位置与被控量偏差的变化速度成正比。在控制过程开始阶段，被控量偏离给定值很小，但变化速度较大，即微分作用较强，它可以使控制机构的位置产生一个较大的变化，限制偏差的进一步增大，微分作用可以有效地减少被控量的动态偏差。从以上分析可知，微分动作快于比例动作，即微分作用具有超前控制的特点，因此，微分作用在控制系统中能提高控制过程的稳定性，其阶跃响应见表1-2。

控制过程结束时，$\frac{de(t)}{dt}$等于零，由式（1-60）可知，$\mu(t)=0$，即控制机构的位置不变，这样就不能适应负荷的变化。也可以说，微分作用对恒定不变的偏差是没有克服能力的。因此，只有微分作用的控制器是不能执行控制任务的，即这种控制作用不能单独使用。

此外，微分作用对于有迟延对象的控制具有十分重要的意义。由于对象本身存在容量和阻力，所以它对输入信号的反应具有一定的迟延。在扰动刚刚加入时，被控量的偏差还没有明显地表现出来，或者偏差的数值还很小，但却有较明显的变化趋势，能在短时间内增长起来。如果要等到被控量的偏差已经很明显时再进行控制，而且控制效果还要经过一段时间（控制通道迟延）后才能反映出来，就会产生较大的动态偏差。显然，这类对象使用比例、积分控制就不够了，微分作用正好适应这一要求。微分作用能在被控量刚有一点变化的“苗头”，比例、积分作用尚未动作时，就输出一个与被控量变化速度成比例的信号，及时地进行控制。这对于及时地克服扰动的影响，减小动态偏差是十分有效的。正因为如此，微分作用广泛地应用于有迟延对象的控制中。

需要说明的是，式（1-60）所表示的微分控制规律是无法实现的，因为任何一个物理元件都不可能在输入信号为阶跃信号时，在瞬间输出为无穷大。因而将式（1-60）所示的微分控制规律称为理想微分控制规律。在实际应用中，微分控制规律具有惯性，其传递函数为

$$W_{D}(s)=\frac{\mu(s)}{E(s)}=\frac{K_{D}}{T_{D}s+1}\cdot T_{d}s \tag{1-62}$$

式中：K_{D}为微分增益。

可见，实际的微分控制规律是在理想微分控制规律的基础上串联一个惯性环节构成的，其阶跃响应见表1-2。

由实际微分控制规律的阶跃响应曲线可以看出，当微分控制器的偏差输入信号发生幅度

为 Δe 的阶跃变化时，微分作用将立即产生，其输出信号的瞬时幅度为偏差 Δe 的 K_D 倍，这一点与比例作用相比，微分作用的控制及时且作用强。随着时间的持续，微分作用逐渐减小，当系统达到稳态时，微分作用为零，微分作用消失。可见，微分作用主要体现在控制过程的初期，与积分作用正好相反。

综上所述，三种基本控制作用有其各自的动作特点：比例控制作用是自动控制器中的主要成分，只有比例作用的控制器能单独执行控制任务，但被控量存在静态偏差；积分控制作用可以消除被控量的静态偏差，但单独使用时，会使控制过程振荡甚至不稳定；微分控制作用可以有效地减小被控量的动态偏差，但不能单独使用。一般情况下，积分控制作用和微分控制作用是自动控制器的辅助成分，可利用它们的动作特点改善自动控制系统的性能。

二、控制器的控制规律

比例、积分、微分控制各有优缺点，在工业实际应用时，总是以比例控制作用为主，根据对象特性适当加入积分和微分控制作用。具有以上控制作用的设备称为自动控制器，工业上常用的有比例控制器（简称 P 控制器）、比例积分控制器（简称 PI 控制器）、比例微分控制器（简称 PD 控制器）和比例积分微分控制器（简称 PID 控制器）。下面介绍这几种典型控制器。

1. 比例（P）控制器

只有比例作用的控制器称为比例控制器。比例控制器的动态方程式与比例作用的动态方程式一样，即

$$\mu(t)=K_{P}e(t)=\frac{1}{\delta}e(t) \tag{1-63}$$

控制器的传递函数为

$$W_{P}(s)=\frac{\mu(s)}{E(s)}=K_{P}=\frac{1}{\delta} \tag{1-64}$$

式中：δ 为比例系数 K_P 的倒数，即当控制机构的位置改变 100%时，偏差应有的改变量，称为比例带。

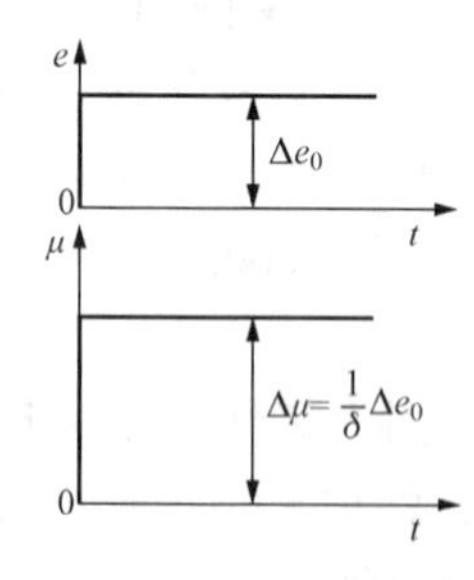

图 1-40　P 控制器的阶跃响应曲线

P 控制器的阶跃响应曲线如图 1-40 所示。δ 是可调的表示比例作用强弱的参数，δ 越大比例作用越弱，δ 越小比例作用越强。可以看出，输出 $\Delta\mu$ 对输入 Δe_0 的响应无迟延、无惯性。由于控制方向正确，比例控制器在控制系统中是使控制过程稳定的因素。当被控对象的负荷发生变化之后，执行机构必须移动到一个与负荷相适应的位置才能使被控对象再度平衡，因此控制的结果是有差的。因而比例控制器又称为有差控制器。

采用 P 控制器时，要合理选择比例带 δ 的数值。当 δ 减小时，被控量的动态、静态偏差均减小，但系统易发生振荡；当 δ 增大时，被控量的动态偏差和静态偏差均增大但系统稳定性提高。

2. 比例积分（PI）控制器

比例积分控制器是比例作用和积分作用的叠加，它的动态方程为

$$\mu(t)=\frac{1}{\delta}\left[e(t)+\frac{1}{T_{i}}\int_{0}^{t}e(t)\mathrm{d}t\right] \tag{1-65}$$

控制器的传递函数为

$$W_{PI}(s)=\frac{\mu(s)}{E(s)}=\frac{1}{\delta}(1+\frac{1}{T_{i}s}) \tag{1-66}$$

PI 控制器有两个可供调整的参数，即 δ 和 T_i。当 $T_i\to\infty$时，PI 控制器就成为 P 控制器。当 $T_i\to 0$ 时，PI 控制器就成为 I 控制器。积分时间 T_i 越小，表示积分作用越强。反之，积分时间 T_i 越大，表示积分作用越弱。比例带 δ 不但影响比例作用的强弱，而且也影响积分作用的强弱。PI 控制器的阶跃响应曲线如图 1-41 所示。

当 $t=0$ 时，被控量偏差有一阶跃 Δe_0，控制器立即输出一个阶跃值 $\Delta e_0/\delta$（比例作用），然后随时间逐渐上升（积分作用）。从图 1-41 可以看出，比例作用是及时、快速的，而积分作用是缓慢、渐进的。这两种作用综合后，某部分的控制方向还是错误的，易造成控制系统振荡。

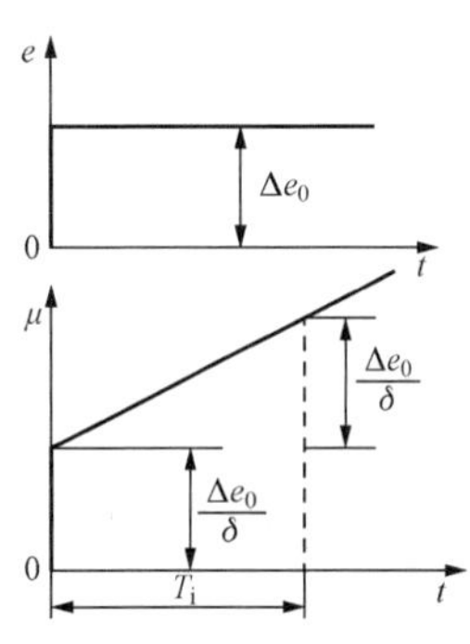

图 1-41　PI 控制器的阶跃响应曲线

当 $t=T_i$ 时，$\mu=2\Delta e_0/\delta$，输出等于 2 倍的比例作用。应用这个关系，可以从 PI 控制器的试验阶跃响应曲线上确定积分时间 T_i。

由于比例积分控制器是在比例控制的基础上加上积分控制，相当于在“粗调”的基础上再加上“细调”。既通过比例控制作用保持系统一定的稳定性，使它比纯积分控制系统有较好的动态品质，又通过积分作用实现了无差控制，克服了比例控制的不足。因此，PI 控制器综合了比例控制和积分控制的优点，是目前广泛使用的一种控制器。

3. 比例微分（PD）控制器

比例微分控制器是比例控制和微分控制组合而成的。根据微分作用是理想微分还是实际微分，PD 控制器的动态特性分为两种情况。

（1）理想 PD 控制器。理想 PD 控制器的动态方程为

$$\mu(t)=\frac{1}{\delta}\left[e(t)+T_{d}\frac{de(t)}{dt}\right] \tag{1-67}$$

控制器的传递函数为

$$W_{PD}(s)=\frac{\mu(s)}{E(s)}=\frac{1}{\delta}(1+T_{d}s) \tag{1-68}$$

理想 PD 控制器的阶跃响应曲线如图 1-42(a)所示。由于微分作用，所以输入信号阶跃变化时，输出信号 μ 立即升至无限大并瞬时消失，余下比例作用的响应曲线。

PD 控制器有两个整定参数，即 δ 和 T_d。微分时间越长，表示微分作用越强；微分时间越短，表示微分作用越弱。比例带 δ 不但影响比例作用的强弱，而且也影响微分作用的强弱。

理想微分作用的输出信号与输入信号的变化速度成正比，当有一个阶跃输入信号作用于控制器时，控制器将有一个无穷大的输出，这是生产过程不允许的，因为这将使执行机构处于全开或全关的位置，影响设备的安全运行。实际使用的是具有惯性特性的比例微分控制器。

（2）实际 PD 控制器。实际 PD 控制器的动态方程为

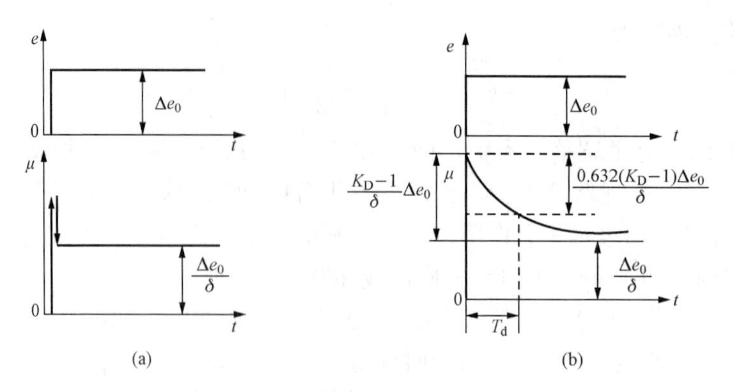

图 1-42　PD 控制器的阶跃响应曲线

（a）理想阶跃响应曲线；（b）实际阶跃响应曲线

$$T_{\mathrm{D}}\frac{\mathrm{d}\mu(t)}{\mathrm{d}t}+\mu(t)=\frac{1}{\delta}\left[e(t)+T_{\mathrm{d}}\frac{\mathrm{d}e(t)}{\mathrm{d}t}\right] \tag{1-69}$$

式中：T_{D} 为微分惯性时间常数。它的传递函数为

$$W_{\mathrm{PD}}(s)=\frac{\mu(s)}{E(s)}=\frac{1}{T_{\mathrm{D}}s+1}\frac{1}{\delta}(1+T_{\mathrm{d}}s) \tag{1-70}$$

式（1-70）说明，实际 PD 控制器比理想 PD 控制器增加了一些惯性。

实际 PD 控制器的阶跃响应曲线如图 1-42(b)所示。

4. 比例积分微分（PID）控制器

PID 控制器是比例、积分、微分三种控制作用的叠加。理想 PID 控制器的动态方程为

$$\mu(t)=\frac{1}{\delta}\left[e(t)+\frac{1}{T_{\mathrm{i}}}\int_0^t e(t)\mathrm{d}t+T_{\mathrm{d}}\frac{\mathrm{d}e(t)}{\mathrm{d}t}\right] \tag{1-71}$$

传递函数为

$$W_{\mathrm{PID}}(s)=\frac{\mu(s)}{E(s)}=\frac{1}{\delta}\left(1+\frac{1}{T_{\mathrm{i}}s}+T_{\mathrm{d}}s\right) \tag{1-72}$$

实际 PID 控制器的动态方程为

$$T_{\mathrm{D}}\frac{\mathrm{d}\mu(t)}{\mathrm{d}t}+\mu(t)=\frac{1}{\delta}\left[e(t)+\frac{1}{T_{\mathrm{i}}}\int_0^t e(t)\mathrm{d}t+T_{\mathrm{d}}\frac{\mathrm{d}e(t)}{\mathrm{d}t}\right] \tag{1-73}$$

传递函数为

$$W_{\mathrm{PID}}(s)=\frac{\mu(s)}{E(s)}=\frac{1}{T_{\mathrm{D}}s+1}\frac{1}{\delta}\left(1+\frac{1}{T_{\mathrm{i}}s}+T_{\mathrm{d}}s\right) \tag{1-74}$$

实际 PID 控制器的阶跃响应曲线如图1-43所示。可以看出：实际 PID 控制器在阶跃输入下，开始时微分作用的输出变化最大，使总的输出大幅度地变化，产生一个强烈的“超前”控制作用（把这种控制作用看成为“预调”）；然后微分作用消失，积分输出逐渐占主导地位，只要静态偏差存在，积分作用不断增加（把这种作用可看成为“细调”），一直到静态偏差完全消失，积分作用才有可能停止；而在 PID 的输出中，比例作用是自始至终与偏差相对应的，是一种基本的控制作用。

综上所述，PID 控制器兼有比例、积分、微分三种控制作用的特点，具有 δ、T_{i}、T_{d} 三个可调参数。只要这三个参数整定适当，三种作用配合合理，就可以既避免控制过程过分振荡（比例控制起主导作用），又能得到无差的控制结果（积分作用），而且能在控制过程中

加强超前控制作用，克服对象迟延和惯性对控制过程的影响，减小动态误差，缩短控制过程时间（微分作用）。因此，PID 控制器是一种较为理想的控制器。但实际工业控制器中 δ、T_i、T_d 三个参数在调整时会互相影响，比较复杂。采用 PID 控制器的系统，微分作用增加多少一定要适量，这样可以达到减少动态偏差的目的。若微分作用过强，易引入干扰，对系统稳定性反而不利。

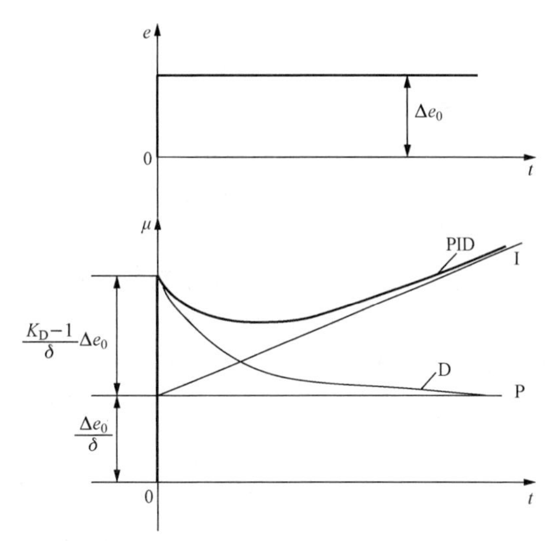

图 1-43　实际 PID 控制器的阶跃响应曲线

通过对比例控制规律、积分控制规律和微分控制规律的分析，可以看出它们对控制过程的影响是不同的，图 1-44 所示为同一对象分别配 P 控制器、PI 控制器、PD 控制器、PID 控制器组成的控制系统，在阶跃扰动作用下其被控量的变化过程曲线。

在图 1-44 中，曲线 1 是配 P 控制器的控制过程。由于比例控制规律具有控制及时的特点，所以控制过程时间较曲线 2 短，动态偏差也较曲线 2 小。而比例控制为有差控制，因此控制过程结束存在静态偏差。通过减小控制器的 δ 可减小静态偏差，但会使系统的稳定性下降。

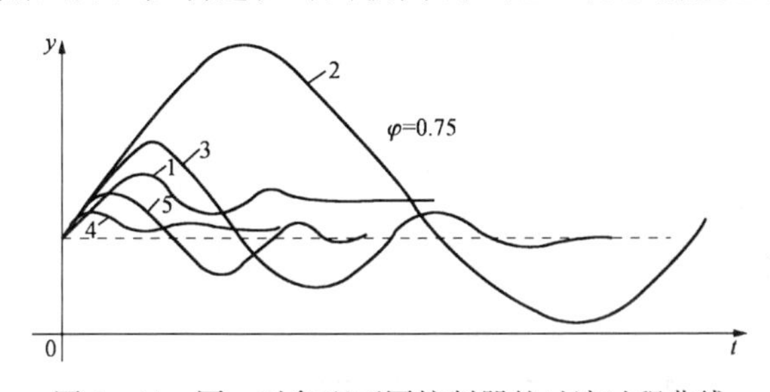

图 1-44　同一对象配不同控制器的过渡过程曲线

1—P；2—I；3—PI；4—PD；5—PID

曲线 3 是配 PI 控制器的控制过程。由于积分控制规律能消除静态偏差，所以控制作用能最终消除扰动对被控量的影响，实现无差控制。然而积分作用的调节不及时，又使控制过程的动态偏差加大，过渡过程时间加长（与曲线 1 相比），相对而言又使系统的稳定性下降。因此，在积分作用引入到 P 控制器后，控制器的 δ 应适当加大，以弥补积分作用对控制过程稳定性的影响。

曲线 5 是配 PID 控制器的控制过程。微分控制是一种超前控制方式，其实质是阻止被控量的一切变化。适当的微分作用可收到减小动态偏差、缩短控制过程时间的效果，因此在采用 PID 控制器时，应适当减小 δ 和 T_i。

综上所述，比例控制作用是最基本的控制作用，而积分和微分作用为辅助控制作用。比例作用贯穿于整个控制过程之中；积分作用体现在控制过程的后期，用以消除静态偏差；微分作用体现在控制过程的初期，用以减小动态偏差，克服迟延和惯性的影响。实际应用中应根据具体情况选择控制规律，同时设置适当的 δ、T_i、T_d，才能收到满意的控制效果。

第六节　复杂控制系统

单回路控制系统虽然是一种最基本的、使用最广泛的控制系统，但是对于有些较难控制的过程，以及控制质量要求很高的参数就无法胜任了。因此，需要改进系统结构、增加辅助回路或添加其他环节，组成复杂控制系统。

一、串级控制系统

（一）串级控制系统的基本原理和结构

串级控制系统是改善控制过程品质极为有效的方法，得到了广泛应用。下面结合具体示例来说明串级控制系统的基本原理和结构。

汽包锅炉过热蒸汽的温度控制系统通常采用串级工作方式，其结构如图 1-45 所示。

若采用单回路控制，只取 θ_1 一个温度信号到控制器去控制减温水阀门开度 μ，由于汽温对象的大迟延和大惯性，无法得到令人满意的控制品质。为此再取一个中间温度信号 θ_2，增加一个控制器，组成的串级控制系统原理框图如图 1-46 所示。

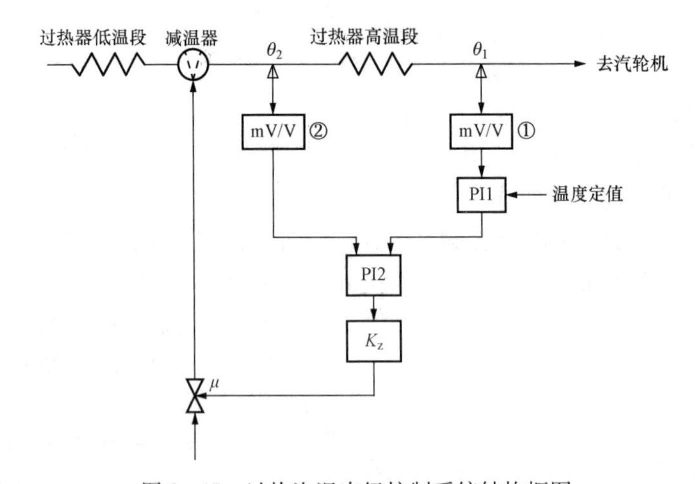

图 1-45　过热汽温串级控制系统结构框图

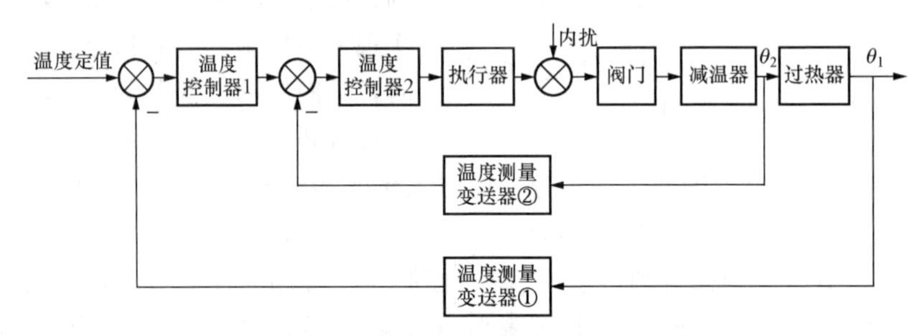

图 1-46　过热汽温串级控制系统原理框图

从图 1-46 中可以看到，串级系统和单回路系统有一个显著的区别，即其在结构上形成了两个闭环：一个闭环在里面，被称为内回路或副回路，在控制过程中起着“粗调”的作用，用以快速消除内扰；另一个闭环在外面，被称为外回路或主回路，用来完成“细调”任务，最终保证被控量满足生产要求。无论主回路还是副回路都有各自的被控对象、测量变送器和控制器。在主回路内的被控对象（图 1-46 中为过热器，其输入为 θ_2、输出为 θ_1）、被测参数（图 1-46 中为 θ_1）和控制器（图 1-46 中为温度控制器 1）分别被称为主对象、主参数（主变量）和主控制器；在副回路内的则相应称为副对象（其输入为控制量、输出为 θ_2）、副参数（或副变量，即图1-46 中 θ_2）和副控制器（图 1-46 中为温度控制器 2）。副对象是整个被控对象的一部分，常称为被控对象的导前区；主对象是整个被控对象中的另一部分，常称为被控对象的惰性区。应该指出，系统中两个控制器的作用各不相同。主控制器具有自己独立的给定值，它的输出作为副控制器的给定值；副控制器的输出信号则送到控制机构去控制生产过程。比较串级系统和单回路系统，前者只比后者多了一个测量变送器和一个控制器，增加的仪表投资并不多，但控制效果却有明显的改善。

（二）串级控制系统的特点

从总体上看，串级控制系统仍然是一个定值控制系统，主参数在干扰作用下的控制过程与单回路控制系统的过程具有相同的指标和形式。

与单回路控制系统比较，串级控制系统只是在结构上增加了一个内回路，能收到明显的控制效果。这是因为串级控制系统具有以下特点：

（1）由于副回路具有快速作用，所以，串级控制系统对进入副回路的扰动有很强的克服能力。

（2）串级控制系统可以减小副回路的时间常数，改善对象动态特性，提高系统的工作频率。

（3）由于副回路的存在，所以串级控制系统具有一定的自适应能力。

二、前馈控制系统和前馈—反馈控制系统

（一）前馈控制系统

1. 前馈控制系统工作原理

前面介绍的单回路控制系统和串级控制系统都属于反馈控制，它是根据被控量与给定值的偏差值来控制的。反馈控制的特点是必须在被控量与给定值的偏差出现后，控制器才能对其进行控制来补偿干扰对被控量的影响。如果干扰已经发生，而被控参数还未变化，则控制器是不会动作的。即反馈控制总是落后于干扰作用，因此称为“不及时控制”。

在热工控制系统中，由于被控对象通常存在一定的传递迟延和容积迟延，所以从干扰产生到被控量发生变化需要一定的时间，而从偏差产生到控制器产生控制作用，以及控制量改变到被控量发生变化又要经过一定的时间。可见，这种反馈控制方案本身决定了无法将干扰对被控量的影响克服在被控量偏离设定值之前，从而限制了这类控制系统控制质量的进一步提高。考虑到偏差产生的直接原因是干扰作用的结果，如果直接按扰动而不是按偏差进行控制，也就是说当干扰一出现，控制器就直接根据检测到的干扰的大小和方向按一定规律去进行控制，由于干扰发生后被控量还未显示出变化之前，控制器就产生了控制作用，在理论上就可以把偏差彻底消除。按照这种理论构成的控制系统称为前馈控制系统。显然，前馈控制系统对于干扰的克服要比反馈控制系统及时得多。

从以上分析可知：若系统中的控制器能仅根据干扰作用的大小和方向就对被控介质进行控制来补偿干扰对被控量的影响，则这种控制就称为“前馈控制”或“扰动补偿”。

2. 前馈控制系统实例分析

前馈控制系统的工作原理可结合图 1-47 所示的换热器前馈控制系统进一步说明，图中虚线部分表示反馈控制系统。

换热器是利用蒸汽的热量加热排管中的料液的，工艺上要求料液出口温度 θ_1 一定。当被加热料液流量发生变化时，若要使出口温度保持不变，就必须在被加热料液量发生变化的同时改变蒸汽量。这就是一个前馈控制系统。

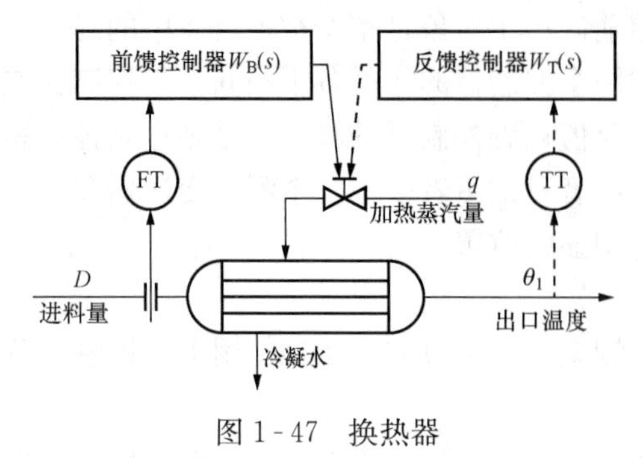

图 1-47　换热器

换热器前馈控制系统的原理框图如图 1-48 所示。由图 1-48 可得

$$Y(s)=[W_{0\lambda}(s)+K_m W_B(s)W_\mu(s)W_0(s)]\lambda(s) \tag{1-75}$$

令 $K_m=1$, $W_\mu(s)=1$，则系统的传递函数为

$$\frac{Y(s)}{\lambda(s)}=W_{0\lambda}(s)+W_B(s)W_0(s) \tag{1-76}$$

如果适当选择前馈控制器的传递函数 $W_B(s)$，就可以做到在 $\lambda(s)$ 发生扰动时被控量 $Y(s)$ 不发生变化，即对扰动实现完全补偿，由式（1-76）可写出这个条件为

$$W_{0\lambda}(s)+W_B(s)W_0(s)=0$$

$$W_B(s)=-\frac{W_{0\lambda}(s)}{W_0(s)} \tag{1-77}$$

当前馈控制器满足上述关系时，则在图 1-48 所示系统中，对于 $\lambda(s)$ 的任何变化，被控量 $Y(s)$ 都不会改变。由于这种前馈控制系统是开环系统，所以它不像反馈系统那样可能由于控制作用不是恰如其分而发生不稳定。因此，不需要检查前馈控制系统的稳定性。

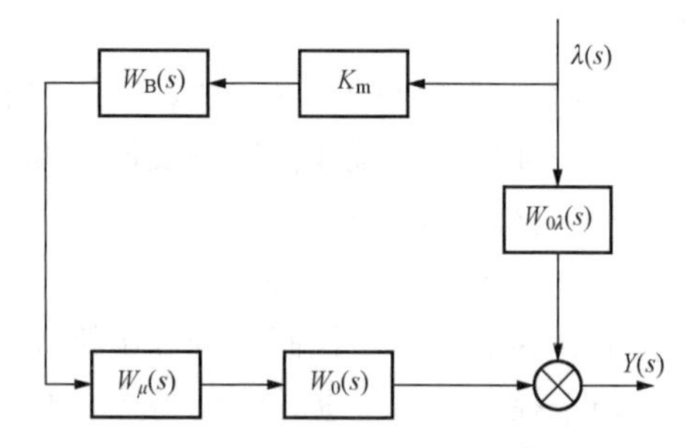

图 1-48　前馈控制系统原理框图
$\lambda(s)$—扰动（在此例中为料液流量 D）；
$Y(s)$—被控量（在此例中为料液温度 θ_1）；
$W_B(s)$—前馈控制器的传递函数；
$W_\mu(s)$—控制阀的传递函数；
$W_0(s)$—控制通道对象的传递函数；
$W_{0\lambda}(s)$—扰动通道对象的传递函数；
K_m—测量变送器的变送系数

3. 前馈控制系统的特点

通过对前馈控制系统的分析，可知前馈控制系统具有以下特点：

（1）前馈控制系统是直接根据扰动进行控制的，因此可及时消除扰动对被控量的影响，减小被控量的动态偏差，而且不像反馈控制系统那样根据被控量的偏差反复控制，控制过程时间 t_s 较短。

（2）前馈控制系统为开环控制系统，不存在系统的稳定性问题。但是由于系统中不存在被控量的反馈信号，所以控制过程结束后不易得到静态偏差的具体数值。

（3）前馈控制系统只能用来克服生产过程中主要的、可测的扰动。

（4）前馈控制系统一般只能实现局部补偿而不能保证被控量完全不变。

4. 前馈控制与反馈控制的差别

（1）控制的依据不同。前馈控制根据扰动的大小和方向产生相应的控制作用；反馈控制根据被控量偏差大小和方向产生相应的控制作用。

（2）控制的效果不同。前馈控制根据扰动进行控制，所以控制快速及时，理论上可以实现完全补偿而使被控量在控制过程中保持不变；反馈控制根据被控量偏差进行控制，要实现控制终了的无差效果，首先要有偏差。

（3）系统的结构不同。前馈控制为开环控制系统，不存在系统的稳定性问题；反馈控制为闭环控制系统，必须考虑系统的稳定性。

(4) 实现的经济性和可能性不同。前馈控制必须对每一个可能出现的扰动单独构成一个相应的前馈控制系统，这样做既不经济也不现实；反馈控制采用一个或两个闭合回路就可以克服多个扰动，易于实现。

综上所述，前馈控制和反馈控制两者各有优、缺点，如能够将两者互相结合取长补短，则可以构成高品质的控制系统。

（二）前馈—反馈控制系统

为了克服单纯前馈控制系统的局限性，获得良好的控制品质，在反馈控制系统的基础上附加一个或几个主要扰动的前馈控制，即产生了前馈—反馈控制系统。前馈—反馈控制系统依靠反馈控制来使系统在稳态时能准确地使被控量等于给定值，而在动态过程中则利用前馈控制有效地减少被控量的动态偏差（指由主要扰动引起的偏差）。

在图 1-47 所示的换热器的前馈控制中，将虚线部分的反馈控制也加入，即组成了前馈—反馈控制系统。其原理框图如图 1-49 所示（令测量变送器的变送系数为 1，控制阀的传递函数为 1）。

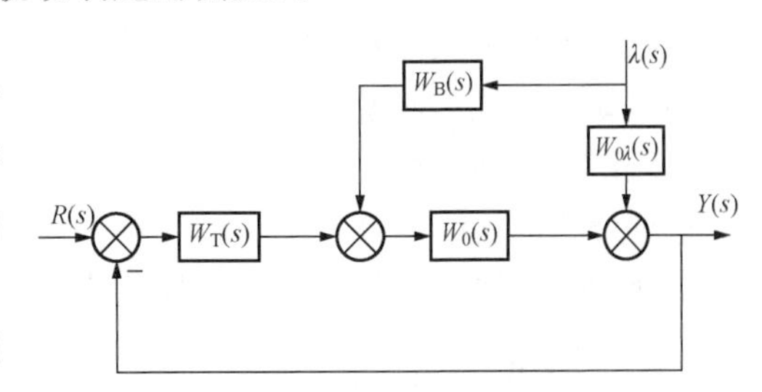

图 1-49　前馈—反馈控制系统原理框图
$W_T(s)$——反馈控制器的传递函数

当进料量 D 变化时，由前馈通道改变加热蒸汽流量 q 对料液的温度 θ_1 进行控制，除此以外的其他各种扰动的影响以及前馈通道补偿不准确带来的偏差均由反馈控制器来校正。

由图 1-49 可得，在扰动 $\lambda(s)$ 作用下有

$$Y(s)=\frac{[W_{0\lambda}(s)+W_B(s)W_0(s)]}{1+W_T(s)W_0(s)}\lambda(s) \tag{1-78}$$

对扰动实现完全补偿的条件为

$$W_{0\lambda}(s)+W_B(s)W_0(s)=0$$

即

$$W_B(s)=-\frac{W_{0\lambda}(s)}{W_0(s)} \tag{1-79}$$

比较式 (1-77) 与式 (1-79) 可知，前馈—反馈控制系统对扰动完全补偿的条件与前馈控制时完全相同。

另外，在前馈—反馈控制系统中，前馈装置的控制规律不仅与对象控制通道和干扰通道的传递函数有关，还与前馈控制器的输出进入反馈控制系统的位置有关。

在前馈—反馈控制系统中，前馈控制回路的作用在于减小控制过程中被控量的动态偏差，反馈控制回路的作用在于消除或减小被控量的稳态偏差。对于定值系统而言，稳态时被控量等于给定值。

三、比值控制系统

（一）基本概念

生产过程中经常出现要求两种物质保持一定比例关系的情况，一旦出现比例失调就会影响生产的安全性和经济性。例如锅炉燃烧过程中要求保持燃料量和空气量按一定比例关系配合，在不同负荷情况下均应保持炉内过量空气量为最佳值，以保证炉内燃烧的经济性。

凡是要求两种或两种以上的物质量保持一定比例关系的控制系统均称为比值控制系统。在需要保持比例关系的两种物质中，必有一种处于主导地位，称为主动量；而另一种需要按主动量进行配比，在控制过程中跟随主动量变化的量称为从动量。因此，比值控制系统实际上是一种随动控制系统。

（二）比值控制系统分析

比值控制系统有多种类型，这里仅介绍两种常用的比值控制系统。

1. 单闭环比值控制系统

工艺上要求两种物料流量保持一定的比例关系，可以选用单闭环比值控制系统，如图1-50所示。

系统达稳态时 $Q_1/Q_2=K$。当 Q_1 变化时，经比值控制器 T1 按预先设置的比值使输出成比例地变化，也就是成比例地改变从动量控制器 T2 的给定值，从而使 Q_2 跟随 Q_1 变化，在新的稳定条件下保持 Q_1 与 Q_2 的比值 K 不变。

当从动量因扰动而发生变化时，由于 Q_1 不变，所以从动控制器的给定值也不变，通过从动量反馈回来消除扰动，从而使 Q_1 与 Q_2 的比值 K 也维持不变。

这种形式的比值控制系统在电厂热工自动控制系统中应用实例很多，如直流炉保持一定燃—水比的控制系统就是采用单闭环比值控制方案。

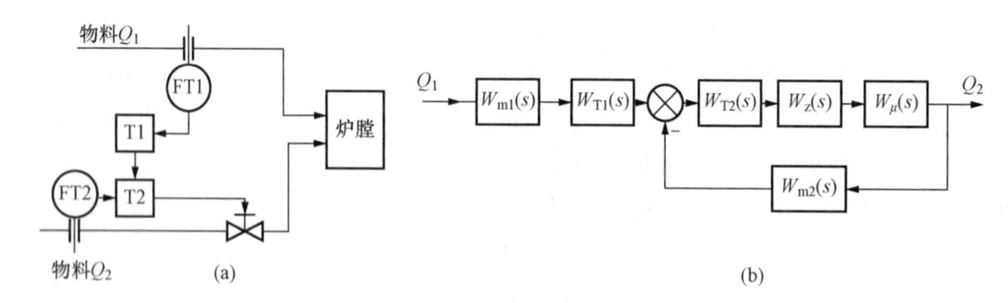

图1-50　单闭环比值控制

（a）系统结构框图；（b）系统原理框图

2. 有逻辑规律的比值控制系统

在某些比值控制系统中，不仅要求两个物料流量保持一定的比例，而且要求物料流量的变动还有一定的先后次序，称为有逻辑规律的比值控制系统。

例如在燃料控制系统中，希望燃料量与空气流量成一定的比例。而燃料量取决于蒸汽量的需要，常用蒸汽压力来反映，当蒸汽量要求增加即蒸汽压力降低时，燃料量也要增加。为了保证燃烧完全，在增负荷时，应先加大空气量后加大燃料量；在减负荷时，应先减燃料量后减空气量，以保证燃烧的安全性和经济性。为此可设计成有逻辑规律的比值控制系统，如图1-51所示。图1-51中PT、FT分别为压力、流量变送器；PC、FC分别为压力、流量控制器；HS、LS分别为高、低选器。

该系统实现蒸汽出口压力对燃料流量的串级控制和燃料流量与空气流量的比值控制。根据过程要求，蒸汽压力控制器是反作用的。当蒸汽流量增加、即蒸汽压力下降时，蒸汽压力控制器输出增加，增大的信号送到低选、高选器。压力控制器输出无法通过低选器LS，可通过高选器HS，并作为空气流量控制器的给定值来加大空气量。空气流量变送器的输出信号被低选器选中，空气流量的增加也使低选器输出增加，从而改变燃料控制器的给定值，使

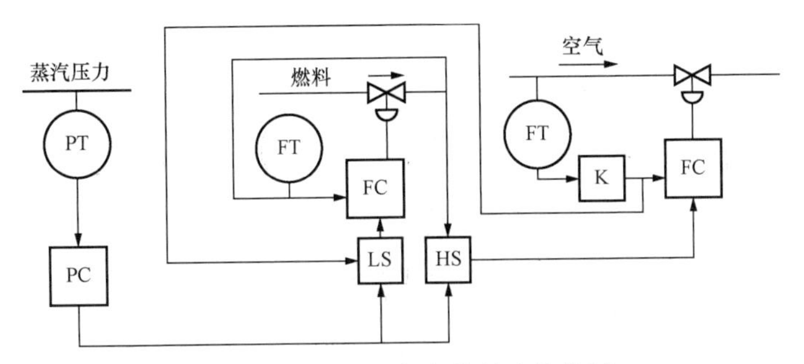

图 1-51 具有逻辑规律的比值控制

燃料量增大，保证增加燃料之前先加大空气量。而当蒸汽流量减少时，情况则相反，满足先减燃料量后减空气量的逻辑关系，保证燃烧完全。

四、大迟延对象的控制方案

在热工过程中，有不少过程特性（对象特性）具有较大的纯迟延；当过程控制通道或测量环节存在纯迟延 τ_0 时会降低系统的稳定性。另外，纯迟延会导致被控量的最大动态偏差增大，系统的动态质量下降。具有纯迟延过程的控制是一个比较棘手的问题，闭环系统内的纯迟延若采用上述的串级控制和前馈控制等方案是无法保证其控制质量的。

（一）补偿纯迟延的常规控制

1. 微分先行控制方案

对于纯迟延过程的控制系统，控制器采用 PID 控制规律时，系统的静态和动态品质均下降，纯迟延越大，其性能指标下降得越大。如果将微分作用串联在反馈回路上，则称该方案为微分先行控制方案，如图 1-52 所示。

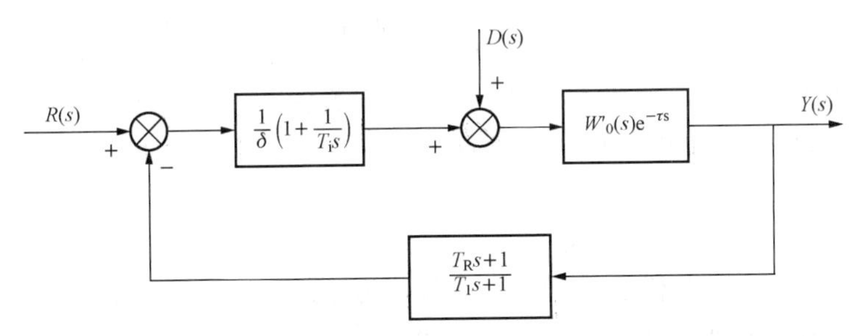

图 1-52 微分先行控制方案

在图 1-52 所示的微分先行控制方案中，微分环节的输出信号包括了被控量的大小及其变化速度。将它作为测量值输入比例积分控制器中，以加强微分作用，达到减小超调量的效果。

2. 中间反馈控制方案

与微分先行方案的设想类似，采用中间反馈控制方案可以改善系统的控制质量。中间反馈控制方案如图 1-53 所示，系统中的微分作用是独立的，能在被控量变化时及时根据其变化的速度大小起附加校正作用。微分校正作用与 PI 控制器的输出信号无关，只在动态时起作用，而在静态时或在被控量变化速度恒定时就失去作用。

图 1-54 所示为三种控制方案（PID、微分先行、中间反馈）对有迟延的一阶惯性对象

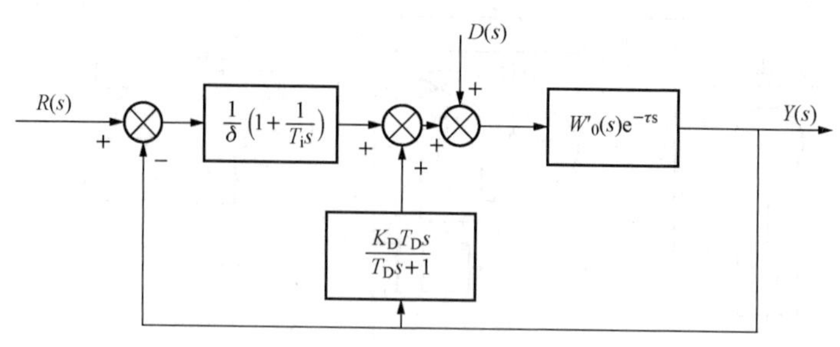

图 1-53　中间反馈控制方案

的控制质量仿真结果。可以看到，微分先行和中间反馈控制都能有效地克服超调现象，缩短调节时间，而且无需特殊设备，因此有一定使用价值。

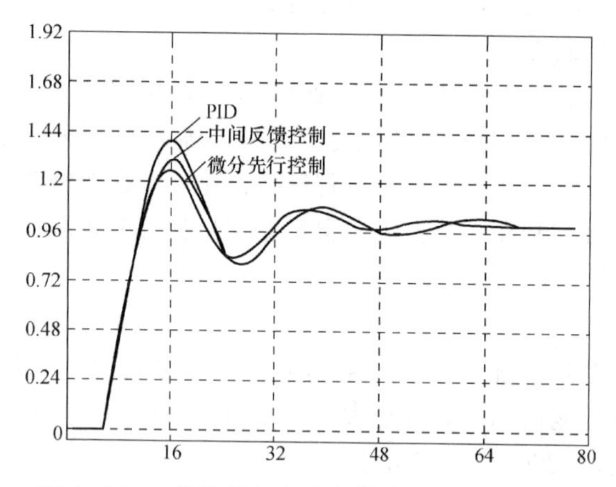

图 1-54　3 种控制方案在定值扰动下的过渡过程

由图 1-54 还可以看到，无论上述哪种方案，被控量无一例外地都存在较大的超调，且响应速度很慢，如果在控制精度要求很高的场合，则需要采取其他控制手段，例如补偿控制、采样控制等。

（二）史密斯（Smith）预估补偿

被控过程存在迟延是不利于控制的，前面分析已得到结论。1957 年，O. J. M. Smith（史密斯）针对具有纯迟延的过程，在 PID 反馈控制的基础上，引入了一个预补偿环节，使控制品质大大提高。下面分析史密斯预估补偿的原理。

当采用单回路控制系统时，如图 1-55 所示控制器的传递函数为 $W_T(s)$，对象的传递函数为 $W_0(s)=W'_0(s)e^{-\tau s}$时，从设定值作用至被控量的闭环传递函数为

$$\frac{Y(s)}{R(s)}=\frac{W_T(s)W'_0(s)e^{-\tau s}}{1+W_T(s)W'_0(s)e^{-\tau s}} \tag{1-80}$$

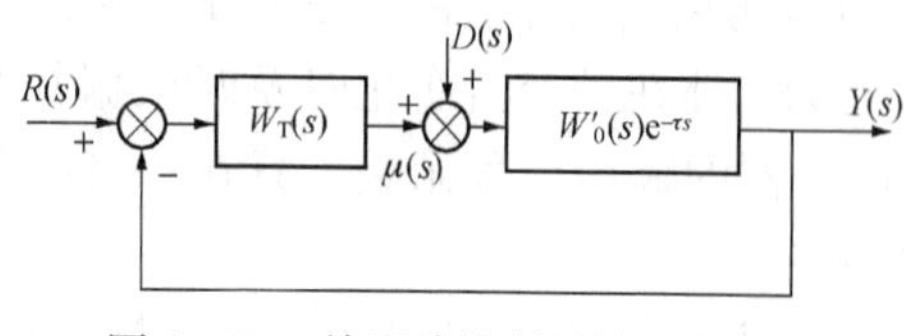

图 1-55　单回路控制系统原理框图

扰动作用至被控量的闭环传递函数为

$$\frac{Y(s)}{D(s)}=\frac{W'_0(s)e^{-\tau s}}{1+W_T(s)W'_0(s)e^{-\tau s}} \tag{1-81}$$

如果分母中的 $e^{-\tau s}$ 项可以除去，则迟延对闭环极点的不利影响将不复存在。

史密斯预估补偿方案主体思想就是消去分母

中的 $e^{-\tau s}$ 项，实现的方法是把对象的数学模型引入到控制回路中，设法取得更为及时的反馈信息，以改进控制品质。这种方案可按不同的角度进行解释说明，下面从内模（模型置于回路之内）的角度来介绍。史密斯预补偿控制原理如图 1-56 所示。

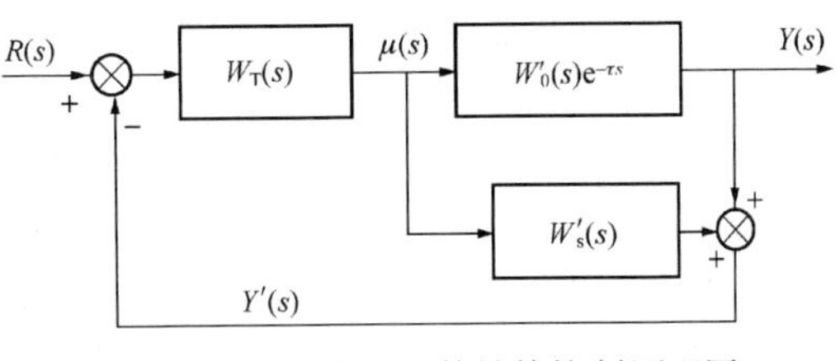

图 1-56　史密斯预估补偿控制原理图

图 1-56 中，$W'_0(s)$是对象除去纯迟延环节 $e^{-\tau s}$ 以后的传递函数，$W'_s(s)$是史密斯预估补偿器的传递函数。若系统中无该补偿器，则由控制器输出 $\mu(s)$到被控量 $Y(s)$之间的传递函数为

$$\frac{Y(s)}{\mu(s)}=W'_0(s)e^{-\tau s} \tag{1-82}$$

式（1-82）表明，受到控制作用之后的被控量要经过纯迟延 τ 之后才能返回到控制器。若系统采用预估补偿器，则控制器的输出 $\mu(s)$与反馈到控制器的 $Y'(s)$之间的传递函数是两个并联通道之和，即

$$\frac{Y'(s)}{\mu(s)}=W'_0(s)e^{-\tau s}+W'_s(s) \tag{1-83}$$

为使控制器采集的信号 $Y'(s)$不迟延 τ，则要求式（1-83）为

$$\frac{Y'(s)}{\mu(s)}=W'_0(s)e^{-\tau s}+W'_s(s)=W'_0(s) \tag{1-84}$$

从式（1-84）可得到预估补偿器的传递函数为

$$W'_s(s)=W'_0(s)(1-e^{-\tau s}) \tag{1-85}$$

一般称式（1-85）表示的预估器为史密斯预估器。其实施框图如图 1-57 所示。只要一个与对象除去纯迟延环节后的传递函数 $W'_0(s)$相同的环节和一个迟延时间等于 τ 的纯迟延环节就可以组成史密斯预估模型，它将消除大迟延对系统过渡过程的影响，使控制过程的品质与过程无迟延环节时的情况一样，只是在时间坐标上向后推迟了一段时间。

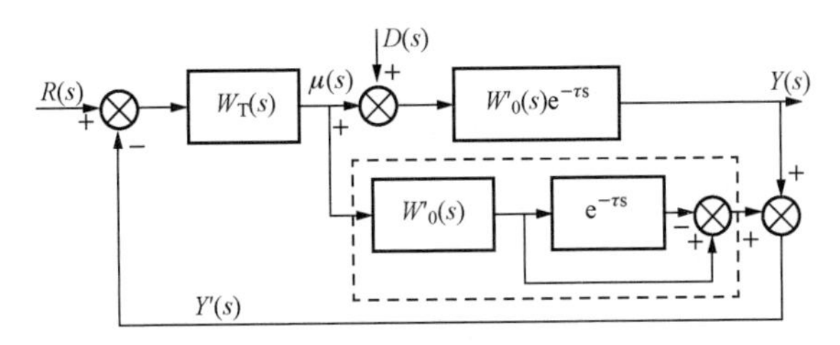

图 1-57　史密斯补偿系统方框图

从图 1-57 可以推导出系统的闭环传递函数为

$$\frac{Y(s)}{D(s)}=\frac{W'_0(s)e^{-\tau s}[1+W_T(s)W'_0(s)-W_T(s)W'_0(s)e^{-\tau s}]}{1+W_T(s)W'_0(s)} \tag{1-86}$$

$$=W'_0(s)e^{-\tau s}\left[1-\frac{W_T(s)W'_0(s)e^{-\tau s}}{1+W_T(s)W'_0(s)}\right]=W'_0(s)e^{-\tau s}[1-W_1(s)e^{-\tau s}]$$

$$W_1(s)=\frac{W_T(s)W'_0(s)}{1+W_T(s)W'_0(s)}$$

式中：$W_1(s)$为无迟延环节时系统闭环传递函数。

由此可得

$$\frac{Y(s)}{R(s)}=\frac{W_T(s)W_0'(s)e^{-\tau s}}{1+W_T(s)W_0'(s)}=W_1(s)e^{-\tau s} \tag{1-87}$$

由式（1-87）可见，对于随动控制经预估补偿，其特征方程中已消去了 $e^{-\tau s}$一项，即消除了纯迟延对系统控制品质的不利影响。而分子中的 $e^{-\tau s}$仅仅将系统控制过程曲线在时间轴上推迟一个τ，所以预估补偿完全补偿了纯迟延对过程的不利影响，系统品质与被控过程无纯迟延完全相同。

史密斯预估补偿控制在电厂热工控制系统中也有应用，如一些电厂的主汽温和再热汽温控制中就采用了史密斯预估补偿控制；一些分散控制系统厂家还提供了史密斯预估补偿控制的功能模块。

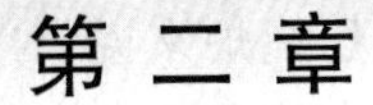

第二章

单元机组模拟量控制系统

模拟量控制系统（Modulation Control System，MCS）是通过前馈和反馈作用对机、炉及辅助系统的过程参数进行连续自动调节的控制系统的总称，包含过程参数的自动补偿和计算、自动调节、控制方式无扰动切换，以及偏差报警等功能。模拟量控制系统一般包括负荷控制系统（协调控制系统）、燃烧控制系统、给水控制系统、蒸汽温度控制系统、除氧器压力控制系统、除氧器水位控制系统、加热器水位控制系统、凝汽器水位控制系统、轴封压力控制系统、润滑油温控制系统等。

第一节　汽包锅炉蒸汽温度控制系统

蒸汽温度（过热蒸汽温度和再热蒸汽温度）是火力发电厂热力系统中的重要参数，蒸汽温度控制品质的优劣直接影响到整个机组的安全和经济运行，蒸汽温度控制系统是机组的重要控制系统之一。目前，火力发电机组是电网调峰的主要力量，因此不仅对锅炉、汽轮机及辅助设备要求有较大的适应负荷变化能力，对蒸汽温度控制系统也提出了较高的要求。

由于大型机组广泛采用中间再热运行方式，所以蒸汽温度控制系统包括过热蒸汽温度控制系统和再热蒸汽温度控制系统。因为锅炉的构造、静态特性和动态特性的不同，所以就有不同的蒸汽温度自动控制方案，以满足蒸汽温度控制的需要。本节介绍汽包锅炉的蒸汽温度控制系统。

一、过热蒸汽温度控制系统

（一）过热汽温控制任务

锅炉出口过热蒸汽温度（主汽温）是锅炉的主要参数之一，也是整个汽水行程中工质的最高温度，对电厂的安全经济运行有重大影响。由于过热器正常运行的温度已接近钢材允许的极限温度，所以必须严格地将主汽温控制在给定值附近。一般中、高压锅炉主汽温的暂时偏差不允许超过±10℃，长期偏差不允许超过±5℃，这个要求对汽温控制系统来说是非常高的。主汽温偏高会使过热器和汽轮机高压缸承受过高的热应力而损坏，威胁机组的安全经济运行；主汽温偏低则会降低机组的热效率，影响机组运行的经济性；同时主汽温偏低会使蒸汽的含水量增加，从而缩短汽轮机叶片的使用寿命。

过热汽温控制系统的任务是维持过热汽温在允许的范围内波动，并对过热器实现保护，使管壁金属温度不超过允许的工作范围。

（二）过热汽温对象动态特性

影响过热汽温的各种因素中，减温水量（过热器入口温度）、蒸汽流量、烟气传热量是三个最主要的因素。下面分别对这些扰动情况下汽温控制对象的动态特性进行分析。

1. 减温水流量 W_B 扰动下汽温的动态特性

在设计锅炉时，为了保证锅炉在负荷小于额定值某一范围内的汽温仍能达到给定值，总是要使额定负荷下过热汽温高于其额定值（即正常给定值）。对高压锅炉来说，过热汽温一般要比额定值高 40～60℃。为此，通常采用在蒸汽中喷入减温水的方法来控制过热汽温。喷水减温系统的结构如图 2-1 所示（图中只画出一级减温）。从锅炉给水中取出减温水或蒸汽凝结水，在喷水减温器中与蒸汽混合，水吸收蒸汽的热量，从而降低蒸汽温度。

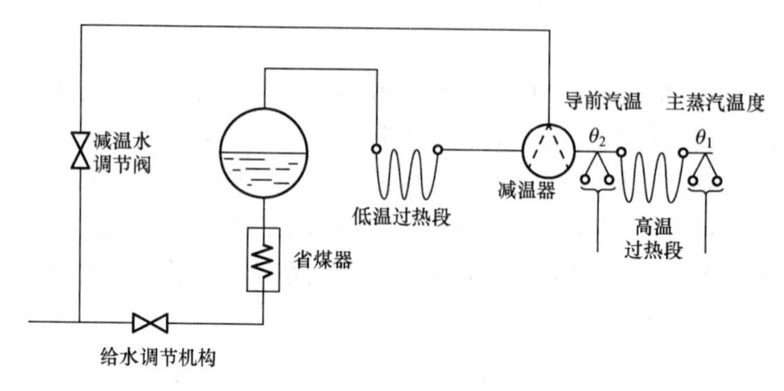

图 2-1　喷水减温系统结构

从减小控制侧迟延考虑，减温器应装在过热器出口；从保护过热器管考虑，减温器应装在过热器入口。为此采用折中办法，将减温器装在过热器低温段与高温段之间，如图 2-1 所示。过热汽温控制对象可划分为两部分：对象导前区 $W_{ob2}(s)$（主要为减温器）和对象惯性区 $W_{ob1}(s)$（过热高温段）。这两部分串联组成对象控制通道 $W_{o\mu}(s)$，即

$$W_{o\mu}(s)=\frac{\theta_1(s)}{\mu(s)}=W_{ob2}(s)W_{ob1}(s) \qquad (2-1)$$

如图 2-2 所示。

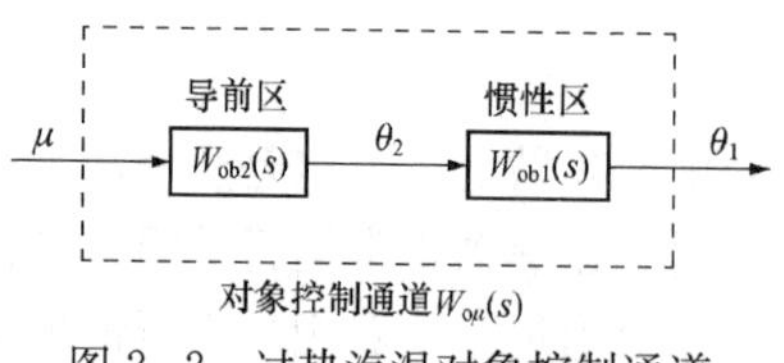

图 2-2　过热汽温对象控制通道

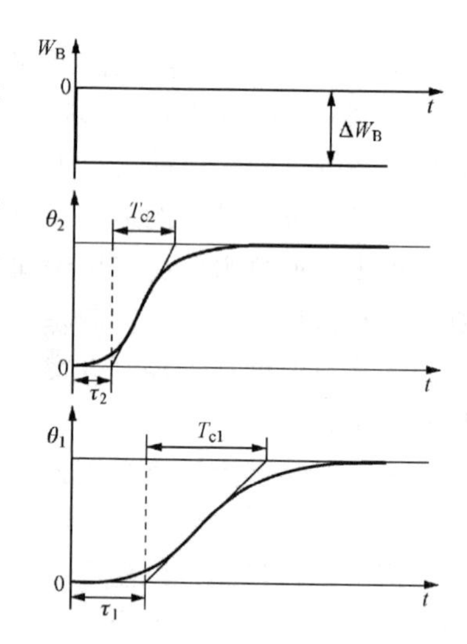

图 2-3　减温水扰动下过热汽温的阶跃响应曲线

图 2-3 所示为减温水量控制阀开度 μ 阶跃关小下，由试验得出的导前汽温 θ_2 与主汽温 θ_1 的响应曲线。可以看出，对象导前区和对象控制通道的动态特性都有惯性，且是有自平衡能力的对象。导前区的惯性较小，而控制通道的惯性较大。从图中可求出导前区的参数以及控制通道的参数，一般 τ=30～60s，T_c=40～100s。

2. 蒸汽流量 D 扰动下汽温的动态特性

当要求锅炉蒸发量增加时，控制系统使燃料量和送风量增加。流过过热器对流过热段的

烟气流量和烟气温度都增加，使对流过热段出口汽温上升。同时由于锅炉炉膛温度基本未变，所以过热器辐射过热段受热量基本不变。此时，流过过热器的蒸汽流量增大，使辐射过热段出口汽温反而下降。对于锅炉来说，对流受热面通常要大于辐射受热面，所以当锅炉蒸发量增加时，过热器出口汽温上升。

当锅炉蒸发量阶跃增大时，过热汽温的响应曲线如图 2-4 所示，是有惯性、有自平衡能力的特性，且迟延时间 τ 较小（相对于减温水量扰动）。一般来说，$\tau=10\sim20s$，$T_c=100s$。τ 较小的原因是：在蒸汽流量扰动时，烟气流速和蒸汽流速几乎是沿整个过热器管道长度同时变化的，因而烟气传给蒸汽的热量也几乎是沿过热器管长度同时发生的，所以汽温变化的迟延时间 τ 较小。在蒸汽负荷扰动下，汽温的 τ/T_c 较小，即动态特性较好，但由于蒸汽负荷是由外界用户及电网要求决定的，所以，它不能作为控制汽温的手段。

3. 烟气传热量 Q_y 扰动时汽温的动态特性

来自烟气侧的扰动因素有给粉不均匀、锅炉及制粉系统漏风量变化、流过过热器的烟气流量变化、燃烧火焰中心位置改变、煤种改变、蒸发受热面结焦等。这些因素归纳起来可分成两个方面，即烟气流速和烟气温度的变化。

烟气流速或烟气温度阶跃扰动时汽温对象的响应特性曲线如图 2-5 所示。由于烟气流速或烟气温度几乎是沿整个过热器管长度变化的，因而汽温的响应较快，惯性也较小（$\tau=10\sim20s$，$T_c=100s$），故可利用改变烟气流速或烟气温度作为控制汽温的手段。比如用烟气旁路、烟气再循环、改变燃烧器喷燃角度等方法。但这些控制手段较复杂，所以一般过热汽温控制采用较少，而在再热汽温控制中采用得较多。

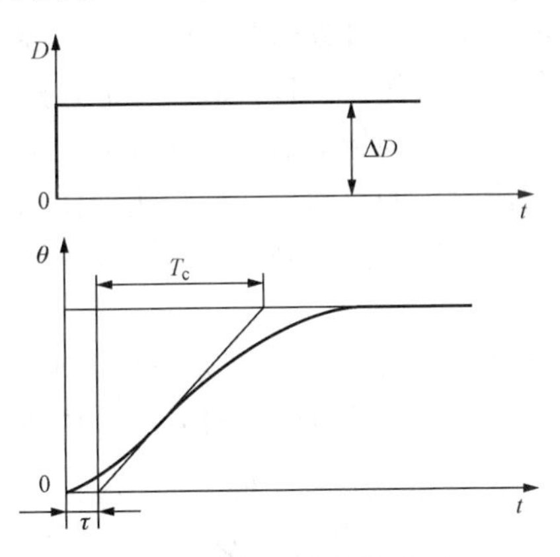

图 2-4　蒸汽流量扰动下过热汽温的阶跃响应曲线

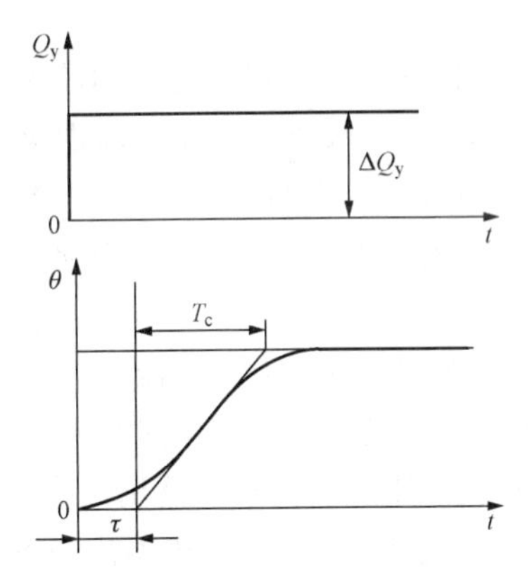

图 2-5　烟气传热量扰动下过热汽温的阶跃响应曲线

由上述分析可以看出，在各种扰动下（减温水流量、主蒸汽流量、烟气传热量），过热汽温控制对象动态特性的形状都一样，并呈现出以下三个特点：

（1）有迟延，可用迟延时间 τ 表示。

（2）有惯性，可用时间常数 T_c 表示。

（3）有自平衡能力。

（三）过热汽温控制手段

汽温对象在不同的扰动作用下，其动态特性参数的数值（对象延迟时间 τ、对象时间常数 T_c、对象自平衡率 ρ）可能有很大差别。为了能在控制机构动作后及时地对汽温产生影响，要求在控制机构动作后，汽温对象的动态特性具有较小的τ和T_c，因此正确选择控制汽温的手段是非常重要的。

从过热蒸汽温度对象动态特性来看，蒸汽流量或烟气流量变化时，蒸汽温度动态反应较快；而减温水量变化时，蒸汽温度动态反应较慢。由于蒸汽流量由机组负荷决定，不能作为控制量，因而改变烟气热量（改变烟温或烟气流量）是比较理想的蒸汽温度控制手段，但目前改变烟气热量是控制再热蒸汽温度的重要手段。因此，尽管喷水减温的控制特性不够理想，但由于其结构简单、调温能力强和易于实现自动化，还是被广泛采用作为过热蒸汽温度调节手段。

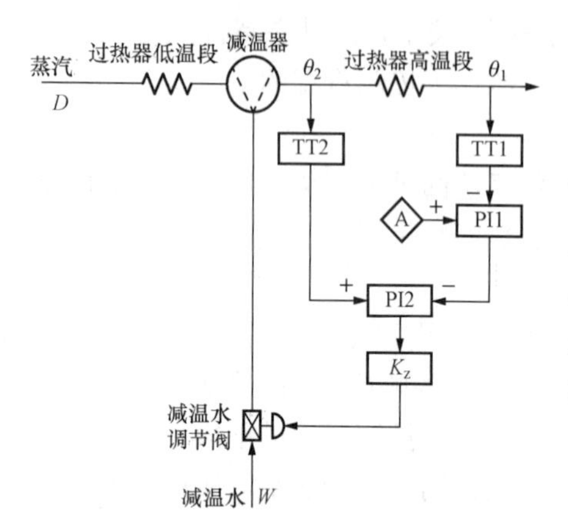

图 2-6　串级汽温控制系统

对采用喷水减温的过热蒸汽温度控制系统，有的机组只采用一级减温，这种系统比较简单，但因被控对象在基本扰动下的迟延时间太长，往往在机组负荷变动等扰动下蒸汽温度偏差较大。目前大多数机组都采用二级（或三级）喷水减温控制方式。对采用二级喷水减温的过热蒸汽温度控制系统，如果仅从锅炉出口蒸汽温度的控制效果来考虑，则一级减温相当于粗调，二级减温相当于细调。

（四）过热汽温控制方案

1. 串级汽温控制系统

采用喷水减温的串级汽温控制系统方案如图 2-6 所示。从被控对象动态特性看，减温水扰动下的汽温动态特性具有一定的延时和较大的惯性，仅采用过热器出口汽温设计的过热汽温控制系统难以满足生产要求，可采用减温器出口的蒸汽温度作为导前信号。在有关扰动下，尤其是减温水扰动时，减温器出口处的汽温要比过热器出口处的汽温提前反映扰动作用，从而可及时地调整减温水量。因此，采用导前汽温信号构成串级汽温控制系统可以改善汽温控制的品质。

在该方案中，只要导前汽温θ_2发生变化，副控制器 PI2 就会改变减温水调节阀的开度，改变减温水量，初步维持后段过热器入口（减温器出口）处的汽温，对后段过热器出口主汽温θ_1起粗调作用。后段过热器出口主汽温由主控制器 PI1 控制。只要后段过热器出口汽温未达到设定值，主控制器的输出就不断变化，使副控制器不断改变减温水量，直到主汽温恢复到设定值为止。稳态时，减温器出口的汽温，即导前汽温可能与原来数值不同，而主汽温一定等于设定值。

由于导前汽温能比主汽温提前反映扰动对主汽温的影响，尤其是减温水扰动，显然串级控制系统可以减小主汽温的动态偏差。

2. 导前微分汽温控制系统

图 2-7 所示为采用导前信号的微分作为补充信号的汽温控制系统。如果不加入导前微分信号，

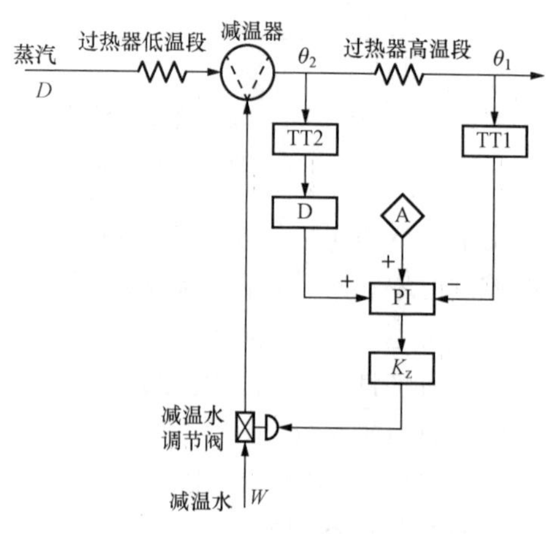

图 2-7　导前微分汽温控制系统

则控制系统就是一个只根据主蒸汽温度进行控制的单回路系统。加入这个导前信号后，由于它能迅速反映扰动影响，所以能有效地克服扰动对主汽温的影响。在动态过程中，控制器根据导前信号的微分信号和主蒸汽温度信号动作；但在稳态时，导前信号稳定不变，微分器的输出为零，因此过热器出口主蒸汽温度一定等于设定值。

3. 过热汽温的分段控制

在大型锅炉中，过热器管道较长，结构也很复杂，为了进一步改善控制品质，可以采用分段汽温控制系统。即将整个过热器分为若干段，每段设置一个减温器，分别控制各段的汽温，以维持主汽温为设定值。对于大型锅炉，设置的减温器有 2 个或 3～4 个。

对于分段控制系统，由于过热器受热面传递形式和结构的不同，可以采用不同的控制方法，一般采用下述两种控制方案。

（1）分别设置独立的定值控制系统如图 2-8 所示。在该方案中，两级减温水控制方案可分别采用串级控制策略。第Ⅰ级减温水将Ⅱ段过热器（屏式过热器）出口汽温 θ_3 控制在某个定值；第Ⅱ级减温水将Ⅲ段过热器（高温对流过热器）出口汽温（即主汽温度）θ_1 控制在设定值，这种系统称为分段定值控制系统。分成两级减温后，各级控制系统的对象特性的迟延和惯性都比只采用串级减温水方案时的对象特性的迟延和惯性小，因而可以改善控制品质。在这种系统中两级减温水的控制是独立的，两个控制系统可分别整定并独立地投入运行。

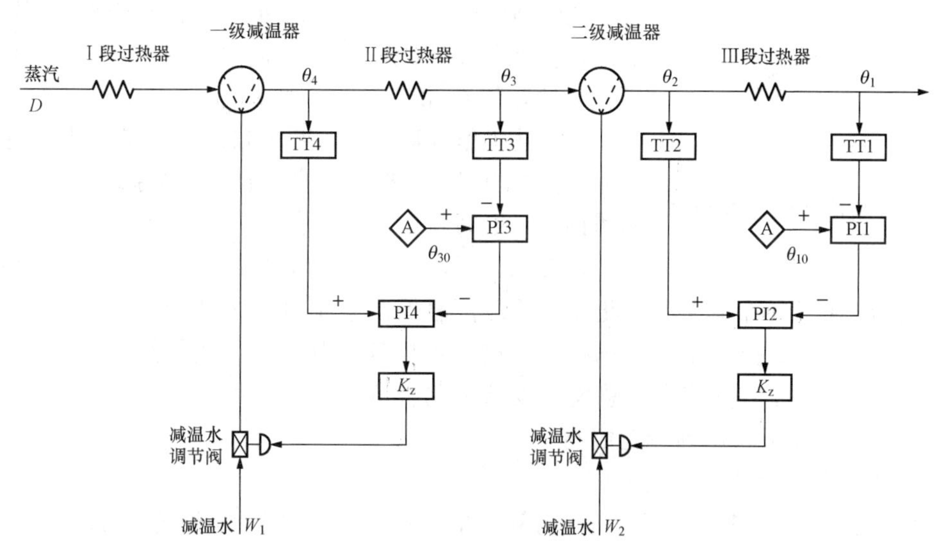

图 2-8　过热汽温分段控制系统

（2）Ⅰ级减温器给定值可变的串级汽温控制系统。对于混合型过热器，由于具有辐射特性的屏式过热器与高温对流过热器随负荷变化的汽温静态特性方向相反，所以导致在负荷变化后，稳态时两级减温水中的一级减少，而另一级增加，使得两级减温水量分配不均。解决该问题的方法之一是采用Ⅰ级减温器给定值可变的过热汽温控制方案，如图 2-9 所示。

该系统是在串级过热汽温控制系统的基础上改进的。改进后的Ⅰ级减温控制的给定值信号 θ_{30} 是由函数模块 $f(x)$ 产生的，其值随负荷 D 的变化而变化。定值信号与蒸汽负荷间的关系如图 2-10 所示。

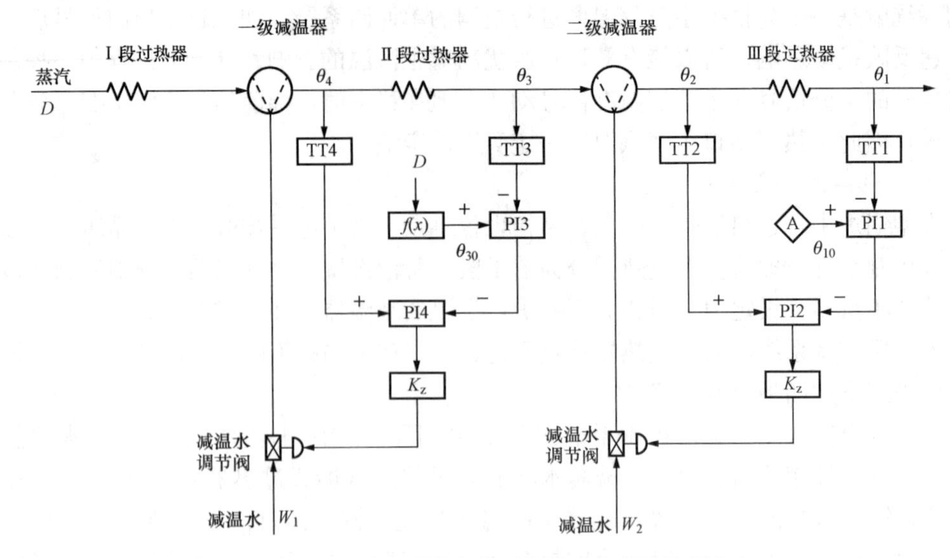

图 2-9　Ⅰ级减温器给定值可变的过热汽温控制方案

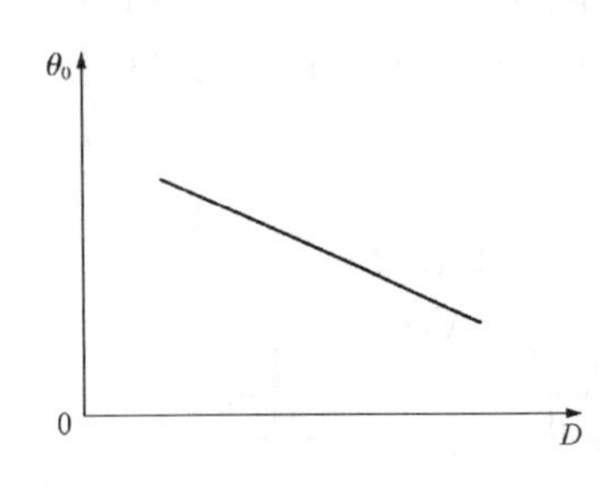

图 2-10　定值信号与负荷的关系

当负荷增大时，θ_3 降低，θ_1 升高，给定值 θ_{30} 减小，且 $\theta_3 > \theta_{30}$。Ⅰ级过热汽温控制系统增大一级减温水流量 W_1，使 θ_3 继续降低到与给定值 θ_{30} 相等，相当于对 θ_1 的粗调；Ⅱ级汽温控制系统增大二级减温水流量 W_2，使 θ_1 继续降低到与给定值 θ_{10} 相等。

由上述工作过程可见，两级减温水流量变化方向相同，克服了基本串级汽温控制系统的缺陷。该系统适用于在较大范围内参与电网调峰调频的单元机组，得到了广泛应用。

该方案一般限制 θ_3 高于相应压力下饱和蒸汽温度 10℃以上，以防出现蒸汽带水现象。此外，Ⅱ级汽温控制系统可通过增加前馈信号、相位补偿器等措施，改善被控对象的动态特性，进一步提升控制品质。例如把蒸汽压力、燃烧器倾角、主蒸汽温度微分信号、总风量设计为综合前馈信号，可有效减小过热汽温的动态偏差，并能使 θ_1 较快回到给定值 θ_{10}。

（五）过热汽温控制系统实例分析

这里以某 600MW 亚临界压力机组为例，介绍过热汽温控制系统的结构与控制策略。

1. 过热蒸汽流程

过热蒸汽流程图如图 2-11 所示。

过热器系统设有两级喷水减温器，用来调节过热蒸汽温度：一级减温器布置在低温过热器出口联箱至屏式过热器进口联箱的连接管上；二级减温器布置在屏式过热器出口联箱至高温过热器进口联箱的连接管上。一、二级减温器均在左（A）、右（B）两侧对称布置。

一级减温器在运行中做汽温的粗调，是过热汽温的主要调节手段，并对屏式过热器起保护作用，同时也可调节低温过热器左、右侧的蒸汽温度偏差。当切除高压加热器时，喷水量剧增，此时大量喷水必须通过一级减温器，以防屏式过热器和高温过热器超温。二级减温器的作用是调节过热蒸汽左、右侧的汽温偏差和汽温微调，以确保蒸汽出口温度。

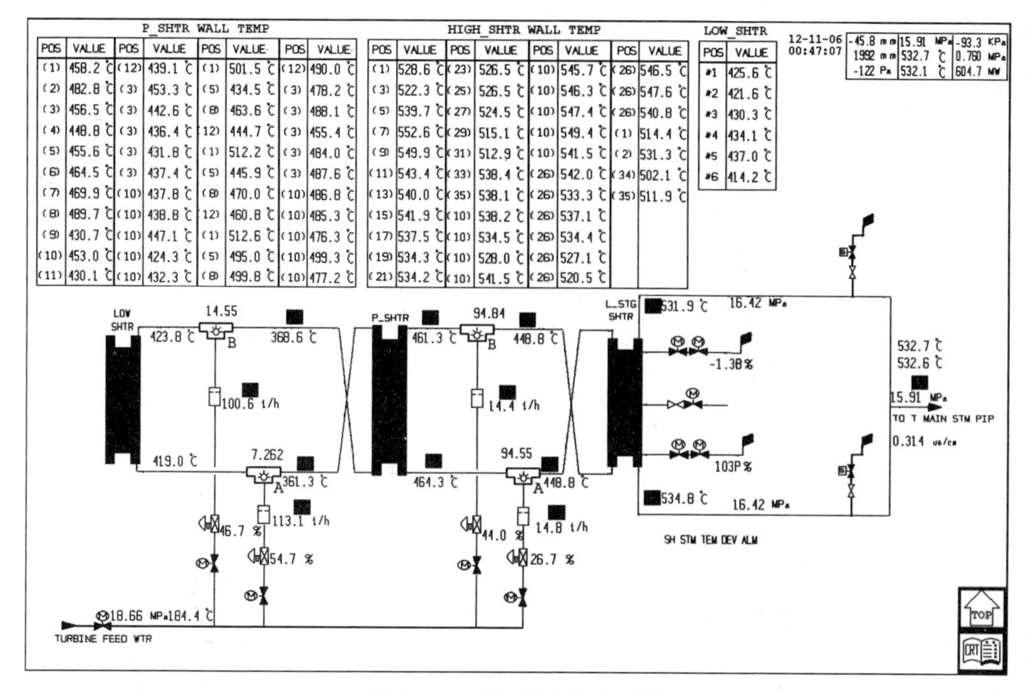

图 2-11　过热蒸汽热力系统

2. 系统分析

该系统由两段相对独立的串级过热汽温控制系统构成。

（1）一级减温控制系统。一级减温控制系统结构如图 2-12 所示。A、B 侧一级喷水减温控制系统的结构相同，均为串级控制系统。下面以 A 侧一级减温控制为例说明控制系统结构。

A 侧一级减温控制是在由主控制器和副控制器组成的串级控制系统的基础上，引入前馈信号形成的汽温控制系统。控制目的是维持 A 侧一级过热器出口的蒸汽温度在给定值上。

下面分别介绍该系统信号部分、串级控制部分、前馈信号和联锁控制逻辑等几个部分。

1）信号部分。如图 2-12 所示，系统的被控量为屏式过热器出口蒸汽温度。A 侧屏式过热器出口蒸汽温度分别有两个测量信号，正常情况下选择均值信号（2XMTR），该信号经处理后输入到比较器。

A 侧屏式过热器出口蒸汽温度的给定值由两部分组成：一部分是由蒸汽流量代表的锅炉负荷经函数发生器 $f(x)$ 后给出基本给定值；另一部分是由运行人员根据机组的实际运行工况在上述基本给定值基础上手动进行的正负偏置。函数器的设置使机组在较低的负荷下就可投入汽温自动。

在副控制器（PID2）的输入端，还有由总风量、烟气挡板开度组成的前馈信号。

2）串级控制部分。串级控制系统主回路控制的过程变量为屏式过热器出口蒸汽温度，副回路控制的过程变量为一级减温器出口蒸汽温度。主回路控制的输出加上两个前馈信号后作为副回路的给定值，一个前馈信号由总风量经超前滞后环节（LEADLAG）后给出，另一个前馈信号由烟气挡板开度经超前滞后环节（LEADLAG）给出。

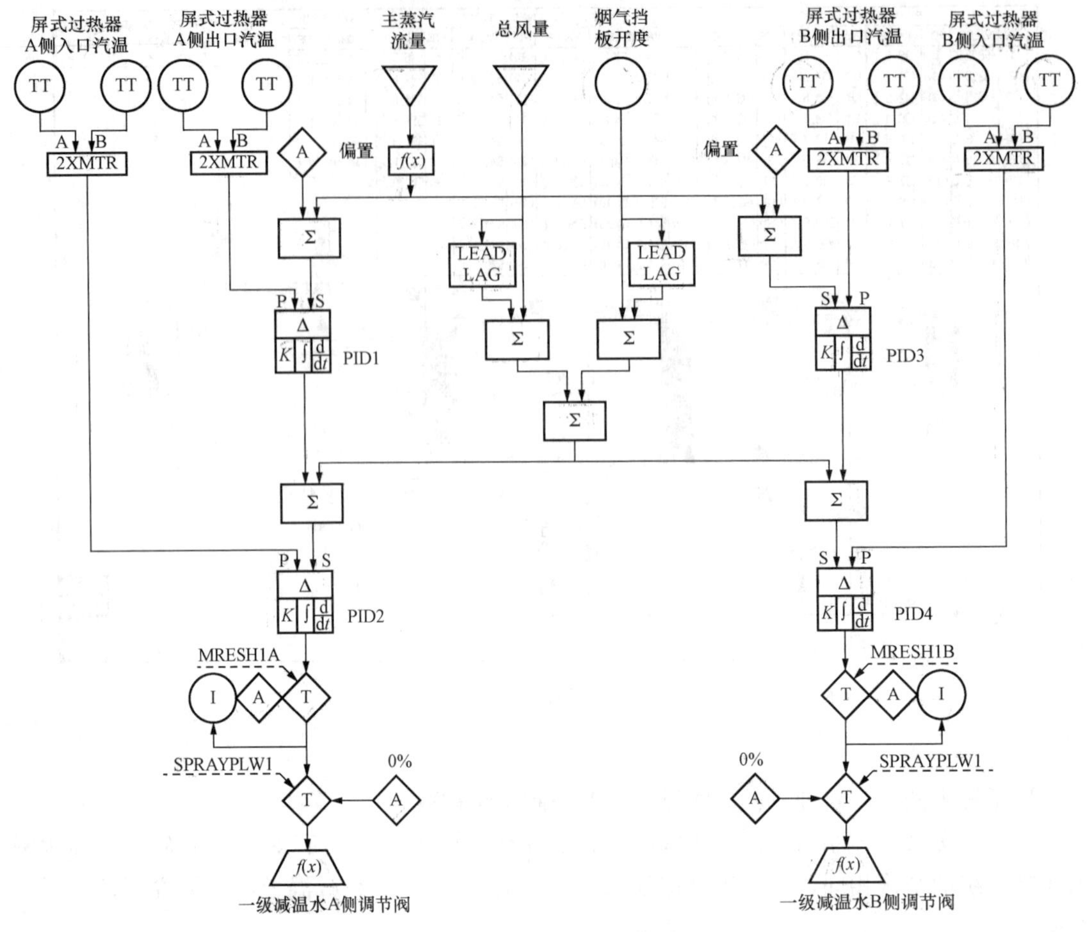

图 2-12　一级减温控制系统原理图

屏式过热器出口的蒸汽温度给定值与实际值的偏差是主控制器的输入信号。屏式过热器入口温度与主控制器输出的差，加上前馈信号，形成副控制器的输入偏差信号。当某种扰动引起屏式过热器出口蒸汽温度上升时，主控制器输入偏差减小，主控制器的输出下降，引起副控制器的输入偏差增大，副控制器的输出增加使减温水增加，屏式过热器入口温度立即下降，经延时使屏式过热器出口汽温下降，进而使副控制器的输入偏差减小。这样，在过热汽温的迟延期间内，当主控制器输出还在减小时，屏式过热器入口温度也同时减小，抑制了副控制器输出的进一步增加，从而防止了减温水过调。

3）前馈信号。如图 2-12 所示，在副控制器的输入端，系统引入总风量、烟气挡板开度等外扰信号作为前馈信号是十分有用的。这些扰动信号变化都会引起过热蒸汽温度的明显变化，将其引入系统，可以用来抑制它们对过热蒸汽温度的影响，改善屏式过热蒸汽温度的控制品质。如总风量增加时，过热汽温会上升，将总风量信号作为前馈信号引入系统，副控制器输入偏差增大、输出增加，增加减温水量，就可有效抑制汽温升高，改善系统在送风量扰动下的控制品质。

4）超驰关闭减温水逻辑（SPRAYPLW1）。所谓超驰控制就是当自动控制系统接到事故报警、偏差越限、故障等异常信号时，超驰逻辑将根据事故发生的原因立即执行自动切手动（MRE）、优先增（PRA）、优先减（PLW）、禁止增（BI）、禁止减（BD）等逻辑功能，将系统转换到预先设定好的安全状态，并发出报警信号。

当出现主燃料跳闸（MFT）、汽轮机跳闸（TURBINE TRIP）或负荷小于 $x\%$时，一级减温阀门 M/A 站强制输出为 0%，将超驰关闭一级减温水。当减温水调节阀的开度大于 $x\%$（如 5%）时，则发出一个脉冲信号打开隔离阀门；反之，当开度小于 $x\%$时，经延时，关闭隔离门（由 SCS 实现），以彻底关断减温水。

需要说明的是，各级减温器的超驰关闭减温水逻辑条件是相同的。

5）强制手动逻辑（MRESH1A）。当出现下列情况之一时，A 侧一级过热器喷水减温阀 M/A 站强制切到手动状态：A 侧屏式过热器出口汽温信号故障、A 侧屏式过热器入口汽温信号故障、蒸汽流量信号故障、屏式过热器出口温度给定值与实际值偏差大、过热器一级减温水 A 侧调节阀控制指令与反馈偏差大、MFT、汽轮机跳闸、锅炉负荷低于 20%。

（2）二级减温控制系统。二级减温控制系统结构如图 2-13 所示。与一级减温器一样，二级减温器也设两个调节阀，两侧分别控制。A、B 侧二级喷水减温控制系统的结构相同，也是在由主控制器和副控制器组成的串级控制系统的基础上，引入前馈信号形成的汽温控制系统。与一级减温控制系统的不同之处有两方面：一方面是高温过热器出口温度的给定值由

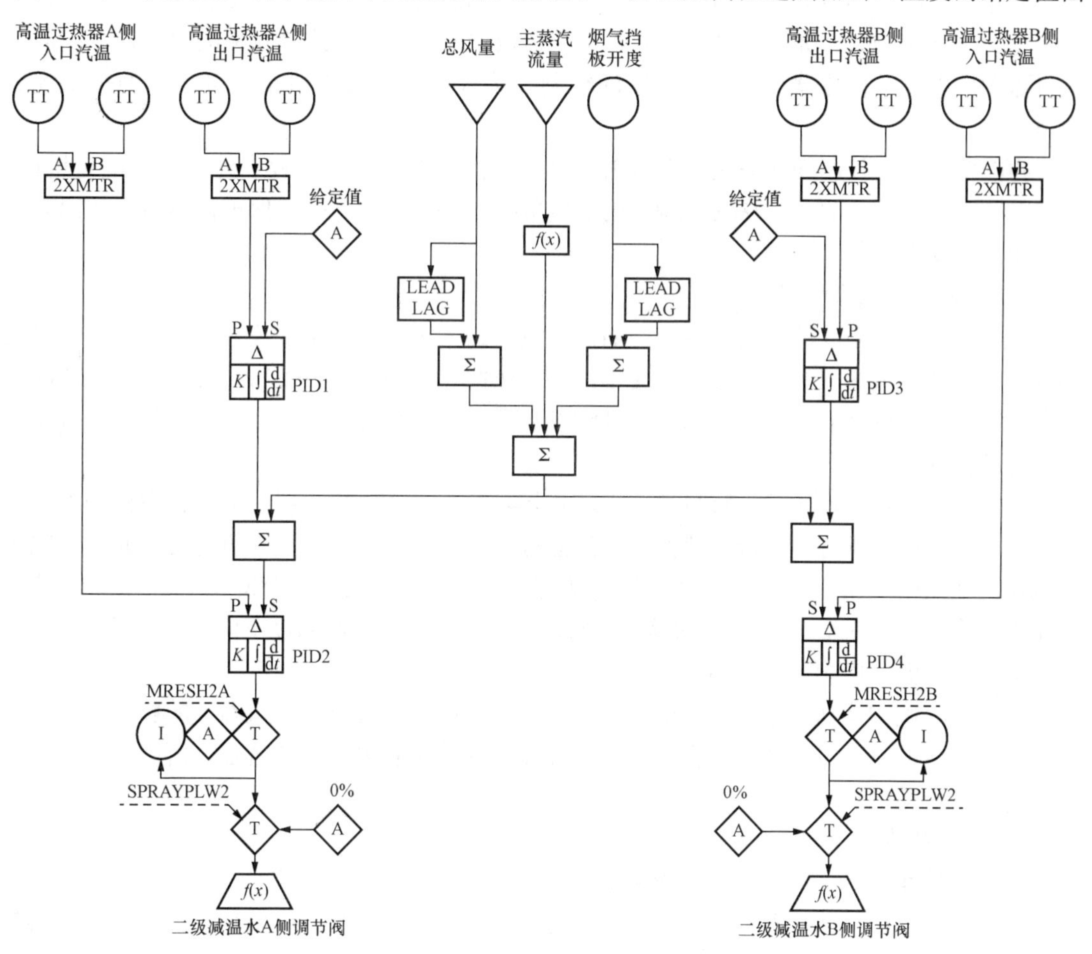

图 2-13　二级减温控制系统原理图

运行人员手动设定；另一方面是前馈信号中引入了代表机组负荷的主蒸汽流量信号。其他部分与一级减温控制类似，这里不再赘述。

当出现下列情况之一时，A 侧二级过热器喷水减温阀控制站强制切到手动状态：A 侧高温过热器出口汽温信号故障、A 侧高温过热器入口汽温信号故障、蒸汽流量信号故障、A 侧锅炉出口温度给定值与实际值偏差大、过热器二级减温水 A 侧调节阀控制指令与反馈偏差大、MFT、汽轮机跳闸、锅炉负荷低于 10%。

二、再热蒸汽温度控制系统

（一）再热汽温控制任务

对于大容量、高参数机组，为了提高机组的循环效率，防止汽轮机末级带水，需采用中间再热系统。新蒸汽经过高压缸做功后再回到锅炉的再热器吸热，被加热后的再热蒸汽送往中、低压缸继续做功。采取蒸汽中间再热可以提高电厂循环热效率，降低汽轮机末端叶片的蒸汽湿度，减少汽耗等。提高再热汽温对于提高循环热效率是十分重要的，但受金属材料的限制，目前 300MW 机组的再热蒸汽温度一般控制在 560℃以下，而 600MW 及以上超临界压力机组再热蒸汽温度一般控制在 580℃以下。另外，在锅炉运行中，再热器压力低，蒸汽比热容相对较小，再热器出口温度更容易受到负荷和燃烧工况等因素的影响而发生变化，而且变化的幅度也较大，如果不进行控制，可能造成中压缸转子与汽缸较大的热变形，引起汽轮机振动。因此，再热器出口蒸汽温度的控制成为大型火力发电机组不可缺少的一个控制项目。

再热蒸汽温度控制的任务是保持再热器出口蒸汽温度在动态过程中处于允许的范围内，稳态时等于给定值。此外，在低负荷、机组甩负荷或汽轮机跳闸时，保护再热器不超温，以保证机组的安全运行。

（二）再热汽温影响因素

影响再热蒸汽温度的因素很多，例如机组负荷的大小，火焰中心位置的高低，烟气侧的烟气温度和烟气流速（烟气流量）的变化，各受热面积灰的程度，燃料、送风和给水的配比情况，给水温度的高低，汽轮机高压缸排汽参数等。其中最为突出的影响因素是负荷扰动和烟气侧的扰动。

由于再热蒸汽的汽压低，重量流速小，传热参数小，所以再热器一般布置在锅炉的后烟井或水平烟道中，具有纯对流受热面的汽温静态特性。而且当机组蒸汽负荷变化时，再热蒸汽温度的变化幅度比过热蒸汽温度的变化幅度要大。例如某机组负荷降低 30%时，再热蒸汽温度下降 28～35℃，比例关系约是负荷每降低 1%，再热蒸汽温度下降 1℃。因此，负荷扰动对再热汽温的影响最为突出。

由于烟气侧的扰动是沿整个再热器管长进行的，所以它对再热蒸汽温度的影响也比较显著。但烟气侧的扰动对再热蒸汽温度的影响存在着管外至管内的传热过程，所以它的影响程度次于蒸汽负荷的扰动。

（三）再热汽温控制手段

从控制的角度讲，以对被控量影响最大的因素作为控制手段对控制最有利。但在再热蒸汽温度控制中，由于蒸汽负荷是由用户决定的，故不可能用改变蒸汽负荷的方法来控制再热蒸汽温度。因此，对于再热蒸汽温度，一般以烟气控制方式为主，可采用的烟气控制方法有：调节烟气挡板的位置、调整燃烧器的倾角、采用烟气再循环来控制再热汽温。上述几种再热汽温控制方法各有优缺点，但就可靠性、滞后时间、对其他参数的影响、运行经济性等技术指标而言，改变烟气挡板位置和调整燃烧器倾角的方法优于其他方法。

作为烟气挡板控制或燃烧器倾角控制的辅助控制手段是微量喷水或事故喷水减温方法。当调节烟气挡板或调整燃烧器倾角不能将再热汽温控制住，在再热汽温高过定值时，则通过喷水快速降低再热汽温。由于采用减温水控制再热汽温会降低机组的循环热效率，所以不宜作为再热汽温的主要控制手段。

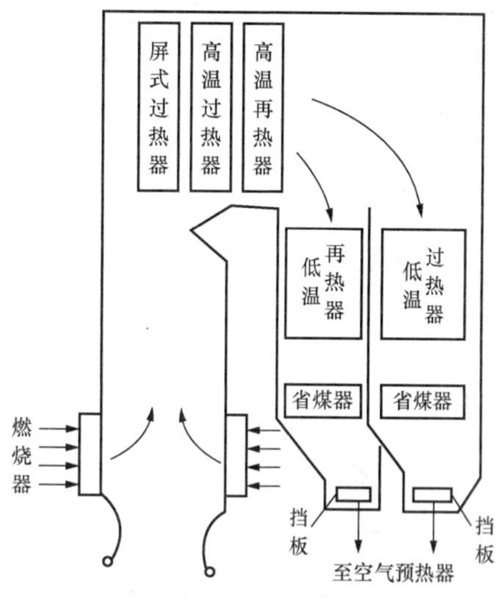

图 2－14　烟气挡板控制再热汽温烟道布置示意图

（四）再热汽温控制方案

1. 采用烟气挡板控制再热汽温的控制系统

采用烟气挡板控制再热汽温的控制系统通过调节烟气挡板的开度来改变流过过热器受热面和再热器受热面的烟气分配比例，从而达到控制再热汽温的目的。烟气挡板在炉内的布置情况如图 2－14 所示。采用这种方法时，锅炉的尾部烟道分为两部分，在主烟道中布置低温再热器，旁路烟道中布置低温过热器，烟气挡板布置在烟气温度较低的省煤器下面。

采用烟气挡板调温的优点是设备结构简单、操作方便；缺点是调温的灵敏度较差，调温幅度也较小。此外，挡板开度与汽温变化也不成线性关系。因此，通常将主、旁两侧挡板按相反方向联动连接，以加大主烟道烟气流量的变化和克服挡板的非线性。

当采用改变烟气流量作为控制再热汽温的手段时，控制通道的迟延和惯性较小，因此原则上只需采用单回路控制系统控制再热汽温。考虑到负荷变化是引起再热汽温变化的主要扰动，把主蒸汽流量（负荷）作为前馈信号引入控制系统将有利于再热汽温的稳定。图 2－15 所示为改变烟气挡板位置控制再热汽温的一种方案，其工作原理如下：

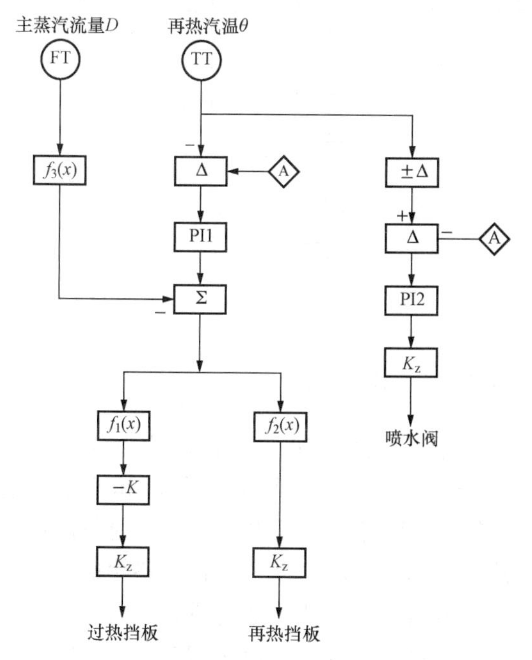

图 2－15　采用烟气挡板控制再热汽温的系统

正常情况下，即当再热汽温处于给定值附近变化时，通过调节烟气挡板开度来消除再热汽温的偏差，蒸汽流量 D 作为负荷前馈信号通过函数模块 $f_3(x)$ 直接控制烟气挡板。当 $f_3(x)$ 的参数整定合适时，能使负荷变化时的再热汽温保持基本不变或变化很小。反相器 $-K$ 用于使两个挡板反向动作。

喷水减温控制器 PI2 也是以再热汽温作为被控信号的，但该信号通过比例偏置器±Δ 被叠加了一个负偏置信号（大小相当于再热汽温允许的超温限值）。这样，当再热汽温正常时，喷水控制器的入口端始终只有一个负偏差信号，使喷水阀全关。只有当再热汽温超过规定的限值时，控制器的入口偏差才会变为正，从而发出喷水减温阀开的指令，这样可防止喷水门过分频繁的动作而降低机组热经济性。

2. 采用摆动燃烧器控制再热汽温的控制系统

采用摆动燃烧器控制再热汽温的控制系统通过调整燃烧器倾斜角度来改变炉膛火焰中心的位置和炉膛出口的烟气温度，使各受热面的吸热比例相应发生变化，达到控制再热汽温的目的。燃烧器摆动角度对炉膛出口烟气温度的影响如图2-16所示。

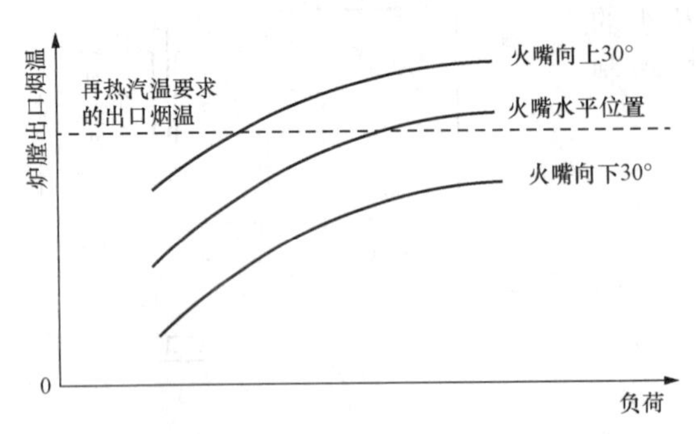

图 2-16　燃烧器倾角对炉膛出口烟温的影响

由图 2-16 可见，燃烧器上倾时可提高炉膛出口烟气温度，燃烧器下倾时可以降低炉膛出口烟气温度，因此改变燃烧器倾角能够控制再热汽温。例如低负荷时可通过上倾燃烧器来提高再热汽温，使其维持给定值，图 2-17 所示为采用该方法的一个控制系统图。

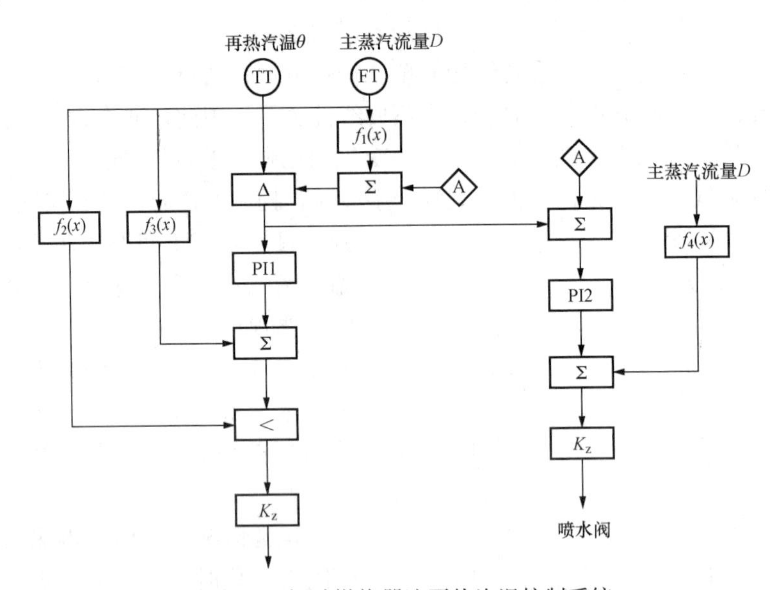

图 2-17　摆动燃烧器法再热汽温控制系统

燃烧器控制系统是一个单回路控制系统，定值器 A 给出的再热汽温设定值经过主蒸汽流量 D 的 $f_1(x)$ 修正后作为控制器的设定值，与再热器出口汽温相比较，其偏差值送入 PI1 控制器。为了抑制负荷扰动引起的再热汽温变化，系统增加了主蒸汽流量的前馈补偿回路，补偿特性由两个函数模块 $f_2(x)$、$f_3(x)$ 决定。前馈回路由两个并行支路构成，送入小选模块的一路在动态过程中可以加强控制作用。例如当出现负荷增加的瞬间，前馈控制迅速动作，动态瞬间 $f_2(x)$ 的输出值小于控制器 PI1 的输出，经小选后可以使火嘴快速下摆，以抑制再热汽温的上升。当控制器的输出减小后，小选模块平稳地过渡到由 PI1 输出控制值来调整火嘴摆角；反之亦然，当负荷降低时，$f_2(x)$ 输出值增大，使火嘴迅速上摆，以抑制再热汽温的下降。

当再热汽温超出设定值，偏差达一定值时，喷水减温系统便自动投入，通过喷水减温来限制再热汽温的升高。该系统 PI2 控制器的测量值为再热汽温的偏差信号，设定值为再热汽温偏差允许值。同样，为了改善控制过程的品质，这里也引入了由 $f_4(x)$ 构成的蒸汽流量动态补偿，原理同前述。

3. 采用微量喷水和事故喷水减温

烟气挡板控制或燃烧器摆角控制的辅助控制手段，是微量喷水和事故喷水减温方法。当调节烟气挡板或调整燃烧器摆角不能将再热汽温控制住，并且再热汽温高过一定值时，则通过喷水快速降低再热汽温。但用减温水控制再热汽温会降低机组的循环效率，因为再热器采取喷水减温时，将减小效率较高的高压汽缸内的蒸汽流量，降低了机组热效率，所以在正常情况下，再热蒸汽温度不宜采用喷水减温方式。但喷水减温方式简单、灵敏、可靠，可以将其作为再热蒸汽温度超过限值的事故情况下的一种保护手段。

（五）再热汽温控制系统实例分析

这里以某 600MW 亚临界压力机组为例，介绍再热汽温控制系统的结构与控制策略。

1. 再热蒸汽热力系统

某 600MW 亚临界压力机组再热蒸汽热力系统如图 2-18 所示。

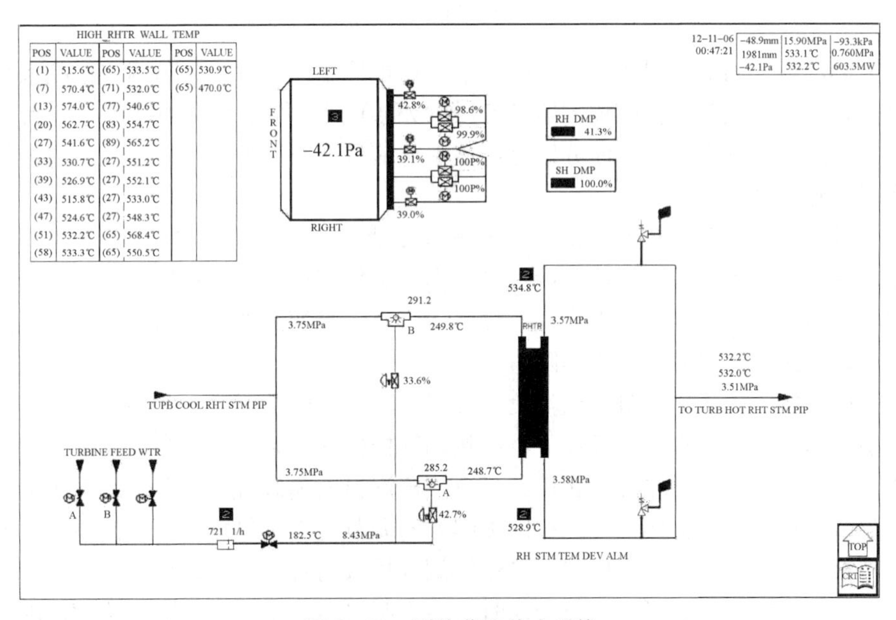

图 2-18　再热蒸汽热力系统

热力系统设计有再热器出口温度调节门（烟气挡板 1～3）、过热器出口温度调节门（烟气挡板 1A、1B、2A、2B）及 A 侧、B 侧再热器减温水调节阀。正常情况下由再热器出口温度调节门、过热器出口温度调节门控制锅炉出口再热汽温。如果因各种原因引起再热器出口汽温超温，再由 A、B 两侧的再热器减温水调节阀控制再热汽温。

2. 烟气挡板控制

再热汽温烟气挡板控制系统如图 2-19 所示。

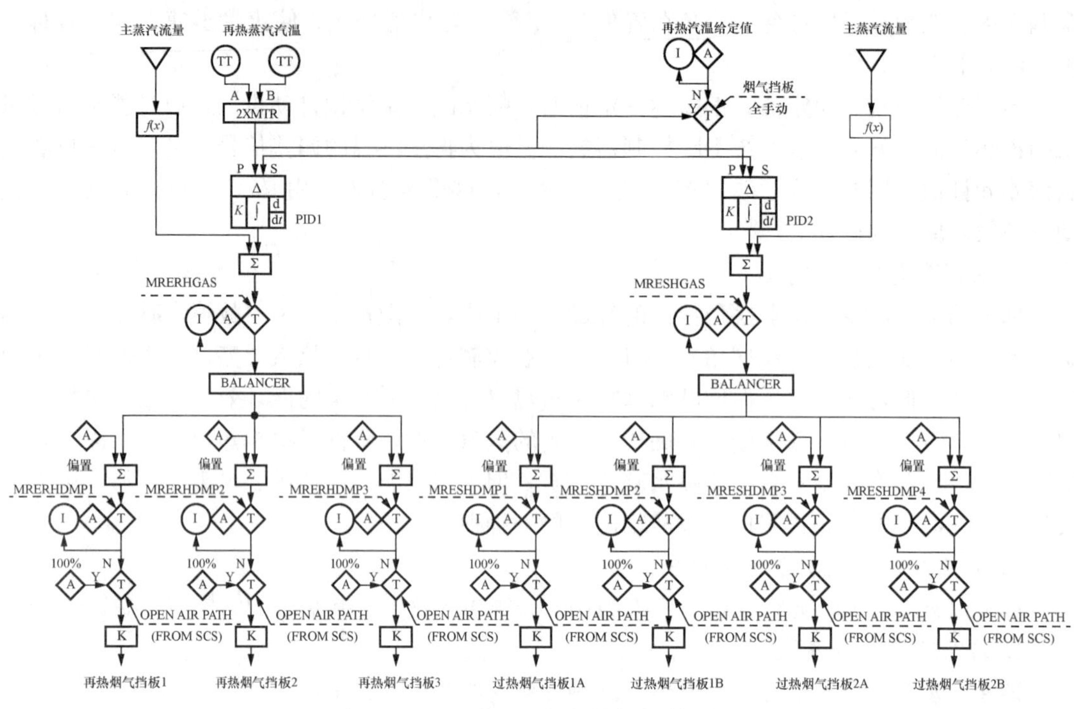

图 2-19　再热汽温烟气挡板控制系统

左侧为再热烟气挡板控制，右侧为过热烟气挡板控制，两侧均为单回路控制系统，结构相同。再热烟气挡板控制是在由控制器 PID1 组成的单回路控制系统的基础上，引入前馈信号形成的再热汽温控制系统。下面分别介绍该系统信号部分、串级控制部分、前馈信号和联锁控制逻辑等几个部分。

（1）信号部分。A 侧再热器出口蒸汽温度和 B 侧再热器出口蒸汽温度分别有两个测量信号，正常情况下分别选择均值信号后再平均作为烟气挡板控制的被控量。

再热器出口蒸汽温度给定值由运行人员手动给出。当烟气挡板全为手动时，再热器出口蒸汽温度给定值跟踪出口蒸汽温度实际值。

（2）反馈控制。再热器出口蒸汽温度给定值和实际值的偏差经 PID 控制器后再加上前馈信号分别作为 3 个再热烟气挡板和 4 个过热烟气挡板的控制指令。为加大调节力度，再热烟气挡板和过热烟气挡板动作方向相反：当再热蒸汽温度偏低时，低温再热器侧烟气挡板向打开方向调节，低温过热器侧烟气挡板向关闭方向调节；当再热蒸汽温度偏高时，低温再热器侧烟气挡板向关闭方向调节，低温过热器侧烟气挡板向打开方向调节。

（3）前馈控制。考虑到机组负荷变动时，会引起再热汽温较大幅度的波动，因此，系统中引入了反映负荷变化的主蒸汽流量信号作为前馈信号。前馈信号分别由蒸汽流量经函数发生器 $f(x)$ 后给出。

在运行过程中，运行人员可根据机组实际运行情况，在每个烟气挡板开度指令上设置偏置。

（4）增益调整与平衡（BALANCER）。系统除设计有再热烟气挡板和过热烟气挡板 M/A 站外，每个挡板还有自己的 M/A 站，可分别对每个挡板进行独立操作。主站和分站之间设计有增益调整与平衡模块，该模块有两个作用：一个作用是实现控制信号对各执行机构的跟踪，具体跟踪方式可人为设置；另一个作用是当投入自动的挡板个数不同时，调整控制信号的大小。

因为再热烟气挡板控制器 PID1 输出的挡板控制指令对 3 个再热烟气挡板并行控制（过热烟气挡板控制器 PID2 输出的挡板控制指令对 4 个过热烟气挡板并行控制），当投入的挡板个数不同时，整个控制回路的控制增益应该是不同的，投入的挡板越多，控制信号应该越小，所以必须按投自动的实际挡板个数对控制信号的增益进行修正。

（5）强制手动逻辑（MRERHGAS、MRESHGAS）。当出现下列情况之一时，再热烟气挡板和过热烟气挡板控制站均强制切到手动状态：再热器出口汽温信号故障、蒸汽流量信号故障、再热器出口蒸汽温度给定值和实际值的偏差大、MFT、汽轮机跳闸、锅炉负荷低于 30%、再热器出口温度调节阀全部手动、过热器出口温度调节阀全部手动。

（6）强制输出逻辑（OPEN AIR PATH）。当锅炉吹扫时，FSSS（也称 BMS）系统要求再热烟道挡板和过热烟道挡板处于全开（100%）；当 MFT 时，挡板锁定；MFT 复位后，挡板释放控制。在这些特殊情况下，再热烟道挡板和过热烟道挡板自动控制系统将由逻辑控制取代。

3. 再热汽温喷水控制

再热汽温喷水控制系统如图 2-20 所示。

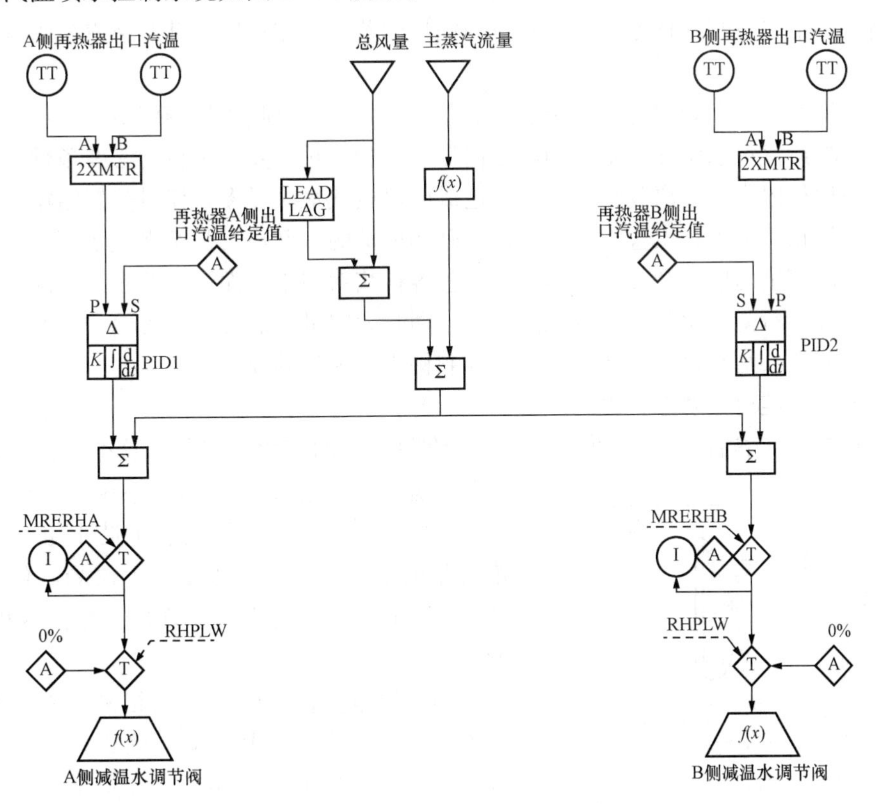

图 2-20　再热汽温喷水控制系统

A、B 侧再热器温度喷水控制结构完全相同，下面以 A 侧再热器温度喷水控制为例说明控制系统结构。

（1）系统结构。A侧再热器出口蒸汽温度有两个测量信号，正常情况下选择平均值作为A侧再热器温度喷水控制的过程变量。A侧再热器温度喷水控制为单回路控制系统，A侧再热器出口蒸汽温度给定值由运行人员手动给出。

A侧再热器出口蒸汽温度给定值和实际值的偏差经PID控制器后再加上前馈信号作为再热器减温水A侧调节阀的控制指令。前馈信号由主蒸汽流量、总风量分别经函数发生器和超前滞后环节补偿后给出。

（2）再热器喷水控制强制输出(RHPLW)。当锅炉主燃料跳闸(MFT)、汽轮机跳闸或锅炉负荷小于40%时，A侧再热器喷水减温阀控制站强制输出为0。

（3）再热器喷水控制强制手动(MRERH)。当出现下列情况之一时，A侧再热器喷水减温阀控制站强制切到手动状态：A侧再热器出口汽温信号故障、A侧再热器出口蒸汽温度给定值和实际值的偏差大、再热器减温水A侧调节阀控制指令与反馈偏差大、蒸汽流量信号故障、MFT、汽轮机跳闸、锅炉负荷低于40%。

第二节　汽包锅炉给水控制系统

一、给水控制任务

汽包锅炉给水控制的任务是使给水量与锅炉的蒸发量相适应，并维持汽包水位在规定的范围内。

汽包水位是汽包锅炉运行中一个重要的监控参数，它反映锅炉蒸汽负荷与给水量之间的平衡关系。维持汽包水位在一定范围内是保证锅炉和汽轮机安全运行的必要条件。汽包水位过高会影响汽包内汽水分离装置的工作，造成出口蒸汽水分过多，使过热器结垢而烧坏，严重时会导致汽轮机进水；汽包水位过低，会破坏锅炉的水循环，甚至引起爆管。

随着锅炉容量的增大和参数的提高，汽包容积相对缩小，而锅炉蒸发受热面的热负荷显著提高，加快了负荷变化时水位变化的速度。同时大容量锅炉要求实现给水全程控制，即在锅炉启动时就投入给水自动，从而对给水控制提出了更高的要求。

二、给水被控对象动态特性

汽包锅炉给水被控对象的动态特性是指汽包水位的变化与引起水位变化的各种因素之间的动态关系。汽包锅炉给水系统结构示意图如图2-21所示。汽包水位是汽包中储水量和水面下气泡容积的综合反映，所以水位不仅受汽包储水量变化的影响，还受汽水混合物中气泡容积变化的影响。

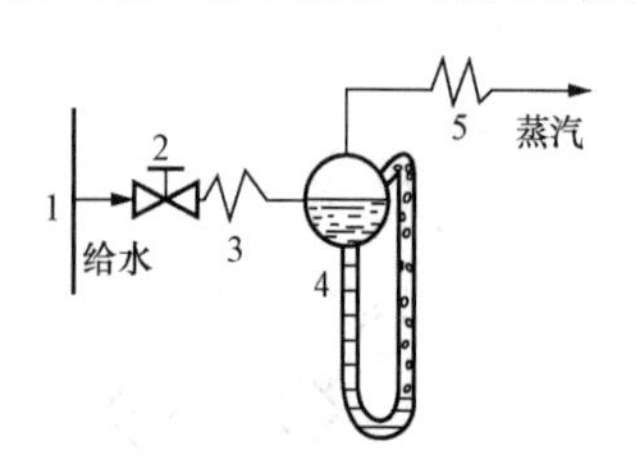

图2-21　给水被控对象示意图

1—给水母管；2—给水调节阀；3—省煤器；4—汽包及水循环；5—过热器

引起汽包水位变化的原因很多，主要有锅炉蒸汽流量D、给水流量W、炉膛热负荷、汽包压力p_b等。它们对水位的影响是各不相同的。给水流量和蒸汽流量是影响汽包水位H的两种主要扰动，前者来自控制侧的扰动，称为内扰；后者来自负荷侧的扰动，称为外扰。

1. 给水流量W扰动下水位的动态特性

给水流量扰动包含两种情况：一种是由给水调节阀开度变化造成的给水流量扰动；另一

种是由给水调节阀前后压差变化引起的给水流量扰动。前者是控制作用造成的，称为基本扰动，后者称为给水流量的自发扰动。

给水流量 W 阶跃增加时，水位的响应曲线如图 2-22 所示。当给水量阶跃增加 ΔW 后，一方面使进入汽包内的给水量大于蒸发量，另一方面由于温度较低的给水进入省煤器、汽包和水循环系统，从原有的饱和汽水中吸收了一部分热量，使水面下气泡容积有所减小。图中曲线 1 为不考虑水面下气泡容积变化时的水位响应曲线；曲线 2 为不考虑给水量与蒸发量之间的平衡关系，只考虑水面下气泡容积变化时的水位响应曲线；实际水位变化曲线应是曲线 1 与 2 的合成，即图中曲线 3。可以看出，当给水流量扰动时，水位变化的动态特性表现为有惯性、无自平衡能力。

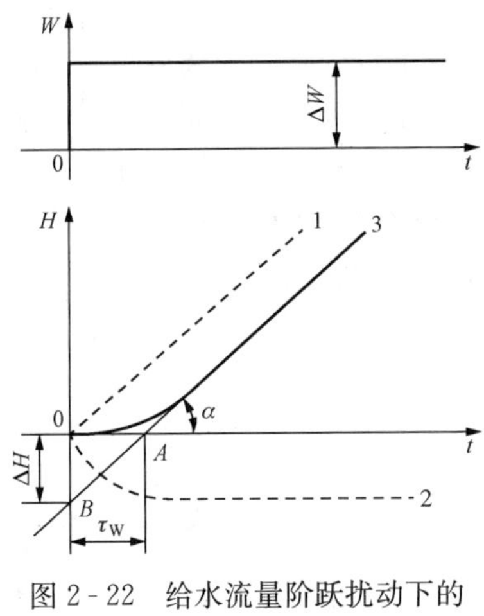

图 2-22　给水流量阶跃扰动下的水位响应曲线

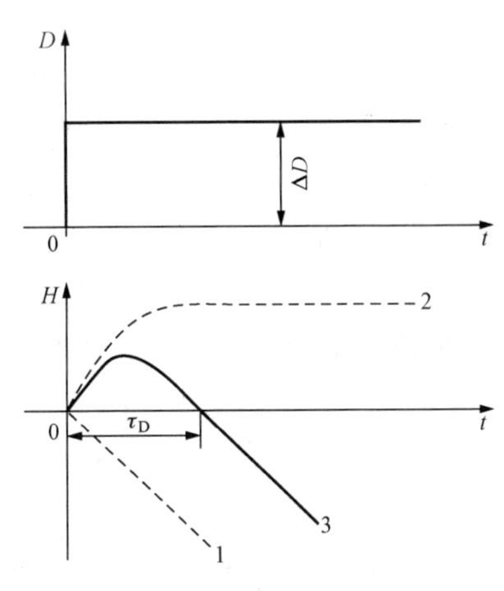

图 2-23　蒸汽流量阶跃扰动下的水位响应曲线

2. 蒸汽流量扰动下水位的动态特性

蒸汽流量 D 阶跃增加时，水位的响应曲线如图 2-23 所示。当蒸汽量阶跃增加（假定用汽量突然增大，锅炉热负荷及时跟上），如不考虑水面下气泡容积变化，水位应呈直线下降，如曲线 1 所示；如单独考虑水面下气泡容积的变化，由于蒸发强度增强，水面下气泡容积迅速增加，水位迅速增加，如曲线 2 所示；实际水位变化应是曲线 1 和 2 的合成，即图中曲线 3。可见，当负荷增加时，虽然锅炉的给水量小于蒸发量，但水位不仅不下降，反而迅速上升；反之，当负荷减少时，水位反而先下降，这种现象常称为“虚假水位”现象。这是因为负荷增加（减少）时，水面下气泡容积增加（减少）得很快造成的。当气泡的容积已与负荷相适应而达到稳定后，水位的变化就只由物质平衡的关系决定。

3. 燃料量扰动下水位的动态特性

当燃烧率变化时，如燃烧率阶跃增加，炉膛热负荷增强，由于锅炉蒸发强度增大而使汽压升高。即使蒸汽流量有所增加，而蒸发强度增加同样也使水面下气泡容积增大，因此也会导致“虚假水位”现象。只是由于汽压同时增加使气泡容积增加比蒸汽流量扰动下要小，所以虚假水位变化的幅度和速度相对较小。

在燃烧率阶跃变化时，水位的响应曲线如图 2-24 所示。

三、给水流量控制方式

1. 电动定速给水泵＋调节阀

对于早期投产的中小型机组，通常采用电动定速给水泵（简称电动定速泵）＋调节阀的控制方式对汽包水位进行控制，其简化给水系统如图2-25所示。

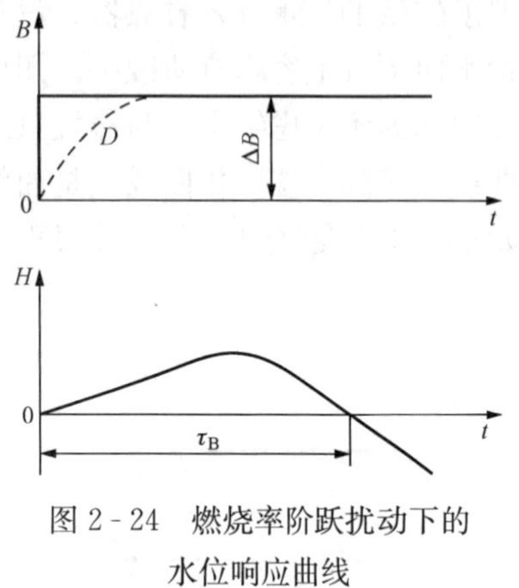

图2-24 燃烧率阶跃扰动下的水位响应曲线

这种系统每台锅炉配备两台容量各为100%的电动定速泵。运行时一台工作，另一台热备用，并跟踪工作泵。锅炉点火前，旁路给水截止阀和主给水截止阀全关，上水截止阀全开，通过上水调节阀调节给水量，控制汽包水位；在低负荷阶段，上水截止阀和主给水截止阀全关，旁路给水截止阀全开，通过旁路给水调节阀调节给水量，控制汽包水位；当负荷上升到某一负荷值时，上水截止阀和旁路给水截止阀全关，主给水截止阀全开，通过主给水调节阀调节给水量，控制汽包水位。从上水开始到带满负荷的全过程，汽包水位的控制都由调节阀完成。这种在全负荷范围内均由调节阀来控制汽包水位的方案，其节流损失较大。

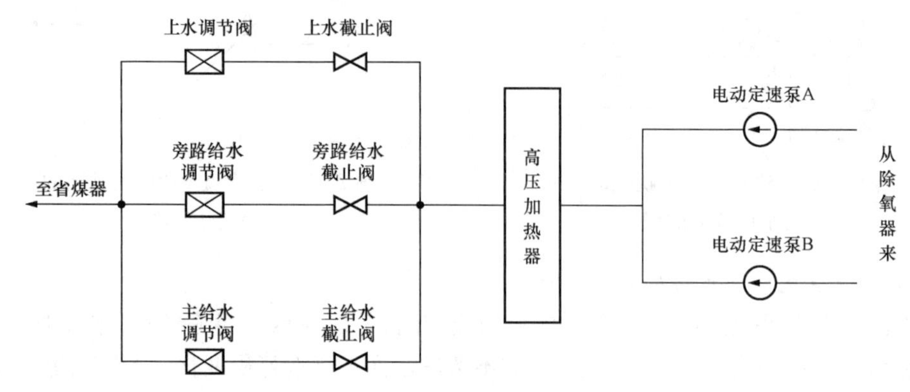

图2-25 电动定速泵＋调节阀的简化给水系统图

2. 电动调速给水泵＋调节阀

对于20世纪80年代以后投产的200MW单元机组，普遍采用电动调速给水泵（简称电动调速泵）＋调节阀对汽包水位进行控制，其简化给水系统图如图2-26所示。

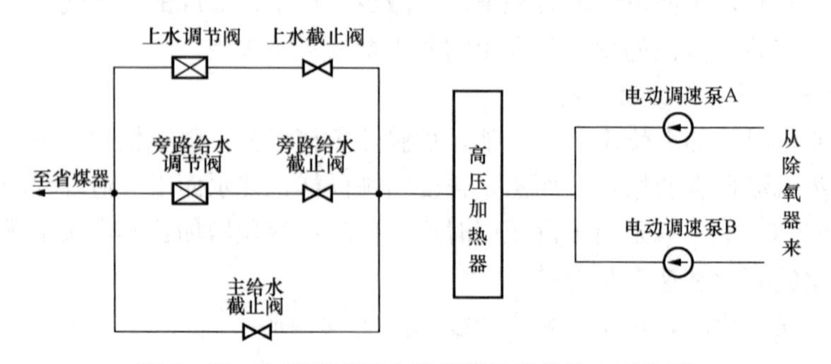

图2-26 电动调速泵＋调节阀的简化给水系统图

这种系统每台锅炉配备两台容量各为100%的电动调速泵，运行时一台工作，另一台热备用，并跟踪工作泵。电动调速泵的驱动电动机经液力联轴器与给水泵连接，通过改变液力联轴器中勺管的径向行程来改变联轴器的工作油量，实现给水泵转速的改变。锅炉点火前的上水和低负荷阶段，主给水截止阀一直关闭，汽包水位的控制与电动定速泵＋调节阀的方式一样，采用调节阀控制。当负荷超过某一较高负荷值时，上水截止阀、旁路给水截止阀关闭，主给水截止阀全开，通过改变给水泵的转速改变给水流量，控制汽包水位。

这种方案虽然减少了调节阀的节流损失，但由于电动泵始终在运行，消耗电能较多。

3. 汽动给水泵＋电动调速泵＋调节阀

近年来投产的300MW及以上机组，普遍采用汽动给水泵＋电动调速给水泵＋调节阀三者相结合的方式来控制汽包水位，其简化给水系统图如图2-27所示。

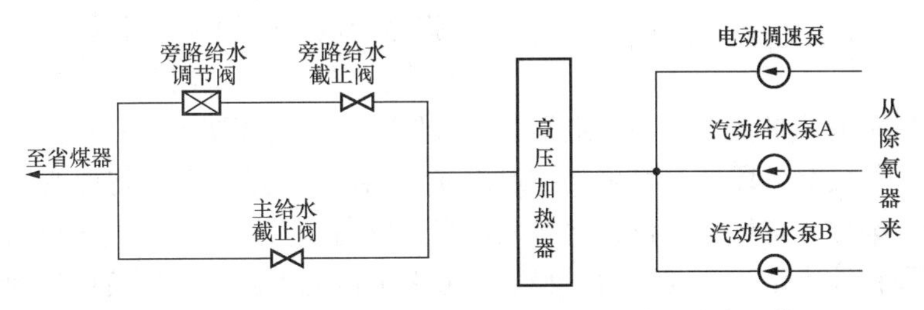

图2-27　汽动泵＋电动调速泵＋调节阀的简化给水系统图

这种系统每台锅炉配有一台容量为50%的电动调速泵和两台容量为50%的汽动给水泵(简称汽动泵)。锅炉点火前上水和低负荷阶段，主给水截止阀全关，旁路给水截止阀全开，电动调速泵＋旁路给水调节阀控制汽包水位，即由电动调速泵维持给水泵出口压头，由旁路给水调节阀调节给水流量，控制汽包水位；当负荷超过某一值且汽动泵未启动，此时旁路给水调节阀全开，由电动调速泵改变转速控制汽包水位；负荷继续升高达到某一值且汽动给水泵启动后，逐步由电动调速泵转变为由汽动给水泵控制汽包水位，此时给水旁路截止阀全关，主给水截止阀全开。电动调速泵只在机组启动和低负荷阶段使用，并作为汽动给水泵故障时的备用，正常运行时由两台汽动泵控制汽包水位。这种从机组启动到带满负荷的全过程以及正常运行、负荷变化都实现给水的全部自动控制，称给水全程控制。

这种方案克服了前两种方案的缺点，是一种效率较高的给水控制手段。目前300MW及以上机组的汽包锅炉给水控制大都采用给水全程控制。

四、变速给水泵的安全工作区

大型单元机组都采用变速泵来控制给水流量。300MW以上单元机组多采用汽动变速泵作为主给水泵，再设置一台电动变速泵做启动给水泵并作为系统的备用泵使用。无论采用哪种类型的变速泵，保证泵的安全工作区域是首先要考虑的问题。

变速给水泵的安全工作区可在泵的流量—压力特性曲线上表示出来，如图2-28所示。变速泵的安全工作区由六条曲线围成$ABCDEFA$的区间：泵的最高转速曲线n_{max}和最低转速曲线n_{min}；泵的上限特性曲线Q_{min}和下限特性曲线Q_{max}；泵出口最高压力p_{max}和最低压力p_{min}线。

若泵的工作点在上限特性之外，则给水流量太小，将使泵的冷却水量不够而引起泵的汽

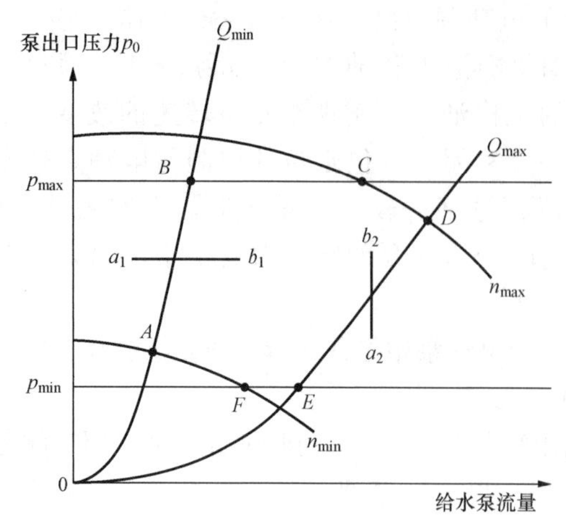

图 2-28　变速给水泵的流量-压力特性曲线

蚀，甚至振动；若泵工作在下限特性以外，则泵的流量太大，将使泵的工作效率降低。此外，变速泵的运行还必须满足锅炉安全运行的要求，即泵出口压力（给水压力）不得高于锅炉正常运行的最高给水压力 p_{max}，且不得低于最低给水压力 p_{min}。因此，采用变速泵的给水全程控制系统，在控制给水流量过程中，必须保证泵的工作点落在安全区域内。

在锅炉启动、停炉或低负荷运行时，泵的工作点有可能落入上限特性之外（图 2-28 中工作点 a_1）。为防止出现这种情况，最有效的措施是低负荷时增加给水泵的流量。目前采取的办法是在泵出口至除氧器水箱之间安装再循环调节阀门，当泵的流量低于某一设定的最小流量时，再循环调节阀自动开启，增加泵体内的流量，从而使低负荷阶段的给水泵工作点由 a_1 移到 b_1，进入上限特性曲线之内。随着单元机组负荷的逐渐增大，给水流量也会增大，当流量高于某一值时，再循环门将自动关闭。

变速泵下限特性决定了不同压力下水泵的最大负荷能力。当锅炉负荷升到一定程度，即给水流量较大时，如果安全工作区较窄，则工作点可能会移到下限特性曲线之外，因此需采取措施加以防止。目前有两种方式：第一种是通过给水泵出口压力控制系统，保证给水泵工作点不落在最低压力线和下限工作特性曲线之外，一般通过调节给水泵出口处的调节阀门使泵出口压力升高，这种方法缺点是节流损失大；第二种是闭锁给水流量的继续增加，防止给水泵进入安全工作区域外。目前常用的是第二种方式。

采用变速泵构成给水全程控制系统时，有三种方法控制给水泵转速控制系统：

（1）根据锅炉负荷要求，调节给水泵转速，改变给水流量。

（2）给水泵最小流量控制系统。低负荷时，通过增大给水泵再循环流量的办法来维持给水泵流量不低于设计要求的最小流量值，以保证给水泵工作点不落在上限特性曲线的外边。

（3）流量增加闭锁回路（或给水泵出口压力控制系统），保证给水泵工作点不落在最低压力线下和下限工作特性曲线之外。

五、给水控制系统的基本要求

根据给水被控对象动态特性的分析，给水控制系统应符合以下基本要求：

（1）由于被控对象在给水流量 W 扰动下的水位阶跃响应曲线表现为无自平衡能力，且有较大的迟延，因此必须采用带比例作用的控制器以保证系统的稳定性。

（2）由于对象在蒸汽流量 D 扰动下，水位阶跃响应曲线表现有虚假水位现象，这种现象的反应速度比内扰快，为了克服虚假水位现象对控制的不利影响，应考虑引入蒸汽流量的补偿信号。

（3）给水压力是有波动的，为了稳定给水流量，应考虑将给水流量信号作为反馈信号，用于及时消除内扰。

六、给水控制的基本方案

为了满足给水控制系统的基本要求，研究出多种给水自动控制方案，主要采用以下两种。

1. 单冲量给水控制系统

单冲量给水控制系统的基本结构如图 2-29(a)所示。该系统符合单回路反馈控制系统的基本结构形式。被控量为汽包水位，控制手段为调整给水旁路阀开度。该控制方案的结构简单、运行可靠，适用于水容量大、飞升速度小、带基本负荷的小容量机组。存在的不足是抗内扰（给水侧）和外扰（蒸汽侧）的能力较差，对虚假水位无识别能力，系统的动态控制品质较低。在大型机组的给水全程控制系统设计中，当机组处于启停及低负荷运行时，由于给水流量和蒸汽流量信号的检测精度较低，且虚假水位现象不明显，通常选用单冲量控制方式。

2. 串级三冲量给水控制系统

对于给水控制通道迟延和惯性较大的锅炉，采用串级控制系统将具有较好的控制质量，调试整定也比较方便。因此，在大型汽包锅炉上可采用串级三冲量给水控制系统。

系统结构为反馈加前馈的复合控制方案，如图 2-29(b)所示。三冲量是指汽包水位、给水流量和主蒸汽流量，串级是指主、副控制器相互串联构成主副两个回路。给水反馈副回路的设计提高了系统抗内扰的能力；主蒸汽流量前馈信号的设计，一方面提高系统抗外扰的能力，另一方面克服虚假水位可能造成的反向控制现象，明显提高了控制系统的动态控制品质。该系统结构较复杂，但各控制器的任务比较单纯，而且不要求稳态时给水流量与蒸汽流量测量信号严格相等，并可保证稳态时汽包水位无静态偏差，是现场广泛采用的给水控制系统。

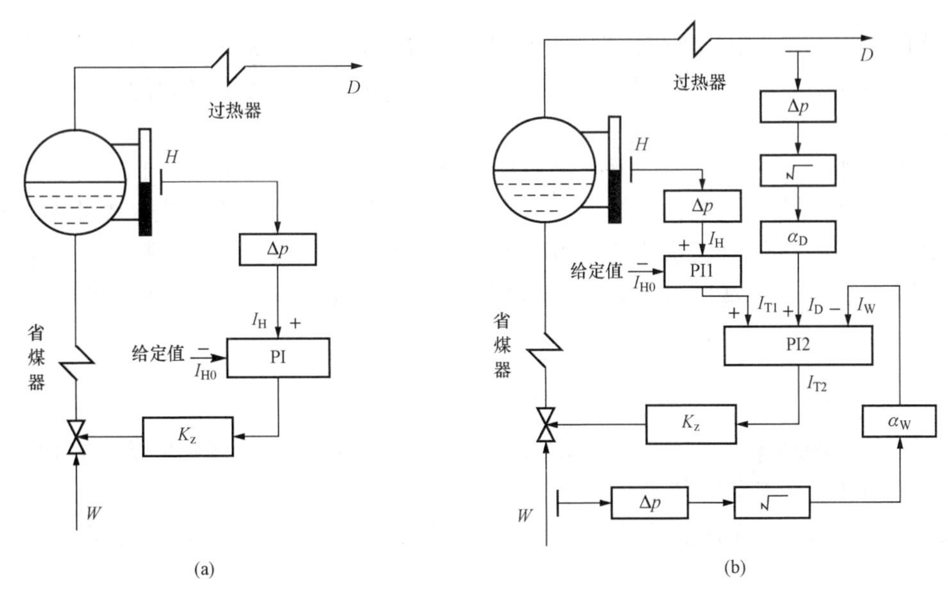

图 2-29　给水控制的基本方案

(a) 单冲量控制；(b) 串级三冲量控制

七、给水全程控制系统

（一）给水全程控制的要求

给水全程控制系统是指在锅炉给水全过程均能实现自动控制的给水控制系统。这个过程包括：锅炉点火，升温升压；汽轮机冲转，开始带负荷；带小负荷运行；带大负荷运行；降到小负荷运行；锅炉停火，冷却降温降压。即在上述全过程中，在控制设备正常的条件下，不需要操作人员的干涉，就能保持汽包水位在允许范围内。这比常规给水控制要复杂得多，因此对给水全程自动控制系统有一些特殊要求。

（1）测量信号的修正。由于启动至正常运行过程中，工质参数变化很大，影响对汽包水位、蒸汽流量和给水流量测量的准确性，必须对这三个信号进行修正。

（2）给水控制系统结构的切换。低负荷时，蒸汽流量与给水流量的测量误差大，一般采用单冲量控制系统，达到一定负荷后切换至三冲量控制系统。

（3）控制机构的切换。低负荷时一般采用调节阀节流控制，达到一定负荷后切换至电动泵或汽动给水泵变速控制。

（4）泵的最小流量和最大流量保护，使泵的工作点始终落在安全工作区内。

（5）给水全程控制还必须适应机组定压运行和滑压运行工况，必须适应冷态启动和热态启动情况。

（二）测量信号的校正

1. 汽包水位的校正

由于汽包中的饱和水、饱和蒸汽的密度随汽包压力而变化，影响汽包水位的测量精度，所以必须对汽包水位进行压力校正。

汽包水位测量大多采用三个独立检测回路取中值的方案，在每个测量回路中，对水位变送器的输出都用汽包压力对其进行参数修正，即 $H=f(\Delta p, p_b)=\dfrac{f_1(p_b)-\Delta p}{f_2(p_b)}$。

在实际应用中，应根据汽包内部结构、测量容器结构尺寸、锅炉运行参数、变送器安装位置等具体情况来确定变送器量程、补偿函数，以达到精确测量水位的目的。

2. 主蒸汽流量的校正

中、小机组主蒸汽流量测量通常采用标准节流元件——标准喷嘴，即用差压法测量。但大型机组由于蒸汽流量大、管径大，不仅标准喷嘴体积大，制造、安装要求高，检修、检查困难，而且产生的节流损失也是相当可观的，所以为了避免高温高压下节流测量元件因磨损带来的误差，常以汽轮机第一级压力经过主蒸汽温度补偿后作为主蒸汽流量信号，即

$$q_D = K\frac{p_1}{T_1} \tag{2-2}$$

式中：q_D 为主蒸汽流量；p_1、T_1 为汽轮机第一级蒸汽的压力和温度；K 为当量比例系数，由汽轮机类型和设计工况确定。

汽轮机第一级压力通常采用三个独立检测回路取中值，再经主蒸汽温度补偿。

3. 主给水流量的校正

用节流式差压装置测量主给水流量，并经开方运算及给水温度补偿，即

$$q_w = f(\Delta p, t_w) \tag{2-3}$$

式中：q_w 为主给水流量；Δp 为节流装置输出的差压；t_w 为给水温度。

总给水流量

$$q_{wT} = q_w + \sum_{i=1}^{n} q_{wi} - q_{lp} \tag{2-4}$$

式中：q_{wi}为各级喷水流量，q_{lp}为连续排污流量。

给水流量差压测量通常采用三个独立检测回路“三取中”，或采用两个独立测量回路“二取一”方案。

（三）给水全程控制系统实例分析

本部分以某600MW亚临界压力机组为例，介绍给水全程控制系统的结构与控制策略。

1. 给水热力系统

图2-30所示为某600MW发电机组给水热力系统，机组配三台给水泵，一台为30%额定容量的电动给水泵，另两台为50%额定容量的汽动给水泵。电动给水泵一般作为启动泵和备用泵。正常运行时由两台汽动给水泵供水，两台汽动给水泵由给水泵汽轮机驱动，其转速控制由独立的给水泵汽轮机电液控制系统（MEH）完成。MEH的转速给定值由给水控制系统设置，只相当于给水控制系统的执行机构。在高压加热器与省煤器之间有主给水电动截止阀、给水旁路截止阀和约15%容量的给水旁路调节阀。

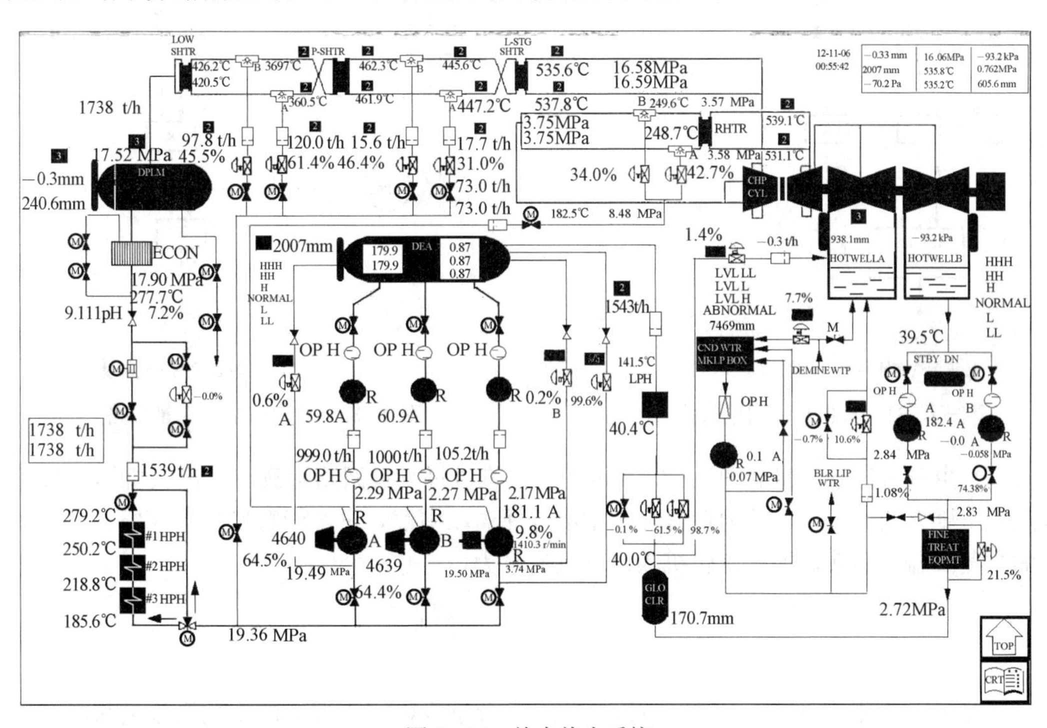

图2-30　给水热力系统

汽包水位控制设计有单冲量和三冲量两套控制结构。当给水泵启动或负荷小于15%额定负荷阶段，控制给水旁路调节阀来维持汽包水位，同时通过调节电动给水泵转速维持给水泵出口母管压力与汽包压力之差；当负荷在15%额定负荷以上时，直接采用控制给水泵转速来维持汽包水位；当负荷在30%额定负荷，单冲量给水调节无扰地切换为三冲量给水调节。

2. 信号部分

（1）汽包水位测量。图2-31所示为汽包水位测量回路示意图。汽包水位差压和汽包压力均采用三个独立检测变送器，汽包压力通过中值择选器（MEDIAN SELECT）并经过函

数器 $f_1(x)$ 和 $f_2(x)$ 实现对汽包水位信号进行修正，这样，水位 H、差压 Δp 和汽包压力 p_b 的关系为 $H=K[f_1(p_b)-\Delta p]f_2(p_b)$。修正后的汽包水位信号再通过中值选择器取中值作为汽包水位控制的被控量。

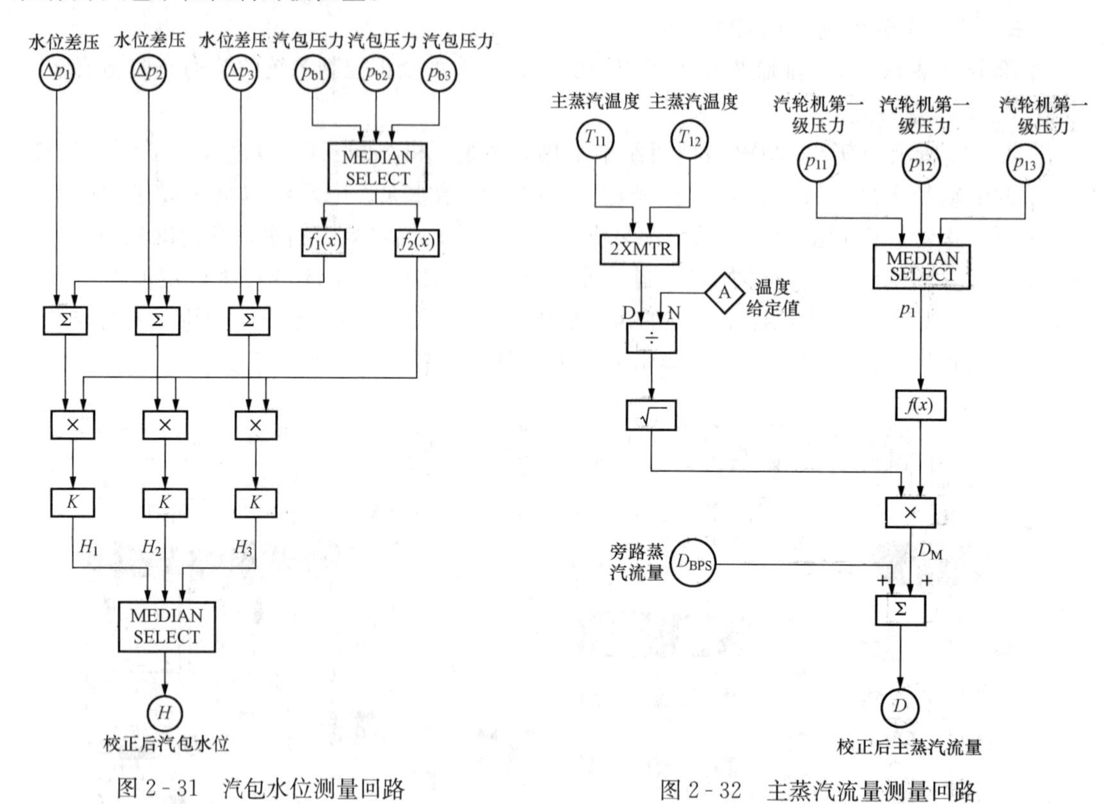

图 2-31　汽包水位测量回路

图 2-32　主蒸汽流量测量回路

（2）主蒸汽流量测量。图 2-32 所示为主蒸汽流量测量回路示意图。汽轮机第一级压力采用三个压力变送器，其压力信号经过中值选择器取中值，再经函数发生器 $f(x)$ 后与平均后的主蒸汽温度相乘，即得汽轮机入口蒸汽流量为

$$D_M=f(p_1)\times\sqrt{\frac{T_{01}}{T_1}}$$

一般 $f(p_1)$ 取 $\dfrac{D_0}{p_{01}}\times p_1$ 函数形式，D_0、p_{01} 分别为额定工况下的主蒸汽流量和额定工况下的调速级压力。汽轮机入口蒸汽流量与旁路流量相加得到主蒸汽流量。

（3）主给水流量测量。图 2-33 所示为主给水流量测量回路示意图。系统对给水流量信号进行了温度校正，为了保证给水流量测量的可靠性，对校正后的给水流量信号采用了取中值方法，这样给水流量 W 与给水温度 T 之间的关系为

$$W=\sqrt{\Delta p}\times\sqrt{f(T_W)}\times K$$

由于过热器喷水减温器的减温水流量和再热器喷水减温器的减温水流量最终也都转换为蒸汽流量。因此，经温度修正后的锅炉给水流量和过热器、再热器的减温水流量相加，同时还需减去锅炉连续排污流量才是主给水流量。该系统过热器减温水流量包含一、二级减温器（每级 A、B 两侧）共有四个减温水流量信号；再热器的减温水流量（A、B 两侧）共有两个

减温水流量信号，图 2-33 中为了简洁仅画出相应的总减温水流量。

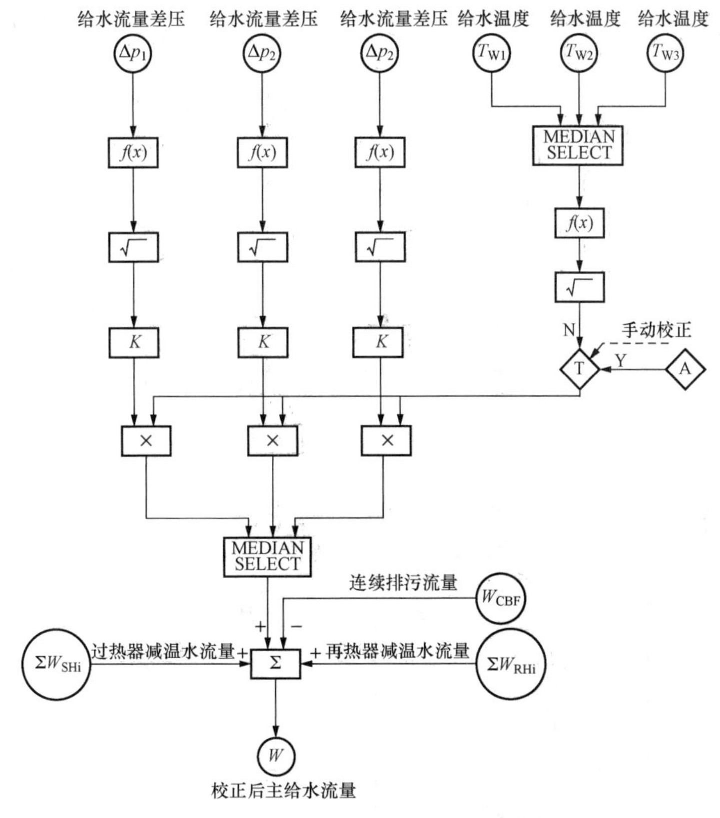

图 2-33 主给水流量测量回路

3. 控制系统结构

如图 2-34 所示，该系统是一个单冲量和三冲量配合应用的给水全程控制系统，汽包水位给定值可由运行人员在操作画面上手动设定。PID1 和 PID2 控制器所在的回路为单冲量控制回路，PID3 和 PID4 控制器所在的回路为串级三冲量控制回路。

在单冲量控制系统工作时，汽包水位控制指令由汽包水位和运行人员给定值的偏差形成。

在三冲量控制系统工作时，汽包水位控制指令由两个串级的控制器根据汽包水位偏差、给水流量和主蒸汽流量三个信号形成。

当给水泵及旁路调节阀全手动时，汽包水位给定值跟踪校正后的汽包水位。

4. 控制系统工作过程

图 2-34 所示的给水全程控制系统中，包含着多种给水控制方式，这些控制方式是根据机组不同的运行负荷，通过联锁逻辑及其切换器（如 T1、T2 等）来选取。也就是说，该系统是按照机组不同的负荷阶段和不同的给水控制特性，选择与之相适应的控制方式，对给水实现连续控制的，且各控制方式之间的切换无扰动。具体地说，各个负荷阶段的给水控制方式如下：

（1）0～15%额定负荷。由于此阶段负荷低，给水流量小，只有通过旁路调节阀才能有效控制汽包水位。所以在此负荷阶段范围内，控制系统是通过控制器 PID1 调节给水旁路调

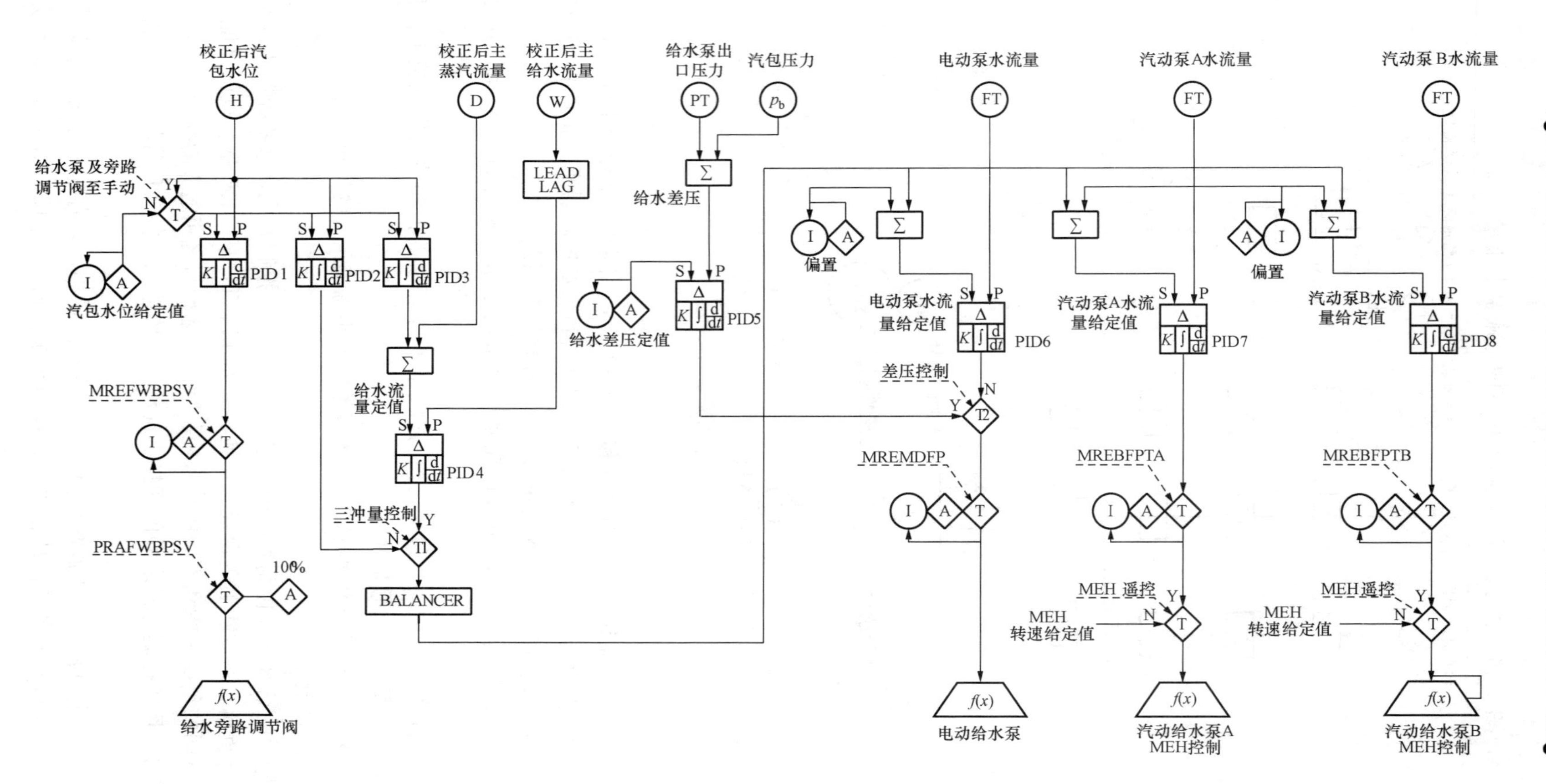

图 2-34　给水全程控制系统

节阀开度来控制给水量以维持汽包水位的。而此时切换器T2接Y端，通过控制器PID5调节电动给水泵的转速来维持给水泵出口母管压力与汽包压力之差，以保证调节阀的线性度以及使汽包上水自如。

（2）15%～30%额定负荷。当负荷在15%额定负荷以上，且旁路调节阀开到95%时，由SCS完成开主给水电动截止阀。当主给水电动截止阀已全开时，SCS自动关闭给水旁路电动截止阀，一旦给水旁路截止阀离开全开位置，旁路调节阀就切为手动方式，且强制开至100%，以避免调节阀承受过大的差压而损坏。

当负荷在15%额定负荷以上，但小于30%额定负荷时，切换器T1接N端，切换器T2接N端，这时汽包水位和给定值的偏差经控制器PID2，并经控制器PID6控制电动给水泵转速来调节给水流量达到维持汽包水位目的。当机组负荷升至20%额定负荷时，第一台汽动给水泵开始冲转升速。

（3）30%～60%额定负荷。当负荷大于30%额定负荷，切换器T1接Y端，给水控制切换为串级三冲量给水控制。汽包水位控制指令由两个串级控制器PID3和PID4根据汽包水位偏差、主给水流量和主蒸汽流量三个信号形成。水位给定值与汽包水位偏差经控制器PID3后，加主蒸汽流量信号作为副回路PID4的给定值，副回路副参数为主给水流量，经PID4运算后作为给水泵控制的给定值。

当负荷大于30%额定负荷时，第一台汽动给水泵并入给水系统。当负荷达40%额定负荷时，第二台汽动给水泵开始冲转升速。

（4）60%～100%额定负荷。当负荷达60%额定负荷时，第二台汽动给水泵并入给水系统，撤出电动给水泵，将其投入热备用。机组正常时，通过改变两台汽动给水泵的转速来调节给水量。

机组降负荷时，各负荷阶段的控制过程与升负荷阶段大致相反。

5. 给水泵负荷平衡回路

由于给水泵的工作特性不完全相同，为稳定各台给水泵的并列运行特性，避免发生负荷不平衡现象，设计了各给水泵出口流量调节回路，将各给水泵的出口流量和转速指令的偏差送入各给水泵控制器（PID6、PID7和PID8）的入口，以实现多台给水泵的输出同步功能。BALANCER功能块的作用是根据给水泵投入自动的数量，调整控制信号的大小。投入自动数目越大，控制信号越小。

6. 串级三冲量控制切换逻辑

当下列情况同时满足时，控制系统由单冲量控制切换到串级三冲量控制：①主蒸汽流量（代表负荷）大于30%；②给水流量信号正常；③蒸汽流量信号正常；④喷水流量信号正常。

7. 强制手动逻辑

当出现下列情况之一时，给水旁路调节阀控制强制切到手动：①汽包水位给定值与实际值偏差大；②汽包水位信号故障；③汽包压力信号故障；④给水旁路调节阀控制指令与反馈偏差大；⑤选择电泵控制水位信号来；⑥给水旁路截止阀1关闭；⑦给水旁路截止阀2关闭。

当出现下列情况之一时，电动给水泵强制切到手动：①汽包水位给定值与实际值偏差大；②汽包水位信号故障；③电动给水泵未运行；④电动给水泵入口流量信号故障；⑤三冲量调节时，给水流量信号故障；⑥三冲量调节时，减温水流量信号故障；⑦三冲量调节时，蒸汽流量信号故障；⑧电动给水泵转速指令与反馈偏差大；⑨电动给水泵入口流量指令与反馈偏差大。

汽动给水泵和电动给水泵切手动条件相同，当汽动给水泵未在遥控方式时，汽动给水泵输出跟踪 MEH 转速给定值。

第三节　煤粉锅炉燃烧控制系统

一、燃烧控制任务

锅炉燃烧过程是一个将燃料的化学能转变为热能，以蒸汽形式向负荷设备（以汽轮机为代表）提供热能的能量转换过程。锅炉燃烧自动控制系统的基本任务是使燃料燃烧所提供的热量适应外界对锅炉输出的蒸汽负荷的需求，同时保证锅炉的安全经济运行。但控制系统的具体任务又随单元机组的制粉系统、燃烧设备、锅炉运行方式及控制手段的不同而有所区别。从共性上看，燃烧控制的基本任务可以归纳为以下三点：

（1）控制燃料量，满足主控系统对锅炉负荷的要求。机组在不同的负荷控制方式下，燃烧系统的任务是不一样的，但总体来说，都是要满足主控系统输出的锅炉主控指令 P_B。在汽轮机跟随方式下，燃烧系统主要保证机组实发功率等于负荷要求值；在锅炉跟随方式下，主要保证主蒸汽压力等于给定值；在协调方式下，两个参数都要兼顾。

（2）控制送风量，保证燃烧过程经济性。保证燃烧过程的经济性是提高锅炉效率的一个重要方面。目前燃烧过程经济性是靠维持进入炉膛的燃料量与送风量之间的最佳比值来保证的。也就是要保证有足够的送风量使燃料得以充分燃烧，同时尽可能减少排烟造成的热损失。

（3）控制引风量，维持锅炉炉膛压力稳定。锅炉炉膛压力反映了燃烧过程中进入炉膛的送风量与流出炉膛的烟气流量之间的工质平衡关系。炉膛压力是否正常，关系着锅炉的安全经济运行。若送风量大于引风量，则炉膛压力升高，会造成炉膛向外喷灰或喷火，压力过高时有造成炉膛爆炸的危险；若引风量大于送风量，炉膛压力下降，不仅增加引风机耗电量，而且会增加炉膛漏风，降低炉膛温度，影响炉内燃烧工况。对于燃煤锅炉，为防止炉膛向外喷灰，通常采用微负压运行；对于燃油锅炉，则通常采用微正压运行，以防止炉膛漏风，使烟气中过量空气系数上升，造成过热器管壁腐蚀。

锅炉燃烧过程的上述三项控制任务是不可分开的，它的三个被控参数（被控量），即主蒸汽压力或机组负荷、尾部烟气含氧量或过量空气系数、炉膛压力，与燃料量、送风量、引风量三个控制量之间存在着关联，所以燃烧控制系统内的各子系统应协调动作，共同完成其控制任务。

燃烧控制系统除了以上三个主要部分（燃料、送风、引风控制）外，还有一次风压控制，磨煤机风量、风温控制，二次风控制（辅助风、燃料风和燃尽风）等。因此，燃烧控制系统是一个较大的综合性控制系统，通过系统综合控制，才能保证锅炉正确响应机组负荷的要求和自身的安全经济运行。

需要指出的是，随着机炉运行方式、燃烧方式与制粉系统的不同，燃烧控制系统的具体任务也有所不同，这些都将影响燃烧过程控制系统的具体组成。

二、燃烧被控对象动态特性

单元机组有定压和滑压两种不同的运行方式。定压运行锅炉的燃烧控制系统，常以保持主蒸汽压力在一定范围内作为锅炉运行是否正常的标准，而汽压的变化也正是锅炉供热量是否适应负荷的标志。因此，锅炉汽压可以看成是燃烧控制对象的输出量。引起汽压变化的原因很多，其中最主要的是燃烧率和锅炉负荷的变化。

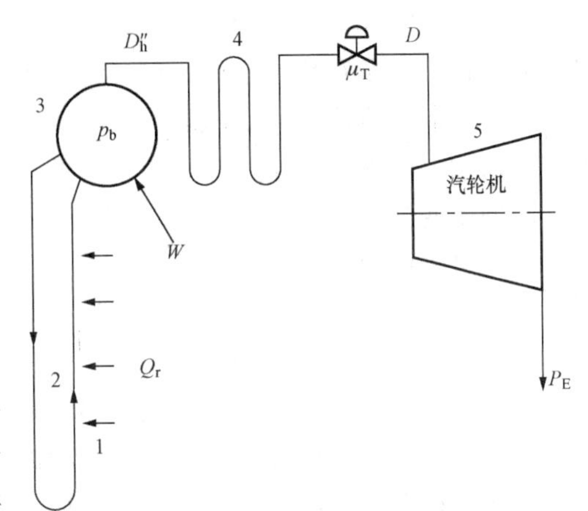

图 2-35　汽压对象生产流程示意图

1—炉膛；2—蒸发受热面(水冷壁)；3—汽包；4—过热器；5—汽轮机

(一) 汽压被控对象的动态特性

汽压对象生产流程示意图如图 2-35 所示。主蒸汽压力受到的主要扰动来源有两个：一个是燃料量扰动，称为基本扰动或内部扰动；另一个是汽轮机耗汽量的扰动，称为外部扰动。工质(水)通过炉膛吸收燃料燃烧发出的热量，不断升温，直到产生饱和蒸汽汇集于汽包内，最后经过过热器成为过热蒸汽，输送到汽轮机做功。

1. 燃烧率扰动下的汽压动态特性

在燃烧率扰动下的试验条件不同，所得出汽压变化的动态特性不同，以下分两种情况进行讨论。

(1) 用汽量 D 不变，燃烧率作阶跃扰动时的动态特性。在燃烧率阶跃增加时，调整汽轮机的调节阀使用汽量保持不变，所得的动态特性曲线如图 2-36(a)所示。燃烧加强后，炉膛热负荷增加，汽水循环加强到汽压上升需要有一个过程，所以汽压变化一开始有迟延，以后直线上升。这是一个无自平衡能力对象的动态特性。由图可以看出，因蒸汽流量没有发生变化，所以汽包压力 p_b 与汽轮机机前压力(主蒸汽压力) p_T 之差 Δp 不变，即 $\Delta p_2=\Delta p_1$。

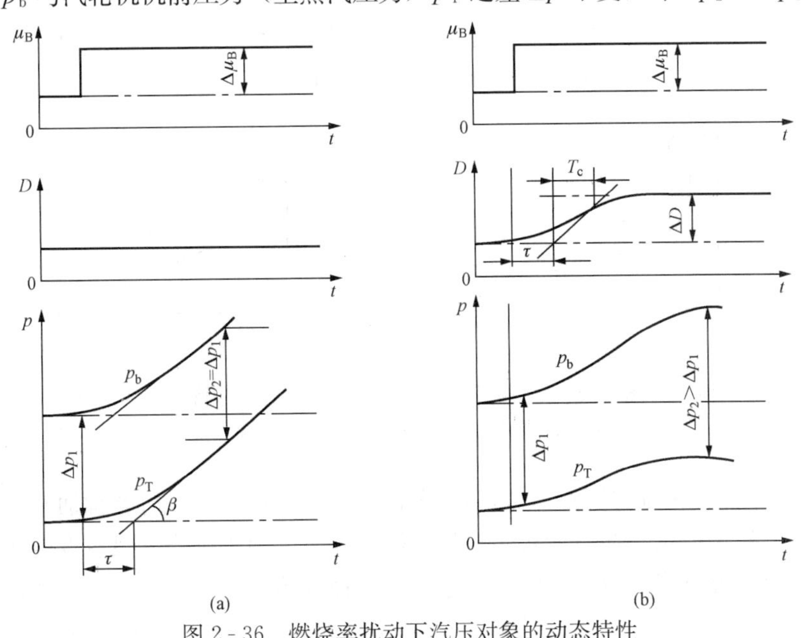

图 2-36　燃烧率扰动下汽压对象的动态特性

(a) 用汽量 D 不变；(b) 进汽调节阀开度 μ_T 不变

从实际的汽压阶跃反应曲线上可以确定迟延时间 τ 和飞升速度 ε。

（2）汽轮机进汽调节阀开度 μ_T 不变，燃烧率做阶跃扰动时的动态特性。汽轮机进汽调节阀开度 μ_T 不变，燃烧率做阶跃扰动时的动态特性曲线如图 2-36(b)所示。当燃烧率阶跃增加后，炉膛热负荷增加，汽水循环加强到汽压上升要有一个过程，所以汽压变化一开始有迟延，以后逐步升高。由于汽轮机进汽调节阀开度不变，汽压的升高会使得蒸汽流量 D 也相应地增加，蒸汽流量增加，蒸汽带走的热量增多，反过来自发地限制了汽压的升高，汽压升高的速度变慢。当蒸汽带走的热量与燃烧率增加后蒸汽的吸热量相平衡时，汽压稳定不变，动态过程结束。这一特性表征对象有迟延、有惯性、有自平衡能力。因动态过程结束后，蒸汽流量比扰动前增加了，故 p_b 与 p_T 之间的压力差也增加了，即 $\Delta p_2 > \Delta p_1$。

2. 负荷扰动下的汽压动态特性

负荷扰动时汽压的阶跃响应也有如下两种情况。

（1）汽轮机进汽调节阀开度阶跃扰动时汽压的动态特性。汽轮机进汽调节阀开度阶跃扰动时汽压的动态特性曲线如图 2-37(a)所示。汽轮机进汽调节阀开度 μ_T 阶跃开大后，汽轮机的进汽量 D 也阶跃上升，主蒸汽压力（汽轮机机前压力）p_T 立即下降 Δp_0。但由于燃烧率没有变化，汽压会不断下降来维持蒸汽流量的增加，汽压的下降反过来使蒸汽流量减小。蒸汽流量的减小又使汽压的下降速度变慢，这样相互影响，直到蒸汽流量减小到扰动前的值时，蒸汽流量带走的热量与蒸汽吸收的热量相平衡，汽压不再变化。由于蒸汽流量在扰动结束后恢复到原来的数值，所以 p_b 与 p_T 的差值也恢复到扰动前的差值，即 $\Delta p_2 = \Delta p_1$。这一动态特性表征对象具有自平衡能力。

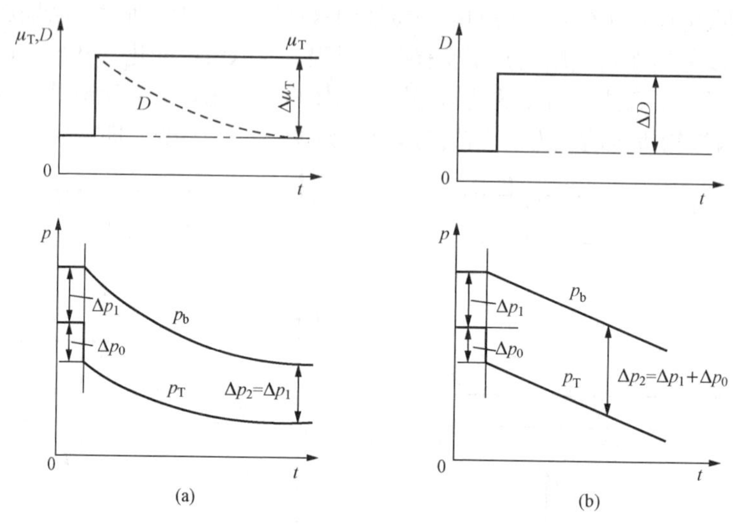

图 2-37　机组负荷扰动下汽压对象的动态特性

(a) 进汽调节阀开度阶跃扰动；(b) 用汽量阶跃扰动

（2）汽轮机用汽量阶跃扰动时汽压的动态特性。汽轮机用汽量阶跃扰动时汽压的动态特性曲线如图 2-37(b)所示。当汽轮机用汽量阶跃增加时，由于燃烧率没有发生变化，蒸汽流量增加部分的热量要靠降低汽压来维持，这是一个释放储存热量的过程，维持这一过程的手段是不断开大调节阀门开度，使压力等速下降。由于蒸汽流量在一开始就阶跃增加，所以 p_T 在开始阶段也是阶跃降低的。又因蒸汽流量在压力的动态变化过程中始终保持不变，所以整个过程中的压力差 Δp 保持不变，即 $\Delta p_2=\Delta p_1+\Delta p_0$，主汽压力和汽包压力同步等速下降。这一特性表征对象为无迟延、无自平衡能力。

（二）送风被控对象动态特性

烟气含氧量是保证经济燃烧的重要指标。维持烟气含氧量的主要控制手段是调节送风机入口挡板控制送风量，也是其主要扰动，称为内扰；煤量变化、炉膛压力变化也影响含氧量，称为外扰。含氧量的动态特性主要是指在送风量阶跃扰动下，含氧量随时间变化的特性，如图 2 - 38 所示。该动态特性具有滞后、惯性和自平衡能力。

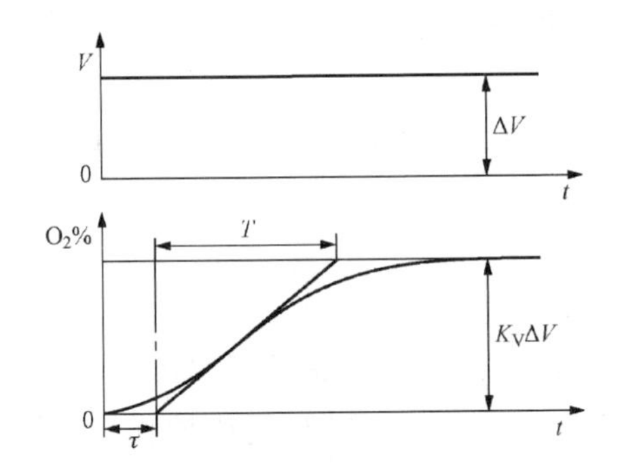

图 2 - 38　送风量扰动下氧量阶跃响应曲线

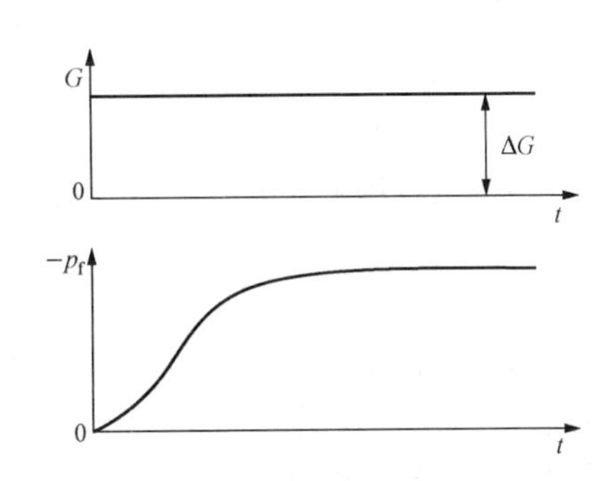

图 2 - 39　引风量扰动下压力阶跃响应曲线

（三）引风被控对象动态特性

炉膛压力的控制对象是调节引风机入口挡板，其所控制的引风量称为内扰；送风量变化会影响炉膛压力，称为外扰。炉膛压力动态特性是引风量阶跃变化时，炉膛压力随时间变化的特性，如图 2 - 39 所示。由于炉膛压力反应很快，可作为比例特性来处理。

燃烧过程被控对象的被控量 α 和 p_f 都是保证良好燃烧条件的锅炉内部参数。只要使送风量 V 和引风量 G 随时与燃料量 B 在变化时保持适当比例，就能保证 α 和 p_f 不会有多大变化。当送风量 V 或引风量 G 单独变化时，炉膛压力 p_f 的惯性很小，可近似地认为是比例环节；当燃料量 B 或送风量 V（相应的引风量 G）单独改变时，燃烧经济性 α 也立即地发生变化。根据以上所述，这样的动态特性是容易控制的。

三、燃烧控制的相关问题

（一）燃料量的测量与热量信号

燃料量控制系统中，燃料量信号作为按燃烧率指令进行控制的反馈信号，应能及时地反映实际燃料量的变化。正确及时地测量燃料量，是燃料量控制系统的关键问题。对于液体和气体燃料，可以直接测量进入炉膛的燃料量，但是对于固体燃料（电厂锅炉主要以煤做燃料），直接测量进入炉膛的燃料量是较困难的，通常采用间接测量方法。

1. 给粉机转速

对采用中间储仓式制粉系统的锅炉，可采用给粉机转速来间接代表燃料量。但是，给粉机转速不能反映煤粉自流等因素的影响。由于煤粉自流，同样的转速，给粉量却可能不一样，这种偏差只有在影响到主汽压或机组负荷时，才能通过改变燃烧率指令去消除自流等因素的影响。

2. 磨煤机进出口差压

对采用直吹式制粉系统的锅炉，可用磨煤机进出口差压来近似代表燃料量，这是以假定磨煤机出力与其进出口差压的平方根成正比为前提的。但影响磨煤机进出口差压的因素很多（如煤种、一次风量及磨煤机工况等），而且该信号的波动也较大。

3. 给煤机转速

对采用直吹式制粉系统的锅炉，也可用给煤机转速求出燃料量。在要求给煤机的转速调节良好的同时，还应考虑到煤层密度、厚度对燃料量的影响，才能使给煤量与转速之间保持确定的关系。

上述三种方法是煤量的测量方法。有时为了保持炉膛中燃烧稳定，在燃煤的同时还要燃油，所以总燃料量的测量实际包括燃油量的测量和燃煤量的测量两部分。

4. 热量信号

测量进入炉膛的燃料燃烧后的发热量，是间接测量进入炉膛燃料量的一种方法。进入炉膛燃烧的燃料量可用下式的热量信号 Q 来表示，即

$$Q = D + C_b \frac{dp_b}{dt} \tag{2-5}$$

式中：D 为蒸汽流量，kg/s；C_b 为蓄热系数，kg/MPa；p_b 为汽包压力，MPa。

蓄热系数 C_b 代表锅炉的蓄热能力，即表示汽包压力每下降 1MPa 时锅炉释放出的蒸汽量。通常用试验的方法求得。

D 是用蒸汽流量单位表示的锅炉汽水吸热量。如不考虑管道金属的蓄热变化，Q 可近似代表炉膛热负荷的大小，因而可代表进入锅炉燃烧的燃料量。此外，用热量信号还能反映燃料发热量的变化。

需要指出的是，如有燃料量或燃料发热量变化，只有当其影响到汽包压力 p_b 或蒸汽流量 D（或汽轮机第一级压力 p_1）后，才能从热量信号 Q 反映出来。严格来说，热量信号 Q 在测量时间上是有滞后的。

无论采用直吹式还是中间储仓式的制粉系统，都可以用热量信号代表进入锅炉的燃料量。

（二）增益自动调整

由于燃料控制器的控制参数是根据燃料被控对象特性整定的，而燃料被控对象的增益会随给煤机（或给粉机）投入的台数不同而不同，所以在燃料控制系统中需要设计增益自动调整回路，以保持广义燃料被控对象的增益不变。图 2-40 所示为一种增益自动调整回路。

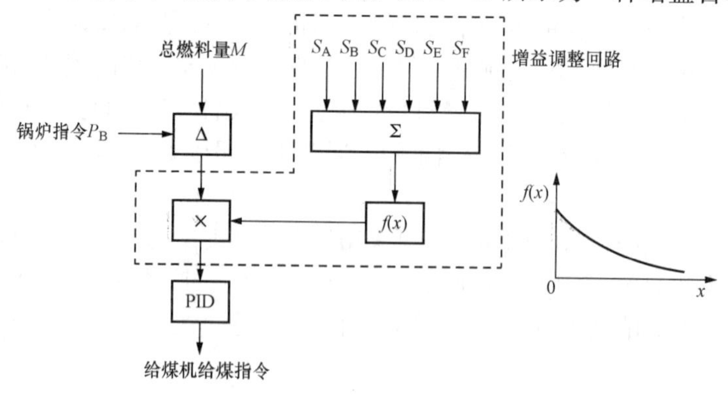

图 2-40　增益自动调整回路

图中的 S_A、S_B、S_C、S_D、S_E、S_F 代表 6 台给煤机投入状态，任一台给煤机投入时，其相应的 S_i 的数值为 1，否则为 0。加法器输出的数值即代表给煤机投入的台数，经过函数器 $f(x)$ 与偏差信号相乘。乘法器可视为燃料被控对象的一部分，通过选择合适的函数 $f(x)$，则可以做到不管给煤机投入的台数多少，都可以保持燃料被控对象增益不变，而不必调整燃料控制器的控制参数。

一般分散控制系统（DCS）中有一个增益调整和一个平衡器（GAIN CHANGER&BALANCER），它们的功能之一就是实现增益调整，可根据设备投自动的台数调整控制信号的大小。但如果增益调整有特殊要求，还是采用如图 2-40 所示的虚框中的模块加以实现。

（三）风煤交叉限制

在机组增、减负荷动态过程中，为了使燃料得到充分燃烧，要保持有足够的风量。为避免发生不完全燃烧情况，需要保持一定的过量空气系数，以保证燃烧过程处于富氧状态。因此，在机组增负荷时，要求先加风后加煤；在机组减负荷时，要求先减煤后减风。这样就存在一个风煤交叉限制。如图 2-41 所示为一个带氧量校正的风煤交叉限制方案。

图中，锅炉主控指令 P_B 经函数器 $f_1(x)$ 后转换为所需的风量，燃料量经函数器 $f_3(x)$ 后转换为该燃料量下的最小风量，二者与最小风量信号（30%额定风量）经过高值选择器后作为风量控制系统的给定值。风量经函数器 $f_2(x)$ 后转换为相应风量下的最大燃料量，与锅炉主控指令 P_B 经过低值选择器后作为燃料控制系统的给定值。

当增加负荷时，锅炉主控指令 P_B 增大。在燃料侧，原风量未变化前，低值选择器输出为原风量下的最大燃料量指令，故燃料量保持不变。而在风量侧，锅炉主控指令 P_B 对应的风量指令增大，大于原燃料量所对应的最小风量，经高值选择后作为给定值送至送风控制系统以增大风量。只有待风量增加后，锅炉燃料给定值才随之增加，直到与锅炉主控指令 P_B 一致。由此可见，由于高值选择器的作用，风量控制系统先于燃料控制系统动作；由于低值选择器的作用，使燃料给定值受到风量的限制，燃料控制系统要等风量增加后再增加燃料量。同理，减负荷时，由于低值选择器的作用，燃料给定值先减少；由于高值选择器的作用，使风量给定值受到燃料量限制，风量控制系统要等待燃料量降低后再减少风量。因此，该方案实现了增负荷时先加风后加煤和减负荷时先减煤后减风的功能。

图 2-41 中，还根据烟气含氧量对锅炉主控指令 P_B 对应的风量进行校正，以期达到最佳燃烧经济性。如在锅炉主控指令 P_B 不变的情况下，烟气含氧量低，通过氧量校正后使风量增加，由于低值选择器作用，风量增加不会导致燃料增加。

四、燃烧控制系统的基本方案

燃烧控制系统中，由于被控对象之间存在着严重的耦合关系，三项主要控制任务的控制过程是相互关联的，所以控制系统中的三个主要子系统（燃料控制系统、送风控制系统和引风控制系统）的设计方案应协调考虑。燃料控制系统的组成结构与制粉系统形式有关，而送、引风控制系统的组

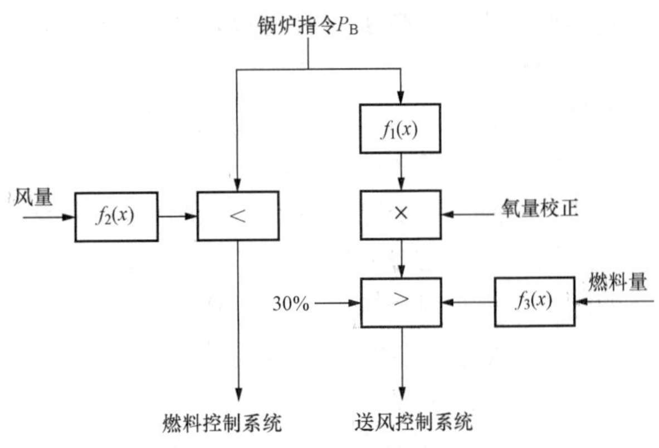

图 2-41　带氧量校正的风煤交叉限制方案

成结构，在大型燃煤机组中都是基本相同的。

“燃料—空气”系统为燃烧控制系统的基本方案，其原理框图如图 2-42 所示。

1. 燃料控制子系统

燃料控制的任务在于使进入锅炉的燃料量随时与外界负荷要求相适应。锅炉负荷指令 P_B 作为燃料控制器的给定值。对于燃煤锅炉来说，运行中的煤量自发性扰动（煤粉的阻塞与自流、燃料发热量变化等）是经常出现的，所以在设计燃煤锅炉的燃料控制系统时，必须考虑使系统具有快速消除燃料自发性扰动的措施，因此把燃料量信号作为负反馈信号引入燃料控制器。如图 2-42(a)所示，当汽轮机调节汽阀开大使机组负荷增加时，主汽压力 p_T 下降，锅炉负荷指令 P_B 增加，通过燃料控制器发出增加燃料量的指令，直到实际燃料量 B 与锅炉负荷指令 P_B 平衡为止。当机组负荷不变时，燃料量需求指令 P_B 不变，燃料量 B 自发增加（或减少）时，燃料控制器输出减少（或增加）燃料量的指令，使实际燃料量回到原来的数值。

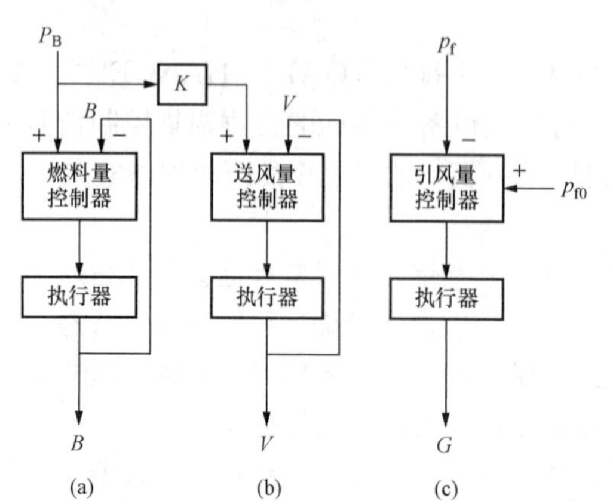

图 2-42 “燃料—空气”燃烧控制系统
(a) 燃料控制系统；(b) 送风控制系统；(c) 引风控制系统

2. 送风控制子系统

送风控制的任务在于保证燃烧过程的经济性，具体地说，就是要保证燃烧过程中燃料量与风量有合适的比例。如图 2-42(b)所示，送风控制系统采用直接保持燃料量与送风量比例关系的比值控制系统方案。在这个方案中，锅炉负荷指令 P_B 作为送风量的定值送入送风控制系统，送风量信号 V 作为反馈信号引入送风控制器而构成为一个比值控制系统，这就能使送风量始终快速地跟踪燃料量的变化。由于送风控制器采用 PI 控制，所以静态时，控制器入口信号的平衡关系为

$$\begin{cases} P_B - B = 0 \\ P_B K - V = 0 \end{cases} \Rightarrow \frac{V}{B} = K \tag{2-6}$$

式中：K 为风煤比系数。

只要调整比例系数 K，控制系统就能使进入锅炉的送风量与燃料量保持合适的比例，达到经济燃烧的目的。

但是保持燃料量与送风量为固定比例的送风控制系统，在锅炉早期运行过程中，不能始终确保燃烧过程的经济性。因为燃料量和送风量的最佳比值 K 是随负荷和燃料的品质等因素变化的。因此，一个完善的燃烧经济性控制系统，应该考虑用反映燃烧经济性指标的参数来修正送风量，使之与燃料量之间的比值达到最佳，在负荷、燃料品种变化时能自动修正送风量的送风控制系统。如图 2-43(b)所示，主控制器是氧量控制器，它根据实际氧量 O_2 与其定值 O_{20} 的偏差进行计算，输出风煤比系数 K，再用 K 与锅炉负荷指令 P_B 的积作为送风量定值，作用于送风控制器，即用送风控制器来控制送风量。只要氧量控制器输出的风煤比系数 K 是最佳的，就能保证燃烧过程的经济性。事实上，最佳氧量是随机组负荷和燃料品种变化的，氧量定值 O_{20} 也不是常数。系统一般通过函数器产生一个随负荷变化的最佳氧量

信号，并经过运行人员根据实际运行情况修正后作为氧量定值输入氧量控制器，构成更加完善的燃烧控制系统。

3. 引风控制子系统

引风控制的任务是控制引风量与送风量的平衡，保持炉膛压力在规定的范围内，以保证燃烧的安全。由于引风被控对象的动态响应快，炉膛压力 p_f 测量也相对容易，所以引风控制系统一般只需采取以炉膛压力 p_f 作为被控量的单回路控制系统，如图 2-42(c)所示。由于送风量的变化是引起炉膛压力波动的主要原因之一，为了能使引风量 G 快速地跟踪送风量 V，以保持二者的平衡，可将送风量指令作为前馈信号经补偿器 $f(t)$ 引入引风控制器，如图 2-43(c)所示。这样，当送风控制系统动作时，引风控制系统将立即跟着动作，而不是等炉膛压力偏离给定值后再动作，从而减小炉膛压力的波动。因此，引风控制系统引入送风量指令前馈信号后，有利于提高系统的稳定性，减小炉膛压力的动态偏差。

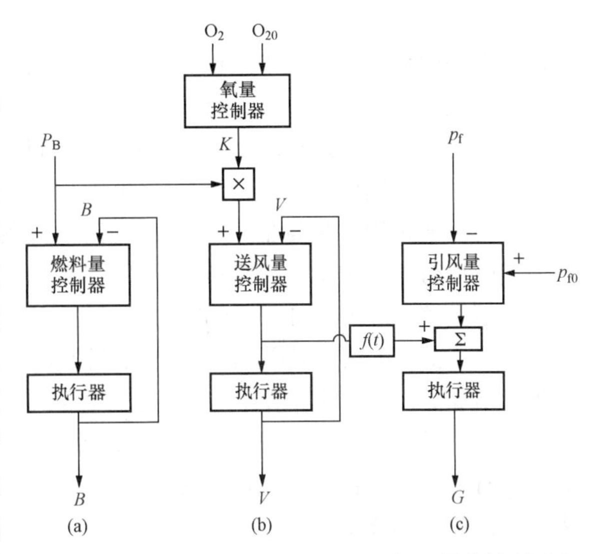

图 2-43　带氧量校正的“燃料—空气”燃烧控制系统

(a) 燃料控制系统；(b) 送风控制系统；(c) 引风控制系统

前馈补偿器 $f(t)$ 实际上是一个微分控制器，当系统处于静态时，补偿器 $f(t)$ 的输出为零，以保证炉膛压力 p_f 等于给定值 p_{f0}。实际上，不少系统是将前馈信号加在引风控制器的后面，直接改变引风控制机构的开度的。

五、中储式制粉系统燃烧控制系统方案

中间储仓式制粉系统锅炉的燃烧控制系统方案如图 2-44 所示。

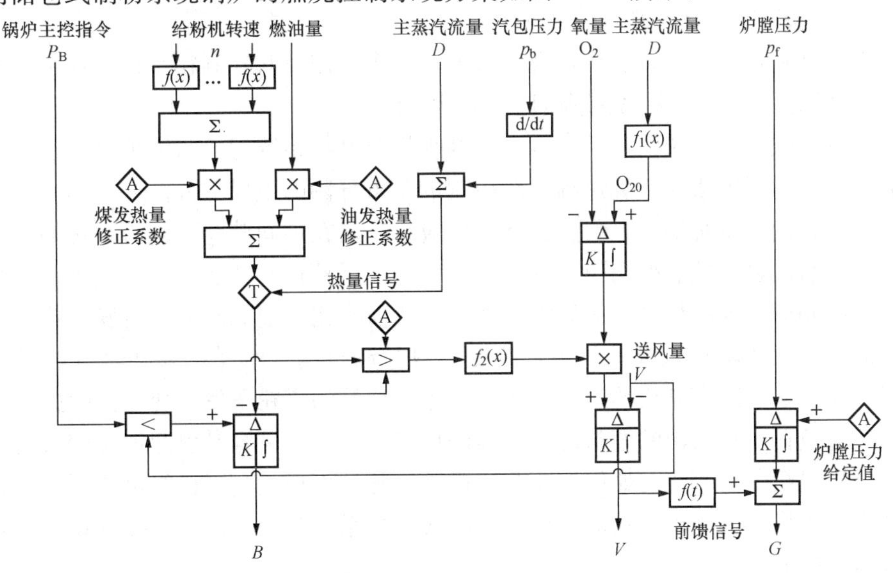

图 2-44　中储式制粉系统锅炉燃烧控制系统

1. 燃料控制系统

对于有中间储粉仓的锅炉来说，可以认为制粉系统的运行与锅炉的燃烧过程调整是相互独立的。燃烧过程中，可以迅速有效地改变进入炉膛的煤粉量，以适应负荷的变化。这对于保持主蒸汽压力及锅炉运行的稳定是有利的。但是，煤粉量的迅速准确测量，至今尚未找到简便直接的办法。因此在燃烧控制系统的设计中，一般都采用间接测量方法，如用给粉机转速代表煤粉量或采用“热量信号”代表燃料量。在图 2-44 所示系统中提供了两种测量方法，在实际运行过程中由运行人员根据实际情况通过切换器 T 来选取任意一种。

通过切换器 T 选取后的信号作为燃料量的反馈信号，送入比较器与锅炉主控系统输出的负荷指令 P_B 相比较，其差值经燃料控制器后，改变给粉机转速，控制进入炉膛的燃料量。负荷指令 P_B 与总风量信号经小值选择器，取较小者作为燃料控制器的给定值，以保证动态过程中，燃料量小于送风量，从而实现在负荷增加时先增加送风量，再增加燃料量；而负荷降低时先减少燃料量，再减少送风量。其目的是保证在变负荷过程中炉膛内有一定的送风裕量，使炉膛燃烧正常。

2. 送风量控制系统

送风量控制系统是采用氧量校正器输出信号校正送风定值的控制方案，是一个前馈—反馈控制系统。经大值选择器后的负荷指令信号 P_B，通过函数模块 $f_2(x)$ 的运算，送出在不同负荷下所需要的理论送风量；在乘法器中，理论送风量被氧量校正回路的输出校正后作为送风控制器的定值信号，使定值信号能适应负荷变化和煤质变化，保证炉内经济燃烧。大值选择器的作用与燃料控制系统中小值选择器的作用相同。即大值选择器与小值选择器相配合，以保证负荷增加时先增加送风量，而负荷降低时先减少燃料量。大值选择器中引入给定信号的作用，在于防止低负荷情况下，风量过小而造成燃烧不稳定。

3. 引风量控制系统

引风量控制系统的组成同图 2-43，工作过程如前所述。

六、直吹式制粉系统燃烧控制系统方案

1. 直吹式锅炉燃烧过程控制的特点

为了节省基建投资和运行费用，现代大型锅炉多采用直吹式制粉系统。这种系统把制粉与燃烧紧密地联系在一起，燃烧控制具有如下特点：

(1) 在直吹式制粉系统锅炉的运行中，磨煤机及制粉系统运行与锅炉燃烧过程紧密地联系在一起，使制粉系统成为燃烧过程自动控制的不可分割的组成部分。

(2) 直吹式制粉系统锅炉燃料量控制的反应较慢。在中间储仓式制粉系统锅炉中，改变位于磨煤机之后的燃料控制机构位置（给粉机和一次风挡板）就能立即改变进入炉膛的煤粉量，因此，中间储仓式制粉系统锅炉无论在适应负荷变化或消除燃料的自发性扰动方面都比较及时，而在直吹式制粉系统锅炉中，改变燃料控制机构（给煤机和磨煤机热风门、冷风门）之后，还需经过磨煤制粉的过程，才能使进入炉膛的煤粉量发生变化。因此，直吹式制粉系统在适应负荷变化或消除燃料内扰方面的反应均较慢，更容易引起汽压较大的变化。

因此，当机组负荷变化时如何快速改变进入炉膛的煤粉量，当机组负荷不变时如何及早地发现和克服给煤量的扰动，就成为设计直吹式制粉系统锅炉燃烧自动控制系统时两个需要特别予以考虑的问题。

通过对磨煤机运行特性的分析、研究，可以提出解决上述两个问题的措施：

(1) 由于磨煤机出力有较大的迟延和惯性，直吹式系统在单独改变给煤量时不能快速地使煤粉量发生变化，但改变一次风量却能迅速改变进入炉膛的煤粉量。因此，为了提高直吹式系统锅炉的负荷响应能力，机组负荷变化时，在改变给煤量的同时可改变一次风量，以暂时吹出磨煤机中的蓄粉。

(2) 为尽早消除燃料量的自发性扰动，要及时测量进入磨煤机的给煤量。进入磨煤机中煤量的测量方法随磨煤机类型的差异而不同。例如，对于采用双进双出中速磨煤机的系统，是以磨煤机进出口压差 Δp_m 的大小来间接反映磨煤机中煤量的多少的。目前给煤机多配有电子秤，利用称重传感器称得单位长度输煤皮带上的原煤质量，再乘以皮带速度得到给煤量信号。为了准确反映煤的品质的变化，该信号一般还要经过热量校正后，作为进入炉膛的燃料量信号。

2. 一次风—燃料系统

对于直吹式制粉系统来说，磨煤机装煤量越大，在给煤量扰动下出粉量变化的惯性和迟延也越大。同时，磨煤机通常有一定蓄粉量，装煤量越大，蓄粉量也越大。对于装煤量大的磨煤机，改变一次风量以吹出磨煤机中的蓄粉，是解决制粉系统惯性迟延问题的有效方法。图 2 - 45(a)所示为磨煤机出粉量在给煤量和一次风量扰动下的阶跃响应曲线。曲线 1 是磨煤机给煤量阶跃增加时出粉量的响应，曲线 2 是一次风量阶跃增加时出粉量的响应，曲线 3 是给煤量与一次风量同时扰动的响应。显然，一次风量参与给粉量的控制，有效地减少了燃料控制通道的惯性和迟延。采用一次风量作为燃料控制手段的燃烧控制系统，称为一次风—燃料系统。

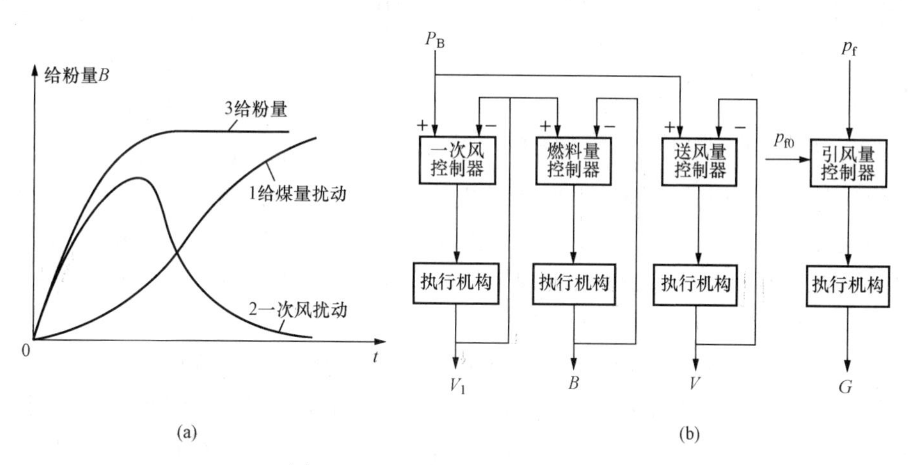

图 2 - 45 一次风—燃料控制系统

(a) 阶跃响应曲线；(b) 一次风—燃料控制系统

一次风—燃料系统如图 2 - 45(b)所示。系统由四个子系统组成，根据负荷指令 P_B 控制一次风量 V_1 和送风量 V，并用一次风量控制给煤量。其工作原理如下：

当机组负荷增加时，首先由一次风量控制器和送风量控制器根据负荷指令 P_B 增加一次风量 V_1 和总风量 V。增加一次风量，可以迅速吹出磨煤机中的蓄粉，以适应负荷变化对炉膛发热量的需要。系统用一次风量信号作为燃料量控制器的给定值，一次风量变化后控制给煤量，使给煤量跟随一次风量变化。总风量随负荷指令 P_B 改变，保证了一次风量与二次风量的比例关系，有利于保证燃烧过程的经济性。

系统处于稳定状态时，一次风量与燃料量和送风量平衡，间接保证了燃料量与总送风量的比例关系，基本保证了燃烧过程的经济性。

炉膛压力控制如前所述，必要时还可引入送风机指令前馈信号。

如上所述，负荷指令增加时，一次风—燃料系统首先增加一次风量和送风量，并利用一次风量信号去增加给煤量，以适应负荷的需要。

3. 燃料—风量系统

随着机组容量越来越大，增加负荷通常是增加运行磨煤机的台数。相对来说，磨煤机的装煤量越来越少。对于装煤量少的磨煤机，由于磨煤机中蓄粉量相应减少，改变一次风量暂时增加进入炉膛的煤粉量，控制能力是很有限的。对于这类直吹式锅炉燃烧控制系统，通常采用直接改变磨煤机的给煤量来适应负荷的变化，同时控制总风量（二次风量和一次风量），使之与燃料量协调变化。这种直接改变给煤机转速作为燃料控制手段的直吹式锅炉燃烧控制系统称为燃料—风量系统。

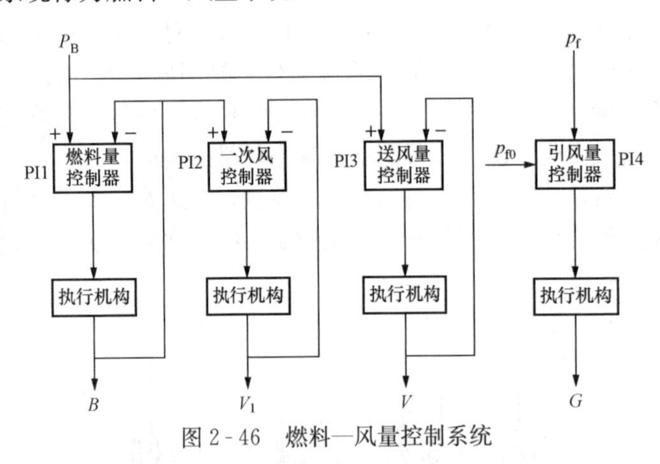

图 2-46　燃料—风量控制系统

图 2-46 所示为燃料—风量系统原理框图。在控制锅炉燃烧率时，首先由燃料和送风控制器 PI1、PI3 根据负荷指令 P_B 改变给煤量 B 和总风量 V，使之迅速满足燃烧及制粉过程的需要。一次风量 V_1 由控制器 PI2 根据给煤量的变化进行调整，使一次风量 V_1 与燃料量 B 成一定比例。

燃料—风量系统中，由于一次风量不直接参与燃料量控制，要求系统在负荷变化时，能迅速准确地改变磨煤机的给煤量。因此，要求燃料量反馈信号 B 能及时、准确地反应给煤量的变化是该系统正常运行的必要条件。为了加速一次风的负荷响应，不是用燃料量 B，而是用 PI1 输出的燃料量指令作为一次风的定值信号，使一次风量及时对负荷指令作出反应，也是常用的方法。

在直吹式锅炉燃烧过程自动控制中，对于磨煤机蓄粉较多、磨煤机动态响应慢的系统宜采用一次风—燃料系统，以加快系统的负荷响应；而对于磨煤机蓄粉量少、磨煤机煤粉量输出迟延和惯性较小的系统（如采用风扇磨的制粉系统），仅用一次风量作为控制手段并不能有效增加进入炉膛的煤粉量，就可采用燃料—风量系统。这时，直吹式系统与中间储仓式系统的燃烧控制方案没有太大的区别。

燃烧控制系统有多种组成形式。在具体应用中选择哪种形式，取决于锅炉的运行方式（母管制或单元制、带变动负荷或带基本负荷、滑压运行或定压运行、机组投入协调后的各种控制方式）、燃料的种类、选择中间粉仓还是直吹制粉设备，以及采用什么形式的磨煤设备等。

七、燃烧过程自动控制系统实例分析

下面以某 600MW 亚临界压力机组为例，介绍直吹式制粉系统锅炉的燃烧控制系统。该机组采用正压冷一次风直吹式制粉系统，燃料系统采用 6 台给煤机，与之对应有 6 台磨煤机

(中速磨煤机)，形成 6 个同样的制粉单元，正常运行时只需 5 台给煤机运行即可，剩下 1 台作为备用。

（一）燃料主控系统

燃料主控的主要任务是根据锅炉主控指令 P_B 控制进入锅炉的燃料量，以满足机组负荷需求。燃料主控回路如图 2-47 所示，锅炉主控指令 P_B 和总风量通过交叉限制后，作为燃料量给定值。实际总燃料量与其给定值的偏差，经 PID 控制器运算得到燃料主控指令。燃料主控指令送至各自的给煤机转速控制回路，通过改变给煤机转速调节给煤量。

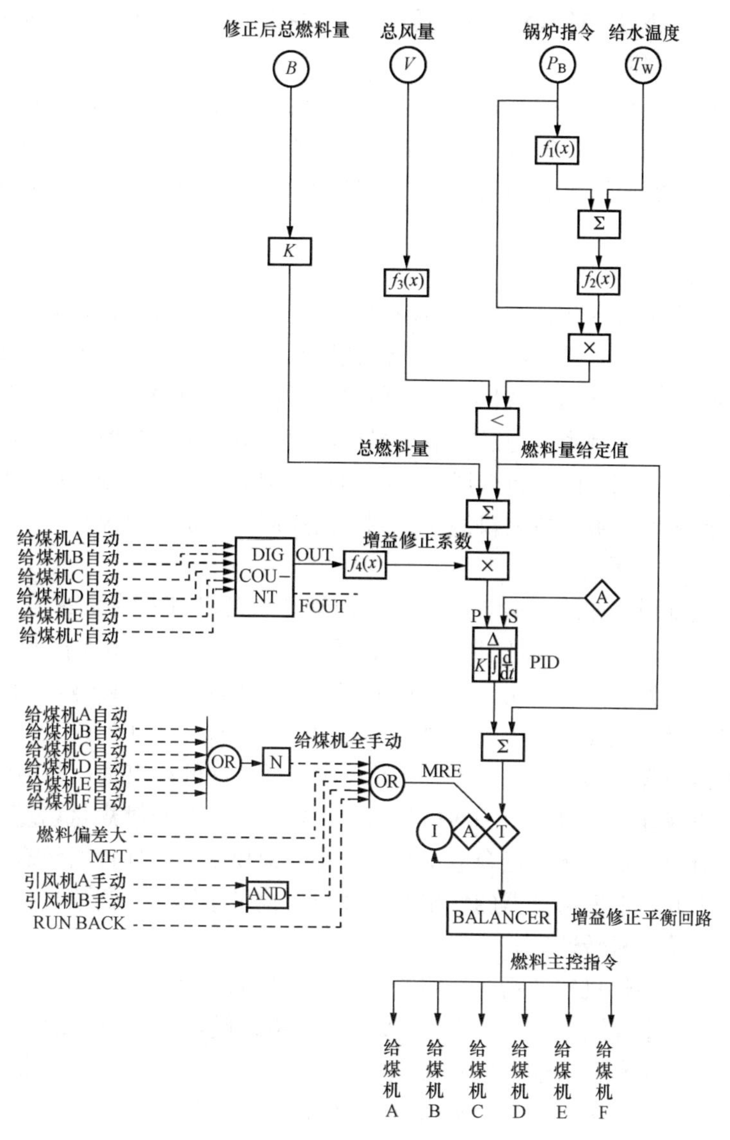

图 2-47　燃料主控

总燃料量给定值由风煤交叉限制的低值选择器产生。低值选择器的一路输入是经过给水温度修正后的锅炉主控指令 P_B。P_B 经过函数发生器 $f_1(x)$ 形成相应给水温度值，该值与实际的省煤器入口给水温度求偏差后，经函数发生器 $f_2(x)$ 形成相应的修正系数。该修正系数经乘法器后实现了对锅炉主控指令 P_B 的修正，使得入炉燃料能量不仅要满足锅炉对外输送能量的需要，还能考虑给水温度变化对入炉燃料能量需求的变化。低值选择器的另一路输入来自送风控制系统的总风量经函数发生器 $f_3(x)$ 给出当前风量允许的最大总燃料量。两者经低值选择器输出，作为总燃料量给定值。

总燃料量与其给定值经加法器求偏差，该偏差乘以对象增益修正系数（根据给煤机投入台数由增益修正模块得到），送 PID 控制器运算，同时总燃料量给定值作为前馈信号引入控制回路，以加快锅炉的响应速度。控制器输出与前馈信号经过加法器后送至燃料主控制站，再经增益修正平衡回路（BALANCER）得到燃料主控指令，给出给煤机转速的给定值，送至所有给煤机转速控制回路。

当燃料主控操作站在手动控制时，可对投入自动的给煤机转速同时进行增减操作。

当出现下列情况之一时，燃料主控制站强制切到手动控制方式：①所有给煤机都在手动控制；②燃料主控设定值和总燃料量偏差大；③MFT；④两台引风机均手动；⑤任一辅机的 RB 条件存在。

（二）磨煤机组控制系统

磨煤机组控制是指将一台磨煤机组的控制作为一个整体来考虑，它包括给煤机转速控制系统、磨煤机出口温度控制系统和磨煤机风量控制系统。该机组共配置 6 台磨煤机，分别为 A、B、C、D、E 和 F，每台磨煤机组的控制系统结构都是互相独立的，现以磨煤机 A 为例进行分析。给煤机转速控制系统通过调节给煤机转速使给煤量满足燃料主控的要求；磨煤机出口温度控制系统通过调节磨煤机热风调节门和冷风调节门开度控制磨煤机出口温度；磨煤机风量控制系统通过调节磨煤机入口混合风调节门控制磨煤机入口风量。

1. 给煤机转速控制系统

给煤机转速控制回路如图 2 - 48 所示。每台给煤机的转速指令均来自燃料主控制站输出，运行人员可在上述指令基础上手动设定偏置。只有当给煤机转速控制在自动控制方式时，才允许手动设置偏置。燃料主控指令加上偏置经过给煤机控制站输出给煤量指令。

能否增加燃料量首先要看有无足够风量。为确保实际风量大于给煤量所需风量，磨煤机入口一次风量经函数发生器 $f(x)$ 后转换为该一次风量允许的给煤量，与给煤量指令通过低值选择器输出，以保证磨煤机入口一次风量有一定富裕度，防止磨煤机堵塞。

在正常运行时，给煤机转速指令应不小于最小转速要求，以保证磨组有一定负荷，使煤粉能稳定燃烧。因此，低值选择器的输出与给煤机可控最小转速经高值选择后，输出给煤机转速指令控制相应给煤机转速。

除正常控制外，给煤机转速指令还将受到下列信号的限制。

（1）RB 指令限制。当机组发生部分主要辅机故障跳闸，使机组的最大出力低于给定负荷时，控制系统将机组负荷快速降低到实际所能达到的相应出力，并能控制机组的主要参数在允许范围内继续运行，称为辅机故障快速减负荷即 RB（RUN BACK）。它是为了保证机组负荷指令在任何时候都不超过机组的最大出力能力。

当机组发生 RB 工况时，给煤机控制系统根据 RB 目标值减小给煤机转速，给煤量与 RB 目标值经小选后输出，降低锅炉总燃料量指令到机组最大出力能力相对应的总燃料量。同时，FSSS 将部分磨煤机切除，保留与机组负荷相适应的磨煤机台数。

（2）FSSS 系统。当 FSSS 系统来“减小给煤机转速至最小”信号时，给煤机转速控制

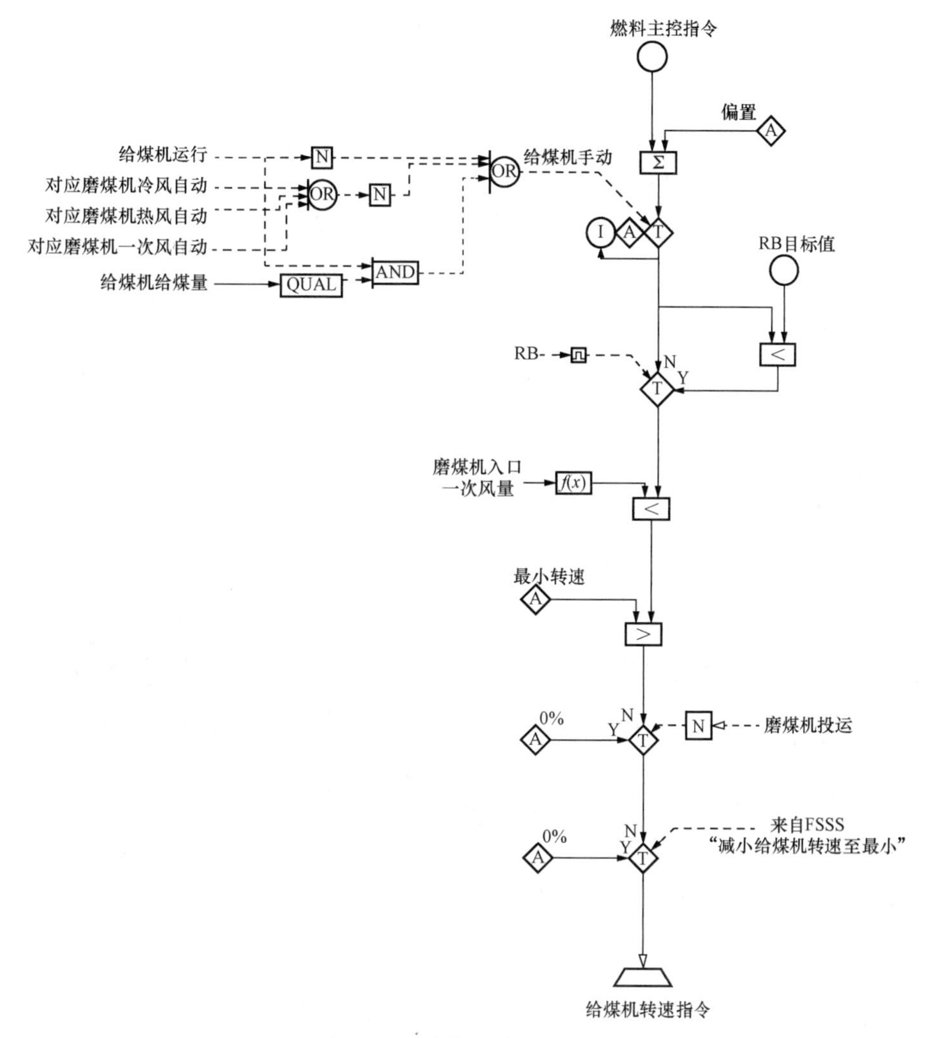

图 2-48　给煤机转速控制系统

站将强制输出最小速度，系统最小速度为 0%。当相应磨煤机未运行时，给煤机转速控制站将强制输出 0%。

当出现下列情况之一时，给煤机控制站强制切到手动控制方式：①给煤机未运行；②对应磨煤机热风控制站、冷风控制站和一次风控制站均不在自动；③给煤机运行且对应给煤量信号故障。

2. 磨煤机出口温度控制系统

磨煤机出口温度控制系统如图 2-49 所示。通过调节磨煤机热风调节门和冷风调节门开度使磨煤机出口温度保持在给定值，使磨煤机有合适的温度，保证磨煤机安全运行和干燥。

图 2-49 中，左侧为热风挡板控制，右侧为冷风挡板控制，两侧均为单回路控制系统，结构相同。下面以热风挡板为例说明控制系统工作过程。

热风挡板控制是在由控制器 PID1 组成的单回路控制系统的基础上，引入给煤机转速指令前馈信号形成的热风挡板控制系统。

磨煤机出口温度由三个通道测量值经三取中值回路（MEDIAN SELECT）得到，磨煤

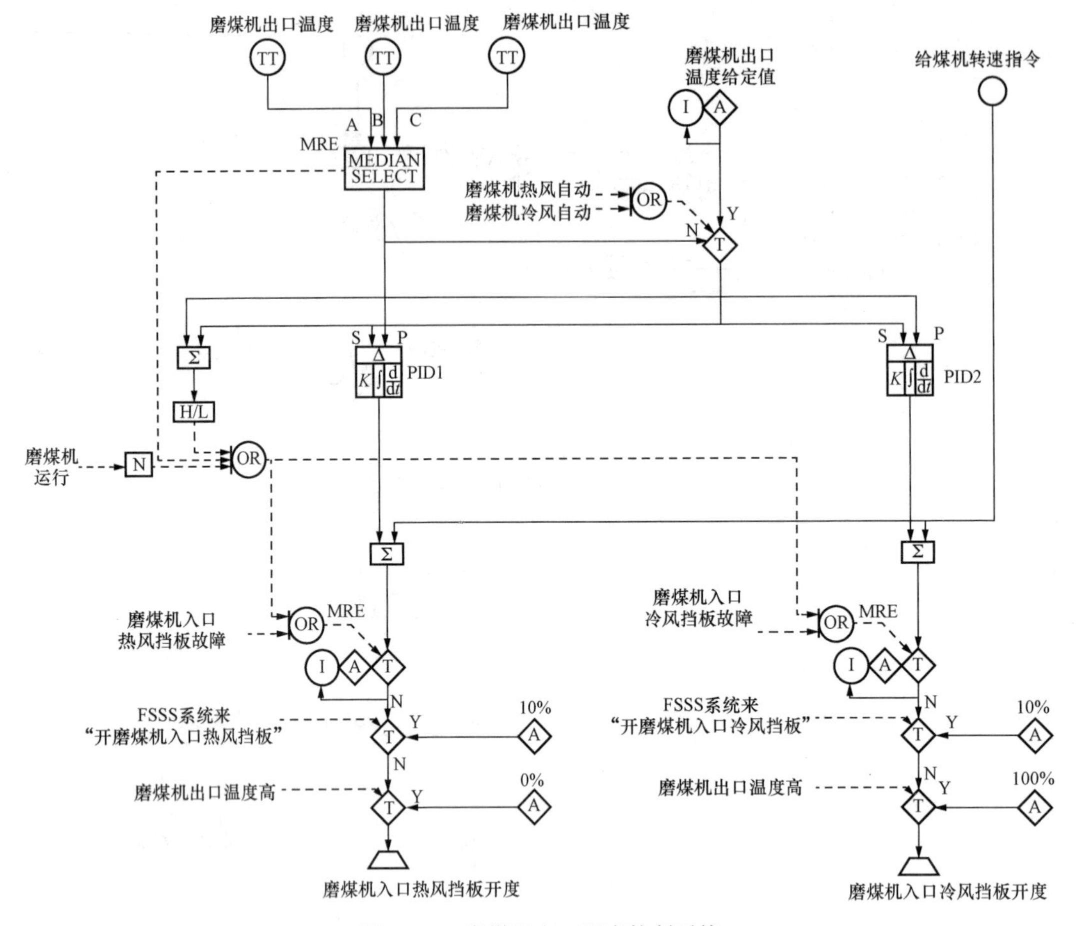

图 2-49　磨煤机出口温度控制系统

机出口温度给定值由运行人员手动给出；当冷风挡板或热风挡板为手动时，磨煤机出口温度设定值跟踪磨煤机出口温度实际值。

磨煤机出口温度设定值和实际值的偏差经 PID1 控制器后再加上给煤机转速指令前馈信号作为热风挡板的控制指令。控制回路中加入给煤机转速指令作为其前馈，减少了控制系统调节的滞后。

（1）热风和冷风挡板强制输出。当 FSSS 系统来“开磨煤机入口热风挡板”信号时，磨煤机入口热风挡板控制站将强制输出 10%；当 FSSS 系统来“开磨煤机入口冷风挡板”信号时，磨煤机入口冷风挡板控制站将强制输出 10%。磨煤机出口温度高时，磨煤机入口热风挡板全关，磨煤机入口冷风挡板全开。

（2）热风和冷风挡板强制手动。当出现下列情况之一时，磨煤机入口热风挡板控制站强制切到手动控制：①磨煤机出口温度信号故障；②磨煤机未运行；③磨煤机出口温度设定值与实际值偏差大；④磨煤机入口热风挡板故障。

当出现下列情况之一时，磨煤机入口冷风挡板控制站强制切到手动控制：①磨煤机出口温度信号故障；②磨煤机未运行；③磨煤机出口温度设定值与实际值偏差大；④磨煤机入口冷风挡板故障。

3. 磨煤机风量控制系统

由于一次风的主要作用是送粉，其风量大小由给煤量的大小来决定，所以用给煤机转速指令经函数器 $f(x)$ 转换成相应的一次风量指令，如图 2-50 所示。同时，加上运行人员手动设置的偏置产生该台磨煤机的入口一次风量给定值。磨煤机一次风量与其给定值的偏差送至 PID 控制器运算，PID 控制器输出经磨煤机入口混合风控制站后给出磨煤机入口混合风挡板开度控制指令。

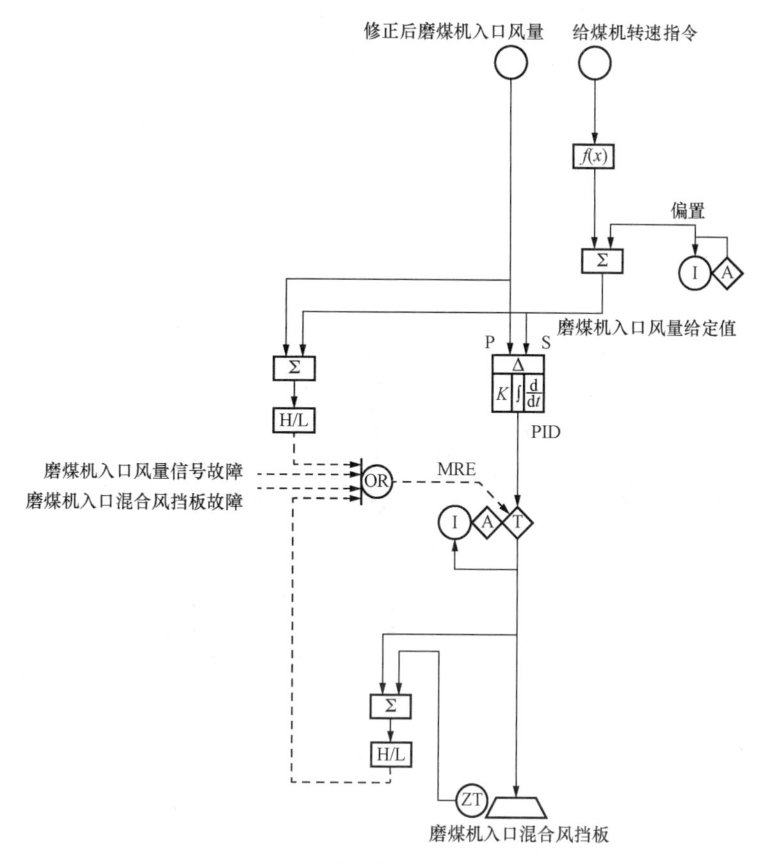

图 2-50　磨煤机风量控制系统

当出现下列情况之一时，磨煤机入口混合风挡板控制站强制切到手动控制方式。①磨煤机入口风量信号故障；②磨煤机入口混合风挡板故障；③磨煤机入口风量给定值与实际值偏差大；④磨煤机入口混合风挡板指令与阀位反馈偏差大。

（三）送风控制系统

送风控制的主要任务是通过调节运行送风机的动叶开度，维持锅炉总风量为给定值，使送风量与燃料量协调变化，保证燃烧的经济性和安全性。

该机组风量控制采用串级—比值控制系统结构。其控制特点是内回路首先确保一定的风煤比，然后外回路根据烟气含氧量对风量进行修正，即修正燃料量与风量的比例系数，以确保燃烧的最佳风煤比，使燃烧经济性最佳。

1. 总风量信号

总风量是总热二次风量和总一次风量之和，各风量测量信号均经过相应温度和压力校正。总一次风量为 6 台磨煤机入口一次风量之和，总二次风量为锅炉左、右两侧的二次风量之和。

2. 总风量指令

锅炉主控指令 P_B 经过动态校正、函数变换、氧量修正后，与修正后的实际燃料量、30％的最低风量经风量限制器高选而形成总风量指令，如图 2 - 51 所示。

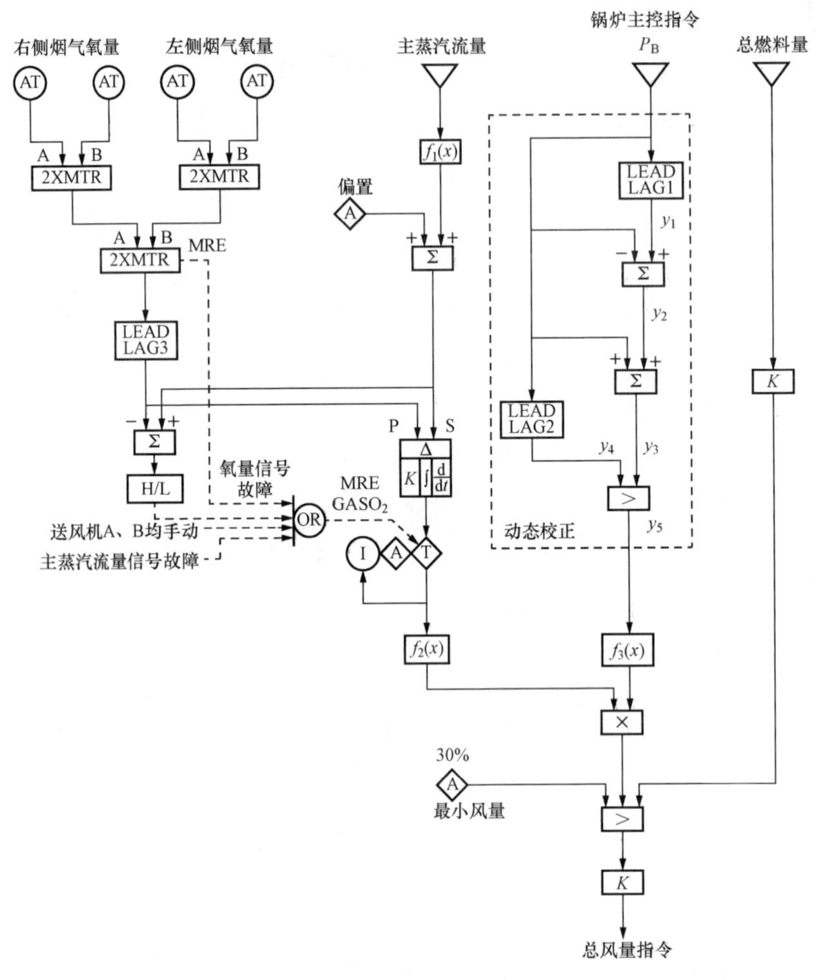

图 2 - 51　总风量指令形成回路

对锅炉主控指令 P_B 进行了动态校正，原理为：在增负荷初期，y_3 输出比惯性环节 2 输出 y_4 大，因此通过高值选择器，加大风量，然后随时间逐渐增加风量直至正常值，使风量修正量得到超前增加；在减负荷时，惯性环节 2 输出 y_4 减小将比 y_3 减小慢，因此通过高值选择器，减少风量，然后随时间逐渐减少风量直至正常值，使得风量修正量减小较慢。经过动态校正后的锅炉主控指令经函数器 $f_3(x)$ 转化成对应的风量指令。

采用控制烟气含氧量以保证经济燃烧。烟气氧量信号形成如图 2 - 51 所示，锅炉燃烧需氧量给定值与锅炉负荷成一定函数关系，因此采用主蒸汽流量代表锅炉负荷，经函数发生器 $f_1(x)$ 后给出该负荷下烟气含氧量的基本给定值。运行人员根据发电机组的实际运行工况在上述基本给定值的基础上手动进行偏置。经各自二取均值后，左、右侧烟气含氧量信号再取平均值，经惯性环节（LEADLAG3）后作为烟气含氧量信号。氧量信号与其给定值求偏差后，经PID控制器运算，送至氧量修正控制站输出氧量修正系数，对总风量指令进行修正。

在机组增减负荷时，为了保证有充足的风量和一定的过量空气，锅炉负荷指令 P_B 同时加到燃料量控制系统和风量控制系统，并经过了风煤交叉限制。在送风控制中，由于高值选择器的作用，风量随着锅炉负荷指令的增加而增加。这样与燃料量控制中的给煤量动态校正配合以及风煤交叉限制一起作用，使在燃烧动态过程中总能保证锅炉处于过氧燃烧，同时加快了送风系统的响应速度。总燃料量经增益修正环节 K 转换为所需风量，同时当锅炉负荷较低时，为了保证锅炉能够安全燃烧，总风量应维持在30%以上。因此，动态校正锅炉主控指令经过氧量修正后，与30%最小风量信号、总燃料量对应风量信号，经高值选择器后作为总风量给定值。

3. 送风控制回路

送风控制回路如图2-52所示，总风量与其给定值的偏差经过PID控制器运算后送至增益修正回路BALANCER，由两台送风机平衡分配总风量。同时，用总风量指令经过函数发生器 $f(x)$ 后作为前馈信号引入控制回路，以实现超前控制。

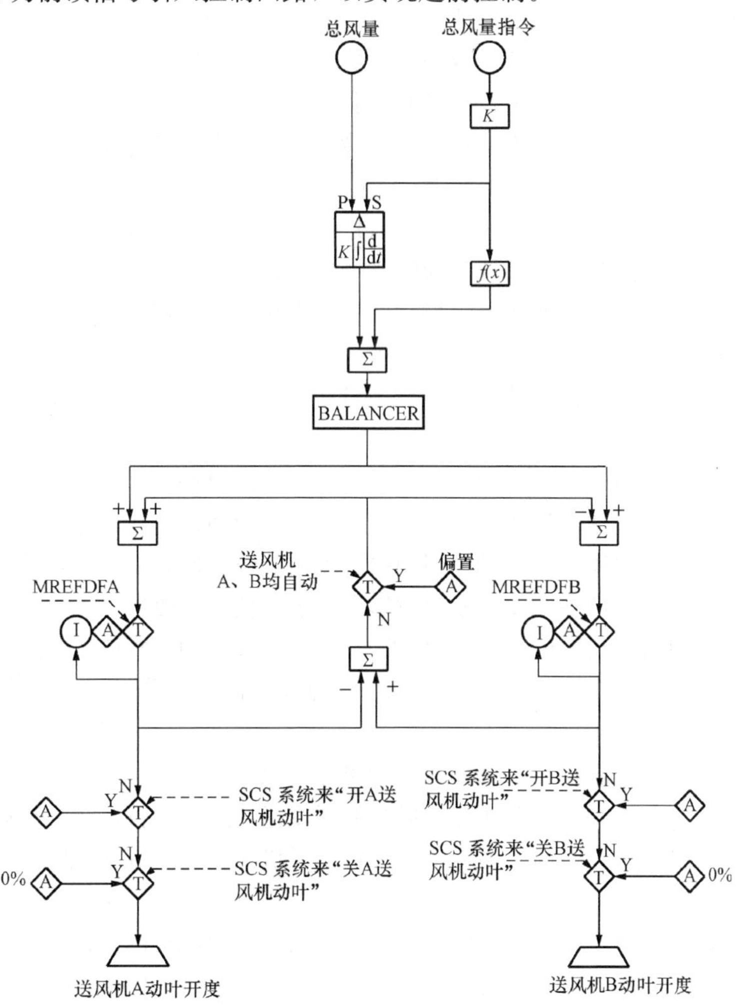

图2-52 送风控制回路

当两台送风机动叶控制站都在自动控制方式时，可对两台送风机进行偏置，使两台送风机的出力平衡。当负荷不平衡且两台送风机均在自动时，可以对相应送风机加一定的偏置，避免一侧风机出力变化时对被控对象产生扰动，从而使两台送风机的动叶开度保持同步变化。当至少有一台送风机在手动时，由控制回路自动对动叶控制站输出进行修正，使送风机动叶开度之和保持不变，减小对系统的扰动。同时，处于手动的控制站，总风量指令将跟踪该站输出，以保证控制系统实现手/自动无扰切换。

（1）闭锁逻辑。设计中考虑了炉膛压力偏差过大时对送风机的方向闭锁：①当炉膛压力过低时，形成闭锁降信号，限制送风机动叶进一步关小，此时送风机动叶只许开大，不许关小；②当炉膛压力过高时，形成闭锁升信号，限制送风机动叶进一步开大，此时送风机动叶只许关小，不许开大。

（2）强制输出逻辑。当 SCS 系统来“开 A（或 B）送风机动叶”信号时，送风机 A（或 B）动叶控制站将强制输出至定值；当 SCS 系统来“关闭 A（或 B）送风机动叶”信号时，送风机 A（或 B）动叶控制站将强制输出 0%。

（3）强制手动逻辑。当出现下列情况之一时，送风机动叶控制站强制切到手动控制：①总风量信号故障；②对应引风机在手动；③相应送风机未运行；④MFT；⑤总风量设定值与实际值偏差大；⑥送风机动叶指令与反馈偏差大；⑦送风机动叶故障。

当出现下列情况之一时，氧量校正控制站强制切到手动控制：①两台送风机都在手动；②烟气含氧量信号故障；③主蒸汽流量信号故障；④氧量设定值与实际值偏差大。

（四）炉膛压力控制系统

炉膛压力控制的主要任务是通过调节引风机静叶开度维持炉膛压力为给定值。该机组炉膛压力控制采用前馈—反馈控制系统，如图 2-53 所示。

炉膛压力信号由三个通道变送器测得，经三取中算法得到炉膛压力测量值。由于炉内燃烧化学反应剧烈，所以允许炉膛压力在一定范围内波动。为防止引风机静叶频繁来回动作，炉膛压力测量值要经时间惯性环节（LEADLAG）对其进行滤波。炉膛压力给定值由运行人员在操作员站上手动设定。

为减小送风量变化对炉膛压力的影响，采用两台送风机动叶开度指令之和代表送风量作为引风控制的前馈信号。通过适当选择函数 $f_1(x)$，一旦负荷变化引起送风量变化，可通过该前馈信号迅速调节引风量，不必等到炉膛压力出现较大偏差后再由炉膛压力控制回路来调节，从而可避免较大的动态偏差，使炉膛压力调节品质得以改善。

炉膛压力测量值与其给定值的偏差经 PID 控制器运算后再加上前馈信号，经过增益修正回路 BALANCER 后，分别送往引风机 A、B 静叶控制站，作为两台引风机静叶的共用指令。

与送风控制系统一样，在 BALANCER 后可对引风机开度设置偏置。当两台引风机静叶控制站都在自动控制方式时，可对两台引风机的开度指令进行偏置，重新分配两台引风机的负荷，使两台引风机的出力平衡。当至少有一台引风机在手动控制方式时，由控制回路自动对静叶开度指令进行修正。

（1）闭锁逻辑。设计中考虑了炉膛压力偏差过大时对引风机的方向闭锁：

1）当炉膛压力过高时，形成闭锁升信号；引风机静叶只许开大，不许关小。

2）当炉膛压力过低时，形成闭锁降信号；引风机静叶只许关小，不许开大。

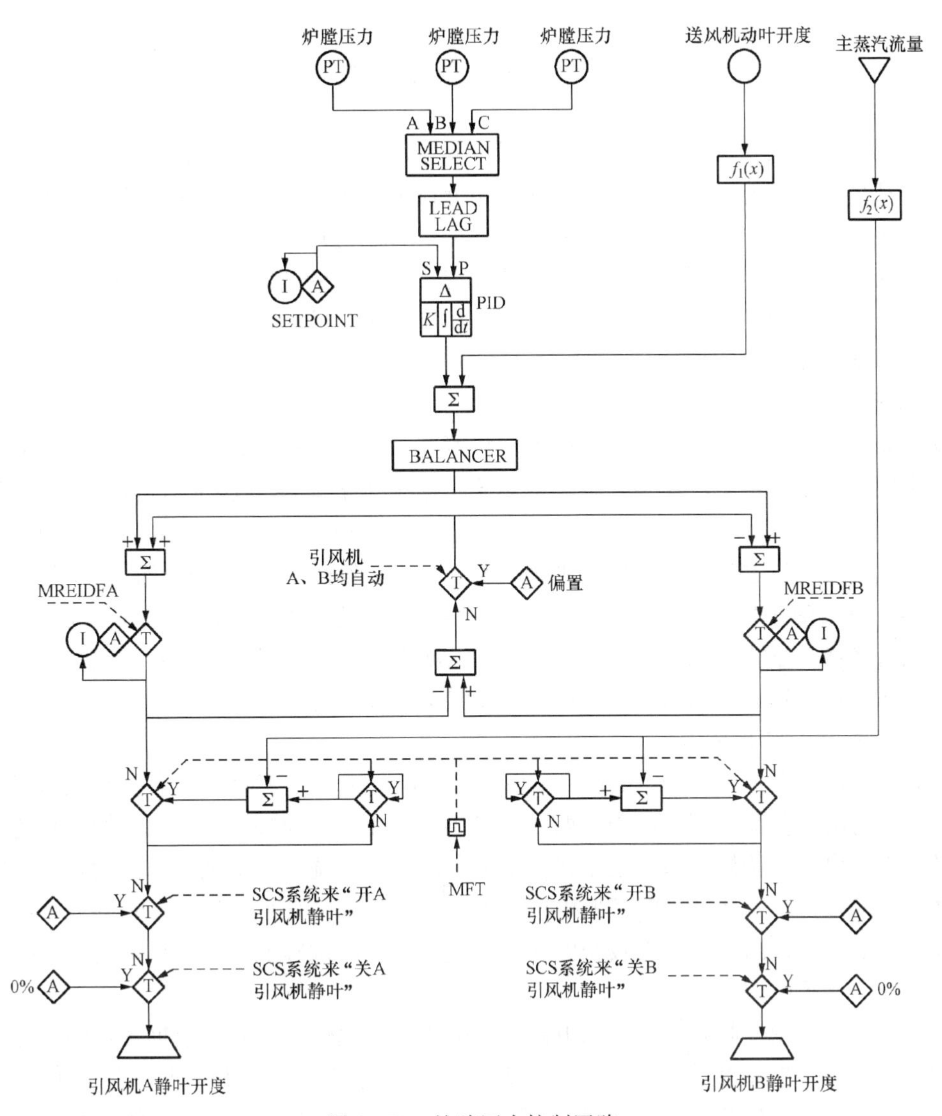

图 2-53　炉膛压力控制回路

（2）超驰控制。在两台引风机静叶控制指令的输出端，还加了一个引风机超驰信号。当锅炉发生 MFT 工况时，根据由主蒸汽流量代表的 MFT 前的锅炉负荷水平，强制关小引风机静叶一定值（该值与 MFT 前的锅炉负荷水平有关）。该路超驰信号的目的主要是在炉膛压力控制系统中尽量补偿 MFT 时因炉膛灭火而导致的炉膛压力下降太多。超驰信号不管引风机静叶控制站在自动方式还是在手动方式都是起作用的。

（3）强制输出逻辑。当 SCS 系统来“开 A（或 B）引风机静叶”信号时，引风机 A（或 B）静叶控制站将强制输出至定值；当 SCS 系统来“关闭 A（或 B）引风机静叶”信号时，引风机 A（或 B）静叶控制站将强制输出 0%。

（4）强制手动逻辑。当出现下列情况之一时，引风机静叶控制站强制切到手动控制：①引风机静叶故障；②引风机静叶控制指令与反馈偏差大；③炉膛压力信号故障；④相应引风机未运行；⑤炉膛压力设定值与实际值偏差大。

第四节　单元机组协调控制系统

随着电力工业的发展，高参数、大容量火力发电机组在电网中所占的比例越来越大。大容量机组都是采用单元制运行方式的，所谓单元制就是由一台汽轮发电机组和一台锅炉所组成的相对独立的系统。单元制运行方式与以往的母管制运行方式相比，机组的热力系统得到了简化，而且使蒸汽经过再热成为可能，从而提高了机组的热效率。单元制机组的负荷控制也与母管制有着很大的区别，下面介绍单元制机组的负荷控制系统。

一、协调控制系统定义

1. 单元机组负荷控制的特点

在单元制运行方式中，锅炉和汽轮发电机既要共同保障外部负荷要求，又要共同维持内部运行参数（主要是主蒸汽压力）稳定。单元机组输出的实际电功率与负荷要求是否一致，反映了机组与外部电网之间能量的供需平衡关系；而主蒸汽压力是否稳定，则反映了机组内部锅炉与汽轮发电机之间能量的供需平衡关系。然而，锅炉和汽轮发电机的动态特性存在着很大差异，即汽轮发电机对负荷请求响应快，锅炉对负荷请求响应慢，所以单元机组内外两个能量供需平衡关系相互间受到制约，外部负荷响应性能与内部运行参数稳定性之间存在着固有的矛盾，这是单元机组负荷控制中的一个最为主要的特点。

2. 协调控制系统定义

单元机组的协调控制系统（Coordinated Control System，CCS）是根据单元机组的负荷控制特点，为解决负荷控制中的内外两个能量供需平衡关系而提出来的一种控制系统。

从广义上讲，协调控制系统是单元机组的负荷控制系统。它把锅炉和汽轮发电机作为一个整体进行综合控制，使其同时按照电网负荷需求指令和内部主要运行参数的偏差要求协调运行，既保证单元机组对外具有较快的功率响应和一定的调频能力，又保证对内维持主蒸汽压力偏差在允许范围内。

单元机组的协调控制系统包括从电网负荷的改变到锅炉、汽轮机根据各自的能力适应负荷要求的所有自动控制系统。它在热工自动控制系统中占主导地位，指挥着锅炉燃料、给水、送风、引风、汽轮机数字电液控制系统（DEH）、炉膛安全监控系统（FSSS/BMS），以及其他辅助控制系统的控制动作。

二、协调控制系统的主要任务

协调控制系统的主要任务如下：

（1）接受电网中心调度所的负荷自动调度指令 ADS、运行操作人员的负荷给定指令和电网频差信号 Δf，及时响应负荷请求，使机组具有一定的电网调峰、调频能力，适应电网负荷变化的需要。

1）参与电网调频。机组出力必需满足电网负荷变化的需要，满足对电网供电的数量（功率）与质量（频率、电压）的要求。而所有并网机组与电网用户间能量供需的平衡指标，就是电网频率。机组控制系统的设计都具有该机组功率随频率（汽轮发电机转速）变化而自动调整的调频能力。由于一台机组的容量占整个电网容量的比例很小，单机在电网频率变化时所承担的负荷变化量应有限定，它取决于汽轮机控制系统的不等率或协调控制系统的频差校正特性。

2）参与电网调峰。调峰则是按图 2-54 所示电网昼夜的负荷变化规律，有计划地进行调度，视该机组在电网中的地位和经济效益，可有较大幅度的负荷变化。调峰就是指承担图 2-54 中从最低负荷线到最高负荷线的负荷变化部分。调峰负荷又可分为尖峰负荷与中间负荷两种。从最低负荷线到平均负荷线部分为中间负荷，一般应由大容量火电机组承担。一般的中间负荷机组，有夜间低负荷运行、周末停运与两班制运行三种。夜间低负荷运行要求能快速加/减负荷，并可在极低负荷下稳定、经济运行，周末停运与两班制运行要求能快速启/停。并且，从启动开始的 0～100％负荷范围里都要求能投入自动控制。目前国内大型机组的协调控制系统则要求按夜间低负荷调度方式运行。

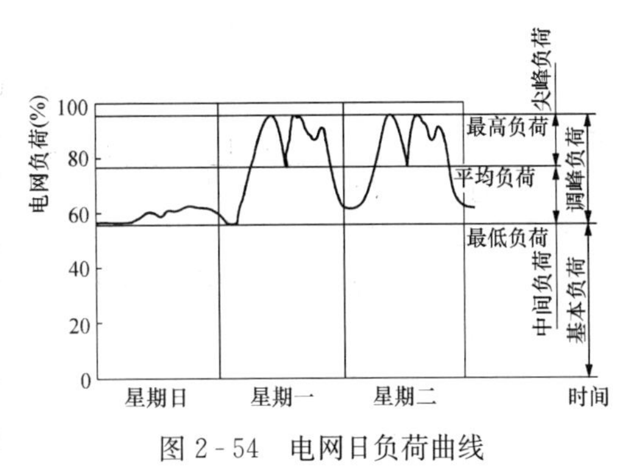

图 2-54　电网日负荷曲线

（2）协调锅炉、汽轮发电机的运行，在负荷变化率较大时，能维持两者之间的能量平衡，保证主蒸汽压力稳定。一机一炉布置的单元机组，如图 2-55 所示，机组的能量输入为锅炉的燃烧率（燃料、送风等），能量输出为机组所带的负荷（汽轮发电机的功率）。机炉间输入/输出能量平衡的指标即为机前压力 p_T。机组稳定状态，存在有静态平衡关系：锅炉输入＝锅炉输出＝汽轮机输入＝汽轮发电机输出，机前压力保持为给定值。若锅炉输入与汽轮机输出能量不平衡，就会引起机前压力变化。

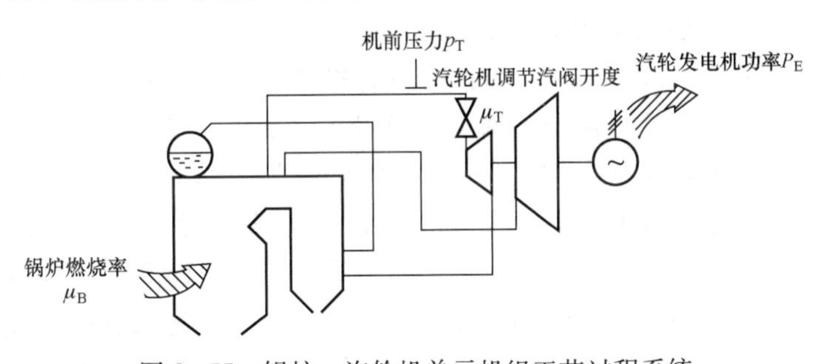

图 2-55　锅炉—汽轮机单元机组工艺过程系统

控制系统既要满足对电网的负荷需求，具有快速的负荷响应，又要满足机炉间的能量出/入平衡、稳定机前压力，这就是以机组为被控对象的协调控制系统的主要任务。

（3）协调机组内部各子控制系统（燃料、送风、炉膛压力、给水、汽温等控制系统）的控制作用，在负荷变化过程中使机组的主要运行参数在允许的工作范围内，以确保机组有较高的效率和可靠的安全性。

使锅炉内部各子系统操作量的协调动作，控制好锅炉的过热和再热汽温、汽包水位、炉膛压力、炉烟氧量、磨煤机出口温度等运行参数，确保机组的安全经济运行，是锅炉控制系统，即协调控制系统中锅炉侧子系统的基本任务。

（4）协调外部负荷请求与主、辅设备实际能力的关系。在机组主、辅设备能力受到限制的异常情况下，能根据实际情况限制或强迫改变机组负荷，这是协调控制系统的联锁保护功能。

根据电网需求控制机组各项输入对输出的能量平衡与质量平衡，这只能在机组能力许可的正常工况条件下得到满足。若机组主、辅机能力受到限制，如机、炉的一个或几个子系统回路能力达到了其极限的静态控制范围、设备局部故障或者“需要”超过了机组届时的实际能力，就会出现过程参数对定值的偏差，产生“需要”与“可能”的失调。这时，协调控制系统就应反过来迫使“需要”适应“可能”，根据“可能”来限制或强迫改变机组的负荷。因此，协调控制系统的设计，提供有机组实时能力的识别限幅，在机组设备能力受限制的异常工况下，控制原则就由正常工况的“按需要控制”自动转为异常工况的“按可能控制”，协调了“需要”与“可能”的平衡，使异常工况下协调控制系统照常可以自动投运。

（5）具有多种可供运行人员选择的控制系统与运行方式。协调控制系统的设计，必须满足机组各种工况运行方式的要求，提供可供运行人员选择或联锁自动切换的相应控制方式，具有在各种工况（正常运行、启动、低负荷或局部故障）条件下，都能投入自动的适应能力。

（6）消除各种工况扰动的影响，稳定机组运行。协调控制系统能检测与消除机组运行的各种内、外扰动。通过闭环系统输入端引入的扰动，如燃料扰动，称为内部扰动；而通过开环系统的其他环节影响到系统输出的扰动，如负荷扰动，称为外部扰动。随时消除扰动的影响，稳定运行，是闭环控制系统的根本任务。

三、单元机组负荷控制方式

单元机组负荷控制有下列三种基本方式。

1. 锅炉跟随的负荷控制方式

图 2-56 所示为单元机组锅炉跟随的负荷控制方式，简称 BF 方式。当负荷要求 P_0 改变时，首先改变汽轮机调节汽阀的开度，以改变汽轮机的进汽量，使发电机的输出功率 P_E 迅速与负荷要求相适应。当汽轮机调节汽阀开度变化时，锅炉出口主蒸汽压力 p_T 随即改变，通过汽压控制器改变锅炉控制指令 P_B，以改变加入锅炉的燃料量、送风量和给水量。这种由汽轮机来调节机组的输出功率，而锅炉调节汽压的方式也就是常规的机、炉分别控制方式。在负荷要求改变初期，汽轮发电机组输出功率的改变很大程度上依靠锅炉的蓄热。这种控制方式机炉有明确的控制分工，即锅炉控制主蒸汽压力、汽轮机控制机组负荷。因为锅炉热惯性大，汽轮发电机时间常数小，所以这种方式虽在扰动初期能较快适应负荷，但汽压波动较大。

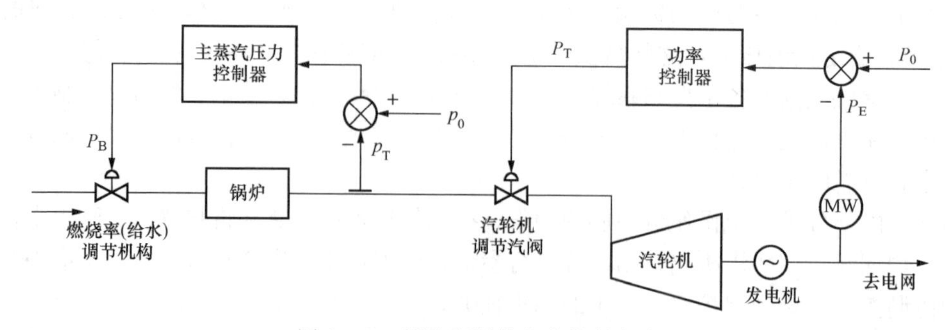

图 2-56　锅炉跟随的负荷控制方式

在大型单元机组中，锅炉的蓄热能力相对减小，当负荷变化较小时，在汽压允许的变化范围内，充分利用锅炉的蓄热以迅速适应负荷是有可能的，对电网的频率控制也是有利的。

但是在负荷需求变化较大时，汽压变化太大，会因主蒸汽压力波动过大而影响机组的正常运行，也不可能会有很好的负荷响应。尤其是超临界压力直流锅炉，蓄热能力通常只有汽包锅炉的 1/3～1/2，负荷扰动时汽压波动更大。

锅炉跟随的负荷控制方式一般用于下列情况：①当单元机组中的锅炉设备正常运行，机组的输出功率受到汽轮机限制时；②承担变动负荷的机组，锅炉蓄热能力较大时。

2. 汽轮机跟随的负荷控制方式

汽轮机跟随的控制方式如图 2-57 所示，简称 TF 方式。当外界负荷需求增加时，给定功率信号 P_0 增加，首先是锅炉的控制指令 P_B 增大，即功率控制器的输出增大，增加燃烧率。随着炉内燃烧加强，主蒸汽压力 p_T 升高。为了维持主蒸汽压力不变，主蒸汽压力控制器输出指令 P_T 开大汽轮机调节汽阀，增大汽轮机的进汽量，使 $p_T=p_0$；同时增加发电机的输出功率 P_E，使发电机输出功率与给定功率 P_0 逐步平衡。

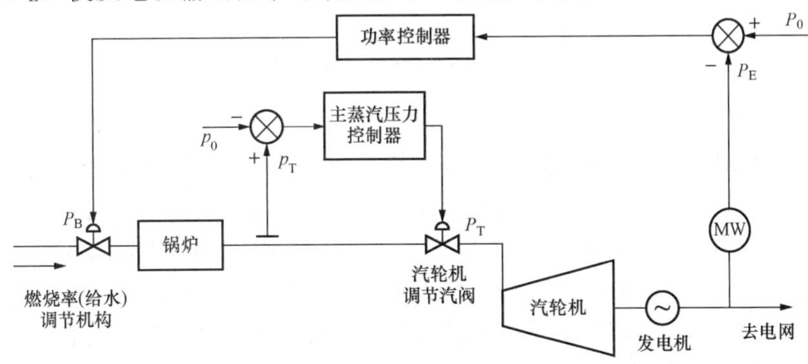

图 2-57 汽轮机跟随的负荷控制方式

这种控制方式机炉也有明确的控制分工，即锅炉控制机组负荷、汽轮机控制主蒸汽压力。用控制汽轮机调节汽阀开度来调节主蒸汽压力，主蒸汽压力波动小，这对锅炉运行的稳定有利。但是汽轮发电机出力必须等待主蒸汽压力升高后才能增加上去，由于锅炉燃料量输送、燃烧及传热过程较大的滞后，而使机组输出功率响应有较大的滞后。这样，对发电机出力控制的反应就比较慢，这对电力系统的负荷控制与频率调整是不利的。

汽轮机跟随的负荷控制方式一般用于下列情况：①承担基本负荷的单元机组；②当新机组刚投入运行，经验还不足时，采用这种方式可使机组运行比较稳定；③当单元机组中汽轮机运行正常、机组输出功率受到锅炉限制时，也可采用汽轮机跟随的负荷控制方式。

3. 机炉协调的负荷控制方式

上述两种控制方式中，由于机炉分别承担负荷调节和压力调节的任务，因而没能很好地协调负荷响应的快速性和机组运行的稳定性之间的矛盾。锅炉跟随方式虽然对电网负荷变化有较快的响应，但动用锅炉蓄热量过大时，会使主蒸汽压力产生大幅度波动，造成机组运行不稳定；而汽轮机跟随控制方式完全没有利用锅炉的蓄热量，汽压可以十分稳定，但负荷响应太慢，不能及时满足电网负荷需求，调频能力差。能够适度利用锅炉蓄热，在保证不致使汽压产生大幅度波动的前提下，最大限度地满足外界负荷变动的需求，就是提出机炉协调的负荷控制方式的目的。

将锅炉、汽轮机视为一个整体，把上述两种负荷控制方式结合起来，取长补短，在使锅炉燃烧产生的热能与进入汽轮机的蒸汽带走的热能及时平衡、维持主蒸汽压力基本稳定的同时，又能使机组的输出功率迅速响应给定功率的变化。这种能将功率控制与压力控制结合起来的系统是比较理想的控制系统，称为协调控制系统，或称机炉协调的负荷调节方式，简称CCS方式或COORD方式，如图2-58所示。

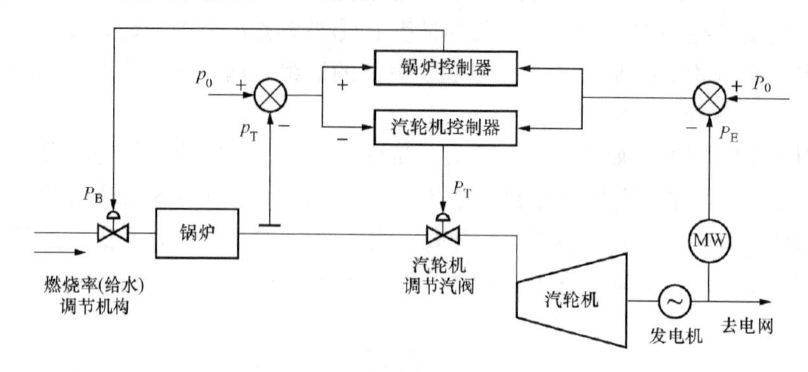

图2-58　机炉协调负荷控制方式

在机炉协调的负荷调节方式中，锅炉与汽轮机的控制器同时接受机组功率偏差与压力偏差信号。在稳定工况下，机组的实发功率等于给定功率，主蒸汽压力等于给定汽压值，其偏差信号为零。当外界要求机组增加出力时，给定功率 P_0 增加，出现正的功率偏差信号，该信号加到汽轮机控制器，会使汽轮机调节汽阀开大，利用锅炉蓄热增加汽轮发电机组的出力，使输出功率 P_E 增加；功率偏差信号加到锅炉控制器，使锅炉燃烧率在汽轮机调节汽阀开大的同时也相应地增加，以提高锅炉的蒸发量。这种蓄热的利用与及时补偿，就体现了协调控制的基本思想。毫无疑问，这比锅炉跟随的负荷调节方式要等到汽压下降后才增加燃料，所引起的压力变化要小得多。

从协调控制方式的上述动作过程可以看出，这种控制方式一方面利用调节汽阀动作，在锅炉允许的汽压变化范围内，利用锅炉的一部分蓄热量，适应负荷的需要；另一方面又向锅炉迅速补进燃料（压力偏差信号与功率偏差信号均使燃料量迅速变化）。这种锅炉蓄热的合理利用与及时补偿的协调方式，使单元机组实际输出功率既能迅速响应给定功率的变化，又能保持主汽压的相对稳定。

当单元机组正常运行需要参加电网调频时，应采用机炉联合的协调控制方式。为了适应机组的不同运行工况，单元机组的负荷控制系统应当考虑同时具备几种控制方式的可能，以便运行人员可根据机组运行实际，任意选择其中一种控制方式。

四、协调控制系统的基本组成

单元机组负荷控制系统的组成框图如图2-59所示，它由负荷管理控制中心和机炉负荷控制系统两大部分组成，机炉负荷控制部分又由机炉主控制器和锅炉、汽轮机子系统组成。

一般把机组负荷管理控制中心和机炉主控制器合起来称为协调控制级，而把锅炉、汽轮机子控制系统称为基础控制级。但习惯上也把协调控制级和基础控制级统称为CCS系统。

机组负荷管理控制中心（LMCC）又称机组负荷指令处理装置，其主要作用是：根据机组运行状态，对机组的外部负荷需求指令 P_d（称为目标负荷指令），如电网中心调度所的负荷调度（ADS）指令或者运行人员设定的负荷指令进行选择和处理，形成机组主/辅设备负荷能力和安全运行所能接受的机组实际负荷需求指令 P_0，作为机炉主控制器的机组功率给定值信号。当机组参加电网一次调频时，该功率给定值信号还需经过电网频差修正。因此，

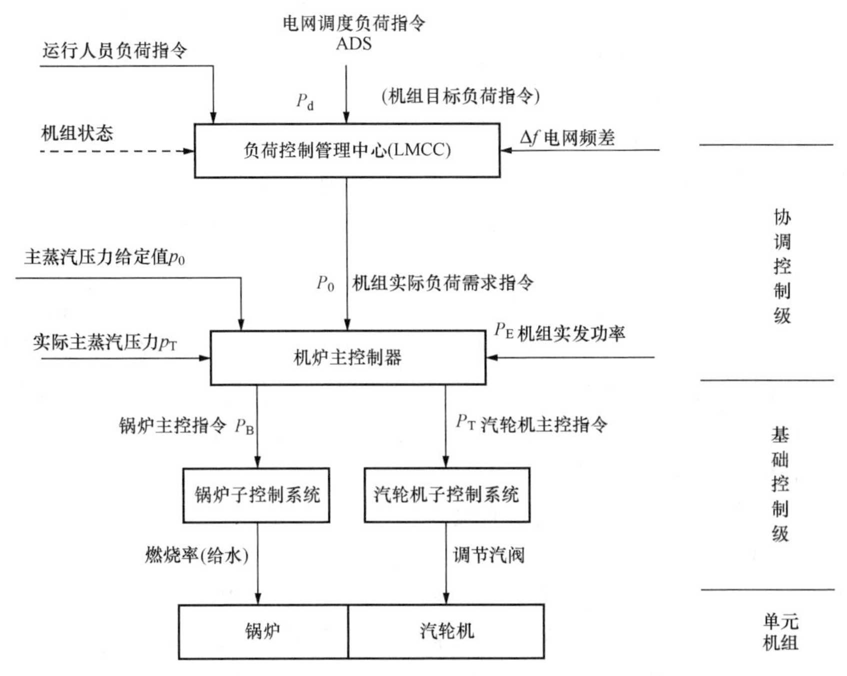

图 2-59　单元机组负荷控制系统的组成框图

负荷控制中心是用来协调机组内、外矛盾，也就是协调供与求的矛盾的。

机炉主控制器的主要作用是：接受机组实际负荷需求指令 P_0、机组实发功率 P_E、主蒸汽压力给定值信号 p_0 和实际主蒸汽压力 p_T 等信号；根据机组运行条件及要求，选择合适的负荷控制方式；根据机组的功率偏差 ΔP 和主蒸汽压力偏差 Δp 进行控制运算，产生锅炉主控负荷指令 P_B 和汽轮机主控负荷指令 P_T，作为机炉协调动作的指挥信号，分别送往锅炉和汽轮机子控制系统。可见，机炉主控制器协调的是机与炉的内部矛盾。

锅炉、汽轮机的子控制系统，也称基础级控制系统。锅炉的子系统包括燃料量控制系统、送风量控制系统、炉膛压力控制系统、一次风压控制系统、二次风量控制系统、过热汽温控制系统、再热汽温控制系统、给水控制系统等；汽轮机子系统包括汽轮机数字电液调节系统（DEH）、除氧器水位和压力控制系统、凝汽器水位控制系统、发电机氢气冷却控制系统、给水泵的密封水差压和再循环流量控制系统等。

负荷管理控制中心和机炉主控制器是机组的协调级，是机组负荷控制系统的核心，决定着机组变负荷的数量和变化速度，故直接将其称为协调控制系统；机炉子控制系统直接与被控对象相联系，执行协调级的指令，使燃料量、送风量、给水量、蒸汽流量等与负荷指令相适应，实现负荷控制的任务。因此，协调级和子系统的控制质量都直接影响机组负荷控制的品质，只有保证在都具备较高控制质量的前提下，才可能有较高的负荷控制质量，完成机组负荷控制任务。

五、负荷管理控制中心

单元机组负荷管理控制中心的主要功能是：接受外部的负荷需求指令，根据机组主辅机运行情况，将其处理成与机、炉当前运行状态相适应的机组实际负荷需求指令 P_0。实际负荷需求指令又称为单元机组负荷指令（Unit Load Demand，ULD）。

在机组正常工况与异常工况下，负荷指令的处理是不同的。在正常工况时，按“需要”控制，实际指令跟踪（就等于）目标指令；在异常工况（能力受限制）时，按“可能”控制，目标指令跟踪实发功率，或者跟踪实际指令。

（一）正常工况下的负荷指令处理

在机组的设备及主要参数都正常的情况下，机组通常接受三个外部负荷指令，分别是：①电网中心调度所的负荷分配指令 ADS；②值班员手动指令（就地负荷指令）；③电网一次调频所需负荷指令。

一般根据机组的运行状态和电网对机组的要求，选择其中的一种或两种指令构成目标负荷指令。其中就地负荷指令和 ADS 指令不可同时选中，即只能两者选其一。但在选择就地负荷指令或 ADS 指令情况下都可参加一次调频，即所选的负荷指令与一次调频指令相叠加。

随着机组自动化功能的提高，厂级监控信息系统 SIS 等也可发出负荷指令，即负荷指令的选项会增多，但基本原理基本相同。

正常工况下，负荷指令一般受到以下限制。

1. 负荷指令变化速率限制

ADS 指令是电网调度所利用计算机，根据系统各类型机组的特点，对所带的负荷、系统潮流分布、电力系统稳定性计算和负荷需求量平衡计算等情况，做出负荷在各机组的最佳负荷分配指令；就地负荷指令是机组值班员根据对机组的负荷要求，通过负荷设定器发出的负荷指令。这两个指令信号都近似于阶跃形式，而这种形式的指令是机组所不能接受的，需将阶跃信号处理成以一定斜率变化的斜坡信号，其终值等于负荷指令值。

机组参加调频时，当频率偏差信号为正时（电网频率低于给定频率），只要机组尚有增加负荷的能力，这个正的频率偏差信号就会使机组增加负荷；反之，若机组无增加负荷的能力，则要限制机组参加调频。当频率偏差信号为负时（电网频率高于给定频率），电网要求机组减负荷。由于电网要求发电机组具有快速调频能力，故调频信号一般不加速率限制。

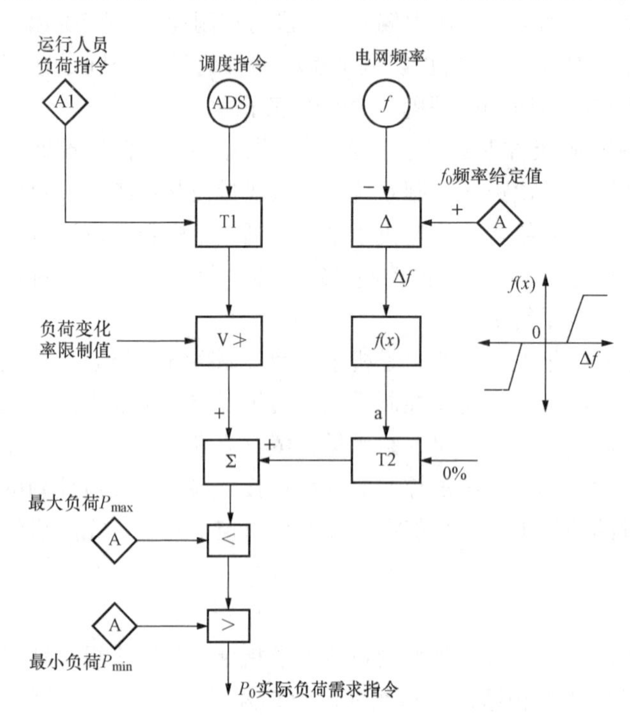

图 2-60 正常工况下负荷指令处理原则性方案

2. 运行人员所设定的最大、最小负荷限制

运行人员可根据机组的状况，设定机组的最大、最小负荷，只允许负荷指令在该范围内变化。

图 2-60 所示为正常工况下，负荷指令处理的一种原则性方案。

通过切换器 T1 可以选择电网中心调度所的指令，或机组运行人员在给定器 A1 设定的负荷指令。所选中的目标负荷指令经负荷变化率限制器送至加法器。负荷变化率限制值可以手动设定，或根据锅炉、汽轮机热应力条件自动设定，也可由其他对负荷指令的变化有要求的因素确定。当目标负荷指令的变化率小于设定的负荷变化率值时，变化率限制器不起作用；只有当目标负荷指令的变化率大于给定值时才对它实行限制，使负荷指令的变化率等于设定的变化率。

函数发生器 $f(x)$ 用来规定调频范围和调频特性。其特性相当于死区和限幅环节特性的结合。当频率偏差较小、在死区所规定的范围内时，函数发生器输出为零，以防止频率波动影响机组功率调节；当频率偏差超出死区所规定的范围时，机组根据频率偏差大小调整机组负荷指令；当频率偏差超出限幅值规定的范围时，函数发生器输出保持不变，即不再继续增加机组调频出力。函数发生器的斜率代表了电网对机组调频的负荷分配比例，斜率越大，机组的调频任务越重。

加法器的输出就是对机组发出的总的负荷指令 p_0。

（二）异常工况下的负荷指令处理

当机组的主机、主要辅机或设备发生故障，影响到机组的带负荷能力或危及机组的安全运行时，就要对机组的实际负荷指令进行必要的处理，以防止局部故障扩大到机组其他地方，以保证机组能够继续安全、稳定地运行。

单元机组的主机、主要辅机或设备的故障原因有两类：

（1）跳闸或切除。这类故障的来源是明确的，可根据切投状况加以确定。

（2）工作异常。这类故障来源是不明确的，无法直接确定，只能通过测量有关运行参数的偏差间接确定。

针对以上两类故障，对机组实际负荷指令的处理方法有四种：①负荷返回（Run Back，RB)；②快速负荷切断（Fast Cut Back，FCB，又称快速甩负荷)；③负荷闭锁增/减（Block Increase/Block Decrease，BI/BD)；④负荷迫升/迫降（Run Up/Run Down，RU/RD)。

其中，负荷返回 RB 和快速负荷切断 FCB 是处理第一类故障的，负荷闭锁增/减（BI/BD）和负荷迫升/迫降（RU/RD）是处理第二类故障的。下面分别进行介绍。

1. 负荷返回 RB

RB 是针对由于辅机故障减负荷或甩负荷的，其主要作用是根据主要辅机的切投状况，计算出机组的最大可能出力值。若实际负荷指令大于最大可能出力值，则发生 RB，将实际负荷指令降至最大可能出力值，同时规定机组的负荷返回速率。

因此，RB 回路具有两个主要功能：计算机组的最大可能出力值和规定机组的 RB 速率。

（1）最大可能出力值的计算。当机组运行正常时，机组的最大可能出力值与主要辅机的切投状况直接有关，主要辅机跳闸或切除，最大可能出力值就会减小。因此机组的最大可能出力由投入运行的主要辅机的台数确定。应随时计算最大可能出力值，并将其作为机组实际负荷指令的上限。

发电机组的主要辅机设备有风机（送风机、引风机)、给水泵（电动给水泵、汽动给水泵)、锅炉循环水泵、空气预热器，以及汽轮机或电气侧设备等。因此，RB 的主要类型包括送风机 RB、引风机 RB、一次风机 RB、给水泵 RB、磨煤机 RB 等。

FSSS 系统根据 RB 目标值将部分磨煤机切除，保留与机组负荷相适应的磨煤机台数。送风机（或引风机、一次风机）RB 发生时，一般需要切掉对应侧的其他风机，以保证炉膛压力稳定。若风机的执行机构动作及时，也可以将对应侧的其他风机快关，以保证机组辅机 RB 发生之后能够快速恢复正常调节。

当发生RB时，会自动切换机组的运行方式。若锅炉辅机发生跳闸而产生RB，则机组将以汽轮机跟随方式运行，因为此时锅炉担负机组负荷能力受到限制。同理，若汽轮机辅机发生跳闸而产生RB，则机组将以锅炉跟随方式运行。某300MW机组辅机故障减负荷时的运行方式切换如表2-1所示。

表2-1　辅机故障减负荷（RB）时的运行方式切换

序号	RB项目	RB目标值	运行方式	FSSS控制	汽轮机旁路控制
1	一台送风机跳闸	50%	COORD→TF	停磨、投油	自动
2	一台引风机跳闸	50%	COORD→TF	停磨、投油	自动
3	一台一次风机跳闸	50%	COORD→TF	停磨、投油	自动
4	一台汽动给水泵跳闸	50%	COORD→TF	停磨、投油	自动
5	一台循环泵跳闸	60%	COORD→TF	停磨	自动
6	发电机冷却水电断	30%	COORD→BF	停磨、投油	自动
7	高压加热器旁路	90%	COORD→BF	—	—

注　1. 序号6、7两项为汽轮机侧RB，其余为锅炉侧RB。
2. RB目标值取决于辅机容量及台数。

（2）RB速率的计算。当机组的主要辅机跳闸或切除时，最大出力阶跃下降，这对于机组来说是一个较大的冲击，为保证RB过程中机组能安全、稳定地继续运行，必须对最大可能出力值的变化速率进行限制。

一般对于不同辅机的跳闸，要求的RB速率是不同的。例如，正常工况下，跳一台同容量百分数的给水泵所要求的减负荷速率通常比跳一台送风机的大。因为当一台给水泵跳闸时，初期流入锅炉的给水量比流出的蒸汽流量小很多，所以必须快速减小蒸汽负荷以防锅炉干烧而使事故扩大；而一台送风机跳闸可相对缓慢地减负荷，否则会造成过大的扰动。RB回路应根据不同辅机对返回速率的要求，采取相应的措施给以满足。

图2-61所示为某600MW发电机组负荷返回回路的设计方案。该机组主要选择送风机、引风机、一次风机、汽动给水泵、电动给水泵以及空气预热器为负荷返回监测设备。当其中设备因故跳闸时，则发出负荷返回请求，同时计算出负荷返回速率。RB目标值和RB返回速率送到图2-62所示的负荷指令处理回路中去。

2. 负荷快速切断FCB

FCB的作用是当机组突然与电网解列（送电负荷跳闸），或发电机、汽轮机跳闸时，快速切断负荷指令，实现机组快速甩负荷。

FCB通常考虑两种情况：一种是由于电网系统故障使主断路器跳闸，机组与电网解列（送电负荷跳闸），机组能带厂用电运行（或空载运行），即不停机不停炉；另一种是发电机、汽轮机跳闸，由旁路系统维持锅炉继续运行，即停机不停炉。对于前一种情况，负荷指令必须快速切到厂用电负荷值；对于后一种情况，负荷指令应快速切到0（锅炉仍维持最小负荷运行）。

FCB回路的功能和RB回路相似，只是减负荷的速率要大得多。

设置FCB的目的是为故障消除后能快速并网发电。从电网稳定性来看，在一个大电网中应规划若干机组配备FCB功能，尤其是处于电网终端的机组，一旦发生系统故障，具备FCB能力的机组可快速恢复向电网送电，便于整个系统的恢复。

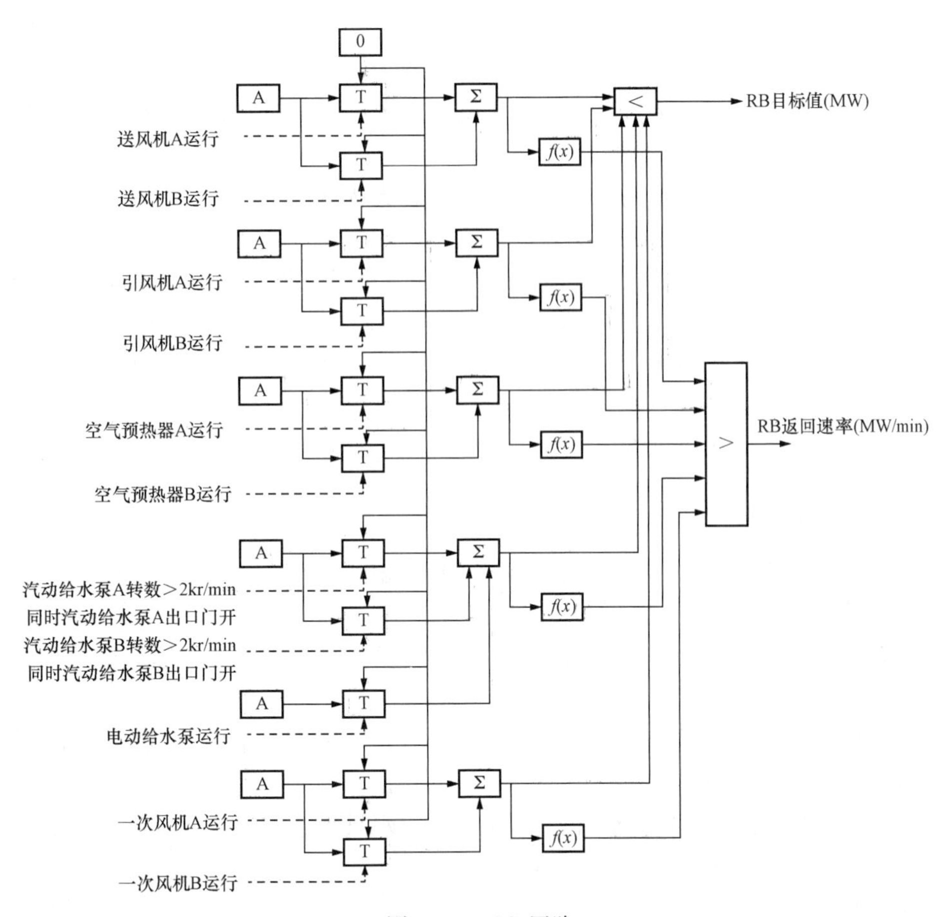

图 2-61　RB 回路

3. 负荷闭锁增/减 BI/BD

单元机组第二类故障有燃烧器喷嘴堵塞、风机挡板卡涩、执行器连杆折断、给水控制机构故障等。这类故障属设备工作异常情况，出现这类故障时会造成如燃料量、空气量、给水流量等运行参数的偏差增大。

负荷闭锁增/减指的是在机组运行过程中，如果出现下述任何一种情况：①任何一种主要辅机已工作在极限状态，比如送风机工作在最大极限状态；②燃料量、空气量、给水流量等任何一种运行参数与其给定值的偏差已超出规定限值；就认为设备工作异常，出现故障。该回路就对实际负荷指令加以限制，即不让机组实际负荷指令朝着超越工作极限或扩大偏差的方向进一步变化，以防止事故的发生，直至偏差回到规定限值内才解除闭锁，这就是所谓的负荷指令闭锁或负荷闭锁。负荷指令闭锁分闭锁增 BI（实际负荷指令上升方向被闭锁）和闭锁减 BD（实际负荷指令下降方向被闭锁）。

例如，当燃料量的实际值比给定值小到一定数值后，意味着燃烧系统可能出现某些异常，若负荷指令继续增加，就会使偏差更大。因此，要求阻止负荷指令进一步增加，锁住负荷指令增加，即闭锁增。

引起机组实际负荷指令闭锁的原因主要如下。

（1）闭锁增 BI。

1）负荷 BI。机组实际负荷指令达到运行人员手动设定的最大负荷限制值，或机组输出电功率小于机组实际负荷指令，且二者偏差大于允许值。

2）主蒸汽压力 BI。汽轮机负荷达到最大值，或在锅炉跟随方式下，机前主蒸汽压力小于给定值，且二者偏差大于允许值。

3）燃料 BI。燃料指令达到高限（给煤机工作在最大极限状态），或燃料量小于燃料指令，且二者偏差大于允许值。

4）给水泵 BI。给水泵输出指令达到高限，或给水量小于给水指令，且二者偏差大于允许值。

5）送风机 BI。送风机输出指令达到高限，或风量小于风量指令，且二者偏差大于允许值。

6）引风机 BI。引风机输出指令达到高限，或炉膛压力高于给定值，且二者偏差大于允许值。

7）一次风机 BI。一次风机输出指令达到高限，或一次风压小于给定值，且二者偏差大于允许值。

（2）闭锁减 BD。

1）负荷 BD。机组负荷指令达到运行人员手动设定的最小负荷限制值；或机组输出电功率大于机组实际负荷指令，且二者偏差大于允许值。

2）主蒸汽压力 BD。在锅炉跟随方式下，机前主蒸汽压力大于给定值，且二者偏差大于允许值。

3）燃料 BD。燃料指令达到低限（给煤机工作在最小极限状态），或燃料量大于燃料指令，且二者偏差大于允许值。

4）给水泵 BD。给水泵输出指令达到低限，或给水量大于给水指令，且二者偏差大于允许值。

5）送风机 BD。送风机输出指令达到低限，或风量大于风量指令，且二者偏差大于允许值。

6）引风机 BD。引风机输出指令达到低限，或炉膛压力低于给定值，且二者偏差大于允许值。

7）一次风机 BD。一次风机输出指令达到低限，或一次风压大于给定值，且二者偏差大于允许值。

4. 负荷迫升/迫降 RU/RD

对于第二类故障，采取 BI/BD 措施是机组安全运行的第一道防线。当采用 BI/BD 措施后，监测的燃料量、空气量、给水流量等运行参数中的任一参数依然偏差增大，则需采取进一步措施，使实际负荷指令减小/增大，直到偏差回到允许范围内，从而达到缩小故障危害的目的。这就是实际负荷指令的迫升/迫降 RU/RD。负荷迫升/迫降是机组安全运行的第二道防线。

通常，下列情况之一发生，则产生实际负荷指令迫降 RD。

（1）燃料 RD。燃料指令达到高限（给煤机工作在最大极限状态），同时燃料量小于燃料指令，且二者偏差大于允许值。

（2）给水 RD。给水泵输出指令达到高限（给水泵工作在最大极限状态），同时给水量小于给水指令，且二者偏差大于允许值。

（3）送风机 RD。送风机输出指令达到高限（送风机工作在最大极限状态），同时风量小于风量指令，且二者偏差大于允许值。

(4) 引风机 RD。引风机输出指令达到高限（引风机工作在最大极限状态），同时炉膛压力高于给定值，且二者偏差大于允许值。

(5) 一次风机 RD。一次风机输出指令达到高限（一次风机工作在最大极限状态），同时一次风压小于给定值，且二者偏差大于允许值。

实际负荷指令的追升与追降相反，不再列出。根据相应的逻辑关系，可以构成 RU/RD 回路。RU/RD 对偏差信号的监视部分与前述负荷闭锁增/减回路相似，只是把高/低限监控的定值范围取得更大些。RU/RD 逻辑控制信号通过控制图 2-62 所示中的相应的切换器 T 即可实现负荷追升/追降功能。

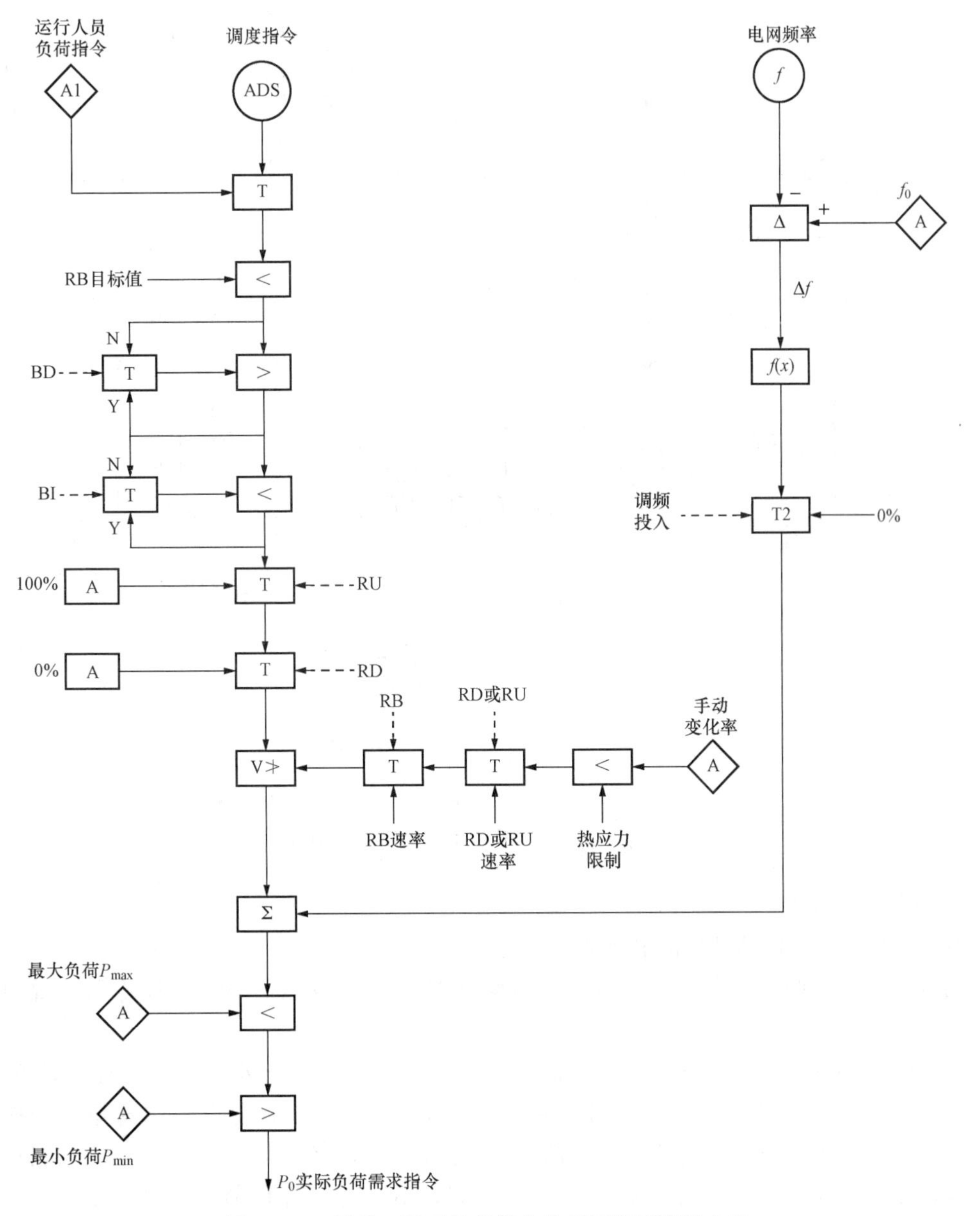

图 2-62　异常工况下负荷指令处理回路原则性方案

另外还有一种方案，就是只要有关运行参数与其给定值偏差超越限值（此限值高于闭锁增/减的限值），即对实际负荷指令进行迫升或迫降。

从上述分析可看出，异常工况时，根据故障的不同情况，对负荷指令作上述相应的处理后，就得到实际负荷指令。图 2-62 所示为负荷指令处理回路的一种原则性功能框图，它是在图 2-60 所示的正常工况下负荷指令处理原则性方案上，添加了异常工况下相应负荷指令处理功能。

（三）负荷管理控制中心实例分析

某 600MW 机组负荷管理控制中心如图 2-63 所示。

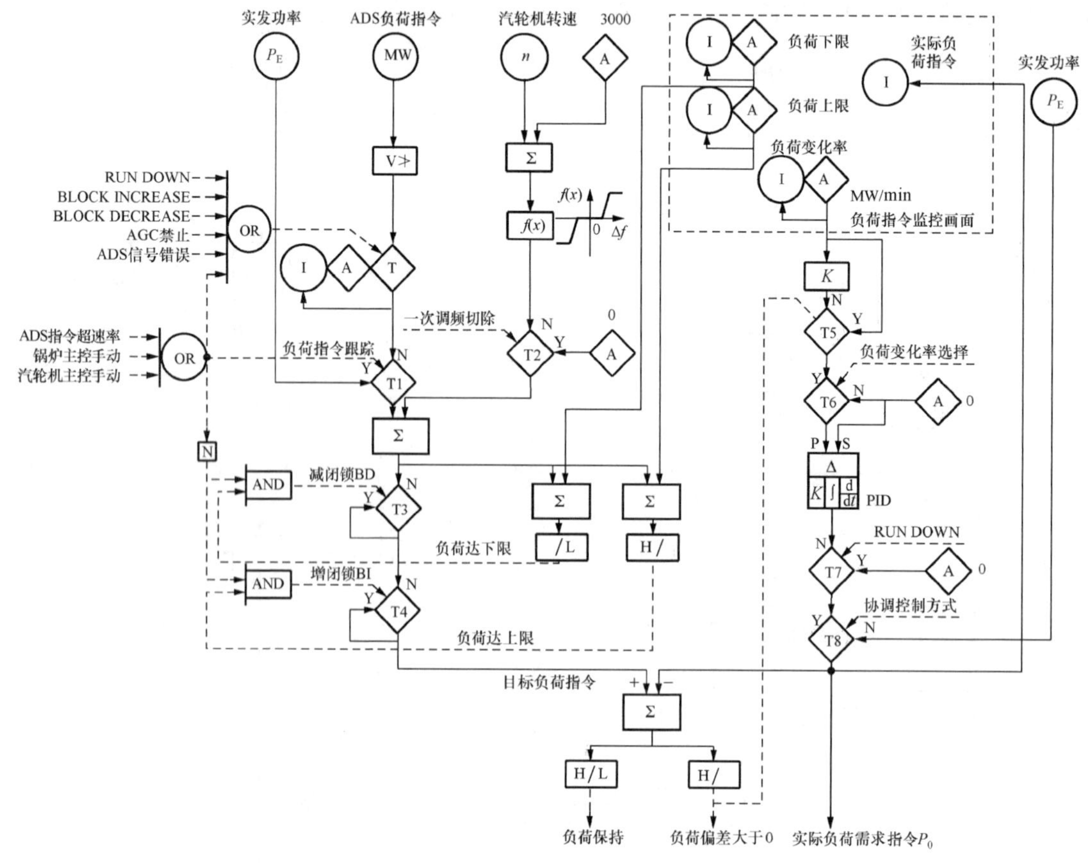

图 2-63 某 600MW 机组负荷管理控制中心

1. 目标负荷选择

图 2-63 中，切换器 T1 的作用是选择目标负荷。

当机组未在协调控制方式下运行时，切换器 Y 端通，目标负荷设定操作器跟踪机组实际功率。

当机组在协调控制方式下运行时，切换器 N 端通。当发生下列情况之一时，即 ADS 信号错误、非协调控制方式、AGC 禁止、RD、BI、BD，目标负荷设定操作器强制切换至手动，由运行人员手动设定机组的目标负荷。当上述情况均不存在时，运行人员可将目标负荷设定操作器投入自动，选择电网遥控负荷要求信号 ADS 为目标负荷。但这两个信号不能同时选中。

2. 频率校正

汽轮机转速信号代表了电网频率，与给定值的差值构成了频差校正信号。调频回路的投入需要同时满足三个条件：机组在协调控制方式下、频率信号完好、运行人员按下调频回路投入按钮。调频回路投入后，现负荷指令变为原负荷指令加上电网频率校正指令。当频率过低时会增加负荷指令，否则减小，从而保证电网频率的稳定。当上述三个条件中的任何一个不满足时，会切除调频回路。

3. 实际负荷指令形成

当机组为协调控制方式时，根据实际负荷指令与目标负荷指令的偏差方向，通过负荷偏差信号的“1”和“0”控制切换器 T5 选择负荷变化速率与方向。利用 PID 控制器中的积分作用进行实际负荷指令的增加或减少。

当 ADS 指令为增大时，目标负荷指令大于实际负荷指令，图 2-63 中的“负荷偏差>0”为“1”，控制切换器将正负荷变化速率送入 PID 控制器中，进行正向积分，使得实际负荷指令不断增加，直到实际负荷指令与目标负荷指令相等为止。

当 ADS 指令减少时，目标负荷指令小于实际负荷指令，“负荷偏差>0”为“0”。负荷变化速率经比例器 K 送入 PID 控制器中。由于 K 为一个负值，所以此时为反向积分，实际负荷指令将减小，直到实际负荷指令与目标负荷指令相等为止。

当实际负荷指令与目标负荷指令相等时，图 2-63 中的负荷保持信号为“0”，该信号送到图 2-64 中的速率选择信号回路中，使得 RS 触发器被置“0”，这时，速率选择信号为“0”，这样图 2-63 中的切换器 T6 将 0 送到 PID 控制器中，停止积分作用，实际负荷指令停止变化。

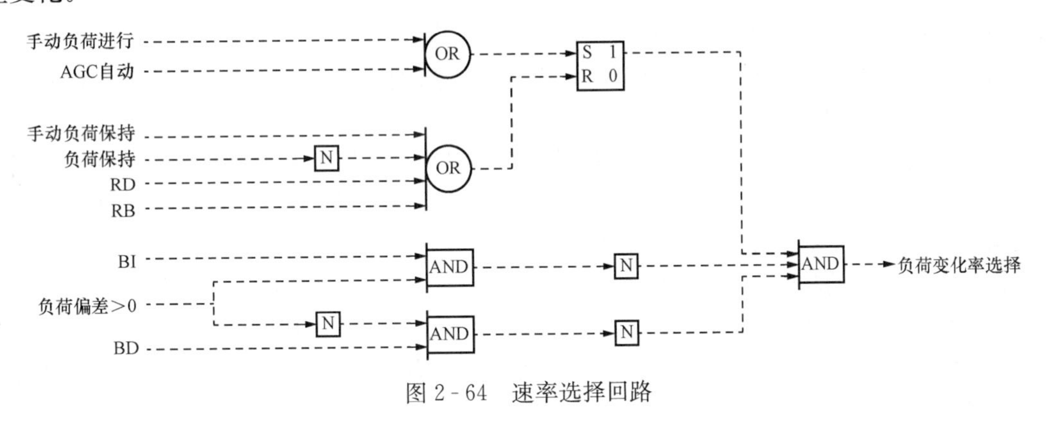

图 2-64　速率选择回路

由此可见，利用速率选择信号和负荷偏差信号，实现了实际负荷指令增加、减少或保持。表 2-2 所示为在协调控制方式下，实际负荷指令与速率选择信号、负荷偏差信号的关系。

表 2-2　实际负荷指令与速率选择信号、负荷偏差信号关系

速率选择	负荷偏差>0	实际负荷指令变化趋势
1	1	增加
1	0	减小
0	X	保持

除了上面介绍的对实际负荷指令基本处理方法外，还有以下几种处理情况：

（1）在协调控制方式时，操作员手动按下负荷保持按钮，图 2-64 中的 RS 触发器 R 端被置“1”。RS 触发器输出为“0”，速率选择信号为“0”。实际负荷指令被保持。

（2）在协调控制方式时，操作员手动按下负荷进行按钮，图 2-64 中的 RS 触发器的 S 端被置“1”。此时，根据指令偏差情况进行实际负荷指令的增加、减小和保持处理。如负荷保持信号为“1”，则表示实际负荷指令与目标负荷指令不相等，RS 触发器 R 端被置“0”，速率选择信号为“1”，根据负荷偏差信号控制实际负荷指令增或减；当负荷保持信号为“0”时，表示此时实际负荷指令与目标负荷指令相等，此时 R 端被置“1”，速率选择信号为“0”，实际负荷指令保持。

（3）在协调控制方式时，AGC 自动或调频回路投入，此时 RS 触发器的 S 端被置“1”。对实际负荷指令处理如上所述。

（4）在协调控制方式时，当 RD 信号为“1”时，速率选择信号为“0”，图 2-63 中 PID 输出保持，而实际负荷指令被置 0，此时机组被强迫减负荷直到 RD 信号消失为止。

（5）在协调控制方式时，当 BI 信号为“1”时，如果负荷偏差信号为“0”，即实际负荷指令小于目标负荷指令，则速率选择信号为“0”，实际负荷指令保持。反之，如果负荷偏差信号为“0”，即实际负荷指令大于目标负荷指令，则速率选择信号为“1”，允许实际负荷指令减小操作。因此实现了负荷指令闭锁增功能。

（6）在协调控制方式时，当 BD 信号为“1”时，原理同（5），但速率选择信号的逻辑切换与（5）相反，由此实现了负荷指令闭锁减功能。

（7）当 RB 信号为“1”时，机组切汽轮机跟随方式，速率选择信号为“1”，图 2-63 中 PID 输出保持，而实际负荷指令跟踪输出电功率。

目标负荷经处理后，形成最终的机组负荷指令，送到锅炉主控回路和汽轮机主控回路。

六、机炉主控制器

单元机组协调控制系统的机炉主控制器提供对锅炉和汽轮发电机组的全面控制，由锅炉主控制器（BM）和汽轮机主控制器（TM）组成，主要用于协调机组负荷控制的内部矛盾，即机组功率响应与主蒸汽压力稳定之间的矛盾。

机炉主控制器的功能主要包括：

（1）接受 LMCC 输出的负荷需求指令 P_0、机组实发电功率 P_E 和机前主蒸汽压力偏差 $\Delta p(\Delta p=p_0-p_T)$ 信号，按照选定的基本控制方式（锅炉跟随或汽轮机跟随方式），进行常规的反馈控制运算。

（2）根据机、炉之间能量供需关系的平衡要求，在反馈控制的基础上，引入某种前馈控制，使机、炉之间能量在失去或即将失去平衡时，及时按照机炉双方的特性采取前馈控制运算，以产生一种限制能量失衡在较小范围内的控制作用。这一功能是协调控制的核心。

（3）根据不同的控制方式和前馈—反馈控制运算结果，发出适应外部负荷需求或满足机组运行要求的汽轮机负荷指令 P_T 和锅炉负荷指令 P_B，以指挥各子控制系统的运算。

（4）实现不同控制方式（如锅炉跟随、汽轮机跟随、协调控制等方式）之间的切换。控制方式的切换可根据机组的运行状况手动或自动进行。

根据机炉主控制器的设计思想和运行方式的不同，机炉主控制器有多种不同分类的方案。下面分别介绍它们的工作原理及主要特点。

（一）以反馈回路分类

按反馈回路分类有以锅炉跟随为基础的协调控制方式、以汽轮机跟随为基础的协调控制方式和综合型协调控制方式。

1. 以锅炉跟随为基础的协调控制方式（CCBF）

锅炉跟随方式中，汽轮机控制机组输出功率，锅炉控制汽压。由于机、炉动态特性的差异，锅炉侧对汽压的控制作用跟不上汽轮机侧调节机组输出功率对汽压产生的扰动作用。因此，单靠锅炉调节汽压通常得不到好的控制质量。如果让汽轮机侧在控制机组输出功率的同时，配合锅炉侧共同控制汽压，就可能改善汽压的控制质量。为此，只需在锅炉跟随方式的基础上，再将汽压偏差 Δp 通过函数器 $f(x)$ 引入汽轮机主控制器，就形成了以锅炉跟随为基础的协调控制方式，如图 2 - 65 所示。

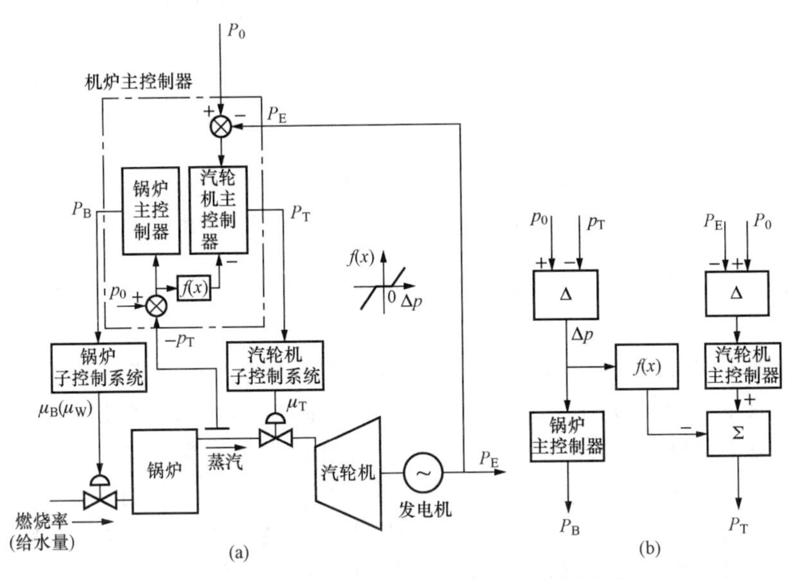

图 2 - 65　以锅炉跟随为基础的协调控制方式

（a）控制系统结构示意图；（b）控制系统原理图

在图 2 - 65(a)中，用虚线围成的矩形内为机炉主控制器。它输出的锅炉控制指令为 P_B，作用于锅炉子控制系统，用以改变燃烧率和给水流量；输出的汽轮机主控指令为 P_T，作用于汽轮机子控制系统，即 DEH 系统，用以改变调节汽阀开度。

2. 以汽轮机跟随为基础的协调控制方式（CCTF）

汽轮机跟随方式中，汽轮机调节汽压，锅炉控制机组输出功率。用汽轮机调节汽阀控制主蒸汽压力，几乎没有迟延，故能保持汽压稳定；而锅炉的迟延特性使机组输出功率的响应很慢，在负荷指令增加时不但没有利用锅炉的蓄热，还要因压力提高而先增加蓄热，尤其是滑压运行时。如果使汽轮机侧在控制汽压的同时，配合锅炉共同控制机组输出功率，就可以利用锅炉的蓄热提高机组输出功率的控制质量。为此，只需在汽轮机跟随方式的基础上，再将机组功率偏差信号引入汽轮机主控制器，就形成以汽轮机跟随为基础的协调控制方式，如图 2 - 66 所示。

3. 综合型协调控制方式（COORD）

前述两种协调方式都只实现了“单向”的协调，即仅有汽轮机侧的一个控制量 μ_T 是通

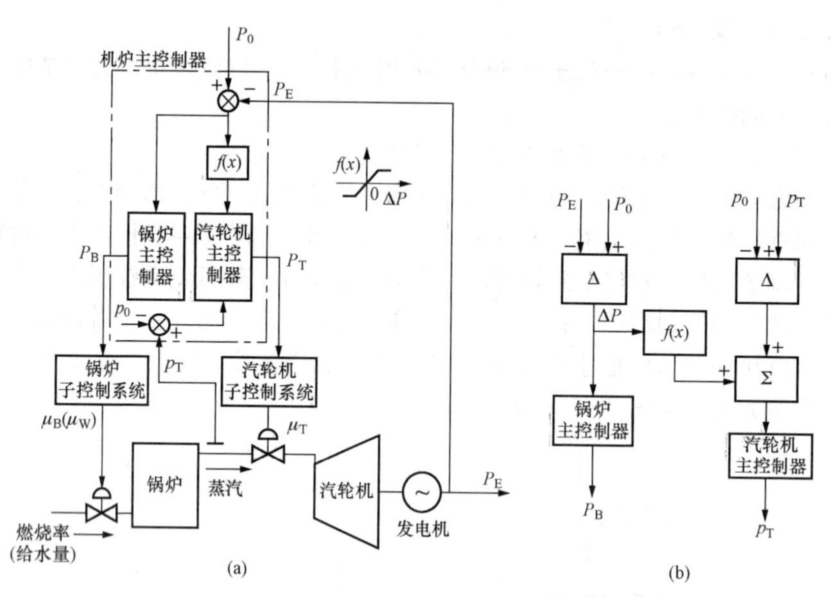

图 2-66　以汽轮机跟随为基础的协调控制方式

（a）控制系统结构示意图；（b）控制系统原理图

过两个被控量的协调控制来进行操作的，而锅炉侧的另一个控制量 μ_B 仍单独由一个被控量来控制。

例如在锅炉跟随的协调控制方式中，功率偏差是汽轮机主控制器的主信号，压力偏差信号是它的辅助信号。两信号同时作用于汽轮机主控制器，通过改变控制量 μ_T 实现功率控制。而锅炉燃烧率仅根据压力偏差信号进行控制，在机组负荷变化时只是锅炉侧被动地维持主蒸汽压力，没有主动地适应机组负荷需求，参与功率控制。负荷指令 P_0 改变时，尽管利用锅炉蓄热能力加速了负荷的响应，但暂时使机组能量供求失去了平衡。如果能同时相应地引入功率信号对锅炉侧进行控制，则显然有利于加强机炉间的协调，进一步提高控制质量。

综合型协调控制方式能够实现“双向”的协调，即任一控制量的动作都要同时考虑两个被控量的要求，协调操作加以控制。相应地，任一被控量的偏差都是通过机、炉两侧的两个控制量协调动作来消除的。图 2-67(a)所示为综合型协调控制方式结构示意图，图 2-67(b)所示为综合型协调控制方式原理图。

（二）以能量平衡分类

以能量平衡分类有直接能量平衡控制方式（DEB-Direct Energy Balance）和指令直接平衡控制系统（DIB-Direct Instruction Balance）。

1. 直接能量平衡协调方式（DEB 协调控制）

DEB 协调控制实际上也是一种特殊的以锅炉跟随为基础的协调控制，图 2-68 所示为采用 MAX1000 的 DEB-400 协调控制系统的原则性框图。

所谓“直接能量平衡”是指锅炉“热量释放”应该与机组“能量需求”相平衡，即

$$p_1 + \frac{\mathrm{d}p_b}{\mathrm{d}t} = p_S \times \frac{p_1}{p_T} \tag{2-7}$$

式中：$p_1 + \frac{\mathrm{d}p_b}{\mathrm{d}t}$ 为热量信号；$p_S \times \frac{p_1}{p_T}$ 为能量平衡信号，其中压力比（即$\frac{p_1}{p_T}$）线性代表了汽

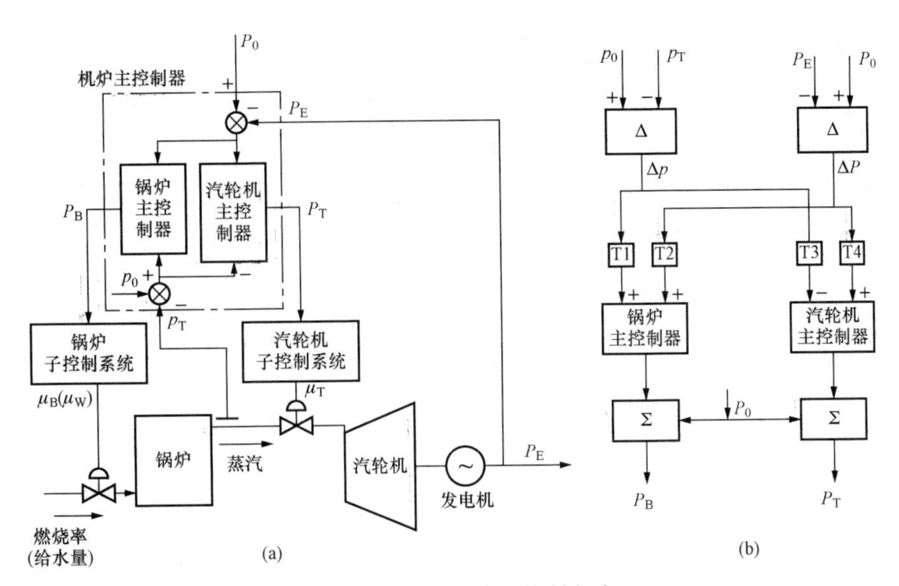

图 2-67　综合型协调控制方式

(a) 控制系统结构示意图；(b) 控制系统原理图

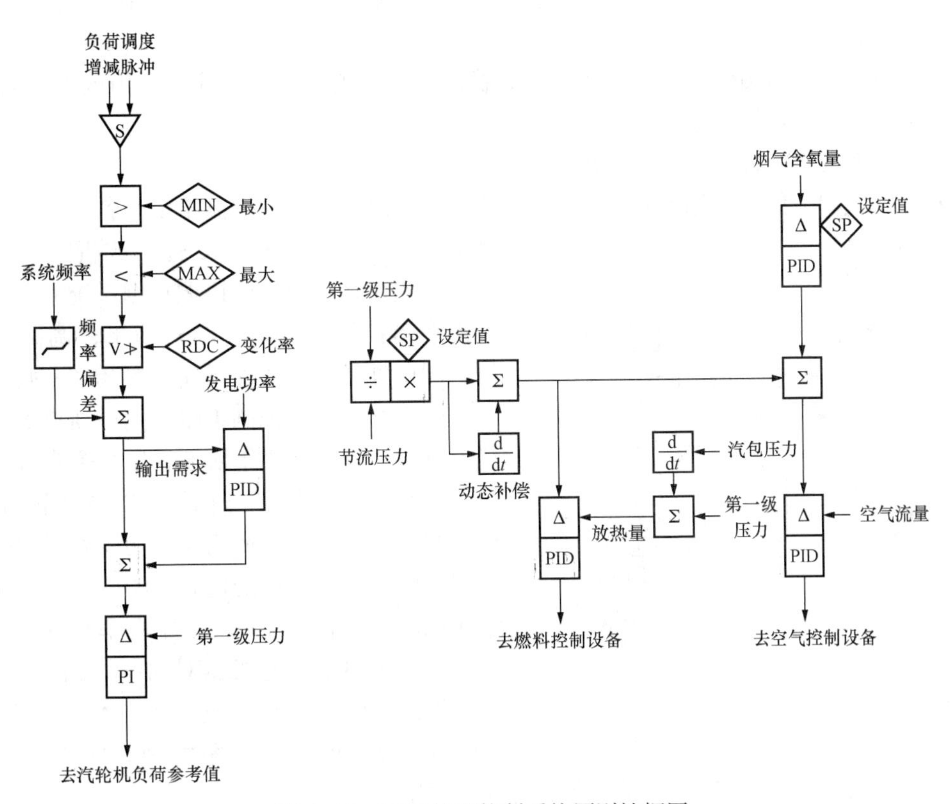

图 2-68　DEB 协调控制系统原则性框图

轮机的有效阀位，提供了实际调节阀开度的精确测量。

该公式是 DEB 协调控制系统的核心内容和设计基础。

能量平衡信号 $p_S\times\frac{p_1}{p_T}$ 正确反映了汽轮机对锅炉的能量需求，能适用于任何定压或滑压运行工况，且任何工况下都能使锅炉输入匹配汽轮机需求。DEH 系统以该信号作为响应汽轮机能量需求来调节锅炉燃料、送风、给水等子系统。

机炉间的能量平衡，以机前压力（主蒸汽压力）p_T 的稳定为标志。对图 2 - 68 所示锅炉侧的燃料控制系统，其 PID 控制器的输入信号为

$$
\begin{aligned}
e_f &= SP - PV = \left(p_S\times\frac{p_1}{p_T}\right)-\left(p_1+\frac{dp_b}{dt}\right)\\
&=(p_S-p_T)\times\frac{p_1}{p_T}-\frac{dp_b}{dt}=e_p\times\frac{p_1}{p_T}-\frac{dp_b}{dt} \qquad (2-8)\\
e_p &= p_S-p_T
\end{aligned}
$$

式中：e_p 为机前压力偏差。

对稳态工况，有$\frac{dp_b}{dt}=0$，$e_f=0$，则 $e_p\times\frac{p_1}{p_T}=e_f=0$。由于$\frac{p_1}{p_T}$不可能为 0，则必然有 $e_p=0$，即 $p_T=p_S$。所以 DEB 协调控制中锅炉侧燃料控制器具有保持机前压力等于其给定值的能力，无需另外再加压力的积分校正，从而消除了带压力校正的串级控制引起的问题，系统也就最为简单实用。

DEB 系统具有结构简单、负荷响应快、稳定性好、测试整定方便、应用范围广的特点，因而在电厂中得到了广泛的应用。

2. 指令直接平衡协调方式（DIB 协调控制）

现代火力发电单元制机组在一定的负荷变化范围内，其负荷控制指令与各个子系统的控制指令之间静态存在着线性（或折线）比例关系。因此，越来越多的协调控制系统采用了指令直接平衡控制策略，它结构简单、调试整定方便。DIB 协调控制系统原理如图 2 - 69 所示。

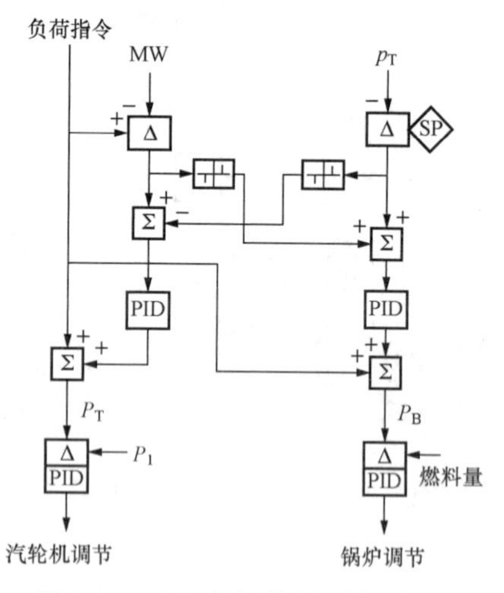

图 2 - 69　DIB 协调控制系统原理图

指令直接平衡控制策略采用前馈指令+闭环校正方式，将单元机组协调控制指令直接送至锅炉主控和汽轮机主控，这种方式使得锅炉和汽轮机同时获得最快的负荷响应。功率修正和机前压力修正回路作为负荷变化后的滞后校正，使得机组在稳定工况获得准确的设定功率和设定机前压力。一般采用由汽轮机侧对功率回路进行校正，由锅炉侧对汽压进行校正，而当汽压偏差过大，锅炉的控制不能及时调整时，则由锅炉和汽轮机共同对汽压进行控制，保证汽压偏差不超过允许范围。

（三）机炉主控制器实例分析

某 600MW 机组的机炉主控制器分别如图 2 - 70 和图 2 - 71 所示。

1. 锅炉主控制器

图 2 - 70 所示为锅炉主控制器构成。当机组为协调控制方式时，由锅炉主控制器中的

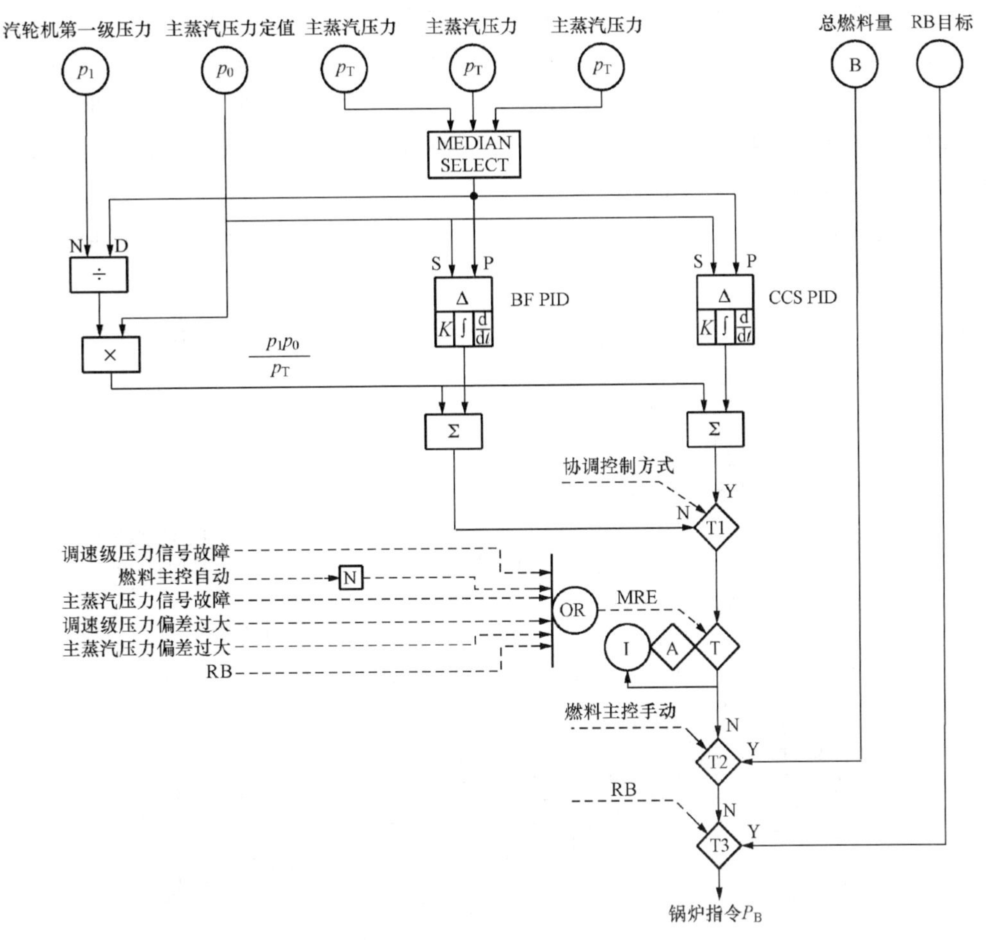

图 2-70　锅炉主控制器

CCS PID 控制器进行机组主蒸汽压力控制。为了提高锅炉对负荷的相应速度，减少主蒸汽压力的波动，锅炉主控指令 P_B 是在 CCS PID 控制器的输出上加一个前馈信号，前馈信号为能量平衡信号，即 p_1p_0/p_T。

当机组为锅炉跟随方式时，由锅炉主控制器中的 BF PID 控制器进行机组主蒸汽压力控制，锅炉主控指令 P_B 是在 BF PID 控制器的输出上加一个能量平衡前馈信号 p_1p_0/p_T。

当出现以下情况之一时锅炉主控制器强制切手动：发生 RB；主燃料控制为手动；主蒸汽压力信号故障；调速级压力信号故障或压力偏差过大。

当锅炉主控制器为手动，机组为汽轮机跟随方式或基本方式时，锅炉主控指令不接受自动控制信号。当主燃料控制为自动时，锅炉主控指令 P_B 由运行人员通过主控操作器手动设置；当燃料控制为手动时，锅炉主控指令 P_B 跟踪总燃料量，不能通过主控操作器手动改锅炉主控指令 P_B。

当发生 RB 时，锅炉主控指令 P_B 跟踪总燃料量。

2. 汽轮机主控制器

图 2-71 所示为汽轮机主控制器构成。当机组为协调控制方式时，由汽轮机主控制器中的 CCS PID 控制器进行机组负荷控制，其控制器输出值经切换器和主控操作器后作为汽轮

机指令 P_T 送往汽轮机 DEH 系统。为了避免负荷控制时主蒸汽压力偏差过大，在控制器输入端，即在实际负荷指令上叠加压力偏差限制信号。当主蒸汽压力偏差小时，对负荷控制不限制。当主蒸汽压力偏差过大、超过函数器 $f(x)$ 的死区后，对实际负荷指令进行修正，避免在负荷控制时汽轮机调节阀开度过大或过小，以限制主蒸汽压力偏差的进一步增大，从而保证机组的安全运行。

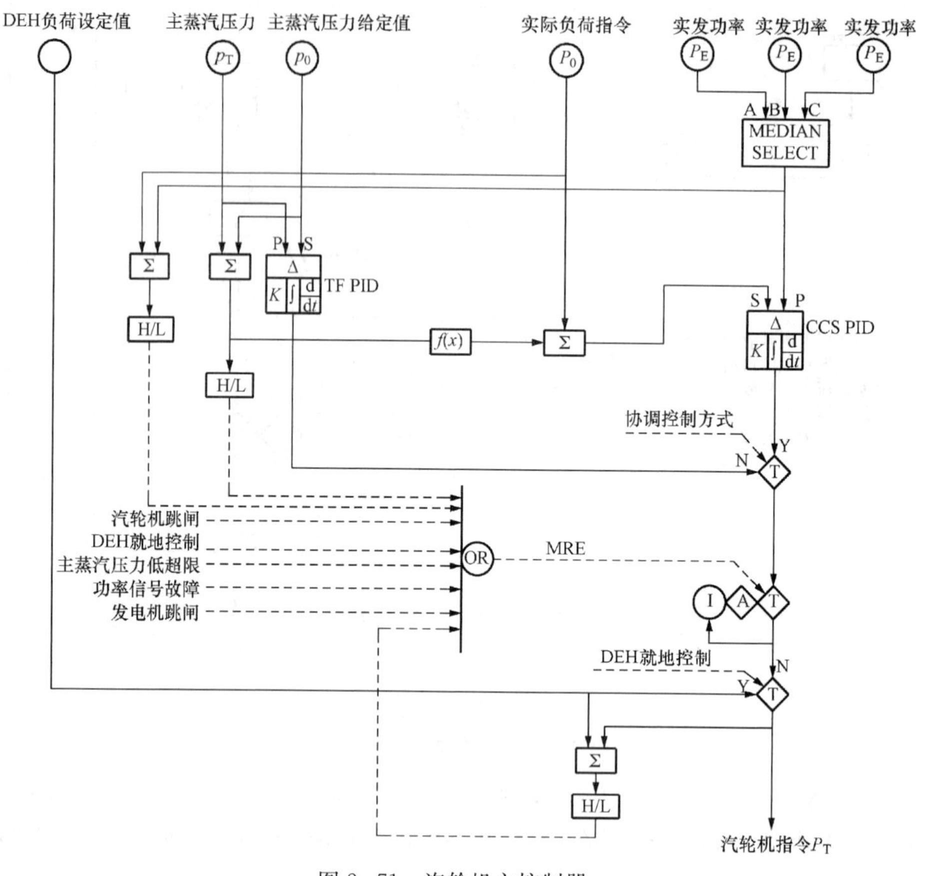

图 2-71　汽轮机主控制器

当机组发生 RB 时，锅炉主控制器切手动，如图 2-71 所示，机组为汽轮机跟随方式。这时由汽轮机主控制器的 TF PID 控制器控制主蒸汽压力，其控制器输出值经切换器和主控操作器后作为汽轮机指令 P_T 送往汽轮机 DEH 系统。

满足下列任一条件，汽轮机主控制器切手动：DEH 非遥控状态、负荷偏差超限、主蒸汽压力偏差超限、负荷低超限、主蒸汽压力低超限、功率信号故障、汽轮机跳闸、发电机跳闸。

机组运行在锅炉跟随或基本方式时，汽轮机主控指令不接受自动控制信号，由运行人员在汽轮机主控器上手动设定汽轮机指令 P_T，由 DEH 系统控制机组功率。

当 DEH 系统非遥控方式时，汽轮机指令 P_T 跟踪 DEH 系统送来的汽轮机负荷参考。

七、滑压运行控制

单元机组有定压运行和滑压运行两种方式。定压运行是在维持机前压力不变的条件下，用改变调节阀的开度来改变机组输出功率；滑压运行时，调节阀的开度固定在某一位置，主蒸汽压力随机组负荷指令的变化而变化，机组负荷的变化靠改变汽轮机进汽压力来实现。因为蒸汽的比热容随着压力的降低而减小，变压运行中，当主汽压随着负荷下降而下降时，在一定的变化范围内主汽温和再热汽温可以保持基本不变。这样负荷变化时，汽轮机各级温度可以保持基本不变，大大减小了汽轮机各级，特别是调节级的热应力和热变形，提高了汽轮机的负荷适应性。因此，目前大型单元机组多采用滑压运行。

滑压运行是建立在机组负荷协调控制之上的一种运行方式。控制系统的结构与定压运行基本相同，主要区别在于定压运行时主蒸汽压力给定值由运行人员手动设定，滑压运行时主蒸汽压力定值随着负荷指令的变化而变化。实际应用时，多采用定压与滑压相结合的定压/变压复合运行方式。即机组负荷低于某一下限（如20%～30%额定负荷）、或高于某一上限（如80%～90%额定负荷）时，采用定压方式，而在负荷的上、下限之间采用滑压运行方式。压力给定值、汽轮机调节汽阀开度与负荷之间的关系如图2-72(a)所示。当负荷小于P_1时，主蒸汽压力保持为最低值，增大负荷靠开大汽轮机调节汽阀进行；当负荷在P_1～P_2之间时，采用滑压运行方式，阀门开度固定在适当值，增加负荷靠增加主蒸汽压力来进行；当机组负荷大于P_2时，采用定压运行方式，通过改变调节汽阀开度来控制机组负荷，以增强机组的调频能力。

在低负荷下采用定压运行，对于稳定锅炉的运行是必要的。压力低，机组循环效率下降；压力过低，汽温也会明显降低。并且还有低负荷下燃烧的稳定性问题。尤其是直流锅炉，当变压运行至某一较低负荷时，水冷壁系统压力低，汽水比体积变化较大，水动力特性变差。一旦发生水动力不稳定，则各并列管子中工质的流量会出现很大的差别，管子出口工质的参数也就大不相同。有些管子的出口为饱和蒸汽甚至过热蒸汽，另一些管子则为汽水混合物，甚至为水。在同一根管子中也会发生流量时大时小的情况，水冷壁的冷却条件大大恶化，会发生部分水冷壁管超温的现象。同时，压力过低对给水泵的稳定运行也不利。

在高负荷下采用定压运行，对于提高机组负荷的适应性也是必要的。滑压运行虽然改善了汽轮机的热应力和热变形，提高了汽轮发电机组的负荷适应性，但对锅炉侧而言，滑压运行比定压运行惯性更大。因为增加负荷必须先提高汽压，此时锅炉的蓄热不但不能利用，还因提高压力要新增一部分蓄热，这样就进一步加大了锅炉的迟延时间。因此，对于同一机组，滑压运行的负荷响应速度比定压运行差。另外，当机组在高负荷区运行时，阀门开度较大，定压运行的节流损失并不大，尤其是喷嘴调节的汽轮机，节流损失更小，故在高负荷段宜采用定压运行。

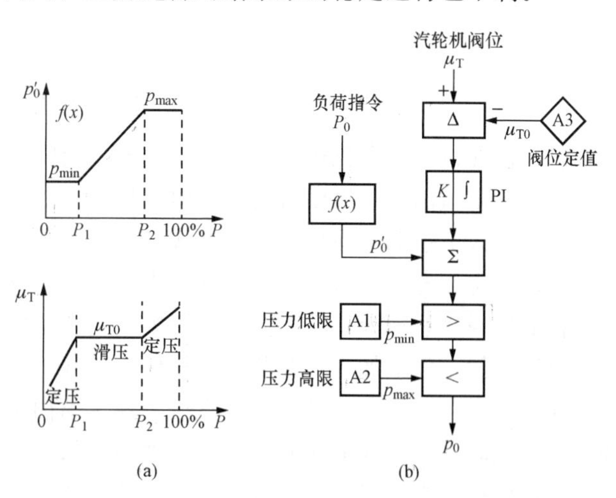

图2-72 滑压运行主汽压力给定值形成原理图

(a) 各量之间关系图；(b) 原理图

滑压运行主汽压力给定值形成回路的原理如图2-72(b)所示。机组实际负荷指令P_0经函数器$f(x)$形成滑压运行主蒸汽压力定值p'_0，与汽轮机调节汽阀开度校正器PI的输出叠加后，经上、下限幅，输出主蒸汽压力给定值 p_0，作为协调控制系统的压力定值信号。

某 600MW 机组的压力指令运算回路如图 2-73 所示，其主要作用如下：

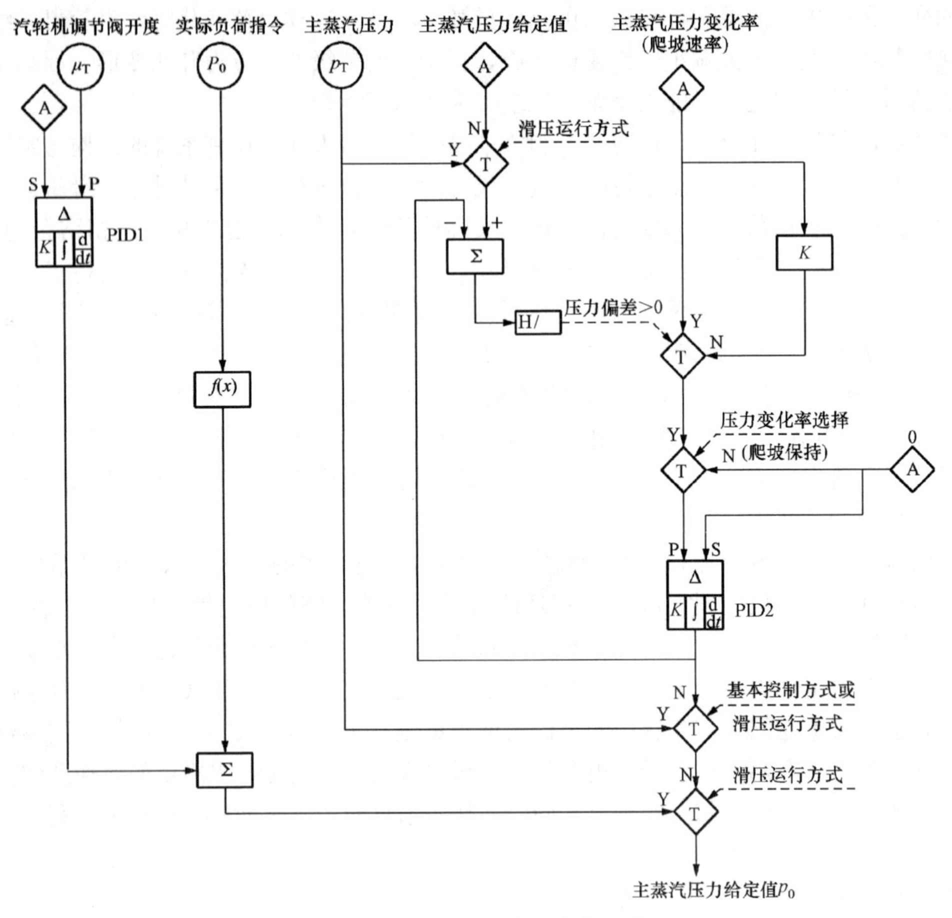

图 2-73　主蒸汽压力给定值回路

（1）选择机组是滑压运行方式还是定压运行方式。

（2）设定机前主蒸汽压力的给定值。

由运行人员手动选择滑压运行方式，当发生下列情况时滑压运行方式自动退出：运行人员手动选择定压方式、协调控制方式退出、发生 RD 情况。

在机组滑压运行方式时，主蒸汽压力给定值由实际负荷指令经函数发生器后给出，并在主蒸汽压力给定值上加入了调节阀开度校正信号。

在机组定压运行方式时，主蒸汽压力给定值由运行人员手动设定，并且给定值需经压力变化速率限制器后作为最终的主蒸汽压力给定值，压力变化速率由运行人员手动设定。

在定压运行方式时，主蒸汽压力给定值变化过程中与图 2-63 所示的机组实际负荷指令形成的方法基本相同，利用了压力正差逻辑信号，通过选择 PID 控制器的积分方向来控制压力给定值增加还是减小。利用变化速率选择控制压力给定值变化还是保持，其压力变化速率选择形成逻辑如图 2-74 所示：当压力变化速率选择信号为“1”时，压力给定值增加或减小；当其为“0”时，保持当前压力给定值输出。

当运行人员按手动保持或压力偏差信号为“0”时，保持当前压力给定值输出。

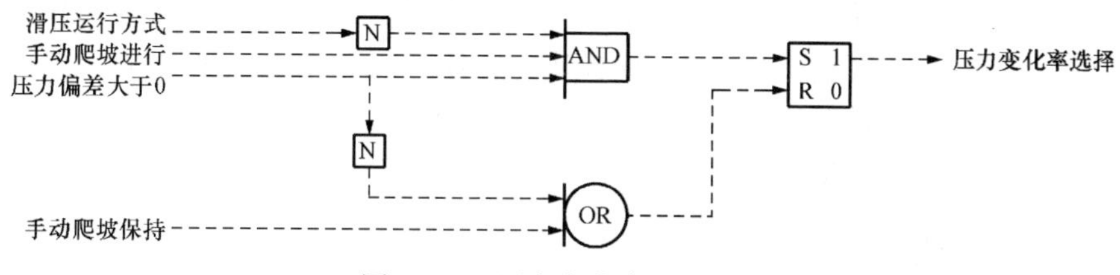

图 2-74　压力变化率选择回路

八、自动发电控制（AGC）

电力系统的频率和功率的调整一般是按负荷变动周期的长短及幅度的大小分别进行调整的。对于幅度较小、变动周期短的微小分量，主要是靠单元机组调速系统来自动调速完成的，即一次调频。一次调频由汽轮发电机组本身的控制系统直接调节，因而其响应速度快。但由于调速器存在差异，所以当变化幅度较大且周期较长的变动负荷分量存在时，则要通过改变汽轮发电机组的同步器来实现，即通过平移高速系统的调节静态特性，改变汽轮发电机的出力来达到调频的目的，称为二次调频。当二次调频由电厂运行人员就地设定时，称为就地手动控制；当由电网调度中心的能量管理系统来实现遥控自动控制时，则称为自动发电控制（AGC），如图 2-75 所示。

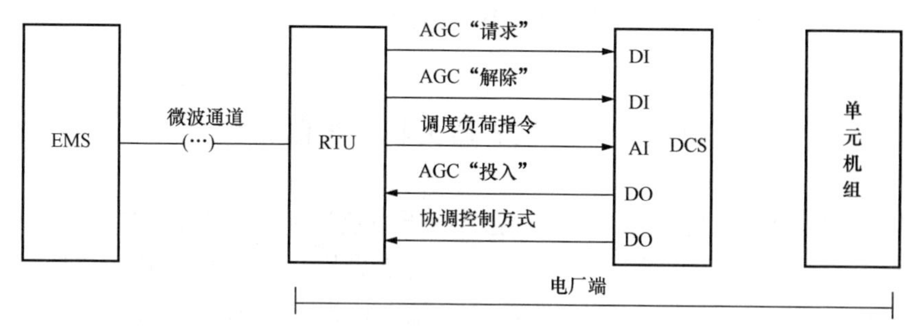

图 2-75　自动发电控制系统示意图

自动发电控制系统主要由电网调度中心的能量管理系统（EMS）、电厂端的远方终端（RTU）和 DCS 的协调控制系统微波通道三部分组成。

实现自动发电控制系统闭环自动控制必须满足以下基本要求：

（1）电厂机组的热工自动控制系统必须在自动方式运行，且协调控制系统必须在“协调控制”方式。

（2）电网调度中心的能量管理系统、微波通道、电厂端的远方终端 RTU 必须都在正常工作状态，并能从电网调度中心能量管理系统的终端 CRT 上直接改变机、炉协调控制系统中的调度负荷指令。机、炉协调控制系统能直接收到从能量管理系统下发的要求执行自动发电控制的“请求”和“解除”信号、“调度负荷指令”的模拟量信号（标准接口为 4～20mA DC），能量管理系统能接收到机组协调控制系统的反馈信号、协调控制方式信号和 AGC 已投入信号。

（3）能量管理系统下达的“调度负荷指令”信号与电厂机组实际出力的绝对偏差必须控制在允许范围内。

（4）机组在协调控制方式下运行，负荷由运行人员设定称为就地控制；接受调度负荷指令，直接由电网调度中心控制称为远方控制。就地控制和远方控制之间相互切换是双向无扰动的。在就地控制时，调度负荷指令自动跟踪机组实发功率；在远方控制时，协调控制系统的手动负荷设定器的输出负荷指令自动跟踪调度负荷指令。

图 2－76 所示为某 1000MW 机组 AGC 投入逻辑。

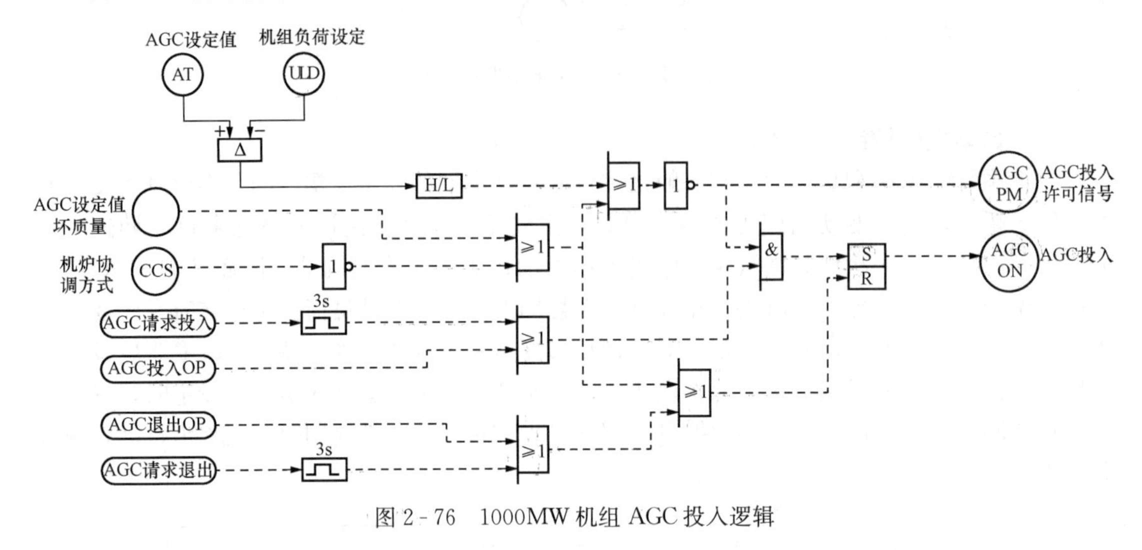

图 2－76　1000MW 机组 AGC 投入逻辑

第五节　超临界压力机组控制系统

超临界压力发电机组是指过热器出口主蒸汽压力超过 22.129MPa 的机组。目前运行的超临界压力机组压力均为 24～25MPa。理论上认为：在水的状态参数达到临界点时（压力 22.129MPa，温度 374℃）水的汽化会在瞬间完成，不再有汽、水共存的两相区存在。当压力超临界时，由于饱和水和饱和蒸汽之间的差别已经完全消失，在超临界压力下汽包锅炉无法维持自然循环，即汽包锅炉不再适用，因而直流锅炉成为超临界压力机组锅炉的唯一形式。直流锅炉在工作原理和结构上与汽包锅炉有所不同，因此直流锅炉在运行特性和控制特性上也有不同的特点。

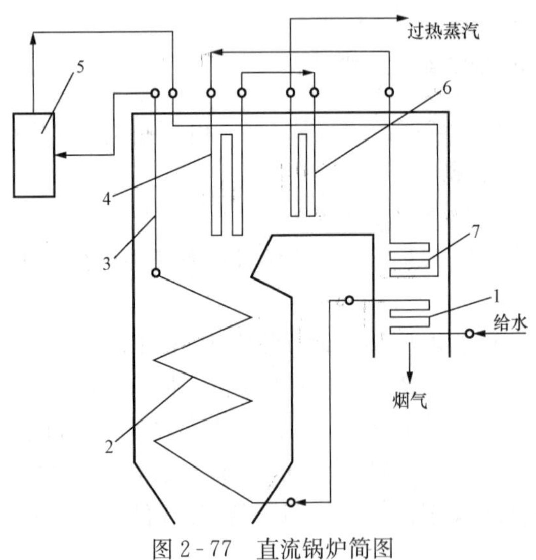

图 2－77　直流锅炉简图

1—省煤器；2—螺旋水冷壁；3—垂直水冷壁（和后水冷壁吊挂管）；4—屏式过热器（前屏和后屏）；5—汽水分离器；6—末级过热器；7——级过热器

直流锅炉没有汽包，给水变成过热蒸汽是一次完成的，加热段、蒸发段与过热段之间没有明确的界限。任何输入量的变化都会引起各输出量的变化，各系统有较强的相互关联，控制系统的结构与汽包锅炉有较大的差别。

一、直流锅炉的特点

（1）强制循环。直流锅炉属强制循环锅炉，直流锅炉结构简图如图 2－77 所示。

在锅炉正常负荷下，给水在给水泵压力作用下，经省煤器加热后，通过螺旋水冷壁（下辐射区）和垂直水冷壁及后水冷壁吊挂管（上辐射区）并加热蒸发，然后经下降管引入折焰角和水平烟道侧墙（图中未画出），再引入汽水分离器。从汽水分离器出来的蒸汽再进入一级过热器中（对流过热区），然后再流经屏式过热器（上辐射区）和末级过热器（对流过热区）后加热成过热蒸汽，送至汽轮机。

（2）各受热面无固定分界点。直流锅炉是由各受热面及连接这些受热面的管道组成的，其汽水流程工作原理示意图如图 2－78 所示。

在正常负荷下，给水泵强制一定流量的给水进入锅炉内，一次性经历加热、蒸发和过热各段受热面，全部转变成过热蒸汽。直流锅炉没有汽包，加热、蒸发和过热三段受热面没有固定分界点，而由管道内的工质状态所决定。因此，给水流量、燃料量、给水温度以及汽轮机调节阀门开度的变化都影响三段受热面积的比例，这样三段受热面吸热量分配比例都将发生变化，这对于锅炉出口蒸汽温度影响很大，对蒸汽压力和流量的影响方式则较为复杂。

当燃料量增加，给水流量不变时，由于蒸发所需的热量不变，所以加热和蒸发的受热面缩短，蒸发段与过热段之间的分界向前移动，过热受热面增加，所增加的燃烧热量全部用于使蒸汽过热，过热汽温将急剧上升。

当给水量增加，而燃料量不变时，由于加热及蒸发段的伸长增加了蒸发，而蒸发段与过热段之间的分界则向后移动，由于过热段的减少，从而使过热汽温下降。燃料量、给水流量对过热汽温的影响如图 2－79 所示。

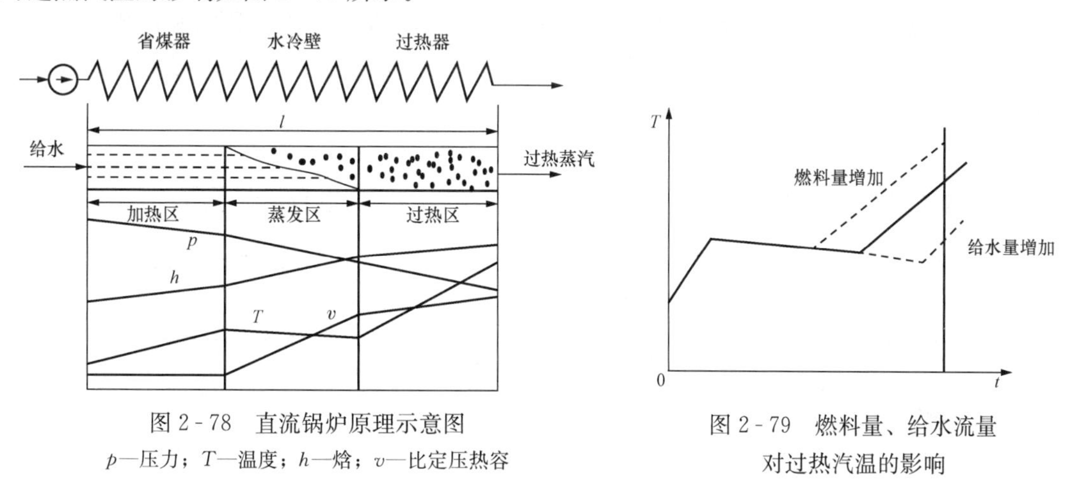

图 2－78　直流锅炉原理示意图

p—压力；T—温度；h—焓；v—比定压热容

图 2－79　燃料量、给水流量对过热汽温的影响

（3）蓄热量小。直流锅炉由于没有汽包，汽水容积小，所用金属也少，所以锅炉蓄热能力显著减小。由于直流锅炉的蓄热量小，所以对外界负荷扰动比较敏感，在外界负荷变动时，其主蒸汽压力的波动比汽包锅炉剧烈得多，这就给运行和自动控制带来了困难。但从另一个方面来说，汽包锅炉在外界负荷扰动引起压力下降过快时，会造成下降管中的工质汽化而破坏水循环，因此汽包锅炉对压力变化速度有严格的要求。但直流锅炉中，工质流动依靠给水泵压力推动，压力下降而引起水的蒸发不会阻碍工质的正常流动。因此直流锅炉允许汽

压有较大的下降速度，这有利于有效地利用锅炉的蓄热能力。在主动变负荷时，由于直流锅炉的热惯性小，其蒸汽流量能迅速变化，所以它在负荷适应性方面比汽包锅炉更快，有利于机组对电网高峰负荷的响应。

（4）对给水品质的要求高。由于没有汽包和汽水分离装置，直流锅炉不能够连续排污，给水带入的盐类除蒸汽带走一部分外，其余部分都将沉积在锅炉的受热面中。因此，直流锅炉对给水品质的要求高。

二、直流锅炉控制任务

直流锅炉的控制任务和汽包锅炉基本相同，其内容为：①使锅炉的蒸发量迅速适应负荷的需要；②保持蒸汽压力和温度在一定范围内；③保持燃烧的经济性；④保持炉膛压力在一定范围内。

因此，直流锅炉的控制系统也包括给水、燃料、送风、炉膛压力和汽温等控制系统。但是由于直流锅炉在结构上与汽包锅炉有所不同，所以在具体完成上述控制任务时就与汽包锅炉有些差异，主要体现在给水控制和过热汽温控制上有所不同，而燃料、送风、炉膛压力和再热汽温等在控制原理上与汽包锅炉基本相同。给水控制作为过热汽温控制的基本手段，是超临界压力锅炉有别于亚临界压力汽包锅炉的显著特征。

三、直流锅炉动态特性

直流锅炉是一个多输入多输出的复杂控制对象，锅炉的燃烧率、给水流量、汽轮机调节汽阀开度的变化会直接影响主蒸汽压力和主蒸汽温度的稳定。下面分析这些主要扰动下直流锅炉的动态特性。

（一）燃烧率扰动时的动态特性

正常运行时，进入炉膛的燃料量与风量必须成适当比例，代表这两个成适当比例的变量称为锅炉的燃烧率。燃烧率扰动是锅炉燃料量和风量的扰动，一般可用燃料量 B 代替。燃烧率扰动时，主蒸汽压力 p、主蒸汽流量 D、过热汽温 θ 的过渡过程曲线可用图 2-80(a) 表示。

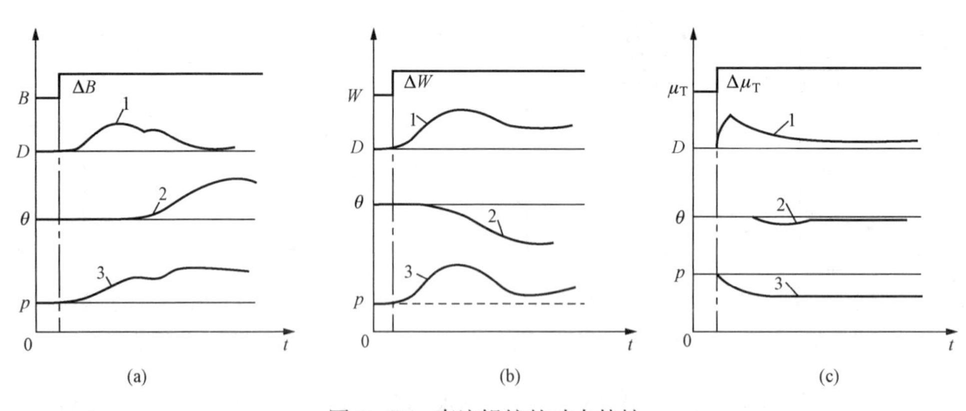

图 2-80　直流锅炉的动态特性

（a）燃烧率扰动；（b）给水流量扰动；（c）负荷扰动

在其他条件不变、燃料量 B 阶跃增加时，蒸发量在短暂延迟后先上升、后下降，最后稳定下来与给水量保持平衡。因为在扰动刚开始时，炉内热负荷变化，加热段逐步缩短，蒸发段将蒸发出更多的饱和蒸汽，使过热蒸汽流量 D 增大。当蒸发段和加热段的长度减少到与燃料量相适应时，过热蒸汽流量 D 重新与给水量相等，蒸汽流量 D 趋于稳定，如图2-80(a)中曲线1所示。在这段时间内，蒸发量始终大于给水流量，一部分水容积渐渐为蒸汽容积所取代，锅炉内部的工质储存量不断减少，曲线1下的面积即代表锅炉工质减少的数量。

燃料量增加，过热段加长，必然引起过热汽温升高。但在过渡过程的初始阶段，经燃料量传输和燃烧迟延后，炉内燃烧中心的热负荷急剧增加，蒸发量与燃料发热量近似按比例变化，由于过热器管壁金属储热所起的延缓作用，所以过热汽温要经过一段迟延后才逐渐上升。当燃料燃烧的发热量与蒸汽带走的热量平衡时，过热汽温最终趋于稳定，如图2-80(a)中曲线2所示。

主蒸汽压力如图2-80(a)中曲线3所示，在短暂延迟后逐渐上升，最后稳定在较高的水平。最初的上升是由于蒸发量的增大，后来压力上升是因汽温升高、蒸汽容积增大、汽轮机调节阀门开度不变的情况下，蒸汽流速增大使流动阻力增大所致。实际上，为维持给水流量不变，给水压力比扰动前要高。

燃烧率提高使加热段和蒸发段缩短，过热段增长，过热汽温经迟延后上升，是燃水比提高的反映。汽温上升的同时锅炉金属温度也上升，锅炉蓄热增加。

（二）给水流量扰动下的动态特性

给水流量 W 扰动时，主蒸汽压力、主蒸汽流量、过热汽温的过渡过程曲线可用图2-80(b)表示。给水流量 W 阶跃增加时，由于受热面热负荷未变化，故一开始锅炉的加热段和蒸发段都要伸长，从而推出部分蒸汽，使蒸汽流量增加，最终等于给水流量。主蒸汽压力开始时由于给水压力的提高和蒸汽流量增加而提高，但后来由于给水流量增加后导致过热汽温下降，容积流量下降，主蒸汽压力又有所下降。实际蒸汽的容积流量比扰动前增加不多，所以主蒸汽压力保持在比初始值稍高的水平。随着蒸汽流量的逐渐增大和过热段的减小，过热汽温逐渐降低。但在汽温降低时金属放出蓄热，对汽温变化速度有一定的减缓作用。故过热汽温经延时后下降，这显然是燃水比降低的反映。

由图2-80(b)可以看出，当给水量扰动时，蒸发量、汽温和汽压的变化都存在迟延。这是因为自扰动开始，给水从入口流动到加热段末端时需要一定的时间，所以蒸发量产生迟延。蒸发量迟延又引起汽压和汽温的迟延。

（三）负荷扰动时的动态特性

在机组运行过程中，外界负荷需求的变化一般是通过汽轮机调节汽阀开度的变化来反映的。在调节汽阀开度扰动下，主蒸汽压力、主蒸汽流量、过热汽温的过渡过程曲线可用图2-80(c)表示。

当汽轮机调节汽阀阶跃增大时，蒸汽流量立即增加。过热器出口压力 p 一开始有较大的下降趋势。随着汽压下降，饱和温度下降，锅炉工质“闪蒸”、金属释放蓄热，产生附加蒸发量，抑制汽压下降。随后，蒸汽流量因汽压降低而逐渐减少，最终与给水量相等，保持平衡。同时汽压降低速度也趋缓，最后达到稳定值。

汽轮机调节汽阀开大减小了汽轮机侧的流动阻力，主蒸汽压力稳定在较扰动前低的水平上。若燃料量和给水流量未变，过热蒸汽的焓值未变，过热汽温随压力下降会略有下降。

实际上，若给水压力不变，由于汽压降低，给水流量是会自发增加的。这样，稳定后给水流量和蒸汽流量会有所增加。在燃料量不变的情况下，这意味着单位工质吸热量必定减小，过热汽温必然会明显下降。

从上面的分析可以看出：

（1）负荷扰动时，汽压的变化没有迟延，变化很快，且变化幅度较大。这是因为直流锅炉没有汽包，蓄热能力小。若给水流量能保持不变，负荷扰动时汽温变化较小。

（2）单独改变燃烧率或给水流量时，动态过程中对汽温、汽压、蒸汽流量都有显著影响，尤其是对汽温的影响更加突出。汽温变化的特点是具有很长的迟延时间和很大的变化幅度。若等到汽温已经明显变化后再用改变燃烧率或改变给水流量的方法进行汽温控制，必然引起严重超温或汽温大幅下跌。因此，变负荷过程中，给水量必须与燃料量保持适当比例协调动作。

（3）过热汽温对燃料量和给水量扰动都有很大的迟延，为了稳定汽温，必须有提前反映燃料量和给水量扰动的汽温信号。燃水比改变后，汽水流程中各点工质焓值都随之改变，离锅炉末级过热器出口越近，变化越大，同时迟延也越大。因此，锅炉末级过热器出口汽温虽然可以反映燃水比的变化，但由于迟延很大，通常为400s左右，所以不宜以此作为燃水比的校正信号，即不能采用改变燃料量或给水流量的方法来直接控制锅炉末级过热器出口过热汽温。因此，一般选择锅炉受热面中间位置某点蒸汽温度（称为中间点温度），作为燃水比是否适当的校正信号。在超临界压力锅炉中，一般取汽水分离器出口蒸汽温度作为中间点温度。燃水比例变化之后，中间点汽温变化的迟延（通常小于100s）比过热汽温变化的迟延要小得多，这对于稳定过热汽温、提高锅炉控制过程品质是非常重要的。

四、直流锅炉负荷控制

从单元机组负荷控制系统来看，由直流锅炉的动态特性可知，单独改变燃料量（燃烧率）或给水流量对主蒸汽压力、机组功率、蒸汽流量和过热汽温都有显著影响。因此，需要既保持能量平衡，又保持物质平衡，直流锅炉在负荷控制时，需要燃料量（燃烧率）和给水流量协调变化。

此外，当单独改变燃料量或给水流量作为锅炉的负荷调节手段时，会使过热汽温发生明显的变化。因此当负荷改变时，从避免过热汽温波动的角度来看，也需使燃料量（燃烧率）和给水流量保持适当比例。

在单元机组负荷控制中，直流锅炉参与负荷控制的手段主要是燃料控制系统和给水控制系统，这两个控制系统的正确协调动作与配合，使锅炉出力满足负荷要求，也使过热汽温基本稳定。由于燃料量和给水流量的变化都对机组功率（或主蒸汽压力）产生明显影响，所以直流锅炉就存在着下面不同的负荷控制原则性方案。

第一种控制方案如图2-81所示。锅炉指令P_B送入给水控制器调节给水流量，给水流量经函数发生器$f(x)$给出相应给水流量下的燃料量需求值。因此，燃料控制系统是根据给水流量来调节燃料量，以保证燃料量和给水流量的合理配比，实现调节负荷的同时维持过热汽温的基本稳定的，即“煤跟水”的调节方式。

第二种控制方案如图2-82所示。锅炉指令P_B送入燃料控制器调节燃料量，燃料量经函数发生器$f(x)$给出给水流量需求值。因此给水控制系统是根据燃料量来调节给水流量，以保证燃料量和给水流量的合理配比，以实现调节负荷的同时维持过热汽温的基本稳定的，即“水跟煤”的调节方式。

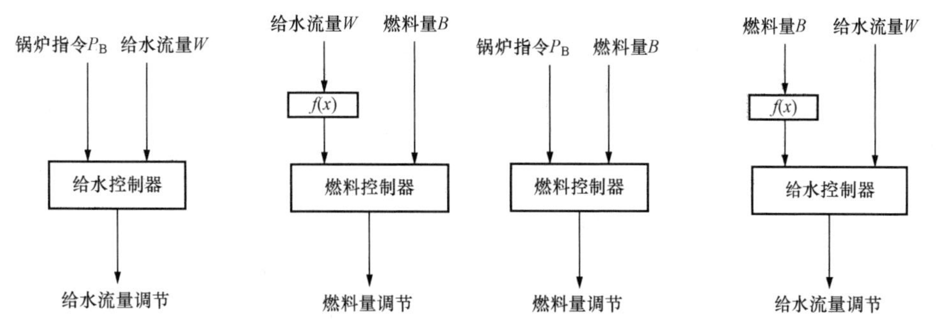

图 2-81　直流锅炉负荷控制方案之一　　图 2-82　直流锅炉负荷控制方案之二

上述两种控制方案均没有考虑过热汽温对燃料量和给水流量的动态响应时间差异。实际上燃料量扰动下的过热汽温动态响应时间大于给水流量扰动下的过热汽温动态响应时间，因此在锅炉变负荷过程中，上述两种控制方案会造成燃水比的动态不匹配，使得过热汽温波动大。为此需对锅炉指令 P_B 进行动态校正，以保证燃料量和给水流量的动态匹配，其控制方案如图 2-83 所示。锅炉指令 P_B 不仅送入燃料控制器，还经迟延环节 $f(t)$ 后再经过函数发生器 $f(x)$ 送到给水控制器中，增加滞后环节 $f(t)$ 以实现锅炉指令 P_B 的时间延迟，补偿过热汽温对燃料响应上的时间滞后。由于燃料量是锅炉指令 P_B 的函数，所以函数发生器 $f(x)$ 间接地确定了燃水比。这样当锅炉指令 P_B 改变时，燃料量调节先动作，给水量调节动作滞后于燃料量，通过选择合适的滞后时间，就能使燃料与给水控制系统在完成锅炉负荷控制的同时，减小对过热汽温的影响，其动态校正效果如图 2-84 所示。该控制方案是目前多数超临界压力机组采用的一种燃料—给水控制原则性方案。

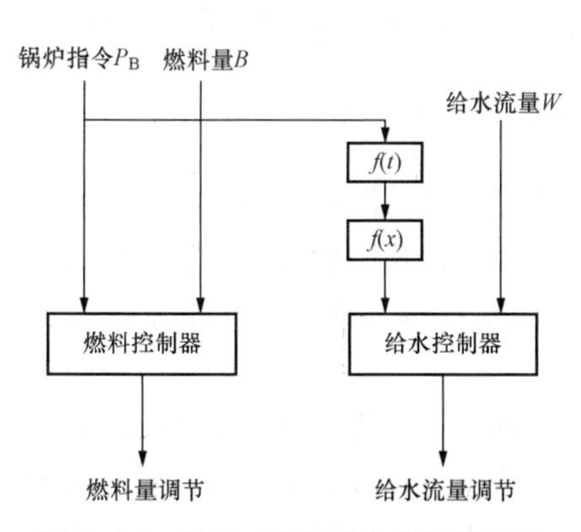

图 2-83　常用直流锅炉负荷控制方案

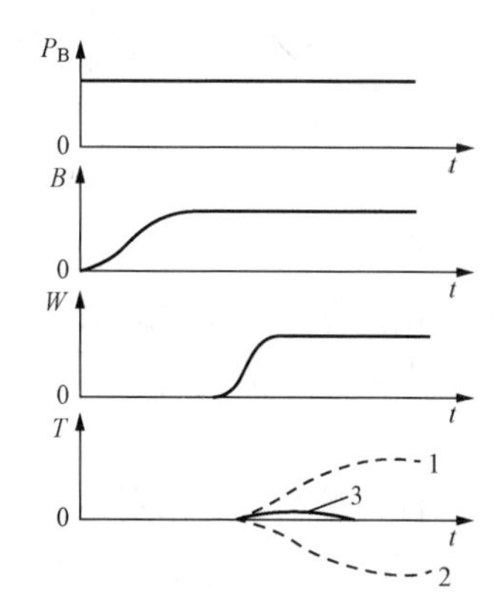

图 2-84　燃水动态校正图

1—燃料量变化时过热汽温的变化曲线；

2—给水流量变化时过热汽温的变化曲线；

3—过热汽温实际变化曲线

五、直流锅炉给水控制

超临界压力发电机组没有汽包，锅炉给水控制系统的主要任务不再是控制汽包水位，而是以汽水分离器出口温度（中间点温度，也称微过热温度）或焓值作为表征量，保证给水量与燃料量的比例不变，满足机组不同负荷下给水量的要求。给水控制作为过热汽温控制的基本手段，是超临界压力锅炉有别于亚临界压力汽包锅炉的显著特征。

超临界压力机组通常采用调节给水流量来实现燃水比控制的控制方案。在燃水比控制中，燃水比的失衡会影响到过热汽温，但是不能使用过热汽温作为燃水比的反馈信号。因为过热汽温对给水量扰动也有很大的迟延，若等到过热汽温已经明显变化后再调节给水流量的话，必然会使过热汽温严重超温或大幅降温，因此必须要有一个能快速反映燃水比失衡的反馈信号。

（一）采用中间点温度的给水控制方案

燃水比改变后，汽水流程中各点工质焓值和温度都随之改变，可选择锅炉受热面中间位置某点蒸汽温度作为燃水比是否适当的反馈信号。因为中间点温度不仅变化趋势与过热汽温一致，而且滞后时间比过热汽温滞后时间要小得多，这对于稳定过热汽温、提高锅炉燃水比的调节品质是非常重要的。而且中间点温度过热度越小，滞后越小，也就越靠近汽水行程的入口，温度变化的惯性和滞后越小。采用内置式汽水分离器的超临界压力机组，一般取汽水分离器出口蒸汽温度作为中间点温度来反映燃水比。

图 2 - 85 所示为直流锅炉的喷水减温示意图，给水流量 W 一般是指省煤器入口给水流量，减温水流量 W_j 是指过热器一、二级减温水流量之和。锅炉总给水流量等于给水流量加减温水流量再减去分离器疏水量。改变给水流量 W 和减温水流量 W_j 都会影响过热汽温，通常通过改变锅炉总给水流量来改变给水流量 W，进而粗调汽温，改变减温水流量 W_j 进行过热汽温细调。

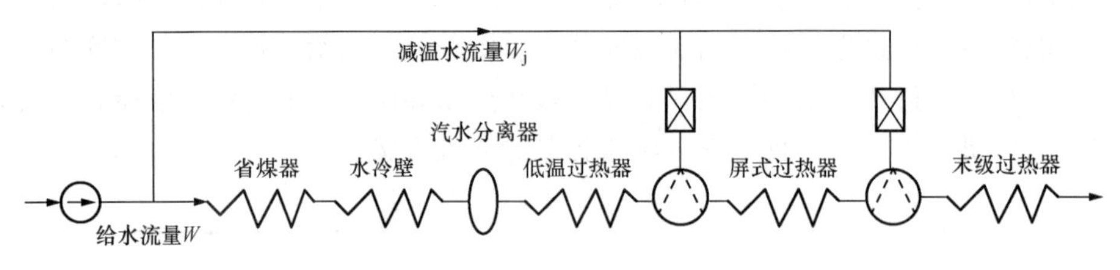

图 2 - 85　直流锅炉的喷水减温示意图

当由于燃水比失调而引起汽温的变化时，仅依靠调节减温水流量来控制汽温会使减温水流量大范围变化，有时会超出减温器的可调范围。为了避免因燃水比失衡而导致减温水流量变化过大，超出减温水流量可调范围，可利用减温水流量与锅炉总给水流量的比值（喷水比）来对燃水比进行校正。

用喷水比校正燃水比的原则是：根据设计工况确定不同机组负荷下的喷水比，当实际喷水比偏离给定值时，说明是由于燃水比失调使过热汽温过高或过低，导致实际喷水比偏离给定值。这时不能仅依靠调节减温水流量来控制汽温，而应利用喷水比偏差来修改锅炉总给水流量，也就是进行燃水比校正，进而通过改变给水流量 W 来调节汽温。

图 2 - 86 所示为 600MW 机组给水控制基本方案，系统采用中间点温度和喷水比来校正燃水比，并通过调节锅炉总给水流量来实现燃水比控制，从而达到过热汽温粗调的目的。

图 2 - 86 所示为一个前馈—串级调节系统。副控制器 PID2 输出为给水流量控制指令，通过控制给水泵的转速使得锅炉总给水流量等于给水给定值，以保持合适的燃水比。主控制器 PID1 以中间点温度为被控量，其输出按锅炉指令 P_B 形成的给水流量基本指令进行校正，以控制锅炉中间点汽温在适当范围内。控制系统可分为两大部分，即给水流量指令形成回路和给水泵转速控制回路。这里重点分析给水流量指令形成回路。

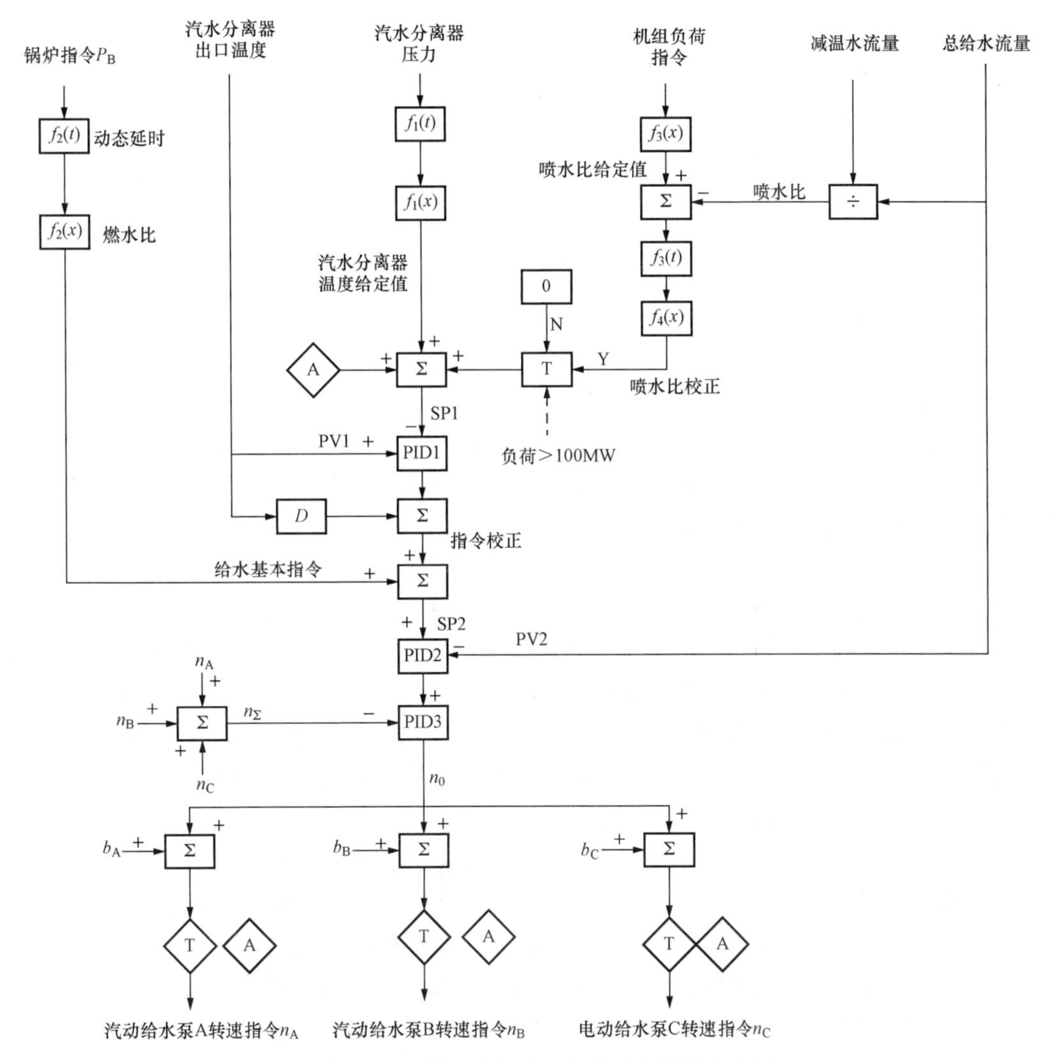

图 2-86　采用中间点温度的给水控制方案

锅炉总给水流量给定值 SP2 是由给水基本指令和主控制器 PID1 输出的校正信号两部分叠加而成的。

锅炉指令 P_B 作为前馈信号，经动态延时环节 $f_2(t)$ 和函数发生器 $f_2(x)$ 后给出给水流量基本指令，以使燃水比协调变化。其中 $f_2(t)$ 是补偿燃料量和给水流量对水冷壁工质温度的动态特性差异。由于燃料制粉过程的迟延以及燃料燃烧发热与热量传递的迟延，所以，给水流量对水冷壁工质温度的影响要比燃料量快得多，增负荷时应先加燃料，经 $f_2(t)$ 延时后再加水，以防止给水增加过早使水冷壁工质温度下降。锅炉指令 P_B 经 $f_2(x)$ 给出不同负荷下的给水量需求。由于燃料量也是锅炉指令 P_B 的函数，所以 $f_2(x)$ 实际上是间接地确定燃水比。这样，当锅炉指令变化时，给水量和燃料量可以粗略地按一定比例变化，以控制过热汽温在一定范围内。

校正信号是以分离器蒸汽温度作为中间点温度来修正给水流量基本指令的。校正信号由主控制器 PID1 输出的反馈控制信号和微分器 D 输出的前馈控制信号组成，前者根据分离器蒸汽温度和它的给定值之间的偏差运算得到，后者是分离器蒸汽温度的微分。前馈信号起动态补偿作用，当燃料的发热量等因素发生变化，如发热量上升使分离器汽温上升时，微分器 D 的输出增加，提高给水流量给定值，使给水流量增加，以稳定中间点温度。

中间点温度的给定值由以下三部分组成：

（1）汽水分离器压力信号经函数发生器后给出分离器温度给定值的基本部分。其中 $f_1(t)$ 是为消除汽水分离器压力信号的高频波动而设置的滤波环节。当机组负荷小于100MW 时，函数器 $f_1(x)$ 的输出为分离器压力对应的饱和温度；当机组负荷大于 100MW 时，函数器 $f_1(x)$ 的输出为分离器压力对应的饱和温度，并加上适当的过热度。

（2）过热器喷水比的修正信号。过热器喷水比的修正信号是由实际的过热器喷水比与其给定值的偏差计算得到的。过热器喷水比的给定值由机组负荷指令信号经函数发生器 $f_3(x)$ 给出，是根据设计工况（或校正工况）下一、二级减温水总量与机组负荷的关系计算得到的。滤波环节 $f_3(t)$ 用于消除过热器喷水比信号的高频波动，作用是防止修正信号动态波动较大引起分离器的干、湿切换。因此喷水比修正作用不能太强，通过图中 $f_4(x)$ 对其修正的幅度和变化率进行限制。当喷水比大于 $f_3(x)$ 给出的给定喷水比时，就意味着过热汽温高于设计工况（或校正工况）值。此时，为了将汽温降低到设计工况（或校正工况）的水平，需提供一个负的修正值，以降低中间点温度的给定值 SP1。喷水比大于给定值时使 SP1 减小，SP1 减小导致主控制器 PID1 输出增加，提高了锅炉总给水流量给定值 SP2，通过增加给水流量，从而使汽温恢复到正常范围，使过热器喷水保持在合适的流量范围内。系统的喷水比修正只在机组的负荷大于 100MW 后才起作用，当机组的负荷小于 100MW 时，中间点温度给定值仅仅是分离器压力的函数。

（3）为了便于运行人员根据机组运行情况调整中间点温度，系统还设置了手动偏置。可见，给水流量串级控制系统的主控制器 PID1 的作用是根据中间点温度与其给定值的偏差进行 PID 运算，其输出为锅炉总给水流量基本指令的校正值，以校正燃水比、稳定中间点温度，实现过热汽温粗调。当实际运行工况偏离设计工况，如燃料的品质发生变化或燃水比失调使中间点温度偏离给定值时，通过改变锅炉总给水流量来改变燃水比，以稳定中间点温度。副控制器 PID2 根据锅炉总给水流量的测量值与流量给定值 SP2 的偏差进行 PID 运算，输出作为给水流量控制指令，调节给水泵转速来满足机组负荷变化对锅炉总给水流量的需求。

给水泵转速控制回路中，泵总转速指令 n_{Σ} 为汽动给水泵 A 转速指令 n_A、汽动给水泵 B 转速指令 n_B 和电动给水泵 C 转速指令 n_C 之和。给水流量控制指令与泵总转速指令 n_{Σ} 的偏差送到控制器 PID3 中，利用控制器 PID3 的积分作用，使泵总转速指令 n_{Σ} 等于给水流量控制指令。这样当某台泵的偏置增加（或减少）时，其对应的泵转速指令也增加（或减少）。由于给水流量控制指令未变，积分作用使泵公用转速指令 n_0 和其他泵转速指令减少（或增加），最终使泵总转速指令 n_{Σ} 保持不变，以维持锅炉总给水流量不变。

（二）采用焓值信号的给水控制方案

采用何种信号能更快速和精确地反映燃水比的变化，从而提高汽温调节的性能，一直是直流锅炉控制中研究的方向。

当给水量或燃料量扰动时，汽水流程中各点工质焓值都随之改变，且焓值变化方向与给水量或燃料量变化方向一致，所以可采用焓值来反映燃水比变化。目前多采用分离器出口过热蒸汽的焓值信号，其原因除了分离器出口焓值（中间点焓值）能快速反应燃水比外，还在于分离器出口过热蒸汽为微过热蒸汽，微过热蒸汽焓值相比分离器出口微过热蒸汽温度在反应燃水比的灵敏度和线性度方面具有明显的优势。当机组负荷大范围变化时，工质压力也将在超临界到亚临界的广泛范围内变化。由水和蒸汽的热力特性可知，其焓值—压力—温度之间为非线性关系，蒸汽的过热温度越低，焓值—压力—温度之间关系的非线性度越强，特别是在亚临界压力下饱和区附近，这种非线性度更强。在过热温度低的区域，当增加或减少同等给水量时，焓值变化的正负向数值大体相等，但微过热汽温的正负向变化量则明显不相等。如果微过热汽温低到接近饱和区，则焓值/温度斜率大，说明给水量扰动可引起焓值显著变化，但温度变化却很小。因此，用微过热蒸汽焓值作为燃水比反馈信号可保证燃水比的调节精度和具有更好的调节性能。

图 2-87 所示为采用焓值信号给水控制基本方案。该控制方案与图 2-81 所示的控制方案有许多相似之处，锅炉指令 P_B 作为前馈信号经函数发生器 $f_1(x)$ 和动态延时环节 $f_1(t)$ 后，给出一个给水流量基本指令。控制系统根据分离器出口焓值偏差及一级减温器前后温差偏差形成燃水比校正信号，对给水流量基本指令进行校正，以确保合适的燃水比。

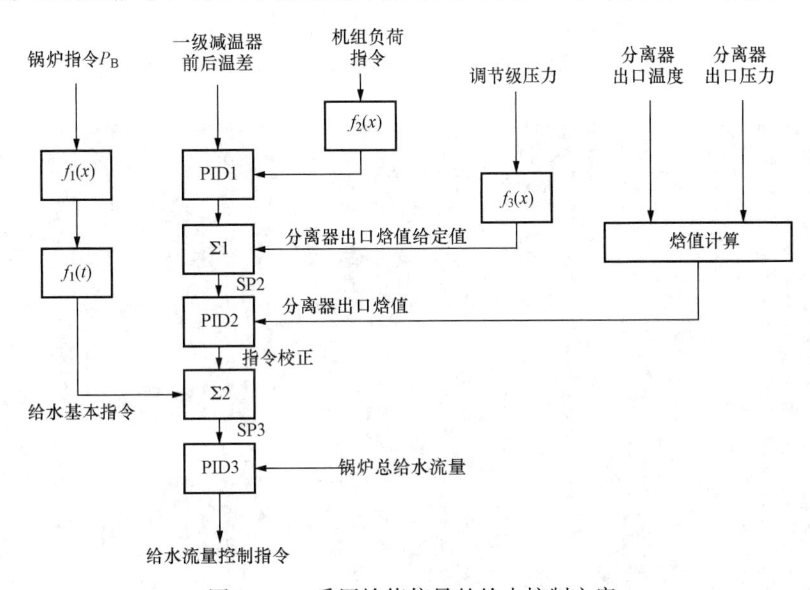

图 2-87　采用焓值信号的给水控制方案

机组负荷指令经函数发生器 $f_2(x)$，给出相应负荷下适量减温水流量条件的一级减温器前后温差给定值。当由于各种原因使得实际一级减温器前后温差偏离给定值时，如果不改变燃水比，就意味着各级减温水流量变化较大，有时会超出减温水流量可调范围。因此需用一级减温器前后温差的偏差去修正燃水比，调整后的燃水比将使一级减温器前后温差稳定在温差给定值。引入一级减温器前后温差信号，可将调整燃水比与喷水减温两种控制手段协调起来，使一级减温喷水调节阀工作在适中位置和有适量的减温水流量，以达到用喷水减温控制汽温的可调要求。给水量对汽温的影响较大且滞后也较大，一级减温器前后温差对燃水比的校正作用也相对缓慢，因此，控制器 PID1 输出的校正信号变化不能太剧烈，否则会使汽温的波动较大。

代表锅炉负荷的汽轮机调节级压力信号经函数器 $f_3(x)$，给出不同负荷下的分离器出口焓值给定值。焓值给定值加上 PID1 输出的校正信号构成给定值 SP2，由分离器出口压力和温度经焓值计算模块算出分离器出口焓值。该出口焓值与给定值 SP2 的偏差经控制器 PID2 进行 PID 运算后作为校正信号，对给水基本指令进行燃水比校正。控制器 PID3 的给定值 SP3 是由锅炉指令 P_B 给出的给水流量基本指令加上控制器 PID2 输出的校正信号构成的。控制器 PID3 根据锅炉总给水流量与流量给定值 SP3 的偏差进行 PID 运算，输出作为给水流量控制指令调节给水泵转速，来满足机组负荷变化对锅炉总给水流量的需求。

（三）超临界压力机组给水控制系统实例分析

下面以某 600MW 超临界压力机组直流锅炉为例，介绍超临界压力机组给水控制系统的结构组成及工作过程。

1. 给水热力系统

图 2-88 所示为某 600MW 超临界压力机组给水热力系统。

机组配三台给水泵，其中一台容量为额定容量 30%的电动给水泵，两台容量为额定容量 50%的汽动给水泵。电动给水泵作为启动及带低负荷或当两台汽动给水泵中有一台故障时作备用泵使用。正常运行时由两台汽动给水泵供水，汽动给水泵由给水泵汽轮机驱动，其转速控制由独立的给水泵汽轮机电液控制系统（MEH）完成。MEH 系统的转速给定值是由给水控制系统设置的，MEH 系统只相当于给水控制系统的执行机构。在高压加热器与省煤器之间有主给水电动截止阀、给水旁路截止阀和约 15%容量的给水旁路调节阀。

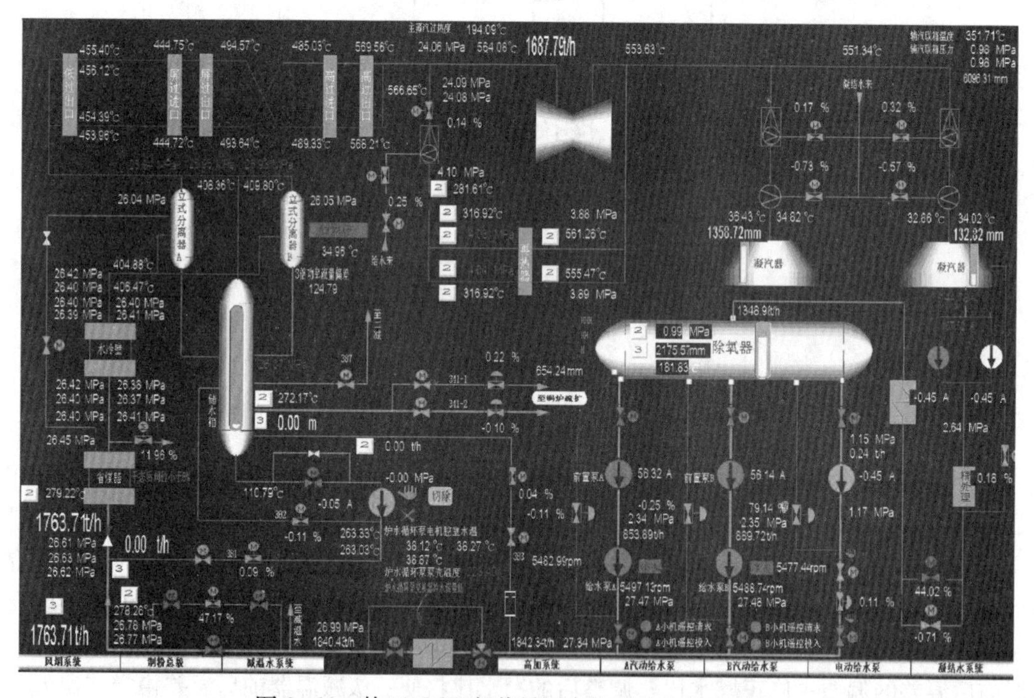

图 2-88　某 600MW 超临界压力机组给水热力系统

在机组燃烧率低于 30%BMCR 时，锅炉处于非直流运行方式，分离器处于湿态运行，分离器中的水位由分离器至省煤器以及分离器至疏水扩容器的组合控制阀进行控制，给水系统处于循环工作方式；在机组燃烧率大于 30%BMCR 后，锅炉逐步进入直流运行状态。

因此，超临界压力机组锅炉给水控制分低负荷时（30%BMCR 以下）的汽水分离器水位控制和锅炉直流运行（30%BMCR 以上）时的煤/水比控制。

2. 锅炉湿态运行时的给水控制方案

在启动升压和低负荷运行期间，由于水的膨胀，水位会升高到超出泵控制范围，应开启小溢流阀及其隔离阀以降低水位。如水位继续升高，则应开启大溢流阀及其隔离阀。大、小溢流阀控制范围之间有一个重叠控制区。大、小溢流阀的控制逻辑如图 2-89 所示。

储水箱水位值通过滤波环节（LEADLAG）消除水位的高频波动，经过 $f(x)$ 函数形成当前水位所对应的大、小溢流阀的开度。在锅炉启动过程中，由操作员根据当前的运行情况输入手动偏置，二者相加形成最终的储水箱溢流阀的指令。在储水箱水位达到 10m 以上时，小溢流阀逐步开启；在水位达到 12m 以上时，大溢流阀开启。当水位达到 16m 时，两个溢流阀都为全开状态。

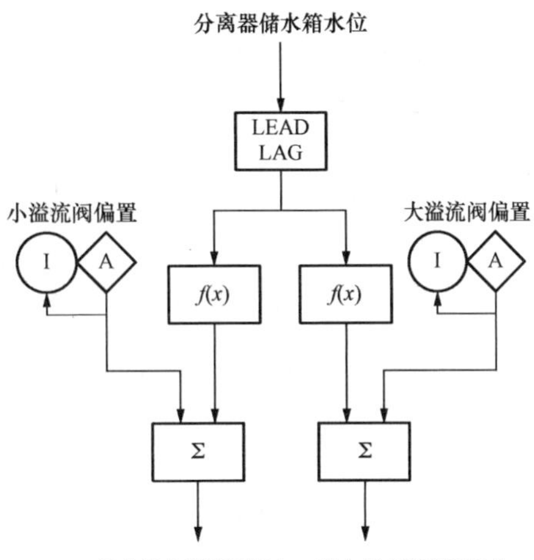

图 2-89　储水箱水位溢流阀控制

锅炉湿态运行时，电动给水泵出口调节阀控制给水旁路调节阀前后差压，给水旁路调节阀控制省煤器入口流量为锅炉额定蒸发量的 30%。

3. 锅炉干态运行时的给水控制方案

对于定压运行锅炉，由于压力一定，所以微过热点的温度（中间点温度）就可以代表该点的焓值。给水控制主要通过燃水比进行粗调，中间点温度只作为给水的细调。采用中间点温度的给水控制方案如图 2-90 所示。

锅炉进入直流运行后，锅炉主控的输出和负荷指令 ULD 经过加权求和处理后通过 $f(x)$ 形成当前负荷对给水的需求值。此处锅炉主控输出值的系数为 k_1、ULD 指令的系数为 k_2，要保证 $k_1+k_2=1(k_1=0.6、k_2=0.4)$。这是因为锅炉主控的输出高频波动较大，尤其是在燃料主控切手动控制时，锅炉主控输出跟踪当前的给煤量，这种波动更为突出，严重时会引起燃水比的失调。由于燃烧对温度的动态响应要比给水对温度的动态响应慢得多，所以增加了惯性延迟环节，用以补偿给水和给煤不同的动态特性，以防止二者的动态不匹配。

由分离器出口压力经过 $f(x)$ 换算成当前压力所对应的温度值，分离器出口温度减去该温度值可得分离器出口温度的过热度，经过惯性延迟环节后形成当前蒸汽的过热度值。ULD 指令经过 $f(x)$ 函数算出当前负荷所对应的分离器出口温度的过热度，再加上操作员站设置的偏置值，经过惯性延时环节后形成过热度的给定值。二者再经过 PID 控制器运算，输出指令与燃水比指令相加再与省煤器入口流量求偏差，经 PID 运算后得到给水泵转速指令。

考虑实际工程设计中微过热温度定值设计与机组实际运行情况的偏差，特引入二级减温器前温度偏差作为前馈信号，以保证减温水量和给水量的比例。给水泵转速指令输出范围为 2800～5900r/min，因为在该范围内给水泵汽轮机才由 MCS 控制，而在该范围之外是由 MEH 控制。输出指令通过平衡块 BALANCER 来平衡两台给水泵汽轮机的负荷输出。

六、直流锅炉汽温控制

（一）直流锅炉汽温控制方案

直流锅炉过热汽温的控制采用燃水比粗调、喷水减温细调方式。

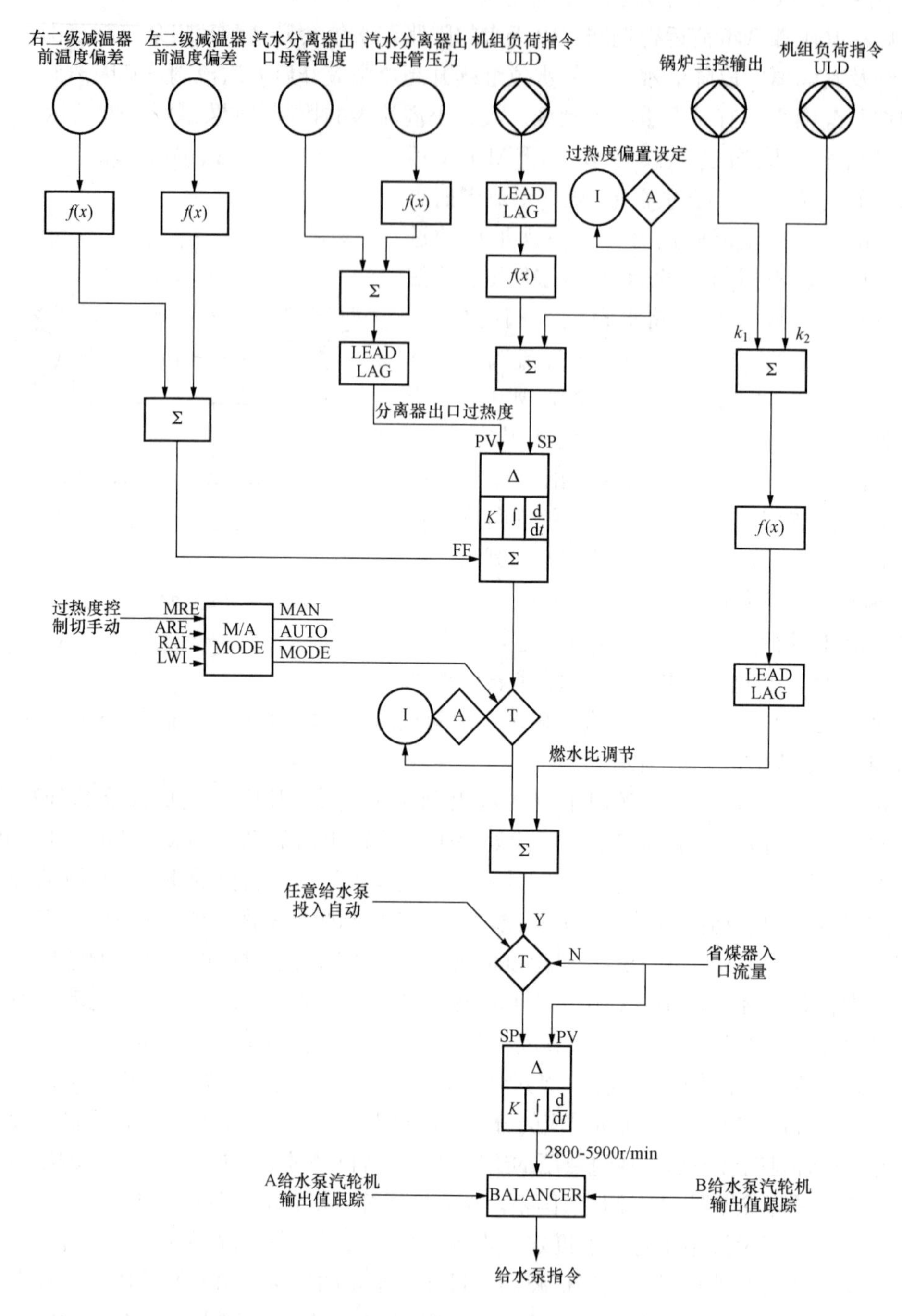

图 2-90　采用中间点温度的给水控制方案实例

如图 2-91 所示，该过热器喷水减温系统分别设置一级、二级喷水减温器，每级喷水减温器分 A、B 两侧布置，蒸汽经过 A、B 两侧末级过热器后分别进入出口汇集联箱，最后通过一根蒸汽管道进入汽轮机高压缸。通过 A、B 两侧一级减温水流量来调节 A、B 两侧屏式过热器的出口蒸汽温度，通过 A、B 两侧二级减温水流量来调节 A、B 两侧末级过热器的出口蒸汽温度。对于A、B两侧的一级减温来说，由于其出口均有温度测点，且温度设定值可相互单独设定，故其控制策略可设计为两套独立的控制策略，二级同理。

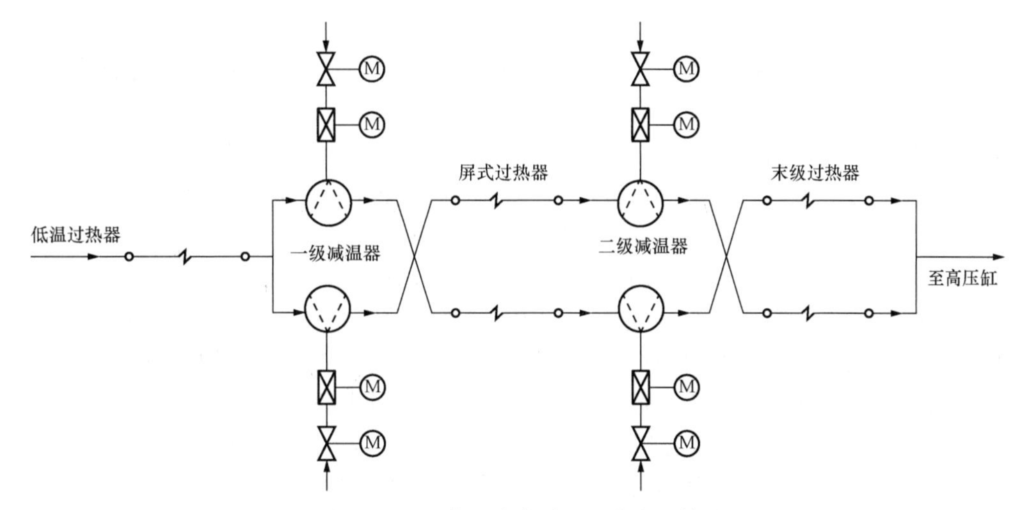

图2-91 过热器喷水减温工艺流程简图

图2-92所示系统为前馈—串级控制结构。二级减温器入口温度与二级减温器出口温度的温差信号作为系统主参数，主控制器PID1的输出加上经过动态校正环节 $f_1(t)$ 后的燃烧器摆角指令和经过动态校正环节 $f_2(t)$ 的总风量及蒸汽流量前馈信号后作为副控制器PID2的给定值，过热器一级减温器出口温度为系统的副参数。副控制器PID2的输出为一级减温水流量指令，去调节一级喷水减温调节阀门开度，从而改变一级减温水流量。

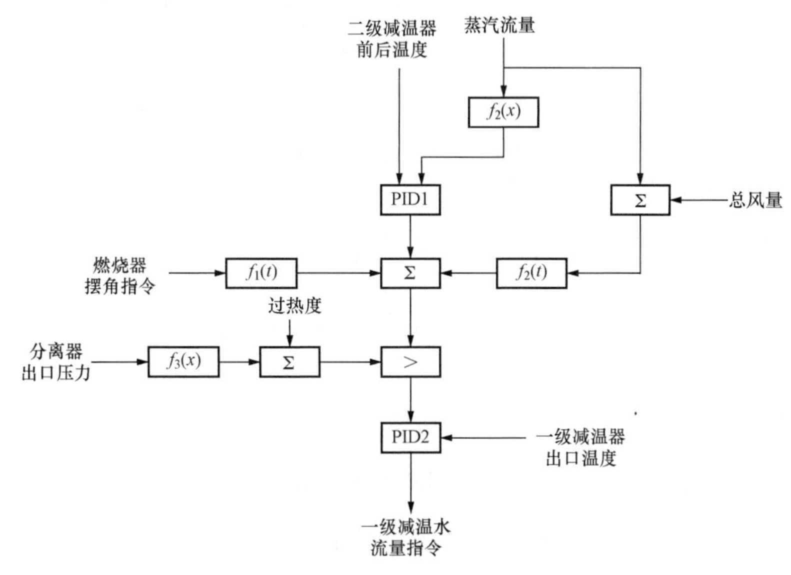

图2-92 一级喷水减温控制方案

采用二级减温器前后温差作为系统主参数进行控制，主要是因为机组二级减温器前的过热器为屏式过热器，二级减温器后的末级过热器为对流过热器，这两种过热器的温度特性相反，如当负荷增加时，前者出口温度将下降，后者出口温度则上升。若此时减少一级减温水流量将恶化二级喷水减温的调控能力，从而可导致末级过热器出口温度超温。因此主控制器PID1的任务就是维持二级减温器前后温差为蒸汽流量的函数 $f_2(x)$，使二级减温器前后温差随负荷（蒸汽流量）而变化。函数 $f_2(x)$ 可防止负荷增加时一级喷水量的减少和二级喷水量的大幅度增加，从而使一级和二级喷水量相差不大，保证一、二级喷水减温控制系统的控温能力。

燃烧器摆角指令、蒸汽流量和总风量经动态校正处理后，作为前馈量加到主控制器的输出端。其目的是考虑再热汽温调节的影响或负荷变化引起烟气侧热量扰动时，及时调整减温水流量，消除扰动对过热汽温的影响，减小过热汽温的波动。

为了避免过多喷水，保证机组的经济性和安全性，由汽水分离器出口压力经函数 $f_3(x)$ 计算出一级减温器出口饱和温度，再加上相应的过热度后作为一级喷水减温控制的最低温度限制值。当主控制器PID1的输出加上相应的前馈信号低于最低温度限制值后，由图中的大值选择器选择最低温度限制值作为副控制器PID2的给定值来控制一级减温器出口温度。

图2-93所示为二级喷水减温控制方案（又称末级过热蒸汽温度控制系统）。该系统与一级喷水减温控制方案结构完全相同，为前馈—串级控制结构。末级过热器出口温度为主参数；主控制器PID1的输出，加上经过动态校正环节 $f_1(t)$ 后的燃烧器摆角指令、经过动态校正环节 $f_2(t)$ 的总风量及蒸汽流量前馈信号后作为副控制器PID2的给定值；末级过热器入口汽温为系统的副参数。副控制器PID2的输出为二级减温水流量指令，去调节二级喷水减温调节阀门开度，从而改变二级减温水流量。

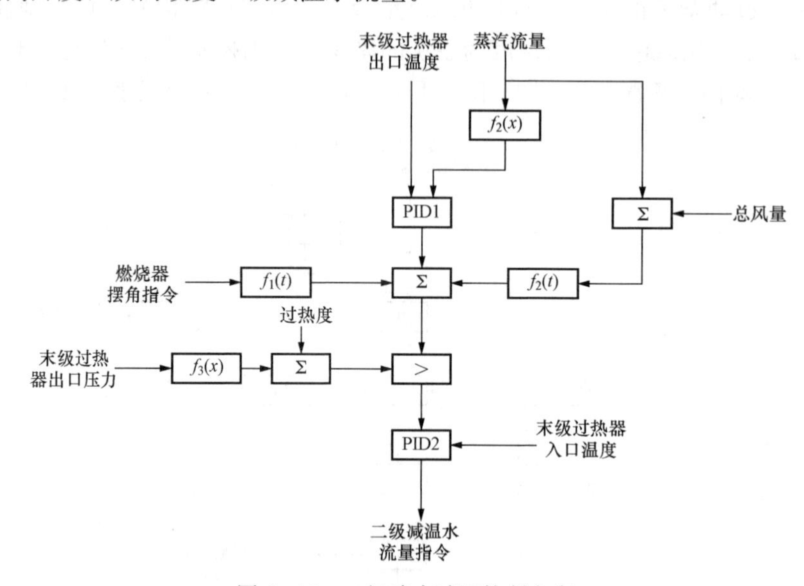

图2-93　二级喷水减温控制方案

为了防止末级过热器入口汽温过低而导致蒸汽带水，在二级喷水减温控制系统中设置了过热度保护。根据末级过热器出口压力经函数发生器 $f_3(x)$ 计算出末级过热器入口蒸汽的饱和温度，加上一定的过热度（10℃左右）后作为末级过热器入口汽温保护值。当主控制器PID1的输出加上相应的前馈信号低于保护值，由大值选择器选择保护值作为副控制器PID2的给定值控制末级过热器入口汽温，可防止末级过热器入口蒸汽带水，影响机组安全运行。

设置燃烧器摆角指令、蒸汽流量和总风量等前馈信号的作用是当再热汽温调节或负荷变化引起烟气侧热量扰动时，及时调整减温水流量，消除扰动对过热汽温影响。

（二）直流锅炉汽温控制系统实例分析

1. 过热蒸汽热力系统

某 600MW 超临界压力机组过热蒸汽热力系统如图 2 - 94 所示。

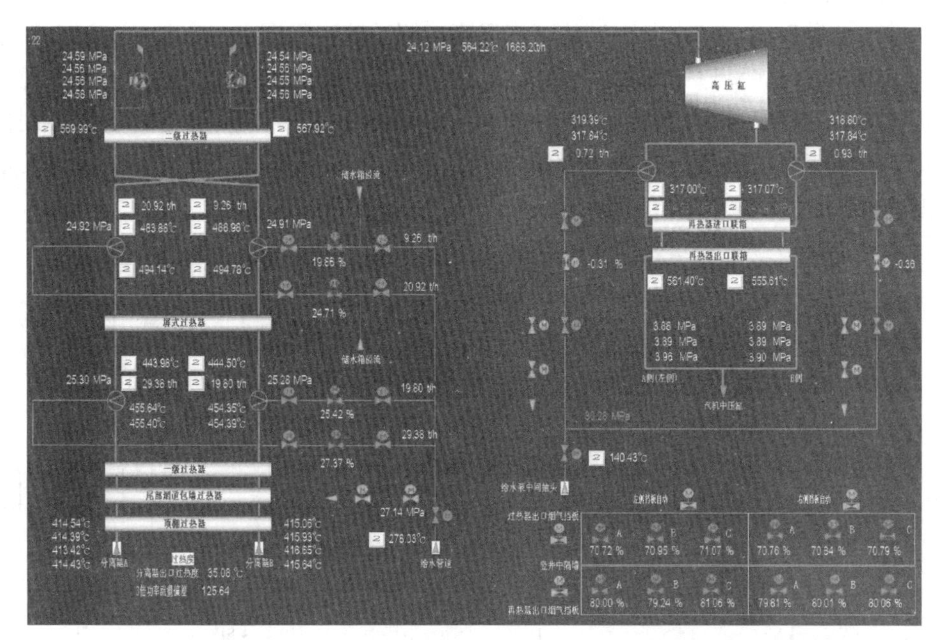

图 2 - 94　600MW 超临界压力机组过热蒸汽热力系统

热力系统设计有 A、B 侧一级喷水调节阀及 A、B 侧二级喷水调节阀，A、B 侧一级减温调节阀控制二级过热器入口汽温，A、B 侧二级减温调节阀控制锅炉出口过热汽温。

2. 一级减温控制系统

一级减温控制系统（又称屏式过热器出口温度控制系统）如图 2 - 95 所示。该系统由 A 侧和 B 侧两套系统构成。两套系统的结构相似，都采用温差串级控制策略。

二级减温器入口温度作为主控制器的被控量，ULD 指令经过 $f_1(x)$ 换算后得出当前负荷下对应的二级减温器入口温度值，与操作站的调节偏置相加后，形成二级减温器前温度设定值。ULD 指令经过 $f_2(x)$ 换算后形成负荷前馈指令作用在主控制器上，这是因为当锅炉负荷变化时，主蒸汽温度也将变化。在锅炉降负荷时，主蒸汽温度也降低，这时应关小减温水调节阀，直到减温器解列为止。主控制器的输出作为副控制器的给定值，过热器一级减温器出口温度为副控制器的被控量，形成串级控制系统，产生一级喷水减温器的喷水量指令去控制过热器一级减温器入口喷水调节阀，使二级减温器前的温度随负荷（蒸汽流量）而变化。这可防止负荷增加时一级喷水量的减少和二级喷水量的大幅度增加，从而使一级和二级喷水量相差不大，各段过热器温度相对比较均匀。

当发生锅炉主燃料跳闸（MFT）时，应强关一级减温水调节阀门。

当 A 侧二级减温器前温度变送器发生故障、A 侧二级减温器前温度偏差大、A 侧一级减温器调节阀阀位和指令偏差大或 A 侧一级减温器后温度变送器发生故障时，A 侧一级喷水控制阀应强制手动。

当B侧二级减温器前温度变送器发生故障、B侧二级减温器前温度偏差大、B侧一级喷水阀位和指令偏差大或B侧一级减温器后温度变送器发生故障时，B侧一级喷水控制阀应强制手动。

3. 二级减温控制系统

二级减温控制系统（又称末级过热蒸汽温度控制系统）如图2-96所示。该系统也由结构相似的A侧和B侧两套系统构成，采用典型的串级汽温控制方案。锅炉主蒸汽温度为被控量，主控制器的输出作为副控制器的给定值，过热器A侧二级减温器后温度为副控制器的被控量，形成串级控制系统。副控制器产生的指令去控制A侧二级减温器入口喷水调节阀，改变A侧二级喷水减温器的喷水量。

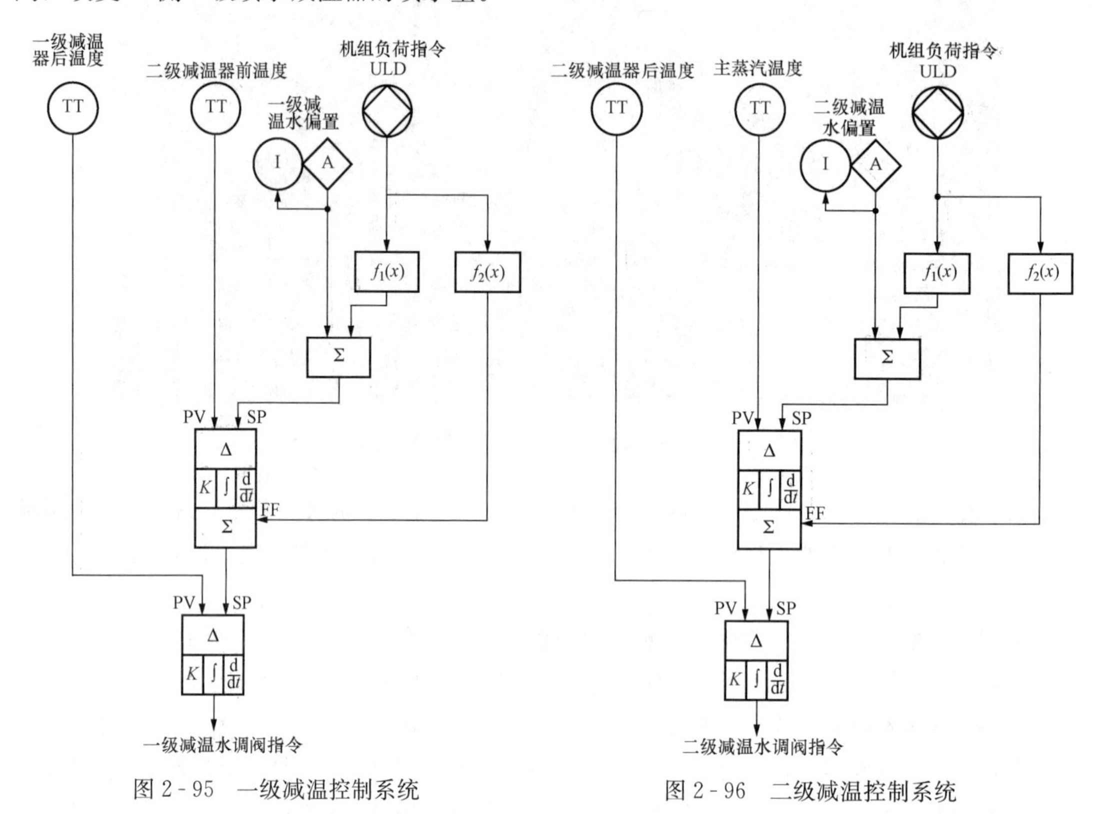

图2-95　一级减温控制系统　　　图2-96　二级减温控制系统

二级减温器控制的目的是维持主蒸汽温度在设定值上。主蒸汽温度的设定值由两部分组成：一部分是由ULD指令经$f_1(x)$换算后形成当前负荷下主蒸汽温度的设定值；另一部分是由运行操作人员根据当前的运行情况加的手动偏置。由于负荷变化时主蒸汽温度也会变化（尤其是在锅炉降负荷时），所以为了防止进入汽轮机的蒸汽带水，ULD指令经$f_2(x)$折算后形成负荷前馈指令，加到主控制器的输出作为前馈量。主控制器的输出作为副控制器的给定值，过热器二级减温器后温度为副控制器的被控量，形成串级控制系统，产生二级喷水减温器的喷水量指令去控制过热器二级减温器入口喷水调节阀，使主蒸汽温度随负荷（蒸汽流量）而变化。

当发生锅炉主燃料跳闸（MFT）时，应强关二级减温水调节阀门。

当A侧二级过热器后温度变送器发生故障、A侧主蒸汽温度偏差大、A侧二级喷水调节阀位和指令偏差大或A侧主蒸汽温度变送器发生故障时，A侧二级喷水控制阀应强制手动。

当B侧二级过热器后温度变送器发生故障、B侧主蒸汽温度偏差大、B侧二级喷水调节阀位和指令偏差大或B侧主蒸汽温度变送器发生故障时，B侧二级喷水控制阀应强制手动。

第六节　循环流化床锅炉控制系统

循环流化床锅炉（Circulating Fludized Bed Boiler，CFB锅炉）是近几年发展起来的新一代高效、低污染清洁型的燃煤锅炉，具有煤种适应性广、负荷控制性能好、燃烧效率高、环境污染小等优点，在电力、供热、化工生产等行业中得到越来越广泛的应用。CFB锅炉自20世纪80年代初进入燃煤锅炉的商业市场以来，在中小型锅炉中已占有了相当的份额，并在技术日趋成熟的同时逐渐向更大容量发展。

一、CFB锅炉工作过程

（一）CFB锅炉的工作原理

锅炉中当流体向上流过固体颗粒床层时，其运动状态是变化的。流速较低时，颗粒静止不动，流体只在颗粒之间的缝隙中通过。当流速增加到某一速度之后，颗粒不再由布风板支持，而全部由流区的摩擦力承托。此时单个颗粒不再依靠与其他邻近颗粒的接触维持空间位置，相反地，在失去了以前的机械支撑后，每个颗粒可在床层中自由运动；就整个床层而言，具有了许多类似流体的性质，这种状态称为流态化。使颗粒床层从静止状态转变为流态化时的最低流体速度，称为临界流化速度。

图2-97所示为典型CFB锅炉结构原理图。其基本流程为：煤和脱硫剂送入炉膛后，迅速被大量惰性高温物料包围，着火燃烧，同时进行脱硫反应，并在上升烟气流的作用下向炉膛上部运动，对水冷壁和炉内布置的其他受热面放热。粗大粒子进入悬浮区域后在重力及外力作用下偏离主气流，并最终形成附壁下降粒子流。被夹带出炉膛的粒子气固混合物离开炉膛后进入高温旋风分离器，大量固体颗粒（煤粒、脱硫剂）被分离出来回送炉膛，进行循环

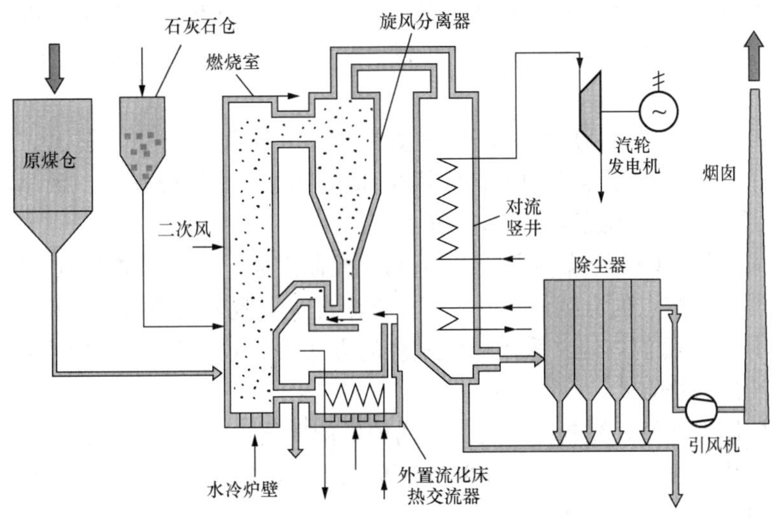

图2-97　典型的CFB锅炉结构原理图

燃烧和脱硫。未被分离出来的细粒子随烟气进入尾部烟道，进一步对受热面、空气预热器等放热冷却，经除尘器后，由引风机进入烟囱排入大气。

燃料燃烧、气固流体对受热面放热、再循环灰与补充物料及排渣的热量带入与带出，形成热平衡，使炉膛温度维持在一定温度水平上。大量循环灰的存在，较好地维持了炉膛温度的均匀性，增大了传热；而燃料成灰、脱硫剂与补充物料以及粗渣排除，维持了炉膛的物料平衡。

（二）CFB锅炉的结构与工艺过程

1. CFB锅炉的结构

CFB锅炉的主要结构包括两部分（见图2-97）。第一部分由炉膛或快速流化床、气固分离设备（即旋风分离器或气固分离器）、外置热交换器组成；第二部分是对流烟道，布置有过热器、再热器、省煤器和空气预热器等。另外还有排渣设备及颗粒分离设备等。

2. CFB锅炉的工艺过程

CFB锅炉主要工艺过程如下。

（1）物料系统。新燃料（煤）、脱硫剂（石灰石）不断加入到炉膛燃烧室层中，床层底料在一次风的作用下开始流化、破碎、燃烧；被烟风带出燃烧室的粉尘被分离器分离捕捉，由返料设备再返回到燃烧室中，形成了灰循环流化过程。

（2）风烟系统。循环流化床的一次风（大约60%总风量）从炉膛床层底部吹入，推动床料流化，并且形成还原燃烧气；在一定高度加入二次风，二次风促使燃料的充分燃烧；高压风是使返料返回燃烧室，形成循环闭路。

（3）汽水系统。给水经过省煤器、汽包、水冷壁，向外提供合格的蒸汽（该系统与汽包锅炉相似）。

（三）CFB锅炉的特点

循环流化床是处于煤的层燃燃烧和煤粉燃烧之间的一种燃烧方式，兼有这两种燃烧方式的优点，同时克服了它们的一些缺点，其优点主要如下。

（1）燃料的适应性广。由于CFB锅炉设计有飞灰再循环系统，改变飞灰再循环量的大小可以改变床内的吸热份额，所以对燃料的适应性较好。CFB锅炉几乎可以燃烧任何类型的燃料，特别是传统燃烧设备难以燃用的燃料，包括劣质煤和固体废料，而且可以混烧几种不同的燃料。

（2）燃烧效率高，燃烧强度大。CFB锅炉采用飞灰再循环燃烧，其锅炉的燃烧效率可达95%～99%；同时克服了常规的流化床锅炉床内燃烧段放热份额大、悬浮段放热份额小的缺点，提高了炉膛截面热强度和容积热负荷。

（3）低污染燃烧。CFB燃烧是一种低温动力控制燃烧，床温被控制在850～900℃，不仅使燃烧处于燃料灰熔点的温度范围下，而且该温度也是脱硫剂的最佳脱硫温度，脱硫率最高可达95%。同时，低温燃烧并采用分级燃烧的方式可有效降低NO_x的生成。因此，CFB燃烧是一种清洁的燃烧方式。

（4）负荷控制性能好，控制范围大。当锅炉负荷变化时，只需控制给煤量和送风量就可以满足负荷的变化，在低负荷时既不像常规流化床锅炉采取分床压火，也不像煤粉炉用油助燃。CFB锅炉的热负荷控制范围是40%～100%，其变化速率为5%/min～10%/min，因此适于电网调峰机组和热电联产的锅炉。

（5）综合经济效益好。CFB锅炉的燃烧温度低，灰未烧结成渣，内部结构没有被破坏，活性较好。尤其是燃用煤矸石、油页岩等燃料，其灰渣可以用作水泥生产的良好掺和料，也可作为其他建筑材料。

上述优点使得CFB锅炉的发展和应用非常迅速，现已成为公认的洁净煤燃烧利用技术领域的研究重点和热点。

二、CFB锅炉控制方案

CFB锅炉在结构及燃烧方式上均与普通煤粉锅炉不同，因此其控制要求及控制方案也有一定差异。CFB锅炉采用布风板上床层流化燃烧方式，其燃烧控制方案与煤粉炉完全不同；流化床锅炉要在炉内进行石灰石脱硫，故CFB锅炉必须增加石灰石给料控制系统；另外，CFB锅炉烟气中的未燃粒子经过旋风分离器后要由返料装置送回炉床继续燃烧，所以CFB锅炉必须具有返料控制系统。CFB锅炉正常燃烧时需要控制一定的床层厚度，床层厚度由排渣系统进行控制，因此CFB锅炉必须具有排渣控制（床层厚度控制）系统。除此之外，CFB锅炉的其他控制系统与常规煤粉炉的控制要求及控制方案基本相同。这里主要介绍CFB锅炉的燃烧控制系统。

1. 主蒸汽压力控制系统

CFB锅炉和煤粉锅炉一样，维持主蒸汽压力恒定是最基本的控制要求。汽轮机或热用户的蒸汽用量发生变化时，主蒸汽压力就会产生波动。此时为了维持主蒸汽压力恒定，必须改变进入锅炉的燃料量和助燃空气量。无论是单元制机组还是母管制机组，都要从能量平衡的角度来构造锅炉主控系统，即由燃料加入量维持主蒸汽压力恒定。

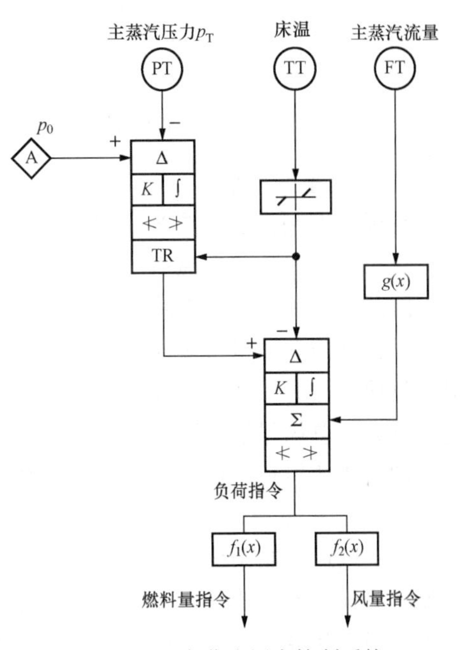

图2-98 主蒸汽压力控制系统

当机组按单元制运行时，采用主蒸汽压力控制系统进行锅炉主控。在主蒸汽压力控制系统中，通过控制入炉燃料量来控制主蒸汽压力，以满足机组的运行要求。由于入炉燃料量是影响床温的重要因素之一，所以在构造主蒸汽压力控制方案时把床温的影响也纳入控制方案中。床温升高应减小燃料量，床温降低则增大燃料量。由于CFB锅炉运行时床温可以在一定范围内波动，所以在上述控制方案中设置了不调温死区，即床温在该死区内时不改变燃料供给量。由于主蒸汽流量变化直接反映了机组的负荷变化，所以在上述控制方案中把主蒸汽流量信号经过函数运算后直接加到控制输出上，通过前馈形式提高系统的响应速度。

主蒸汽压力控制系统得到的燃料量指令和风量指令，分别送往燃料量控制系统和风量控制系统。主蒸汽压力控制系统如图2-98所示。

2. 燃料量控制系统

燃料量控制系统如图2-99所示。主蒸汽压力控制系统发出的燃料量指令即为总的燃料量指令，总燃料量指令与总风量进行交叉限制后作为控制系统的给定值，在PID中与燃料量测量值进行运算。运算结果经过函数处理后，分别作为给煤量控制系统、播煤风控制系统及石灰石控制系统的给定量指令。

3. 给煤量控制系统

给煤量控制系统如图 2-100 所示。燃料量控制系统得到的煤给定量指令送入给煤量控制系统，与煤给料机转速进行 PID 运算，运算结果控制给料机，使煤的供给量满足机组运行要求。

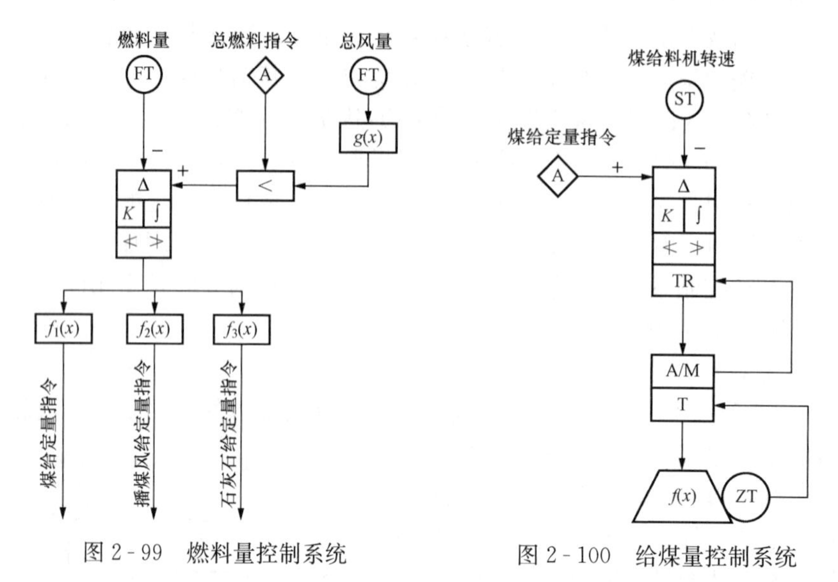

图 2-99　燃料量控制系统　　　　图 2-100　给煤量控制系统

4. 总风量控制系统

总风量控制系统如图 2-101 所示。主蒸汽压力控制系统发出的风量指令即为总风量指令。总风量中一、二次风所占比例最大，同时一次风和二次风直接影响锅炉的运行及燃烧工况。因此，总风量控制系统通过改变一、二次风量的控制指令来保证锅炉所需配风。锅炉主控系统得到的总风量指令与燃料量测量值进行交叉限制后作为总风量控制系统的给定值，以保证负荷增加时先加风后加燃料、负荷减小时先减燃料后减风的要求，从而保证一定的过量空气系数。总风量控制系统的给定值在 PID 中与总风量测量值进行运算，运算结果经过函数处理后送往风道燃烧器点火风控制系统、一次风控制系统及二次风控制系统。

5. 一次风量控制系统

一次风量控制系统如图 2-102 所示。总风量控制系统发出的一次风量指令作为一次风量控制系统的给定值，与一次风量的测量值一起送入 PID 中进行运算，运算结果去控制一次风门挡板开度，以控制送入炉膛的一次风量。一次风量测量值是在考虑了温度修正和压力修正后才送入 PID 中进行运算的。一次风量指令在进行处理时，需要考虑煤质的特性及负荷变化情况。煤种不同时，助燃空气量会有所不同，同时负荷变化时一次风量占总风量的比例也会发生变化。由于一次风对锅炉床温具有控制作用，故在构造一次风量控制系统时也考虑了床温修正。如果床温偏高，可在一定范围内减少一次风量；如果床温偏低，可在一定范围内增大一次风量。由于床温主要靠燃料供给量及返料量来控制，一次风量不作为控制床温的主要手段，故在一次风量控制系统中床温信号仅作为修正信号。

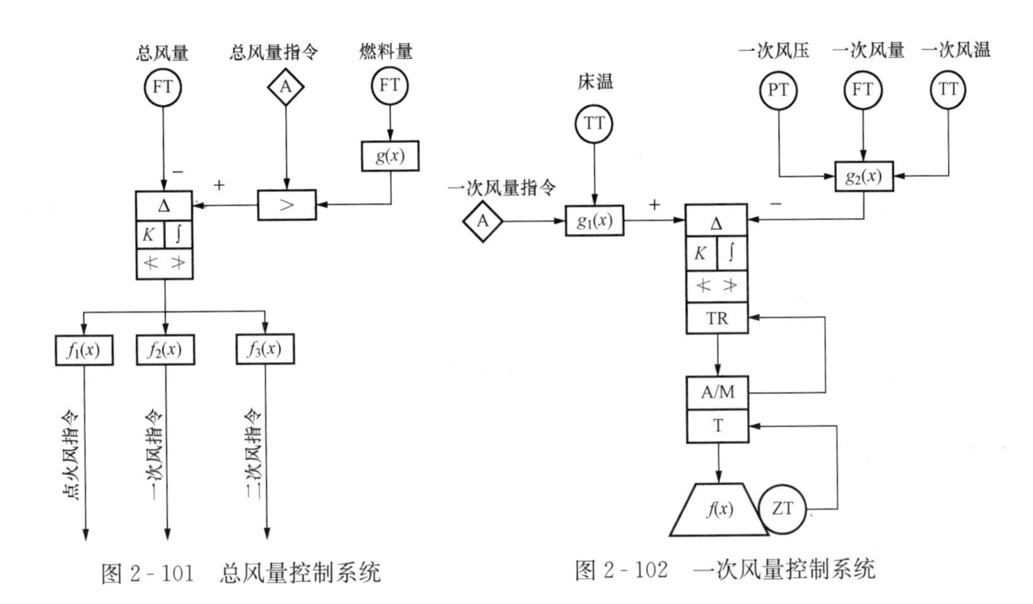

图 2 - 101　总风量控制系统　　　　图 2 - 102　一次风量控制系统

6. 二次风量控制系统

二次风量控制系统如图 2 - 103 所示。二次风量控制系统采用串级控制系统。烟气含氧量测量值与给定值一起送入主控制器中进行 PID 运算，运算结果与总风量控制系统发出的二次风量指令一起进行函数处理后作为副控制器的给定值，与二次风量测量值进行 PID 运算，运算结果分为两路作为上部二次风流量和下部二次风流量的控制指令。由于燃料量变化到烟气含氧量变化需要一段时间，故在二次风量控制系统中直接对燃料量进行处理，将其结

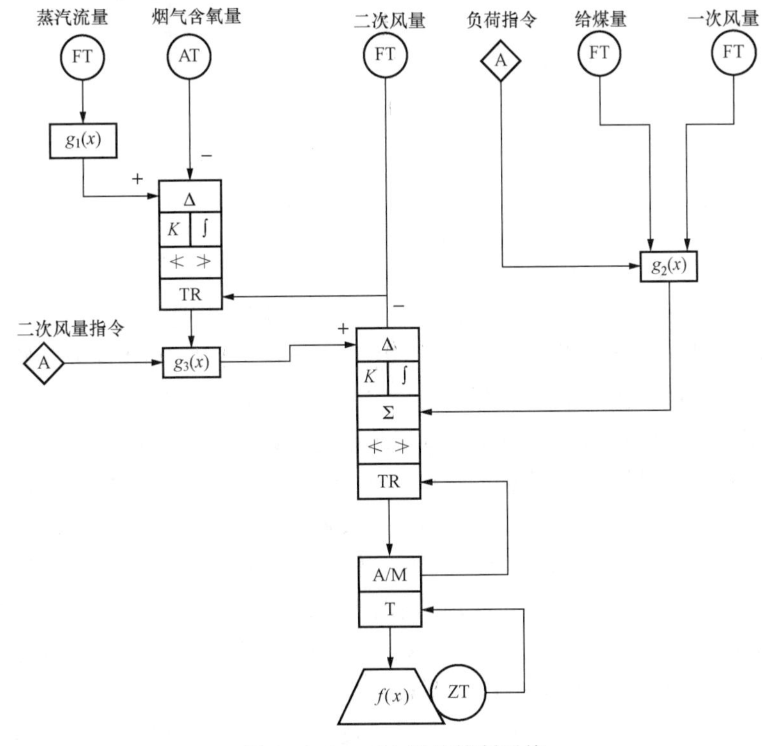

图 2 - 103　二次风量控制系统

果作为前馈信号加到控制输出中，以提高控制系统的快速响应性。在对给煤量进行处理的 $g_2(x)$ 函数中，考虑了负荷指令及一次风量等因素，其运算结果直接叠加到 PID 运算的输出上。

7. 二次风压控制系统

表征锅炉负荷的蒸汽流量经函数运算后作为二次风压控制系统的设定值，与二次风压测量值进行 PID 运算，运算结果控制二次风机入口导叶的开度，使二次风压满足运行要求。

二次风压控制系统如图 2 - 104 所示。

8. 播煤风量控制系统

燃料量控制系统得到的播煤风给定量指令送入播煤风量控制系统，与播煤风测量值进行 PID 运算，运算结果控制播煤风的执行机构，使播煤风的供给量满足运行要求。

播煤风量控制系统如图 2 - 105 所示。

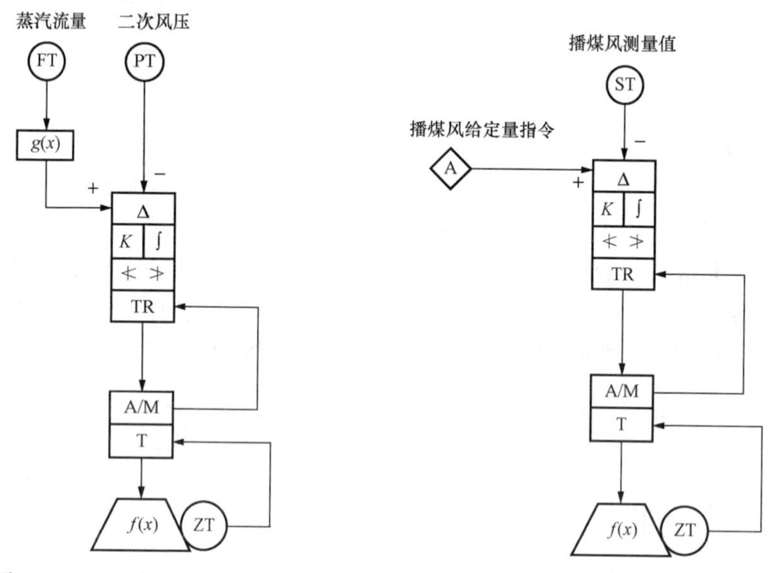

图 2 - 104　二次风压控制系统　　图 2 - 105　播煤风量控制系统

9. 床温控制系统（J 阀风量控制系统）

CFB 锅炉的最佳运行床温为 850～900℃。在这一温度范围内，大多数煤都不易结焦，石灰石脱硫剂具有最佳脱硫效果，并且 NO_x 生成量也很少。影响 CFB 床温的因素很多，如给煤量、石灰石供给量、排渣量、一次风量、二次风量、返料风量等。给煤量主要用来控制主蒸汽压力，床温对给煤控制的影响仅通过串级系统的内环来体现，因此给煤量仅为控制床温的手段之一；石灰石供给量对床温的影响比较小，且其影响也可间接体现在给煤量上，故在构造床温控制系统时不考虑石灰石的影响；排渣量主要用来控制床层厚度，若床层厚度基本恒定则排渣量对床温的影响也可不予考虑。对于不带外置式换热器且采用高温分离器的 CFB 锅炉，可以通过控制一次风和二次风的比例来维持床温稳定；对于带外置式换热器或采用中温分离器的 CFB 锅炉，则通过控制返料量来控制床层温度。当床层温度升高时，增加返料可降低床温；相反，床温降低则可通过减少返料来升高床温。床温控制系统中床温给定值是在综合考虑负荷指令、给煤量、一次风量及二次风量等物理量后得到的，该值与床温测量值经过控制运算后，其结果用于控制系统的执行机构，以使床温接近预定的数值。

床温控制系统如图 2-106 所示。

10. 石灰石给料量控制系统

石灰石给料量控制系统如图 2-107 所示，为一串级控制系统。SO_2 含量测量值与给定值一起送入主控制器，在其中进行 PID 运算后把运算结果与燃料量控制系统中得到的石灰石给定量指令一起进行函数处理。上述处理结果送入副控制器中与石灰石给料量测量值进行 PID 运算，运算结果经限幅处理后控制石灰石给料机的执行机构，以控制进入 CFB 锅炉中的石灰石量，从而达到控制 SO_2 排放量的目的。

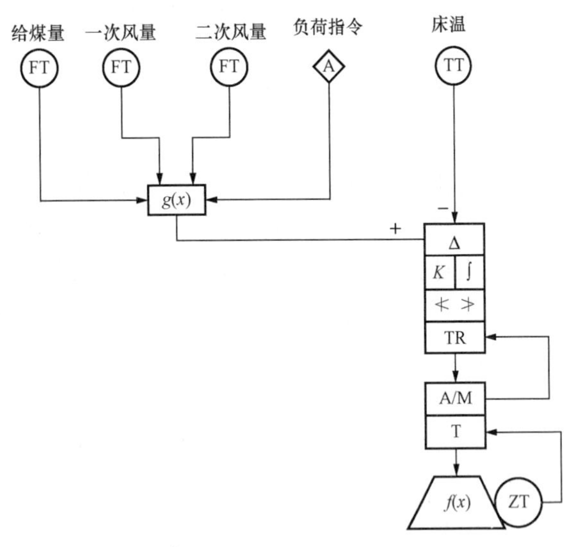

图 2-106 床温控制系统

11. 点火增压风机风量控制系统

点火增压风机风量控制系统如图 2-108 所示。总风量控制系统发出的点火风量指令作为点火增压风机风量控制系统的给定值，与点火风量测量值一起送入 PID 中进行运算，运算结果去控制点火风的执行机构，以使点火风量满足运行要求。

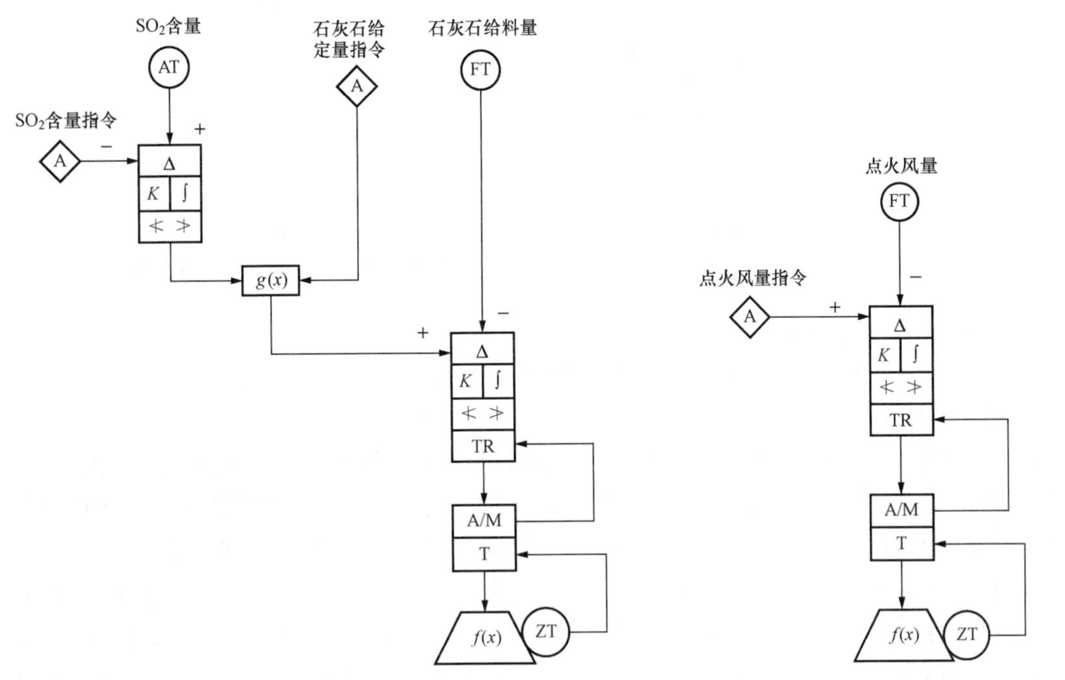

图 2-107 石灰石给料量控制系统

图 2-108 点火增压风机风量控制系统

12. 床压控制系统

床压控制系统如图 2-109 所示。对于某一特定的锅炉，床层厚度与床压具有一一对应的关系。因此，床层厚度控制可以通过控制床压来实现。在床压控制系统中床压测量值与床压给定值一起进行 PID 运算，运算结果控制排渣机构，以使床压满足运行要求。床压给定值是在综合考虑锅炉负荷、燃用煤种等因素后得到的。

13. 炉膛压力控制系统

炉膛压力控制系统如图 2 - 110 所示。在炉膛压力控制系统中，炉膛压力测量值经过惯性延滞处理后与给定值一起送入 PID 中进行运算，运算结果动作引风机执行机构，从而控制炉膛压力满足机组运行要求。在炉膛压力测量点有多个的情况下，可以采取多点取中值的办法进行处理。由于一次风量和二次风量发生变化时，需经过一段时间炉膛压力才发生变化，故在上述控制方案中直接把总风量的微分量作为前馈信号送入 PID 控制输出中，以提高一、二次风量变化时控制系统响应的快速性。

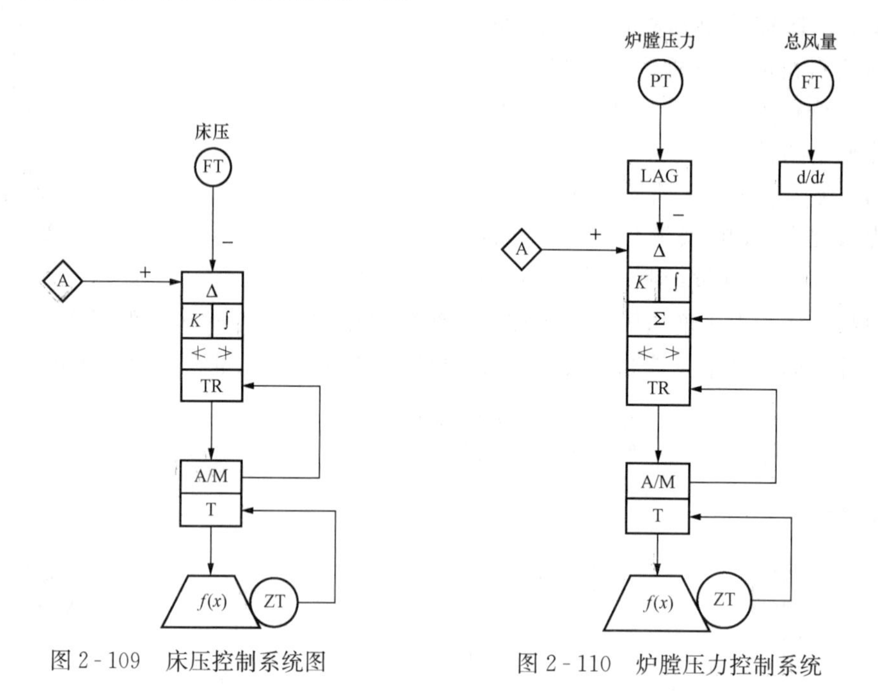

图 2 - 109　床压控制系统图

图 2 - 110　炉膛压力控制系统

三、CFB 锅炉控制系统实例分析

下面以某 300MW 机组 CFB 锅炉为例，介绍 CFB 锅炉燃烧控制系统。

1. 燃料控制系统

该 300MW 机组 CFB 锅炉给煤系统有四条刮板给煤机，采用前后墙回料腿及侧墙的双六点给煤方式。炉前煤斗里的煤经给煤机送至位于炉膛前后墙的回料管线和侧墙中部的给煤管。炉膛前后墙的回料管线上共有八个给煤口，即每个回料阀返料腿上有两个给煤点，煤随循环物料一起进入炉膛。另外，从每个给煤机上再分别引出一根给煤管线，分别经两侧墙给煤口送入炉膛，并引入一次风作为播煤风。所有给煤管线上均有二次风作为给煤密封风，给煤控制方式与煤粉锅炉的控制基本相同。锅炉热量信号为汽轮机调节级压力与锅炉汽包压力变化率之和，给煤量的设定值来自机组协调级的锅炉指令，如图 2 - 111 所示。每个到给煤机转速控制的输出信号前有一个偏置信号，以便根据实际情况调整每台给煤机的出力。

2. 风量控制系统

锅炉的总风量由一次风量、二次风量、高压流化风量组成。一次风的作用是流化床料，二次风的作用是保证燃烧用风，高压流化风的作用是保证回料顺畅。

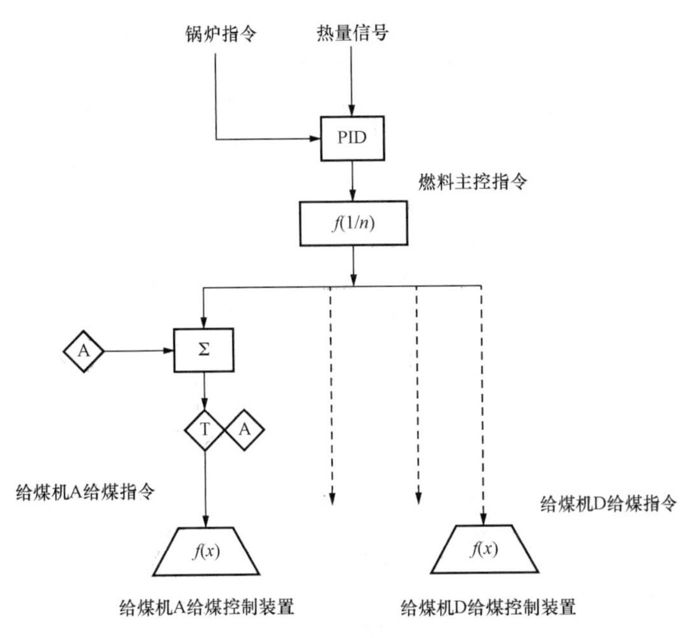

图 2-111　给煤控制系统

一次风量的控制如图 2-112 所示，控制采用单回路控制系统，一次风量是负荷的函数，在 50%锅炉负荷范围内，一次风量基本恒定不变，之后随锅炉的负荷增加而成比例增加，直到增加至额定值。一次风量约占总风量的 35%，设定值由燃料主控指令经函数器 $f(x)$ 变换后的信号上叠加两侧分叉腿床压偏差修正信号。

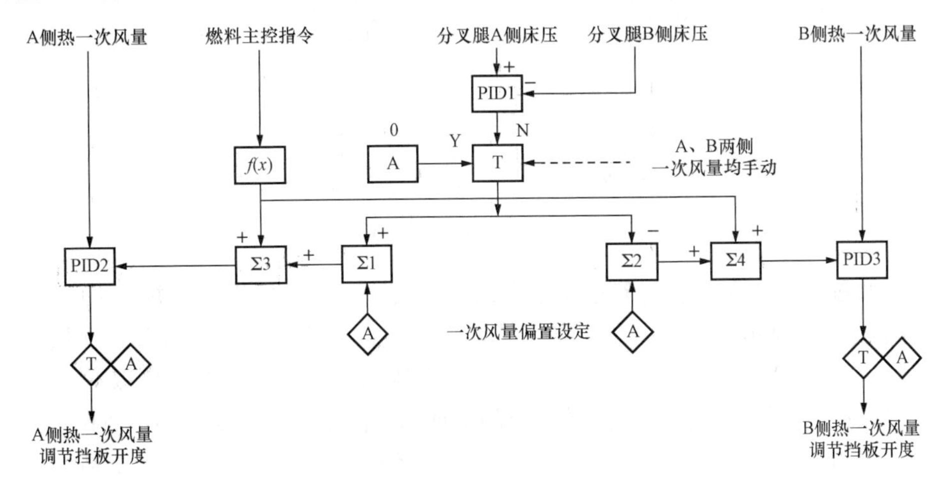

图 2-112　一次风量控制系统

在一次风量设定值上加上左右分叉腿床压偏差修正信号是为了预防锅炉出现“翻床”事故。“翻床”是指分叉腿炉膛结构的锅炉在运行中，由于两支腿之间出现较大的床压差，使炉内的大部分床料在短时间内聚集在某一支腿内，而另一支腿内几乎没有床料。床料聚集的一侧由于床压太高而造成“塌床”；另一侧则由于没有床料或床料太少而出现“吹空”现象。

虽然两侧给煤和排渣不均都会引起“翻床”事故，但运行中两侧的一次风量不均是最主要的原因。因此，在一次风量控制系统中加入两侧床压偏差信号可以起到有效的预防作用。图 2-112 中 A 侧床压减 B 侧床压后的差值经控制器 PID1 控制后输出分别送至加法器∑1 和∑2，形成对 A 侧一次风量设定值和 B 侧一次风量设定值的修正。当分叉腿 A 侧床压高于 B 侧床压时，A 侧一次风量必然小于 B 侧一次风量。要使两侧床压平衡应增加 A 侧一次风量，减小 B 侧一次风量。由于压差控制器 PID1 为正作用，所以此时的输出为增加。此时使 A 侧一次风量设定值增大，B 侧一次风量设定值减小，从而达到增加 A 侧一次风量、减小 B 侧一次风量的目的。反之，当 A 侧床压小于 B 侧时控制器的输出减少，此时 A 侧一次风量设定值减小，B 侧一次风量设定值增大。控制器的输出端有一个切换块；当两侧一次风量自动至少有一个投入时，切换器输出为控制器 PID1 的输出；当两侧一次风量调节均为手动时切换器输出为 0。

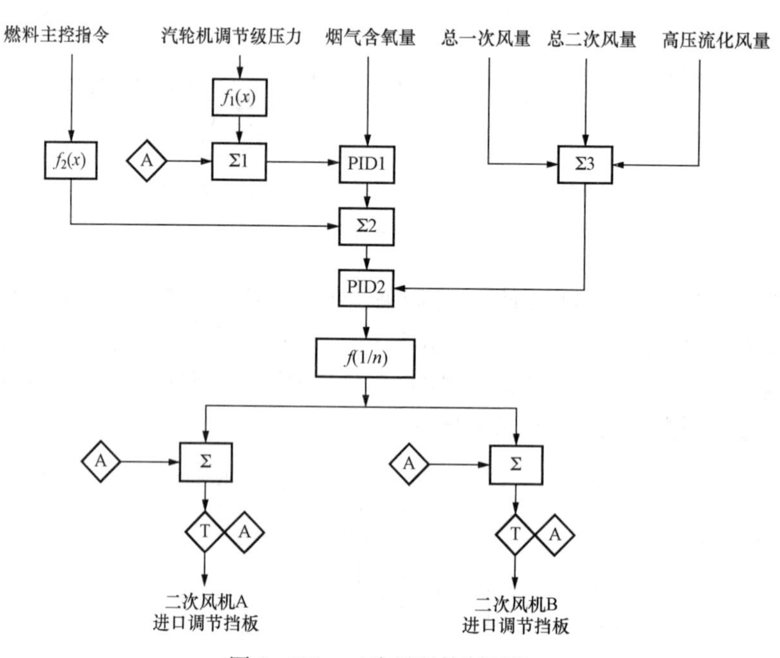

图 2-113　二次风量控制系统

由于是通过改变二次风量调节总风量来保证烟气含氧量，所以与常规 CFB 锅炉控制方式相同。图 2-113 所示为二次风量控制系统，二次风量的改变是通过调节二次风机进口挡板实现的。由于 300MW 机组 CFB 锅炉的一、二次风不参与床温调节，所以在 50%锅炉负荷内，二次风量基本恒定不变，之后随负荷的增加而逐渐增至额定值，约占总风量的 50%。

燃料主控指令经函数器 $f_2(x)$ 后给出总风量基本设定值。由代表锅炉负荷的汽轮机调节级压力信号经函数器 $f_1(x)$ 后给出烟气含氧量设定值，烟气含氧量测量值与设定值经控制器 PID1 运算后为风量修正信号。该信号对总风量基本设定值修正后形成总风量设定值，锅炉总风量为总一次风量、总二次风量和高压流化风量之和，总风量设定值与测量值的偏差经过控制器 PID2 运算后的输出，改变相应的二次风机进口挡板，从而实现总风量的调节。

图 2-114 所示为二次风压控制系统，二次风压是通过调节炉膛两侧的四个二次风挡板来实现的。

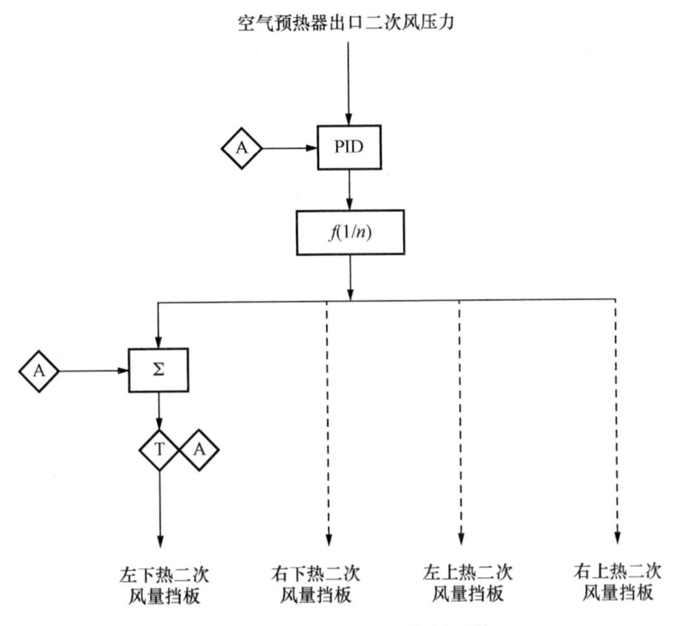

图 2-114　二次风压控制系统

3. 床温控制系统

在无外置换热器的 CFB 锅炉中，床温的控制通常通过调节一、二次风量来实现。由于该种方法对床温的调节能力有限，所以不能很好地适应大容量 CFB 锅炉的床温控制。300MW 机组 CFB 锅炉通常采用外置换热器来实现床温的控制。通过控制进入外置换热器的灰量，可以在较大范围内调节循环主回路和锅炉尾部对流烟道的热量分配，从而起到调节床温的作用。

需要说明的是，外置换热器对于床温的调节也是有一定范围的。当改变外置换热器的进灰量时，过热汽温也会受到影响。当需要提高锅炉床温时，应该减小进灰量，此时过热汽温会随之降低，减温水量减少，反之应该增大减温水量。但是锅炉的减温水流量会受到管路和调节阀的限制，有一个流量调节范围。因此当进灰量改变过大时可能会超过减温水流量的调节范围，使过热汽温超限。在床温的调节上要对控制系统的输出进行限制，避免出现上述情况。

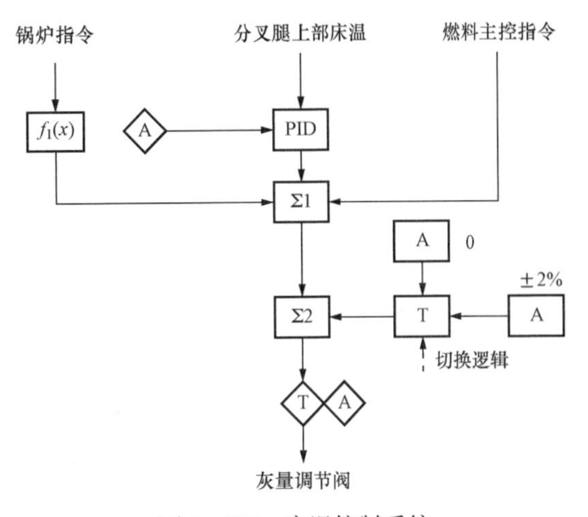

图 2-115　床温控制系统

300MW 机组 CFB 锅炉在每个分叉腿中布置有上、中、下三层床温测点，每层三个。炉膛中上部各布置有一个床温测点，这两个测点主要是给运行人员提供参考，未参与逻辑运算。分叉腿下层床温测点用于锅炉点火初期，作为投运床上油枪的判断条件；中层测点用于锅炉点火后期，作为投运给煤机的判断条件；上层床温测点用于锅炉正常运行时床温的自动控制和保护。锅炉床温控制采用单回路控制系统，如图 2－115 所示，控制系统的输出端布置有中温过热器的外置换热器的进灰调节阀。为防止床温的小幅度波动对调节造成扰动，采用带死区限制的控制器，死区域为±10℃。由于锅炉负荷和给煤量对床温有影响，所以引入锅炉指令和燃料主控指令作为前馈信号。同时为了防止进灰调节阀被灰粒阻塞，调节阀的开度不能长时间保留在一个状态，所以在控制信号上叠加了一个振荡信号，使进灰调节阀开度每隔一段时间就会产生一个±2%的波动。

4. 床压控制系统

300MW 机组 CFB 锅炉的床压控制系统也是一个单回路控制系统。床压的设定值是锅炉负荷的函数，其输出控制四台冷渣器锥形阀的开度。床压测点分布在两个分叉腿内，因此控制系统的测量值应该取两侧床压的平均值。

具有分叉腿结构的 CFB 锅炉，由于分叉腿两侧床压差别太大会导致锅炉“翻床”事故的发生，因此，在调节两侧的排渣量时应该做到大致相同，避免出现排渣不均的情况。

第三章

炉膛安全监控系统

第一节　炉膛安全监控系统概述

电力工业迅速发展，已经进入大电网、大机组、高参数、高度自动化的时代。大容量、高参数机组运行的安全重要性日益提高，需要控制的与燃烧有关的设备越来越多，包括点火装置、油燃烧器、煤粉燃烧器、辅助风挡板、燃料风挡板等。这些设备不仅类型复杂，而且操作方式多样化，操作过程也比较复杂。在锅炉启停工况和事故工况时，燃烧器的操作更加繁琐，如果操作不当很容易造成意外事故。

从 20 世纪 60 年代起，在国外火电机组上就开始使用一系列火焰检测装置和炉膛安全监控系统（Furnace Safeguard Supervisory System，FSSS），并制定了有关标准。原水电部在 1993 年明文规定："今后凡新投产机组必须安装火焰检测和安全防爆装置，现有机组在条件许可情况下也必须设法加装"。国家发展和改革委员会于 2008 年 6 月颁发了 DL/T 1091—2008《火力发电厂锅炉炉膛安全监控系统技术规程》，为我国火电机组 FSSS 的设计提供了依据。目前，FSSS 已经成为火电机组自动保护和自动控制系统的一个重要组成部分。

一、FSSS 的定义

FSSS 是指保证锅炉燃烧系统中各设备按规定的操作顺序和条件安全启停、切投，并能在危急工况下，跳闸相关设备或迅速切断进入炉膛的全部燃料（包括点火燃料），防止发生爆燃、爆炸等破坏性事故的安全保护和顺序控制装置。在有些资料中，也把该系统称为燃烧器管理系统（Burner Management System，BMS）。从 FSSS 的定义可以看出，该系统主要包括两部分内容：①燃烧器控制系统（Burner Control System，BCS），完成锅炉燃烧器的自动投切控制；②锅炉安全保护系统（Furnace Safeguard System，FSS），在锅炉正常工作和启停等各种运行工况下，连续监视燃烧系统的大量参数和状态，进行逻辑判断和运算，必要时发出动作指令，通过各种顺序控制和联锁装置，使燃烧系统中的有关设备严格按照一定的逻辑顺序进行操作以保证锅炉燃烧系统的安全。

FSSS 不实现连续调节功能，不直接参与负荷和送风量等参数的调节，仅完成锅炉及其辅机的启停监视和逻辑控制功能。但 FSSS 能行使超越运行人员和过程控制系统的作用，可靠地保证锅炉安全运行。锅炉的连续调节是由 MCS 完成的，FSSS 与 MCS 之间有一定联系和制约，其中 FSSS 的安全联锁功能的等级最高。同样，如果运行人员违反安全操作规程，FSSS 也将自动停运相关设备。FSSS 的具体联锁条件由各台机组燃烧系统的结构、特性和燃料种类等因素决定。

二、FSSS的基本功能

总体而言，FSSS的功能是确保锅炉安全、经济、稳定地运行，可分为燃烧器控制功能和锅炉安全监控功能。具体将FSSS的基本功能分成以下几个方面。

1. 点火前炉膛吹扫

炉膛吹扫是指使空气流过炉膛、锅炉烟井及与其相连的烟道，以有效清除任何积聚的可燃物，并用空气予以置换的过程。也可用惰性气体进行吹扫。

锅炉停炉后，尤其是长期停炉后，闲置的炉膛里必然会积聚一些燃料、杂物等，给重新运行带来不安全因素。因此，FSSS设置了点火前炉膛吹扫功能。在吹扫许可条件满足后，由运行人员启动一次为时5min的炉膛吹扫过程。这些吹扫许可条件的满足实际上是全面检查锅炉是否能投入运行的条件。为了防止运行人员的疏忽，系统设置了大量的联锁，锅炉如果不经吹扫，就无法进行点火。同时，必须满足5min的吹扫时间，如果因为吹扫许可条件失去而引起吹扫中断，必须等待条件重新满足后，再启动一次5min的吹扫，否则锅炉也无法点火。

启动点火前吹扫时应保证炉膛内有足够的风量，一般采用25%～30%额定空气量。吹扫时应先启动回转式空气预热器，再按顺序启动引风机和送风机各一台。这样可防止点火后回转式空气预热器因受热不均匀而发生变形，同时也可对回转式空气预热器进行吹扫。在进行锅炉点火前吹扫时，还应切断电除尘器的电源。这是因为如果炉膛内有可燃混合物，在吹扫时这些可燃性混合物将通过电除尘器至烟囱，除尘器电极上的高压有可能点燃可燃混合物，引起炉膛爆燃。

2. 燃油投入许可及控制

在锅炉完成点火前吹扫后，控制系统即开始对投油点火所必备的条件进行检查，如吹扫是否完成、油系统泄漏试验是否成功、油源条件、雾化介质条件、油枪和点火枪机械条件等。上述条件经确认满足后，FSSS向运行人员发出点火许可信号。运行人员发出点火指令后，系统会对将要投入的燃油层进行自动程序控制，内容包括：总油源、汽源打开，编排燃烧器启动顺序，油枪点火器推进，油枪阀控制，点火时间控制，点火成功与否的判断，点火完成后油枪的吹扫，油层点火不成功跳闸等。

3. 煤粉投入许可及控制

系统成功地进行了锅炉点火及低负荷运行之后，即开始对投入煤粉所必备的条件进行检查，完成大量的条件扫描工作。主要包括：锅炉参数是否合适、煤粉点火能量是否充足、燃烧器工况、有关风门挡板工况等。待上述条件满足后，系统向运行人员发出投煤粉允许信号。当运行人员发出投粉指令后，系统开始对将要启动的煤层进行自动程序控制，内容包括：编排设备启动顺序、控制启动时间、启动各有关设备、监视各种参数、启动成功与否的判断、煤层自动启动、不成功跳闸等。系统还对煤层正常停运进行自动程序控制。

4. 持续运行监视

当锅炉进入稳定运行工况以后系统全面进入安全监控状态（实际上从点火前吹扫开始锅炉就已置于系统的安全监控之下）。系统连续监视锅炉主要参数，如汽包水位、炉膛压力、汽轮机运行状态、全炉膛火焰、各种辅机工况等。发现各种不安全因素时都给予声光报警，直至跳闸锅炉。

5. 特殊工况监控

这里的特殊工况是指“负荷返回 RB”和“快速切负荷 FCB”，当机组发生这两种工况时，FSSS 的任务是与其他控制系统（主要是 MCS）配合，尽快将锅炉负荷减下来。

6. 主燃料跳闸（MFT）

锅炉在运行中若出现了某些运行人员无法及时做出反应的危急情况时，系统将进行紧急跳闸。如出现炉膛熄火、燃料全中断等情况时，FSSS 将启动 MFT，同时记录和显示“首出原因”以便于处理。FSSS 还向运行人员提供手动启动主燃料跳闸的手段。发出主燃料跳闸信号后，FSSS 将切除所有燃料设备和有关辅助设备，切断进入炉膛的一切燃料。主燃料跳闸后仍需维持炉内通风，故需要进行吹扫以清除炉膛及尾部烟道中的可燃性混合气体。吹扫结束前，在有关允许条件未满足的情况下，不允许再送燃料至炉膛；系统不容许运行人员在不遵守安全规程的情况下启动设备，如果违反安全规程，设备将无法启动或自动停运。

7. 跳闸后炉膛吹扫

锅炉紧急跳闸时，炉膛在一瞬间突然熄火，残留大量可燃性混合物，而且温度很高，很可能引起炉膛爆炸。因此，FSSS 在锅炉跳闸的同时启动炉膛吹扫，吹扫时间也是 5min。与点火前吹扫不同的是，跳闸后的炉膛吹扫被自动启动且许可条件大为减少。如果是由送风机和引风机引起的锅炉跳闸，系统会将全部烟、风挡板开至最大，利用自然通风进行吹扫。

三、FSSS 的组成

目前，FSSS 通常由四个部分组成：控制台、逻辑控制系统、执行机构和检测元件，见图 3-1。

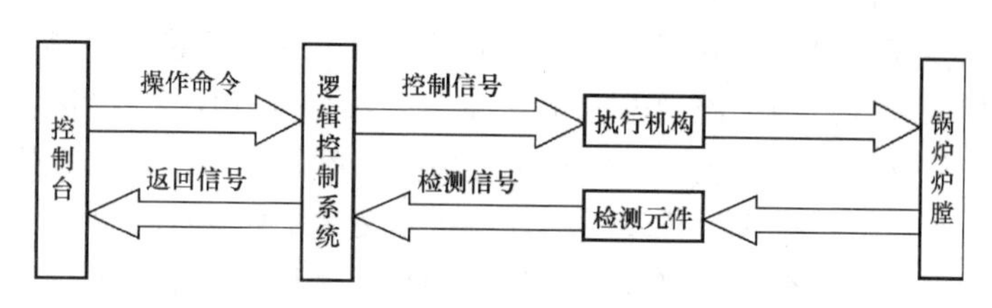

图 3-1　炉膛安全监控系统组成示意图

（1）控制台。FSSS 的控制台包括运行人员控制盘（操作员 CRT 和键盘）、就地控制盘、系统模拟盘等。FSSS 运行人员控制指令可以通过运行人员控制盘来实现，运行人员控制盘包括指令器件和信息反馈器件。指令器件是用来操作有关设备的操作按钮或开关，用来对燃烧设备进行操作，如锅炉启动时燃烧器点火和锅炉停炉时燃烧器熄火等操作。信息反馈器件是指用来表示燃烧设备状况信息的指示灯或其他设备，向运行人员反馈燃烧设备的运行状况。运行人员控制盘一般安装在中央控制室内，锅炉燃烧设备的启、停操作都可以在该控制盘上进行，燃烧设备状况也从该盘上得到。随着电厂自动化程度的提高，越来越多的电厂已经逐步取消了操作盘台，FSSS 的绝大部分指令和状态信息，都可以通过操作员 CRT 和键盘来实现。为了便于维修、测试和校验现场设备，FSSS 一般需要设置就地控制盘，如给煤机就地盘、磨煤机液力和润滑油系统就地盘等。系统模拟盘是系统调试和故障寻找的有力工具，它一般安装在 FSSS 的逻辑柜中，可以对各层燃烧设备及总体功能进行模拟操作实验。

（2）逻辑控制系统。逻辑控制系统是 FSSS 的核心。FSSS 需要控制的设备多、流程和操作方式多变，使得FSSS的逻辑控制系统比较复杂。从图3-1可以看出，逻辑控制系统一方面接收运行人员的操作指令，一方面接收检测元件发送来的实时状态信息，这些状态信息既包括锅炉炉膛的状态信息，也包括执行机构的执行状态。逻辑控制系统综合运行人员的操作指令和检测信号，进行一系列的逻辑运算，逻辑运算的结果驱动执行机构，控制相应对象（如燃料阀、风门挡板等）。同时，逻辑控制系统发送信息给反馈器件，使运行人员随时掌握燃烧设备的运行状态。FSSS并不是一个完全独立的控制系统，而是与其他控制系统有机地联系在一起。

（3）执行机构。也称驱动装置，是FSSS中的驱动机构。包括：各种电磁阀、控制阀，点火枪的驱动机构，各种挡板的驱动装置，给煤机的电动机控制器等。

（4）检测元件。检测元件是FSSS的基础，其主要作用是将反映燃烧系统状态的各种参数变为FSSS可接受的信号。检测元件包括：反映执行机构位置的限位开关；反映诸如压力、温度、流量是否正常的传感器，如压力开关、温度开关、流量开关等；监视炉膛压力的压力开关；监视炉膛火焰的火焰检测器等。

第二节　锅炉炉膛爆燃及防止

一、炉膛爆燃的基本概念

大型锅炉炉膛和制粉系统发生爆燃事故将造成设备严重破坏，危及人身安全。FSSS最基本的功能就是在锅炉运行的各个阶段，防止炉膛爆燃事故的发生。炉膛爆燃是指在锅炉炉膛、烟道里积存的可燃性混合物瞬间被引燃，由于炉膛的空间有限，使炉膛内烟气侧压力迅速升高，造成炉膛损坏，也称为外爆。锅炉正常运行时，进入炉膛的燃料立即着火，燃烧产生的烟气经烟道排入大气。当炉膛内温度足够高、燃料与空气比例适当、燃烧时间充分时，炉膛及烟道里没有积存的可燃性物质，锅炉不会发生炉膛爆燃事故。当燃烧设备或燃烧控制系统出现故障，且运行人员处理操作不当时，就可能发生炉膛爆燃事故。

发生炉膛爆燃事故的三个充分必要条件是：①有燃料和助燃空气的存在；②燃料和空气的混合物达到爆燃浓度（混合比）；③有足够的点火能量。

锅炉炉膛要发生爆燃，以上3个条件缺一不可，若有1个条件不存在，就不会发生爆燃。所谓爆燃性混合物也就是可以被点燃的混合物。锅炉处于不同的状态下所具备的爆燃条件也不尽相同。当锅炉处于正常运行状态时，有足够的可燃混合物和点火能源，即上述3个条件中的2个满足，因此要防止锅炉爆燃只有设法防止可燃混合物在炉膛或烟道内的积存。避免可燃物的积存是防止锅炉炉膛爆燃的关键所在，但要做到这一点是很困难的。从发现熄火到保护系统动作、切断进入炉膛内的燃料的这段时间里，实际上已经有一定量的燃料进入炉膛，再加上阀门、挡板等的动作滞后时间和关闭不严，以及从阀门、挡板到炉膛之间还有一段管道，都可能将燃料继续送入炉膛而造成可燃物的积存。此外，控制逻辑的不合理设计、误操作、误判断都有可能导致炉膛的爆燃。

燃料与空气按一定比例混合时才能形成可燃混合物，混合物中所含燃料浓度过大或过小均不能被点燃，爆燃浓度范围不仅与燃料的种类有关，而且与温度有关。温度高则可燃混合物的浓度变化范围扩大。在点火期可燃混合物浓度范围较小，一定要有更适当的浓度或更大的点火能量（即更高的温度），可燃混合物才能被点燃。如果由于没有足够的点火能量或浓度比不当，送入炉膛的燃料未能着火或正在燃烧的火焰中断，将有过量的燃料和空气混合物进入炉膛，这段时间越长，炉膛内积存的可燃混合物就越多。如送入的混合物经扩散达到可燃范围，突然点燃就可能发生爆燃。

二、产生炉膛爆燃的典型工况

导致炉膛爆燃的因素是综合性的，它与锅炉机组及其辅机的结构设计、制造质量、安装和运行管理水平等都有一定的关系。在实际运行中，通常有以下几种典型工况容易造成炉膛的爆燃：

（1）锅炉运行中，燃料、风或点火能源突然中断，使锅炉瞬间熄火，从而形成可燃混合物的积聚，继而引起喷火或炉膛爆燃。

（2）点燃或运行中的燃烧器，一个或几个突然失去火焰，就可能使这些燃烧器堆积可燃混合物，重新着火时引起爆燃。

（3）锅炉运行中燃烧器全部熄灭，使燃料/空气可燃混合物积聚，重新点火或出现其他点火能源时，即可引起炉膛爆燃。

（4）锅炉停运期间，由于燃料关断设备（阀门、挡板）失去控制或泄漏，燃料进入闲置的炉膛形成堆积，锅炉重新启动前未经吹扫或吹扫不完全，积存的燃料突然点燃而引起爆燃。

（5）重复不成功的点火而未及时吹扫，造成大量可燃物的积聚，当具备点火能量时发生爆燃。

（6）异常工况下，封闭的炉膛内某些部分可能形成的死区，死区内积有可燃物，当着火条件具备时，这些可燃物就可能被点燃并产生爆燃。

对一系列炉膛爆燃事故进行的调查证明，小爆燃（炉膛喷烟或接近熄火）事故的发生频率远远高于预测。通过改进测量元件、安全联锁和保护装置，规定合理的操作程序，能大大减少炉膛爆燃的危险和实际事故的发生。

三、炉膛爆燃的防止

由上述可知，锅炉发生破坏性爆燃主要是由可燃混合物的爆燃引起的。爆燃的产生必须具备三要素，只要防止其中一个要素的形成，就可防止爆燃的发生。大量的实践证明，大多数炉膛爆燃发生在点火和暖炉期间，在低负荷运行或在停炉熄火过程中也发生过，对于不同的运行情况，控制系统应采取不同的防止爆燃的方法。

1. 点火暖炉期间

点火期间炉膛温度较低，空气尚未预热，这期间要启动的设备和进行的操作很多，很容易发生误操作。按照合理的操作规程，采取合适的措施就可以有效防止炉膛爆燃。

（1）炉膛吹扫。点火器的火焰是炉膛的第一个火焰。在点火器点火前应保证炉膛与烟道内没有积存可燃混合物。因此，大型锅炉 FSSS 均设计了锅炉吹扫逻辑，在点火前用空气吹扫炉膛和烟道，锅炉吹扫完成是 MFT 复位的必要条件。吹扫逻辑将积存的燃料吹扫出炉膛和烟道，同时还要防止燃料流入炉膛和烟道。为达到吹扫目的，吹扫时要有一定的换气量和一定的空气流速，一般要求换气量不少于炉膛容积的 4 倍，而空气流量应不小于额定负荷时空气流量的 25%，以免被吹起的燃料又积存下来。吹扫时间必须连续保持 5min，保证吹扫的彻底性。另外，在 5min 吹扫前，一般应先进行油系统泄漏试验，检查燃油系统的严密性，防止燃油在停用时、吹扫后或点火前漏入炉膛。

（2）锅炉点火。点火时最危险的情况为点火器已点着，但能量过小，不足以把燃烧器点燃，这时火焰检测器可能检测到火焰（点火器火焰），而实际上燃烧器并未点燃。一个能量不大的点火器也可能点燃燃烧器，但点火延迟时间过长、点火次数过多都有可能导致燃料在炉膛中的积存，待燃烧器点燃后又会把积存的燃料一起点燃，形成爆燃。因此 FSSS 逻辑设计中，若 10s 内油枪未能点燃，就应立即切断油枪油源，如果首次点火连续 2～3 次失败，则应 MFT 动作，对炉膛积存的燃料进行吹扫。投煤粉时，控制系统还要求足够的点火能量支持，如对应的油枪已投运或锅炉负荷大于 50%等，以确保进入炉膛的燃料能被连续点燃而不会积存。

燃用煤粉的锅炉，点火初期常有压力跳动，这种压力跳动实质上是小规模的爆燃。送入炉膛内的煤粉量将影响炉膛压力的大小。为了点火工况的稳定，避免炉膛压力跳动，最初送入的主燃料量和空气量应由小逐渐变大。对于燃用煤粉的锅炉，若气粉混合物的流量过低，会引起煤粉在粉管中的积存；为防止煤粉的积存而增加空气量，又会使煤粉浓度太低，影响着火。故在 FSSS 系统中，制粉系统启动时都设计了给粉量、配风量的最小值或点火值，如启动条件要求给煤机转速最低、风门开度到点火位等，以防止运行人员的误操作，保证一定气粉混合物浓度和流量，使给煤量和进风量由小逐渐增大。

2. 火焰中断时

锅炉正常运行时，如果风煤配比调整得当，且炉膛温度较高（高于 750℃），一般不会发生灭火、爆燃。在锅炉启、停过程及低负荷或变动负荷运行中，运行参数变动较大，常因进入炉内的燃料量与风量动态控制不当而发生燃料不稳，导致锅炉火焰中断。此时若未能及时采取紧急保护措施，继续让燃料进入炉膛，就有可能造成炉膛爆燃。通常，以下情况可能引起锅炉火焰中断：

（1）锅炉负荷运行时，由于风粉配合不当，引起燃烧不稳而熄火。

（2）在低负荷运行时，炉膛温度较低，下粉不均、风粉配合不当，引起燃烧不稳而熄火。

（3）煤质突变，引起风粉不平衡，导致燃烧不稳灭火。

（4）由于锅炉燃烧设备或控制系统故障，引起燃烧突变、燃烧不稳而熄火。

（5）由于锅炉结焦，炉膛掉大焦、炉膛压力摆动、冲击火焰而熄火。

不论在什么情况下，如果燃烧器的火焰熄火，都应立即切断燃料，否则进入的燃料将积存在炉膛中，这段时间越长，进入的燃料就越多，形成严重破坏性爆燃的可能性就越大。任一燃烧器火焰熄灭，都应立即切断该燃烧器的燃料。如全部火焰熄灭，则应立即切断全部燃料，因此在 FSSS 中设计了燃烧器火焰保护和全炉膛火焰保护。在高负荷时，发生火焰中断后，控制系统在火焰熄灭后只切断燃料是不够的，因为还有其他无法控制的因素使燃料继续进入炉膛。例如在燃料阀门与燃烧器之间有一段管道，燃料切断后管道中积存的燃料仍将继续进入炉膛。如果火焰熄灭是由空气不足引起的，则切断燃料后空气仍将继续流入，有可能使积存的燃料成为可燃混合物。因此在设计时应使燃料阀与燃烧器之间的管道尽可能短。但对于直吹式制粉系统，管道及磨煤机内存煤数量相当大，MFT 发生时，一般应在切断燃料的同时进行炉膛吹扫，如果送风机和引风机因故不能运行，控制系统会自动进入自然通风状态。

四、炉膛内爆

锅炉炉膛除了外爆，有时还会发生内爆。内爆是指当炉膛压力过低，炉膛内外差压超过炉墙所能承受的压力时，炉墙向内坍塌的现象。

发生炉膛内爆的主要原因如下：

（1）由于炉膛内燃料燃烧不稳或熄火，使烟气侧压力骤然降低，炉膛内外压差过大。

（2）引风机出力较大，造成较大的负压力。这通常是由于控制系统故障或运行人员操作失误造成的。

为了防止炉膛内爆发生，在运行中应严格控制炉膛的负压值。若因灭火切断燃料，应通过函数发生器向炉膛压力控制系统发出前馈信号，使引风机在 MFT 后，先关小到某百分数（例如 25%）并保持一段时间，再恢复到控制炉膛压力在允许范围内。MFT 时引风机动叶控制前馈信号示意图如图 3-2 所示。

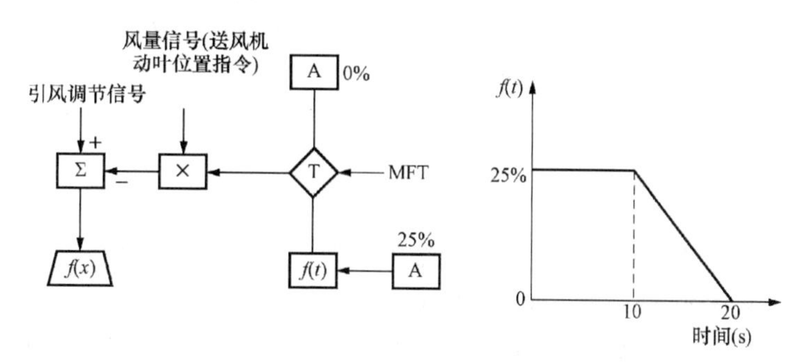

图 3-2　MFT 时引风机动叶控制前馈信号示意图

第三节　炉膛安全监控系统相关设备

一、火焰检测器

电厂锅炉燃烧的基本要求是建立和保持稳定的火焰。燃烧不稳定不仅会降低锅炉的热效率，而且会引起锅炉炉膛灭火，如果处理不当会引起锅炉爆燃造成事故。为了及时、可靠地检测炉膛的燃烧状况，防止在低负荷不稳定燃烧工况下发生炉膛爆燃事故，电厂锅炉必须配备完善的 FSSS。FSSS 的正常运行，基于准确、可靠的火焰信号。火焰检测器是 FSSS 重要的前端设备，它提供的信号准确与否，对 FSSS 的正常运行起着决定性的作用。

1. 火焰检测器的种类

燃料在炉内燃烧，发生剧烈的化学反应并释放出大量的能量。这些能量以光能（紫外光、可见光、红外光）、热能等形式释放出来，不同的能量形式是检测炉内燃烧火焰的基础，根据火焰不同的特征可以设计出多种类型的火焰检测器。

（1）光电式火焰检测器。利用火焰辐射光能的原理检测火焰，是目前使用最广泛的检测器，在后面将重点进行介绍。

（2）热膨胀式火焰检测器。金属在火焰高温作用下将受热膨胀，利用该原理制作的火焰检测器具有造价低、结构简单的优点；缺点是惯性大、动作时间长，而且因感受件直接与火焰接触，其使用寿命短、可靠性差。这种火焰检测器一般用于小型工业锅炉。

（3）热电式火焰检测器。热电偶在火焰高温作用下产生热电势，利用该原理制作的火焰检测器同样具有造价低、结构简单的优点；缺点是惯性大、灵敏度差，而且因热电偶直接与火焰接触，其使用寿命短、可靠性差。这种火焰检测器一般用于小型工业锅炉。

（4）声电式火焰检测器。燃料燃烧过程中会产生噪声，噪声的强弱与燃烧强度、燃烧速度、流速、空气/燃料比、燃烧器结构等有关。利用该原理制作的火焰检测器具有造价低、结构简单、可靠性高、灵敏度高的优点；缺点是易受外界噪声源的干扰而产生误动作。该类火焰检测器很有优势，还处于不断研究发展的过程中。

（5）压力式火焰检测器。当燃烧器工作时，火焰附近的压力会发生变化，利用该原理制成的火焰检测器可靠性高、反应灵敏；其缺点是要求微差压开关精度高，此外压力开关的参数整定也比较困难。

（6）数字图像火检装置。用CCD摄像机摄取炉膛火焰的图像送到计算机，对图像进行数字化处理，可以计算出燃料燃烧火焰的温度场和火焰的能量，从而判断出燃烧的好坏并决定是否动作燃烧不稳定告警和熄火保护等。

除上述形式的火焰检测器外，还有利用火焰导电性质、火焰整流性质等研制的火焰检测器。

2. 炉膛火焰特性

物体温度高于绝对零度时，会因为其内部带电粒子的热运动而向外发射不同波长的电磁波，这种现象称为物体的热辐射。热辐射是电磁波，因而与可见光等有相似的性质，如以光速传播、服从折射和反射定理等。锅炉炉膛内燃料燃烧时会发出大量热辐射。

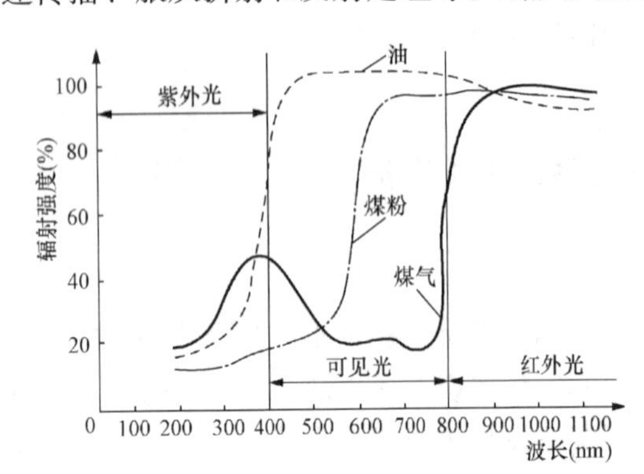

图 3-3　不同燃料火焰辐射强度与波长的关系

锅炉使用的燃料主要有煤、油和可燃气体，这些燃料在燃烧过程中会以热辐射的形式向外发射不同波长的电磁波。见图3-3，所有的燃料燃烧都会辐射出一定量的紫外光（UV）和大量的红外光（IR），光谱范围从红外光、可见光直到紫外光，都可以用来检测火焰的“有”或“无”。炉膛火焰光按波段可分为紫外光、可见光和红外光。燃料品种不同，其火焰的频谱特性也不同。煤粉火焰含有丰富的可见光、红外光和一定的紫外光；燃油火焰有丰富的可见光、红外光和紫外光；燃气火焰有丰富的紫外光和一定的可见光、红外光。同一种燃料在不同的燃烧区，火焰的频谱特性也有差异。火焰的频谱特性是选择何种光电器件首先要考虑的问题。

燃烧的实质是燃料中的碳和碳氢化合物与空气中的氧发生剧烈的化学反应。从燃烧器中喷射出的燃料形成火焰大约可以分为以下四个阶段：

（1）第一阶段为预热区，煤和风的混合物在逐步加热过程中与炉膛中的明火开始接触。

（2）第二阶段是初始燃烧区，燃料因受到高温炉气回流的加热开始燃烧，大量燃料颗粒燃烧成亮点流。此段的亮度不是最大的，但亮度的变化频率达到最大值。

（3）第三阶段为完全燃烧区，也是燃烧释放大部分热量的区域，这时火焰的亮度最高。

（4）第四阶段为燃尽区，燃料燃烧完毕形成灰粉，炽热的灰粉继续发光，其亮度和频率的变化较低。

在燃料转换成温度极高的火焰的瞬变过程中，在某一固定区域其辐射能量按一定频率变化，从观察者的角度看，即火焰亮度是闪烁的，图 3-4 所示为火焰波形和闪烁频率示意图。炉膛火焰存在闪烁量，这是它区别于自然光和炉壁结焦发光的一个重要特性，可以利用检测火焰的闪烁光强存在与否来判断是否发生了灭火事故。炉膛火焰的辐射能量在某个平均值上下波动，在燃料燃烧过程中辐射出的能量包括光能（紫外光、可见光、红外光）、热能和声波等，这些形态的能量构成了检测炉膛火焰是否存在的基础。炉膛火焰的闪烁频率取决于燃料种类、燃烧器运行条件（燃料/空气比、一次风速度）、燃烧器结构、检测方法以及观测角度等。火焰闪烁频率一般在一次燃烧区较高，在火焰外围较低。检测器距一次燃烧区越近，所检测的高频成分越强。检测器探头视角越窄，所检测到的频率越高，视角扩大，则检测到的闪烁频率较低。可以推论，全炉膛监视的闪烁频率要比单只燃烧器监视的频率低得多。

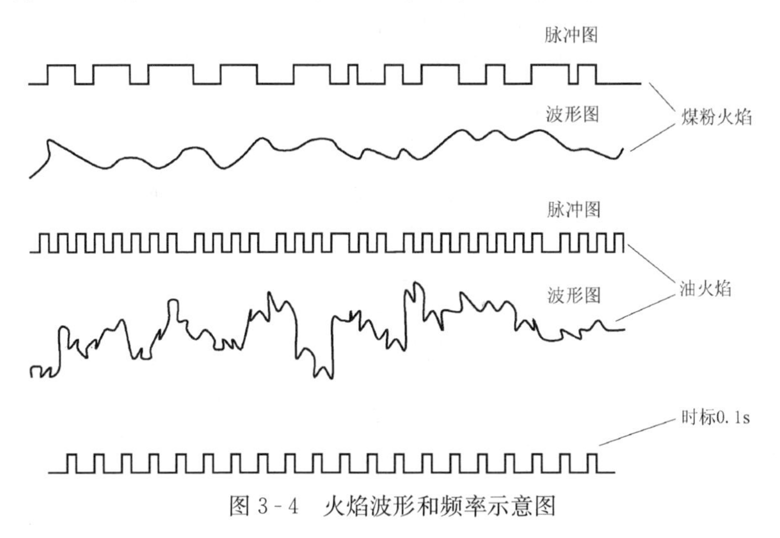

图 3-4 火焰波形和频率示意图

3. 光电式火焰检测器

光电式火焰检测器是目前应用最为广泛的火焰检测装置。检测部件通常安装在燃烧器附近的风道内或者靠近燃烧器的其他部位，炉膛内燃料燃烧时产生的紫外光、红外光或可见光等被检测信号通过检测部件的透镜、光导纤维等送到探头。探头把光信号转换成电信号，通过屏蔽线传送到电子放大器进行整形、放大，然后输出一个模拟信号或逻辑信号到控制系统中去。检测器按照所使用的光谱范围可以分成紫外光火焰检测、可见光火焰检测、红外光火焰检测。

（1）紫外光火焰检测。由于其频谱响应在紫外光波段，所以不受可见光和红外光的影响。在燃烧带的不同区域，紫外光的含量有急剧的变化，在第一燃烧区（火焰根部）紫外光含量最丰富，而在第二和第三燃烧区，紫外光含量显著减少。因此，紫外光用作单燃烧器火焰检测时，对相邻燃烧器的火焰具有较高的鉴别率。利用紫外光检测火焰的缺点是：由于紫外光易为介质所吸收，因此当探头的表面被烟灰油雾等污染时，火焰检测器的灵敏度将显著下降，为此要经常清除污染物，导致紫外光火焰检测器的现场维护量大为增加。根据紫外光的频谱特性，它在燃气锅炉上使用的效果较好，而在燃煤锅炉上效果较差。此外，探头需瞄准第一燃烧区，也增加了现场的调试工作量。

（2）可见光火焰检测。可见光火焰检测是利用炉膛火焰中大量存在的可见光来检测火焰有无的装置。由于其频谱响应在可见光波段，辐射强度大，所以对器件的要求相对而言较低。可见光火焰检测的缺点是区分相邻燃烧器的鉴别率不如紫外光。虽然可以利用初始燃烧区和燃尽区火焰的闪烁频率不同这一特性来做单燃烧器火焰检测，但要对相邻燃烧器的火焰有较高的鉴别率，其现场调试工作量很大；根据光敏电阻和硅光电池的频谱响应特性，它在燃煤锅炉和燃油锅炉上效果较好，而在燃气锅炉上效果较差。

1）探头部分。火焰检测器的探头由平镜、凸镜、光纤导管等组成，如图 3-5 所示。炉膛火焰经过视角为 3°～5°的透镜后，再经过长度为 1.5～2m 的光纤电缆，将火焰信号直接照射到光电管上。光电管将光信号转换成电流信号，并由对数放大器转换为电压信号。由于光电二极管输出的电流值是发光强度的指数函数，故采用对数放大器。当可见光发光强度大幅度变化时，对数放大器的输出呈小幅度变化，这样可以避免放大器饱和，使得不同负荷下的正常火焰信号都在预定值之内。在对数放大器上连接了一个发光二极管（LED）负反馈回路，使得在停炉期间仍有 LED 的光线照射到光电管上，于是探头可以向后端处理电路发送一个稳定的电流信号，使检测器处于工作准备状态而不是报警状态。当该探头输出的电流过大或过小时，表明探头部分的电子元件或连接电缆可能出现故障。对数放大器输出的电压信号，经过传输放大器转换成电流信号，然后由屏蔽电缆传输至处理机箱。采用电流传输可以提高信号的抗干扰能力，减小信号的衰减，适合远距离传输。

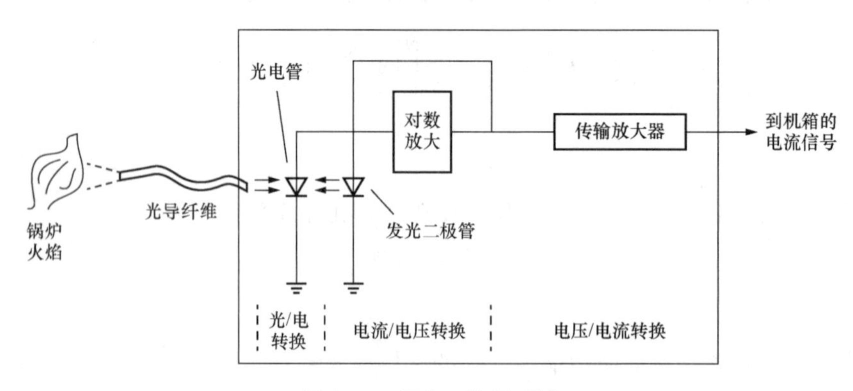

图 3-5　探头工作原理图

2）机箱部分。从图 3-6 可以看出，在检测器的处理机箱中，对从探头传输回来的信号进行处理，得出火焰的“有”、“无”信号。从探头输出的电流信号的大小反映了炉膛火焰的强弱，电信号的频率反映了炉膛火焰的脉动频率。电流信号在处理机架内经“电流/电压放大”模块转换、放大后，分别送入三个通道对火焰信号进行频率检测、强度检测和故障检测。三路信号均用发光管指示检测结果，还可以在一个指示表上反映火焰信号的强度。如果火焰检测器本身没有故障，火焰频率信号和强度信号又在设定范围内，则“强度”、“频率”指示灯亮，“故障”指示灯灭，并发出“有火焰”信号。

（3）红外光火焰检测。是利用红外线探测器件的火焰检测装置，可以检测火焰中大量存在的、不易被粉尘和其他燃烧产物吸收的可见光和红外光，是一种可靠性高、应用范围广、单燃烧器监视效果好的火焰检测器。Forney 公司 20 世纪 80 年代末期生产的 IDD-Ⅱ型火焰检测器是一种典型的红外光火焰检测器，在世界各地燃烧不同煤种（包括褐煤、烟煤、无烟煤）的锅炉上取得了良好的单燃烧器监视效果。红外光辐射的波长较长，不易被烟气、飞灰和 CO_2 所吸收。红外光检测元件的可靠性很高，即使在故障情况下，也通常是将“有”火焰表示为“无”火焰，从保护设备的角度考虑，这种情况是安全的。

4. 图像火焰检测器

目前，我国电厂广泛使用的火焰检测器为红外光型、可见光型或它们的组合型。这类火焰检测器需要探头对准火焰初始燃烧区，以检测着火区火焰的亮度和闪烁频率。检测器探头的视场角一般较小（红外线探头视角为7°～12°，可见光探头的视角为3°～5°），使火焰初始燃烧区内某“点”的亮度信号进入探头。图3-7所示为红外火焰检测探头的安装示意图。不同煤种的成分直接影响煤粉火焰的着火区位置，负荷、风煤比不同，也会影响火焰初始燃烧区的位置，故在实际运行过程中很难做到使探头始终对准火焰的初始燃烧区。燃烧器着火区位置经常严重漂移，从而影响红外光火焰检测器的检测效果，尤其在动态工况下，时有误报、漏报情况发生。

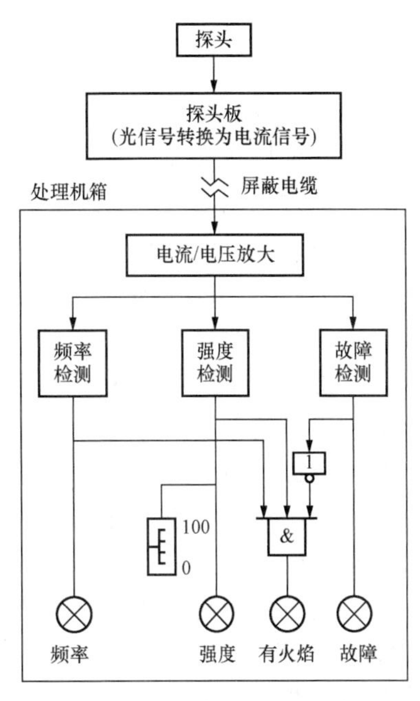

图3-6　火焰检测器原理性框图

锅炉图像火焰检测技术是20世纪80年代出现的一种跨学科技术，是将现代计算机技术、数字图像处理技术与燃烧学等相结合的结果。图像火焰检测系统采用广角彩色CCD摄像机和传像光纤直接拍摄燃烧器火焰的图像，并采用计算机数字图像处理技术、模式识别技术对火焰图像进行处理，可准确判断出燃烧器的着火与熄火。同时，锅炉运行人员也可以根据燃烧器的火焰图像来调整一次风和二次风的配比，提高煤粉的燃尽度和锅炉的燃烧效率。

图3-8所示为图像火焰检测探头安装示意图。图像火焰检测探头的视场角为90°，其拍摄范围较大，从燃烧器出口开始到炉内200～4000mm内的火焰图像全部被摄入，图像包含了火焰的未燃区、着火区和燃尽区。当煤种变化或一次风、二次风参数发生变化时，燃烧器的燃烧区域也随之变化，但始终在图像火焰检测器的视场范围内，从而克服了光电式火焰检测器使用上的缺点，确保了火焰判断的准确率。

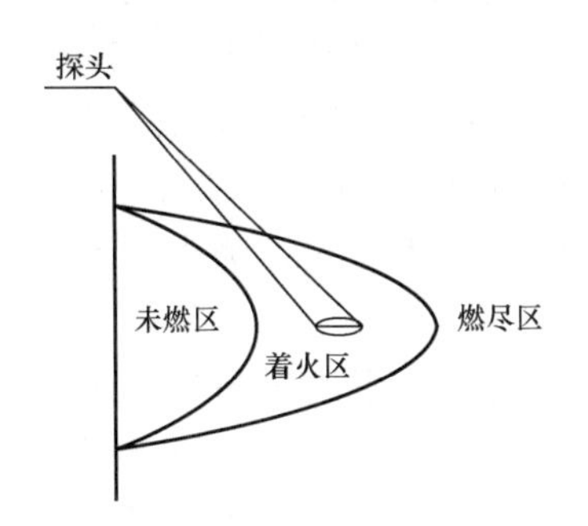

图3-7　红外火焰检测探头安装示意

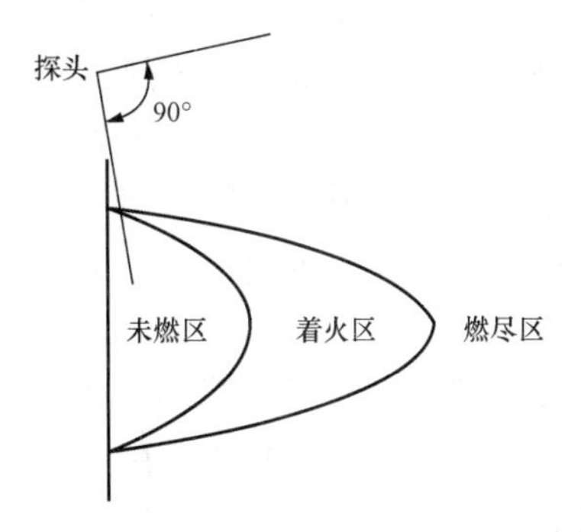

图3-8　图像火焰检测探头安装示意

二、等离子点火系统

大型工业煤粉锅炉的点火和稳燃传统上都是采用燃烧重油或天然气等稀有燃料来实现

的。近年来，随着世界性的能源紧张，原油价格不断上涨，火力发电燃油越来越受到限制，因此锅炉点火和稳燃用油被作为一项重要的指标来考核。为了减少重油（天然气）的耗量，传统的做法是提高煤粉的磨细度，提高风粉混合物和二次风的预热温度，采用预燃室燃烧器，选用小油枪点火等。但是这些方法基本已达到极限，若要进一步减少燃油甚至达到最终不用油，必须采用与传统工艺完全不同的全新工艺。这种工艺应既可保证提高燃烧过程的经济性，又可改善火电厂的生态条件。采用直流空气等离子体作为点火源，可点燃挥发分较低（10%）的贫煤，实现锅炉的冷态启动而不用燃油。采用等离子点火燃烧器点火和稳燃，与传统的燃油相比有以下优点：

（1）经济。采用等离子点火运行和技术维护费用仅是使用重油点火时费用的15%～20%，对于新建电厂，可以节约上千万的初投资和试运行费用。

（2）环保。由于点火时不燃用油品，电除尘装置可以在点火初期投入，减少了点火初期排放大量烟尘对环境的污染；另外，电厂采用单一燃料后，减少了油品的运输和储存环节，改善了电厂的环境。

（3）高效。等离子体内含有大量具有化学活性的粒子，如原子（C、H、O）、原子团（OH、H_2、O_2）、离子（O_2^-、H_2^-、OH^-、O^-、H^+）和电子等，可加速热化学转换，促进燃料完全燃烧。

（4）简单。电厂可以单一燃料运行，简化了系统和运行方式。

（5）安全。取消了炉前燃油系统，避免了由燃油系统造成的各种事故。

1. 等离子燃烧器的工作原理

（1）点火机理。使用压缩空气作为产生等离子体的介质，在电流为250～400A的情况下，获得稳定功率的直流空气等离子体；该等离子体在燃烧器的一次燃烧筒中形成$T>5000$K的梯度极大的局部高温区，煤粉颗粒通过该等离子“火核”受到高温作用，并在10^{-3}s内迅速释放出挥发物，并使煤粉颗粒破裂粉碎，从而迅速燃烧。反应是在气相中进行的，使混合物组分的粒级发生了变化，因而使煤粉的燃烧速度加快，也有助于加速煤粉的燃烧，同时大大降低了促使煤粉燃烧所需要的引燃能量E（约为燃油所需能量的1/6）。

（2）工作原理。该发生器为压缩空气载体等离子发生器，由阴极、阳极、前腔进气环、后腔进气环等组成，如图3-9所示。其中阴极材料采用高导电率的金属材料制成，阳极由高导电率、高导热率及抗氧化的金属材料制成。阴极和阳极均采用水冷方式，以承受电弧高温冲击。电源采用全波整流并具有恒流性能。其拉弧原理为：首先建立空载电压，设定好输出电流，启动后高频引弧器工作，将阴极与阳极之间的间隙击穿；由于有空载电压，就建立了电弧，形成等离子体，等离子体的能量密度达10^5～10^6W/cm^2，为点燃不同的煤种创造了良好的条件。

（3）燃烧机理。根据高温等离子体有限能量不可能与无限的煤粉量及风速相匹配的原则，设计了多级燃烧器。它的意义在于应用多级放大的原理，使系统的风粉浓度、气流速度处于十分有利于点火的工况条件，从而完成一个持续稳定的点火、燃烧过程。实验证明运用这一原理及设计方法可以使单个燃烧器的出力从2t/h扩大到10t/h。在建立一级点火燃烧过程中将经过浓缩的煤粉垂直送入等离子火炬中心区，10 000℃的高温等离子体与浓煤粉的汇合及所伴随的物理化学过程使煤粉原挥发分的含量提高了80%，其点火延迟时间不大于1s。

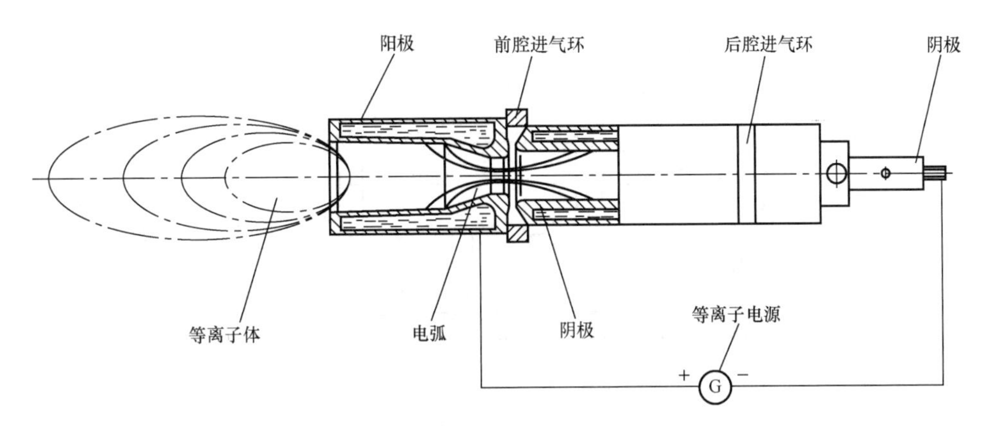

图 3-9　等离子发生器工作原理图

2. 等离子点火燃烧系统的组成

(1) 等离子燃烧器。等离子燃烧器是借助等离子发生器的电弧来点燃煤粉的煤粉燃烧器。等离子燃烧器在煤粉进入燃烧器的初始阶段就用等离子弧将煤粉点燃，并将火焰在燃烧器内逐级放大，属内燃型燃烧器，可在炉膛内无火焰状态下直接点燃煤粉，从而实现锅炉的无油启动和无油低负荷稳燃。

等离子燃烧器按功能可分为两类：①仅作为点火燃烧器使用。这种等离子燃烧器用于代替原油燃烧器，起到启动锅炉和在低负荷助燃的作用。采用该类燃烧器需附加给粉系统，包括一次风管路及给粉机。②既作为点火燃烧器又作为主燃烧器使用。这种等离子燃烧器既可作为点火燃烧器，在锅炉正常运行时又可作为主燃烧器投入，不需单独铺设给粉系统。等离子燃烧器和一次风管路的连接方式与原燃烧器相同，改造工作量小。

(2) 等离子发生器。等离子发生器是用来产生高温等离子电弧的装置，主要由阳极组件、阴极组件、漩流环及支撑托架组成，如图 3-10 所示。其工作原理是在阴、阳两电极间加稳定的大电流，将电极之间的空气电离形成具有高温导电特性的等离子体，其中带正电的离子流向电源负极形成电弧的阴极，带负电的离子及电子流向电源的正极形成电弧的阳极。等离子发生器设计寿命为 8～10 年。

三、冷却风系统

火焰检测器探头正常工作是实现 FSSS 功能的主要环节。探头工作在温度高、飞灰大的炉膛内，应尽量保持更低的工作温度，以保证探头可靠工作，延长探头的使用寿命，防止老化。因此在 FSSS 中安装了探头冷却风系统，其主要作用是使光纤探头不超温损伤、保持探头镜头的清洁。冷却风系统由以下部分组成：①两台互为备用的并行风机；②两个并联手动挡板；③三通路的转换挡板；④过滤器；⑤危急挡板；⑥风机控制箱；⑦各种差压开关。

两台冷却风机并联，一台工作，一台备用，风源取自大气或送风机出口。当风源取自送风机出口时，两台冷却风机成为增压风机。当风源压头足以满足探头冷却时，增压电动机被动旋转，两台均不工作。两台冷却风机出口需经转换挡板切换，一台风机工作时，挡板自动倒向一方，另一方被堵住出口。每台风机入口处都加装了过滤器，保证通过探头的冷却风的清洁，这是防止检测到的火焰强度值下降的重要手段。

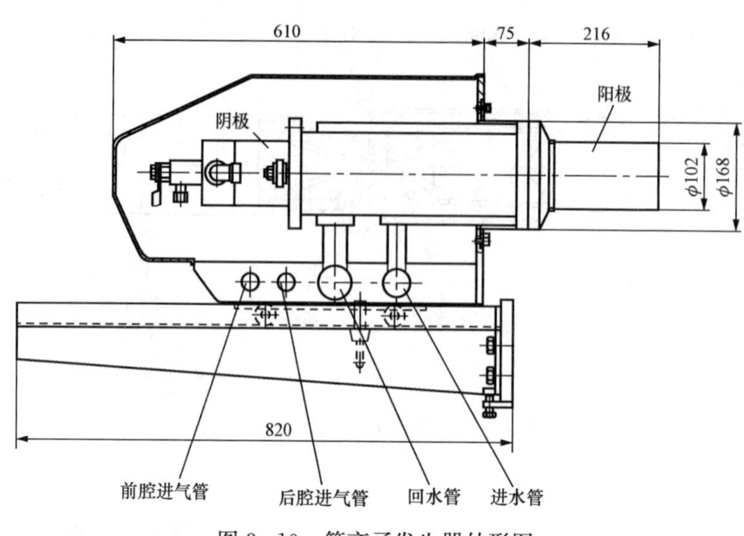

图 3-10　等离子发生器外形图

四、炉膛压力检测

1. 炉膛压力特性

炉膛压力是表征锅炉燃烧状况的重要参数，对电厂锅炉的运行及燃烧控制是非常重要的。锅炉在全炉膛灭火前，局部灭火和局部爆燃是经常发生的。局部灭火时，炉膛内出现负压；局部爆燃时炉膛内则出现正压。因此，锅炉在灭火前和低负荷运行时炉膛正、负压会急剧波动，此时若调整不当，将导致炉膛灭火。

（1）炉膛内较大的负压主要在以下几种情况下出现。①锅炉灭火后，炉膛内负压增大；②送风机故障或挡板关闭，引风机仍运行，造成炉膛内出现较大负压；③MFT 跳闸后，炉膛压力大幅度下降。

（2）炉膛内出现较大正压的原因。①锅炉灭火未能及时发现，仍有燃料送入炉膛而造成爆燃，俗称"放炮"；②发生炉膛灭火，用"爆燃法"点燃；③锅炉虽未灭火，但燃烧不稳，投入油枪助燃而造成较大正压波动；④引风机故障或挡板关闭，送风机仍在运行，造成炉膛产生较大的正压；⑤大块掉焦，造成较大的正压。

2. 压力保护定值整定原则

目前，各种灭火保护系统都把炉膛正负压信号作为"MFT"跳闸的重要触发信号，这在当前火焰信号的测量还不十分可靠，而且现场维护工作量较大的情况下是十分必要的。

（1）负压启动 MFT 信号整定原则。在正常运行工况下，可能产生的负压最大值不会启动 MFT；在最低负荷情况下灭火，或者在某种特殊工况下灭火所产生的负压值应能启动 MFT，并且动作值不宜出现在负压最大值处，以避免在特殊工况下锅炉灭火而 FSSS 不动作。

（2）炉膛正压值的整定原则。在多燃烧器同时投运时产生的正压扰动不引起 MFT 误动的前提下，炉膛正压的整定值应尽可能小。这是因为产生大的正压值一般有两种比较恶劣的工况：引风机突然跳闸或炉膛已经发生了不可控燃烧。不可控燃烧总是在至少局部灭火的情况下发生，而灭火工况产生时，一般又先产生负压信号，该负压信号应当及时启动 MFT 而没有启动，致使炉膛不可控燃烧状态越过了第一道防线。从灭火到复燃的这段时间内，炉膛燃料没有得到限制，并随着时间的增加而增加。此时，如不果断采取措施，后果将非常严重，故正压设定值应以采取措施之后漏入炉膛的燃料发生爆燃时所产生的正压值不会超过炉墙的设计强度为依据。

3. 压力取样系统

理论和实践均证明，炉膛压力是判断炉膛内燃烧是否稳定的重要信号。压力取样通常按四取二（或三取二）的原则设计。压力取样系统应该有四个独立的取样装置（至少应有三个），取样管应分为四路进入四个平衡容器，再分别进入各压力开关，正确的接法如图 3-11 所示。有时为了省事，将四个（或三个）取样头拼成一个母管送至一个平衡容器，则发挥不了四取二的作用，也就是说多个压力开关仅用来判断一个取样值，这个取样值不一定能反映炉膛压力变化的实际情况。

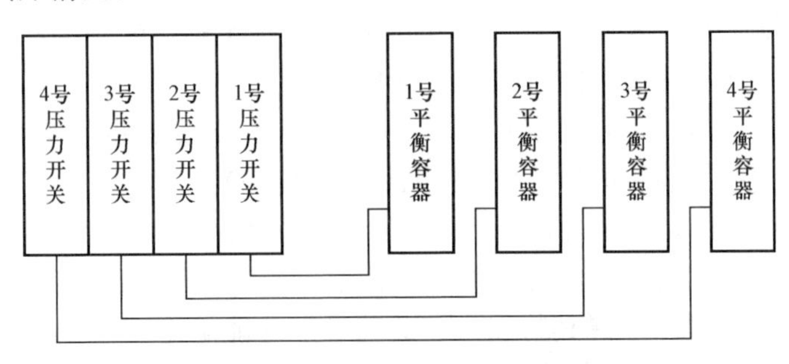

图 3-11　压力取样系统示意图

炉膛压力取样系统一般由压力取样头、传输管路（取样管）、平衡容器、压力开关等组成。为了从炉膛取得正确的压力信号和防止粉尘堵塞，四个压力取样孔的位置应在炉膛顶部压力稳定区。要求开孔在炉膛上部的前墙和两个侧墙，四个压力取样装置应处于同一水平面，与炉墙的夹角不大于 45°，取样管避免水平走向以及成直角。整个炉膛压力取样管路系统安装完毕后必须进行加压试验，确保系统无任何泄漏和堵塞，保证炉膛压力能迅速地传递到压力开关。

在压力取样系统中，平衡容器有两个作用：

（1）沉淀粉尘。防止飞灰直接进入压力开关，这要求平衡容器的体积不能太小。

（2）阻尼作用。使用平衡容器滤掉高频脉动信号。从设计角度看，炉膛内变化的压力经过平衡容器后，其压力幅值和引压管路入口端压力偏差应在允许范围内；引压管、平衡容器系统所产生的压力延迟应在允许范围内；平衡容器要有一定的积灰空间。

第四节　炉膛安全监控系统公用逻辑

一、公用逻辑

1. FSSS 控制逻辑概述

逻辑控制系统是 FSSS 的核心，所有运行人员的指令都是通过逻辑控制系统来具体实现的，所有执行元件和检测元件的状态都通过逻辑系统进行连续的检测。FSSS 根据运行人员的操作命令和锅炉炉膛传出的检测信号进行逻辑运算，只有在逻辑系统验证满足一定的安全允许条件时，才将运算结果用于驱动执行机构，操作相应的被控对象（如燃烧系统的燃料阀门、风门挡板等）。逻辑控制对象完成操作后，经检测再由逻辑系统发出返回信号到运行人员控制盘或CRT，告知运行人员设备的操作运行状况。当出现危及设备和机组安全运行的情况时，逻辑控制系统自动发出停运有关设备的指令。逻辑控制系统采用分层控制的方式，即对每一层分别进行控制。这样一来，一层的故障不会影响到整个机组的运行，大大提高了系统的整体可靠性和可用率。

FSSS控制逻辑控制保护的范围主要是与燃烧直接相关的设备，如磨煤机、给煤机、油燃烧器、油阀、点火枪等设备。为了使燃烧设备正常工作，FSSS也要控制与它们相关的辅助设备。FSSS控制逻辑的主要功能是控制设备启动、停止和跳闸。除了控制功能以外，FSSS还包括状态指示、操作指导、事件记录等辅助功能。随着FSSS功能的增加和复杂化，对帮助指导方面功能的要求越来越高。

在进行FSSS设计时，必须遵循国际、国内的一些组织制定的相关标准。这些标准主要有：①美国国家防火协会标准NFPA 8502；②DL/T 435—2004《电站煤粉锅炉炉膛防爆规程》；③DL/T 655—2006《火力发电厂锅炉炉膛安全监控系统验收测试规程》；④DL/T 1091—2008《火力发电厂锅炉炉膛安全监控系统技术规程》。

在标准的原则指导下，设计过程通常是先了解工艺过程，掌握过程变化的关键点，以及燃烧设备对安全性的影响和要求，然后进行初步设计。初步设计的任务是明确FSSS的控制范围，充分了解工艺过程并掌握其特点，在此基础上才能确定FSSS的基本形式和控制逻辑。FSSS的控制范围一般分为公用部分、燃油系统和制粉系统三个部分，这三个部分的控制逻辑相应称为公用逻辑、燃油控制逻辑和燃煤控制逻辑。

2. 公用逻辑

FSSS包括锅炉安全保护及燃烧器控制两大部分，其中公用逻辑部分是FSSS的核心，包括整个锅炉安全保护的监控及执行、FSSS辅机控制、FSSS内部及与其他系统的接口。公用逻辑在保护锅炉本体的同时控制那些不属于每层煤或每层油的部分设备，不对每一层油或煤发出具体的设备操作指令，而只发出原则性指令，如油、煤层点火允许等。同时还对涉及锅炉整体的保护要求发出有关指令，如炉膛吹扫指令、MFT、RB、FCB等。FSSS公用控制逻辑的具体功能如下：

（1）确保供油母管无泄漏，自动完成油泄漏试验。

（2）确保锅炉点火前炉膛吹扫干净，无燃料积存于炉膛。

（3）预点火操作。建立点火条件，包括炉膛点火条件、油点火条件及煤层点火条件；在未满足相应点火条件时，油层、煤层不得点火。

（4）连续监视有关重要参数，在危险工况下发生报警，并在设备及人身安全受到威胁时发生MFT。

（5）在MFT时，跳闸磨煤机、给煤机、一次风机等设备并向有关系统如MCS、SCS、旁路、吹灰系统等传送MFT指令。

（6）完成FSSS辅助设备控制。如主跳闸阀、火检冷却风机、密封风机等的控制。

FSSS设置MFT、点火OFT（Oil Fuel Trip）继电器、启动OFT继电器各一个。MFT继电器为跳闸锁定继电器，由跳闸、复位两个小继电器控制；OFT继电器为单线圈继电器，带电跳闸，失电复位。FSSS的功能决定了它的可靠性及指令的优先级都必须是最高的。按照规程，FSSS不允许在线组态，其逻辑组态必须满足两个条件：锅炉在跳闸状态，并且全部燃料均已切断。公用逻辑主要包括以下内容：①油泄漏试验；②油系统阀门控制；③炉膛吹扫；④火检冷却风机；⑤MFT 及首出记忆；⑥密封风机；⑦OFT 及首出记忆；⑧RB 工况；⑨点火条件；⑩点火能量判断。

二、油系统泄漏试验

油系统泄漏试验是对油母管跳闸阀、回油阀、油母管、各层各油角阀所做的密闭性试验，作用是防止燃油泄漏（包括漏入炉膛）引起炉膛爆燃。因此，油系统泄漏试验是保证炉膛点火安全、不产生爆燃的重要措施之一。油系统分点火油系统及启动油系统，各油系统依次进行油泄漏试验。操作员直接在 CRT 上发出启动油泄漏试验的指令。油泄漏试验成功是炉膛吹扫条件之一，按照相关标准，严禁旁路油泄漏试验。油系统泄漏试验一般由 FSSS 自动完成。目前，各电厂的油系统泄漏试验逻辑不尽相同，以下以某电厂 600MW 机组的油泄漏试验为例进行说明。

1. 概述

油系统泄漏试验是针对主跳闸阀及单个油角阀的密闭性所做的试验，作用是防止供油管路泄漏（包括漏入炉膛）。启动炉膛吹扫控制时自动启动泄漏试验，也可由操作员直接在 CRT 上发出启动油泄漏试验指令。

油泄漏试验不成功将终止炉膛吹扫程序。

2. 试验过程

以下条件全部满足，认为油母管泄漏试验准备就绪：

（1）全部油角阀关。

（2）燃油母管压力正常。

（3）风量大于 30%。

（4）燃油跳闸阀关。

（5）泄漏试验未旁路。

若允许条件满足，将在 CRT 上指示“油泄漏试验允许”，这时可以从 CRT 上发出“启动油泄漏试验”指令或者由“炉膛吹扫请求”来自动进行下列步序：

（1）燃油母管压力正常时，泄漏试验开始，开燃油跳闸阀和回油跳闸阀，经过 1min 油循环后关闭回油阀进行充油。在 5min 内若“泄漏试验燃油压力高”开关动作，则充油成功，关燃油跳闸阀；反之则触发充油失败信号并在操作画面显示。

（2）燃油跳闸阀关闭后，等待 90s。如果在 90s 内“泄漏实验燃油压力高”信号消失，则认为油角阀泄漏，试验失败，否则试验成功。

（3）油角阀泄漏试验成功后，再进行燃油跳闸阀泄漏试验：打开回油阀泄压至“泄漏试验燃油压力低”开关动作，关闭回油阀等待 90s，如果在 90s 内“泄漏试验燃油压力低”信号消失，则认为燃油跳闸阀泄漏，试验失败，否则试验成功。

在试验的过程中，发生以下任一条件即复位油泄漏试验：①MFT 继电器跳闸脉冲；②油泄漏试验成功；③油泄漏试验失败；④泄漏试验充油失败。

发生以下任一条件复位油泄漏试验成功信号：①MFT 继电器跳闸脉冲；②油泄漏试验进行脉冲（泄漏试验未旁路）。

三、炉膛吹扫

炉膛吹扫的目的是将炉膛内的残留可燃物质清除掉，以防止锅炉点火时发生爆燃。锅炉点火前、点火失败及 MFT 动作后，都必须进行炉膛吹扫，以清除炉膛内积聚的燃料/空气混合物，这是防止炉膛爆燃最有效的方法之一，因此，FSSS 设置了炉膛吹扫的功能。在炉膛吹扫过程中，只有在所有吹扫许可条件都满足的情况下才能成功地完成吹扫任务，否则吹扫过程失败，必须重新进行吹扫。吹扫条件应根据锅炉容量和制粉系统的形式确定。

DL/T 1091—2008 所规定的炉膛吹扫条件如下：

（1）无 MFT 跳闸条件。

（2）油泄漏试验成功。

（3）两台回转式空气预热器运行。

（4）任一送风机运行。

（5）任一引风机运行。

（6）炉膛压力正常。

（7）所有火检均未检测到火焰。

（8）所有磨煤机停运。

（9）所有给煤机停运。

（10）主燃油跳闸阀关闭。

（11）所有油燃烧器的油跳闸阀关闭。

（12）火检冷却风压力正常。

（13）所有二次风挡板全开或在吹扫位。

（14）锅炉总风量大于定值（25％～40％额定风量）。

（15）所有给粉机停运（储仓制系统）。

（16）汽包水位正常（汽包炉）。

（17）任一炉水循环泵运行（强制循环汽包炉）。

（18）两台一次风机均停运（若配置一次风机）。

（19）所有排粉风机均停运（若配置排粉风机）。

（20）两台电除尘器均停运（若配置电除尘器）。

（21）FSSS 系统硬件正常（包括主模件及电源系统）（可选）。

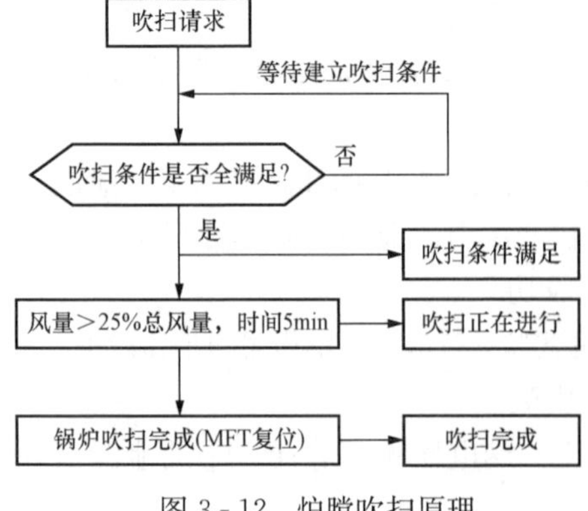

图 3-12　炉膛吹扫原理

锅炉点火前必须进行炉膛吹扫，清除炉膛积聚的燃料和可燃气体。吹扫时间一般不得少于 5min，吹扫风量不得小于 25％满负荷风量。图 3-12 所示为炉膛吹扫的原理框图。在吹扫许可条件满足后，在操作员站上“吹扫条件准备好”指示灯点亮，提示运行人员在控制界面上启动一次为时 5min 的炉膛吹扫过程。这些吹扫许可条件实际上是从各个方面检查锅炉是否能投入运行的条件。为防止运行人员的疏忽，炉膛吹扫设置了大量的联锁，锅炉如果不经过吹扫，就无法进行点火。进行炉膛吹扫时，5min 的吹扫时间必须满足，如果在吹扫过程中吹扫许可条件失去而引起吹扫中断，必须等待吹扫条件重新满足后，再次启动一次 5min 的吹扫，否则锅炉无法点火。锅炉吹扫的另一个作用是使锅炉运行人员在锅炉启动之前已对锅炉有一定了解且精神集中，有利启动。

锅炉吹扫不仅仅是吹走炉膛中的可燃性混合物，而且需要检查锅炉启动条件是否完全准备好，以便吹扫后可以直接点火。因此，一般应根据锅炉具体情况设置数个吹扫许可条件构成“吹扫允许”信号，在设置这些吹扫条件时必须遵守 DL/T 1091—2008 的规定。例如某电厂 300MW 机组炉膛吹扫条件如下：

（1）MFT 继电器跳闸。

（2）OFT 继电器跳闸。

（3）所有单个油角阀全关。

（4）燃油快关阀关闭。

（5）所有磨煤机停运。

（6）所有给煤机停运。

（7）所有给粉机停运。

（8）所有排粉风机停运。

（9）一次风机全停。

（10）任一引风机运行。

（11）任一送风机运行。

（12）无 MFT 跳闸条件存在。

（13）全炉膛无火焰。

（14）炉膛风量大于 30%且小于 40%。

（15）所有二次风挡板打开。

（16）所有一次风挡板关闭。

（17）所有燃烧器喷嘴水平。

（18）汽包水位正常。

（19）炉膛压力正常。

（20）油泄漏试验成功或旁路。

当一次吹扫条件全部满足后，在 CRT 上指示“吹扫准备就绪”信号，这时操作员可以启动吹扫。

使用图 3-13 所示的炉膛吹扫逻辑就可以完成炉膛吹扫过程。当炉膛吹扫的所有条件满足时，“与门 1”输出 1，“吹扫准备好”灯点亮，提示运行人员可以进行炉膛吹扫。当运行人员操作“吹扫启动按钮”后，“与门 2”输出 1，其输出值使得“与门 2”前的或门输出 1。当按钮弹起后“与门 2”输出仍然保持为 1。按钮、或门和“与门 2”一起构成自保持逻辑。“与门 2”输出 1 后，控制逻辑进行 5min 延时，同时经过非门后使“与门 4”输出 0，“吹扫中断”指示灯不亮。进行炉膛吹扫时 MFT 为 1，与“与门 2”的输出综合使“与门 3”输出 1，一方面使“吹扫进行”指示灯点亮，另一方面“与门 3”的输出使 RS 触发器置位，输出 1；同时 MFT 通过非门使“吹扫完成”指示灯不亮。若吹扫顺利进行，则 5min 延时后发出“吹扫完成”信号，该信号使 MFT 复位为 0，“与门 3”输出 0，“吹扫进行”指示灯熄灭，“吹扫完成”指示灯点亮，表示吹扫完成。MFT 复位为 0 后，RS 触发器的“R”端为 1，

“S”端为0，触发器输出0，闭锁“吹扫中断”信号。若吹扫过程中发生了吹扫条件不满足的情况，“与门1”输出0，使得“与门2”输出0，该信号经过非门后与RS触发器输出综合，使得“与门4”输出1，“吹扫中断”指示灯点亮。“与门3”输出变为0，使“吹扫进行”指示灯熄灭，同时5min吹扫延时复位。必须在吹扫条件再次全部满足后，由运行人员重新操作吹扫启动按钮来重新启动一次为时5min的炉膛吹扫。

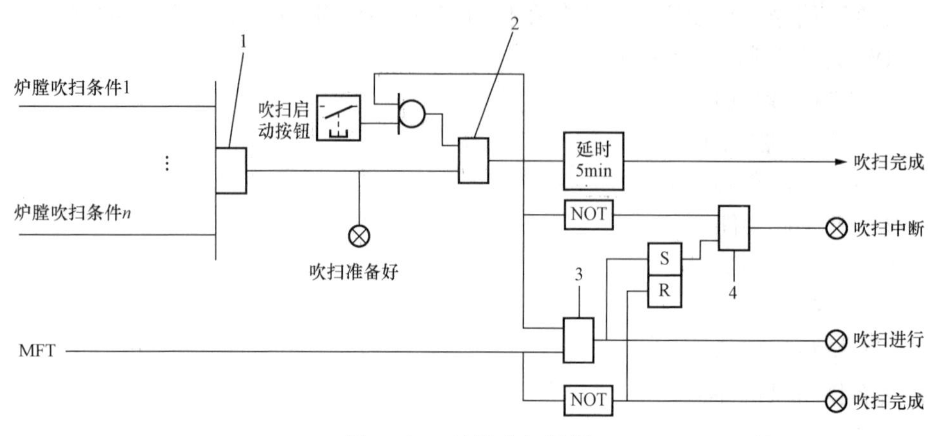

图3-13　炉膛吹扫逻辑

四、MFT

MFT即主燃料跳闸，是FSSS的重要功能。在锅炉运行的各个阶段，FSSS实时、连续地对机组的主要参数和运行状态进行监视，只要这些参数和状态有一个超出了安全运行范围，系统就会发出MFT指令。MFT动作将快速切断所有进入炉膛的燃料，即切断所有输入炉膛的燃油和煤粉，实行紧急停炉，防止炉膛爆燃，并指示引起MFT的第一原因。正常工作的机组由于停炉所造成的损失较大，故无论是从发电角度还是从设备寿命角度上看，都应极其慎重地对待MFT。FSSS设计时应该遵循最大限度地消除可能出现的误动作及完全消除可能出现的拒动作的设计原则。可触发MFT的信号都应该冗余设置，或采用3选2逻辑，而凡是冗余信号都有拒动和误动的问题。对于两个输入信号，从防拒动的角度考虑应将其“或”使用，而从防误动的角度考虑应将其“与”使用。当机组正常运行时MFT逻辑应处于待机状态，机组出现异常时，要求MFT逻辑能迅速正确动作。MFT逻辑要求有高度的可靠性和最高权威性，应能排除其他系统和运行人员的干扰，确保设备及人身安全。

MFT保护逻辑由跳闸条件、保护信号、跳闸继电器及首出记忆等组成。

MFT触发条件的设计应依据相关的标准和规范，并与锅炉的具体情况相适应。DL/T 1091—2008规定的MFT至少应满足的条件：

（1）手动“MFT”按钮。

（2）炉膛压力高。

（3）炉膛压力低。

（4）锅炉总风量低（推荐为低于20%～30%）。

（5）送风机全停。

（6）引风机全停。

（7）失去全部燃料。所有磨煤机全停，并且主燃油跳闸阀关闭或所有单个油跳闸阀关闭

（直吹制系统）；所有给粉机全停或给粉机电源中断，并且主燃油跳闸阀关闭或所有单个油跳闸阀关闭（储仓制系统）。注意只有“油层投运”才能触发此 MFT 动作条件。

（8）多次点火失败（MFT 复位后，3 次～5 次点火都不成功）。

（9）延时点火（MFT 复位后，5～10min 内炉膛仍未有任一油枪投运）。

（10）失去全部火焰。煤粉及油燃烧器均失去层火焰信号。注意：“油层投运”才能触发此 MFT 动作条件；失去层火焰信号指同一层如配 4 支燃烧器火焰少于 3 个，或同一层如配 6 支燃烧器火焰少于 4 个等，即无煤层投运信号，也无油层投运信号。

（11）汽轮机跳闸且负荷大于旁路容量（30%～40%）或高压旁路未打开。

（12）汽包水位高（汽包炉）。

（13）汽包水位低（汽包炉）。

（14）所有炉水泵停运（强制循环汽包炉）。

（15）主蒸汽压力高（直流炉）。

（16）断水保护（直流炉）。

（17）主蒸汽温度低（直流炉）。

（18）两台一次风机停运且油枪都未投运（直吹制系统或热风送粉储仓制系统）；所有排粉机跳闸且油枪都未投运（乏气送粉储仓制系统）（可选）。

（19）失去火检冷却风（火检冷却风压低，或火检冷却风机都停运）（可选）。

（20）失去临界火焰（适用于直吹制或半直吹制系统）。至少三层煤投运且运行的煤粉燃烧器中部分火焰失去（四角切圆燃烧锅炉定值推荐为 50%，W 型火焰锅炉定值推荐为 50%）（可选）。

（21）失去角火焰（适用于直吹制或半直吹制系统、四角切圆燃烧锅炉）。至少三层煤投运且某一角从上到下所有燃烧器（煤、油）都失去火焰（可选）。

例如某电厂 1000MW 机组 MFT 条件如下：

（1）再热器保护。

（2）给水泵全停。有燃料投入（包括煤和油），且给水泵全停。

（3）给水流量低二值。有燃料投入（包括煤和油），且给水流量低二值，延时 3s。

（4）总风量低二值（小于 25%额定风量）。

（5）汽轮机跳闸。发电机功率大于 30%时，汽轮机跳闸。

（6）引风机全停。

（7）送风机全停。

（8）空气预热器全停。

（9）炉膛压力高二值。

（10）炉膛压力低二值。

（11）失去全部火焰。有任一只油燃烧器投运或任一煤层投运记忆时，全部煤和油燃烧器火焰丧失。

（12）失去全部燃料。有任一油角阀开或任一给煤机投运记忆时，全部煤燃料退出服务、全部油角阀关或燃油快关阀关。

（13）手动 MFT。

（14）火检冷却风丧失。

（15）分离器出口温度高二值。

（16）过热器出口温度高二值。

（17）再热器出口温度高二值。

（18）储水箱水位高二值（负荷大于30%且分离器出口过热度大于5℃，该保护退出）。

（19）螺旋水冷壁出口壁温越限（114取6）。

五、点火允许条件

FSSS的基本功能之一就是对燃烧器的投入许可条件进行判断。锅炉的类型、燃烧器布置的差异等使得机组的点火允许条件不尽相同。这里以某300MW机组锅炉（四角切圆）的点火运行条件为例来进行说明。

1. 炉膛点火允许

以下条件全部满足时产生“炉膛点火允许”信号：

（1）无MFT条件。

（2）二次风/炉膛差压正常。

（3）火检风/炉膛差压正常。

（4）风量小于40%且燃烧器在水平位置，或任一煤层已投运。

（5）“初始点火允许”。第一只油枪点火失败后，已延时60s。任一油枪点火失败，“初始点火允许”条件就中断1min，在这1min内不允许点任何油枪。1min之后，“初始点火允许”条件再次满足，则运行人员可再次点油枪。当炉膛内已有油枪投运后，“初始点火允许”条件一直满足。

2. 油层点火允许

以下条件全部满足，产生“油层点火允许”信号：

（1）炉膛点火允许。

（2）燃油压力正常。

（3）燃油主跳闸阀开状态。

3. 煤层点火允许

以下条件全部满足，产生“煤层点火允许”信号：

（1）炉膛点火允许。

（2）点火能量。锅炉负荷大于25%且相邻油层投运，或锅炉负荷大于80%。

（3）二次风温大于设定值。

（4）汽包压力大于设定值。

（5）两台一次风机运行，或一台一次风机运行且煤层投运不超过三层。

六、事故状态下燃烧器投切控制

当电力系统发生事故而使主开关跳闸时，汽轮机应该进入无负荷运行或者带厂用电运行；当汽轮机发生故障跳闸时，机组应该进入停机不停炉的运行状态，即具有快速甩负荷（FCB）功能，维持锅炉在最低负荷运行，蒸汽经旁路进入凝汽器。待事故消除后，机组可以进行热态启动，迅速并网发电。显然，锅炉在低负荷运行时，需要切除一部分煤粉燃烧器，还要投运部分油燃烧器。当发生FCB时，哪些煤粉燃烧器应该保留，哪些煤粉燃烧器切除，投运哪些油燃烧器，是预先按照控制逻辑来定义的，FSSS应该自动完成燃烧器的投切工作。当锅炉辅机发生故障时，机组也必须紧急降负荷到辅机允许的情况，即实现自动减负荷 RB。当发生 RB 时，FSSS 应能选择最佳的燃烧器运行层数和组合，并快速切除部分燃烧器，根据炉的运行状态决定是否投入油燃烧器来稳定燃烧。

1. RB

机组的主要辅机设备均安装两台，每台分担 50%的负荷。当这些辅机中的一台发生故障时，要求机组迅速、自动地减负荷到规定值，以保证机组安全运行，这就是 RB 的作用。产生 RB 的信号有：①A 送风机跳闸；②B 送风机跳闸；③A 引风机跳闸；④B 引风机跳闸；⑤A 一次风机跳闸；⑥B 一次风机跳闸。为了实现 RB 功能，要求 MCS 和 FSSS 两大系统协调动作。除了一次风机的 RB 信号由 FSSS 本身发出外，其余的 RB 指令均由 MCS 发出。

图 3-14 所示为 RB 逻辑图。当 MCS 发送 RB 信号到 FSSS、至少四台磨煤机运行时，FSSS 先发出报警信号，然后跳闸 F 层磨煤机，由 MCS 降低其他给煤机转速；F 层磨煤机跳闸后，10s 后若 RB 信号仍然存在，则跳闸 E 层磨煤机，MCS 继续降低其他给煤机转速；E 层磨煤机跳闸 10s 后，若 RB 信号仍然存在，则继续跳闸 D 层磨煤机。最后保持三层磨煤机（A 层、B 层、C 层）运行，将负荷降低到 50%。

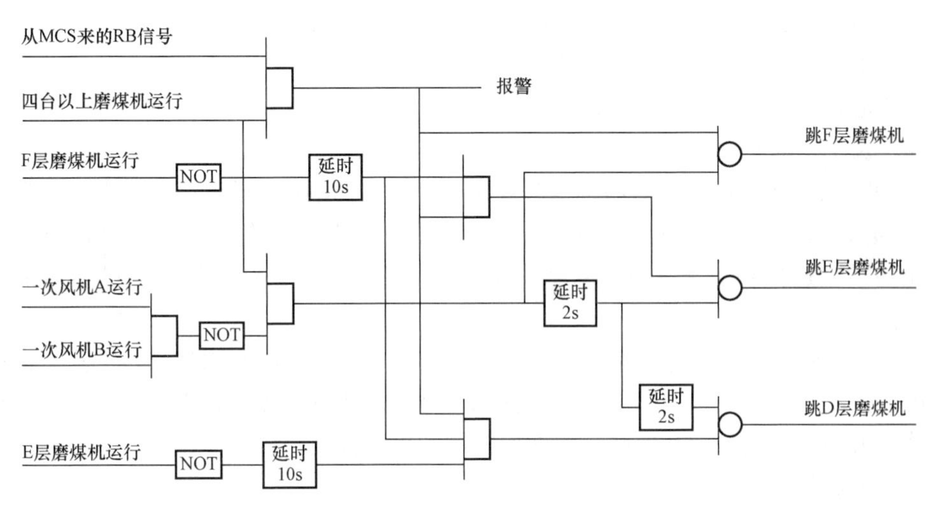

图 3-14 RB 逻辑图

一次风机引起的 RB，其处理方式与从 MCS 发送来的 RB 信号有一些差别。此时先跳闸 F 层磨煤机，延时 2s 后跳闸 E 层磨煤机，然后延时 2s 后再跳闸 D 层磨煤机。最后保持三层磨煤机运行。

若 D、E、F 三层磨煤机跳闸后，RB 信号仍然存在，则表明另外一台功能相同的辅机也出现故障，其结果导致 MFT。

2. FCB

当电网故障引起机组甩负荷时，快速切除大部分锅炉燃烧器，使锅炉维持最低负荷运行，而汽轮机仅带厂用电（或停机）。待故障消除后，机组可以迅速恢复发电。在 FCB 工况下锅炉保留最下面两层磨煤机及对应的油层运行，稳定地带 30%负荷，汽轮机高压旁路阀打开。FCB 由电气（或 MCS）发出，该信号发出后有下列情况：①若 A、B 层磨煤机在运行，则启动 A、B 层磨煤机对应的油层，此后以 10s 为时间间隔，依次停 F→E→D→C 层磨煤机；②若磨煤机 C、D 层在运行，则启动对应油层，并以 10s 为时间间隔，依次停 F→E→B→A 层磨煤机；③若 E、F 层磨煤机在运行，则启动 E、F 层磨煤机对应油层，以 10s 为时间间隔，依次停 D→C→B→A 层磨煤机。

在 FCB 启动油层时，发出启动信号 60s 后，对应的油层没有投入，则发出“FCB”失败指令，停所有磨煤机。

第五节 炉膛安全监控系统燃油控制逻辑

一、燃油控制逻辑概述

以煤粉为主燃料的锅炉，在点火工况和低负荷运行时，需投运油燃烧器，以利于点火、助燃和稳定煤粉燃烧。油燃烧器的启/停及其有关设备的启/停，由 FSSS 的燃油控制逻辑来进行控制。燃油控制逻辑的主要功能如下：

（1）油层启/停控制。即一个油层中多个油燃烧器的启/停程序控制。

（2）单个油燃烧器的启/停程序控制。

（3）油燃烧器的设备控制，包括油枪、点火器、油角阀等。

（4）油枪的吹扫控制。

（5）燃油系统跳闸及首出原因记忆逻辑。

对油层及单个油燃烧器的启、停控制操作由运行人员根据机组的运行工况，在 OIS 上进行。在 OIS 的操作画面上，有各油层程序启动/程序停运操作画面，运行人员可根据需要在 OIS 上通过键盘或鼠标控制油层的程序启动和程序停运。另外，在紧急情况下，运行人员还可在 OIS 上进行各个油层的紧急停油操作，达到同时停该油层运行中的所有油燃烧器的目的。

锅炉经过炉膛吹扫，并且所有油点火条件全部满足后，才能点火启动。点火从油燃烧器开始，由下往上逐层点火。油燃烧器只能依靠自身的高能点火器进行点火，不允许依靠其他煤燃烧器的火焰进行点火。其控制分为油层控制和单独控制。

二、油层控制

油层控制表示以“层”为单位进行油燃烧器的控制。无论是四角切圆的燃烧器布置方式还是前后墙对冲的燃烧器布置方式，一个油层均包括四只油燃烧器。这种控制方式就是将四只燃烧器编成一组来进行控制，这样可以提高燃烧器控制系统的自动化程度，减少运行人员的操作点和监视点，降低劳动强度。对有燃烧器的控制，最终还是表现在对具体燃烧器设备，如油枪、点火器、阀门等的控制，这部分控制功能是由油燃烧器控制逻辑来完成的。油层控制在控制逻辑中处于承上启下的中间位置，接收上层控制逻辑的控制指令，编排本层中四只燃烧器的启动/停止顺序，然后按照逻辑要求分别向四只油燃烧器发出启动/停止指令，并发出油层操作的结果。

油层控制逻辑在接收上层控制指令时，可以有多种方式。油层控制的具体控制逻辑与机组控制系统的选型和设计有关，机组与机组之间存在一定的差异。下面以某电厂 600MW 机组为例来进行说明。该燃烧器采用前后墙对冲的布置方式，布置了四层启动油。以下两种方式之一都可以产生 A 油层启动指令（“或”运算）：

（1）运行人员启动 A 油层。

（2）A煤层低负荷时助燃或A煤层清扫请求A油层投运。

当油层启动时，FSSS逻辑将按照12～34的顺序自动投运A油层，每对之间的间隔时间为15s。在运行人员手动启动A层油的方式下，当运行人员启动A油层12对时，FSSS逻辑将投入A1、A2油燃烧器；当运行人员启动A油层34对时，FSSS逻辑将投入A3、A4油燃烧器。当运行人员停运A油层时，FSSS逻辑将按照12～34的顺序自动停运OA油层，每对之间的间隔时间为15s。当OA层油中有至少3角投运时，认为OA层油投运。

三、A12油燃烧器对控制

油层控制逻辑发送控制指令给各油燃烧器，每只油燃烧器控制逻辑完成具体设备的控制。以A层油的A12燃烧器为例来说明油燃烧器的控制过程，A12燃烧器启动控制逻辑如图3-15所示。

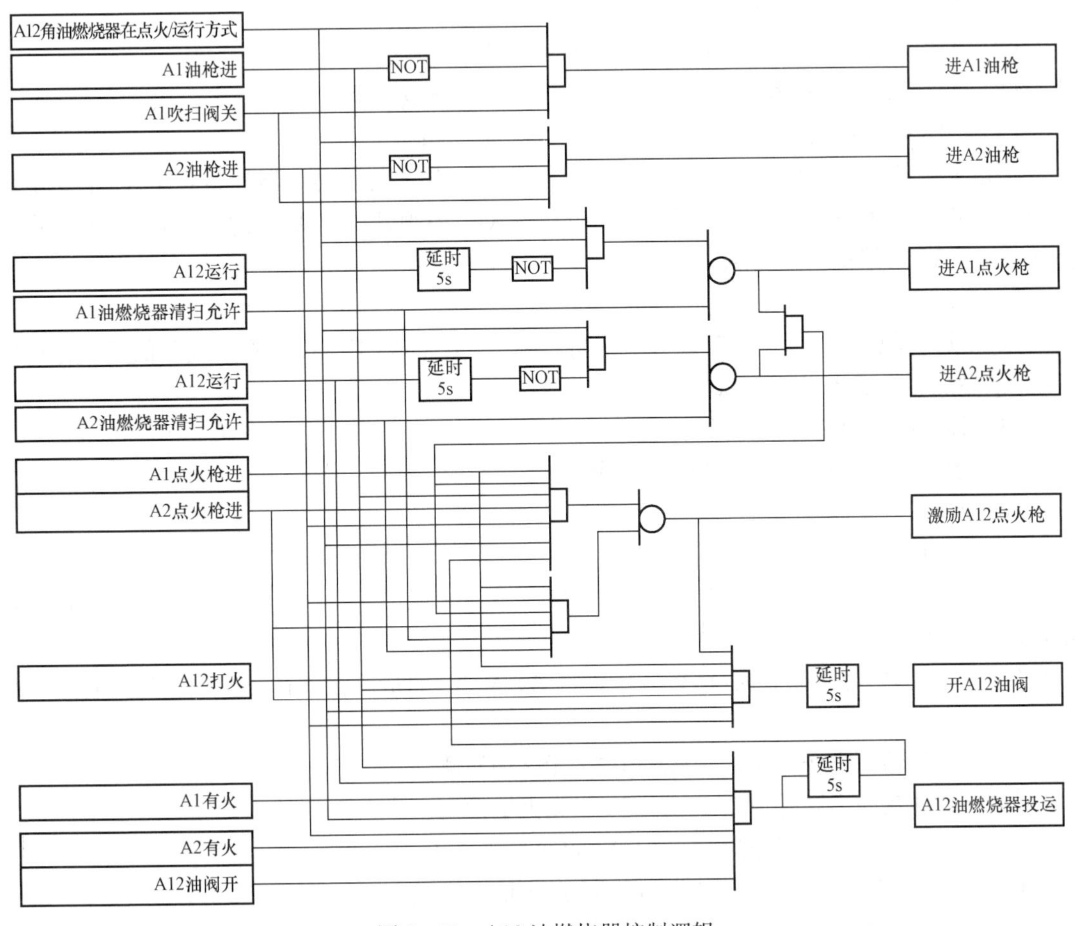

图3-15 A12油燃烧器控制逻辑

1. 允许条件

在进行油燃烧器控制时，首先应判断燃烧器的允许条件。A12燃烧器对的点火允许条件如下：

（1）MFT复位。

（2）OFT复位。

（3）炉膛点火允许。

（4）油点火允许。

（5）初始点火允许。

（6）A1 无火焰检测。

（7）A1 无火检故障。

（8）A1 油阀关。

（9）A2 无火焰检测。

（10）A2 无火检故障。

2. 点火步序

在以上允许条件满足的前提下，A12 油燃烧器点火的步序如下：

（1）推进 A1、A2 油枪。

（2）A1、A2 油枪均推进到位后，推进 A1、A2 点火枪。

（3）A1、A2 点火枪均推进到位后，激励 A12 高能点火器。

（4）A12 高能打火器开始打火时，打开 A12 角油阀。

当以下条件全部满足（“与”运算）时，则认为 A12 角油燃烧器投运：①A1 油燃烧器在点火方式下达 30s；②A1 火焰检测达 10s；③A12 油阀开；④A2 油燃烧器在点火方式下达 30s；⑤A2 火焰检测达 10s。

3. A12 油燃烧器切除

出现以下任意情况（“或”运算）都将产生“A12 油燃烧器在切除方式”信号，将复位“A12 油燃烧器在点火/运行方式”：

（1）程序停止 A12 油燃烧器。

（2）运行人员停止 A12 油燃烧器指令。

（3）MFT 发生。

（4）OFT 发生。

（5）A12 油燃烧器在点火/运行方式达 10s，但 A1 或 A2 油枪未推进（两个条件同时满足，以下类同）。

（6）A12 油燃烧器在点火/运行方式，且 A1 及 A2 油枪已推进达 10s，但 A12 油油角阀未打开。

（7）A1 油角阀离开关位达 10s，但 A1 无火焰检测。

（8）A2 油角阀离开关位达 10s，但 A2 无火焰检测。

（9）A1 点火枪推进指令达 5s，但 A1 点火枪未推进。

（10）A2 点火枪推进指令达 5s，但 A2 点火枪未推进。

当 A12 油燃烧器在切除方式时，FSSS 逻辑将发出关闭 A12 油阀指令，切除 A12 油燃烧器。如果不是由于 MFT 发生而引起 A12 油燃烧器切除，FSSS 逻辑还将开始一个 45s 的 A1、A2 油燃烧器吹扫程序。A12 油燃烧器吹扫完成后，退回 A1、A2 油枪。

4. A12 油燃烧器吹扫

当 A12 油阀已关（脉冲）后，产生 A12 油燃烧器吹扫请求。以下条件全部满足，则认为 A12 油燃烧器达到吹扫允许条件：

（1）A12 油阀已关。

（2）A1 油枪已推进。

（3）A2 油枪已推进。

（4）A12 油燃烧器吹扫请求。

（5）A12 油燃烧器无吹扫受阻。

A12 油燃烧器吹扫请求可以被以下三个信号之一复位：①A12 油燃烧器在点火/运行方式；②A12 油燃烧器吹扫完成；③A1 或 A2 油枪已退回。

进行燃烧器吹扫时，A12 油燃烧器的吹扫步序如下：

（1）推进 A1、A2 点火枪。

（2）A1 及 A2 点火枪推进到位后，激励 A12 高能点火器。

（3）A12 高能点火器开始打火时，打开 A12 吹扫阀。

吹扫持续 45s 后，A12 油燃烧器吹扫完成，该信号复位 A12 油燃烧器吹扫请求信号，并退回 A1、A2 油枪。但是在进行吹扫时，当出现以下几种情况时将产生“A12 油燃烧器吹扫受阻”信号：①A12 油燃烧器发出吹扫请求但同时有 MFT 信号出现；②发出 A12 油燃烧器吹扫请求后 A12 吹扫阀 10s 未打开；③在发出 A12 油燃烧器吹扫请求后出现了任一燃油跳闸（OFT）条件。

在 A12 油燃烧器吹扫过程中出现吹扫受阻后，FSSS 逻辑将关闭 A12 油吹扫阀并停止点火器打火。如果检修人员将 A1 或 A2 油枪退回，A12 油燃烧器吹扫受阻信号将复位（机械超弛逻辑）；如果吹扫受阻后不做任何处理再次投入 A12 油燃烧器，A12 油燃烧器吹扫受阻信号也将复位（吹扫受阻信号并不影响燃烧器再次投入）；如果在吹扫受阻后希望能再次吹扫，只需运行人员发出停止 A12 油燃烧器指令，此指令可以复位 A12 油燃烧器吹扫受阻信号并且产生 A12 油燃烧器吹扫请求信号，这样就可以再次启动 A12 油燃烧器吹扫程序。另外，在炉膛吹扫完成，还没有复位 MFT 时，运行人员可以启动 A12 油燃烧器吹扫。

四、燃油跳闸逻辑

机组在正常运行的过程中，当遇到某些紧急情况需要迅速切断全部油燃料或部分油燃料时，靠正常停油燃烧器是不能满足要求的。此时应采取紧急停油，即燃油跳闸 OFT。FSSS 连续逻辑监视不同的 OFT 条件，如果其中任一个满足，FSSS 逻辑就会跳闸 OFT 继电器。OFT 继电器是单线圈继电器。当 OFT 跳闸后，有首出跳闸原因显示；当 OFT 复位后，首出跳闸记忆清除。

1. 油燃烧器停运与跳闸的区别

油燃烧器由运行状态变成停运状态，既可由程序停运来实现，也可通过 OFT 实现，但这两种停运办法的发生工况、条件及其联锁的动作是相差很大的。程序停油是一种在正常工况下，按照需要有次序地停某一油层运行中的油燃烧器。在程序停油层的过程中，考虑停某油层时对其周边系统的扰动，停油层应该按照一定的顺序来进行。OFT 是一种针对机组运行过程中发生的特殊工况所采取的紧急措施，此时对油层的控制是完全从机组的安全运行角度来考虑的。当油层的运行危及机组安全时，运行人员可手动或由油层控制逻辑自动跳油层。跳油层时，无论油燃烧器的就地/远方开关在何位置，都会同时停掉该油层的所有在运行的油燃烧器。

2. OFT 指令的产生与复位

OFT 跳闸条件（“或”运算）如下：

（1）运行人员跳闸（运行人员关闭主跳闸阀指令）。

（2）MFT，OFT 跟随 MFT。

（3）主跳闸阀未打开，即主跳闸阀开状态失去。

（4）燃油调节阀后进油压力低跳闸，该信号至少持续 3s，并且“与”上有任一油角阀不在关状态。

（5）雾化汽压力低跳闸，该信号至少持续 3s，并且“与”上有任一油角阀不在关状态。

下列条件全部满足，复位 OFT 继电器：①MFT 已复位；②无 OFT 跳闸条件存在；③OFT继电器已跳闸；④主跳闸阀关闭；⑤单个油角阀关闭；⑥油泄漏试验成功；⑦运行人员打开主跳闸阀指令。

当 OFT 发生后，联锁以下设备动作：①跳闸 OFT 硬继电器；②跳闸所有油燃烧器；③关闭主跳闸阀。

OFT 设计成软、硬两路冗余，当 OFT 条件出现时软件会送出相应的信号来跳闸相关的设备，同时 OFT 硬继电器也会向这些重要设备送出一个硬接线信号来对其跳闸。例如 OFT 发生时逻辑会通过相应的模块输出信号来关闭主跳闸阀，同时 OFT 硬接点也会送出信号来直接关闭主跳闸阀。这种软硬件互相冗余有效地提高了 OFT 动作的可靠性。该功能在 FSSS 跳闸继电器柜内实现。

第六节　炉膛安全监控系统燃煤控制逻辑

煤层控制逻辑是对磨煤机、给煤机等制粉系统设备启动、停止的顺序控制，并在正常运行时密切监视各煤层的重要参数，必要时切断进入炉膛的煤粉，以保证炉膛安全。因此，它不仅考虑到煤粉爆燃的性质，还与磨煤机、给煤机的工作要求密切相关。有些保护逻辑和操作步骤不是为了防爆，而是为了保证磨煤机的正常运行，如润滑油系统等。由于现在投入的直吹式制粉系统比较多，本节主要叙述直吹式制粉系统机组的控制逻辑。直吹式制粉系统包括磨煤机、给煤机、磨煤机出口阀门、有关风门挡板、磨煤机油系统、磨煤机密封空气系统等。煤层的点火能量建立起来后，操作员就可以进行煤层投入的操作。煤点火的允许条件适用于所有煤层。如果煤点火的条件不满足，则任何煤层均不允许点火。煤燃烧器投入以层为单位进行，这是由于每台磨煤机出口的四个挡板是联开联关的。以下条件全部满足，认为 A 煤层投运：①A 磨煤机合闸；②A 给煤机运行达 1min；③A1～A4 角中至少 3 角有火焰检测。

点火能量是进行煤层启动的必要条件，对防止炉膛爆燃是非常重要的。煤粉进入炉膛应保证能立即被点燃，这就要求在投煤粉前，对炉膛内的点火能量进行确认，故设置“点火能量充足”逻辑。在进行燃煤系统逻辑分析时，不同的炉型以及不同的燃烧器配置方式会需要不同的控制逻辑。某电厂锅炉燃烧设备所配制粉系统为中速磨煤机直吹式系统，磨煤机型号为 HP983，共 6 台，其中 1 台备用，锅炉燃烧器采用前后墙对冲的布置方式。磨煤机与燃烧器的匹配图如图 3-16 所示。为了使煤粉燃烧器和油燃烧器可靠地点燃，锅炉共设 24 只简单机械雾化点火油枪，12 只蒸汽雾化启动油枪。在进行煤粉燃烧器的投运时，必须保证足够的点火能量，这样才能保证从燃烧器喷入炉膛的煤粉全部被点燃，没有可燃性混合物积存，有效防止炉膛爆燃。在该电厂的燃煤控制逻辑中，点火能量的判断方法是：当 A 层油投运或A层启动油投运时，认为A煤层点火能量满足；当B层油投运或B层启动油投运时，认为B煤层点火能量满足；当C层油投运时，认为C煤层点火能量满足；当D层油投运或D层启动油投运时，认为D煤层点火能量满足；当E层油投运时，认为E煤层点火能量满足；当F层油投运时，认为F煤层点火能量满足。

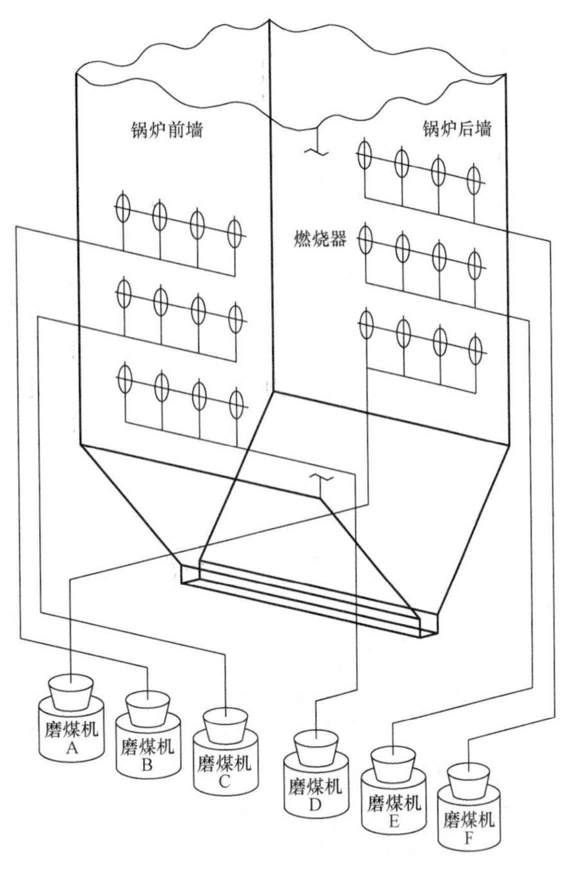

图3-16　磨煤机与燃烧器的匹配图

一、煤层顺序控制

煤层控制以层为单位进行，每层煤的控制逻辑基本相同，下面仅以A层煤控制逻辑为例来进行说明。

1. A制粉系统的自动启动步序

(1) 启动A磨煤机润滑油泵。

(2) 开A磨煤机密封风电动挡板，同时系统自动复位煤层跳闸继电器。

(3) 开A磨煤机出口挡板。

(4) 开A磨煤机入口冷风挡板。

(5) 提升磨辊。

(6) A磨煤机启动条件满足后，启动A磨煤机。

(7) 开A磨煤机入口热风挡板。

(8) 开A给煤机出口电动煤阀。

(9) A磨煤机出口温度高于65℃后，启动A给煤机。

(10) 开A给煤机入口电动煤阀。

(11) 下降磨辊。

2. A制粉系统的自动停止步序

(1) 请求A油层投入。

(2) MCS置A给煤机转速最低。

(3) A给煤机转速降到最低后，关A磨煤机入口热风门。

(4) A磨煤机入口热风门关闭5min后，关A给煤机入口电动煤阀。

(5) 关A给煤机入口电动煤阀后，停A给煤机。

(6) 提升磨辊。

(7) 给煤机停运5min后，停磨煤机。

(8) A磨煤机停运后，停止MILL A RELAY。

(9) MILL A RELAY跳闸后，停止磨煤机加载油泵。

二、煤层紧急跳闸

煤层在下列条件下产生紧急跳闸信号（“或”运算）：

(1) 运行人员跳闸。

（2）A煤层顺控来跳闸指令。

（3）MFT。

（4）一次风压低跳闸。

（5）A磨煤机密封风与一次风差压低，该信号必须持续60s。

（6）失去一次风机。

（7）失去磨煤机跳闸，A给煤机运行，但A磨煤机停运。

（8）失去点火能量跳闸。当A给煤机运行且转速低于40%时，认为A煤层负荷低，如果A煤层点火能量不满足，A煤层将请求A油层投入以助燃。2min后，A油层未投运且A给煤机转速仍然低于40%，则产生失去点火能量跳闸。

（9）分离器出口温度高于100℃。

（10）分离器出口温度高于90℃，且该信号持续60s。

（11）三次风门全部关闭。

（12）（对于D、E、F煤层）RB来跳闸指令。

三、磨煤机本体跳闸

1. 润滑油不满足跳闸

以下任一条件满足，产生润滑油不满足跳闸（A磨煤机）：

（1）A磨煤机润滑油泵未运行。

（2）A磨煤机润滑油液位不正常。

（3）A磨煤机润滑油压低持续2s。

（4）A磨煤机轴承温度高于80℃。

（5）A磨煤机润滑油温高于65℃。

（6）A磨煤机润滑油箱油温低于15℃。

2. 磨煤机出口门关跳闸

当A磨煤机合闸且A磨煤机出口门关闭时。

3. 失去层火焰跳闸

A给煤机运行达1min，A1角及其邻角（包括油、煤）无火焰检测信号时，认为A1角煤无火焰。当4个角中至少有2个角无火焰时，产生失去层火焰跳闸。

四、A磨煤机控制逻辑

1. 启动逻辑

（1）启动允许条件。不管手动启动还是程控启动，都必须满足启动允许条件。下列条件全部满足时，认为A磨煤机启动允许：

1）A磨煤机入口热风门关状态。

2）A磨煤机出口冷风门开状态。

3）A磨煤机出口门打开。

4）A磨煤机密封风电动挡板开状态。

5）A煤层无火焰。

6）煤点火允许。

7）A煤层点火能量满足。

8）无A磨煤机密封风与一次风差压高。

9）MILL A RELAY RESET。

10）一次风压正常。

11）任一密封风机运行。

12）无密封风机出口压力低。

13）A 磨煤机润滑油满足。

以下条件全部满足，认为 A 磨煤机润滑油满足：

1）A 磨煤机润滑油泵运行。

2）A 磨煤机润滑油温高于 30℃。

3）无 A 磨煤机润滑油滤网差压高。

（2）启动方式。

1）手动启动。运行人员通过 CRT 上的“启动”按钮，可以启动 A 磨煤机。

2）程控启动。A 煤层程控来启动 A 磨煤机指令。

2. 停止逻辑

无论手动停止还是程控停止，都必须满足停止允许条件。A 给煤机停运达 5min，认为 A 磨煤机停止允许。磨煤机停止的方式有下列几种：

（1）手动停止。运行人员通过 CRT 上的“停止”按钮，可以停止 A 磨煤机。

（2）程控停止。A 煤层程停止指令，可以停止 A 磨煤机。

（3）保护停止。当 MILL A RELAY TRIPPED 或磨煤机本体跳闸时，保护停止 A 磨煤机。

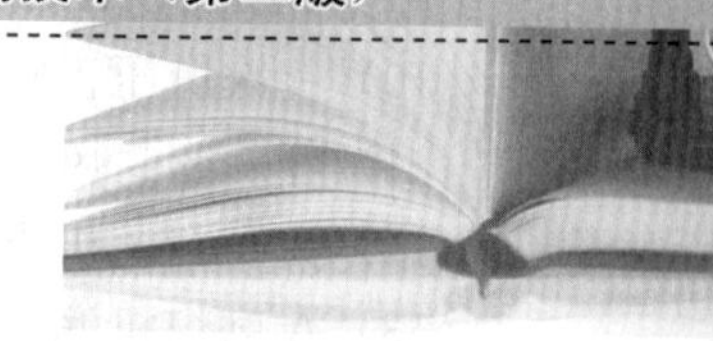

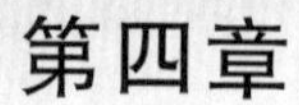

第四章

汽轮机监控系统

随着汽轮机组容量的不断扩大，蒸汽参数越来越高，热力系统也越来越复杂，汽轮机本体及其辅助设备需要监测的参数和保护项目越来越多。汽轮机是在高温、高压下工作的高速旋转机械，为提高机组的热经济性，大型汽轮机的级间间隙和轴封间隙都比较小。在启、停和运行过程中，如果操作、控制不当，很容易造成汽轮机动静部件互相摩擦，引起叶片损坏、主轴弯曲、推力瓦烧毁甚至飞车等严重事故。为保证汽轮机组安全、经济运行，必须对汽轮机及其辅助设备、系统的重要参数进行正确有效的严密监视。当参数越限时，发出热工报警信号；当参数超过极限值危及机组安全时，保护装置动作，发出紧急停机信号，关闭主汽阀，实现紧急停机。

目前，大型汽轮机组一般都装设以下监测与保护项目（内容）：

（1）轴向位移监测与保护。

（2）缸胀、差胀监测与保护。

（3）转速监测与超速保护。

（4）汽轮机振动监测与保护。

（5）主轴偏心度监测与保护。

（6）轴承温度监测与保护。

（7）润滑油压、油位及油温监测与保护。

（8）凝汽器真空监测与保护。

（9）推力瓦温度监测与保护。

（10）高压加热器水位监测与保护。

（11）汽缸热应力监测。

（12）汽轮机进水保护等。

目前，我国大型汽轮发电机组都采用进口的汽轮机监测仪表，如美国本特利（Bentley Nevada）公司的7200系列、3300系列、3500系统，德国艾普Epro（飞利浦Philips）公司的RMS700、MMS3000、MMS6000系统，瑞士韦伯（Vibro Meter）公司的VM600系统，以及德国申克公司的Vibrocontrol 4000系统等。这些汽轮机监测仪表系统，以其高可靠性，为大型汽轮机组的安全运行提供了保证。

第一节　汽轮机监测仪表系统

汽轮机监测仪表系统（TSI系统）是一种监测大型旋转机械运行参数的多路监控系统，用于全面、连续地监测汽轮机组转子、汽缸、轴承等部件的重要机械量运行参数，提供显示、记录、报警、保护信号，还可提供用于故障诊断的各种测量数据。TSI 系统采用积木式（Building Blocks）方法，便于扩展或逐步改善系统功能。

TSI 系统能连续地监测汽轮机的各种重要参数，例如可对转速、偏心度、振动、轴向位移、差胀、缸胀等参数进行监测，帮助运行人员判明机器故障，使机器能在不正常工作引起的严重损坏前遮断汽轮发电机组，保护机组安全。另外 TSI 系统的监测信息提供了平衡和在线诊断数据，维修人员可通过诊断数据的帮助，分离可能的机器故障，减少维修时间。TSI 系统还能帮助提出机器预测维修方案，预测维修信息能推测出旋转机械的维修需要，使机器维修更有计划性，减少维修费用及提高汽轮机组的可用率。

一、TSI 采用的传感器

（一）电涡流传感器

电涡流传感器是利用高频电磁场与被测物体间的涡流效应原理制成的一种非接触式监视仪表，具有线性范围大、精度和灵敏度高、频响范围宽、抗干扰性和温度特性好、安装和调整方便、测量值不受油污或蒸汽等介质影响等优点，能满足现场使用要求。RMS700 系列监控仪表中，轴振动、轴位移、高中压缸差胀均采用电涡流传感器进行测量，即用电涡流传感器测量金属物体的位移量。

电涡流传感器可分为高频反射式和低频透射式两类，本部分主要介绍应用广泛的高频反射式电涡流传感器。

1. 电涡流传感器的结构组成及工作原理

电涡流传感器由探头、延伸电缆、前置器三部分组成，如图 4-1 所示。图 4-2 所示为探头放大的外形图。它的外形与普通螺栓十分相似，头部有扁平的感应线圈，把它固定在不锈钢螺栓一端，感应线圈的引线从螺栓另一端与高频电缆相连。

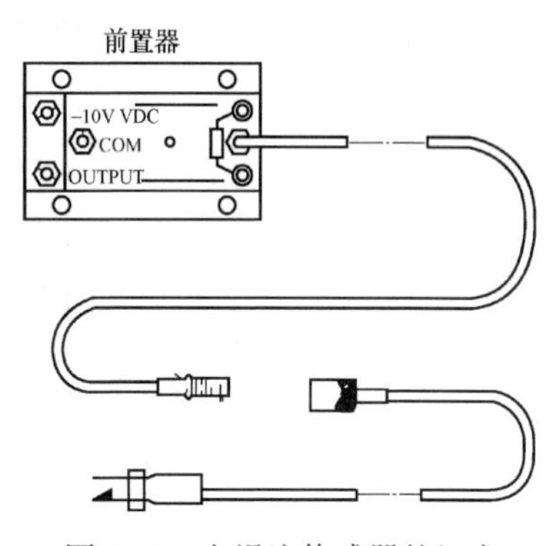

图 4-1　电涡流传感器的组成

当头部线圈通上高频（1.2MHz）电流 i 时，线圈 L 周围就产生了高频电磁场。如果线圈附近有一金属板，金属板内就要产生感应电流 i_e。这种电流在金属板内是闭合的，所以称为涡流，如图 4-3 所示。根据焦耳—楞次定律，电涡流 i_e 产生的电磁场与感应线圈的电磁场方向相反，这两个磁场相互叠加，改变了线圈的电感。测量时，把电涡流传感器调谐到某一谐振频率，再引入被测导体，当被测体接近传感器线圈时，线圈的等效阻抗发生变化，回路失谐，且当靠近传感器的被测导体为非铁磁性材料和硬磁材料，传感器线圈的等效电感量减少；若被测导体为软磁材料，传感器线圈的等效电感量增大。

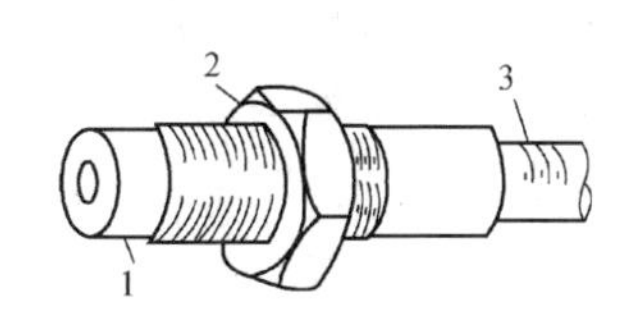

图 4-2　电涡流传感器探头外形

1—头部线圈；2—固定螺帽；3—高频电缆

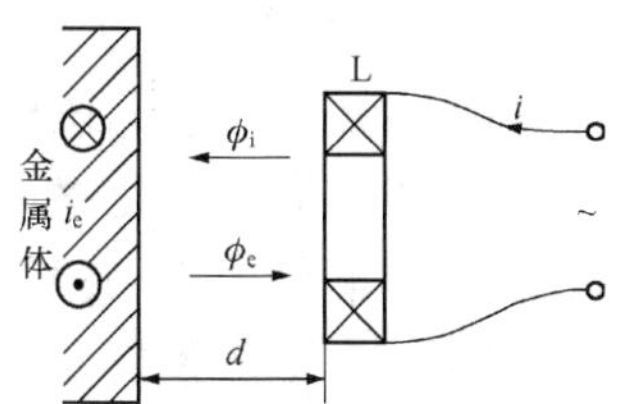

图 4-3　电涡流传感器工作原理示意

电感的变化程度，与线圈的外形尺寸、线圈及金属板之间的距离 d、金属体材料的电阻率 ρ、磁导率 μ、激励电流强度 i、频率 f 及线圈的几何形状 r 等参数有关。假定金属体是均质的，其性能是线性和各向同性的，则线圈的电感 L 可用如下函数来表示，即

$$L=F(\rho, \mu, i, f, r, d)$$

当被测材料一定时，ρ、μ 为常数；具体仪表中，i、f 为定值；传感器制成后，r 也为常数。可见，如果控制 ρ、μ、i、f、r 恒定不变，那么电感 L 就成为距离 d 的单值函数。

假如保持传感器与被测体间的距离 d 不变，则传感器的输出值将与被测体材料的电阻率、磁导率成函数关系，利用这个关系可以测量金属材料的导电率、磁导率、硬度等参数，以及检测裂纹。

2. 电涡流传感器的前置器（信号转换器）

电涡流传感器配以相应的前置放大器，就可将被测的非电量信号转换成电压信号。再经过监测仪表，向指示器、记录器提供信号，以便进行指示和记录，同时进行报警判别。当被测值达到报警值时，发出报警信号；达到危险值时发出停机信号，实行停机保护。下面以 RMS700 中的 CON010 信号转换器为例进行介绍。

CON010 信号转换器由高频振荡器、振幅解调器、低通滤波器、放大器和线性化网络组成，如图 4-4 所示。电涡流传感器与测量件之间的距离 d 发生变化时，使传感器测量线圈的电感量也随之改变，即传感器与被测件之间相对位置的变化，导致振荡器的振幅也做相应的变化。这样，便可使位移的变化（如旋转轴的振动、轴向位移等）转换成相应振荡幅度的调制信号。

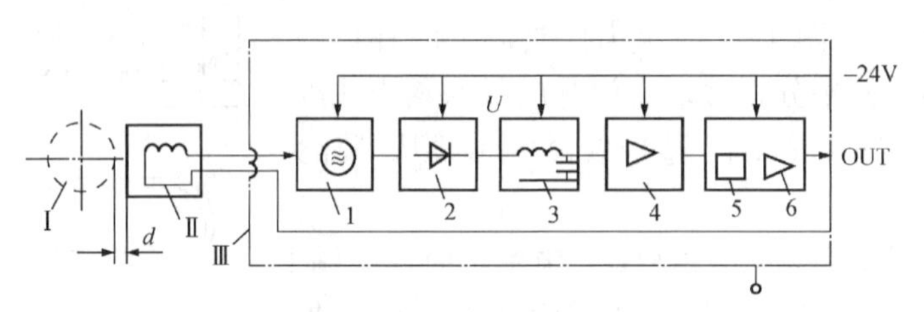

图 4-4 电涡流传感器与信号转换器的工作原理

Ⅰ—测量件（轴或测量环）；Ⅱ—涡流传感器；Ⅲ—信号转换器

1—高频振荡器；2—振幅解调器；3—低通滤波器；4—放大器；5—线性化网络；6—输出放大器

由振荡器输出的振荡幅度调制信号，送入振幅解调器解调成直流电压信号，高频的残留波由低通滤波器滤去，然后送入放大器进行放大。由于传感器与测量件之间的间隙变化与经转换成直流电压的信号是非线性关系，所以经低通滤波器后的直流电压信号，送入线性化网络进行线性化，再经输出放大器放大后，得到所需的测量电压信号。

3. 电涡流传感器的主要性能与影响因素

电涡流传感器主要用于转速、位移、振动、偏心度等参数的测量与监视。另外它也应用于测量厚度、表面温度、温度变化率，判别材质、应力、硬度和金属探伤等。

利用电涡流传感器测量位移和振幅时，输出电压与距离 d 的单值函数关系是在其他条件不变的假设下得到的，这些条件变化均会影响测量的精度和灵敏度。

被测体的面积比传感器相对应的面积大得多时，传感器的灵敏度不受影响。当被测体面积为传感器线圈面积的一半时，其灵敏度减小一半；面积更小时，灵敏度则显著下降。假如

被测体为圆柱体，当其直径为传感器直径 D 的 3.5 倍以上时，不会影响被测结果；若两个直径相等，则灵敏度降至 70%左右。这点在实际安装时应予以注意。

另外，工件表面热处理对测量结果也有影响。工件表面镀铬后，会使灵敏度增加，镀层厚度不均匀，会引起读数跳动，因此应尽可能不要测镀铬的表面。即使镀层均匀，也需进行静态校验。被测体表面的光洁度对测量结果基本上没有影响，而被测体的材质对灵敏度则有影响。不同的材质，或同一材质但表面不均、工件内部有裂纹等，都将影响测量结果。

对于传感器而言，LC 振荡器的振荡频率是否稳定、探头与前置器之间电缆引线的分布电容的大小，以及环境温度的变化均将影响测量结果。

由于电涡流传感器具有结构简单、灵敏度高、线性范围大、抗干扰能力强及不受油污污染影响等优点，所以在火电机组中广泛应用于汽轮机轴向位移、振动、主轴偏心度等重要参数的测量。此外，它还可用于压力、温度、转速、电导率、厚度等参数的测量。

（二）LVDT 传感器

线性差动变压器 LVDT（Linear Variable Differential Transducers）的结构示意图如图 4-5 所示。它由一个振荡器、一个激励绕组 L0 和 2 个输出绕组 L1、L2 组成。振荡器为激励绕组提供振荡频率为 1kHz 的激励电压，输出绕组 L1、L2 反向串接，将铁芯的位移 d 线性地转换为交流输出电压，经解调器检波、放大及滤波等环节处理后，输出直流电压。

当 LVDT 用于测量缸胀时，传感器外壳固定于汽轮机基础上，而铁芯与汽缸相连；当 LVDT 用于测量差胀时，传感器外壳固定于汽缸上，铁芯则与汽轮机转轴上的凸缘相耦合。

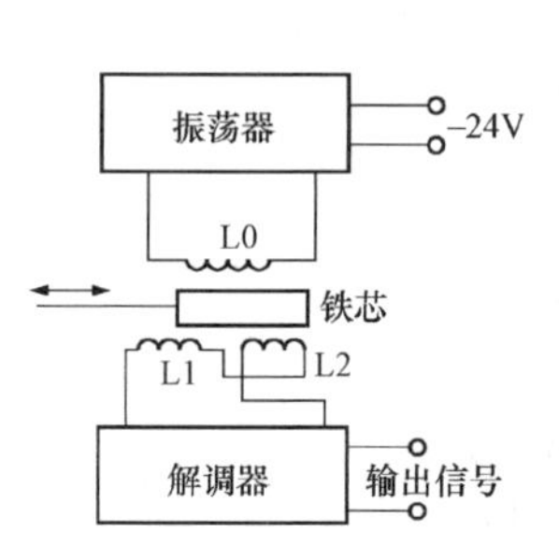

图 4-5 LVDT 结构示意图

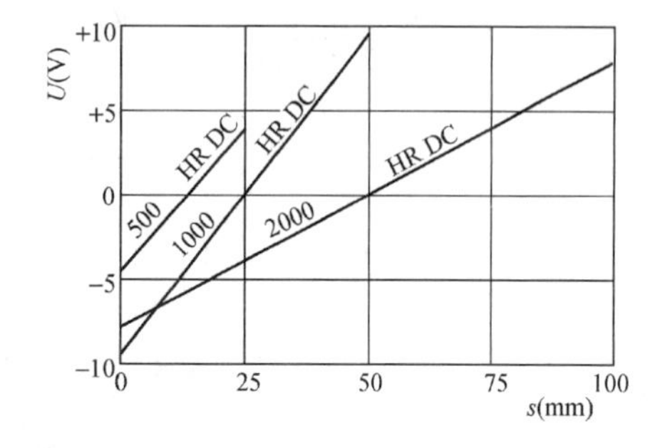

图 4-6 LVDT 输出特性曲线

图 4-6 所示为 LVDT 输出信号与铁芯位移的特性曲线图。图中示意了直流 500HR DC、1000HR DC 和 2000HR DC 三种型号的 LVDT 输出特性曲线。当铁芯在中间位置时，输出信号为零；当铁芯左右移动时，输出信号经解调为正、负直流电压信号，并与铁芯位置呈线性关系。它们的测量范围分别为 0～25mm（±0.5in）、0～50mm（±1.0in）和 0～100mm（±2.0in），灵敏度分别为 0.35、0.4V/mm 和 0.14V/mm。

（三）转速传感器

1. 磁阻式传感器

磁阻式测速传感器由测速齿轮和磁阻传感器组成，如图 4-7 所示。在被测轴上安装一个由导磁材料制成的齿轮，正对齿轮顶方或侧方安装一个磁阻传感器。磁阻传感器由永久磁钢和感应线圈组成。当汽轮机轴带动测速齿轮转动时，磁阻传感器与齿轮间磁路

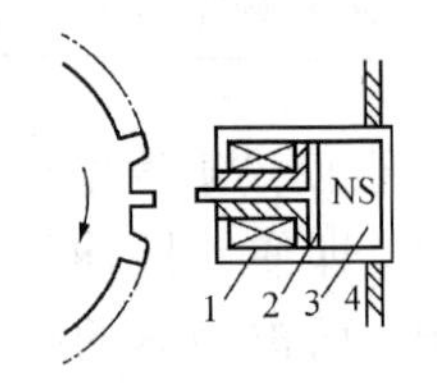

图 4-7　磁阻式测速传感器

1—感应线圈；2—软铁磁轭；3—永久磁钢；4—支架

的磁阻产生交变，于是感应线圈的磁通随之发生交变，感应线圈产生交变感应电动势，计算式为

$$e = -W\frac{\mathrm{d}\Phi}{\mathrm{d}t}\times 10^{-8}(\mathrm{V})$$

式中：W 为线圈匝数；Φ 为磁通，Wb。

感应电动势的交变频率为

$$f = \frac{nz}{60}(\mathrm{Hz})$$

式中：z 为齿轮齿数；n 为转速，r/min。

磁阻式测速具有简单、可靠和测量精度较高等优点，在汽轮机测速中得到广泛使用。

2. 磁敏式传感器

磁敏电阻是磁敏式测速传感器的核心部件，它由半导体材料霍尔片制成。当霍尔片受到与电流方向垂直的磁场作用时，其电阻率和电阻值增大，这种现象称为磁阻效应，利用磁阻效应制成的电阻称为磁敏电阻。

磁敏式测速装置由测速传感器和测量电路组成，如图 4-8 所示。磁敏式测速传感器内装有一个永久磁钢，在磁钢上装有两个串联的磁敏电阻。当由导磁材料制成的测速齿轮在紧靠传感器的位置旋转时，传感器内部的磁场受到干扰，磁力线发生偏转，引起磁敏电阻阻值发生变化。两个磁敏电阻 R1 和 R2 串连形成差动电路，与测量电路中的两个定值电阻组成一个惠斯顿电桥。

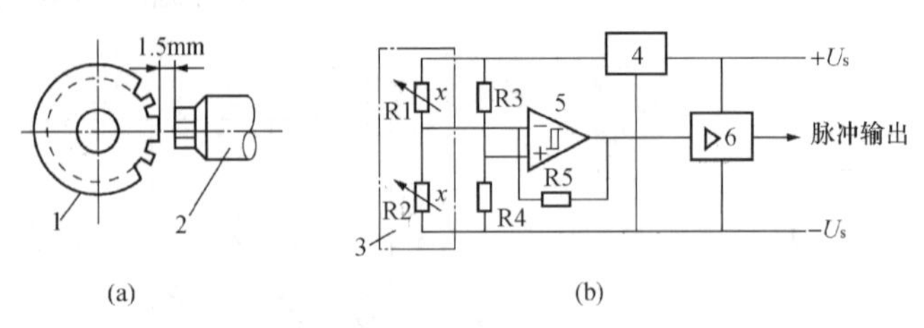

图 4-8　磁敏式测速装置

(a) 结构；(b) 测量电路

1—测速齿轮；2—传感器；3—磁敏电阻；4—稳压器；5—触发电路；6—放大电路

当测速齿轮随主轴旋转，某个齿顶接近传感器时，由于磁场的变化，两个磁敏电阻 R1 和 R2 的阻值发生变化：一个增大，一个减小。测量电桥失去平衡，输出电压信号。当该齿离开传感器时，磁敏电阻的变化相反，测量电桥的输出电压反向。这样，每转过一个齿，测量电桥的输出电压就交变一次。测量电桥输出的交变信号，经触发电路 5 和快速推挽直流放大器 6 整形、放大后，转换成脉冲信号。该脉冲信号的频率为

$$f = \frac{nz}{60}(\mathrm{Hz})$$

式中：z 为齿轮齿数；n 为转速，r/min。

飞利浦 RMS700 系列中的转速测量装置即属于磁敏式测速装置。它由磁敏式测速传感器和 60 齿测速齿轮组成，产生与转速成正比的脉冲信号，由数字表进行转速显示；也可以通过 f—V 转换电路输出 0～10V 或 0/4～20mA 的直流信号，对外供显示、记录使用；还

可以通过继电器回路，送出超速报警和保护逻辑信号。这种磁敏式测速装置的测量范围很宽，为0～20kHz。

3. 电涡流式传感器

电涡流式速度传感器与电涡流式位移传感器的工作原理是一致的。用电涡流传感器测速时，需在被测轴上开若干条槽（称为标记），或在轴上安装一个带齿的圆盘。每当一个槽或齿经过传感器位置时，传感器探头测量线圈的等效电感就会发生变化，测量电路的输出电压随之发生变化，该电压经过整形后转换为脉冲信号。当主轴转动时，轴上的开槽或圆盘上的齿周期性地经过传感器位置，于是就会产生一系列的脉冲信号。将此脉冲信号送入频率测量电路，测出频率值。由于开槽数或圆盘齿数是固定的，所以测得的频率值就代表了被测转速的大小。这就是电涡流速度传感器的测速原理。

4. 数字式转速表

数字式转速表的测量原理一般为测频法，即在一定的时间间隔内对被测脉冲信号进行计数，计数值与计数时间间隔之比即为频率。数字式转速表的原理框图如图4-9所示。

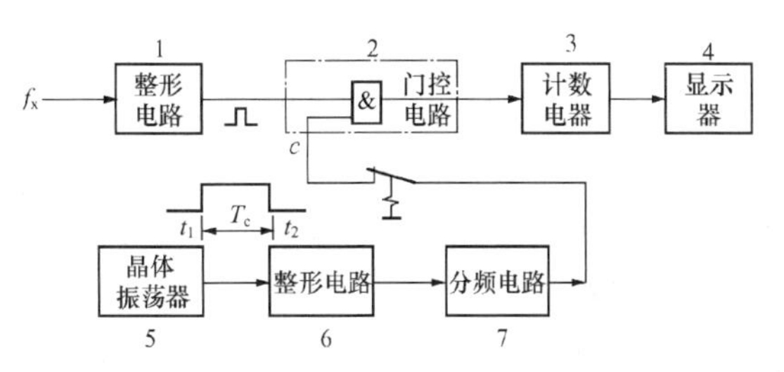

图4-9　数字式转速表原理框图

转速传感器将转速转换为数字脉冲信号 f_x，经过整形电路1将脉冲输入转换成窄脉冲信号，送到门控电路。门控电路2实际上是一个“与”门，它的另一个输入信号为门控信号。

由高精度晶体振荡器5产生的振荡信号经过整形电路6整形、多级分频电路7分频后，作为门控信号送到门控电路2。当门控信号为高电平时，被测脉冲信号进入计数器3进行计数；当门控信号为低电平时，被测脉冲被封锁，计数停止。门控信号是宽度为 T_c 的一个矩形脉冲，即计数器3的计数时间等于 T_c。如果计数器3在计数时间 T_c 内的计数值为 N，则被测转速 n 为

$$n=\frac{60N}{zT_c}(\mathrm{r/min})$$

式中：N 为计数器计数；z 为轴上开槽数或圆盘齿数；T_c 为计数时间，s。

这种数字式测频方法，由于计数值 N 存在±1个字的固有量化误差，当被测转速很低时，相对误差很大。因此，数字式转速表有一个最低转速测量值。例如本特利7200和3300系列数字转速表（或称转速监视器），当被测转速低于300r/min时（标记为1个），最低转速闭锁电路产生闭锁信号，数字表显示空白，而模拟信号和记录信号钳制为最小值。

5. 零转速监视器

汽轮机在启、停过程中的低转速状态（转速低于300r/min）称为零转速。由于被测转速很低，如果还采用前面介绍的计数法测量频率，将会有较大的测量误差。例如假设被测转速 n=120r/min，主轴标记数 z=1，门控时间 T_c=1s，则脉冲频率 f_x=2Hz，计数器计数 N 应为±2，±1个字的量化误差带来的相对误差为±50%。可见，为提高零转速的测量精度，采用测频法时，必须提高主轴上的标记数，或改用其他测量方法。通常，零转速测量采用测周期法，即先测得被测信号的周期 T_x，然后再求被测频率 f_x。

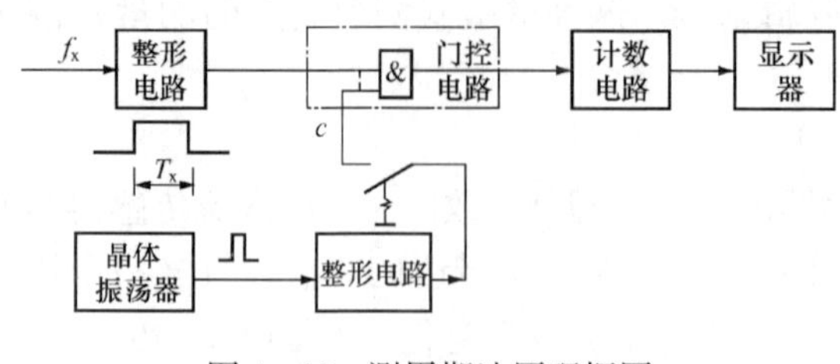

图 4-10　测周期法原理框图

测周期法的原理框图如图 4-10 所示。与图 4-9 的差别是被测信号经整形电路后，作为门控电路的门控信号，门控时间即为被测周期 T_x；而晶体振荡器的脉冲输出经整形电路后，作为被计数信号。设晶体振荡器的振荡频率、振荡周期分别为 f_c、T_c，被测频率、周期分别为 f_x、T_x，计数值为 N，则有

$$T_x=\frac{N}{f_c}=NT_c$$

或

$$f_x=\frac{1}{T_x}=\frac{1}{NT_c}$$

由于晶体振荡器的振荡频率较高，所以计数器±1 个字的固有量化误差带来的相对误差较小。又因为晶体振荡器的输出为高精度的固定频率信号，所以测得的被测周期、频率具有较高的测量精度。

在停机过程中，当被测脉冲周期大于预定的报警值时，说明转速已经很低，为防止主轴弯曲，必须启动盘车装置。此时，零转速测量装置通过报警控制电路，使报警继电器动作，送出转速低信号，用于报警和（或）启动盘车装置。

（四）振动传感器

汽轮机组的振动监测包括轴承座的绝对振动、主轴与轴承座之间的相对振动和主轴的绝对振动。监测参数包括测振点的振动幅值、相位、频率和频谱图等。振动测量传感器分为接触式和非接触式。接触式又可分为磁电式、压电式等；非接触式又可分为电容式、电感式和电涡流式等。目前，汽轮机振动传感器大多应用磁电式和电涡流式测量原理。

1. 磁电式振动传感器

磁电式振动传感器有很多种类，按力学原理可分为惯性式和直接式；按活动部件可分为动线圈式和动钢式。下面介绍惯性动钢式振动传感器。

惯性动钢式振动传感器的结构示意图如图 4-11 所示。它主要由永久磁钢、线圈、芯轴、弹簧片、阻尼环及外壳组成。传感器固定于被测物体上，与其一起振动。空心永久磁钢 4 与外壳 2 固定在一起，芯轴 5 穿过磁钢的中心孔，并与左右侧弹簧片 7 支承在壳体上。芯轴的一端固定工作线圈 3，另一端则与圆筒形钢环（阻尼环）6 相连。

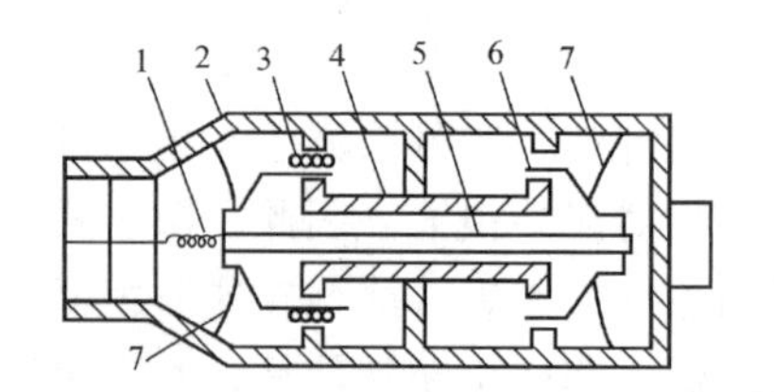

图 4-11　磁电式振动传感器结构示意图
1—引线；2—外壳；3—线圈；4—永久磁钢；5—芯轴；6—阻尼环；7—弹簧片

磁电式振动传感器利用电磁感应原理，将运动速度转换成线圈的感应电动势。

当永久磁钢随被测物体一起振动时，测量线圈近似静止不动。测量线圈与永久磁钢之间的相对速度$\frac{dz}{dt}$等于被测物体的振动速度$\frac{dx}{dt}$。因此当测量线圈以相对速度切割磁力线时，线

圈中产生感应电动势，且感应电动势 e 与振动速度成正比，即

$$e = BL = \frac{\mathrm{d}z}{\mathrm{d}t}$$

式中：B 为磁场气隙 K 的磁感应强度，T；L 为线圈导线的总长度，m。

因此，这种磁电式振动传感器称为速度式传感器，也称为地震传感器。它可用于测量速度、位移和加速度。

当用磁电式振动传感器测量振动位移时，由于位移与速度之间为积分关系，所以需采用积分电路。假定被测振动为正弦波，则积分电路的输出与振幅 Z_m 成正比；当被测振动为随机振动时，积分电路的输出与有效振动幅值成正比。

2. 电涡流式振动传感器

电涡流式振动传感器与前面介绍的电涡流式位移传感器的工作原理是一致的。前面介绍的电涡流位移测量方法均可用于测量振动。电涡流式传感器具有结构简单、可靠性高、性能稳定、线性度好和测量精度较高等优点，目前国内、外广泛采用电涡流式传感器测量振动，并有替代磁电式振动传感器的趋势。

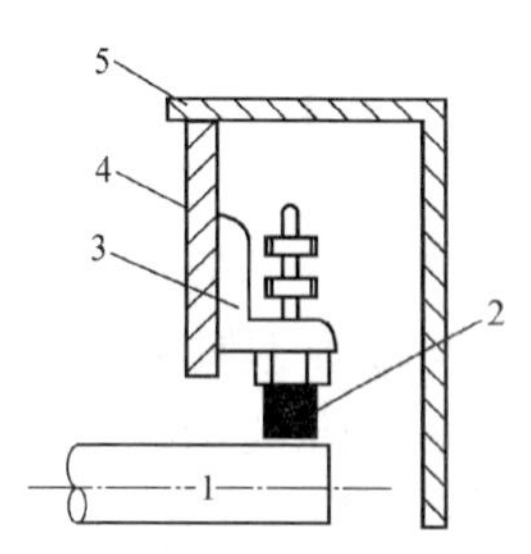

图 4-12 电涡流振动传感器安装示意图
1—主轴；2—传感器；3、4—支架；5—机体

图 4-12 所示为用电涡流振动传感器测量汽轮机主轴振动的安装示意图。传感器探头 2 通过支架 3、4 固定在机体 5 上，传感器的位置尽量靠近轴承座附近。当主轴振动时，周期性地改变主轴与传感器探头的距离，采用前面介绍的测量方法，即可将振动位移线性地转换为电压、频率等信号，经处理后供显示、报警和保护电路或记录仪表使用。

3. 复合式振动传感器

单个振动传感器一般只能监测汽轮机轴承座的振动及主轴与轴承座的相对振动。由于主轴是引起振动的主要原因，当振动超限异常时，反映在主轴的振动变化要比轴承座的振动变化明显得多，所以监测主轴的绝对振动显得更为重要。复合式振动传感器即可用于主轴振动的测量。

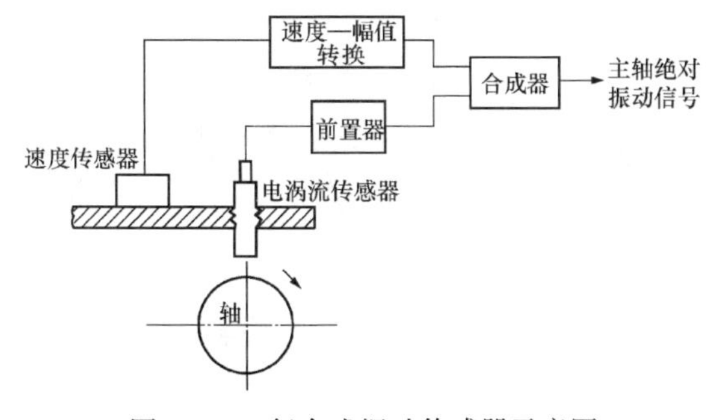

图 4-13 复合式振动传感器示意图

复合式振动传感器由一个电涡流式传感器和一个速度式传感器组成，两者放在同一个壳体内，壳体可以安装在汽轮机的同一测点上，如图 4-13 所示。

电涡流式传感器用于测量主轴与轴承座的相对振动，速度式传感器用于测量轴承座的绝对振动。主轴的绝对振动不是两个直接测得的振动值的简单相加，而是两者的矢量和，即

$$\vec{V} = \vec{V}_1 + \vec{V}_2$$

式中：$\vec{V}_1$ 为轴承座绝对振动矢量，即轴承座相对于自由空间的振动矢量；$\vec{V}_2$ 为主轴相对于轴承座的振动矢量；$\vec{V}$ 为主轴的绝对振动矢量，即主轴相对于自由空间的振动矢量。

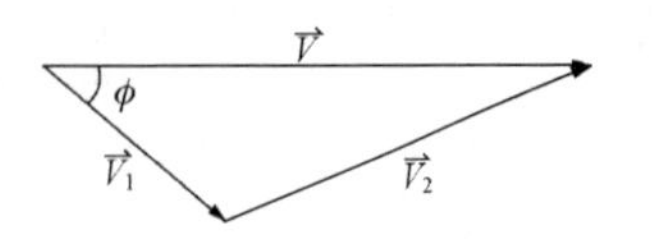

图 4-14　振动矢量合成示意图

主轴的绝对振动的矢量合成示意图如图 4-14 所示。$\vec{V}$ 和 $\vec{V}_1$ 之间存在相位差 ϕ，这是由油膜及轴承结构等因素决定的。测得 $\vec{V}_1$ 和 $\vec{V}_2$ 即可合成得出 $\vec{V}$，这就是主轴绝对振动的测量原理。即将测得的主轴与轴承座的相对振动和轴承座的绝对振动一起送到矢量合成器中进行矢量合成，然后输出主轴的绝对振动值。

复合式振动传感器除能用以上原理测得主轴的绝对振动外，还能测量主轴相对于轴承座的振动（电涡流式传感器测得）、轴承座的绝对振动（速度式传感器测得）和主轴在轴承间隙内的径向位移（电涡流式传感器测得）。

4. 键相器及矢量监视器

前面介绍的振动测量方法都是通过监测振动的位移、速度和加速度信号，然后经转换电路转换为振动的振幅进行指示的。但实际上，振动是十分复杂的，振动监测不仅要测量振动的幅值，而且要测量振动的频率和相位。振幅是指振动幅度的峰—峰值，是表征机组振动严重程度的重要指标；振动频率一般是指同步振动，即常以转子转动转速（频率）x 的倍数形式来表示，如 $1x$（1 倍频）、$2x$（2 倍频）、$\frac{1}{2}x\left(\frac{1}{2}\text{分频}\right)$等；振动相位是描述转子在某一瞬间所在位置的一个物理量，在转子做动平衡试验、确定临界转速及做故障诊断、分析时，离不开精确的相位测量。

测量振动相位有许多方法，过去采用的有转子上划线法、凸轮接触法、示波器法，后来采用闪光测相法，目前采用标准脉冲法。

（1）键相器。采用标准脉冲法测相的振动仪，要正确地测量振动相位，最关键的是正确地取得标准脉冲信号。要获得标准脉冲信号，可使用光电传感器（可见光光电传感器和红外光光电传感器）。但光电传感器存在抗光、热干扰能力差、反光带易失效等缺点，所以现在普遍使用电涡流传感器作为键相器。即在主轴上做一标记（如键槽等），利用电涡流传感器监测标记位置，主轴每转动一转传感器发出一个脉冲，并以此脉冲作为相位测量的参考基准。

键相器的信号是由一个单独的电涡流传感器提供的，该传感器可观测转轴上每转一次的不连续点。电涡流传感器可以观测转轴上的凹槽或键槽，或转轴上的凸出部分。很明显，键相器传感器必须装在转轴与任何振动探测传感器不同的轴向位置处，如图4-15（a）所示。转轴不连续点每次经过键相器传感器下方时，传感器就会感受到在间隙距离上的很大变化，因而输出的电压值也会有相应地变化，这项电压输出的变化，发生在不连续点出现的很短的时间内，因而表现为每转一次所产生的电压脉冲。

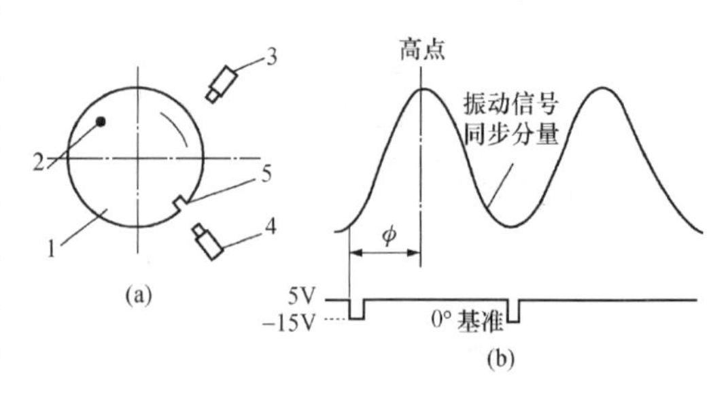

图 4-15　振动信号相对于同步脉冲的相位图
（a）相对位置图；（b）波形图
1—转子；2—振动高点；3—振动探头；
4—键相器探头；5—键相记号

图 4-15 所示为振动信号相对于同步脉冲的相位图。图 4-15（a）所示为振动探头、键相器探头、键相记号、振动高点等的相对位置图；图 4-15（b）所示为检测到的振动信号同步分量的波形和键相器检测到的每转一个脉冲的波形图。键相器的输出是振动输入信号的转速分量，用图 4-15（b）中的正弦曲线表示。相位角 ϕ 定义为从同步信号（键相脉冲）前缘到正弦曲线正峰值（振动高点）之间的角度。

（2）矢量监视器（DVFR）。矢量监视器也称为矢量滤波器，用于连续监测振动信号，即测量以键相器输出为参考点的相位、轴的转速（r/min）和经过滤波后的振动的峰—峰值。

矢量监视器接受位移、速度、加速度传感器的输出信号，以及键相传感器的键相脉冲信号，可用于连续检测振动信号相对于同步脉冲的相位、转子的转速以及经滤波后的振幅。

二、TSI 监测的主要参数

（一）轴向位移的监测与保护

1. 汽轮机产生轴向位移的原因

汽轮机转子高速旋转，而汽缸及隔板是静止不动的，所以动静部分之间必须留有一定的间隙。

汽轮机叶片具有一定的反动度，叶片的叶轮前后两侧存在着压差，形成一个与汽流方向相同的轴向推力；轮毂两侧转子轴的直径不等，隔板汽封处转子凸肩两侧的压力不等，也要产生作用于转子上的轴向力，所以转子受到一个由高压端指向低压端的轴向推力。在这个轴向推力的作用下，转子就会产生轴向位移，使动静之间的间隙减小甚至消失，这是绝对不允许的。因此要设法平衡轴向推力，采取了高中压缸反向布置、中低压缸对称分流、开设平衡孔等一系列措施，平衡部分轴向推力，其余则由推力轴承来负担。对冲动式汽轮机，轴向推力全部由推力轴承来承受；对反动式汽轮机，轴向推力大部分由平衡盘来抵消，其余的轴向推力由推力轴承来承受。

汽轮机在运行过程中，引起轴向推力增大的原因有以下几方面：

（1）汽轮机发生水冲击。由于含有大量水分的蒸汽进入汽轮机内，水珠冲击叶片使轴向推力增大，同时水珠在汽轮机内流动速度慢，堵塞蒸汽通路，在叶轮前后造成很大的压力差，使轴向推力增大。

（2）隔板轴封间隙增大。由于不正确地启动汽轮机或机组发生强烈振动，将隔板轴封的梳齿磨损，间隙增大，漏汽增多，于是使叶轮前后压力差增加，致使轴向推力增大。

（3）动叶片结垢。蒸汽品质不良，含有较多盐分时，会使动叶片结垢。动叶片结垢后，蒸汽流通面积缩小，引起动叶片前后的蒸汽压差增大，因而增大了转子轴向推力。

（4）新蒸汽温度急剧下降。新蒸汽温度急剧下降，转子温度也随之降低，由于转子的收缩量大于汽缸的收缩量，致使推力轴承的负荷增加。当汽轮发电机采用挠性靠背轮时，靠背轮对转子的移动起到制动闸的作用，因而使推力轴承上承受的推力增大。若是齿形靠背轮，当齿或爪有磨损或卡涩情况时就更为严重，推力轴承会极易发生事故。

（5）真空下降。汽轮机凝汽器真空下降，增大了级内反动度，致使轴向推力增大。

（6）汽轮机超负荷运行。汽轮机超负荷运行时，蒸汽流量增加，会使轴向推力增大。

（7）润滑油系统由于油压过低、油温过高等缺陷使油膜破坏而导致推力瓦块乌金烧熔，也会使转子产生轴向位移。润滑油系统会造成油膜破坏的原因有：①润滑油压过低；②润滑油温过高；③润滑油中断；④油质不良；⑤润滑油中有水；⑥轴瓦与轴之间的间隙过大；⑦乌金脱落；⑧发电机或励磁机漏电。

2. 汽轮机转子产生轴向位移的危害和监视保护措施

推力轴承包括固定在主轴上的推力盘、两侧的工作推力瓦和非工作推力瓦。推力瓦上浇有乌金，正常情况下，转子的轴向推力经推力盘传到推力瓦块上，由工作推力瓦块来承受。当转子轴向推力过大时，推力轴承过负荷，将破坏油膜，致使推力瓦块乌金烧熔，转子窜动。当轴向位移超过动、静部件之间预留的间隙时，将会造成叶片折断、大轴弯曲、隔板和叶轮碎裂等恶性事故。因此严密监视机组的轴向位移显得特别重要。一般在推力瓦块上装有温度测点，在推力瓦块回油处装有回油温度测点等，以监视汽轮机推力轴承的状态。此外，还装设有各种轴向位移监测保护装置，以监视转子的轴向位移变化。

轴向位移监测器在正常工况下指示轴的位移量。当位移超过一定限值时，发出报警信息，提醒运行人员严密监视机组状态，及时采取处理措施；当轴向位移达到“危险”限值时，保护装置动作，发出危急遮断高、中压调节阀门与主汽阀的信号，关闭主汽阀、调速汽阀和抽汽止回阀，实现紧急停机，以保证机组设备和人身的安全。

3. 轴向位移保护的作用

轴向位移保护是为了防止汽轮机转子推力轴承磨损造成汽轮机转子与静子部分相碰撞。制造厂规定轴向位移应小于±1.2mm，其中轴向位移向推力瓦工作面（即发电机方向）为“+”，轴向位移向非推力瓦工作面（即汽轮机机头方向）为“－”。冷态时，将转子向推力瓦工作面推足，此时定轴向位移表为零。

轴向位移检测装置安装在尽量靠近推力轴承处，用以排除转子膨胀的影响。

4. 轴向位移的测量方法

轴向位移测量装置通常有机械式、液压式、电感式和电涡流式四大类。其中，机械式、液压式轴向位移测量装置因可靠性差、精度低等原因，在大型汽轮机上已基本淘汰。电感式轴向位移测量装置利用电磁感应原理，将转子的轴向位移转换为感应电压，以进行指示、报警和停机保护。电涡流式轴向位移测量装置利用电涡流原理，将汽轮机转子的轴向位移转换为电压量，以进行指示、报警和停机保护。

（二）缸胀和差胀的监测与保护

1. 机组热膨胀的原因

汽轮机在启动、停机过程中，或在运行工况发生变化时，都会由于温度变化而使汽缸产生不同程度的热膨胀。

汽缸受热而膨胀的现象称为“缸胀”。缸胀时，由于滑销系统死点位置不同，汽缸可能向高压侧伸长或向低压侧伸长，也可能向左侧或右侧膨胀。为了保证机组的安全运行，防止汽缸热膨胀不均，发生卡涩或动静部分摩擦事故，必须对汽缸的热膨胀进行监视。缸胀监视仪表指示汽缸受热膨胀变化的数值，也称汽缸的绝对膨胀值。转子受热时也要发生膨胀，因为转子受推力轴承的限制，所以只能沿轴向往低压侧伸长。由于转子的体积小，而且直接受蒸汽冲刷，所以温升和热膨胀较快；而汽缸的体积大，温升和热膨胀就比较慢。转子和汽缸之间的相对膨胀差值称为“差胀”（或“胀差”）。

汽轮机在启动或运行过程中，都可能引起差胀过大。汽轮机在启动或增负荷时，是一个蒸汽对金属的加热过程，转子升温快于汽缸，转子的轴向膨胀值大于汽缸的膨胀值，称为正差胀；在停机或减负荷时，是一个降温过程，转子降温快于汽缸，所以转子收缩得快，也就是转子的轴向膨胀值小于汽缸的膨胀值，称为负差胀。

（1）引起差胀正值变化过大的原因。①启动时暖机时间不够，升速过快；②带负荷运行时，增负荷速度过快。

（2）引起差胀负值变化过大的原因。①减负荷速度过快，或由满负荷突然甩到空负荷；②空负荷或低负荷运行时间过长；③发生水冲击（包括主蒸汽温度过低的情况）；④停机过程中用轴封蒸汽冷却汽轮机速度过快；⑤真空急剧下降，排汽温度迅速上升，使低压缸负差胀增大。

2. 机组差胀过大的危害和监视措施

随着机组功率增大，级间效率提高，机组轴封和动静叶片之间的轴向间隙设计得越来越小。若启停或运行过程中差胀变化过大，超过了设计时预留的间隙，将会使动静部件发生摩擦，引起机组强烈振动，甚至造成机组损坏事故。为此，一般汽轮机都规定有差胀允许的极限值，它是根据动静叶片或轴封轴向最小间隙确定的，即当转子与汽缸相对差胀值达到极限值时，动静叶片或轴封轴向最小间隙仍留有一定的合理间隙。

因此，为了在汽轮机启动、暖机和升速过程中，或在运行、停机过程中，保护机组的安全，必须设置汽轮机热膨胀测量装置和转子与汽缸相对膨胀测量装置。一旦缸胀或差胀值达到允许极限值，立即发出声光报警信号，以便运行人员及时采取相应措施，保护机组的安全。当超过危险值时，送出停机保护指令。停机保护一般只在机组启停过程中及低负荷运行时投入。因为在正常运行时，差胀一般变化不大。

汽轮机缸胀和差胀的测量方法与轴向位移测量方法相同，过去常用电感式原理测量，现在一般都采用电涡流式或差动变压器式测量方法。

3. 缸胀、差胀监测与保护装置

缸胀和差胀的监视仪表种类很多，传感器主要有电涡流式和线性差动变压器 LVDT 两类，不同公司的产品的工作原理基本类似。

缸胀监测装置由一个 LVDT 和缸胀（Case Expansion）监视器组成，用于连续监视汽轮机的汽缸相对于机座基准点的膨胀值。LVDT 探头将缸胀线性地转换为电压值，并送 CE 监视器进行显示或外接记录。CE 监视器内设有 OK 电路，但不带报警电路。

差胀监测装置由一个 LVDT 和差胀（Differential Expansion）监视器组成，用于连续监视主轴对于汽缸某一点的膨胀差值。它由 LVDT 提供汽缸与轴间的膨胀差值成比例的直流电压信号，然后驱动监视器，供指示和外接记录。DE 监视器内有 OK 电路及报警、危险电路。

（三）机组转速监测与保护

1. 汽轮机超速的原因

汽轮机运行中的转速是由调速器自动控制并保持恒定的。当负荷变动时，汽轮机转速将发生变化。这时调速器动作，调速汽阀随之开大或关小，改变进汽量，使转速维持在额定转速。汽轮机发生超速的原因，主要是负荷突变且（或）调速系统工作不正常，不能起到控制转速的作用。

（1）汽轮机的负荷突然变化且调速系统工作不正常。在下列情况下，汽轮机的负荷变化很快，这时若调速系统工作不正常，失去控制转速的作用，就会发生超速：

1）汽轮发电机组运行中，由于电力系统线路故障，使发电机油断路器跳闸，汽轮机负荷突然甩到零。

2）单个机组带负荷运行时，负荷骤然下降。

3）正常停机过程中，解列时或解列后空负荷运行时。

4）汽轮机启动过程中，闯过临界速度后应定速时或定速后空负荷运行时。

5）危急保安器做超速试验时。

6）运行操作不当。如运行中同步器加得太多，远远超过高限位置，开启升速主汽阀开得太快，或停机过程中带负荷解列等。

（2）调速系统工作不正常。调速系统工作不正常造成超速的主要原因如下：

1）调速器同步器的下限太高，当汽轮机甩负荷降至零时，转速上升速度太大以致超速。

2）速度变动率过大，当负荷骤然由满负荷降至零时，转速上升速度太大以致超速。

3）调速系统迟缓率过大，在甩负荷时，调速汽阀不能迅速关闭，立即切断进汽。

4）调速系统连杆卡涩或调速汽阀卡住，失去控制转速的作用。

2. 汽轮机超速的危害

汽轮机是高速旋转的机械，转动时各转动部件会产生很大的离心力，这个离心力直接与材料承受的应力有关，与转速的平方成正比。当转速增加10%时，应力将增加21%；转速增加20%时，应力将增加44%。在设计时，转动件的强度裕量是有限的，与叶轮等紧力配合的旋转件，其松动转速通常是按高于额定转速的20%考虑的。

汽轮机正常运行时转速为3000r/min。在正常运行时，由于受到电网频率及负荷的影响，汽轮机的转速波动较小。但在突然发生机组甩负荷等事故时，如果调速系统的动作失效，关闭较慢或不严，则汽轮机转速会迅速上升，造成汽轮机超速。这时，往往会出现转子叶片脱落击穿汽缸等事故，甚至挣脱汽缸盖造成整机解体，即通常所说的“飞车”事故。由此可知，汽轮机超速事故轻则会损坏设备，重则将伤及人身或其他设备，造成重大经济损失。因此，为了保护汽轮机组的安全，必须严格监视汽轮机的转速并设置超速保护装置。

一般制造厂规定汽轮机的转速不允许超过额定转速的110%～112%，最大不允许超过额定转速的115%。

3. 汽轮机的超速保护

为了防止汽轮机超速，当汽轮机转速升高到异常值时，应立即切断进入汽轮机的蒸汽。传统的液动调速系统中有多重防止超速的措施，其中最主要的措施是危急保安器（或称危急遮断器）。但由于机械部分有可能失灵，所以还设置了后备的保护措施。汽轮机的主汽阀是利用调速系统中的高压油动机开启使蒸汽进入汽轮机的，控制主汽阀的油是由主油泵出口经节流孔板提供，控制主汽阀的油路被称为安全油系统。危急保安器的错油门开启时，可以泄去安全油路的油压，使主汽阀迅速关闭。

图4-16所示为汽轮机安全油路及危急保安器的示意。当汽轮机的转速升高时，装在汽轮机轴内的离心飞锤2的离心力克服弹簧3的压力甩出轴外。凸出轴外的飞锤端部通过杠杆4使危急保安器的滑阀5开启，泄去安全油路的油压。汽轮机的主汽阀由油动机6控制，执

行机构活塞下部的油压建立时，活塞克服弹簧的压力使主汽阀打开。一旦油压泄去，活塞受弹簧的压力会使主汽阀立即关闭。

在安全油路中还设有由其他保护条件控制的泄油阀。在图4-16中7是由电磁铁控制的泄油阀（电磁滑阀），供电信息控制汽轮机跳闸用，该电磁铁通常被称为汽轮机电磁跳闸线圈。

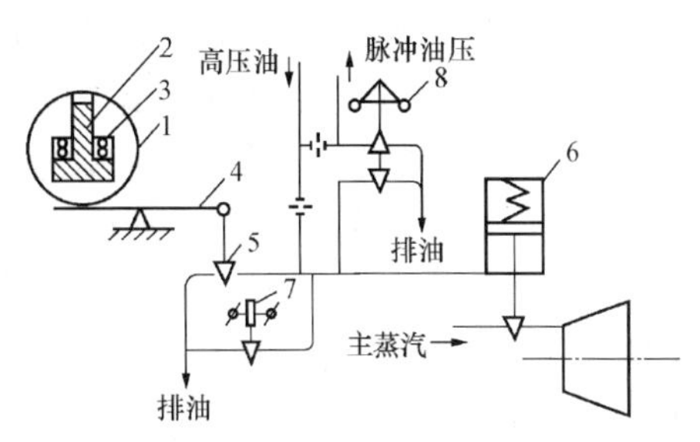

图4-16　汽轮机安全油路原理

1—汽轮机轴；2—离心飞锤；3—弹簧；4—杠杆；5—危急保安器滑阀；6—主汽阀油动机；7—电磁滑阀；8—调速器

危急保安器离心飞锤的动作可以用弹簧进行整定。为保险起见，一般汽轮机有两个离心飞锤，分别整定为两个动作值：汽轮机正常转速的110%和111%，即转速为3300r/min和3330r/min。

为切实防止汽轮机超速事故的发生，除了危急保安器之外，在液压调速系统中还设有超速后备保护滑阀，此滑阀通常放在调速器的滑阀上。当汽轮机转速过大时，调速器滑阀行程增大，带动超速后备保护滑阀，将安全油压泄去。一般超速后备保护滑阀的动作值为正常转速的112%～114%，对应3360～3420r/min。

此外，还有电气式超速监测保护装置，由转速测量部分和保护部分组成。当转速超过危险值时（不同机组的整定值不同），电气式监测保护装置动作，发出紧急停机保护信号。

另外，大型汽轮机组均设有零转速监测装置，用于在停机过程中监视零转速状态，以确保盘车装置及时投入，防止在停机过程中造成主轴永久性弯曲。

（四）振动监测与保护

1. 汽轮机发生振动的原因

汽轮机组在启停和运行中产生不正常的振动是比较普遍的现象，而且是一个严重的问题。产生振动的原因是多种多样的，可以是某一个因素引起的，也可以是多方面的因素引起的。一般说来，有以下几方面的原因。

（1）由于机组运行中中心不正而引起振动。

1）汽轮机启动时，如暖机时间不够，升速或加负荷太快，将引起汽缸受热膨胀不均匀，或者滑销系统有卡涩，使汽缸不能自由膨胀，均会使汽缸对转子发生相对歪斜，机组产生不正常的位移，造成振动。

在机组升速过程中，应严格监视各轴承的振动。对于200MW机组，在升至临界转速以前，轴承振动应不超过0.03mm，否则应立即打闸停机；在通过临界转速时，振动不超过0.1mm，否则应立即打闸停机；通过临界转速后振动一般不超过0.03mm，最大不超过0.05mm；当发现机组内部有异声或振动突然增大到0.05mm时，立即打闸停机，检查原因。

2）机组在运行中，若真空下降，将使排汽温度升高，后轴承上抬，从而破坏机组的中心，引起振动。

3）靠背轮安装不正确，中心没找准，也会在运行时产生振动，且此振动是随负荷的增加而增加的。

4）机组在进汽温度超过设计规范的条件下运行，将使其膨胀差和汽缸变形增加，如高压轴封向上抬起等。这样会造成机组中心移动超过允许限度，引起振动。

（2）由于转子质量不平衡而引起振动。

1）运行中叶片折断、脱落或不均匀磨损、腐蚀、结垢，使转子发生质量不平衡。

2）转子找平衡时，平衡质量选择不当或安放位置不当、转子上某些零件松动、发电机转子绕组松动或不平衡等，均会使转子发生质量不平衡。

由于上述两方面的原因出现质量不平衡时，转子每转一圈，就要受到一次不平衡质量所产生的离心力的冲击，这种离心力周期作用的结果就会产生振动。

（3）由于转子发生弹性弯曲而引起振动。转子发生弯曲，即使不引起汽轮机动静部分之间的摩擦，也会引起振动。其振动特性和由于转子质量不平衡引起振动的情况相似，不同之处是这种振动较显著地表现为轴向振动，尤其是当通过临界转速时，其轴向振幅增大得更为显著。

（4）由于轴承油膜不稳定或受到破坏而引起振动。油膜不稳定或破坏，将会使轴瓦乌金很快烧毁，进而因受热而引起轴颈弯曲，以致造成剧烈的振动。

（5）由于汽轮机内部发生摩擦而引起振动。工作叶片和导向叶片相摩擦，以及通汽部分轴向间隙不够或安装不当；隔板弯曲，叶片变形，推力轴承工作不正常或安置不当，轴颈与轴承乌金侧向间隙太小等，均会引起摩擦，进而造成振动。

（6）由于水冲击而引起振动。当蒸汽带水进入汽轮机内发生水冲击时，将造成转子轴向推力增大和产生很大的不平衡扭力，进而使转子产生剧烈的振动，甚至烧毁推力瓦。

（7）由于发电机内部故障而引起振动。如发电机转子与静子之间的空气不均匀、发电机转子绕组短路等，均会引起机组振动。

（8）由于汽轮机机械安装部件松动而引起振动。汽轮机外部零件如地脚螺栓、基础等松动，将会引起振动。

2. 汽轮机振动过大的危害

汽轮机运行中振动的大小，是机组安全与经济运行的重要指标，也是判断机组检修质量的重要指标。

汽轮机运行中振动大，可能造成以下危害和后果。

（1）端部轴封磨损。低压端端部轴封磨损，密封作用被破坏，空气漏入低压汽缸中，因而破坏真空；高压端端部轴封磨损，自高压缸向外漏汽增大，会使转子轴颈局部受热而发生弯曲，蒸汽进入轴承中使润滑油内混入水分，破坏了油膜，并进而引起轴瓦乌金熔化。同时，漏汽损失增大，还会影响机组的经济性。

（2）隔板汽封磨损。隔板汽封磨损严重时，将使级间漏汽增大，除影响经济性外，还会增加转子上的轴向推力，以致引起推力瓦乌金熔化。

（3）滑销磨损。滑销严重磨损时，会影响机组的正常热膨胀，从而会进一步引起更严重的事故。

（4）轴瓦乌金破裂，紧固螺钉松脱、断裂。

（5）转动部件材料的疲劳强度降低，将引起叶片、轮盘等损坏。

（6）调速系统不稳定。调速系统不稳定，将引起调速系统事故。

（7）危急遮断器误动作。

（8）发电机励磁机部件松动、损坏。

由上述可见，汽轮机运行中发生振动，不仅会影响机组的经济性，而且会直接威胁机组的安全运行。因此，在汽轮机启停和运行中，对轴承和大轴的振动必须严格进行监视。如振动超过允许值，应及时采取相应措施，以免造成事故。为此，一般汽轮机都装设轴承振动测量装置和大轴振动测量装置，用于监视机组振动情况。当振动超过允许极限时，就发出声光报警信号，以提醒运行人员注意，或者同时发出脉冲信号去驱动保护控制电路，自动关闭主汽阀等，实行紧急停机，以保护机组的安全。

（五）主轴偏心度的监测与保护

1. 主轴弯曲的原因与危害

汽轮机在启动、运行和停机过程中，由于各种原因，都会使主轴产生一定的弯曲。当主轴弯曲后，在转动过程中就会产生晃动。主轴最大晃动值的一半称为轴的弯曲度，也称偏心度。偏心度是衡量主轴弯曲程度的一项重要指标。

造成主轴弯曲的原因主要有以下方面。

（1）主轴与静止部件之间发生摩擦引起弯曲。由于摩擦主轴产生高热而膨胀，从而产生反向压缩应力，促使主轴弯曲。当反向压缩应力小于主轴材料的弹性极限时，主轴在冷却后仍能恢复原状，在以后的正常运行过程中不会因此而弯曲，这种类型的弯曲变形是暂时的，称为弹性弯曲；当反向压缩应力大于主轴的材料的弹性极限时，主轴在冷却后不能恢复原状，这种弯曲称为永久性弯曲。

（2）制造和安装不良引起的弯曲。在制造过程中，因热处理不当或加工不良，使主轴内部还存在残余应力。在运行过程中，这种残余应力局部或全部消失，致使主轴弯曲。在安装过程中，由于叶轮安装不当、叶轮变形或膨胀不均都会使主轴弯曲。

（3）检修后的调整不当引起弯曲。包括：通汽部分轴向间隙调整不当，使隔板与叶轮或其他部分产生单向摩擦，使主轴产生局部过热而造成弯曲；轴封、汽封间隙不均匀或过小，与主轴产生摩擦，造成主轴弯曲；转子中心未对正，滑销系统未清理干净或转子质量不平衡，在启动过程中产生较大的振动，造成主轴与静止部件摩擦，致使主轴弯曲；汽封门或调速汽门检修不良，在停机过程中造成漏汽，致使主轴局部弯曲。

（4）运行中操作不当引起弯曲。机组停转后，由于转子和汽缸的冷却速度不同，以及上下汽缸的冷却速度不同，转子上、下部形成温差，转子上部比下部热，转子下部收缩得较快，致使转子向上弯曲。这种弯曲属于弹性弯曲。停机后，如果弹性弯曲尚未恢复又再次启动，而暖机时间不够，主轴仍处于弯曲状态，此时机组将发生较大振动。严重时，会造成主轴与轴封片发生摩擦，使轴局部受热产生不均匀的膨胀，而导致永久弯曲。

（5）汽轮机发生水冲击引起弯曲。在运行过程中，如果汽轮机发生水冲击，转子推力就会急剧增大，产生不平衡的扭力，使转子剧烈振动，造成主轴弯曲。

汽轮机主轴弯曲后，使主轴的重心偏离运转中心，会造成转子转动不稳定，振动增大。当弯曲严重时，就会引起或进一步加大动、静部件之间的摩擦、碰撞，以致造成设备损坏的严重事故。可见，主轴弯曲严重影响汽轮机组的安全运行，所以大型汽轮机组都装设偏心度监测保护装置。在机组启、停机和运行过程中，必须严密监视主轴的偏心度。当偏心度超过报警值时，发出报警信号，提醒运行人员注意，及时采取措施。当偏心度超过危险值时，发出危险信号。

如果主轴弯曲过大，形成永久性弯曲，则必须停机，进行直轴，否则机组不能正常运行。

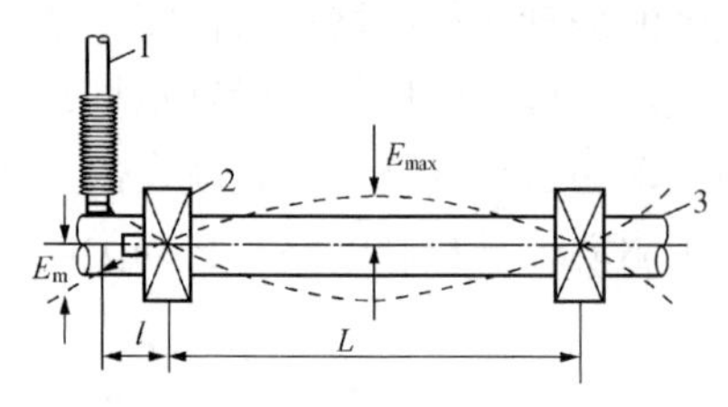

图 4-17　主轴偏心度测量示意图
1—传感器；2—轴承；3—主轴

2. 偏心度的监测与保护

主轴偏心度的监测装置，通常有电感式、变压器式和电涡流式等类型。目前，采用最多的是电涡流式。

图 4-17 所示为主轴偏心度测量示意图。偏心度传感器一般安装在主轴的轴颈上或轴向位移传感器处的测量圆盘上进行测量。由图 4-17 可知，测量位置的偏心度并非最大值。最大偏心度可由测得的偏心度值、轴的长度、轴承与测点的距离进行估算，即

$$E_{max}=0.25\frac{L}{l}E_m$$

式中：E_m 为测得的偏心度值，×10μm；L 为两轴承之间的转子长度，mm；l 为测点与轴承之间的长度，mm。

实际上，转子的弹性弯曲经常发生在调节级范围内。根据比例关系可知，由上式估算出的数值要比实际的偏心度大。因此，以此估算值监视控制转子的弹性弯曲有较大的安全裕度，可以有效地实现主轴弯曲监视。

偏心度监测，一般都采用电涡流式测量原理。德国飞利浦 RMS700 系列、美国本特利 7200、3300 系列偏心度监测系统都由电涡流式偏心度传感器、键相器和监视器组成，用于监测主轴偏心度的峰—峰值、瞬时值。

电涡流式偏心度传感器的工作原理与前面所述的电涡流式位移传感器是一致的。

三、美国本特利公司 3300 系列 TSI 系统

本特利 3300 系列是 7200 系列的更新换代产品，它保留了 7200 系列的基本电路，并在监视器中采用了微处理器技术，用于监测 TSI 电路中的各主要电平，进行系统故障自检。3300 系列监测系统通过通信接口可以很方便地与瞬态数据管理系统（Transient Data Management System，TDM）、动态数据管理系统（Dynamical Data Management，DDM）以及系统 64（System 64）等连接，以提高汽轮机组监测保护系统的运行、管理水平。

（一）3300 系列 TSI 系统的组成

3300 系列由机箱、电源、系统监视器和各种传感器系统及各种监视器组成。典型 3300 系统构成示意图如图 4-18 所示。该系统监测有 7 个轴承的汽轮机组。对于有 9、11 个或更多轴承的汽轮机组，TSI 系统的构成与该图类似。各种传感器信号经前置器、屏蔽电缆与机箱中的监视器相连，进行显示、记录、报警处理。

一个机箱由若干个框架（Section）组成，每个框架自左至右依次安装电源、系统监视器、各种监视器。图 4-18 所示系统的监测仪表占用两个机箱框架。

1. 框架（3300/05）

3300 框架采用积木式结构，具有易扩展性，可以现场扩展或缩减，插件式结构无需焊接，整个机箱由几个框架组成，每个单元框架最多可安装 14 个监视器（包括电源单元和系统监视器）。单元框架由抗静电性能的喷射塑料制成。框架设计有微机接口电路，可通过通信处理器与动态数据管理系统和瞬态数据管理系统连接，无需再增加接口模块。

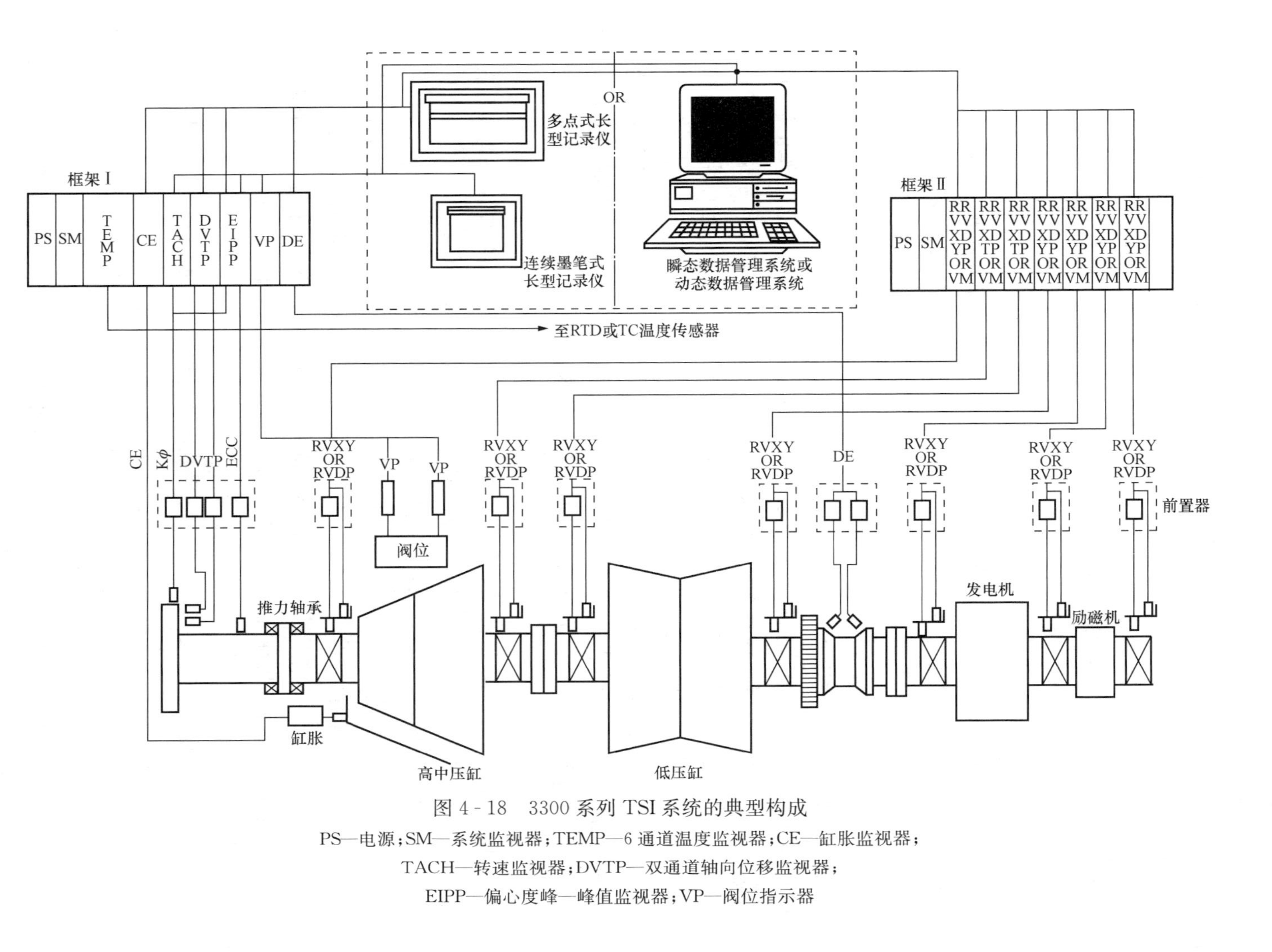

图 4-18 3300 系列 TSI 系统的典型构成

PS—电源；SM—系统监视器；TEMP—6 通道温度监视器；CE—缸胀监视器；TACH—转速监视器；DVTP—双通道轴向位移监视器；EIPP—偏心度峰—峰值监视器；VP—阀位指示器

2. 电源单元（3300/10）

每个框架安装有一个3300的电源单元，占用两个安装槽位，两路主交流电源为95～125V、50～60Hz或190～250V、50～60Hz单相交流电，可通过电源插座选择任意一种电源为电源单元供电，电源单元为12个各种监视器及传感器提供直流18V或直流24 V电源，最多可以提供36路。

电源单元包含指示系统是否正常工作的OK继电器。该OK继电器用于指示所在框架内所有被测参数是否正常，或指示所有传感器的输入通道是否正常，所有监视器的OK状态相“与”后，驱动电源单元的OK继电路。

3. 系统监视器（3300/01）

3300系列的机箱中的每一个框架都装设有一个3300/01系统监视器，它位于框架左侧第二个位置上（紧挨电源单元）。系统监视器在增强系统功能的同时，并不影响所有监视器的正常运行。即使系统监视器未运行，甚至未安装在框架内，除报警点设定值调整外，各监视器的基本功能也不受影响。

系统监视器的主要功能如下：

（1）系统正常（OK）状态监视功能。系统监视器具有监视系统是否工作正常的功能，即监视框架内所有监视器以及传感器、连接线是否正常。电源单元中用于指示系统是否正常的OK继电器（在电源单元的背面），是由系统监视器驱动的。该OK继电器还同时被用来指示供给3300框架的外部电源是否断电。

（2）就地或远距离报警复位功能。系统监视器的前面板上装设有报警复位开关。监视器同时也接受远距离复位接点信号。如果报警复位选择不闭锁方式，当监测值降至报警设定值以下时，报警继电器自动复位；如果选择闭锁方式，则必须通过就地开关或远距离触点进行复位。

（3）通电抑制功能。当电源波动或断电后重上电时，可能造成误报警。因此在通电、断电和电源不稳定时整个框架抑制报警，电源稳定2s后恢复所有报警功能。

（4）框架抑制功能。完成通电抑制的同样功能，但它是由外部接点控制的。

（5）监视器报警设定点调整功能。系统监视器可以让用户设定或调整框架内各种监视器的正常、预报报警和危险报警设定值。各种监视器的每个通道报警设定值都是可以调整的，并且是独立的。调整方法是按下被调整监视器前面板后的正常（OK）、报警（ALARM）或危险（DANGER）按键，同时按住系统监视器前面板上的增、减按钮，即可进行调整。调整过程中，监视器仍按原报警设定值进行报警。

（6）启动过程中提高危险报警点功能。在系统启动过程中，将所选择的监视器的报警设定值提高2倍或3倍，防止误发危险报警。

（7）供电电压自检功能。系统监视器自动监测供电电压，当供电电压异常时，面板上指示供电是否正常的指示灯灭，同时整个框架报警被抑制。

（8）标准计算机接口。系统监视器内部装有标准计算机接口，可以方便地与计算机监控系统连接。3300系列采用RS-232或RS-422串行接口。接口采用两种标准通信协议：Modicon Modbus和Allen Bradlay DFI。本特利公司用于在线监控的标准软件包包括瞬态数据管理系统（TDM）、动态数据管理系统（DDM）和System 64等。

4. 监视器（3300/xx）

3300 系列提供了各种监视器，框架内的监视器可以是以下监视器的任意组合：①双通道轴向位移监视器；②偏心度监视器；③双通道差胀监视器；④汽缸膨胀监视器；⑤转速、零转速、转子加速度监视器；⑥双通道振动监视器；⑦复合式振动监视器；⑧六通道热电偶式（TC）温度监视器；⑨六通道热电阻式（RTC）温度监视器；⑩矢量监视器；⑪双通道速度监视器；⑫双通道加速度监视器；⑬斜面式差胀监视器；⑭补偿式差胀监视器；⑮双通道阀位监视器。

由 3300 系列监视器与传感器系统组成的监测系统，可以对轴向位移、偏心度、缸胀、差胀、转速、零转速、轴承温度、推力瓦温度、轴承振动和主轴振动等进行测量、报警、记录等处理功能，并可为故障诊断提供测量数据。

（二）3300 系列 TSI 系统的基本功能

3300 系列除在系统监视器中介绍的部分功能外，还包括以下基本功能。

1. 参数显示功能

它可以显示被测参数数值，还可以显示“正常（OK）”、“警告（ALARM）”和“危险（DANGER）”设定限值，以及前置器的输出电压—间隙电压。

2. 状态显示与开关量输出功能

通过监视器面板上的发光二极管指示“正常”、“警告”和“危险”三种状态。这三种状态均带有相应的继电器开关量输出，用于声光报警和请求停机保护。

3. 缓冲输出功能

由传感器、前置器来的报警信号经过缓冲处理（阻抗变换与功率放大）后，送监视器前面板同轴接线柱和后面板接线端子，以对外供故障诊断仪或数据管理系统使用。

4. 可编程选择记录驱动信号类型功能

被测参数经隔离、放大与转换后，经后面板的端子，输出记录仪所需的信号：0～10V、4～20mA 或 1～5V。这些信号输出类型可以通过硬件接插件编程选择。

5. 通道旁路功能

3300 系列监视器具有可编程选择的“危险旁路”和“通道旁路”功能。“危险旁路”功能是指当对监视器或传感器系统等线路进行维修时，将危险报警功能旁路，即禁止“危险”继电器动作。危险旁路可通过“危险旁路”开关实现，也可通过在线路板上跨接片编程实现。“通道旁路”功能是指当某一通道处于非 OK 状态时，将其退出监测。对于双通道监视器，如果两个通道均旁路，则整个监视器失效。“通道旁路”可以通过监视器线路板上的开关来投入或切除。

6. 首出报警记忆功能

3300 系列监视器设有“警告”和“危险”首出报警（第一报警）记忆功能。整个框架内首先引起“警告”和“危险”报警的监视器，其相应的报警指示灯闪烁。在操作员确认后，可按下系统监视器的复位（RESET）按钮，进行复位。

7. 故障自检功能

3300 系列监视器具有以下故障自检功能：

（1）通电自检。监视器在每次通电后，进行一系列基本检查和传感器系统检查。

（2）周期性自检。在监视器正常运行期间，定时进行自检。当发现异常时，监视器中止工作，并在液晶显示柱上闪烁显示错误代码。当此种异常间断出现时，则监视器恢复工作，但错误代码被存储，并在用户启动自检功能时重新显示，此时 OK 指示灯以 5Hz 闪烁，表示通道正常但错误代码被存储。

（3）用户启动自检。该功能是由操作员启动来完成自检功能的。诊断出的错误通过错误代码显示，操作员可以读取并清除在周期性自检时存储的错误代码。

8. 故障诊断数据采集功能

3300 系列矢量监视器还可以为故障诊断提供数据，如提供振动的幅值、相角、频率、振动形式和振动模式等数据信息，以及进行早期轴断裂监视。

（1）振动形式。振动形式是分析振动数据的关键，它是指其自身固有的振动形式，可以在示波器上显示出来，并可采用波特图或极坐标图表示，以便运行人员了解、分析转子的运行情况与状态。

（2）振动模式。监视机组的任何一对 XY 探头，可以提供转子在某特定位置的运动情况，再利用另一探头监视机组的不同位置，就能确定转子的固有振动模式，以便更准确地估算转子与静止部件间的轴向间隙。

（3）早期轴断裂监视。3300/60 矢量监视器提供通频（不滤波）振幅、1 倍频振幅及相位、2 倍频振幅及相位和探头间隙电压。大量试验和现场记录分析表明，轴的早期断裂监视，最好方法是监视 1 倍频、2 倍频振动矢量的变化。轴的早期断裂的基本征兆是 2 倍频振动的出现以及 1 倍频振动的振幅和相位出现异常变化或者出现低转速轴弯曲振动矢量。

四、瑞士韦伯公司 VM600 系统

（一）VM600 系统的特点

瑞士韦伯公司于 1999 年成功地开发出全新的数字信号处理（Digital Signal Processing，DSP）技术的全数字化 TSI 系统——VM600 系统。其最大特点是只有一种 4+2 通道的模块 MPC4 即可实现 TSI 系统中的各种参数的监测和保护，各通道完全由软件进行组态和设定。每块 MPC4 模块上有 4 个通道，可以设定为绝对振动、相对振动、复合振动、位移、差胀、偏心、缸胀、动态压力和其他模拟量；另有 2 个通道为转速或相位通道。

VM600 系统的主要特点有：①各种测量只用一种模块 MPC4，减少了备件及维护量；②仪表上带数字就地显示，便于系统安装调试；③轴位移和差胀可以反向处理和显示；④电源可以冗余，直流电源可以双电源供电；⑤所有模块均为热插拔；⑥机组保护模块 MPC4 在没有 CPU 或 CPU 出现故障时能正常工作；⑦更换 MPC4 卡时不需重新组态，数据自动从 CPU 模块下载；⑧继电器模块从 VM600 系统框架后面安装，不占 VM600 系统插槽，有逻辑组态功能；⑨系统自检功能和传感器故障自动识别；⑩冗余以太网通信和 RS-485/RS-422/RS-232 通信方式；⑪支持 MODBUS RTU、MODBUS TCP 以及 TCP/IP 等多种通信协议；⑫进行状态监测也在同一个系统中，不需外部接线，通过总线采集数据。

（二）VM600 系统的硬件组成

VM600 系统仪表硬件组成示意图如图 4-19 所示，由电源、CMC16 数据采集卡、MPC4 模块（机组保护模块）、CPU 模块、输入输出卡、继电器卡和通信接口组成。

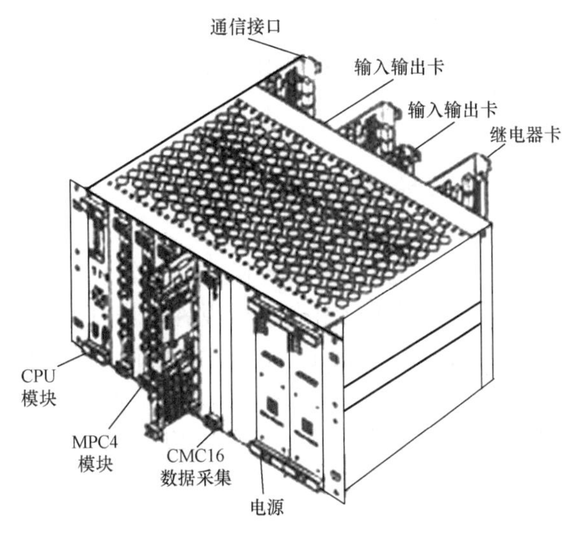

图 4-19　VM600 系统仪表示意图

图 4-20　MPC4 外貌图

1. 机组保护模块 MPC4

MPC4 外貌图如图 4-20 所示。

（1）MPC4 监测的参数。MPC4 模块经过组态可以测量以下物理量：①绝对振动（加速度传感器、速度传感器）；②相对轴振动（径向测量）；③绝对轴振动（加速度传感器或速度传感器与电涡流式传感器复合成）；④轴位移（轴向或径向位移）；⑤轴振动最大值 S_{max}；⑥轴偏心；⑦动态压力；⑧绝对膨胀；⑨差胀；⑩缸体膨胀；⑪位移（阀位）；⑫空气间隙。

（2）MPC4 工作特性：①连续在线的机组保护；②采用 DSP 技术实时测量和监测；③完全 VME 兼容的从属接口；④通过 RS-232 或以太网完成软件组态；⑤4 个可编程输入（如振动、位移等）和两个可编程的转速/相位输入；⑥可编程的宽带和跟踪滤波器；⑦在阶频跟踪模式下同时实现振幅和相位监测；⑧可编程设定报警、停机和 OK 值；⑨自适应设定报警和停机值；⑩前面板 BNC 接口方便原始信号分析；⑪为加速度、速度、电涡流式传感器提供工作电源；⑫可热插拔。

（3）MPC4 技术说明。MPC4 机组保护模块是韦伯公司 VM600 系统的中心元件。

1）能够同时测量和监测 4 个动态信号输入和两个转速/相位信号输入；可以连接各种转速传感器（如涡流、磁阻、TTL 等）；动态信号输入完全可编程，能接受加速度、速度和位移信号或其他信号；模块的多通道处理技术可以实现各种物理量测量，如相对轴振动、绝对轴振动、S_{max}、偏心、轴位移、绝对和相对膨胀、动态压力等。

2）数字处理包括数字滤波，数字积分或微分，数字校正（均方根、平均值、峰值、峰—峰值等），振幅、相位和传感器间隙测量。

3）标定可以用公制或英制。报警和停机值设定完全可编程，以及报警时间延时、滞后和锁定。报警和停机等级可以设定为转速的函数或其他任何外部信息的函数。每一个报警值都具有数字输出（在 IOC4T 模块上）。这些报警信号可以在框架内组态去驱动 RLC16 继电器上的继电器。

4）在框架后面有动态信号和转速信号的模拟量输出信号，0～10V 或 4～20mA 可选。

5）MPC4 模块具有自检功能，模块内置了 OK 系统连续监测传感器输入的信号等级，判断并指出传感器或前置器故障或电缆故障等。在 MPC4 前面板上的 LED 指示灯指示运行模式，以及 OK 系统探测到的某通道故障和报警状态。

2. 输入输出模块 IOC4T

IOC4T 输入输出模块作为 VM600 系列 MPC4 模块的信号接口，安装在 ABE04X 框架的后部，通过 2 个接头直接连接到框架的背板上。

（1）工作特性。①MPC4 的 6 通道信号接口卡；②附带端子排（48 个端子）；③保证所有输入和输出具有电磁干扰保护；④附带 4 个继电器通过组态进行报警信号设定；⑤32 个完全可编程触点输出到 RLC16 继电器模块；⑥提供缓冲输出、电压输出和电流输出；⑦可热插拔。

（2）技术说明。每个 IOC4T 直接安装在 MPC4 模块的后面。IOC4T 以从属方式工作，从 MPC4 上读取数据和时钟信号。IOC4T 的端子排连接传感器/前置器的传送电缆，同时用于信号的输入和输出。该模块保护所有输入输出免受电磁干扰，并且满足电磁兼容（EMC）标准。DAC 转换器提供标定的 0～10V 的输出。电压—电流转换器将信号转换成 4～20mA。IOC4T 附带 4 个本地继电器通过软件进行组态，可以用于监测 MPC4 的故障或其他公共报警（如传感器 OK、报警和危险）。

另外，32 个数字信号可以用于触发安装在框架后部的继电器模块 RLC。

3. 应用

某电厂 1000MW 超超临界压力机组汽轮机监测仪表系统采用瑞士韦伯公司 VM600 系统，该汽轮发电机组 TSI 测点布置如图 4 - 21 所示。

（1）TSI 系统配置。该 1000MW 汽轮发电机组 TSI 的基本配置情况如下：它采用两个 19in（1in＝25.4mm）标准框架，其中一个用于汽轮机监测保护系统，另一个用于状态监测和故障诊断系统。每个框架提供 15 个安装 VM600 系列模块的槽位，有单个宽度的和多个宽度的模块。框架中内置了 VME 背板，保证框架中的电源、信号处理模块、数据采集模块、CPU 模块、输入输出模块和继电器模块的电气连接。框架可以由一个电源模块 RPS6U 供电，也可以选择另外品牌的电源模块作为冗余电源。电源有直流供电和交流供电，有多种电压范围。框架的后面安装 IOC 输入输出模件，模件上带有接线端子以便连接传感器/前置器，以及输出到外部控制系统的信号连接端子。背板采用 VME 总线，用于模件之间的通信。电隔离单元（CSI）根据需要用于防爆环境下的加速度传感器和电涡流式传感器。这些隔离单元不能由框架供电，而需外部电源供电。它们要安装在框架的外部或机柜中。

该 1000MW 超超临界压力汽轮发电机组共有 8 道轴承，在每道轴承座上装有绝对振动测量（1A～8A、1B～8B）、相对振动测量（1X～8X、1Y～8Y）、轴向位移测量（2 号轴承处的测量盘有 A、B、C 三个测量点）、键相测量（2 号轴承处）、轴偏心测量（在每道轴承处装有偏心测量点）、低压缸缸胀测量（5 号轴承处）等。这些测点的测量模块分别安装在框架 1 的插槽 3～14，1 为 CPU 显示通信模块，插槽 15～17 为电源模块（冗余），插槽18～20 为电源模块，见表 4 - 1。

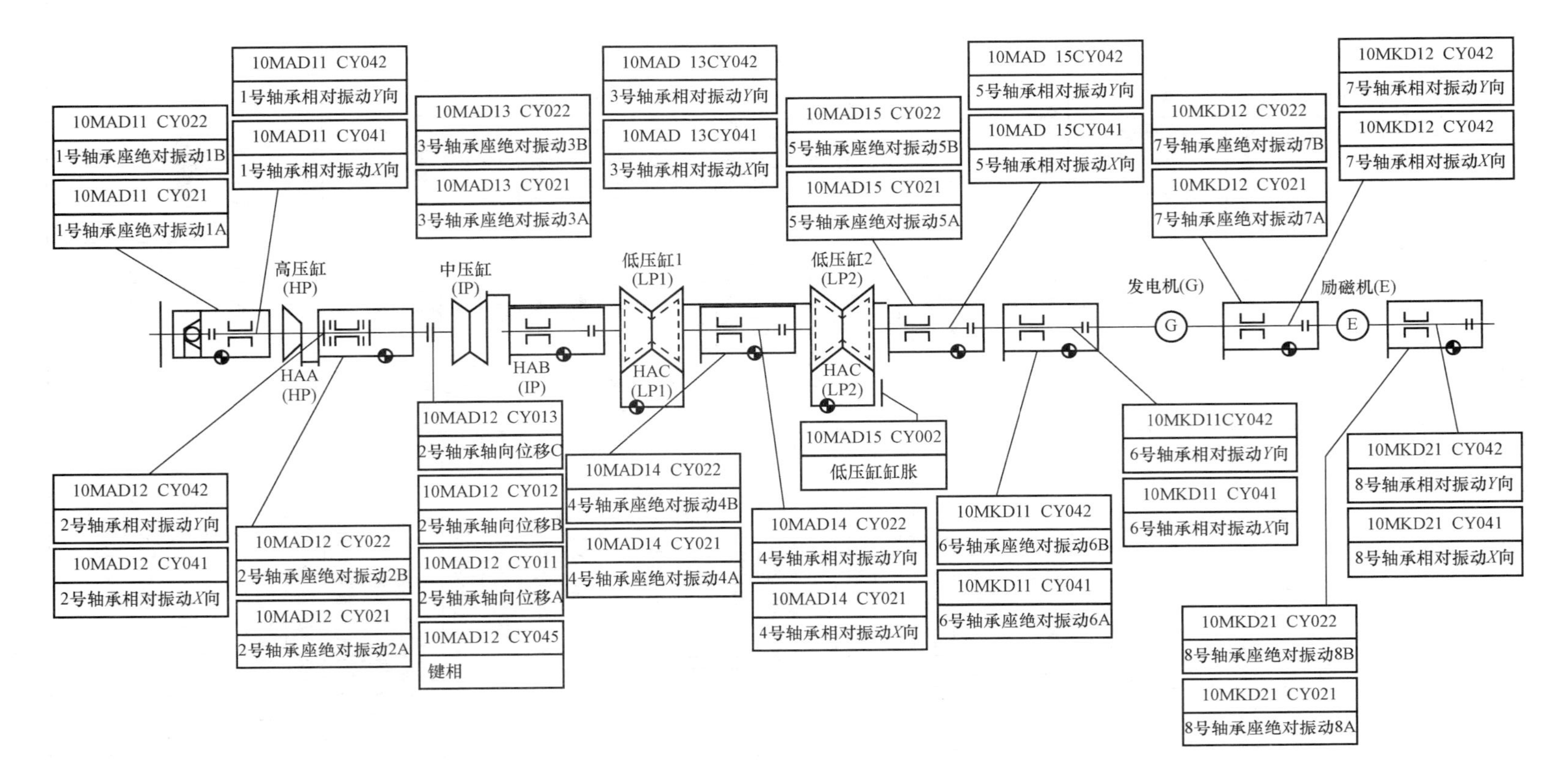

图4-21 某电厂1000MW超超临界压力汽轮发电机组TSI测点布置图

表 4-1　　框架 1 插槽分配表

插槽	通道	分配
插槽 1	CPU 显示通信模块	
插槽 2		
插槽 3	TACHO1	
	通道 1	1 号轴承相对振动 X 向
	通道 2	1 号轴承相对振动 Y 向
	通道 3	6 号轴承座绝对振动 6A
	通道 4	5 号轴承座绝对振动 5B
插槽 4	TACHO1	键相
	通道 1	2 号轴承相对振动 X 向
	通道 2	2 号轴承相对振动 Y 向
	通道 3	2 号轴承座绝对振动 2A
	通道 4	4 号轴承座绝对振动 4B
插槽 5	TACHO1	
	通道 1	3 号轴承相对振动 X 向
	通道 2	3 号轴承相对振动 Y 向
	通道 3	8 号轴承座绝对振动 8A
	通道 4	1 号轴承座绝对振动 1B
插槽 6	TACHO1	
	通道 1	4 号轴承相对振动 X 向
	通道 2	4 号轴承相对振动 Y 向
	通道 3	1 号轴承座绝对振动 1A
	通道 4	2 号轴承座绝对振动 2B
插槽 7	TACHO1	
	通道 1	5 号轴承相对振动 X 向
	通道 2	5 号轴承相对振动 Y 向
	通道 3	7 号轴承座绝对振动 7A
	通道 4	3 号轴承座绝对振动 3B
插槽 8	TACHO1	
	通道 1	6 号轴承相对振动 X 向
	通道 2	6 号轴承相对振动 Y 向
	通道 3	3 号轴承座绝对振动 3A
	通道 4	2 号轴承轴向位移 1
插槽 9	TACHO1	
	通道 1	7 号轴承相对振动 X 向
	通道 2	7 号轴承相对振动 Y 向
	通道 3	4 号轴承座绝对振动 4A
	通道 4	2 号轴承轴向位移 2
插槽 10	TACHO1	
	通道 1	8 号轴承相对振动 X 向
	通道 2	8 号轴承相对振动 Y 向
	通道 3	5 号轴承座绝对振动 5A
	通道 4	2 号轴承轴向位移 3
插槽 11	TACHO1	
	通道 1	5 号轴承缸胀
	通道 2	
	通道 3	6 号轴承座绝对振动 6B
	通道 4	7 号轴承座绝对振动 7B
插槽 12	TACHO1	
	通道 1	8 号轴承座绝对振动 8B
	通道 2	
	通道 3	
	通道 4	
插槽 13	TACHO1	
	通道 1	1 号轴承偏心
	通道 2	2 号轴承偏心
	通道 3	3 号轴承偏心
	通道 4	4 号轴承偏心
插槽 14	TACHO1	
	通道 1	5 号轴承偏心
	通道 2	6 号轴承偏心
	通道 3	7 号轴承偏心
	通道 4	8 号轴承偏心
插槽 15 16 17	TACHO1	电源模块（冗余）
	通道 1	
	通道 2	
	通道 3	
	通道 4	
插槽 18 19 20	TACHO1	电源模块
	通道 1	
	通道 2	
	通道 3	
	通道 4	

（2）状态监测和故障诊断系统。框架 2 安装了该机组的状态监测和故障诊断系统，其中插槽 3、5、7 号均安装了状态监测采集模块。安装此数据采集卡，以便对振动信号进行频谱分析，对机组进行状态监测和故障诊断。

通常情况下，数据采集需要从 TSI 仪表的缓冲输出端接收信号到数据采集装置。而韦伯公司的数据采集卡 CMC16 可以插到 TSI 仪表的 VM600 系统的框架中，共用一个框架、电源及通信接口，将 TSI 保护仪表与状态监测数据采集集成到同一个系统中。数据通过框架中的 RAWBUS 总线传送到数据采集卡中，不需外部接线，从而提高了信号的真实性，有效地避免了干扰，同时也降低了硬件成本。

该机组的状态监测和故障诊断系统具有以下特点：①与 TSI 系统仪表集成在一个系统中；②并行 16 通道高速数据采集，硬件完成 FFT 变换和频谱特征值提取；③最高频谱分辨率可达 3200 线，便于捕捉细小的故障特征；④开放式故障诊断平台，便于用户加入其分析经验；⑤频率报警功能，报警状态直指故障类型；⑥自动生成启停机特性曲线；⑦自动捕捉和记录系统的突变；⑧增加运行分析系统，分析机组运行情况；⑨轴心轨迹、频谱分析等为基本内容。

第二节　汽轮机数字电液控制系统

再热汽轮机的控制系统，经历了机械液压控制（Mechanical-Hydraulic Control，MHC）、模拟电液控制（Analog Electro-Hydraulic Control，AEH）和数字电液控制（Digital Electro-Hydraulic Control，DEH）的发展阶段。从 1971 年西屋公司推出的第一套数字电液控制系统开始，由于数字计算机的小型化及其性能价格比的提高，加上控制精度高，组态灵活，另具有便于适应各种控制过程、改变控制特性、满足各种运行方式要求以及可以实现数据传输和监控等优点，使得数字电调迅速取代了模拟电调，为现代再热汽轮机所普遍采用。

一、DEH 系统的构成

DEH 系统由被控对象、操作员站、数字控制器及 EH 油系统构成，如图 4-22 所示。

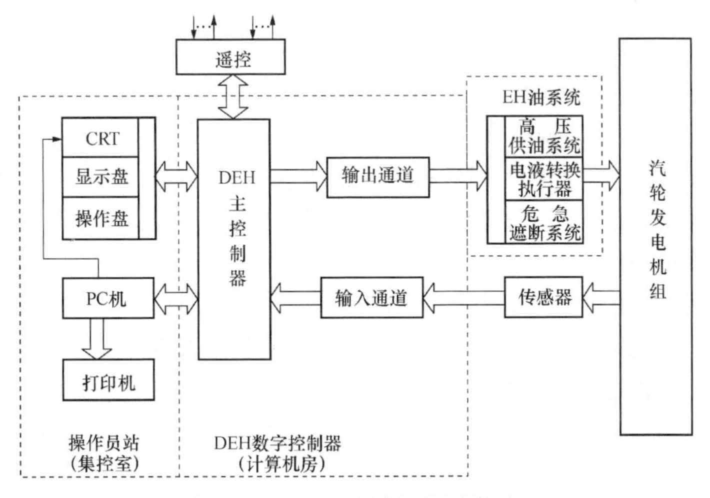

图 4-22　DEH 控制器原理构成

图 4-23 所示为 DEH 系统的被控对象示意图。由锅炉来的主蒸汽经高压主汽阀（TV）和高压调节阀门（GV）进入高压缸，高压缸的排汽经再热器再热后，通过中压主汽阀（RSV）和中压调节阀门（IV）进入中、低压缸，蒸汽在高、中、低压缸膨胀做功，冲转汽轮机，从而带动发电机发电。调整阀门开度或蒸汽参数可达到调节汽轮发电机组的电功率或频率的目的。目前进口西屋技术的国产 300MW 机组，设有两个高压主汽阀、六个高压调节阀门和两个中压调节阀门、两个中压主汽阀。两个中压主汽阀在机组正常运行时不参与调节，异常工况时，关闭所有的阀门可起到保护机组的作用。

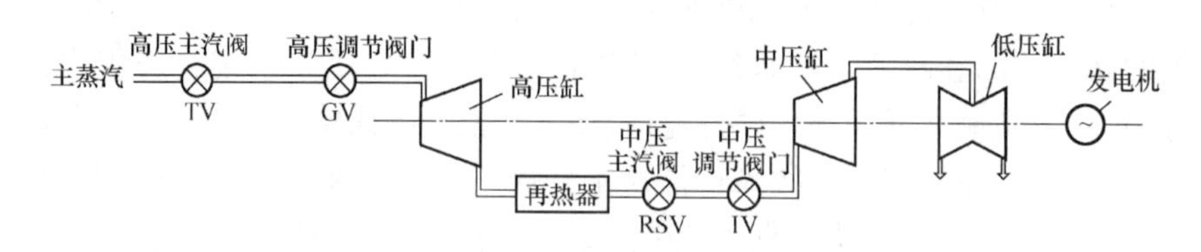

图 4-23　DEH 系统的被控对象示意

集控室内的操作员站由 CRT 显示器、工业用 PC 机、打印机、操作盘和显示盘等外围设备构成，用来实现人—机对话功能。操作员可将对机组的控制命令（如目标转速/负荷、变化率）、运行方式、控制方式和阀门试验方式的选择等操作指令通过操作盘送至主控制器，从中获得机组的状态信息并进行监视。

计算机室内的数字控制器一般为 DCS 的控制站，由输入通道、主控制器和输出通道等构成。输入通道通过传感器将反映机组状态的参数（如油开关状态、金属温度、振动等）和被控量（转速、发电机功率、调节级压力等）进行转换、隔离、放大等处理后送入主控制器。在主控制器内部，一方面对外部命令和机组状态量进行处理后，送 CRT 显示屏、打印机等，将系统的运行方式以及目前机组的状态告诉操作员，为操作运行提供信息；另一方面，将运行人员输入或者是外部输入的增、减机组转速/负荷的命令变成机组所能接受的指令，经现时刻的被控量的校正（如频率校正、发电机功率校正、调节级压力校正）后，形成相应的控制量。该控制量经输出通道校正、D/A 转换、比较及功率放大后送至电液转换执行机构以改变阀位的开度，实现机组的转速（或负荷）控制。

EH 油系统由高压抗燃油供油系统（EH 供油系统）、电液转换执行机构和危急遮断控制组件构成。EH 供油系统向电液转换执行机构提供高压抗燃油，电液转换执行机构将 DEH 控制器来的控制信号转换成 EH 油压信号，直接操纵各个蒸汽阀门（高、中压主汽阀和调节阀）的开度。危急遮断控制组件将危急遮断系统所形成的遮断汽轮机的电信号转换成液压信号，关闭所有进汽阀门，实现紧急停机以保证机组的安全。

二、DEH 系统的工作原理

如图 4-24 所示为引进型 300MW 汽轮机 DEH 系统的原理图，图中的输出是转速 n，外扰是负荷变化 R，内扰是蒸汽压力 p，λ_n 和 λ_P 分别由转速和功率给定。被控对象考虑了调节级压力特性、发电机功率特性和电网特性，与此相关，设置了调节级压力 p_T、机组功率 P 和转速 n 三种反馈信号。由于转速特别重要，故设有三个独立的测速通道，通过比较选择一个可靠的信号。

由伺服放大器、电液伺服阀、油动机及其线性位移变送器（LVDT）组成的伺服系统，

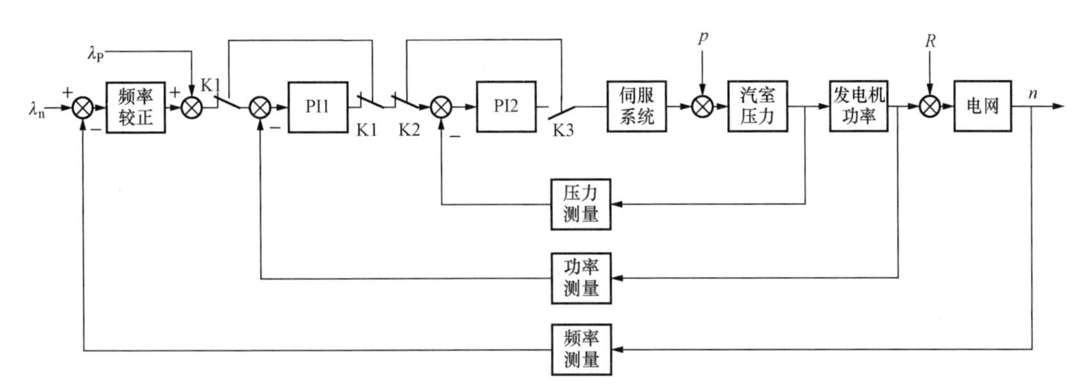

图 4-24　300MW 汽轮机 DEH 控制系统的原理图

承担功率放大、电液转换和改变阀门位置的任务，调节汽阀则因位移而改变进汽量，执行对机组控制的任务。

该系统为串级 PI 控制系统，控制运算由数字部分完成。系统由内回路和外回路组成，内回路促进控制过程的快速性，外回路则保证输出严格等于给定值。PI 控制中的比例环节对控制偏差信号迅速放大，积分环节保证消除系统的静差，是一种无差控制系统。

系统中“开关”K1、K2 的指向，提供了不同的控制方式，使系统既可按串级 PI 控制，也可按单级 PI1 或 PI2 控制方式运行，以保证系统中某一回路发生故障时，系统仍能保持正常工作。

当系统受外扰时，进入汽轮机的蒸汽流量变化，首先引起调节级压力的变化，对凝汽式机组，该压力能准确反映其功率的变化，并使该回路做出迅速的响应。发电机的功率环节，由于再热蒸汽滞后的影响，使功率回路的响应较慢。机组参与调频时，其转速取决于电网的频率，但由于它只是网内的一台机组，在电网容量较大的情况下，转速回路的反馈一般较小。

系统工作时，一般来说，转速给定代表要求的目标转速，功率给定代表目标负荷。但在机组参与调频时，转速给定与转速反馈信号的偏差，则反映电网的负荷状态，即外扰的大小和方向。此时若功率给定值不变，则该给定值与控制系统保持的负荷值并不相同，而被转速偏差修正后的功率给定值，才是系统所保持的负荷值。

DEH 系统可按调频方式，也可按基本负荷方式运行。当系统处于调频方式运行时，若电网的负荷增加，则其频率下降，机组的转速也随之下降，经与转速给定值比较，输出为正偏差。经 PI 控制器校正后的信号输入伺服放大器，再经电液伺服阀、油动机，然后开大调节汽阀，于是发电机的功率增加。此时系统有两种平衡方式：一种是增加功率给定值，直到与电网要求的负荷相适应，电网的频率回升，转速偏差为零，实际转速等于给定转速，电网的频率保持不变；另一种是功率给定仍保持不变，此时增加的负荷值是靠转速偏差增大平衡的，于是转速的偏差就代表了功率的增加部分，这实际上是以损害电网频率为代价获得的平衡。用增加转速给定值来满足负荷的增加是不适合的，会使机组遇到甩负荷时的动态品质变坏，甚至有超速的危险。正确的办法是变转速给定为额定值，用增加功率给定值的方法，适应外界负荷的增加。

机组在电网中带基本负荷运行时，由于转速的偏差能反映电网对机组负荷的要求，所以只要不把该偏差信号接入系统就可以解决。或者是将该偏差乘以很小的百分数，使之对外界负荷的变化不敏感，即成为所谓“死区”，则控制系统将按本身的功率给定值去控制机组，保持基本负荷运行。

DEH 系统在内扰作用时，例如主蒸汽参数降低，则输出功率下降。由于功率给定与功率反馈输出正偏差，要求调节汽阀开大，使输出功率等于功率给定值，系统达到平衡，因此，系统具有很强的抗内扰能力。

系统的内回路有调节级压力和功率反馈两个回路，受扰时调节级压力回路反应最快，通过 PI2 的作用，迅速改变调节汽阀的开度；功率反馈回路则需通过 PI1 和 PI2 去改变调节汽阀的开度，控制过程要慢一些。无论哪种内回路，都只起一种粗调作用，系统的最后稳定，都是在反馈值与给定值相等时才能达到，因此，外回路起着细调的作用。由于两内回路均具有对外扰和内扰迅速响应的能力，所以就控制原理而言，系统的串级 PI 控制为最佳运行方式，而单级 PI1 或 PI2 控制方式的控制品质较差，应作为备用运行方式。

外扰、内扰或给定值的变化，均导致系统的动作。给定值的变化意味着改变目标转速或负荷，它是人为操作的，一般比较缓慢。内扰与电厂内部设备运行的状态有关，幅度相对较小。外界负荷扰动则具有突发性，扰动最大，其中最为严重的是机组甩额定负荷。此时，进汽阀在关闭过程中还有蒸汽进入汽轮机，这些剩余蒸汽的热能将全部转变为动能，使机组仍有超速的危险。控制系统可能有两种动作方式：一种是功率给定未同时切除，在该情况下，转速回路输出的负偏差是关门信号，功率回路输出的正偏差则是开门信号，这种现象称为“反调”，只有转速偏差的关门信号克服功率偏差的开门信号后，系统才能趋于稳定，结果导致系统的动态品质变坏，稳定转速高于额定转速，其值恰好为速度变动率值；另一种是甩负荷时同时切除功率给定值，在该情况下，功率回路无偏差输出，系统依靠转速回路输出的负偏差信号，迅速关闭调节汽阀，其动态特性最好，稳定转速等于额定转速。因此，甩负荷时功率给定同时切除，是 DEH 系统首选的，也是正常的动作方式。

尽管如此，由于超速的后果非常严重，为了以防万一，DEH 系统还设有超速防护（OPC）和电超速遮断保护（ETS），以及机械超速遮断保护系统，实行多重保护，以便危急时任一系统动作均可关闭调节汽阀或同时关闭主汽阀和调节汽阀，确保机组的安全。

三、DEH 系统的主要功能

（一）实现汽轮机的自动启停

DEH 系统配置了冷态和热态两种机组启动方式。

冷态启动时，用高压缸启动方式。中压主汽阀和调节汽阀保持全开，由高压主汽阀和调节汽阀进行控制。其中从盘车至转速达到 2900r/min，由高压主汽阀控制；转速达 2900r/min后，切换至高压调节汽阀控制升速，并网到带初负荷；在系统转入负荷控制回路工作后，负荷一直由高压调节汽阀进行控制。

热态启动时，用联合启动方式，中压调节汽阀也参与控制。中压主汽阀为开关型，启动时全开；高压主汽阀全关，高压调节汽阀保持全开，由中压调节汽阀进汽并控制转速；当转速升至 2600r/min 时，中压调节汽阀开度保持不变，然后切换至高压主汽阀控制转速；当转速升至 2900r/min 时，再切换至高压调节汽阀控制，切换成功后，高压主汽阀保持全开，由高压调节汽阀控制升速、并网和带初负荷，负荷值约为 3%～10%额定负荷；然后再由高、中压调节汽阀共同控制升负荷，到达约 35%额定负荷后，中压调节汽阀全开，由高压调节汽阀继续升负荷直至启动结束。

两种启动方式下各阀门的状态如表4-2和表4-3所示。

表4-2 高压缸冲转时阀门在升速阶段所对应的状态

阀门	冲转前	0～2900（r/min）	阀切换（2900r/min）	2900～3000（r/min）
TV	全关	控制	控制→全开	全开
GV	全关	全开	全开→控制	控制
IV	全关	全开	全开	全开

表4-3 中压缸冲转时阀门在升速阶段所对应的状态

阀门	冲转前	0～2600（r/min）	阀切换（2600r/min）	2600～2900（r/min）	阀切换（2900r/min）	2900～3000（r/min）
TV	全关	全关	全关→控制	控制	控制→全开	全开
GV	全关	全开	全开	全开	全开→控制	控制
IV	全关	控制	控制→保持	保持	保持	保持

上述两种启动方式均由相应的转速或负荷回路进行控制。系统中设计了汽轮机自动程序控制（ATC）、自动同步控制（AS）、操作员自动（OA）和手动控制等可供选择的运行方式，其中手动控制是作为自动控制方式故障时的后备控制手段。

（二）实现汽轮机的负荷自动控制

汽轮机的负荷控制是从机组启动带初负荷开始，冷态启动时由高压调节汽阀进行控制；热态启动时由高、中压调节汽阀进行控制；至35%额定负荷且中压调节汽阀全开后，负荷由高压调节汽阀进行控制。

DEH系统在负荷控制阶段，具有下列自动控制方式。

1. 操作员自动控制（OA）方式

OA方式是DEH系统的基本运行方式。在机组第一次启动时，指定使用OA方式。在该方式下，操作员通过操作盘输入目标负荷和负荷变化率，DEH控制器完成控制变量的运算和处理，最后实现负荷的自动控制。

不论机组是处于转速控制还是负荷控制下，DEH系统均根据操作员在操作台上设定的转速（或负荷）目标值及升速率等来控制机组升速（或带负荷）。在机组运行的各个阶段，如盘车、暖机、升速、同步、并网、升负荷等，操作台上均有人工确定断点按钮，在由操作员确认上一阶段的进程后，才进入下一个流程。

2. 远方遥控（REMOTE）方式

在该方式下，由机炉协调控制（CCS）的负荷管理中心（LMCC）或电网负荷调度中心（ADS）来的信号，通过遥控接口改变DEH的负荷指令（目标负荷和负荷变化率），通过DEH系统对机组的负荷进行控制。

3. 电厂级计算机控制（PLANT COMP）方式

当有厂级计算机时，由厂级计算机发出目标负荷和负荷变化率的指令，通过DEH的接口，对机组的负荷进行自动控制。

4. 自动汽轮机程序控制（ATC）方式

当机组选择ATC方式时，若机组处于转速控制下，ATC程序在监控汽轮机运行的同时，决定其转速目标值和适应转子应力的升速率；处于负荷控制下，由操作员给定目标值后，ATC程序监控汽轮发电机组运行报警和跳闸情况的同时，将控制升负荷率；处于综合控制下，当遥控源如ADS、CCS投入且“ATC启动”同时按下时，目标值和给定值都受遥控源控制，ATC程序监视与转子应力有关的负荷率。

在负荷控制阶段，自动汽轮机控制方式除了在线监控汽轮机的状态外，还可与上述三种自动控制方式组成联合控制方式。

（1）操作员自动与自动汽轮机控制（OA-ATC）联合方式。在该方式下，操作员通过操作盘输入机组的目标负荷和负荷变化率，自动汽轮机程序控制从下列速率中选择最小的速率作为机组的实际负荷变化率：①由ATC软件包计算转子应力所确定的最佳速率；②汽轮发电机组限制的负荷变化率；③由操作盘输入的负荷变化率；④电厂允许的负荷变化率。

当机组的负荷达到操作员所设置的目标负荷时，ATC程序自动地转换为操作员自动（OA）方式。

（2）ATC分别与机炉协调、自动调度或电厂级计算机组成的ATC-CCS、ATC-ADS或ATC-PLANT COMP联合方式。在这些方式下，与上述类似，负荷指令来自CCS、ADS或PLANT COMP，即操作员选择的负荷和负荷变化率，由协调控制、遥控源或电厂级计算机指令所替代；ATC则对相应的速率进行监视，如所要求的速率高于机组允许的速率，则ATC转入“保持”方式，外部的负荷增减指令被禁止，直到“保持”结束。

在机组的正常运行阶段，负荷控制都是由高压调节汽阀进行的。上述的所有控制方式中，机组只接受其中一种方式作为当前的控制方式。

此外，DEH系统还设有主蒸汽压力控制（TPC）和外部负荷返回（RUN BACK）控制方式，以便当机组运行异常时对主辅机进行保护。主蒸汽压力控制实质上是一种低汽压保护，在主蒸汽压力降低时，通过关小调节汽阀减小机组的负荷，维持主蒸汽压力的稳定；外部负荷返回控制是考虑辅机故障，如单个给水泵或单侧风机故障时，DEH系统将以一定的速率去关小调节汽阀，将负荷迅速减小到50%额定负荷或预定值。一旦故障消除，这些控制回路将自动退出，恢复正常控制。

（三）实现汽轮发电机组的运行监控

DEH的监控系统用于启停过程和在运行中对机组和DEH装置本身进行状态监控。在操作盘上设有ATC切除、ATC监视、ATC进行、ATC启动四个带灯按钮，用来确定ATC状态。

在机组启动过程中，若在ATC监视下，且满足ATC启动条件时，按“ATC启动”键可进入ATC启动方式。此时ATC软件包将根据机组的状态参数与相关数据进行分析、计算，向DEH系统提供机组当前的目标值、升速率、升负荷率、是否要求保持以及请求脱机的信息等，将汽轮发电机组从静止状态开始，逐渐进行盘车、升速、暖机，直至同步并网，实现汽轮机的全自动启动。当按下“ATC监视”键时，可进入汽轮发电机的自动监视和报警。一旦有参数越限，就在CRT上显示或由打印机打印，供运行人员参考。CRT画面显示包括机组和DEH系统的重要参数、运行曲线、趋势图、故障显示和画面拷贝，以及越限报警和事故追忆等。

从“ATC监视”可进入“ATC切除”状态。这时，系统只执行ATC扫描，把越限参数存储起来，一旦重新进入“ATC监视”状态，则把已存的越限参数写入，从CRT或打印机上输出。

（四）实现汽轮发电机组的自动保护

DEH系统在对汽轮机组实现有效控制的同时，也有对机组进行自动保护的系统。

1. 超速防护系统（OPC）

该系统由中压调节汽阀的快关功能（CIV）、负荷下跌预测功能（LDA）和超速控制功能三部分组成。中压调节汽阀的快关作用，是指在电力系统发生瞬间短路或某一相发生接地故障，引起发电机功率突降的情况下，快关中压调节汽阀，延迟0.3～1s后再开启，以便在部分甩负荷的瞬间维持电力系统的稳定。负荷下跌预测功能，是指在发电机油开关跳闸，而汽轮机仍带有30%以上负荷时，保护系统迅速关闭高、中压调节汽阀，避免因大量蒸汽流入汽轮机而引起严重超速以及危急遮断系统动作而导致停机。超速控制功能是指当机组在非OPC测试情况下转速超过103%额定转速（n_0）时，将高、中压调节汽阀关闭，并将负荷控制改变为转速控制；等转速下降后再开启中压调节汽阀，通过调整中压调节汽阀，逐渐将中间再热器内积聚的蒸汽排出，延迟一段时间后如不再出现升速，再开高压调节汽阀，使机组保持空载运行，减少机组启动损失，并能迅速重新并网。超速防护功能是通过超速防护控制器使OPC电磁控制阀动作，释放OPC母管的油压来实现的。

2. 机械超速和手动脱扣系统

该装置是在机组转速超过110%n_0或操作员因故请求停机时，通过机械超速和手动脱扣系统，释放润滑油系统经节流孔在机械超速和手动脱扣母管建立的压力油，打开常闭隔膜阀，释放自动停机跳闸母管的油压，将所有的主汽阀和调节汽阀同时关闭，实现紧急停机。

3. 危急遮断控制系统（ETS）

在危及机组安全的重要参数超过规定值时，DEH配合危急遮断系统（ETS），使AST电磁阀失电，释放自动停机跳闸母管中的压力油，泄去油动机的压力油，使所有汽阀在弹簧力的作用下迅速关闭，实行紧急停机。

超速保护和危急遮断保护均用软件和硬件来实现。硬件保护是采用完全相同的三套设备，对输出部分进行三选二处理，然后才起作用，以避免保护系统产生误动或拒动，确保停机可靠。

此外，DEH的保护系统还可以配合ETS系统在运行中做103%n_0超速试验、110%n_0超速试验、紧急停机超速试验和各电磁阀的定期试验，以保证系统始终处于良好的等待备用状态。

（五）实现手动控制、无扰切换、冗余切换

DEH系统的手动控制是通过阀门控制卡（VCC）和操作盘上的增、减按钮及快、慢选择按键来直接调节阀门开度的。手动控制有一级手动与二级手动两种方式，如图4-25所示。

一级手动与二级手动的区别在于：一级手动增减阀门时还有一些逻辑条件，起到防止误操作和保护机组的作用；二级手动是DEH最后一级硬件备用，通过操作台上的增减按钮，对每种阀门进行控制，无其他逻辑条件。此外，一级手动精确度高于二级手动，故常采用一级手动。

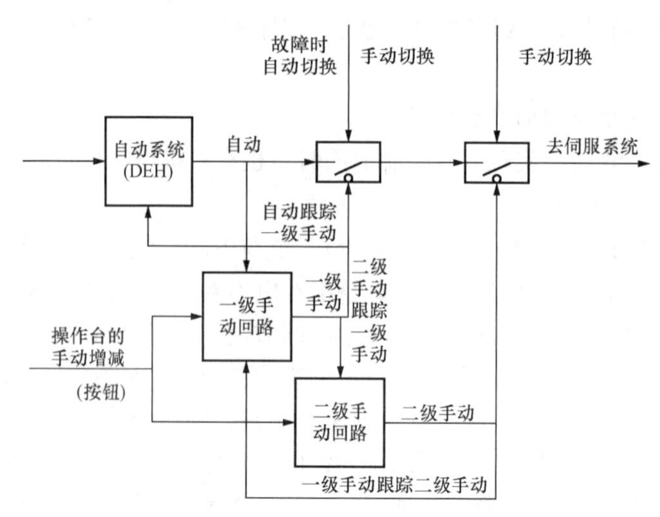

图 4-25　手动控制回路

自动、一级手动、二级手动三者中任何一种投入控制时，其他两种均处于自动跟踪状态。当自动故障时由容错系统切换到一级手动，一级手动故障时由操作员切换到二级手动。切换与投入的顺序如下：

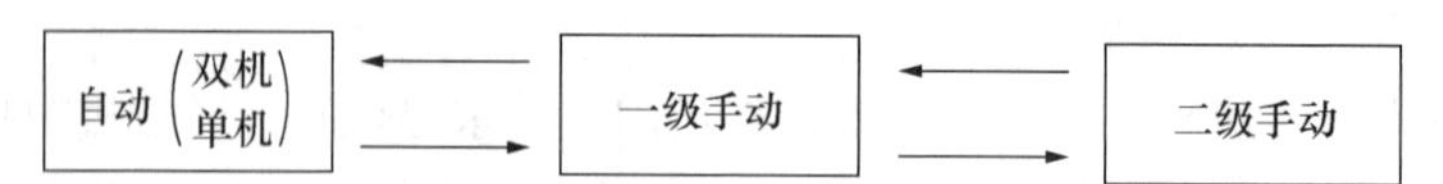

DEH 系统采用 A、B 机切换运行的方式，A 机故障时切换至 B 机，反之亦然。故障的检测、判别和切换由容错系统进行。故障类型包括电源故障、通信故障、差值故障、通道检测故障等。

四、DEH 系统的转速和负荷控制原理

根据机组所选取的运行方式的不同及运行状态的不同，DEH 控制系统有三种不同的控制方式，即高压主汽阀控制（TV 控制）、高压调节阀门控制（GV 控制）、中压调节阀门控制（IV 控制）。各阀门的控制可分自动控制和手动控制两部分。

DEH 系统在发电机主开关合闸之前（BR＝0）所控制的是机组的转速，合闸之后（BR＝1）控制机组负荷，故又可将汽轮发电机组的控制分为转速控制与负荷控制，其控制原理如图 4-26 所示。DEH 控制系统由以下几部分组成。

1. 设定值形成回路

设定值形成回路的作用是将相应工作方式下的目标值（转速或负荷）及其变化率转变成机组所能接受的转速（或负荷）设定值（也称实际设定值）。

设定值形成回路的工作原理是：在比较器的输入端，如果实际设定值小于目标值，则将输出一个增加信号，使计数器以给定的速率趋近于目标值；反之亦然，直到实际设定值与目标值相等时，设定值回路才停止工作。

2. 转速控制

由 DEH 系统的自动启动功能可知：当机组处于转速控制阶段，无论 DEH 选择哪种控

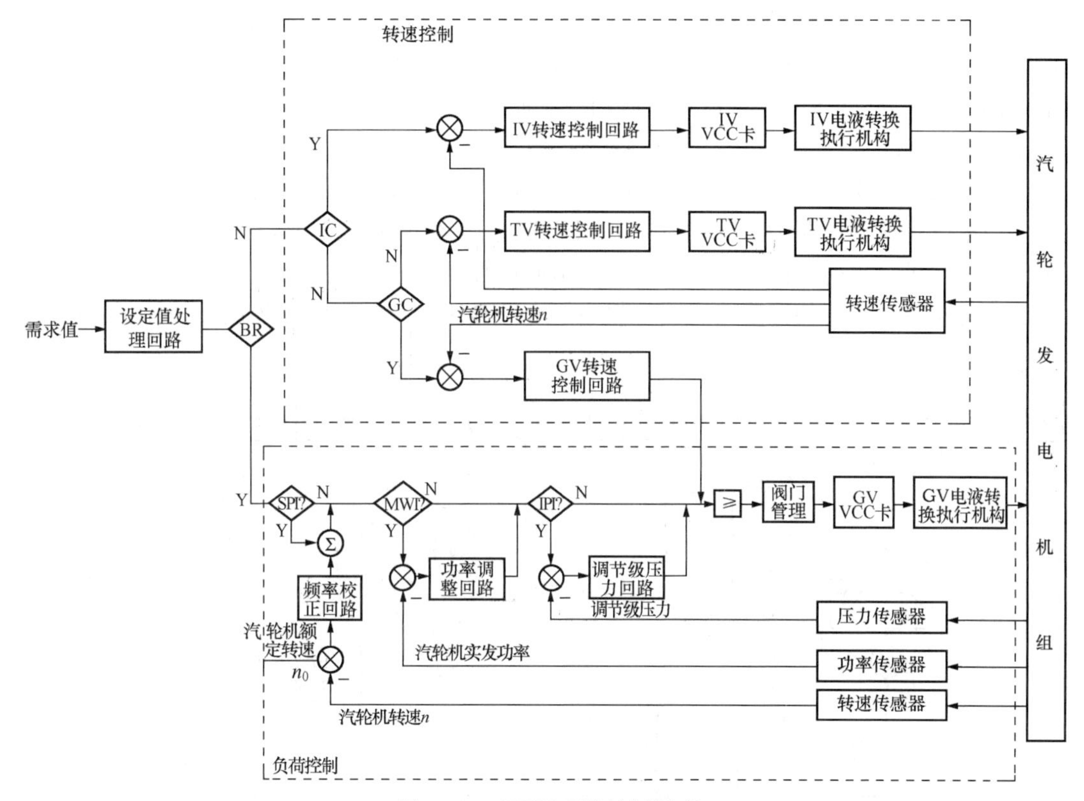

图 4-26　DEH 系统控制原理

制方式以及哪种运行方式，在启动过程中只有一个阀门处于控制状态，其阀门控制状态由如图 4-27 所示的逻辑条件决定。

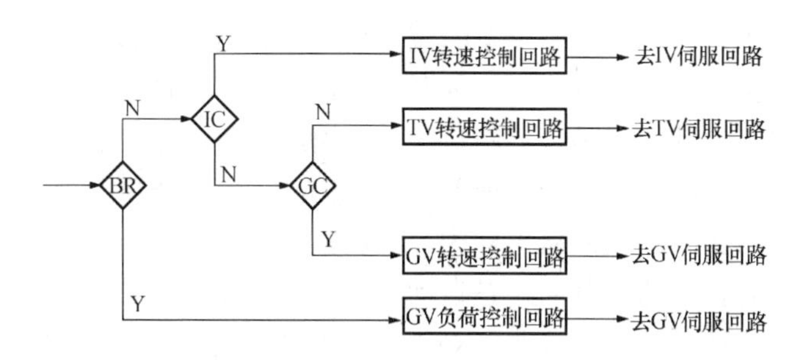

图 4-27　阀门控制逻辑框图

由图 4-27 可知：在不同的条件下，DEH 系统分别进入不同的转速控制回路。虽然不同的阀门有不同的转速控制回路，但它们都采用了单回路控制，如图 4-28 所示。

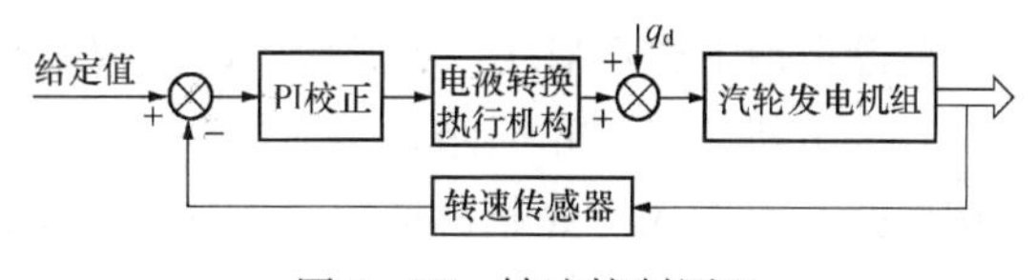

图 4-28　转速控制原理

其共同点是给定值与机组的被控量进行比较，再经 PI 校正环节后去调节阀门的开度，从而达到控制汽轮发电机组转速的目的。不同点表现在对于不同的控制方式，给定值的来源不同。对于不同的启动方式和处于不同的启动阶段，控制变量送至不同的阀门执行机构，不同的阀门执行机构对应不同的控制回路。DEH 系统中设计有主汽阀控制回路（TV）、高压调节阀门控制回路（GV）和中压调节阀门控制回路（IV），各回路按一定的逻辑协调工作。

3. 负荷控制

机组并网后（BR=1）进入负荷控制阶段。若为冷态启动，整个负荷控制阶段都由高压调节阀门来进行调整；若为热态启动，在机组带 35%额定负荷之前，中压调节阀门与高压调节阀门一起进行负荷控制，此时，中压调节阀门控制为一随动系统，以一定的旁通流量的百分比随高压调节阀门的开度而变。这里主要介绍高压调节阀门负荷控制，其控制原理如图 4-29 所示。

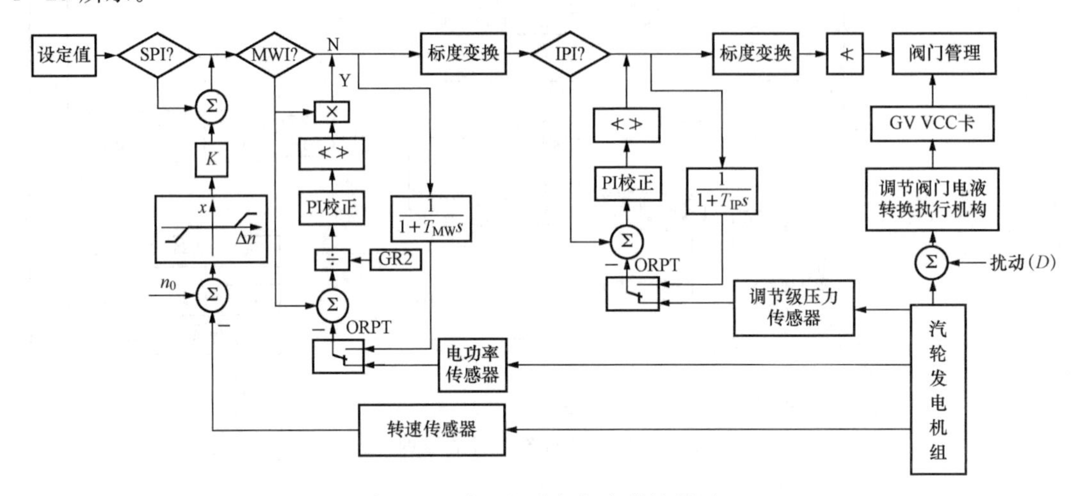

图 4-29 高压调节阀门负荷控制原理

由设定值形成回路所得到的负荷指令，在调节阀门控制回路中经频率校正、发电机功率校正、调节级压力校正后，作为现工况下的流量请求值，再经限幅处理和阀门管理程序处理后，送电液转换执行机构，改变调节阀门的开度，以控制机组的负荷。

（1）转速控制回路。其作用是当电网负荷变化引起电网频率变化时，并网运行的机组应改变其出力，以维持电网频率的稳定，即 DEH 系统的负荷指令要经过转速控制回路进行频率校正，改变其出力的大小。该回路也称为一次调频回路。

当机组并网运行时，转速控制回路是自动投入的（SPI=1）。该回路一旦投入，运行人员无法将其切除，除非油开关跳闸（非 BR=1）或者转速通道故障，才会自动切除。

转速控制回路原理如图 4-30 所示。它是将机组的实际转速 n 与额定转速（n_0=3000r/min）比较后的差，经过“死区—线性—限幅”非线性处理后，得到转速补偿系数 x，x 与负荷设定值 REFDMD 之和形成了频率修正后的负荷设定值 REF1。

（2）发电机功率校正回路。负荷指令 REF1 是否经过发电机功率校正，取决于发电机功率反馈回路是否投入。处于自动控制方式下的机组，一旦并网发电，功率反馈回路是由操作员键入“功率投入”按键来投入的。

在功率控制回路投入逻辑 MWI=1 的情况下，其工作原理如图 4-31 所示。负荷指令 REF1 一方面进入乘法器，另一方面进入比较器。如果机组处于正常运行，则电功率反馈信号通过选择开关送至比较器和功率给定值 REF1 进行比较，比较的结果经 PI 校正及上、下限幅后与乘法器的功率给定值 REF1 相乘，其积作为功率补偿后的设定值 REF2 送至调节级压力校正回路。

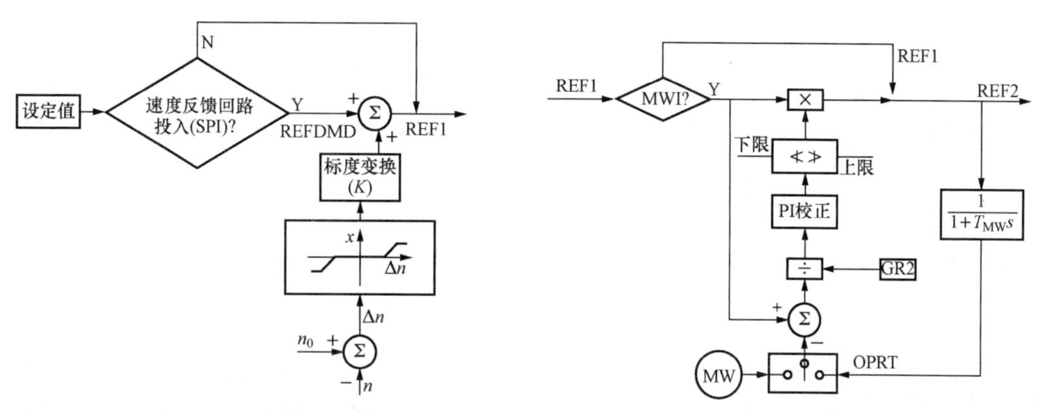

图 4-30 转速控制回路

图 4-31 功率控制回路

如果功率反馈回路切除，则功率设定值 REF1 直接送调节级压力校正环节。

(3) 调节级压力校正回路。负荷指令 REF2 经标度变换后，应判断是否需要进行调节级压力校正（即 IPI＝1），如图 4-32 所示。如“调节级后压力投入”中标（IPI＝1），则状态标志 IPI 可以通过操作盘上“调节压力投入”中标。在 IPI＝1 时，以压力单位表示的功率请求值 PISP（REF2 通过标度变换得到）与调节压力反馈信号比较（OPRT＝0），经 PI 校正及上、下限幅后，转换成流量百分比送阀门管理程序。

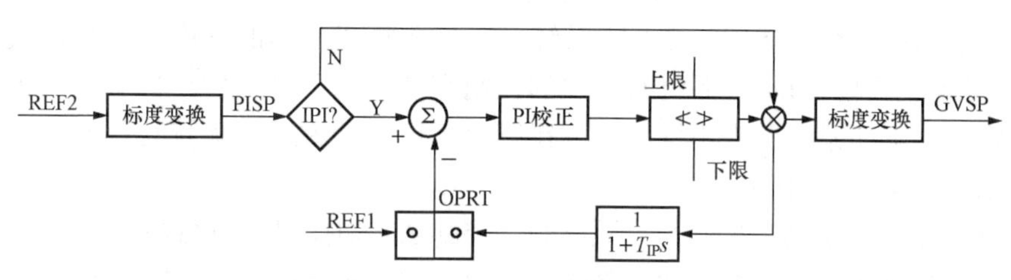

图 4-32 调节级压力校正回路

在调节级压力反馈回路切除时，PISP 将被转换成流量百分比，并经高限值处理后，作为流量的请求信号直接送阀门管理程序。

与电功率信号及转速信号相比，汽轮机第一级汽室压力信号能快速反映汽轮机侧功率的变化及蒸汽参数的内部扰动，故由第一级压力反馈信号组成的 PI 校正网络是一快速内回路，起消除内扰、粗调机组负荷的作用。机组负荷的细调是通过功率反馈回路进一步调整、修正 REF2 完成的。图 4-33 所示为调节阀门负荷控制原理框图。

(4) 阀门位置限制功能。在 DEH 系统中，无论是转速控制程序计算得到的调节阀门开度值（SPD），还是负荷控制程序计算得到的调节阀门开度值（GVSP），都要受到阀位限制（VPOSL）的处理。

如图 4-34 所示，VPOSL 方框的箭头表明该阀值可由控制盘上的增高或降低按钮连续地进行调整。如果机组跳闸，VPOSL 复位置零。在机组未挂闸之前，系统禁止操作员提高 VPOSL。当流量请求值等于阀位上限时，阀位限制逻辑置零，点亮操作盘上的指示灯或 CRT 画面上的系统图，提示运行人员阀位限制正在起作用。

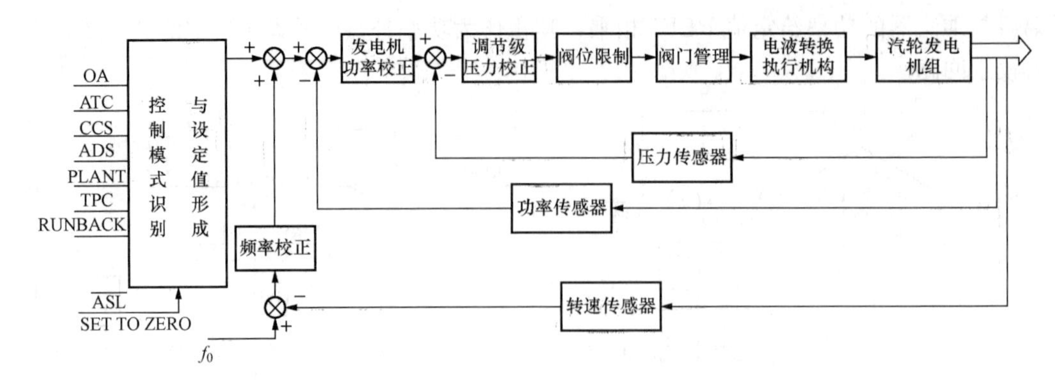

图 4-33　调节阀门负荷控制原理框图

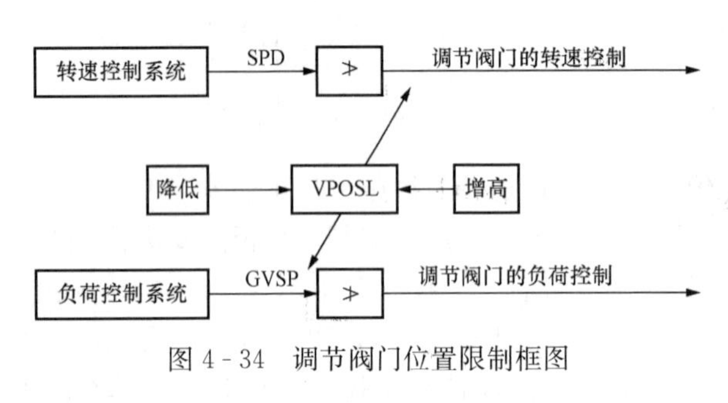

图 4-34　调节阀门位置限制框图

作为调峰机组，阀位限制将正在起作用的触点信号送至 CCS 系统，可投滑压运行；同时它将切除功率反馈和调节级压力反馈回路，GV 全开或限制在某一阀位，不参与调节。

当用增加或降低按钮调整阀门位置时，VPOSL 的变化率由一个键盘输入常数 VPOSLINC 控制，在按钮被按下并保持按下状态时，VPOSL 随时间的变化是一个非线性函数。

（5）阀门管理程序（VWP）。DEH 系统可通过调整调节阀的开度改变进汽流量，达到转速和负荷控制的目的。DEH 系统对阀门的控制有“单阀”和“顺序阀”两种形式。通过阀门管理程序，DEH 系统实现不同工况下在线地进行两种方式的无扰切换及阀门流量特性线性化等工作。其主要功能有：

1）保证机组在“单阀”控制与“顺序阀”控制之间切换时，负荷基本不变。

2）实现阀门流量特性的线性化，将某一控制方式下的流量请求转换为阀门开度信号。

3）在阀门控制方式转换期间，流量请求值如有变化，VMP 能提供流量改变。

4）保证 DEH 系统能平稳地从手动方式切换到自动方式。

5）主蒸汽压力的改变为汽轮机的进汽流量提供前馈信号。

6）提供最佳阀位指示。

在 DEH 控制器内部，控制任务程序调用 VMP，将计算得到的流量请求值转换成阀门位置请求值，去控制 GV。如果直接以流量请求值去定位 GV，则无法克服阀门的非线性影响。

经过上述三部分处理后，所产生的阀门控制指令送至对应的阀门伺服回路，通过电液转换装置转换成液压信号去调整阀门开度，从而达到控制机组转速或负荷的目的。

第三节　汽轮机紧急跳闸系统

大型汽轮机组均装设有紧急跳闸系统（Emergency Trip System，ETS），又称为汽轮机危急遮断控制系统。ETS 的任务是对机组的一些重要参数进行监视，并在其中之一超过规定值时，发出遮断信号给 DEH 去关闭汽轮机的全部进汽阀门，实行紧急停机，确保机组的安全。

ETS 是汽轮机组在危急情况下的保护系统，与 TSI 系统、DEH 系统共同构成了汽轮机组的监控系统。

一、ETS 的功能

ETS 有下列保护功能：①超速保护；②轴向位移保护；③润滑油压低保护；④EH（抗燃油）油压低保护；⑤凝汽器真空低保护。

ETS 还提供一个外部遥控遮断接口，接受轴振动、MFT、电气故障等用户需要的保护信号。此外，机械超速遮断为独立系统，不纳入 ETS 范围，用以实现对机组超速的多重保护。

每一种功能都有一个与之对应的保护逻辑，其中任一动作均通过遮断总逻辑实现对机组的遮断。

图 4 - 35 所示为某 300MW 引进机组汽轮机紧急跳闸系统框图。系统提供 12 项保护功能，分别是：①超速保护；②轴向位移保护；③轴承油压低保护；④EH 油压低保护；⑤凝汽器真空低保护；⑥1～7 号轴承振动保护；⑦MFT 主燃料跳闸停机保护；⑧DEH 失电停机保护；⑨差胀越限保护；⑩高压缸排汽压力高停机保护；⑪发电机内部故障停机保护；⑫手动紧急停机保护。

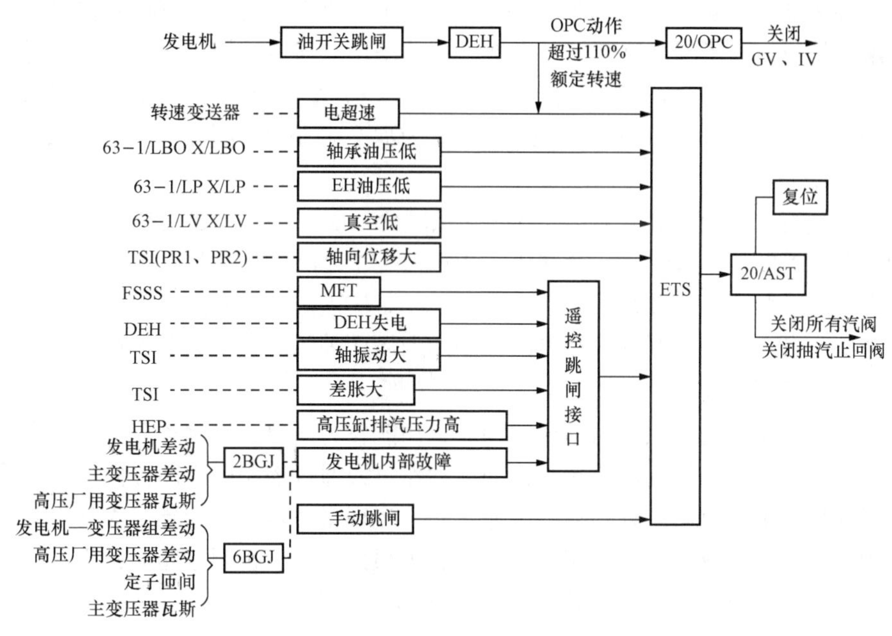

图 4 - 35　汽轮机紧急跳闸保护系统框图

其中，第①～⑤项功能是由各自通道接受控制继电器或压力开关触点信号实现的；第⑥～⑪项功能是由外部信号送到保护系统的遥控接口实现的；第⑫项功能则是在操作盘上手动实现的。当上述 12 个跳闸条件中的任何一个满足时，跳闸保护系统动作，通过双通道自动跳闸电磁阀（AST 电磁阀），关闭汽轮机的所有进汽阀，使汽轮机紧急跳闸停机。

表 4 - 4 所示为 300MW 机组主要保护参数的正常、报警和遮断数值，当机组参数到达遮

断值时，保护系统自动进行紧急停机。

表 4-4　　300MW 机组的主要保护参数值表

项目名称	单位	数值		
		正常值	报警值	遮断值
机组转速（电气）	r/min	3000	—	3300
机组转速（机械）	r/min	3000	—	<3300
轴向位移（调速器方向）	mm	3.56（整定值）	2.66	2.54
轴向位移（发电机方向）	mm	3.56（整定值）	4.39	4.57
润滑油压	kPa	82.73～103.41	48.26～62.05	34.47～48.26
EH 油压	MPa	12.41～15.17	10.69～11.38	9.31
机组排汽压力	kPa（abs）	16.94（最大允许值）	18.63	20.33

二、ETS 的遮断控制继电器总逻辑

ETS 的硬件是由电气遮断组件、电源板、继电器板、遮断和保持继电器板以及端子排等组成，统一布置在遮断电气柜内，承担 ETS 遮断全部保护项目的控制任务。

ETS 的遮断控制继电器总逻辑图如图 4-36 所示，机组的所有电气遮断信号，均通过该回路去遮断汽轮机。为了提高遮断的可靠性，回路采用双通道连接方式，每一通道均由遮断项目中的相应继电器的触点串联实现保护逻辑。通道 1 出口为奇数通道遮断电磁阀（20-1）/AST 和（20-3）/AST；通道 2 出口为偶数通道遮断电磁阀（20-2）/AST 和（20-4）/AST。

机组正常运行时，脱扣继电器 A、B 的触点闭合，使回路处于通电状态，各电磁阀因通电而关闭，危急遮断油总管建立安全油压。当任何一个遮断条件满足时，对应的遮断继电器触点由原来的闭合状态转为开路状态，A、B 继电器失电，电磁阀被打开，泄去危急遮断油总管上的油压，各主汽阀和调节汽阀也因控制油失压而关闭，实现紧急停机。

三、ETS 的实现方式

早期大型汽轮机组的紧急跳闸系统的构成、功能较为简单，控制电路由继电器实现。保护信号通过控制电磁解脱线圈，使解脱错油门动作，或通过控制磁力断油门的电磁线圈，使磁力断油门动作，关闭自动主汽阀和各调速汽阀，实现紧急停机。近年来大型汽轮机组的紧急跳闸保护系统，在构成、功能和实现方式上有了很大变化。控制电路通常由可编程逻辑控制器（Programmable Logic Controller，PLC）或 DCS 实现。

1. 采用 PLC 实现 ETS 功能

ETS 功能采用 PLC 实现，整个系统由 PLC 为核心的控制柜、执行机构、声光报警和一次、二次外围元件组成，系统装置如图 4-37 所示。ETS 控制柜里主要有双 PLC、报警继电器、跳闸继电器、保护投切盘等。每一路输入输出通道都有与之相对应的指示灯，可以检查某一通道的动作情况，且系统具有在线试验功能。

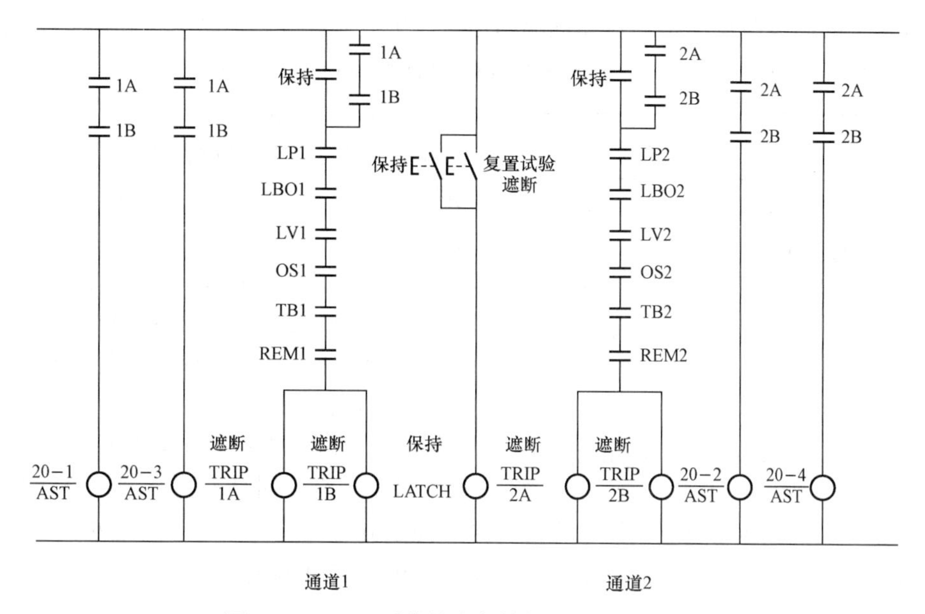

图 4-36　ETS 系统的遮断控制继电器总逻辑图

AST—自动跳闸电磁阀；LP—EH 油压低；LBO—轴承油压低；

LV—凝汽器真空低；OS—超速；TB—轴向位移大；REM—遥控跳闸

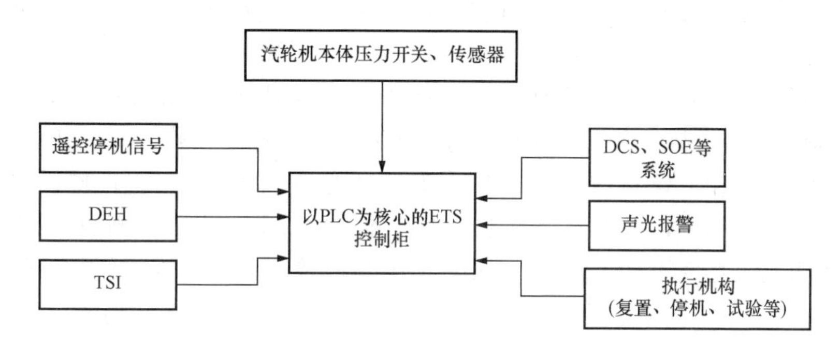

图 4-37　采用 PLC 实现的 ETS 装置图

为确保 ETS 动作的可靠性，逻辑控制部分采用进口 PLC 作为控制处理的核心部件，按冗余配置设计。系统所有输入输出信号均为双通道，PLC 采用双机同时工作的方式，当一个 PLC 出现故障时，可以在不影响系统运行的前提下进行更换和维修。电源系统采用双电源同时工作，互为备用，同时配置 UPS 电源确保供电不中断。

为了保证 ETS 与其他系统成为一个整体，ETS 向 DCS、事故追忆系统（Sequence Of Events，SOE）等系统提供必要的输出信号。一般而言，送往 SOE 的所有信号和进 DCS 的联锁信号由硬接线实现，送 DCS 的其他监视信号，通过网络传输实现。通过 DCS 可以方便地对整个 ETS 进行直观的状态监视分析，对系统状态和众多过程量设置声光报警。并且由于汽轮机跳闸的首出原因送进了 SOE 系统，可以方便地查找汽轮机跳闸的原因。

2. 采用 DCS 实现 ETS 功能

ETS 功能也可采用 DCS 实现。由 DCS 实现的 ETS 具有保护信号处理方式先进、逻辑运算可靠性高和通道动作试验方便、便于进行事故分析等优点，但存在计算机主机故障、模件故障和通信故障导致保护拒动或误动的隐患。应采取各种方法消除上述隐患，保证汽轮机保护功能的可靠。一种用DCS实现的ETS网络结构如图4-38所示。

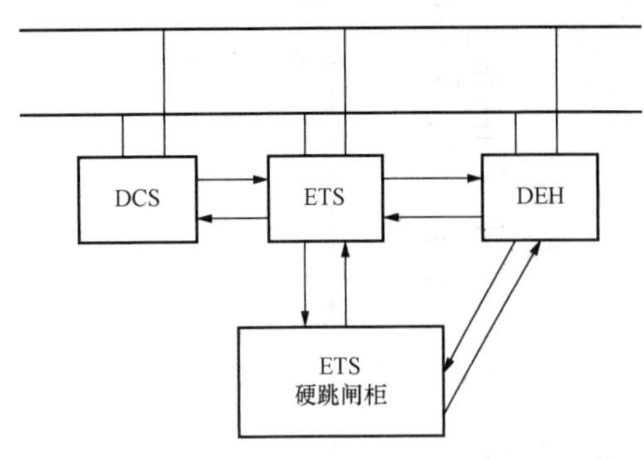

图4-38 采用DCS实现的ETS网络结构图

硬件方面主要有两个冗余控制电源，DI信号主要为ETS跳闸保护信号，对于重要的信号可采用三取二逻辑，且分布在不同的DI卡；其中ETS停机信号分别送入SCS、DEH和硬跳闸回路，其他DO信号主要为SOE信号和ETS试验遮断电磁阀的试验信号。应充分考虑当ETS装置自身故障时，在各种极端情况下都能保证汽轮机的安全遮断情况。由“软逻辑”替代“硬逻辑”，硬回路作为最后的必要补充，与软回路互为补充，并通过硬接线与其他系统互联。这样不但逻辑修改方便，结果便于分析，而且没有硬回路的中间环节和故障点；从可靠性、安全性、快速性来说都有优势；硬回路只是保护的最后手段，以防万一。

四、ETS保护动作条件

图4-39所示为某600MW机组汽轮机紧急跳闸系统组成图。它采用冗余的PLC构成紧急跳闸系统。该ETS装置有一个控制柜和一块运行人员试验面板。控制柜中有两排PLC组件，一个超速控制箱（其中有三个带处理和显示功能的转速继电器），一个交流电源箱，一个直流电源箱，以及位于控制柜背面的两排输入输出端子排。

PLC组件是由两组独立的PLC组成的，即主PLC（MPLC）和辅助PLC（BPLC）。这些PLC组件采用智能遮断逻辑，必要时进行准确的汽轮机遮断动作，每一组PLC均包括中央处理器卡（CPU）和I/O接口卡。CPU含有遮断逻辑，I/O接口组件提供接口功能。下面一排处理器构成MPLC，提供全部遮断、报警和试验功能。上面一排处理器构成BPLC，这是含有遮断功能的冗余的PLC单元，如果MPLC故障，它将允许机组继续运行并仍具有遮断功能。而在MPLC正常运行时，ETS具有全部遮断、报警和试验功能。

1. 轴承油压过低遮断

汽轮发电机正常运行时，控制轴承油压过低的两组压力开关6 3-1/LBO、63-3/LBO和63-2/LBO、63-4/LBO的触点是闭合的，该通道正常工作。假如任一组中有一只压力开关打开，表明该组轴承油压过低，则该通道动作。如两通道都动作则引起自动停机遮断通道泄压，使汽轮机遮断。

2. EH油压过低遮断

汽轮发电机正常运行时，控制EH油压过低的两组压力开关63-1/LP、63-3/LP和63-2/LP、63-4/LP的触点是闭合的，该通道正常工作。假如任一组中有一只压力开关打开，表明EH油压过低，则该通道动作。如两通道都动作则引起自动停机遮断通道泄压，使汽轮机自动停机。

3. 凝汽器真空过低遮断

汽轮发电机正常运行时，控制凝汽器真空过低的两组压力开关63-1/LV、63-3/LV和63-2/LV、63-4/LV的触点是闭合的，该通道正常工作。假如任一组中有一只压力开关打开，表明真空过低，则该通道动作。如两通道都动作则引起自动停机遮断通道泄压，使汽轮

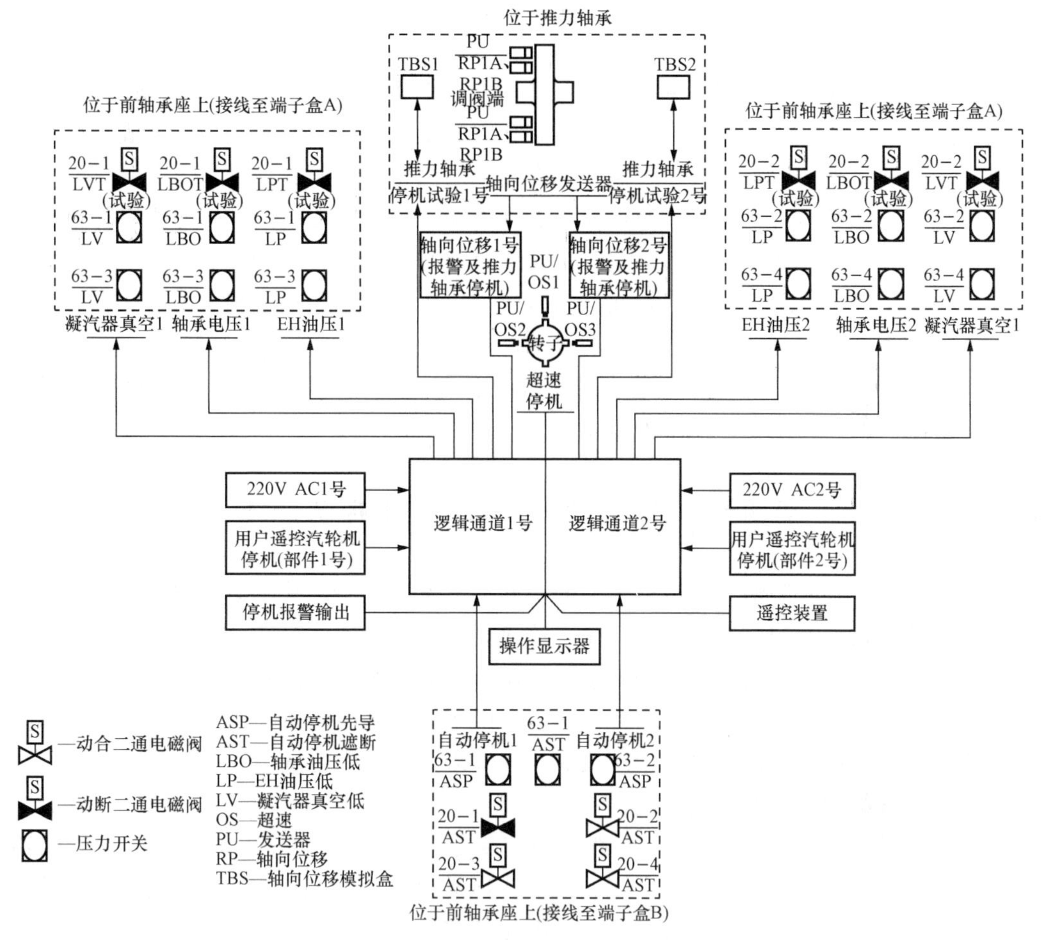

图 4-39 某 600MW 机组汽轮机紧急跳闸系统组成图

机自动停机。

4. 推力轴承位移过大遮断

如果任何一个轴向位移传感器测得位移值超过报警位移值，即可通过灯光和报警继电器触点发出报警。然而要发出遮断报警并通过 ETS 遮断汽轮机，就必须有一对中的两只传感器所测得的轴向位移都超过遮断值。另外，推力轴承遮断装置具有试验功能。推力轴承遮断的功能可以由试验设备做试验，传感器就安装在这个试验设备上，可进行遥控试验，主控盘上装有通道选择器开关。遮断动作是通过移动传感器向转子测量盘接近或离开而模拟实现的。当推力轴承遮断装置的一个通道正在试验时，汽轮机仍然可以用另一通道的保护功能来遮断。各选择器开关装有联锁触点，以防止两个通道同时进行试验。轴向位移传感器是汽轮机监测仪表装置的一部分，该测量盘的位移过大表示推力轴承磨损。

5. 电气超速遮断

电气超速通道由 3 个安装在盘车设备处的转速传感器、3 个安装在遮断系统电气柜中的数字式转速传感器，以及通过三选二逻辑驱动的超速遮断控制继电器组成。超速遮断整定点为 3300r/min。只要轴的转速低于该项遮断设定值，转速监测器输出状态就不变。假如转速超过遮断整定值，则这个数字式转速监测器有报警信号输出。3 个数字式转速监测器输出信号经三选二逻辑，使超速遮断控制继电器动作，其输出触点导致自动停机。

6. 机械超速遮断

ETS 还有一套机械超速遮断装置，机械式和电气式超速遮断值设定在相同的遮断转速。机械式超速装置由位于转子外伸轴上一个横穿孔中的受弹簧载荷的遮断重锤组成。在正常运行条件下该遮断重锤由于弹簧的压力而处于内端。当汽轮机转速达到遮断设定值时，所增加的离心力克服了弹簧压力，就将遮断重锤出击并打在一个拉钩上。拉钩移动使蝶阀离座而将机械超速和手动遮断总管中的油压泄掉。由于该总管中油压骤跌，作为接口的隔膜阀就关闭，所以遮断了停机危急遮断总管，使汽轮机自动停机。该机械超速和手动遮断也可以通过一个位于前轴承座上的遮断手柄进行手动遮断。

另外，ETS 提供了一个可接收所有外部遮断信号的遥控遮断接口；还提供首出遮断信号（第一跳闸）的原因记录，以帮助事故分析。

第四节　给水泵汽轮机数字电液控制系统

给水泵是热力发电厂消耗大量厂用电的主要辅助设备之一，其驱动机械包括交流电动机和汽轮机两种。随着大型机组的发展，减小给水泵的能耗，使之具有更好的控制特性，已成为普遍关注的问题。一方面由于电动给水泵使用节流调节阀或液力联轴器调节给水流量，其能源耗损大且液力联轴器调速范围窄；另一方面由于大容量电动机制造困难，因而采用蒸汽代替电力，用汽动给水泵代替电动给水泵成为绝大多数电厂的首选。

一、给水泵的驱动方式及其系统

目前，300MW 机组的给水泵，一般设置有 3 台容量各为 50％锅炉最大给水量的给水泵。其中或 3 台均为电动泵；或 2 台汽动泵 1 台电动泵，汽动泵为主要工作泵。600MW 及其以上火电机组，通常配置 2 台容量各为机组额定容量 50％的汽动给水泵，1 台容量为机组额定容量 25％～30％（或 50％）的电动给水泵。机组冷态启动时使用电动给水泵，正常运行时则改为使用汽动给水泵，电动给水泵处于待机热备用。

（一）具有液力联轴器的给水泵系统

一般定速的电动泵给水系统，给水泵出口阀门是全开的，锅炉给水量的改变是通过调节锅炉给水调节阀的开度实现的；而采用液力联轴器泵组的给水系统，则是通过改变给水泵的转速实现的，因而可以避免节流损失，提高运行的经济性。

具有液力联轴器的泵组机构，是在给水泵和交流电动机之间，增加一套液力联轴器变速机构，以液力耦合代替给水泵和电动机之间的刚性连接。图 4 - 40 所示为 300MW 机组液力联轴器式给水泵组的示意图，该泵组由前置泵、电动机、具有液力联轴器的变速箱和主给水泵组成。电动机两端出轴，一端带动前置泵，一端通过变速箱带动主给水泵，在主给水泵前装设联合过滤器。即利用磁棒的电磁力吸收给水中的铁质，利用过滤网过滤非铁性杂物，确保高压泵叶轮的安全。

液力联轴器的作用，一是传递原动机的转矩，二是实现无级调速，解决给水泵的变速运行问题，提高经济性。设置变速箱可提高给水泵的转速，克服制造大型高速电动机的困难，提高泵的效率，并使其结构紧凑，减少投资和运行费用。

具有液力联轴器的锅炉给水控制系统原理框图如图 4 - 41 所示。当出现水位偏差时，偏

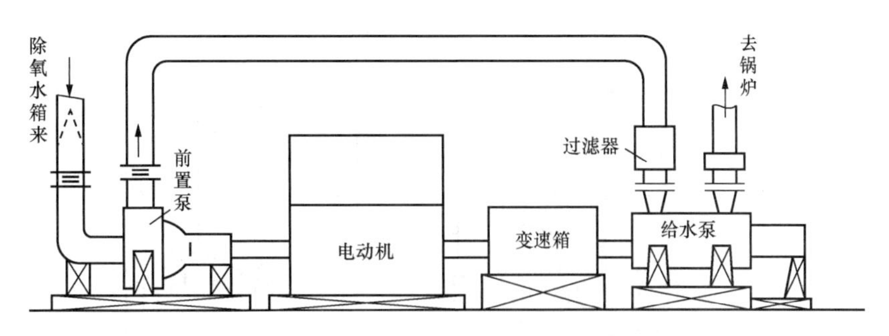

图 4-40 具有液力联轴器的给水泵组示意图

差信号经 PI 控制器校正后进入定位器，经伺服电动机去改变勺管的位置，从而改变给水泵的转速直到满足给水量的要求、保持汽包水位。

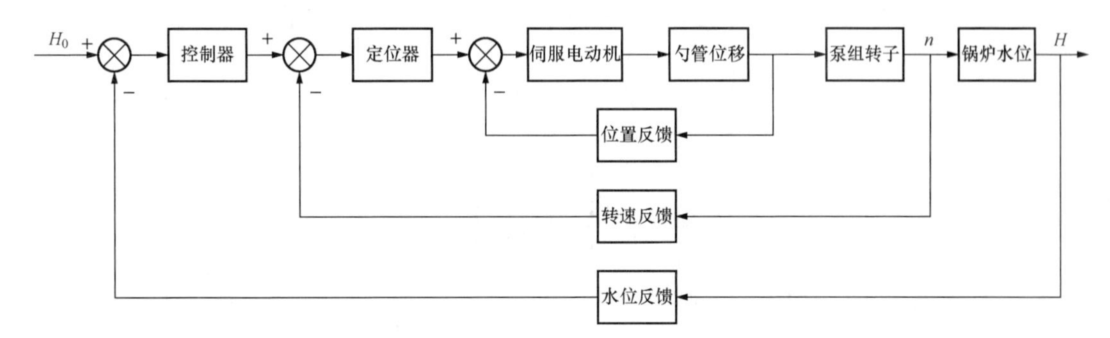

图 4-41 具有液力联轴器的锅炉给水控制系统原理框图

（二）具有给水泵汽轮机的给水泵系统

这是一种采用给水泵汽轮机代替电动机拖动给水泵的系统，除解决给水泵的变速运行问题外，还可通过提高汽轮机的转速，使汽轮机和泵的效率都得到提高。给水泵汽轮机的动力来源于蒸汽，为了提高热经济性，现代给水泵汽轮机几乎都是采用主汽轮机的抽汽作为汽源。

图 4-42 所示为引进型 300MW 机组给水泵汽轮机在主机热力系统中连接的原则性系统，它是由两台并联的汽轮机拖动的给水泵，各向锅炉提供 50%的额定给水量。该机组主给水泵和前置泵独立布置，主给水泵为给水泵汽轮机拖动，汽源为第四段回热抽汽，与除氧器共用，其排汽直接引入主机凝汽器。

该泵汽轮机有低压汽源（四段抽汽）0.765MPa/335.4℃和高压汽源两种，分别设有两套独立的主汽阀和调节汽阀。其中低压汽源为主要工作汽源，高压汽源为启动用辅助汽源，仅在锅炉点火初期或邻机高压供汽作为汽源时采用。

目前给水泵转速一般为 4000～6000r/min，个别到 7000r/min，最高可达 12000r/min。采用变速调节比调节阀节流调节，减小能耗约 15%；采用汽动给水泵变速调节比电动给水泵液力联轴器变速调节，因无变速箱损失和改善了主机末级排汽温度，可再提高效率 0.3%～0.6%。给水泵汽轮机的驱动方式无论在容量、效率和控制方式等方面，都具有明显的优势。因此，现代大型电厂的给水泵几乎都是以汽轮机驱动的给水泵为主给水泵，液力联轴器驱动的给水泵为备用给水泵。

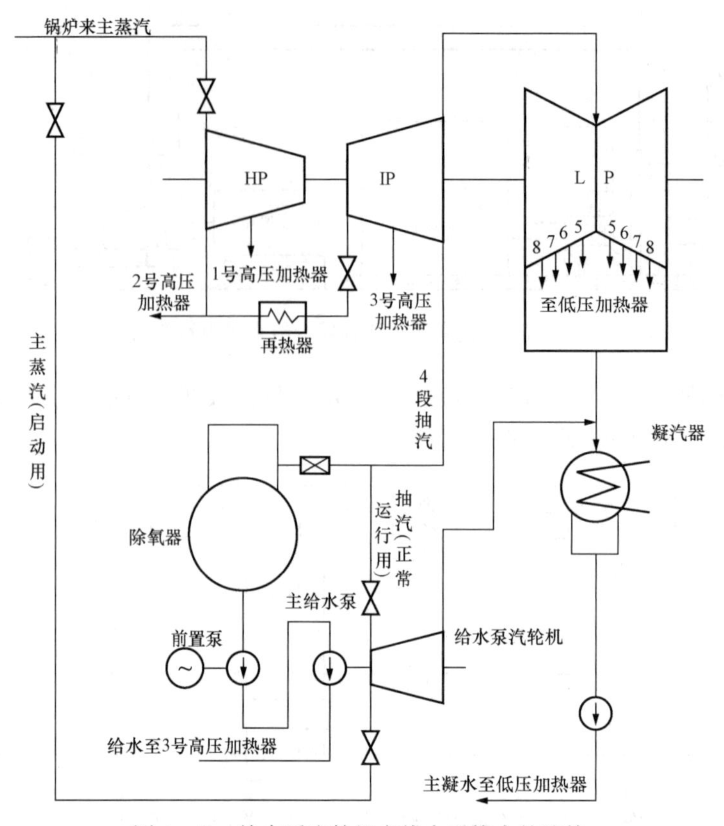

图 4-42 给水泵汽轮机在热力系统中的连接

二、给水泵汽轮机数字电液控制系统（MEH）

随着计算机技术的发展和普及，当前 300MW 以上火电机组大都配置基于微处理机的电液控制系统 MEH（Micro-processor-based Electro Hydraulic Control System）。由于汽动给水泵是通过控制汽动给水泵转速来实现锅炉给水流量控制的，所以给水泵汽轮机的转速控制贯穿于机组运行全部过程中。

MEH 的电子控制系统可以是独立的系统，也可以是机组 DCS 的一个组成部分。当 MEH 纳入 DCS 时，MEH 为 DCS 的一个或数个“站”，是 DCS 的一部分。MEH 接受来自 CCS 的锅炉给水自动控制系统的转速控制信号，直接控制给水泵汽轮机进汽调节阀，改变进汽量以满足锅炉所需要的汽动给水泵转速。

某 600MW 机组 MEH 组成原理如图 4-43 所示，该系统采用 OVATION DCS 控制。驱动给水泵汽轮机的蒸汽设计有两路汽源：一路是高压汽源，采用锅炉输出的新蒸汽；另一路是主机四段抽汽。每路设有主汽阀和调节阀各一个，当主汽轮机负荷为 25%以下时，因为抽汽压力太低，故全部用高压汽源，由高压调节阀 HPGV 来控制进入给水泵汽轮机的蒸汽流量，从而改变给水泵汽轮机的转速，以控制给水泵的出水流量，满足锅炉给水流量要求。在主汽轮机负荷为 25%～40%时，由高压汽源和抽汽汽源同时供汽，主要由高压调节阀控制，低压调节阀全开；在 40%负荷以上时，全部用抽汽汽源，由低压调节阀控制汽轮机的转速。

（一）MEH 的基本组成

MEH 的基本组成和 DEH 的基本组成大致相同，由控制系统（包括数字部分、模拟部

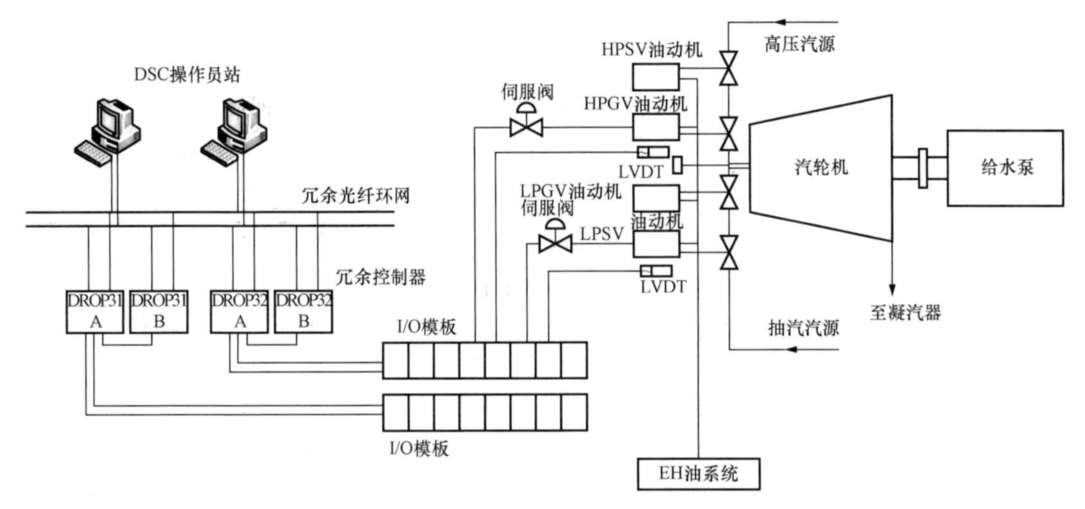

图 4-43 MEH 组成原理图

分)、液压伺服回路及接口部件组成。数字部分主要包括中央处理单元和过程 I/O 通道，是 MEH 的核心。数字控制系统连续采集、监视给水泵汽轮机当前的运行参数，并通过逻辑运算和调节运算对给水泵汽轮机的转速进行控制，模拟部分是将现场来的模拟量信号进行预处理后送给数字控制系统，并将数字系统输出的阀位需求转换为相应的模拟量信号送到阀门驱动回路。液压伺服回路则包括电液伺服系统和油系统（供油系统、蓄能器组件和油管路系统）。MEH 的供油系统可以是独立的供油系统，也可以来自主汽轮机的 DEH 的供油。

1. MEH 的软件

MEH 的软件主要由系统任务调度管理程序、应用软件和容错软件等几部分组成。

(1) 系统任务调度管理程序。系统任务调度管理程序是 MEH 的主程序，负责硬件初始化、数据初始化、模拟量输入/输出、开关量输入/输出、模拟操作盘、制表打印等程序，以及应用软件和容错软件的调度管理。

(2) 应用软件。应用软件是实现给水泵汽轮机自动控制、启停操作、运行方式选择、故障处理等功能的一套程序。它主要由 3 个程序模块组成，即操作盘任务模块、逻辑任务模块和控制任务模块。

(3) 容错软件。容错软件主要用来对 A、B 双机系统进行校核、监视，以及错误检测并进行切换，包括双机通信、双机 CPU 自诊断、出错处理等程序模块。

2. MEH 的伺服机构

MEH 的伺服执行机构分为开关型执行机构和控制型执行机构两类。高压主汽阀伺服机构和低压主汽阀伺服机构属于开关型执行机构；高压调节阀伺服机构和低压调节阀伺服机构属于控制型执行机构。

(1) 开关型执行机构。阀门工作在全开或全关位置，其组成部件有油缸、二位四通电磁阀、卸荷阀、节流孔以及液压集成块等。电磁阀接受控制信号，接通或关闭其油路。当电磁阀接通时，从油系统来的高压油经过节流孔进入油缸活塞下腔，使活塞杆上移，通过杠杆机构打开汽阀；当电磁阀关闭时，油缸中不再有高压油进入，电磁阀通过回油管路排油，弹簧力使汽阀关闭。另外，卸荷阀接收危急遮断信号，使进入油缸的高压油通过卸荷阀迅速释放，汽阀在弹簧力作用下迅速关闭。

（2）控制型执行机构。控制型执行机构可以将汽阀控制在任意位置上，成比例地调节给水泵汽轮机的进汽量，从而达到控制给水泵流量的目的。该伺服机构由电液伺服阀、油缸、滤网、线性位移传感器（LVDT）以及液压集成块组成。MEH控制器按照给水控制系统来的指令和采集的给水泵汽轮机转速信号，经运算处理后输出一个电信号（即阀位控制信号）到伺服放大器。被放大后的电信号送入电液伺服阀，而电液伺服阀则将电信号转换成液压信号，使得伺服阀的主调节阀（即滑阀）移动。滑阀移动的结果就是使系统传递力的主回路接通，高压油进入活塞的上腔或下腔，活塞杆就向上或向下移动，并经过杠杆机构带动调节阀使之开启或关闭。当活塞杆移动时，同时带动线性位移传感器（LVDT）一起运动，位移传感器输出的信号经过一个与之配套使用的变送器，使机械位移信号转换成电气反馈信号，并送入控制器的伺服放大器，伺服放大器把这个信号与阀位指令相比较，以调整、控制调节阀的开度。如果输入伺服阀的阀位信号与伺服放大器负反馈信号相加后为零，则伺服阀的滑阀回到零位，油缸活塞上下腔处于压力平衡状态，活塞杆停止移动，调节阀则停留在该工作位置，直到新的阀位指令进来。其电液伺服阀由一个力矩马达和两级液压放大及机械反馈系统组成，其结构和工作原理与DEH系统的电液伺服阀基本相同。

（二）MEH的功能

MEH的主要功能是通过控制给水泵汽轮机的转速来控制锅炉给水流量。MEH除具有数据通信、CRT显示、打印记录等功能外，还具有给水泵汽轮机的超速保护功能。

MEH通常有以下三种运行方式：

（1）锅炉自动。根据锅炉给水控制系统来的给水流量要求信号来控制汽轮机的转速。

（2）转速自动。根据操作员在控制盘上给出的转速定值信号来控制汽轮机的转速。

（3）手动。根据操作员在控制盘上给出的调节阀阀位增加或减小信号直接操作调节阀开度，控制汽轮机的转速。

MEH的核心是转速自动控制回路。在稳定工况下，转速与转速定值是相等的。当转速定值变化后，当前转速与转速定值间产生一个差值，经过差值放大和运算后，得到一个控制量输出送到伺服放大器，经功率放大后，操纵伺服阀使调节阀开度发生变化，改变进汽量，使转速与转速定值相等。系统设有手动和自动相互跟踪回路，为无扰切换。

MEH系统控制器承担正常的超速保护功能，当汽轮机转速达110%n_0时超速保护动作，使主汽阀和调节阀全部关闭，汽轮机脱扣。同时机械超速保护动作，使汽轮机脱扣。为确保超速保护功能的可靠，系统设有另一通道的汽轮机转速达120%n_0时的超速保护，保证使汽轮机转速不会超过最大极限转速（120%n_0），以满足汽轮机和给水泵的安全运行要求。

1. MEH的转速控制

为了提高给水泵汽轮机控制系统的安全性和可靠性，MEH控制器为冗余CPU。A机和B机都设有转速自动控制回路，如图4-44和图4-45所示，转速自动控制回路分成转速设定值形成与转速自动控制两个部分。转速设定值形成回路由两个逻辑判别块和一个速率限制器组成。逻辑判别块起选择转速指令的作用，当MEH处于遥控方式时，目标转速取来自CCS的遥控指令；当MEH处于转速自动方式时，目标转速取运行人员设定的转速指令。目标转速经速率限制器限速处理，形成转速给定值。

转速控制回路是一个单回路闭环控制系统。在稳定工况下，实际转速与转速定值是相等

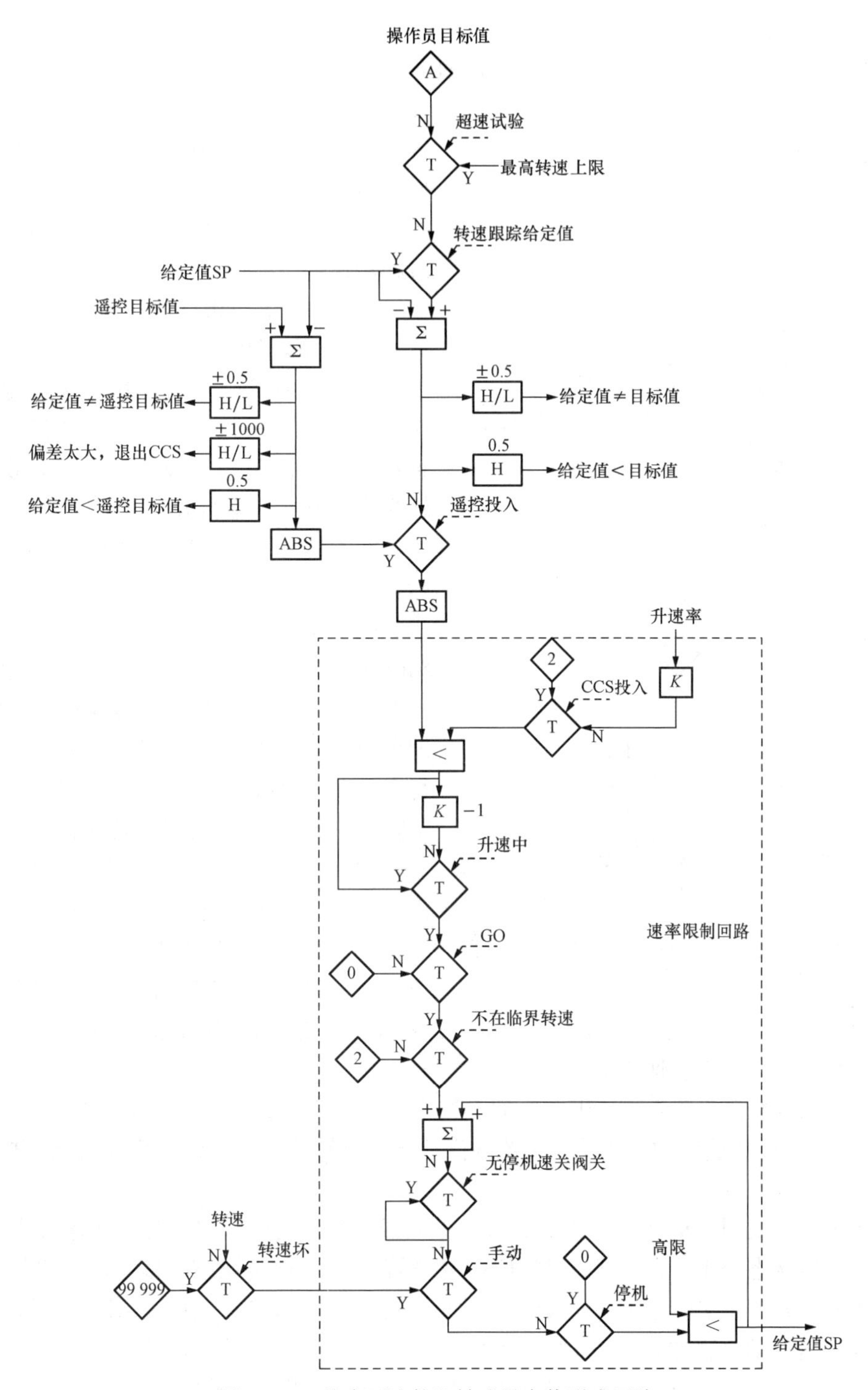

图 4-44 给水泵汽轮机转速设定值形成回路

的。当转速定值或实际转速发生变化时，其偏差信号经 PI 运算后，得到一个控制信号送到 LPGV 和 HPGV 伺服放大器，操纵伺服阀改变调节阀 LPGV 与 HPGV 的开度，使给水泵汽轮机的实际转速回到与转速定值相等的稳定工况。

2. 运行方式及其切换

（1）手动方式。为了保证MEH控制器的可靠运行，在双机故障或计算机电源失去时，要确保锅炉给水泵能继续运行，设计了以硬件来实现的手动控制回路。手动方式下，在操作盘上按下“阀位增加”或“阀位减小”按钮，手动直接改变阀位，控制给水泵汽轮机的转速。

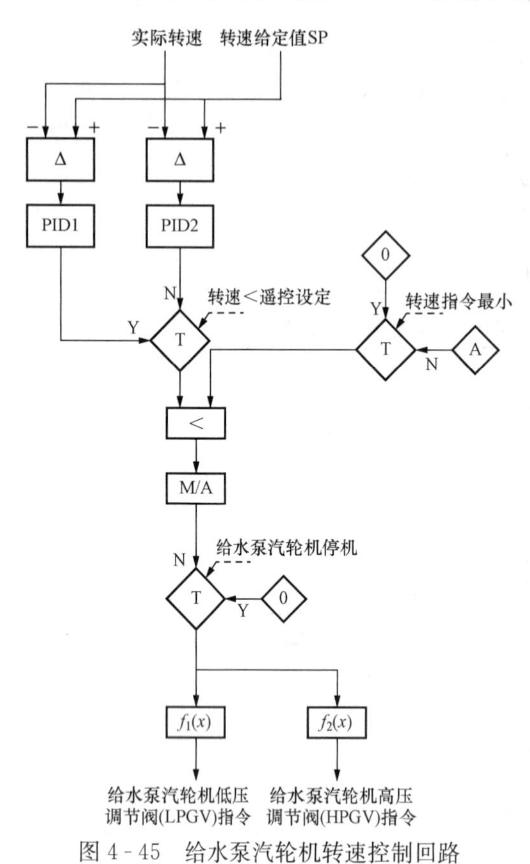

图4-45　给水泵汽轮机转速控制回路

手动方式是MEH的后备操作方式，正常运行情况下，转速控制范围为600r/min以下。当运行中发生双机故障、失去电源、转速通道故障、实际转速与转速定值偏差大、给水泵汽轮机脱扣等异常情况时，系统强制转为手动方式；运行人员也可选择手动方式。

在手动方式下，MEH的转速定值跟踪实际转速。

（2）自动方式。当手动升速到转速大于600r/min时，若无双机故障信号，运行人员在DCS操作画面上按下“转速自动”按钮时，即可投入转速自动。在转速自动方式下，运行人员在DCS操作画面上按下“转速增加”、“转速减少”按钮，可设定转速目标值。

（3）遥控方式。MEH进入遥控方式的条件有：①MEH目标转速在2600～6250r/min；②给水泵汽轮机已挂闸（速关阀已打开）；③MEH给定转速在2600～6250r/min；④给水泵汽轮机实际转速在2600～6250r/min；⑤没有出现汽轮机跳闸条件；⑥MEH给定转速与CCS给定转速相差不超过1000r/min；⑦MEH不在进行超速试验状态；⑧MEH处于转速自动状态；⑨遥控转速指令在2600～6250r/min。

当上述条件全满足时，在MEH画面上按下“遥控”按钮，MEH进入遥控方式。在遥控方式下，MEH接受锅炉给水控制系统的汽动给水泵转速指令，使给水流量满足机组负荷需求。

给水泵汽轮机刚启动（转速低于600r/min）或脱扣后复位，以及计算机电源刚合上时，控制器的初始状态处于手动方式。按DCS操作画面上的“阀位调整”按钮，使调节阀开启，给水泵汽轮机升速，当转速大于600r/min时，按“转速自动”按钮，MEH从手动控制方式切换到转速自动控制方式。按DCS操作画面上“转速增加”按钮，增加转速目标值，可使给水泵汽轮机继续升速。从手动切换到自动时，由于切换前转速定值跟踪实际转速，故切换时可保持阀位开度不变，以保证无扰切换。在转速自动方式下，转速达3100r/min时，主机接收到CCS来的“遥控允许”信号后，按“遥控”系统切换至遥控方式，MEH以来自CCS的4～20mA给水流量需求信号控制给水泵汽轮机的转速。

3. 汽轮机脱扣与超速保护

当汽轮机发生异常工况需要紧急停机时，可在操作盘上按下“汽轮机脱扣”按钮来实现。脱扣动作使所有调节阀和主汽阀全部关闭，MEH 控制器自动切换到手动控制方式，使给水泵汽轮机转速降到 600r/min 以下，直到盘车转速。

手动脱扣有三条回路：一路通过软件，使控制板输出脱扣信号动作脱扣继电器；另一路由硬件来实现，通过超速保护板，动作脱扣继电器，输出开关量；第三路是手动脱扣按钮，信号直接通过硬件输出“脱扣按钮动作”开关量信号，可以直接到就地盘实现汽轮机脱扣。汽轮机脱扣信号发出，操作盘上“汽轮机脱扣”指示灯亮，当确已脱扣时，“已脱扣”指示灯亮。当给水泵汽轮机复位条件满足时，按下“汽轮机复位”按钮，所有阀门都在关闭状态复位。复位后，“脱扣”、“已脱扣”灯灭，“汽轮机复位”灯亮，此时即可启动给水泵汽轮机，打开主汽阀。控制器处于手动方式，按“阀位增加”按钮，使调节阀开启，给水泵汽轮机冲转、升速。

4. MEH 超速试验

在 DCS 操作画面上可进行电超速试验和机械超速试验。

正常超速保护动作转速为 110%n_0，即 6325r/min。给水泵汽轮机运行过程中，实际转速到达动作转速 6325r/min 时，测速板发出信号，通过超速保护板使主汽阀和调节阀全部关闭，控制器软件超速保护动作转速定为 6300r/min，到此转速后输出脱扣开关量。为确保安全，如果额定转速脱扣信号发生故障，当汽轮机转速达 120%n_0（6900r/min）时，再次发出脱扣信号，不管是否是在进行超速试验，立即脱扣。遇到紧急情况需立即脱扣时，可手按“脱扣”按钮。

（1）电气超速保护试验。电气超速保护试验钥匙开关处于“电气”位置，MEH 控制器切换到转速自动方式时，可用“转速增加”键使汽轮机升速，直到电气超速保护动作。在试验过程中，需要到就地盘上操作机械超速保护闭锁阀，屏蔽机械超速保护动作。一次试验后，应按汽轮机复位的操作步骤，使汽轮机复位到正常工况，才可进行第二次试验。试验结束时，超速试验钥匙开关置正常位置，并将机械超速闭锁阀复位。

（2）机械超速保护试验。超速保护试验钥匙开关置“机械”位，MEH 处于转速自动方式，机械超速试验指示灯亮，110%n_0 动作脱扣转速信号被隔离。按“转速增加”按钮进行升速试验。为确保安全，120%n_0 脱扣转速信号仍然有效。试验结束，钥匙开关闭到正常位。电超速隔离撤销，110%n_0 脱扣信号有效，“电超速隔离”指示灯灭。

第五节　旁路控制系统

一、概述

大型火电机组都采用中间再热式热力系统，按一机一炉的单元配置。汽轮机和锅炉特性不同会带来机、炉不匹配的问题。例如汽轮机空负荷运行，蒸汽流量仅为额定流量的 5%～8%，而锅炉最低稳定负荷为额定负荷的 15%～50%，一般在 30%左右，负荷再低锅炉就不能长时间稳定运行。另外，启动工况要回收锅炉多余蒸汽，避免对空排汽造成工质损失；有的再热器位置在锅炉较高温度的烟温区，要求有一定流量的蒸汽冷却管道，最小冷却流量为额定值的 14%左右。所以机组启动时和机组空载时，要解决再热器的保护问题。在中间再热机组上设置旁路控制系统，就可以解决单元机组机、炉不匹配的问题。除了回收汽水和保护再热器外，还可适应机组的各种启动方式（冷态、热态、定压、滑压）、带厂用电、低负荷运行以及甩负荷等工况的要求。

汽轮机旁路控制系统是指与汽轮机并联的蒸汽减温、减压系统。它由阀门、管道及调节机构等组成。其作用是在机组启动阶段或事故状态下将锅炉产生的蒸汽不经过汽轮机而引入下一级管道或凝汽器。根据各机组的不同情况，汽轮机旁路控制系统配置有不同的型号和不同的容量。旁路容量在国内多数设计为30％MCR或40％MCR，少数引进机组旁路容量达100％MCR。

旁路控制系统一般分为高压旁路、低压旁路及大旁路等形式。

（1）高压旁路（Ⅰ级旁路）。它可使主蒸汽绕过汽轮机高压缸，蒸汽的压力和温度经高压级旁路降至再热器入口处的蒸汽参数后直接进入再热器。

（2）低压旁路（Ⅱ级旁路）。它可使再热器出来的蒸汽绕过汽轮机中、低压缸，通过减压降温装置将再热器出口蒸汽参数降至凝汽器的相应参数后直接引入凝汽器。

（3）大旁路。即整机旁路，它是将过热器出来的蒸汽绕过整个汽轮机，经减压降温后直接引入凝汽器。

旁路形式的选取主要取决于锅炉的结构布置、再热器材料及机组运行方式。若再热器布置在烟气高温区，在锅炉点火及甩负荷情况下必须通汽冷却时，宜用Ⅰ、Ⅱ级旁路串联的双级旁路控制系统或者用Ⅰ级旁路与大旁路并联的双级旁路控制系统。若再热器所用的材料较好或再热器布置在烟气低温区，允许干烧，则可采用大旁路的单级旁路控制系统。对于要求有较大灵活性的机组，如调峰运行机组、两班制运行机组，为了热态启动时迅速提高再热汽温，低负荷时也能保持较高的再热汽温，且再热器布置在烟气高温区，此时必须选用Ⅰ、Ⅱ级旁路串联的双级旁路控制系统。

二、旁路控制系统的功能

汽轮机旁路的主要作用是协助机组以最短的时间完成热态启动，以及在机组甩负荷时进行汽压保护，与锅炉或与整个机组配合，实现甩负荷后的一些较复杂的运行方式。合适的旁路容量和完善的自动控制系统可以配合机组协调控制系统来完成机组的压力全程控制。汽轮机旁路控制系统具有以下功能：

（1）改善机组启动性能。机组冷态或热态启动初期，当锅炉输出的蒸汽参数尚未达到汽轮机冲转条件时，这部分蒸汽就由旁路控制系统通流到凝汽器，以回收汽水和热能，适应系统暖管和储能的要求。特别是在热态启动时，锅炉可用较大的燃烧率、较高的蒸发量运行，加速提高汽温，使之与汽轮机的金属温度匹配，从而缩短启动时间。

（2）能够适应机组定压和滑压运行的要求。在机组启动时可以控制新蒸汽压力和中压缸进汽压力；正常运行时，监视锅炉出口压力，防止超压。

（3）保护再热器。启动工况或者汽轮机跳闸时，旁路控制系统可保证再热器有一定的蒸汽流量，使其得到足够的冷却，从而起保护作用。

（4）实现机组快速切负荷功能。事故状态下缩短安全门动作时间或完全不起跳，节约补给水。电网发生事故时，可以使机组保持空负荷或带厂用电运行；汽轮机事故时，若有关系统正常，则允许停机不停炉，锅炉处在热备用状态，以便故障排除后能迅速恢复发电，从而减少停机时间，有利于整个系统的稳定。

（5）正常工况下，若负荷变化太大，旁路控制系统将帮助锅炉、汽轮机协调控制系统调节锅炉主蒸汽压力。

综上所述，汽轮机旁路控制系统有启动、溢流和安全等功能，这些功能在调峰运行机组上作用更为明显。单元制机组实行两班制运行时，要求缩短热态启动时间、提高负荷适应性，仅在配备了汽轮机旁路后机组才能适应电网对这种运行方式的要求。

国内大型火电机组使用较多的是瑞士苏尔寿公司生产的带液压执行机构的旁路控制系统和德国西门子公司生产的带电动执行机构的旁路控制系统，有的成套引进机组选用的是带气动执行机构的旁路控制系统。

三、旁路控制系统的组成

在旁路控制系统中，没有做功的主蒸汽和再热蒸汽将分别旁通到再热器和凝汽器，为了防止再热器超压、超温和凝汽器过负荷，必须对旁通蒸汽进行减温、减压。故旁路控制系统由高压旁路压力和高压旁路温度控制系统、低压旁路压力和低压旁路温度控制系统组成，如图 4-46 所示。

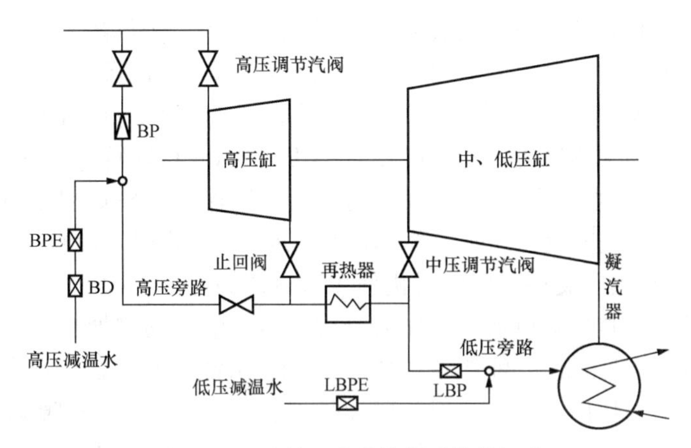

图 4-46　汽轮机旁路控制系统的组成

在高压旁路中，BP 是高压旁路减压阀，BPE 是高压旁路喷水减温阀，BD 是喷水隔离阀，减温水为高压给水（BD 也具有减压作用）；在低压旁路中，LBP 是低压旁路减压阀，LBPE 是低压旁路喷水减温阀，减温水为凝结水。

（一）高压旁路控制系统

1. 高压旁路控制系统的运行方式

高压旁路控制系统的主要作用是在机组启动过程中，通过调整高压旁路阀门的开度来控制主蒸汽压力，以适应机组启动的各阶段对主蒸汽压力的要求。高压旁路控制系统由高压旁路减压阀（BP）控制回路、喷水减温阀（BPE）控制回路和喷水隔断阀（BD）控制回路 3 部分组成。

高压旁路控制系统有 3 种运行方式，机组从锅炉点火、升温升压到带负荷运行至满负荷，旁路控制系统经历阀位方式、定压方式、滑压方式 3 个运行阶段。3 种运行方式的逻辑关系如图 4-47 所示。

当旁路控制系统投入自动、锅炉点火且主蒸汽压力小于汽轮机冲转压力时，运行人员可以选择阀位方式；当主蒸汽压力达到汽轮机冲转压力时，旁路控制系统进入定压运行方式；

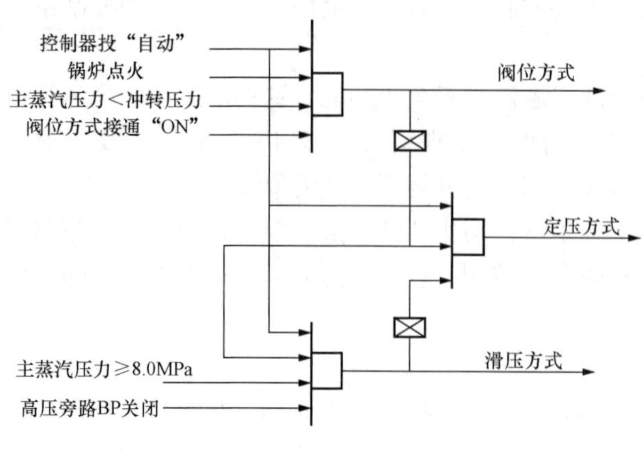

图 4-47　高压旁路控制系统的运行方式

当主蒸汽压力达到 8MPa（可调），机组负荷达 30%时，高压旁路减压阀关闭，系统自动转入滑压运行方式，对主蒸汽压力进行监视和保护。

（1）阀位方式（启动方式）。阀位方式是从锅炉点火到汽轮机冲转前的旁路运行方式。开始阶段采用最小开度（y_{min}）控制方式，锅炉点火初期，因主蒸汽压力 p 小于最小压力定值 p_{min}（0.6MPa），所以 BP 阀不能自动打开，而是通过预置一个最小开度 y_{min} 来强制打开。最小开度可根据机组运行情况确定，如 25%左右开度。这时 BP 阀保持最小开度，蒸汽通过高压旁路流动，并经过再热器和低压旁路加热管道系统。当主蒸汽压力升高到最小压力定值 p_{min} 时，控制回路维持最小压力定值，使 BP 阀逐渐开大，最后达到所设定的最大开度 y_{max}，此时 BP 阀保持最大开度，随着主汽压 p 的不断增加，其定值 p_{set} 跟踪升高。

（2）定压方式。当主蒸汽压力升高到大于 2MPa 的汽轮机冲转压力时，旁路控制系统自动转为定压运行方式。这时压力定值 p_{set} 保持一定，以保证汽轮机启动时的主蒸汽压力稳定，实现定压启动。当主蒸汽压力和主蒸汽温度满足冲转要求时，汽轮机开始冲转升速。随着耗汽量增加，BP 阀相应关小，以维持机前主蒸汽压力在 2.0MPa。在此压力下，汽轮机达到中速暖机转速。在暖机结束后，操作人员将压力定值手动增加到 3.5～4.0MPa，汽轮机升速到 3000r/min。在机组并网带 5%的初负荷时，旁路控制系统仍在定压运行状态，BP 阀起调节主蒸汽压力的作用：$p>p_{set}$ 时，BP 阀开大；$p<p_{set}$ 时，BP 阀关小。

随着锅炉燃烧率的增加，逐渐增加压力定值 p_{set}，BP 阀渐渐关小，当主蒸汽压力增加到 8.0MPa 且 BP 阀关闭时，系统自动切为滑压运行方式。

在定压方式下，压力定值由运行人员设定，具体数值可根据运行需要确定。

（3）滑压方式。滑压方式运行时，主蒸汽压力设定值自动跟踪主蒸汽压力实际值，只要主蒸汽压力的升压率小于设定的升压率限制值，压力定值总是稍大于实际压力值，即 $p_{set}=p+\Delta p$，这样就能保持旁路阀门在关闭状态。

在运行中，如果锅炉出口主蒸汽压力受到某种扰动，使其变化率大于设定的压力变化率（一般设定在 0.5MPa/min），则 BP 阀会瞬间打开。扰动消失后，压力定值大于实际压力，BP 阀再度关闭。BP 阀一旦开启，滑压方式立即转为定压方式。压力定值等于转变瞬间的压力值加上压力阀限值 Δp。

图 4-48 所示为某 300MW 机组滑参数启动时，高压旁路的三种运行方式启动曲线。

2. 高压旁路压力控制系统的工作原理

如图 4-49 所示，高压旁路压力控制系统主要由比例控制器 P、压力定值发生器 RIB、比例积分控制器 PI1 及切换继电器 KE、KF 等组成。

压力定值发生器 RIB 的工作原理和 DEH 设定值计算回路相似，由压力变化率限制器和上、下限幅环节组成。当输入压力定值的变化率小于设定的变化率 $\Delta p/\Delta t$ 时，输出压力定

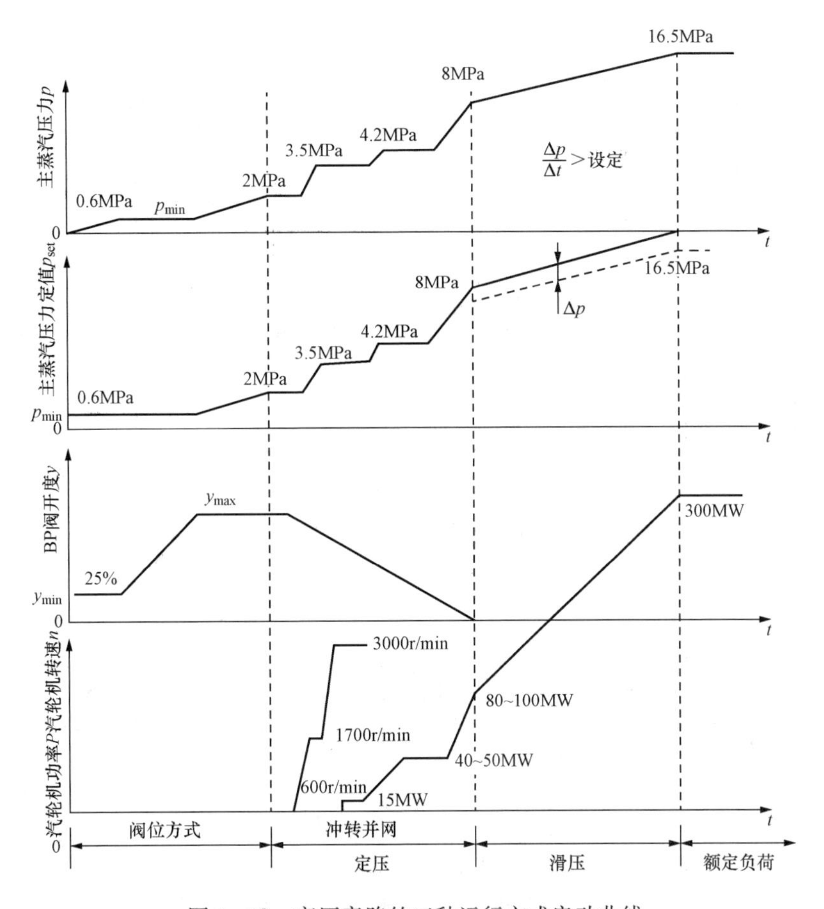

图 4-48 高压旁路的三种运行方式启动曲线

值等于输入压力定值；当输入压力定值的变化率大于设定的变化率时，按设定的压力变化率形成输出压力定值；当输入压力定值高于压力上限 p_{max}时，输出压力定值取压力上限值；当输入压力定值低于压力下限 p_{min}时，输出压力定值取压力下限值。

在汽轮机未冲转前，主蒸汽压力的大小取决于锅炉燃烧率的大小和蒸汽管路的流动阻力，因此可以调节高压旁路减压阀 BP 的开度来控制主蒸汽压力为给定值。在图 4-49 中，高压旁路减压阀 BP 的开度跟随 PI1 控制器输出的控制指令 y 变化，控制指令 y 是 PI1 控制器对输入偏差 Δp 进行运算处理后的输出信号。当主蒸汽压力 $p>p_{set}$时，Δp 为正，控制器输出的控制指令 y 增加，BP 阀开大；当主蒸汽压力 $p<p_{set}$时，Δp 为负，控制器输出的控制指令 y 减小，BP 阀关小。调整 BP 阀的开度可使主蒸汽压力 p 等于其设定值 p_{set}。

下面分析高压旁路控制系统在不同运行方式下的工作原理。

（1）阀位控制阶段。锅炉点火后，运行人员在旁路控制系统操作站上按下锅炉“启动”按钮，并将高压旁路压力控制投入“自动”，图 4-49 中切换继电器 KF 动作，使触点 1-3 接通。阀位指令 y 与最大阀位 y_{max}的偏差经比例控制器 P 形成主蒸汽压力设定值 p_{set1}，输入到压力定值发生器 RIB，如图 4-50 所示。

由于 RIB 设置了最小压力限值 p_{min}，在锅炉点火之后，主蒸汽压力 p 从零开始增加，

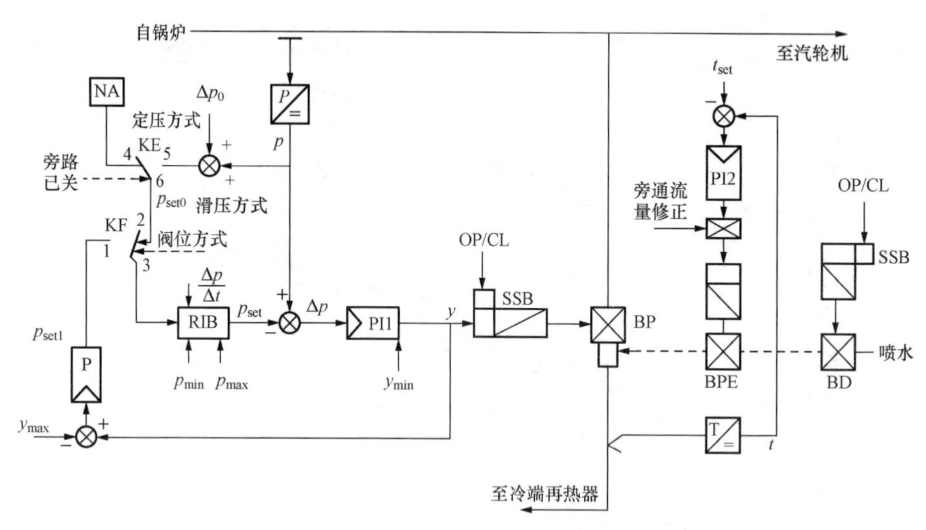

图 4-49　高压旁路压力、温度控制系统原理简图

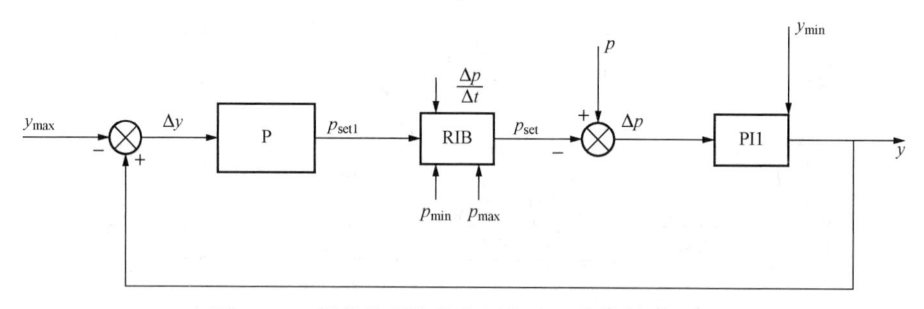

图 4-50　阀位控制阶段高压旁路压力控制原理图

PI1 控制器前压力偏差 Δp 为负，其输出的高压旁路减压阀的控制指令 y 应为 0。为了疏水和加速锅炉的升温升压过程，需要给控制器设定最小开度 y_{min}（一般为 25%左右）和最大开度 y_{max}（一般为 50%左右）。锅炉启动初期，在主蒸汽压力 $p<p_{min}$时，PI1 控制器输出一直保持在 y_{min}，即高压旁路减压阀 BP 一直保持在最小开度上。这一阶段也称为最小开度控制。

随着锅炉燃烧率提高，一旦主蒸汽压力 p 上升到高于最小压力 p_{min}，则 $\Delta p>0$，控制器的输出 y 就在 y_{min}的基础上增加，高压旁路减压阀 BP 的开度从最小开度逐步开大。此后，只要开度指令 $y<y_{max}$，尽管锅炉燃烧率在不断增加，但由于 BP 阀也在同时开大，所以通过 PI1 控制器的比例积分控制作用，使主蒸汽压力维持在 p_{min}附近。因为这一阶段 $y<y_{max}$，$\Delta y<0$，比例控制器 P 输出的压力定值 p_{set1}小于 0，RIB 的输出只能限制在最小压力 p_{min}上。

随着锅炉燃烧率的进一步提高，高压旁路减压阀开度继续增加，当其开度大于设定的最大开度时，$\Delta y>0$，经比例控制器 P 放大，其输出 $p_{set1}>0$，RIB 以设定的压力变化率计算其输出，p_{set}在 p_{min}基础上线性上升。p_{set}上升的结果使 Δp 减小或小于零，从而抑制了高压旁路减压阀控制指令的增加。

事实上，当高压旁路减压阀开度 y 达到设定的最大开度 y_{max}后，可以基本上维持开度不变。从图 4-50 可以看出，P 控制器的放大倍数很高，如果燃烧率的增加使主蒸汽压力上升，

Δp 增加导致控制指令 y 上升，只要 y 稍有增加，使 Δy 为正，尽管偏差很小，经 P 控制器也能使 p_{set1} 增加较大幅度，从而使 RIB 输出压力定值 p_{set} 增加，造成 $p_{set}>p$，使 $\Delta p<0$，经 PI1 控制器运算又使 y 下降。相反，如果主蒸汽压力降低，通过 PI1 控制器使 p 减小，Δy 为负，使 RIB 输出压力定值 p_{set} 下降、压力偏差 Δp 增加，经 PI1 控制器运算又使 y 上升。压力控制系统动作的结果是，使压力设定值以不大于 RIB 设定的压力变化率跟踪主蒸汽压力上升。但是如果锅炉燃烧率增加过快，主蒸汽压力的上升速度超过了 RIB 设定的压力变化率，就会产生很大的压力偏差 Δp，这时如果限制了 BP 阀的最大开度 y_{max}，系统就会脱离正常工作状态。所以在这一阶段，如果燃烧率调整得当，主蒸汽压力的上升速度始终小于或等于 RIB 设定的压力变化率，压力定值 p_{set} 就会跟踪实际压力变化，而高压旁路减压阀维持在最大开度附近。这一阶段也称为最大开度控制。

在阀位控制阶段，旁路减压阀开度指令 y、主蒸汽压力定值 p_{set}、主蒸汽压力 p 随时间变化的规律如图 4-48 所示，这一过程直到主蒸汽压力达到汽轮机冲转压力为止。

（2）定压控制阶段。当主蒸汽压力大于汽轮机冲转压力时，旁路控制系统进入定压运行方式。图 4-49 中开关 KF 复归，触点 2-3 接通，KE 的触点 4-6 接通。这时，主蒸汽压力定值不再是比例控制器 P 输出的 p_{set1}，而是采用运行人员通过压力给定器 NA 设定的 p_{set0}。在阀位控制方式时，NA 跟踪压力设定值信号 p_{set}（跟踪电路未画出），故转入定压方式时不会因压力定值切换而发生扰动。

在定压控制方式下，高压旁路压力控制系统是一个单回路控制系统，运行人员设定的压力定值 p_{set0} 经 RIB 进行限幅、限速后，形成实际压力定值 p_{set}，与主蒸汽压力 p 比较，经 PI1 控制器控制高压旁路减压阀的开度，以维持实际压力 p 等于压力设定值 p_{set}。

汽轮机开始冲转后，用汽量逐渐增加，主蒸汽压力下降，PI1 控制器的输入偏差下降，其输出控制指令减小，高压旁路减压阀逐步关小，从而使主蒸汽压力回升。所以，在汽轮机冲转、升速至并网带负荷之前，是用旁路控制系统维持主蒸汽压力，用逐步关小旁路门的方法，使原先完全由高压旁路控制系统旁通的蒸汽，逐步进入汽轮机高压缸做功。

机组并网后，在提高锅炉燃烧率的同时，可逐步提高主蒸汽压力的设定值 p_{set0}，使 p_{set} 增加，高压旁路减压阀继续关小，主蒸汽压力 p 进一步上升。当主蒸汽压力 p 达到 8MPa，机组负荷达到 30%左右时，高压旁路减压阀完全关闭，即原先通过高压旁路的蒸汽流量完全转移到汽轮机。

在定压运行阶段，主蒸汽压力并不是不变的，而是由运行人员根据运行情况逐步提升。当运行人员改变压力定值后，旁路控制系统就通过改变高压旁路减压阀的开度，来控制主蒸汽压力为运行人员设定的压力定值。

从锅炉点火到机组带约 30%负荷这一启动过程可以看出，高压旁路控制系统的作用是利用旁路控制系统来平衡机、炉之间的能量需求不平衡矛盾。在汽轮机启动之前，锅炉产生的蒸汽由旁路通流，而不需对外排汽，避免损失大量工质。一旦汽轮机启动，旁路控制系统自动将蒸汽逐步转移到汽轮机去做功，这就是高压旁路的自动控制功能。

（3）滑压控制阶段。当高压旁路阀 BP 关闭后，图 4-49 中继电器 KE 的触点 5-6 接通，系统进入滑压控制方式。主蒸汽压力设定值为实际压力 p 加上 Δp_0，从而使得压力定值高于实际压力一个 Δp_0，即

$$p_{set0}=p+\Delta p_0$$

而实际压力定值 p_{set} 是 p_{set0} 经 RIB 进行限幅、限速后形成的。当主蒸汽压力的变化率小于或等于 RIB 设定的变化率 $\Delta p/\Delta t$ 时，$p_{set}=p_{set0}$，PI1 控制器前的输入偏差正好等于 Δp_0，控制器输出等于零，高压旁路减压阀处于关闭状态（这阶段最小开度限制已由逻辑回路取消）。如果由于某种外部原因使主蒸汽压力发生突变，如上升时 p_{set} 跟不上 p 的变化速度，而使 PI1 控制器前的输入偏差大于零，高压旁路减压阀开启，进行泄流减压。

（4）高压旁路减压阀的保护功能。高压旁路减压阀设有快速开行程开关和快速关行程开关 SSB。在机组运行过程中，如果汽轮机甩负荷，或主蒸汽压力过高超过规定值，逻辑回路发出快开指令（OP），作用到执行机构，执行快开动作，快速开启高压旁路减压阀 BP，实行泄流减压，当压力恢复时自行关闭。

若高压旁路减压阀已开启、而低压旁路减压阀打不开，或高压旁路后蒸汽温度过高或减温水压力低时，逻辑回路发出快关指令（CL），高压旁路减压阀 BP 快速关闭，而且快关优先于快开。

3. 高压旁路温度控制系统的工作原理

在机组启动过程中，高压旁路流通的蒸汽将直接引入到再热器，根据再热器运行要求，其入口温度要保持在一定范围，一般要求再热器冷端温度保持在 330℃左右。而机组在正常运行时，主蒸汽温度达 540℃，因此，不减温的蒸汽是不能进入再热器的。

高压旁路温度控制系统是通过改变高压旁路喷水阀 BPE 的开度，调节减温水量来控制高压旁路后蒸汽温度的。如图 4-49 所示是一个单回路控制系统，由变送器测得的高压旁路后汽温 t，与运行人员的设定值 t_{set} 进行比较，其偏差送比例积分控制器 PI2，运算结果控制减温水阀门 BPE 开度，以实现汽温控制。

为了改善温度控制特性，该系统引入了旁路蒸汽流量来修正喷水控制强度。考虑到在不同负荷下，相同的温度差应有不同的喷水强度，系统中使用主蒸汽压力与高压旁路减压阀开度，经处理计算出旁通蒸汽流量，用该蒸汽流量信号修正喷水量控制信号，使喷水阀开度指令随着旁通蒸汽流量的增加而增加。

在机组启动过程中，如果高压旁路减压阀快速关闭，则喷水减温阀也快速关闭。

图 4-49 中高压旁路喷水先经过高压旁路喷水隔离阀 BD。BD 阀的作用有两个：①降低给水压力，BD 阀前后压力在 BD 阀全开时，大约降低为原来的 60%；②当旁路阀门关闭后作为隔离阀使用。BD 阀是两位式控制，与高压旁路减压阀 BP 经逻辑回路联锁。BP 开度大于 2%时，BD 全开；BP 开度小于 2%时，BD 全关。BD 阀的开启或关闭在操作台上有灯光显示。如果 BD 不在“关”或“开”的位置，故障指示灯将闪光。

（二）低压旁路控制系统

1. 低压旁路压力控制系统

对于高压旁路和低压旁路以串联方式构成的旁路控制系统，在机组启动过程中，高、低压旁路必须协调动作，才能实现旁路控制系统的功能。在汽轮机未冲转前，锅炉产生的新蒸汽经高压旁路进入再热器，再热器送出的蒸汽由低压旁路通流至凝汽器。因此低压旁路控制系统的运行状态会影响到凝汽器的安全运行，这是旁路控制系统运行时必须注意的问题。

低压旁路压力和温度控制系统的组成原理示意图如图 4-51 所示。低压旁路压力控制系统由压力定值形成回路、低压旁路压力控制器 PI3、减压阀 LBP 等组成。

（1）低压旁路压力设定值。在启动、低负荷阶段或甩负荷时，低压旁路压力控制系统为定压运行方式，压力设定值为最小值 p_{rmin}。p_{rmin}可以由运行人员设定，以维持一定的蒸汽流量通过再热器。在额定负荷的 30%以上时，再热器出口压力定值与负荷成正比。在此阶段，低压旁路运行在滑压方式，低压旁路的压力定值为再热器出口压力定值 p_{rset}加上一个小的限值 Δp，以保持 LBP 在关闭状态。再热器出口压力定值由实测的汽轮机调节级压力 p_1 乘上一个系数后得到。该系数为机组 100%负荷时，再热器出口压力设计值和调节级压力设计值的比值。如某机组再热器出口压力和调节级压力设计额定值分别为 3.3MPa 和 12.9MPa，则其比值为 0.256。在滑压阶段，再热器出口压力定值为

$$p_{rset}=0.256p_1+\Delta p$$

图 4-51 中，p_{rmax}为低压旁路最大压力设定值，它略小于再热器安全阀的动作压力。p_{rmin}、p_{rset}、Δp 的值都可预先设定。

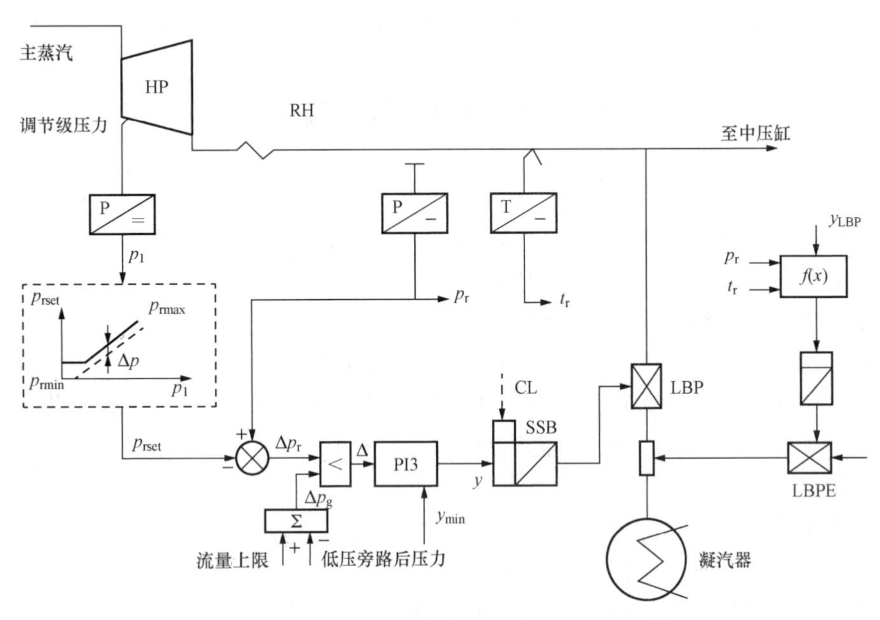

图 4-51　低压旁路压力、温度控制系统原理简图

（2）低压旁路压力控制回路的工作原理。启动初期为阀位方式，低压旁路减压阀 LBP 与高压旁路减压阀相同，有一个最小开度值 y_{min}。当再热器压力 p_r 低于最小压力 p_{rmin}时，低压旁路阀 LBP 保持最小开度 y_{min}。低压旁路压力设定值 p_{rset}由汽轮机调节级压力信号 p_1 乘以转换系数后与 Δp 叠加，再经过上、下限幅后得到，p_{rset}与再热器出口压力 p_r 进行比较得压力偏差 Δp_r。当再热器出口压力 p_r 低于最小压力 p_{rmin}时，Δp_r 为负，经低选后加到控制器输入端的偏差信号也为负，低压旁路阀 LBP 保持在最小开度 y_{min}。当再热器出口压力大于最小压力时，系统进入滑压运行状态。如果再热器出口压力 p_r 高于压力定值 p_{rset}，Δp_r 将大于零。在正常情况下，该偏差信号经低选送入低压旁路压力控制器 PI3 进行处理，其输出将使低压旁路压力调节阀 LBP 开度增加，从而使再热器出口压力与机组负荷相适应，即与代表机组负荷的调节级压力成比例变化。

为了防止汽轮机旁路运行时凝汽器过载，必须限制低压旁路的蒸汽流量。再热器出口压力一定时，低压旁路后压力越高，低压旁路流量越大。这里用低压旁路阀后压力来代表低压

旁路流量，当低压旁路后压力高于某一代表低压旁路流量上限的压力值时，其差值 $\Delta p_g<0$，经低选作为偏差信号输入到控制器 PI3，使低压旁路减压阀向关闭方向动作。此时操作台上最大蒸汽流量显示灯亮并报警。

为了保护凝汽器，低压旁路减压阀的执行机构上还装有 SSB 快速行程开关。当出现凝汽器压力高、凝汽器温度高或凝结水压力低信号时，逻辑回路将使 SSB 动作，优先关闭低压旁路减压阀。

2. 低压旁路温度控制系统

如图 4 - 51 所示，低压旁路温度控制系统是利用低压旁路减压阀开度 y_{LBP}来控制喷水减温阀 LBPE 开度的随动系统。其逻辑关系是，LBP 开，LBPE 就可开；LBP 关闭后，LBPE 可关。低压旁路减温阀开度由低压旁路蒸汽流量决定，是低压旁路减压阀开度 y_{LBP}、再热蒸汽压力 p_r、再热蒸汽温度 t_r 的函数，由函数器 $f(x)$ 计算得到。

为了在小流量下有足够的喷水量，LBPE 的最小开度一般在 20%左右。

第六节　单元机组联锁保护系统

单元机组是由锅炉、汽轮机和发电机三者构成的一个整体，在机组运行过程中，任何一个局部出现异常时，都将影响其他部分的安全运行。为此，单元机组的热工自动保护既包含各局部的自动保护，又包括三个局部间的关系。

一、单元机组热工自动保护的作用

大型单元机组是一个有机的整体。当任何部分发生危及机组安全运行的事故时，热工保护系统必须发出各种指令送到有关控制系统和被控设备中，自动进行减负荷，投旁路控制系统，停机或停炉等处理，以确保机组的安全。

单元机组热工自动保护的作用是，当单元机组某一部分发生事故时，根据事故的具体情况迅速、准确地将单元机组按预先拟定好的保护程序减负荷或停机、停炉。

二、单元机组热工自动保护的动作条件

(1) 当保护动作紧急停机时，将自动投入旁路，开启凝汽器喷水阀门，跳发电机断路器，使锅炉出力降至点火负荷，同时启动备用电动给水泵。

(2) 当发生事故停炉时，将自动停机和停全部给水泵。

(3) 当发生事故停止全部给水泵时，将自动停炉、停机。

(4) 当辅机出力不足时，将自动减负荷至辅机所能承受的出力为止。

目前，单元机组保护在汽轮机事故停机时，作用于锅炉的保护有两种方案：①当汽轮机事故停机时，立即停炉；②当汽轮机事故停机时，立即开启旁路控制系统，同时将锅炉出力降至并维持在点火负荷。

第二种方案最大的优点是当误动作引起汽轮机停机时，能快速地将机组恢复运行。

三、单元机组热工自动保护的保护方式

一般来说，大型单元机组所发生的带有全局性影响的事故，其保护方式主要有以下三类。

第一类是全局性的危险事故，例如炉膛灭火、送风机全部跳闸、引风机全部跳闸和汽包严重缺水等。这时应停止机组运行，切除全部燃料，称为主燃料跳闸保护 MFT。

第二类是锅炉运行正常，而机、电方面发生事故，例如电网故障、汽轮机或发电机本身发生故障等。这时热工保护系统应使锅炉维持在尽可能低的负荷下运行，可以使汽轮机、发电机跳闸，也可以在一定的条件限制下尽可能使汽轮机空载运行或自带厂用电运行，以便故障消除后较快地恢复运行，这种方式称为机组快速甩负荷 FCB。

第三类是锅炉主要辅机发生局部重大故障，而汽轮机和发电机正常，例如个别送风机跳闸、个别引风机跳闸等。这时锅炉必须减少燃料，机组相应地减负荷运行，这种方式称为辅机故障减负荷 RB。

综上所述，单元机组热工保护可以根据不同危险工况采用不同运行方式完成保护功能。

四、炉、机、电大联锁保护

1. 炉、机、电大联锁保护系统

单元机组的锅炉、汽轮机、发电机三大主机是一个完整的整体。每一部分都具有自己的保护系统，而任何部分的保护系统动作都将影响其他部分的安全运行。因此需要综合处理故障情况下的炉、机、电三者之间的关系。目前大型单元机组逐渐发展成具有较完整的逻辑判断和控制功能的专用装置进行处理，这就是单元机组的大联锁保护系统。

单元机组大联锁保护系统主要是指锅炉、汽轮机、发电机等主机之间，以及与给水泵、送风机、引风机等主要辅机之间的联锁保护。根据电网故障或机组主要设备故障情况，它可以自动进行减负荷、投旁路控制系统、停机、停炉等事故处理。

炉、机、电大联锁保护系统框图如图 4-52 所示，其动作过程如下：

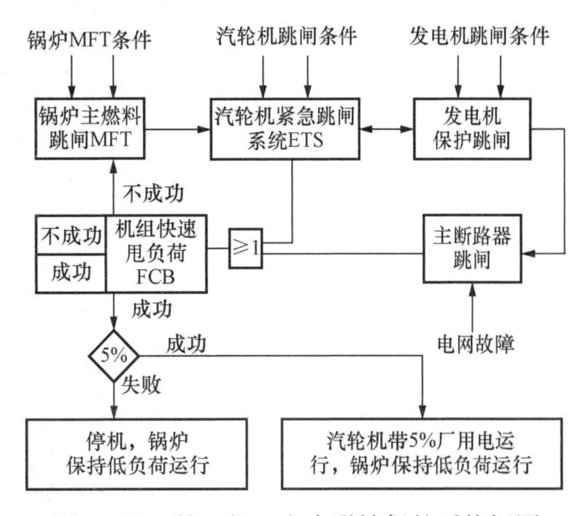

图 4-52　炉、机、电大联锁保护系统框图

（1）当锅炉故障而产生锅炉 MFT 跳闸条件时，延时联锁汽轮机跳闸、发电机跳闸，以保证锅炉的泄压和充分利用蓄热。

（2）汽轮机和发电机互为联锁，即汽轮机跳闸条件满足而紧急跳闸系统 ETS 动作时，将引起发电机跳闸；当发电机跳闸条件满足而跳闸时，也会导致汽轮机紧急跳闸。不论何种情况都将产生机组快速甩负荷保护 FCB 动作。若 FCB 成功，则锅炉保持 30%低负荷运行；若 FCB 不成功，则锅炉 MFT 而紧急停炉。

（3）当发电机—变压器组故障，或电网故障而引起主油路器跳闸时，将导致 FCB 动作。若 FCB 成功，锅炉保持 30%低负荷运行。而发电机有两种情况：当发电机—变压器故障时，其发电机负荷只能为零；而电网故障时，则发电机可带 5%厂用电运行。若 FCB 失败，则导致 MFT 动作，迫使紧急停炉。

炉、机、电保护系统具有自己的独立回路，且与其他系统相互隔离，以免产生误操作。但炉、机、电的大联锁应该是直接动作的，不受人为干预。

2. 炉、机、电大联锁保护实例

单元机组大联锁保护取决于炉、机、电的结构、运行方式、自动化水平等。下面以带有旁路控制系统的中间再热机组为例作一说明。该单元机组配置了两台汽动给水泵，给水泵的容量各为锅炉额定容量的 50%。正常时两台汽动给水泵运行，一台电动给水泵（容量为

30%）作为备用泵，其联锁保护框图如图4-53所示。联锁条件及动作情况如下：

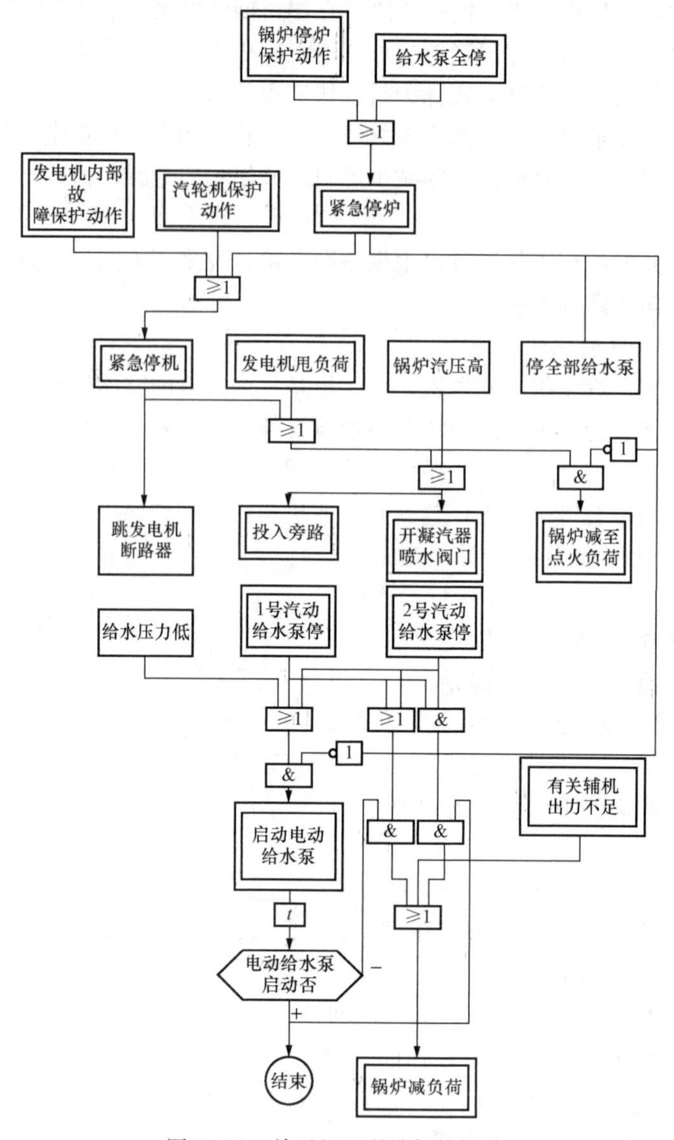

图4-53　单元机组联锁保护框图

（1）锅炉停炉保护动作MFT或锅炉给水泵全停时，机组保护动作进行紧急停炉，联锁保护动作紧急停机，跳发电机断路器，单元机组全停。紧急停炉后，机组保护动作，停全部给水泵。

（2）当汽轮发电机组因保护动作而紧急停机时，单元机组保护系统应自动投入旁路控制系统，开启凝汽器喷水阀门，跳开发电机断路器，将锅炉负荷减到点火负荷（最低负荷）。紧急停机时跳发电机断路器的目的是防止汽轮机自动主汽阀关闭后，发电机变为电动机运行，使汽轮机叶片送风而引起低压缸超温。目前国内汽轮机事故停机后一般不考虑发电机断路器跳闸，故是否需要或延时多久自动跳发电机断路器，需要根据汽轮机厂家的要求而定。

（3）发电机甩负荷或锅炉汽压过高时，机组保护动作，同样投入旁路控制系统并开启凝汽器喷水阀门，锅炉减至点火负荷。

（4）1号或2号汽动给水泵有一台故障而停止运行，或给水压力低时，机组保护动作。启动电动给水泵，经 t 延迟，检查电动给水泵是否已启动成功。如果电动给水泵启动成功，则给水系统可达80%（即50%＋30%），相应机组出力也调整为80%；若电动给水泵启动不成功，则机组保护动作将锅炉减负荷至50%（一台汽动给水泵运行工况），相应的机组出力也调整为50%。

若1号和2号汽动给水泵全部停止运行，机组保护同样自启动电动给水泵。若启动成功，则机组出力调整为30%；若启动失败，则发出给水泵全部停运信号，紧急停炉，迫使整个单元机组停运。

（5）有关辅机出力不足，系指送风机、引风机等重要辅机的出力不足。例如运行中的两台送风机其中有一台故障，则锅炉负荷减至50%，机组出力相应减至50%。若两台送风机同时停止运行，则锅炉紧急停炉（MFT），整个单元机组停止运行。

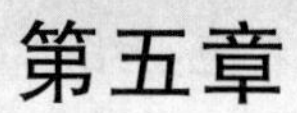

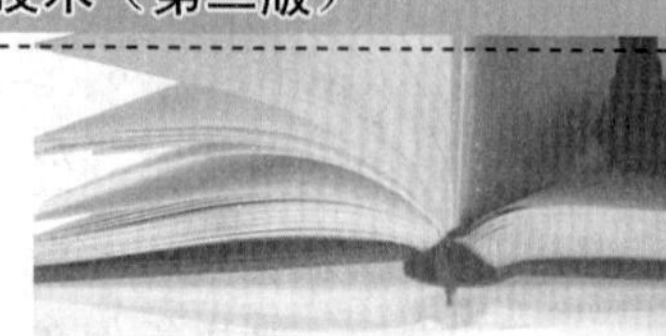

第五章

顺序控制系统

第一节　概　　述

顺序控制（Sequence Control System，SCS）是按预先规定的顺序、条件和时间要求，对工艺系统各有关对象自动地进行一系列操作控制的一种技术。顺序控制只与设备的启动、停止和开、关等状态有关，它是根据生产过程的工况和被控制设备状态的条件，按照事先拟定好的顺序启动、停止、开或关被控设备，因而它是一种开关量控制技术。如果大多数操作是按时间始发进行顺序控制的，称为时间定序顺序控制；如果大多数操作是按条件始发进行顺序控制的，称为条件定序顺序控制。

一、顺序控制系统的作用

在火电厂中，顺序控制主要用于主辅机自动启/停操作及局部工艺系统的运行操作。这种操作尽管量值关系简单，但随着机组容量的增大和参数的提高，辅机数量和热力系统的复杂程度增加，在机组启/停过程中操作的对象多，而且操作步骤复杂、人工操作工作量大，难免出现差错，而采用顺序控制后，对一个热力系统和辅机的启、停操作只需按下一个按钮，则热力系统的辅机和相关设备按安全启、停规定的顺序和时间间隔自动动作，运行人员只需观察各程序步骤执行的情况，从而简化了操作手续，减轻了运行人员的劳动强度，有利于保证操作的及时和准确。同时，由于在顺序控制系统设计中，各个设备的动作都设置了严密的安全联锁条件，无论是自动顺序操作，还是单台设备手动，只要设备的动作条件不满足就将被闭锁，从而避免了运行操作人员的误操作，保证了设备的安全运行。

二、顺序控制系统的组成

图 5-1 所示为顺序控制系统的基本组成图。

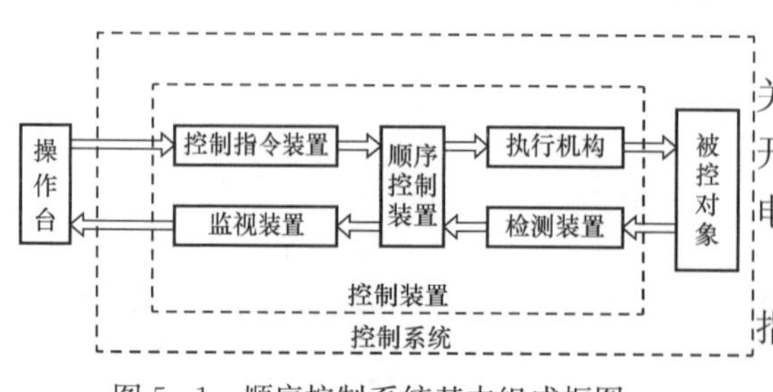

图 5-1　顺序控制系统基本组成框图

（1）检测装置。包括温度开关、压力开关、差压开关、位置开关、流量开关、液位开关、火焰检测开关、光电开关、电位器、电量转换开关、译码器、编码器等。

（2）监视装置。包括指示灯、蜂鸣器、指示计、CRT 显示器等。

（3）顺序控制装置。包括继电器、计数器、可编程控制器、计时器等。

（4）执行机构。包括气动执行机构、液动执行机构、阀门电动装置、电动机、电磁阀等。

目前，大型火电机组采用分散控制系统（DCS），顺序控制系统作为一个子系统纳入DCS，完成机组主要辅机及工艺系统中的阀门、挡板等设备的顺序控制。

三、顺序控制系统的控制级

大型火电机组的顺序控制系统一般是分级控制的，最多可分为四级，如图5-2所示。

1. 机组级控制

机组级控制是顺序控制系统结构中最高一级的控制。它在最少人工干预下完成整套机组的启动和停止操作。

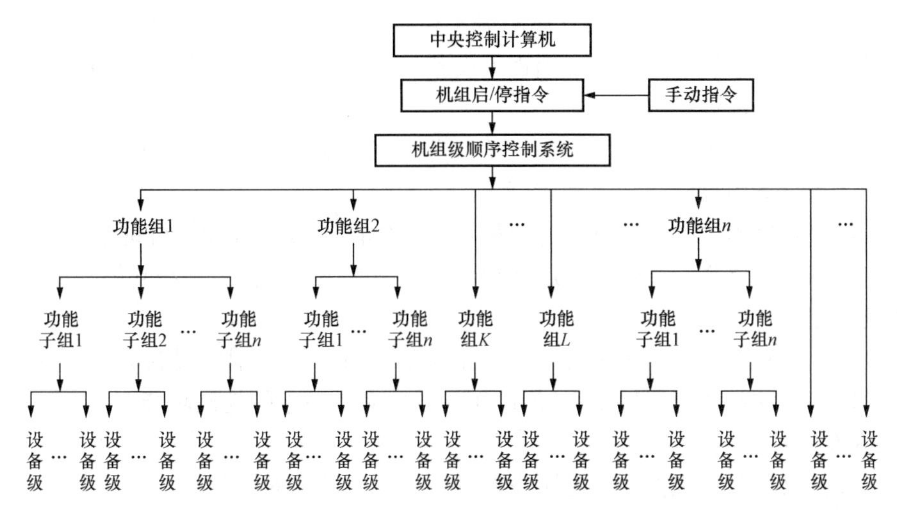

图5-2 顺序控制系统控制级关系图

当顺序控制系统接到启/停指令后，机组级控制的一个主要任务是按设定的逻辑综合实际运行工况的要求，判断应采用何种启动方式（例如温态、热态和冷态）或停机。随后再对各有关的功能级下发相应的启/停指令，使机组从初始状态逐步启动到某一负荷，或从某一负荷渐渐减负荷或解列直到机组停止状态。它只需设置少量断点，由运行人员确认并按下按钮后，程序就继续进行。当功能执行完毕后，发出“完成”信号反馈给主控系统，表示这一控制功能已结束。可见，机组级控制并非将机组启/停全部都自动控制，它需要有必要的人工干预，必须在一些重要的操作开始前或结束后设置中断点，由运行操作人员进行确认操作或给予新的指令，在得到确认或指令后，机组级才继续下一步的顺序控制。

2. 功能组级控制

功能组级控制是将相关联的一些设备相对集中地进行启动或停止的顺序控制。它接受机组级下发的启动、停止、联锁、跳闸信号，也接受其他相关功能组级的联锁、跳闸等信号，再根据功能级自身的顺序控制要求和条件进行逻辑判断和运算，然后将操作指令送至功能子组级控制或设备级控制。

一个完整的功能组，可包含三种操作：第一种操作是启/停和自动/手动切换。在使用功能组级控制时，应将开关先切换到“手动”位置，然后再进行启/停操作。第二种操作是“闭锁”（Halt）和“释放”（Release）切换。当控制顺序被置于“释放”状态时，可对功能组随意进行启、停操作。当功能组在执行启、停指令时，若控制方式被置于“闭锁”状态，则控制顺序被停止执行，转入设定的闭锁状态。第三种是“首台控制设定”操作。这是指对有备用辅机的系统，可通过该操作选择其中某一台作为首先启动的设备，并有自动/手动切换开关。一般说来，当选择好“首台设备”之后，应将开关切换到“自动”位置，这样，当第一台设备启动完成之后，系统便会自动选择第二台设备作为“首台设备”，为备用设备启动做好准备。

3. 功能子组级控制

一个比较大的工艺系统可以按控制功能分解为几个局部独立过程进行分别控制。一个功能子组常以一个重要的辅机为中心，包括其辅助设备和关联设备组成一个相对独立的小系统。例如，某台送风机功能子组的顺序控制，包括了送风机及其相应的冷却风机、风机油站、电动机油站、进出口挡板和连通挡板等设备，在一个启动操作指令发生后，将按预定顺序依次自动地操作辅助设备和主设备。

功能子组级的功能主要有：①顺序启动（投入）和顺序停止（切除）控制；②主、备用设备预选；③主、备用设备联锁启动或停止。

功能子组级控制程序的启动方式有两种：①由操作人员通过计算机键盘或CRT操作画面发出“启动”和“停止”指令，来启动相应的控制程序；②由上一级功能控制组发出下属子组的控制程序启、停指令。

在600MW大型机组中，SCS按照工艺系统的特点，机组辅机设备和系统一般包括40个左右的功能组，这些功能组接受启/停操作指令，完成相应的控制功能。

4. 设备级控制

设备级控制又称驱动级控制，是顺序控制系统中最基本的控制回路。每个需要顺序控制的辅机如电动机、阀门、挡板等，都有一个设备级控制回路，一般要求设备级控制可通过CRT屏幕监视设备的受控状态，也可在集控室控制台或操作键盘上进行操作。

设备级的主要功能有：①启（开）、停（关）联锁和保护；②人机界面（Operator Interface Stations，OIS）操作启（开）、停（关）；③启（开）、停（关）、正在开、正在关及故障等信号监视。

设备级控制是一种一对一的操作，即一个启/停操作指令对应一个驱动装置，例如操作一个截流阀。这种单一性操作可通过计算机键盘上相应键的操作来完成。

设备级控制也有自动和手动两种方式。在自动方式下，既可以接收功能组的启/停指令，又可以根据有关设备的运行状态和运行参数，而自动进行启/停操作。

被控设备有如下几种：①6kV电动机（如送风机、引风机等）；②400kV电动机；③挡板；④电动门；⑤气动门等。

四、顺序控制装置

早期的顺序控制装置通常是由继电器、分立式元件或中、小规模集成电路构成的一种固定型顺序控制器，其特点是逻辑元件全部由硬件组成，逻辑部件用硬接线连接，一般都采用传统的逻辑电路设计方法进行逻辑功能设计。

随着大规模集成电路的发展，到20世纪70年代初期出现了可编程逻辑控制器（PLC），控制逻辑全部由软件实现，易于组态和修改，在火电厂的辅机顺序控制和工艺系统顺序控制中迅速得到推广。

从20世纪80年代开始，微机DCS以其功能分散、危险分散、信息共享、组态灵活的杰出优点，在火电机组的自动控制系统中被广泛采用。由分散控制系统构成的顺序控制系统逐步取代其他类型的顺序控制系统。

（一）梯形图程序原理

梯形图（或称为阶梯图）构成的顺序控制逻辑，直接面向工程要求，可由 PLC 来实现，也可以由 DCS 的过程控制单元来实现。

梯形图的主要特点是形象直观、便于组态、便于修改和简单易学。为了理解 PLC 和 DCS 是如何利用计算机的梯形图实现顺序控制的原理，下面先从一个继电器式的顺序控制回路来加以说明。

图 5-3 所示为辅机润滑油泵和工作泵的启/停控制电路，由继电器构成，其原理如下。

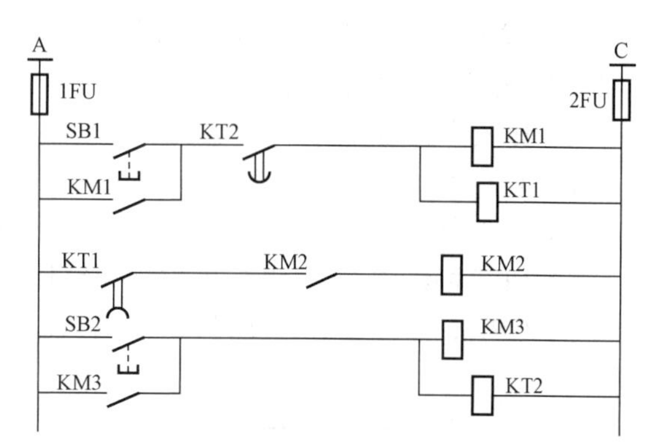

图 5-3　润滑油泵和工作泵控制电路

1. 启动过程控制

在按下启动按钮 SB1 后，启动继电器 KM1 吸合，润滑油泵启动；同时使延时继电器 KT1 通电，在延时 5s 后，接通 KM2，启动工作泵。

2. 停止过程控制

KM3 是工作泵停止控制继电器，在按下停止按钮 SB2 后，KM3 通电，停止工作泵运转。同时，延时继电器 KT2 通电，在延时 10s 后，断开 KM1 继电器电源，KM1 释放使润滑油泵停止工作。

这样一个简单的辅机启/停控制过程化解为梯形图送入 PLC 或 DCS 过程控制工作站中，就可同样实现要求的控制目标。图 5-4 所示为上述继电器控制电路的梯形图表示，它完全模拟了继电器控制电路的控制功能。

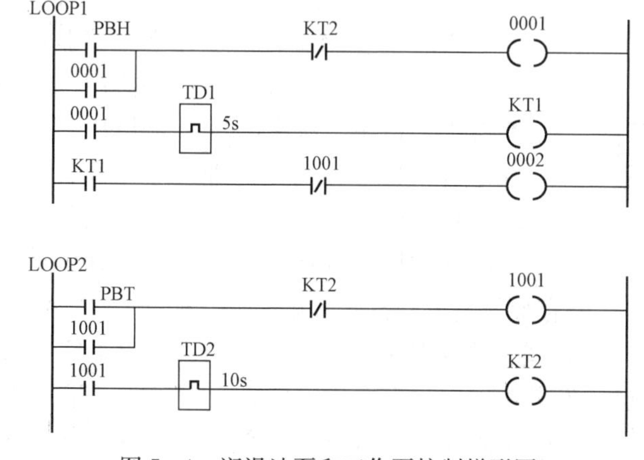

图 5-4　润滑油泵和工作泵控制梯形图

图 5-4 中，PBH 是启动按钮，PBT 是停运按钮，KT1、KT2 是延时器输出指令，0001 是控制润滑油泵启、停的输出指令，0002 是控制工作泵启、停的工作指令，1001 是停止润滑油泵和工作油泵的中间指令。由 LOOP1 和 LOOP2 构成控制回路。

启动工作过程为：操作员通过计算机键盘发出 PBH 启动指令，0001 输出控制指令启动润滑泵，同时形成延时 5s 的 KT1 信号，然后经中间指令 1001 由 0002 输出启动工作泵指令。

停运工作过程为：操作员通过计算机键盘发出 PBT 停运指令，形成停运中间指令 1001，首先停止 0002 工作泵指令输出，同时触发 10s 延时器，延时 10s 后，KT2 信号断开 0001，停止润滑油泵运转，同时复归 1001 中间指令。

（二）PLC

PLC 是目前在火力发电生产过程中使用比较普遍的一种顺序控制装置。

现在生产的 PLC 在设计中已全面采用了微处理机技术，但它仍然与一般的微机系统有着明显的不同。其主要表现在 PLC 对环境条件有很强的适应性，与用户设备的接口连接通用件比较好。另外，在控制器的可靠性和安全性方面有独到考虑，当供电电源临时中断时，它能够保存当前运行方式和运行数据，在电源恢复后能自动从中断点数据开始恢复正常运行。

目前，我国许多火电机组上引进了国外一些公司生产的 PLC。例如美国 MODICON 公司的 584、984 系列 PLC，日本 OMRON 公司的 C 系列 PLC，德国西门子公司的 ST 系列 PLC 等。我国也生产出一些性能良好的 PLC，如北京机械工业自动化研究所的 MPC-10、20 系列，上海工业自动化仪表研究所的 13-300、400 系列，和利时公司的 LK 系列等都已在电厂中获得比较广泛的应用。

1. PLC 的结构及工作原理

PLC 一般都采用模块化结构。下面以美国 MODICON 公司的 984PLC 为例进行说明。

（1）PLC 的结构。984PLC 由主机和编程器两大部分组成，如图 5-5 所示。主机部分包括电源、CPU、存储器、I/O 模块；编程器部分包括 CRT 显示器、键盘、磁带机、打印机等。

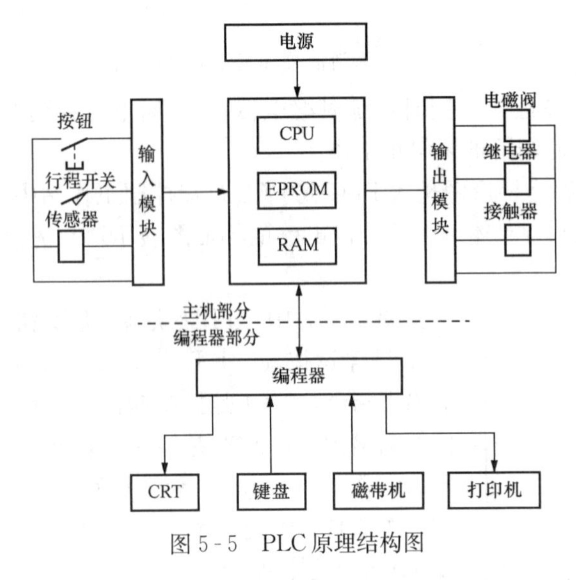

图 5-5　PLC 原理结构图

CPU 按系统程序所赋予的功能，从编程器接收并存储编制好的用户程序和数据，然后依次执行用户程序指令，用扫描方式接收现场设备的状态或数据，进行逻辑运算，将结果递交给输出部件执行控制操作。同时，将运行工况和运行数据存入寄存器。CPU 还可运行诊断程序、监测电源、检查内部工作电路工作状态和程序语法错误。

PLC 的存储器有系统程序存储器和用户程序存储器。系统程序存储器用以存放系统工作程序、模块化的应用功能子程序、命令解释程序、调度管理程序以及各种系统参数；用户程序存储器用以存放从编程器输入的用户程序。常用的内部存储器有 CMOS、RAM、EPROM 和 EEPROM 等，外存储器有盒式磁带和磁盘等。

输入模块是 PLC 与现场控制设备的输入通道。现场信号可以是按钮开关、行程开关及其他热工开关量信号。现在有些 PLC 也已开发了可以接收模拟量信号的输入部件。开关量、模拟量信号经过光隔离、电隔离和滤波处理后由输入模块引入 PLC。输入模块一般由光电耦合电路和微处理器接口电路组成。

输出模块是 PLC 与被控设备的连接通道。PLC 控制器通过输出模块把控制指令送到现场执行部件，对设备实行控制操作。现场的执行部件包括电磁阀、继电器、接触器、电动机等。输出模块一般由微处理器输出接口电路、功率放大电路和光电耦合电路等组成。

PLC 配置的编程器有简易型的，也有智能型的。简易编程器主要由键盘、显示器、工作方式选择开关和外储存器接口等部件组成。在使用时，通过接口与 PLC 主机连接，将程序送入主机存储器中。智能型的编程器实际上是一台配置了硬件接口、装载了编程软件包的微型计算机。所以，在有些系统中，把编程器配置成一台上位机形式或工程师站形式，通过通信接口与 PLC 主机连接，这样既可编写用户程序，又能显示 PLC 运行工况。

利用编程器可以检查、修改用户程序，也可在线监视 PLC 工作状况。编程方式可在线进行，也可以离线编好下载到 PLC 主机中。

(2) PLC 的工作原理。PLC 启动进入运行状态后，按系统程序所赋予的功能要求，从存储器中逐条读取用户程序，通过命令解码后，按指令规定的工艺任务产生相应的控制信号，经过逻辑运算后，根据运算结果，更新有关标志位状态，输出状态表或数据寄存器内容，输出控制指令，完成操作任务，同时送出显示数据和打印数据。有的 PLC 还可与其他控制系统进行通信，实现信息交换。

用户编写的用梯形图表示的顺序控制程序，实际上就是把控制电路功能图编写成梯形网络图。一个顺序控制项目可以有若干幅梯形网络图。网络图按工艺执行顺序和信号匹配时序要求顺序排列。PLC 的工作原理，就是在系统软件的控制下，按照用户编写的梯形图网络的顺序号，从第 1 个网络开始逐一解读，直到最后 1 个网络为止。然后又从第 1 个网络重新开始解读，如此周而复始地循环工作（称为“扫描”）。

在每个网络内又是从第一列开始、从上到下逐列运算，第 11 列运算完毕，立即转到下一个网络的第一列，再从上到下逐列运算 2 号网络。一直到全部网络扫描完成。每一次扫描结束的瞬间，梯形图上全部输入和输出都被修改。元素的状态都将根据输入信号和逻辑运算结果进行修改。当输出元素的状态发生变化时，PLC 的输出控制部件就将输出一个操作指令，改变现场设备的工作状态。网络扫描顺序过程如图 5-6 所示。

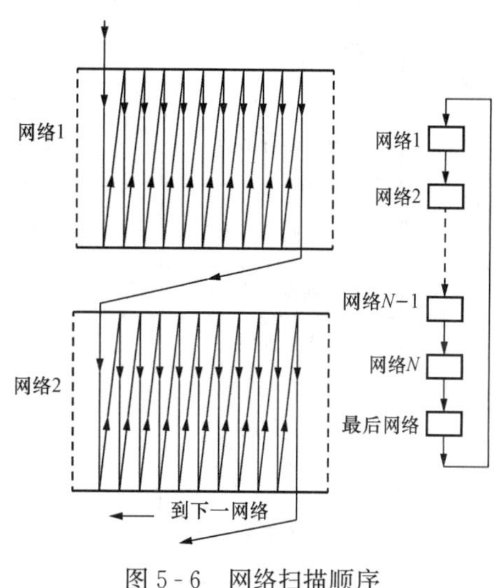

图 5-6　网络扫描顺序

从每一次扫描求解某一网络算起到下次扫描再次求解该网络为止的这段时间被定义为 PLC 的扫描时间。扫描时间由编制程序的总量和程序内存所决定。用户程序越多，扫描时间越长。

读解程序逻辑的动作过程可分为三步执行：①读入输入信号。它将按钮开关、限位开关、A/D 转换等输入信号读入到输入状态存储器缓冲区内，该信号的状态一直保持到下一个扫描周期，再读入新的信号时为止（即保持一个扫描周期）。②解（运算）用户逻辑。根据输入状态、有关数据和线圈接点等解读用户程序。③写出。把解读程序逻辑的结果，送入输出状态存储器缓冲区，再通过输出模块送给现场的有关设备。

主机的主要工作就是扫描，反复地执行读、解、写。

2. PLC 的指令和编程

PLC 根据工艺控制序列要求，编制合适的功能程序，按地址顺序存放在 PLC 的内存中，在系统程序调度下，逐句读解执行。PLC 的程序语句与一般计算机程序语句相似，由指令的操作码、数据和地址组成。

由于 PLC 由传统的继电器控制器发展而来，所以它采用的梯形图编程法仍然沿用了继电器控制原理图的基本要素，用触点、线圈、计时器、计数器和连线等来表示控制元素及逻辑关系，比较易于掌握理解。

（1）基本编程指令。MODICON 公司的 984PLC 指令系统分为基本编程指令、四则运算指令、数据传送指令和矩阵功能指令等。其基本编程指令分为三类：①继电器类。通过对触点的串、并联逻辑组合和运算来形成控制指令，以实现各种功能控制。②定时器类。控制系统中有些工艺环节对设备切/投和联锁控制等需要时序配合，协调动作。对有些信号要进行延时处理或脉冲变宽处理，这些都要经过定时算法模块来实现。③计数器类。用于动作次数记录。

1）继电器类编程指令。继电器类编程指令的功能与继电器构成的顺序控制器的功能完全相同，各种指令的名称、符号见表 5-1。

表 5-1 继电器类编程指令

种类	名称	符号	编号	使用注意事项
触点	动合触点（常开）	⊣⊢	开入触点 1×××× 开出触点 0××××	可放在网络内 11 列除外的任何节点位置上，只占一个节点位置
	动断触点（常闭）	⊣/⊢	开入触点 1×××× 开出触点 0××××	同上，触点数量不限，可多次重复使用
	前沿微分触点	⊣↑⊢		由 OFF→ON 时只导通一个扫描周期（T_s）
	后沿微分触点	⊣↓⊢		由 ON→OFF 时只导通一个扫描周期（T_s）
连线	垂直连线	|		行间短路，不占节点位置
	水平连线	—		列间短路，占一个节点位置
线圈	普通线圈	—( )—	0××××	放在第 11 列位置上，线圈的编号只能用一次，但触点的性质和数量的使用不受限制
	锁存线圈	—(L)—	0××××	具有停电记忆功能，其他与普通线圈相同

2）定时器类编程指令。984PLC 主机有三个时钟信号，作为所有定时器的驱动脉冲。时基分别为 1.0、0.1、0.01s 三种。一个时钟信号能带动多个定时器，原则上没有限制，唯一的限制是用户内存容量和保持寄存器的数量。

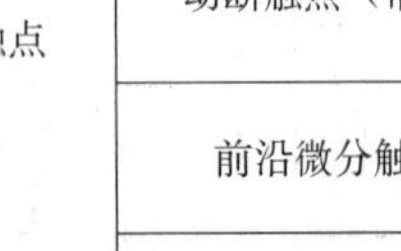

输入1 输出1 设定值 TXX 当前值 输入2 输出2

图 5-7 定时器的符号

定时器在网络中的某一列上按垂直方向占两个相邻的节点位置，是双节点元件。因此除了第 11 列和第 7 行以外的任何地方均可放置。但一般不放在第 1 列上，因为这样无法控制。

定时器的符号图和计时波形图分别如图 5-7 和图 5-8 所示。

定时器符号图中主要参数项的说明如下。

a. 设定值。可以是常数 K（1～999），也可以是规定的寄存器（30×××或 4××××）内容。

b. 当前值。存放当前值的只能是 4××××编号的保持寄存器。

c. T×× (时基)。其值分别为 T1.0、T0.1、T0.01，即 1.0、0.1s 和 0.01s。

d. 输入 1。定时器的工作指令，多为动合触点信号。

e. 输入 2。定时器复位指令，多为动断触点信号。

f. 输出 1。在达到设定值后导通（ON），未达设定值前是断开的（OFF）。输出线圈接通信号。

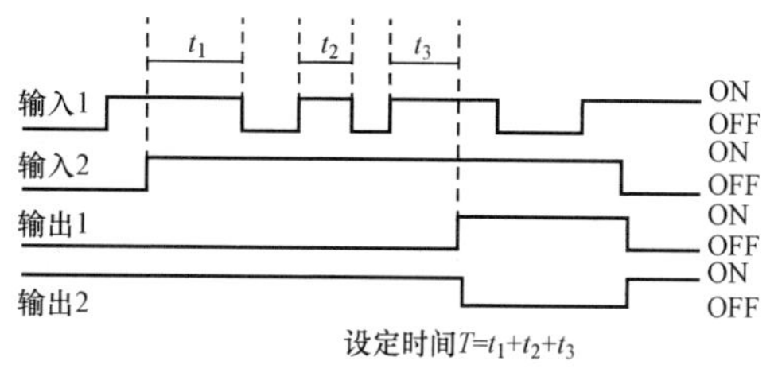

图 5-8 定时器的计时波形图

g. 输出 2。未达到设定值前是导通的（ON），在达到设定值后立即断开（OFF）。

定时器的动作过程如下：

在输入 2 导通时，计算输入 1 的导通时间。如果输入 1 是脉冲信号，则累计其导通时间。一旦设定值与累计值相等，就使输出 1 导通，输出 2 断开。当输入 2 断开时，不管输入 1 是何种状态，均使定时器的当前值复“0”。在累计值达到设定值后，只要输入 2 导通，不管输入 1 的状态如何变化，输出状态都保持不变。

定时器的动作关系如表 5-2 所示。

表 5-2　定时器动作关系

输入状态		定时器状态		当前值	输出状态	
输入 1	输入 2				输出 1	输出 2
ON/OFF	OFF	复位		0	OFF	ON
ON	ON	计时	当前值<设定值	增加	OFF	ON
			当前值=设定值	设定值	ON	OFF
OFF	ON	停止计时	当前值<设定值	不变	OFF	ON
			当前值=设定值	设定值	ON	OFF

3）计数器类编程指令。984PLC 有加计数器（UP CTR）和减计数器（DOWN CTR）两种。计数器的动作原理与定时器相似，只是在输入 1 由 OFF→ON 的瞬间，计 1 个数（加 1 或减 1），不管输入 1 导通时间有多长，计数器只计由 OFF→ON 的跳变次数。

计数器也是双节点元件，除 11 列和第 7 行以外，任何节点处均可放置。用加计数器和减计数器能组成可逆计数器，但它们存放当前值的保持寄存器应该是同一编号的寄存器。

计数器的符号图如图 5-9 所示，波形图如图 5-10 所示。

计数器的动作过程如下：

在加计数器的输入 2 导通时，输入 1 每次由 OFF→ON 动作，计数器就使当前值加 1；对减计数器而言，就是使当前值减 1。当加计数器的当前值等于设定值时，输出 1 导通（ON），输出 2 断开（OFF），同时停止计数；当减计数器的当前值为 0 时，输出 1 导通，输出 2 断开，同时停止计数。

如果输入 2 断开，则不管输入 1 是什么状态，都不进行计数，并使当前值复“0”。

加法计数器的动作关系如表 5-3 所示。

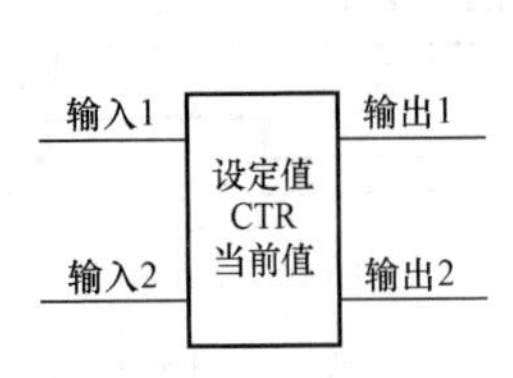

图 5-9 计数器的符号图

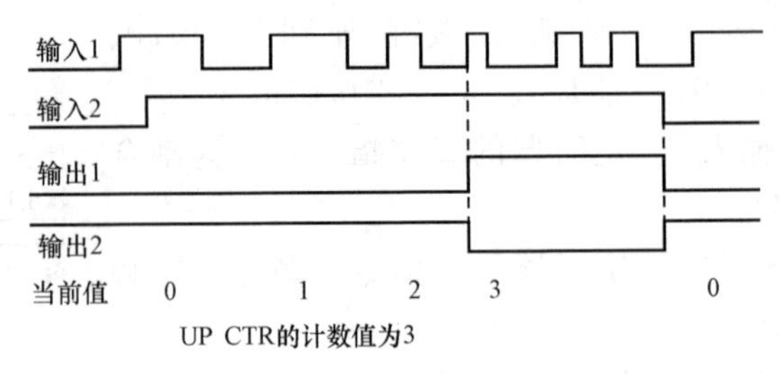

图 5-10 计数器的波形图

表 5-3 **加法计数器动作关系**

<table>
<tr><th colspan="2">输入状态</th><th colspan="2" rowspan="2">计数器状态</th><th rowspan="2">当前值</th><th colspan="2">输出状态</th></tr>
<tr><th>输入 1</th><th>输入 2</th><th>输出 1</th><th>输出 2</th></tr>
<tr><td>任何状态</td><td>OFF</td><td colspan="2">复位</td><td>0</td><td>OFF</td><td>ON</td></tr>
<tr><td rowspan="2"></td><td rowspan="2">ON</td><td rowspan="2">计数</td><td>当前值<设定值</td><td>+1</td><td>OFF</td><td>ON</td></tr>
<tr><td>当前值=设定值</td><td>设定值</td><td>ON</td><td>OFF</td></tr>
<tr><td rowspan="2"></td><td rowspan="2">ON</td><td rowspan="2">停止计数</td><td>当前值<设定值</td><td>不变</td><td>OFF</td><td>ON</td></tr>
<tr><td>当前值=设定值</td><td>设定值</td><td>ON</td><td>OFF</td></tr>
</table>

（2）其他指令。

1）四则运算指令。主要功能有：①进行数据的加、减、乘、除运算；②进行数据的大、小和是否相同比较运算。

2）数据传送指令。数据传送指令的功能是执行两个数，即连续的寄存器之间的数据的存取或传送，如数据表的拷贝、存入、取出或查找等。

3）矩阵功能。矩阵操作与数据传送一样，也是多个数据表之间的数据传送，但在“数据传送”中，是以一个寄存器内容或 16 点一组的开关量为单位进行的；而在“矩阵功能”中是以“位”（bit）为单位进行处理的。

矩阵功能包括与、或、异或、取反、比较等各种指令。

表 5-4 所示为 984 系列 PLC 的指令系统简表。

表 5-4 **984 系列指令系统简表**

指令	梯形图/功能块
基本指令	继电器—动断、动合、瞬动 计时器—1.0、0.1、0.01s 计时 计数器—加法、减法计数
算术功能	四位加、减、乘、除运算 四位 BCD 码运算
数据传送	寄存器→表，表→寄存器，表→表，块传送，先进先出，查找状态
矩阵	与、或、异或、比较、求反
位操作	位修改、位检测和位环移
ASCⅡ	读写功能，最多到 32 个 ASCⅡ端口

指令	梯形图/功能块
跳转系统状态定时扫描	
子程序	984—38X、—48X、—68X、—78X
状态块	监视控制器通信和 I/O 的状态
程序段调度	更新 I/O 和改变逻辑运算的程序
诊断	实现省时高速最优化控制 开机诊断：电源 CPU、I/O 总线、RAM/ROM、通信 每次扫描连续诊断：CPU、I/O 模块、状态表，查到故障后顺序关断控制器并记录故障

（三）采用 DCS 实现的顺序控制

DCS 的输入输出部件能适应各种工业现场信号，控制程序的编制采用了面向工程问题的语言（POL），因此它既能进行模拟控制，也能进行逻辑控制。因此，将 SCS 作为 DCS 的一个功能组成部分，对炉、机、电的辅机及各个工艺系统进行顺序控制已是大型单元机组自动控制的常见组态。

由 DCS 实现的顺序控制，不同的控制系统在具体组态方式上有所不同。

1. 由 DCS 和 PLC 共同组成的 SCS

某厂 600MW 机组采用 MOD300 DCS，包含了 CCS、BMS、DEH、DAS 和 SCS 五个功能系统。其与顺序控制有关的子系统如图 5-11 所示。

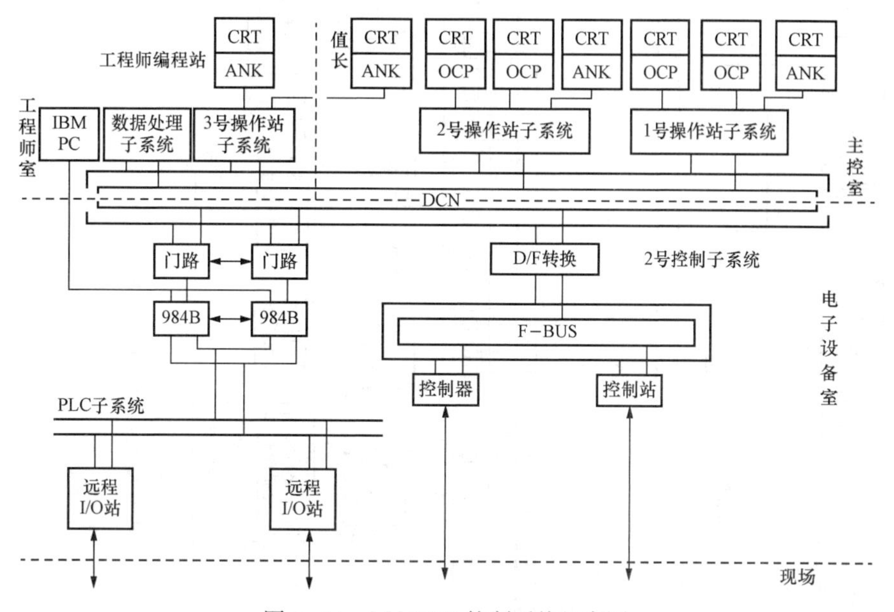

图 5-11　MOD300 控制系统组态图

该机组的顺序控制任务由 2 号控制子系统和 PLC 子系统共同实现。磨煤机和油枪控制由 2 号控制子系统实现，汽轮机辅机和锅炉风烟系统等由 PLC 子系统实现。

2 号控制子系统由 12 个 MC68020 控制器组成，其中有 1 个控制器做热备用。工程师站可以对顺序控制器进行组态、调整和修改，采用 TAYLOR 控制语言编程。源程序和目标码存在数据处理子系统的硬盘中。当控制子系统启动时，数据处理子系统通过 DCN 网络和 F-BUS 对控制器进行装载，控制程序的目标码被写入到控制器的 RAM 中。

PLC 子系统是由两个 MODICON984B PLC 组成的，并采用双机热备用方式组态系统。两个 984B PLC 通过各自的门路与 MOD300 系统进行串行通信，向下通过冗余的通信电缆与 11 个远程 I/O 站相连接。PLC 子系统的编程使用 LADDER 图（梯形图）进行。IBM 编程器通过远程通信直接对 984B PLC 进行编程和修改。

根据 MOD300 DCS 技术规约，SCS 直接从 I/O 通道接收现场信号，也可以通过门路（Gate Way）接收 MOD300 主通信网络上的信息。一些重要控制信息常通过硬接线方式与 CCS、BMS、DEH 等系统进行交换，由此形成了机组完整的控制、联锁、保护和显示等多功能的自动控制系统。

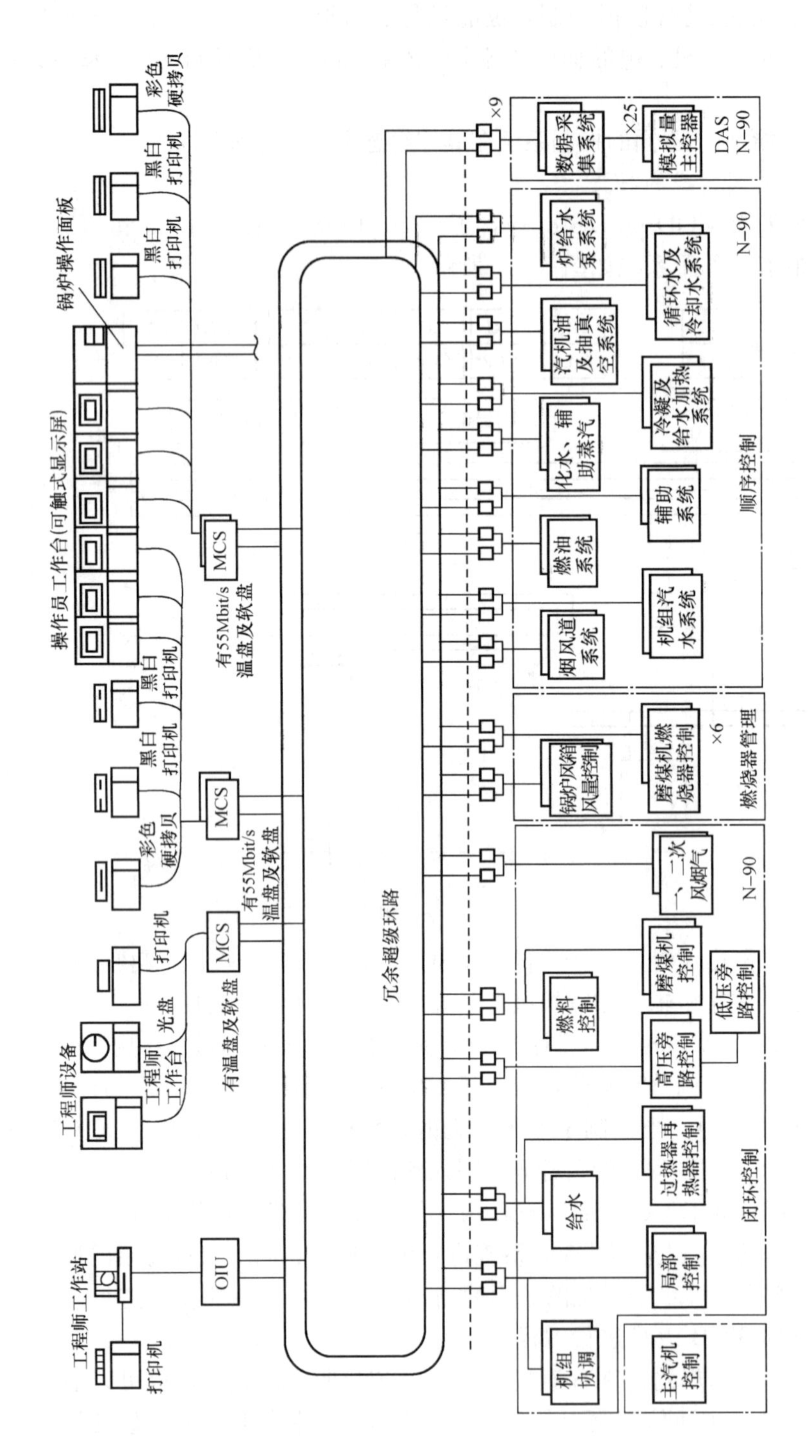

图 5-12　单元机组分散控制系统组态图

在主控室有两个操作站子系统支持 6 个 CRT 作为人—机接口。操作员通过键盘或触摸式屏幕实现对辅机的操作控制，生产流程图和 SCS 操作画面显示了辅机运行情况和顺序控制进行过程主要步骤的执行情况。

2. 全部由 DCS 构成的 SCS

过程控制单元（Process Control Unit，PCU）是 DCS 的核心部件。过程控制单元在有些系统中称为 DPU（Distributrd Process Unit），但它们的基本组成和功能是相同的。过程控制单元一般由通信接口控制器、功能控制器和 I/O 子模件组成，用以完成闭环控制、逻辑控制和数据采集功能。

下面以 N-90 DCS 构成的 600MW 机组 SCS 为例予以说明，其主控系统组态如图 5 - 12 所示。

炉、机、电主要控制系统包括 DAS、CCS、BMS、SCS、机组自动系统 UAS 和保护系统 PRO。

机组的 SCS 按工艺系统特点分成 40 个功能组，其中辅机 93 台，阀门 139 只，主要挡板约 20 只，顺序控制使用的输入/输出点约 2200 个。

机组顺序控制分阶段控制，每一个阶段结束时设置断点，待新的指令下达后，执行下一个自动程序段。工程应用中有以下几个主要程序段：

（1）程序段 1。启动准备第一阶段。这一阶段的主要任务是启动水循环系统，进行水质分析和水的回收、处理。包括：①启动电动给水泵；②投入汽轮机循环水系统；③投入汽轮机凝结水系统；④投入辅助蒸汽加热系统；⑤锅炉注水、疏水及排污清洗等。

（2）程序段 2。启动准备第二阶段。这一阶段的主要任务是汽轮机盘车和抽真空，锅炉点火准备。包括：①启动汽轮机润滑油系统，投入汽轮机盘车系统；②投入锅炉风烟系统；③投入锅炉燃油系统；④投入汽轮机轴封系统；⑤启动凝汽器抽真空系统；⑥投入汽轮机工作油系统；⑦投入发电机密封油系统；⑧投入发电机冷却系统。

（3）程序段 3。锅炉点火阶段，包括：①锅炉点火暖炉；②投入油燃烧系统，锅炉蒸汽系统升温升压；③投入汽轮机高、低压旁路；④投入暖机和疏水系统。

（4）程序段 4。汽轮机冲转阶段。该阶段包括：①汽轮机冲转，低速摩擦检查；②汽轮机中速暖机；③汽轮机自动升速控制；④汽轮机超速试验。

（5）程序段 5。发电机并网带初负荷阶段。在此阶段中，主要有以下几方面的任务：①自动励磁及同期装置投入；②发电机并网带初负荷；③逐一投入制粉系统，准备升负荷；④投入汽动给水泵升负荷。

五、联锁控制

1. 概述

在火电厂的热力系统中，总是由若干个被控对象共同协作去完成同一个任务的。因此，对每个被控对象的控制都不是孤立的，而是与其他被控对象的工作状态以及热力系统中各部分的热工参数有着直接关联的。一般来说，大部分被控对象之间的关系都比较单纯。例如工作水泵出口水压降低到规定值以下时应该启动备用水泵；水泵启动后应该开启泵的出口阀门；转动机械停止后应该停止向其轴承供油的润滑油泵；转动机械的润滑油压未建立前不应该启动转动机械等。

（1）联锁控制的概念。被控对象之间的关系虽然比较单纯，但在这种关系受到破坏时，对系统设备的影响却可能是相当严重的。例如在轴承润滑油压力未建立之前启动转动机械，必然会造成转动机械轴承损坏。根据被控对象之间关系，将它们各自的控制电路连接起来，使其互相关联，形成联锁反应，从而实现自动控制，这种控制称为联锁控制。例如：引风机因故障全部跳闸时，引起送风机、排粉机、给煤机、磨煤机等相继依次跳闸；汽轮机润滑油压低时，自动启动交流油泵，油压继续降低时，启动直流油泵停止交流油泵的运行等。前者有时称为闭锁控制，后者有时称为联动控制，统称为联锁控制，都是一种处理事故的控制方式。

联锁控制是最简单的顺序控制，它并不需要专门的自动装置，其功能仅是执行成组执行机构的联锁指令。因而联锁控制本身属于执行级，每组联锁控制都是基础级的一个大单元。

（2）联锁控制的实现方法。在生产过程中，有些设备的正常运行是以其他设备的正常运行为条件的。当某一设备发生故障时，如果没有及时对相关设备进行适当的控制，不仅会影响系统正常运行，而且还可能引发更大事故。例如，若某侧送风机跳闸，应立即关闭同侧烟气入口挡板，并同时停止同侧引风机，否则空气预热器就会因烟气温度过高而损坏。为了及时准确地实现对设备的控制，加速故障处理过程，减少误操作，可以根据设备之间的相互关系设计联动控制电路，在某些设备发生故障或事故停运时，根据设备和机组运行安全的要求，自动停止相关设备的运行。这种联动控制实际上起保护作用，故也称为联锁保护。

为了实现联锁控制，必须取得表示被控对象之间关系的开关量信号，并将这一信号引入被控制对象的控制电路。例如将工作水泵出口管路上的压力开关在水压降低时提供的开关量信号，引入备用水泵控制电路的启动回路，即可实现备用水泵低水压启动联动控制。当然，在选择开关量信号时，必须考虑到可能出现的矛盾情况。在上例中，就存在如何保证人工发出停止水泵指令时，备用水泵不会自启动的问题，因为这时工作水泵出口水压低的信号是存在的。此外，对于多台泵并列运行的系统，还存在如何区别备用泵的问题，因为这时任何一台泵都是可能作为备用泵的。水压低自启动的联锁控制动作时，究竟应该启动哪台泵，备用泵是人工预先指定，还是由电路按照某一预定的规律进行自动选择等，这些问题都必须在设计联锁控制方案时考虑并确定下来。

（3）联动功能及联锁条件。如前所述，联动是在某设备动作后自行引起的相关设备动作，联动动作在一步内可引起一个或多个设备动作，联动设备动作后也可引起下一级设备动作。因此联动可以有一级联动，也可有二级或多级联动。

在联动控制中，输入到某被控对象的控制电路、并使其动作的信号，称为联锁条件。在开关量控制系统中，所有被控对象都只具有两种状态，如转动机械的运行和停止状态，阀门的开启和关闭状态等。因此，对每个被控对象来说，都有接受两种联锁条件的可能。例如，转动机械接受了启动联锁条件可以实现联动启动，接受了停止联锁条件可以实现联动停止；阀门接受了开启的联锁条件可以联动开启，接受了关闭的联锁条件可以联锁关闭。

火电厂常见的联动有如下几类：

1）备用设备联动启动（又称备用自投功能）。如两台各100%容量的泵（给水泵、凝结水泵、射水泵、疏水泵）或低负荷时一台辅机运行系统，当运行设备故障跳闸时联动备用设备启动运行。

2）运行的设备不能维持系统参数需启动备用设备时，联动启动备用设备。例如给水母管压力低、凝结水母管压力低、凝汽器真空低等应相应启动备用给水泵、凝结水泵和射水泵。

3）运行的设备跳闸能引起系统危险或异常，必须停止另外相关的设备。例如当引风机全停时，必须停止送风机。其逻辑图如图 5-13 所示。

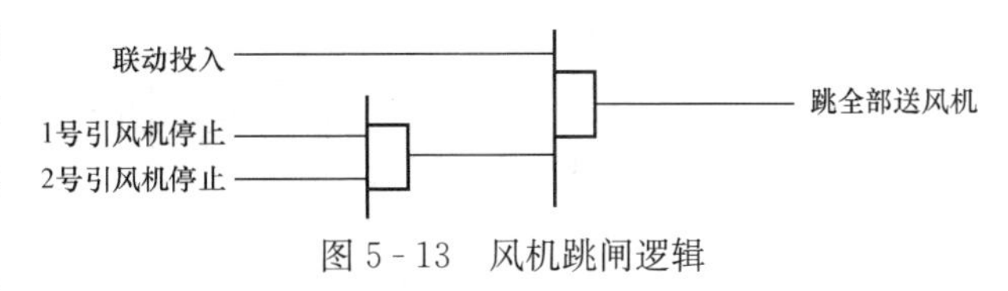

图 5-13　风机跳闸逻辑

（4）闭锁功能及闭锁条件。除了联锁条件之外，从有些实例中还可以看到被控对象之间的另一类关系。例如润滑油压力未建立前不得启动转动机械。这一类条件和联锁条件不同，它是禁止被控对象动作的条件，是使被控对象的控制电路关闭的条件。因此这类条件称为闭锁条件。与联锁条件一样，闭锁条件也可以按两种情况引入被控对象的控制电路。

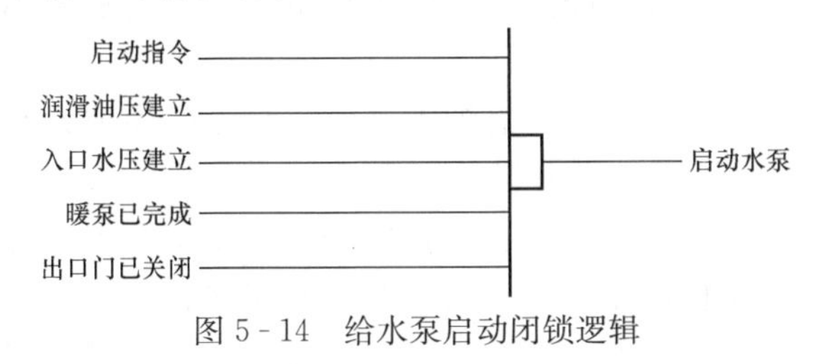

图 5-14　给水泵启动闭锁逻辑

闭锁功能是利用逻辑回路禁止某些不满足运行条件的设备启动运行，禁止某些非法操作信号的传递，禁止不允许同时存在的一对矛盾事件同时发生的功能。如给水泵启动闭锁，其逻辑示意如图 5-14 所示，图中除启动指令外的其他逻辑条件不满足时均为给水泵启动的闭锁条件。

火电厂常用的闭锁功能大致有：

1）引风机未运行闭锁送风机启动。

2）磨煤机未运行闭锁给煤机启动。

3）前置泵未运行闭锁给水泵启动。

4）辅助油泵未运行或油压未建立闭锁给水泵、磨煤机等辅机启动。

5）磨煤机出口温度低、风量小、密封风压未建立、冷却油压未建立等闭锁中速磨煤机启动。

6）离心泵出口门未关，闭锁泵启动。

7）抽真空负压未建立，闭锁空气门打开。

2. 火电厂联锁系统的类型

火电厂最常用的联锁有以下几种。

（1）辅机小联锁。

1）辅机间的横向小联锁。若在热力系统中设计两台 100%容量的泵（如凝结水泵、给水泵、射水泵等）或在低负荷状态运行一台辅机（如送风机、引风机等），则在两台相同的泵或辅机间设横向小联锁，以备运行的泵或辅机跳闸时联锁启动备用泵或辅机，其控制逻辑示意图如图 5-15 所示。图 5-15 中，为防止备用泵启动后又跳闸联动原来的运行泵，设置了一次性投入联锁回路（用 RS 触发器）。当备用自投动作后，自动解除联锁投入记忆，以防两泵之间反复互联造成频繁启动。新停用的泵如有条件投入备自投，可再次按下联锁按钮重新投入备自投状态。

2）辅机间的纵向小联锁。两台在热力系统流程中有纵向先后关系的辅机或设备之间，为了系统安全合理地运行，设纵向小联锁。如泵出口门与泵之间的联锁，当泵出口门未关时闭锁泵启动，只有关闭出口门泵才能启动，当泵启动后可联开出口门。

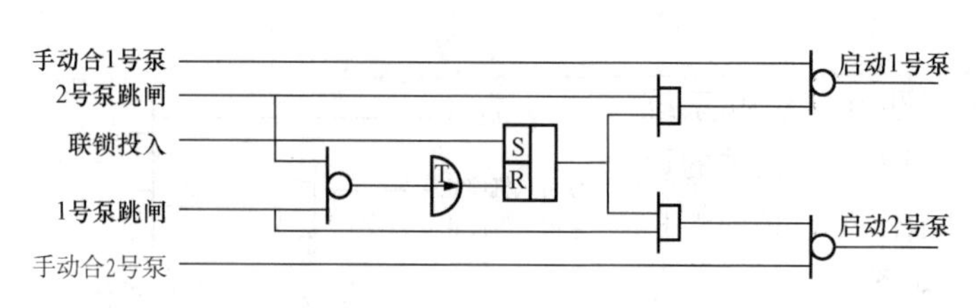

图 5-15　给水泵横向联锁逻辑

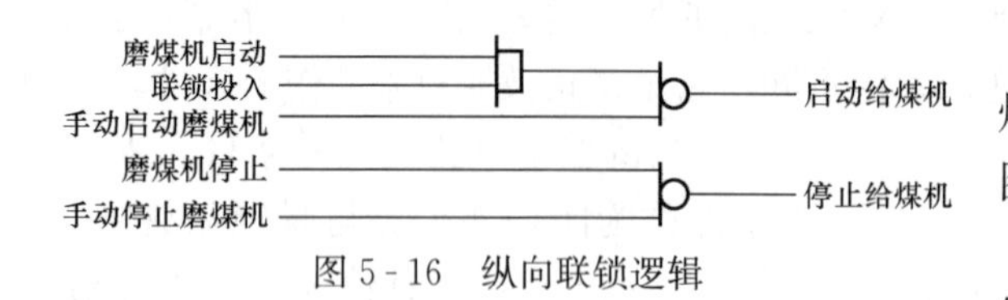

图 5-16　纵向联锁逻辑

又如磨煤机启动后联启给煤机，磨煤机停止后联停给煤机，其逻辑示意如图5-16所示。

（2）锅炉大联锁。常见的锅炉大联锁主要是防止炉膛超压，一般要求当引风机停运时停止送风机，有的锅炉要求送风全停时也要停引风。锅炉停止送风时必须停止燃料，磨煤机停止时必须停止给煤机，以防止磨煤机内堵煤。有的锅炉设有回转式空气预热器，为防止该空气预热器停运时干烧，必须停止与之相关的送风机和引风机，这些设备之间的联锁关系构成锅炉大联锁，其动作框图如图 5-17 所示，系统中还有一些相关的烟风挡板、导向装置、风机动叶等做相关动作。

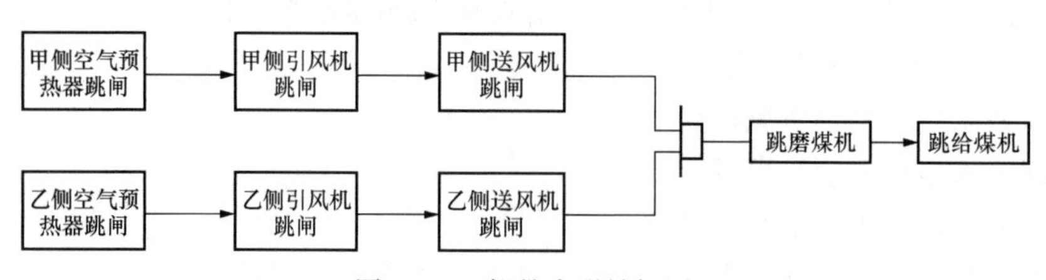

图 5-17　锅炉大联锁框图

3. 联动控制实例

联动控制系统主要由被控对象和控制电路两大部分组成。火电厂中，经常采用两台互为备用的水泵，例如凝结水泵、除盐水泵、补充水泵、电机冷却水泵和发电机氢冷系统的升压水泵等，其热力系统如图 5-18 所示。

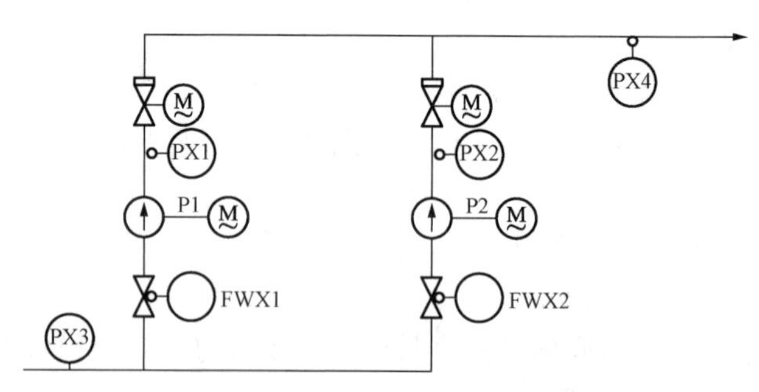

图 5-18　两台水泵的热力系统图

P—泵；PX—压力开关；FWX—阀位开关

泵的入口水阀是在检修水泵时做隔离使用的，在正常情况下是全开的。泵的运行方式如下：正常运行，一台泵工作，另一台泵备用。泵首次启动时，为防止过载，应在出口门关闭的情况下启动。作为备用泵，为减少启动时间尽快使系统正常工作，允许在出口门开启的情况下启动。启动前有止回阀与系统隔离。泵的入口门始终全开，为防止出错，泵入口的全开状态由阀位开关 FWX 提供信息，引入泵启动回路，作为闭锁条件。

两台水泵联动的对象包括水泵的电动机及出口水阀。图 5-19 所示是两台水泵联动控制框图。由此框图可以列出联动控制系统中每一被控对象的联锁及闭锁条件，将列出的联锁及闭锁条件引入各被控对象的控制电路，即可实现两台给水泵的联动控制。图中KK1为控制开关，它有启动和停止两个状态。

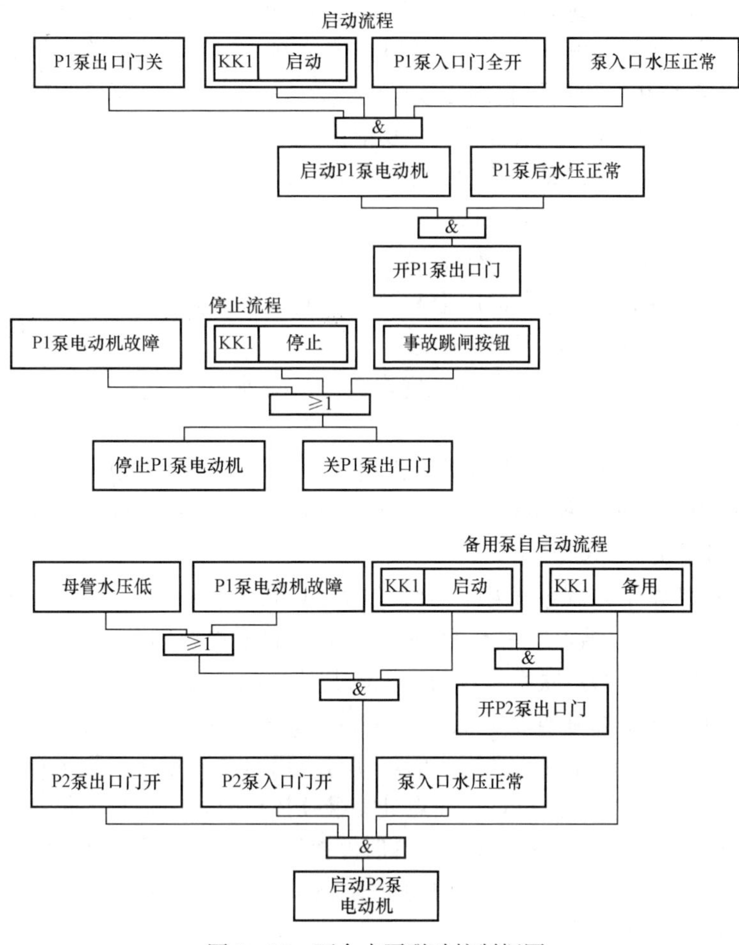

图5-19 两台水泵联动控制框图

第二节 机组级顺序控制系统

机组自启停控制系统（Automatic Power Plant Startup And Shut Down，APS）是实现机组启动和停止过程自动化的系统。APS是机组自动启动和自动停运的信息控制中心，它按规定好的程序发出各个设备/系统的启动或停运命令，并由以下系统协调完成：模拟量控制系统MCS、协调控制系统CCS、锅炉炉膛安全监视系统FSSS、汽轮机数字电液调节系统DEH、锅炉给水泵汽轮机调节系统MEH、汽轮机旁路控制系统BPC、锅炉汽轮机顺序控制系统SCS、给水全程控制系统、燃烧器负荷程控系统及其他控制系统（如电气控制系统ECS、电压自动调节系统AVR等），以最终实现发电机组的自动启动或自动停运。

一、APS的功能

APS是一个机组级的顺序控制系统，充分考虑机组启停运行特性、主辅设备运行状态和工艺系统过程参数，并通过相关的逻辑发出对其他顺序控制功能组、FSSS、MCS、汽轮机控制系统、旁路控制系统等的控制指令来完成机组的自启停控制。

APS 对电厂的控制是应用电厂常规控制系统与上层控制逻辑共同实现的。在没有投入 APS 的情况下，常规控制系统独立于 APS 实现对电厂的控制；在 APS 投入时，常规控制系统给 APS 提供支持，实现对电厂机组的自动启/停控制。例如在给水全程自动控制中，APS 与 MEH、SCS 等系统相互协调，自动完成电动给水泵、汽动给水泵之间的启动、停止、并泵、倒泵等功能，以满足全程给水自动控制功能。

APS 功能包括机组自动启动与自动停止。APS 设计有冷态启动、温态启动、热态启动和极热态启动 4 种启动方式，对于汽轮机来说，其区别主要在于汽轮机自动开始冲转时对主蒸汽参数的要求不同，因而汽轮机冲转前锅炉升压时间不同。对于锅炉来说，区分以上 4 种启动方式，主要由锅炉壁温、分离器压力和停炉时间等来决定。启动方式的判断根据 DEH 热应力计算结果确定，冲转参数以机侧为准。

APS 停机方式设计有滑参数停机和额定参数停机两种。

二、APS 的构成

APS 是机组的最高管理级，其作用是机组在冷态、温态（机组停运不足 36h）、热态（机组停运不超过 10h）或极热态等方式下启动，直到机组带一定负荷（如满负荷），以及在任何负荷下，将机组负荷降到零。

在大型单元机组顺序控制系统中，APS 作为 SCS 的一部分，一般在 DCS 中实现，故 APS 作为 DCS 的一个独立结点，占有 DCS 一个单独的过程控制单元 PCU。它与就地设备没有直接的输入/输出（I/O）联系，仅与网上的其他控制站进行数据传递交换。

APS 的控制动作并不都是自动完成的，它还需要一定的人工干预。在系统中，人工干预的介入是采用断点程序设计方式来完成的，即对机组启动和停止过程进行阶段划分，设置断点。程序执行到断点处暂停执行，在断点处需继续执行时，需运行人员点击“断点完成"，程序执行下一阶段任务。用 APS 进行机组自启停控制，可以实现从机组启动准备到带最小稳燃负荷或满负荷，以及由减负荷至停炉的自动控制。

三、APS 层次与断点设计

在实际功能设计中，APS 采用分级控制结构，将热力系统按工艺流程分解成若干局部的独立过程。分级控制使系统结构清晰严谨，有利于提高设计、组态及调试的工作效率。同时，分级控制在同级之间相互独立，具有很大的灵活性，有利于投运后的运行管理和热工维护，运行人员可以根据具体情况选择各种控制方式。总体而言，机组自启停系统总体架构分为 3 层。

1. 第一层——操作管理逻辑

操作管理逻辑的作用是选择和判断 APS 是否投入，选择启动模式还是停止模式，选择哪个断点及判断该断点允许进行条件是否成立。如果条件成立则产生使断点进行的信号。显示启动的状态，是冷态启动、温态启动、热态启动还是极热态启动。

2. 第二层——步进程序

步进程序（STEP SEQUENCE）是 APS 的核心内容，每个断点都具有逻辑结构大致相同的步进程序。步进程序结构分为允许条件判断、步复位条件产生及步进计时。当该断点启动命令发出而且该断点无结束信号时，则步进程序开始进行，每一步需确认条件是否成立，在该步开始进行的同时使上一步复位。如果发生步进时间超时，则发出该断点不正常的报警。

步进程序操作界面如图 5-20 所示。程控操作有两种模式：一种是自动模式，在程控操作允许条件满足的情况下可按自动和启动按钮开始顺序控制程序，如顺序控制某一步执行过程中反馈信号没有及时返回，则出故障报警中断顺序控制操作的执行。在故障处理完毕后可按确认按钮确认故障，按自动按钮继续顺序控制操作的执行；也可按跳步按钮，跳过这一步的故障，执行下一步的操作。在顺序控制开始执行后也可按手动和步进按钮，单步执行顺序控制操作。在各断点投运时建议采用单步操作的方式进行调试。另一种是复位模式，选择复位模式复位顺序控制步序，程控禁止信号也复位顺序控制步序。

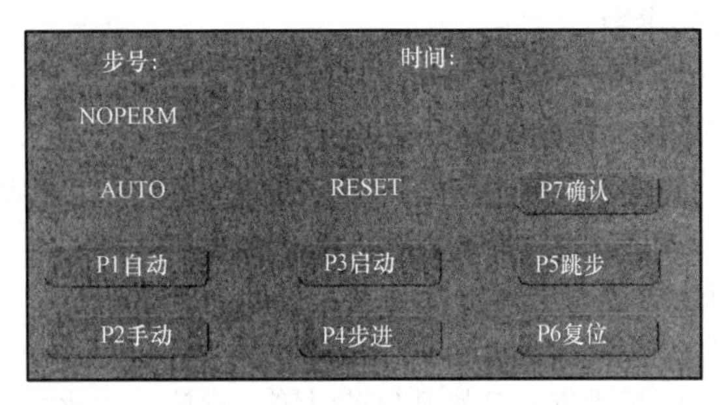

图 5-20 顺序控制操作界面

3. 第三层——使各步进行的指令

指令送到各个顺序控制功能组实现各个功能组的启动/停止，各个组启动/停止完毕后，均返回一完毕信号到 APS。

APS 使用断点方式进行机组自启停控制，可以实现从机组启动准备到带上 100%MCR 负荷的机组启动，以及由减负荷至停炉的自动进行。

某 1000MW 机组自启停控制系统 APS 启动过程起点从凝补水系统启动开始，终点至机组带 500MW 负荷（高压加热器投入完成、第二台汽动给水泵并泵完成、至少 3 台磨煤机投入、协调投入），投入给煤机自动管理系统，设定 1036MW 负荷，退出自启停控制启动模式。APS 停止过程从机组当前负荷开始减负荷至投汽轮机盘车结束、风烟系统停运。

根据机组启/停工艺要求，APS 启动过程设置 6 个断点，停止过程设置 3 个断点。只有在上一断点启动完成后，运行人员才能通过操作启停控制画面上的按钮启动下一断点。在每一断点的执行过程中，均设计“GO/HOLD”逻辑。

四、APS 启动过程断点

投入 APS 前，必须投入相关的外围系统，包括工业水系统、化学凝补水系统等，且灰处理系统具备投入条件，发电机充氢等已准备好。

某 1000MW 机组 APS 启动过程包括以下 6 个断点：机组启动准备断点、冷态冲洗断点、锅炉点火升温断点、汽轮机冲转断点、机组并网及带初负荷断点、升负荷断点。

（1）机组启动准备断点。APS 投入凝补水系统启动功能组、闭冷水系统启动功能组、循环水系统启动功能组、磨煤机油站和旁路油站、汽轮机油系统启动功能组（主机润滑油、顶轴油系统、密封油系统及盘车）、机组辅汽系统、炉底水封及渣水系统。

（2）冷态冲洗及真空建立断点。APS 启动凝结水系统，用凝结水上水功能组进行凝结水系统清洗；凝结水水质合格后，除氧器上水、炉水循环泵注水、投辅汽系统、锅炉疏水排气、管道静态注水、启动投轴封、抽真空、除氧器加热、锅炉上水、冷态循环清洗。

（3）锅炉点火及升温断点。APS 投入锅炉风烟系统，启动火检冷却风机，给水投自动维持省煤器入口给水流量 25%BMCR；等离子点火装置点火准备，进行燃油泄漏试验、炉膛吹扫、开始高压缸预暖、等离子点火装置点火或油枪点火；投汽轮机旁路系统，启动 EH

油；投定子冷却水系统，当启动分离器进口温度达到190℃时开始热态清洗，直至Fe≤100μg/L锅炉继续升温升压；当主蒸汽温度高于271℃，调节阀（CV）蒸汽室内壁或外壁温度低于150℃时，高压主汽阀、调节阀室预暖，直至调节阀室预暖完成，主蒸汽参数达到冲转参数。

（4）汽轮机冲转断点。汽轮机冲转采用ATC冲转，在冲转过程中汽轮机转速大于1500r/min时将低压加热器随机投入。

（5）机组并网及带初负荷断点。APS投入电气同期装置，并网及带初始负荷暖机。

（6）升负荷断点。APS以一定的速率升负荷，旁路调节主蒸汽压力，逐渐退出运行；机组负荷升至150MW时投入第二套制粉系统；负荷到180MW时将给水上水旁路调节阀切到主路运行，维持给水流量稳定；升负荷至200MW时第一台汽动给水泵开始冲转升速暖机（若临炉供汽，开始升负荷时第一台汽动给水泵就开始冲转升速暖机）；升负荷到230MW并入第一台汽动给水泵，退出电动给水泵并维持电动给水泵回水循环运行；由湿态转为干态升负荷到300MW，投第三台磨煤机；升负荷到350MW时冲转第二台给水泵汽轮机进行暖机，投入高压加热器；升负荷到400MW时启动第二台变频凝结水泵运行，将第二台给水泵汽轮机并入运行，停电动给水泵，退油枪和等离子点火装置；升负荷至500MW时启动第四套制粉系统，投入磨煤机管理自动，设定目标负荷1036MW，完成APS启动过程。

五、APS停机过程断点

机组停运前的各项试验及操作由运行人员进行，该部分可作为机组投入APS前的断点内容。某1000MW机组APS停机过程包括以下3个断点：降负荷断点；机组解列断点；机组停运断点。

（1）降负荷断点。设定目标负荷450MW，以一定的速率减负荷，机组负荷到450MW时第一台汽动给水泵SERVICEOUT并停运，降负荷至400MW；若A磨煤机运行，将等离子点火装置投入运行，否则投入两层油枪助燃；停运第三台磨煤机；降负荷至350MW，退出CCS模式；降负荷至250MW由干态转湿态，启动电动给水泵将第二台汽动给水泵退出，停运一台凝结水泵，停运倒数第二台制粉系统，减少最后一台给煤机出力，将最后一台制粉系统退出运行，启动TOP、MSP运行，检查其运行正常。

（2）机组解列断点。汽轮机跳闸、发电机解列。

（3）机组停运断点。停运燃烧器，锅炉风烟系统停运，停运底渣系统，关闭高中压主汽阀前疏水，启动真空停运功能组子组，破坏真空，启动轴封停运功能组，停运一台循环水泵。

六、APS人机接口

因机组启停涉及的系统和设备数量多，同时现场的设备运行状况变化大，因此，APS设计了灵活的运行方式。在操作员控制站OPS的APS操作画面上可以进行机组的自动启、停操作，也可以单独进行断点的操作，各断点执行过程中功能组的状态在CRT上均有显示。同时通过点击还可进入到相应的功能子组画面。APS操作执行的过程及相应的子功能组执行过程一目了然，当APS执行过程中遇到故障时，操作画面能直观地显示故障出现的子功能组及相应的执行步，就能立即找到故障所在的部位，以便消除故障使APS继续执行下去。

为便于运行人员操作以及检修人员维护，APS人机接口提供了多种信息便于监视机组启/停过程中的系统进展情况和设备、系统异常状态。CRT上会显示下列状态及报警数据：

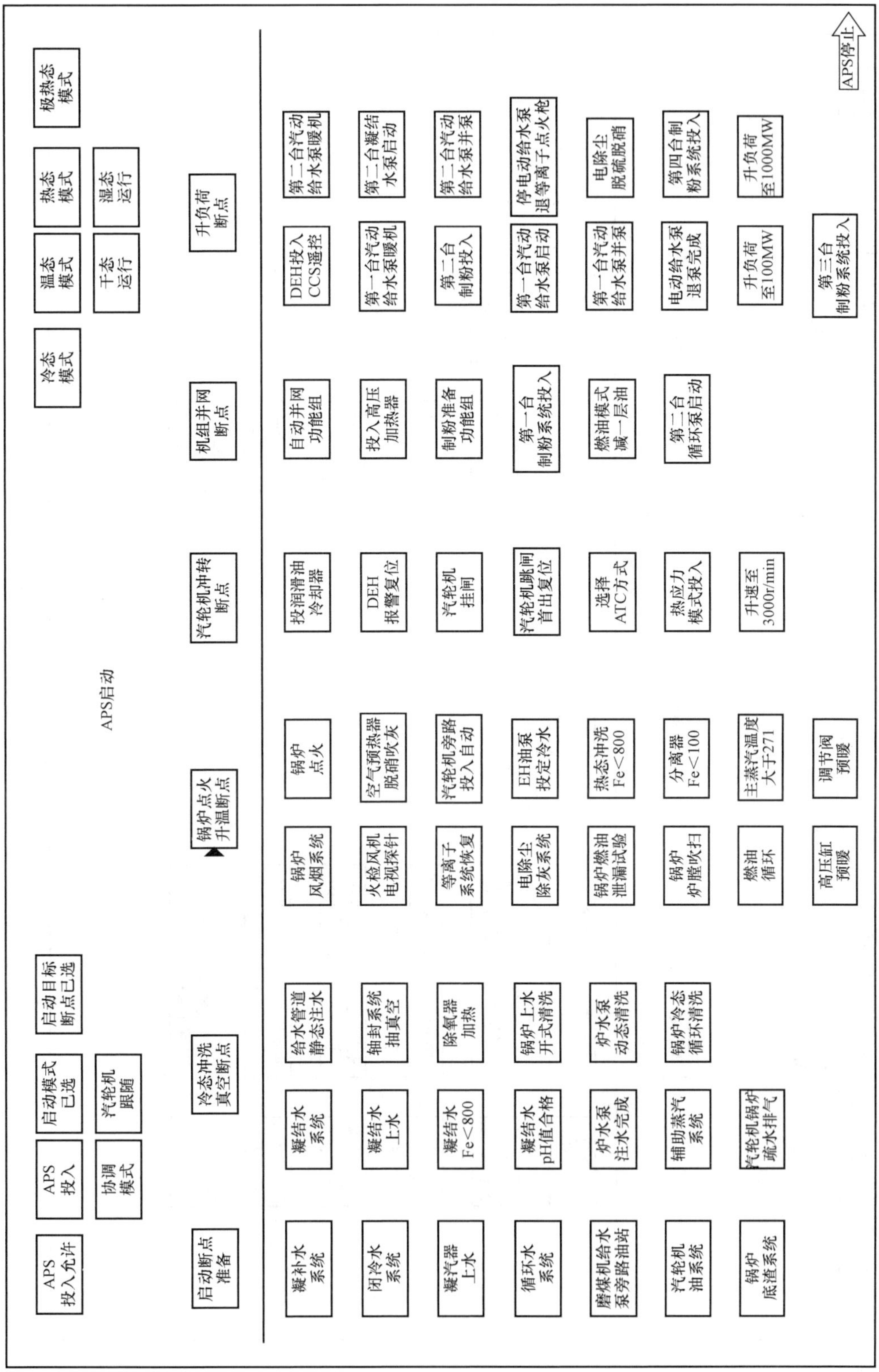

APS投入允许
APS投入
启动模式已选
启动目标断点已选
协调模式
汽轮机跟随

APS启动

冷态模式
温态模式
热态模式
极热态模式
干态运行
湿态运行

启动断点准备
凝补水系统
闭冷水系统
凝汽器上水
循环水系统
磨煤机给水泵旁路油站
汽轮机油系统
锅炉底渣系统

冷态冲洗真空断点
凝结水系统
凝结水上水
凝结水Fe<800
凝结水pH值合格
炉水泵注水完成
辅助蒸汽系统
汽轮机锅炉疏水排气
给水管道静态注水
轴封系统抽真空
除氧器加热
锅炉上水开式清洗
炉水泵动态清洗
锅炉冷态循环清洗

锅炉点火升温断点
锅炉风烟系统
火检风机电视探针
等离子系统恢复
电除尘除灰系统
锅炉燃油泄漏试验
锅炉炉膛吹扫
燃油循环
高压缸预暖
锅炉点火
空气预热器脱硝吹灰
汽轮机旁路投入自动
EH油泵投定冷水
热态冲洗Fe<800
分离器Fe<100
主蒸汽温度大于271
调节阀预暖

汽轮机冲转断点
投润滑油冷却器
DEH报警复位
汽轮机挂闸
汽轮机跳闸首出复位
选择ATC方式
热应力模式投入
升速至3000r/min

机组并网断点
自动并网功能组
投入高压加热器
制粉准备功能组
第一台制粉系统投入
燃油模式减一层油
第二台循环泵启动

升负荷断点
DEH投入CCS遥控
第一台汽动给水泵暖机
第二台制粉投入
第一台汽动给水泵启动
第一台汽动给水泵并泵
电动给水泵退泵完成
升负荷至100MW
第三台制粉系统投入
第二台汽动给水泵暖机
第二台凝结水泵启动
第二台汽动给水泵并泵
停电动给水泵退等离子点火枪
电除尘脱硫脱硝
第四台制粉系统投入
升负荷至1000MW

APS停止

图 5-21 APS启动模式

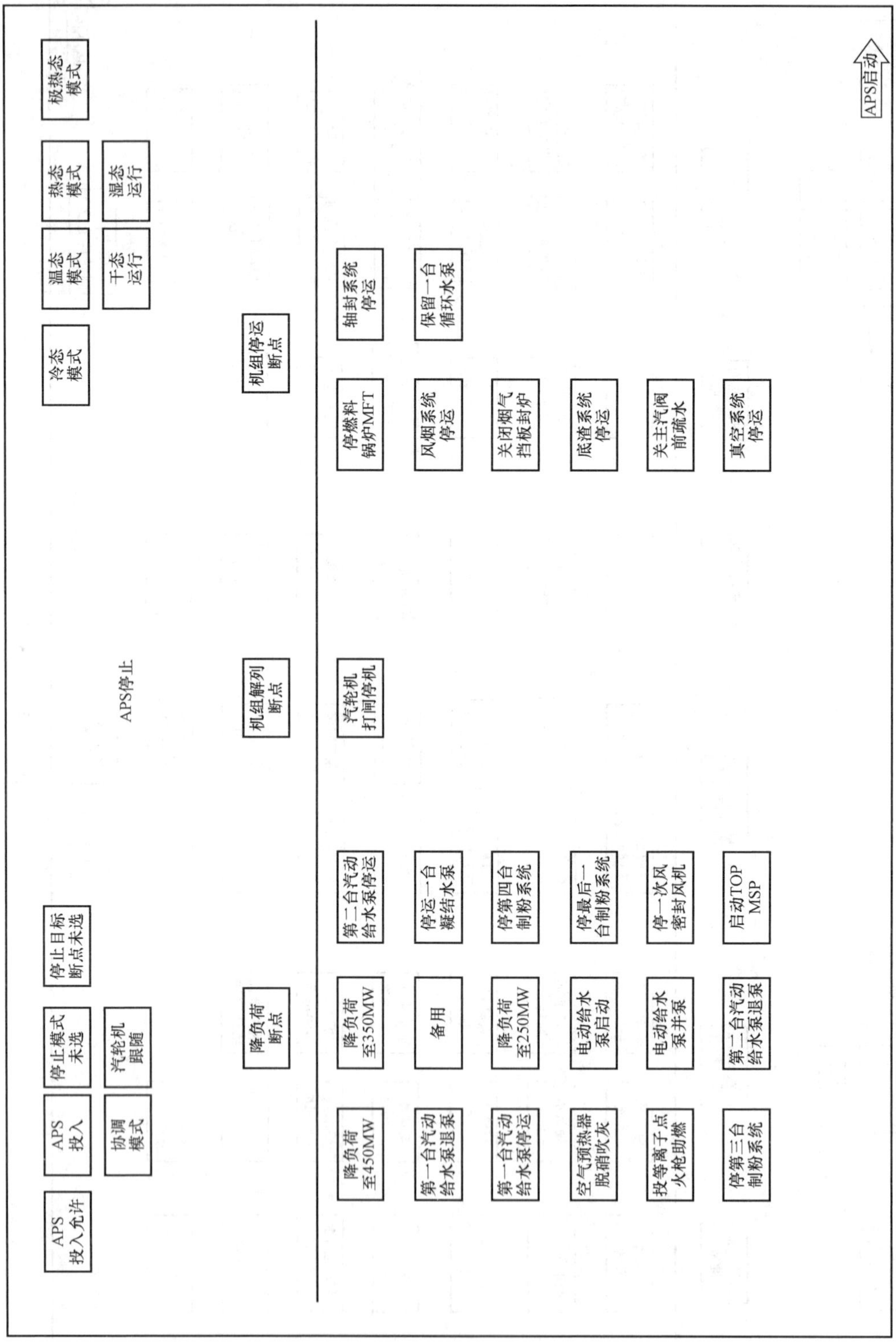

APS投入允许
APS投入
停止模式未选
停止目标断点未选
协调模式
汽轮机跟随
APS停止
冷态模式
温态模式
热态模式
极热态模式
干态运行
湿态运行

降负荷断点
机组解列断点
机组停运断点

降负荷至450MW
第一台汽动给水泵退泵
第一台汽动给水泵停运
空气预热器脱硝吹灰
投等离子点火枪助燃
停第三台制粉系统

降负荷至350MW
备用
降负荷至250MW
电动给水泵启动
电动给水泵并泵
第二台汽动给水泵退泵

第二台汽动给水泵停运
停运一台凝结水泵
停第四台制粉系统
停最后一台制粉系统
停一次风密封风机
启动TOP MSP

汽轮机打闸停机

停燃料锅炉MFT
风烟系统停运
关闭烟气挡板封炉
底渣系统停运
关主汽阀前疏水
真空系统停运

轴封系统停运
保留一台循环水泵

APS启动

图 5-22　APS停止模式

（1）各断点及相关子回路的进展情况。

（2）各断点及相关子回路的完成条件。

（3）各断点的超时报警信息。

（4）子回路的异常报警。

APS 启动过程的操作画面如图 5 - 21 所示，APS 停止过程的操作画面如图 5 - 22 所示。

第三节 锅炉顺序控制系统

火电厂顺序控制系统分锅炉顺序控制系统（BSCS）和汽轮机顺序控制系统（TSCS）。BSCS 包括锅炉风烟系统、锅炉辅机设备及系统的控制、联锁和保护功能，TSCS 包括汽轮机侧主要辅机设备及系统的控制、联锁和保护功能。

典型 300MW 机组 BSCS 包括：①空气预热器 A、B 系统；②送风机 A、B 启/停系统；③引风机 A、B 启/停系统；④一次风机 A、B 启/停系统；⑤锅炉控制循环水泵 A、B、C 系统；⑥锅炉排汽、疏水系统；⑦锅炉给水、减温水系统；⑧锅炉吹灰系统；⑨锅炉定期排污系统；⑩锅炉除灰、除渣系统。

本节以某厂国产 300MW 机组为例，介绍风烟系统 SCS 的功能和控制逻辑。

一、概述

1. 风烟系统基本组成

锅炉风烟系统是锅炉保证燃烧运行的基本系统。300MW 机组的风烟系统的主要设备包括两台三分仓回转式空气预热器、两台送风机、两台引风机和两台一次风机，以及它们各自的附属设备（电动机、润滑油泵及油系统等）和风烟道挡板等。

图 5 - 23 所示为该机组锅炉风烟系统图。

二次风由两台轴流式送风机送出，经过空气预热器加热，送至炉膛两侧风箱后进入 4 个角风箱，通过各层二次风调节挡板和二次风喷嘴进入炉膛。二次风总风量由 CCS 通过调节送风机动叶开度及热风循环阀门开度来实现。

一次风由一次风机出来分成两路。一路通过空气预热器加热为一次热风，另一路不经过空气预热器为一次冷风，两路风分别经过调节挡板后混合至适当温度，进入磨煤机。磨煤机出口的煤粉由一次风输送，经过制粉系统管路，分别送到炉膛四角的该磨煤机层的 4 个煤粉喷嘴后吹入炉膛。正常运行时，一次风总风量由 CCS 通过调节一次风机静叶开度及热风内循环阀门开度来实现。

两台轴流式引风机为锅炉提供抽吸烟气的动力。从炉膛出来的高温烟气经过过热器、再热器、省煤器和空气预热器释放热量后，进入静电除尘器除尘，再经引风机排入烟囱。烟气流量由 CCS 通过调节引风机动叶开度实现。

风烟系统的设备都是左右对称布置，左右风烟系统自成送、引风平衡系统。连接送风机 A、空气预热器 A 和引风机 A 的风烟通道称为 A 通道；连接送风机 B、空气预热器 B 和引风机 B 的风烟通道称为 B 通道。在 A（或 B）通道上的所有风机进、出口和空气预热器烟、风侧进、出口，以及除尘器进口均装设有截止挡板或调节挡板。在送风机出口、空气预热器二次风出口均分别装设有连通风道和挡板。空气预热器烟道出口设有 A、B 侧连通烟道和挡板。上述风、烟截止挡板下调节挡板及连通挡板，在锅炉运行或停止中都应放在适当位置或

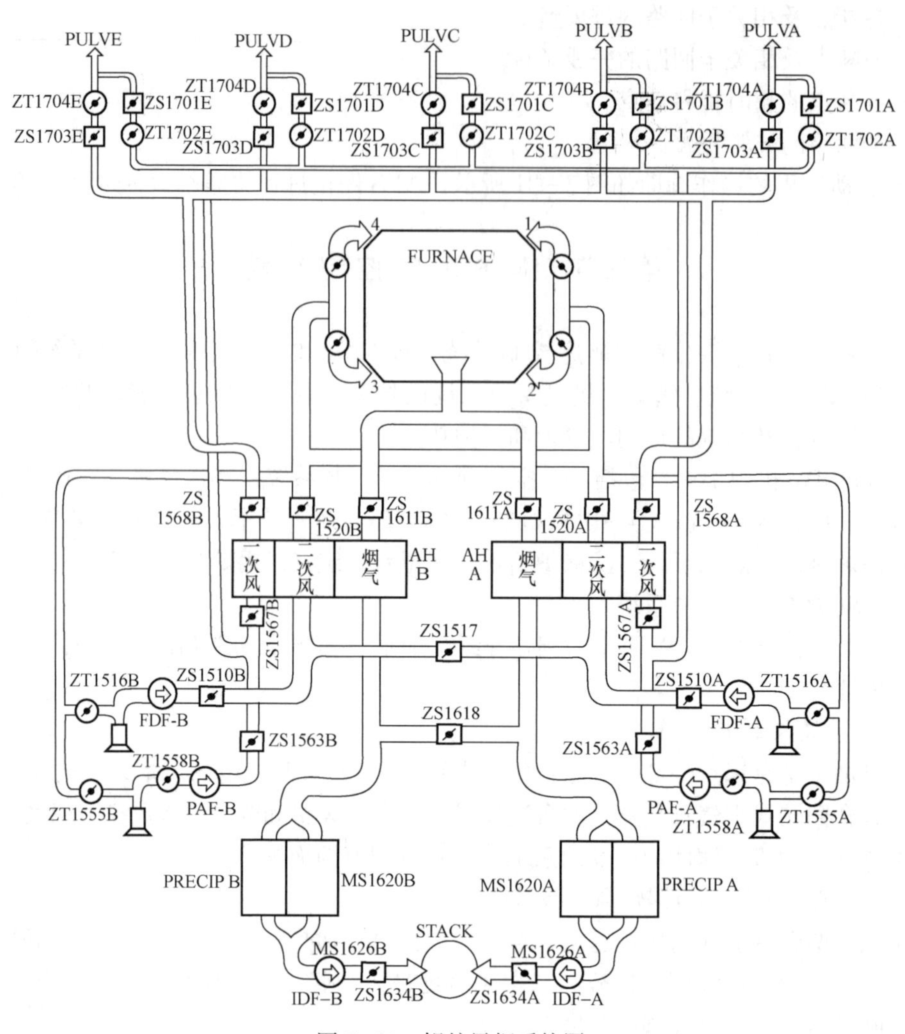

图 5-23　锅炉风烟系统图

适当组合，以满足单侧空气预热器、送风机、引风机运行或交叉运行的需要。在除尘器出口未设连通烟道，因此同侧的除尘器与引风机必须同时运行。

2. 风烟系统的顺序控制

该机组锅炉风烟系统的顺序控制设计了功能组级和设备级两级。功能组级有打开风烟通道功能组、空气预热器功能组、引风机功能组、送风机功能组和一次风机功能组。风烟系统内的设备级操作主要分为电动机和挡板两类。

根据风烟系统的设备特点和运行要求，防止回转式空气预热器转子受热不均而膨胀变形，保持锅炉在合适的负压状态下运行，各个功能组必须遵循一定的启、停顺序，满足规定的安全联锁条件。一般情况下，风烟系统投入运行时，首先开通整个风烟通道，把 A、B 侧风烟系统的所有截止挡板和调节挡板均打开，然后依次启动空气预热器功能组→启动引风机功能组→启动送风机功能组→启动一次风机功能组。风烟系统退出运行时，则依次停一次风机功能组→停送风机功能组→停引风机功能组→停空气预热器功能组，最后打开 A、B 两侧风烟通道的所有截止挡板和调节挡板。

在风烟系统的控制中，应注意以下问题：

（1）一次风机的启、停由制粉系统的运行与否决定，可以独立于送风机、引风机和空气预热器功能组的启、停。

（2）在锅炉不停炉而减负荷时，若要求单侧风烟系统运行，则各功能组的启、停次序应根据实际情况决定。

二、开通锅炉风烟系统的顺序控制

在锅炉风烟通道主要设备启动前，首先应把所有风烟通道上的截止挡板和调节挡板打开，其目的是：①排除锅炉通道内剩余的混合可燃气体；②各功能组启动前，统一必要的控制状态。

风烟系统的通道开通操作可以设计为自动控制，也可以手动操作。设计为自动控制时，分为两个子程序，分别称为开通路 A 程序和开通路 B 程序，A、B 开通路程序完全相同。以开通路 A 为例，按风烟流程方向依次打开 A 通路所有挡板，动作顺序如下：

发出指令打开送风机 A 出口挡板；把动叶开度开至 100%→启动空气预热器 A 辅助电动机；打开二次风出口挡板→打开所有辅助风挡板→打开空气预热器 A 烟气侧进口挡板→打开引风机出口挡板；将引风机动叶开度开至 100%→发出信号使该子程序复位。

三、空气预热器功能组顺序控制

1. 概述

三分仓回转式空气预热器（AH）转子的横截面分为烟气、一次风、二次风三个通流区。这种空气预热器借助转子的旋转，使烟气和空气相互交替地通过受热面来进行热交换。当受热面旋转到烟气侧时，较高温度的烟气通过受热面，将热量传递给热元件并积蓄起来；当受热面旋转到冷空气侧（先一次风，后二次风）时，传热元件将积蓄的热量传递给空气，使空气温度升高，从而完成对空气（一、二次风）的加热作用。

为确保转子运转的可靠性，每台空气预热器配有两套转子传动装置，正常运行时由主电机驱动，而转子从静态启动或主电动机发生故障时由辅助电动机驱动。空气预热器由热态紧急停运时，为防止大温差引起的转子热变形，必须启动辅助电动机，使空气预热器按盘车转速运行，待空气预热器冷却到允许温度时才可停止转动。

锅炉启动风烟系统时，先执行打开通路顺序，然后首先投入空气预热器功能组；锅炉停止运行时，应最后关闭空气预热器功能组。

空气预热器功能组的主要被控对象有主驱动电动机、辅助驱动电动机（盘车电动机）、导向轴承润滑油泵、支持轴承润滑油泵以及烟气入口挡板，空气预热器一次风进、出口挡板，空气预热器二次风出口挡板。

除了由程序来的启、停指令外，还可由来自 CRT 的单操按钮及联锁启、停指令对各被控对象进行操作、控制。

2. 空气预热器 A 功能组“程合”（顺控启动）流程

（1）空气预热器 A“程合”的条件。空气预热器 A“程合”必须同时满足下列条件：①AH - A电源无故障；②AH - A 已分闸；③AH - A 顺控未闭锁。

（2）空气预热器 A“程合”流程。“程合”指令→开启 A 导向轴承油泵和支持轴承油泵→轴承油泵油温大于或等于 39℃时停止辅助电动机→启动空气预热器 A 的主电动机→延时若干秒时间（以待电动机电流减小）开启下列风烟挡板：①开启空气预热器 A 二次风出口挡板；②若至少有一台一次风机运行，则开启空气预热器 A 一次风进、出口挡板，否则跳过本操作；③开启空气预热器 A 烟气入口挡板。

3. 空气预热器 A 功能组“程分”（顺控停运）流程

（1）空气预热器 A“程分”的条件。空气预热器 A“程分”必须同时满足下列条件。①AH-A顺控未闭锁；②AH-A 电源无故障；③AH-A 已合闸；④AH-A 出口排烟温度小于或等于 x℃（通常 x 小于或等于 120）；⑤满足下列两个“或”条件之一：a. AH-B 已合闸，且负荷小于或等于 150MW；b. AH-B 已分闸，且引风机 A、B 皆已分闸。

（2）空气预热器功能组“程分”流程。“程分”指令→关闭空气预热器 A 烟气进口挡板→关闭空气预热器二次风出口挡板→关闭一次风出口挡板→停止空气预热器 A 主电动机→启动辅助电动机→若干秒后，停辅助电动机→联锁停导向轴承和支持轴承油泵。

4. 空气预热器 A 主电动机控制逻辑

（1）启动指令的产生。①由空气预热器 A 功能组顺控来 SCS - ON 指令；②按 CRT 单操启动按钮。

（2）主电动机启动必须同时满足的条件。①空气预热器 A 辅助电动机已停止；②空气预热器 A 导向轴承油温和支持轴承油温均合格；③空气预热器 B 顺控已被闭锁。

满足上述启动指令及其条件后，空气预热器 A 主电动机被启动。

（3）主电动机停止指令。①来自空气预热器 A 功能组“程分”SCS - OFF 指令；②按 CRT 上单操停止按钮。

（4）主电动机停止许可条件。①空气预热器 B 在运行，且送风机 A、引风机 A 均停止，空气预热器 A 烟气入口挡板均关闭；②空气预热器 A、B 均允许停止，并且空气预热器 A 的烟温低于 120℃。

5. 空气预热器 A 辅助电动机控制逻辑

辅助电动机用于锅炉风烟通道打开（或空气预热器启动）、主电动机故障和主电动机停用后盘车。

（1）辅助电动机的启动。发生下列情况之一时，发出辅助电动机启动请求命令：①从打开锅炉风烟通道或空气预热器 A 功能组来“程合”启动信号（SCS-ON）；②空气预热器主电动机停止后发出的启动辅助电动机信号；③主电动机停止时，在 CRT 上按单操启动按钮。

（2）辅助电动机的停止。发生下列情况之一时，发出停止辅助电动机指令：①允许空气预热器 A 停止时，按 CRT 上停止按钮；②主电机已启动。

6. 空气预热器 A 进口烟气挡板控制逻辑

空气预热器 A 进口烟气挡板控制逻辑如图 5 - 24 所示。

7. 空气预热器 A 出口二次风门控制逻辑

空气预热器 A 出口二次风门控制逻辑如图 5 - 25 所示。

四、引风机功能组顺序控制

1. 概述

该机组的锅炉引风机（IDF）A、B 是两台轴流式风机，采用调节动叶安装角度来改变风机的流量，其优点是在低负荷时相比恒速离心式引风机有较高的效率。在锅炉正常运行中，引风机的引风量通过 CCS 调节引风机动叶开度来实现，而在启动或停止过程中引风机动叶开度需加以逻辑控制。

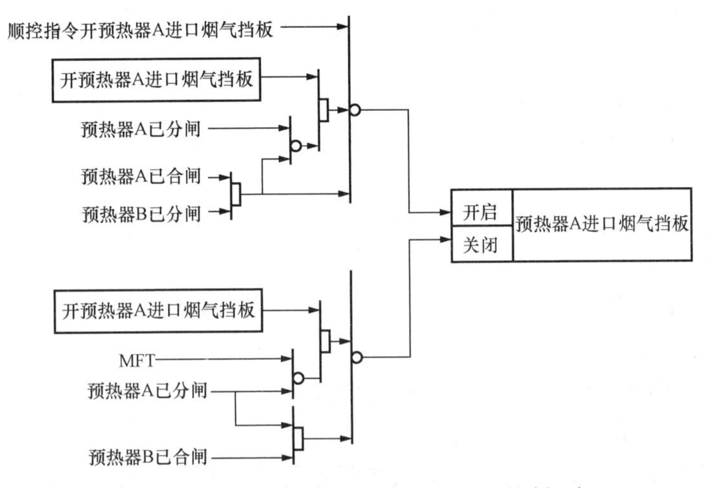

图 5-24　空气预热器 A 进口烟气挡板控制逻辑

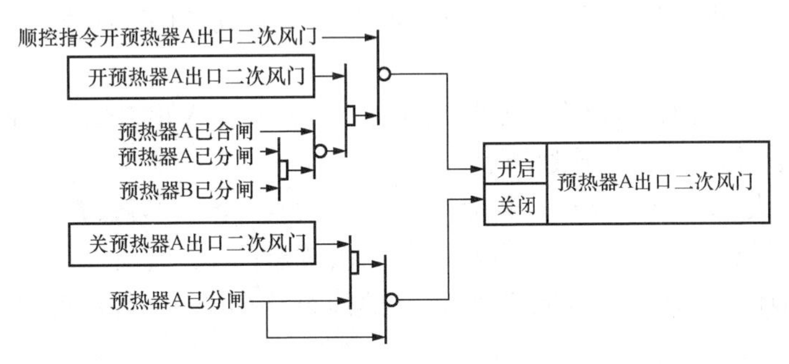

图 5-25　空气预热器 A 出口二次风门控制逻辑

（1）引风机功能组包含的主辅设备。

1）每台引风机有 A、B 两台油冷却风机，供油系统冷却用。

2）每台引风机有 A、B 两台轴冷却风机，供引风机的轴承冷却用。

3）每台引风机有两台动叶油泵，一台工作，一台备用。动叶油泵产生大于或等于 1.0MPa 的压力油，提供动叶转矩动力。

4）每台引风机有两台润滑油泵，供风机或电动机轴承润滑用。

5）引风机出口烟气挡板。

6）空气预热器烟气出口连通挡板。

（2）引风机启、停注意事项。

1）轴流式风机启停时，应关闭动叶，且切断风道。为避免引风机启动时负载过重，应预先将引风机的出口烟气挡板关闭及引风机动叶转角关至 0%，待引风机空载启动后，再开启出口烟气挡板及动叶转角。

2）引风机 A 的启、停尚须考虑引风机 B 的运行与否。一台风机在运行中，另一台风机要启动时，为了防止喘振，应先将运行中风机的负荷降低；停炉时，一台风机要停止，另一台风机在运行中，则停止风机前，应将运行中风机的风量关小，再停止该风机。

3）引风机的启、停过程中必须控制有关自动控制系统，如通过 CCS 闭锁炉膛大风箱压差自动、引风机 A/B 的动叶自动和引风机热风循环门的自动等。

4）引风机采用冷却风机为其提供液压系统、密封及轴封冷却风源，冷却风机应在引风机启动前先行启动。

5）引风机在启动和停运过程中应注意避免炉膛火焰不稳定、轴承超温、叶轮磨损、调节挡板卡涩不灵等问题的发生。

2. 引风机 A“程合”流程

（1）引风机 A“程合”的条件。引风机 A“程合”必须同时满足下列条件：

1）IDF-A 顺控未被闭锁。

2）IDF-A 电源无故障。

3）IDF-A 已分闸。

4）IDF-A 电动机绕组、铁心、轴承温度均合格。

5）IDF-A 风机轴承温度、振动合格。

6）空气预热器 A 已合闸且其入口烟气挡板已打开，或空气预热器 B 已合闸且其入口烟气挡板已打开。

（2）引风机 A“程合”流程。当“启动指令”与“启动条件”都成立时，则发出以下操作指令：

1）闭锁引风机 B 顺控，闭锁引风机 A 自动，关引风机 A 出口烟气挡板。

2）开空气预热器出口烟气连通挡板。

3）闭锁炉膛大风箱压差自动；开辅助风门（7 层）至 100%；开燃料风门（5 层）至 100%；闭锁二次风总门 1、2、3、4 自动；开二次风总门 1、2、3、4 至 100%；闭锁送风机 A 和 B 热风循环门自动；开送风机 A 和 B 热风循环门至 100%；关引风机 B 出口烟气挡板。

4）启动引风机 A 动叶油泵。

5）关引风机 A 动叶至 0%。

6）启动引风机 A 电动机。延时 10s 后，开引风机 A 出口烟气挡板。

如果引风机 A 出口烟气挡板未开，则停止引风机 A 启动（说明引风机 A“程合”启动失败）；如果引风机 A 出口烟气挡板已开，则释放引风机 B 顺控，释放引风机 A 动叶自动，释放炉膛大风箱压差自动，释放二次风总门 1、2、3、4 自动，释放送风机 A 和 B 热风循环门自动。

引风机 A“程合”完成。

3. 引风机 A“程分”流程

（1）引风机 A“程分”的条件。引风机 A“程分”必须同时满足下列条件：

1）IDF-A 顺控未被闭锁。

2）IDF-A 电源无故障。

3）IDF-A 已合闸。

4）如 IDF-B 已合闸，且负荷小于或等于 150MW；或者 IDF-B 已分闸，且送风机 A 和 B 皆已分闸。

（2）引风机 A“程分”流程。当“停止指令”与“停止条件”都成立时，则发出以下操作指令：

1）闭锁引风机 B 顺控，闭锁引风机 A 动叶自动。

2）开空气预热器出口烟气连通挡板。

3）关引风机 A 动叶至 0%。

4）停用引风机 A 主电动机。

5）如果引风机 B 已合闸，关引风机 A 出口烟气挡板。如果引风机 B 已分闸，闭锁引风机 B 动叶自动、开引风机 B 动叶至 100%，开引风机 B 出口烟气挡板，开引风机 A 动叶自动至 100%。

以上各步都完成后，则“程分”完成；若某步程序步中断，则“程分”失败，应进行人工干预或跳步操作。引风机 A“程分”控制逻辑如图 5－26 所示。

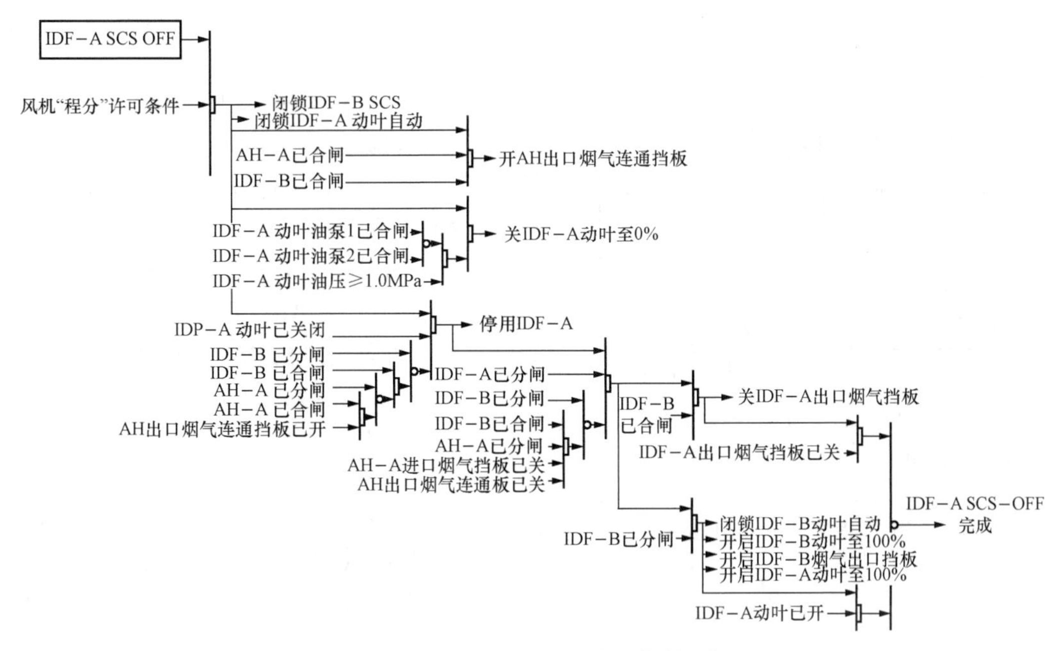

图 5－26 引风机 A“程分”控制逻辑

4. 引风机 A 控制逻辑

（1）引风机 A 启动。若引风机 A 启动条件满足，出现下列情况之一则引风机 A 启动：①按 CRT 上启动按钮；②有来自引风机的 SCS-ON 指令或 STEPS-ON 指令。

引风机 A 启动必须满足下述许可条件：

1）引风机 IDF-A 的两台动叶油泵之一已开启，而且油压大于或等于 1.0MPa。

2）引风机 A 出口烟气挡板已关闭。

3）引风机 A 动叶已关闭至 0%。

4）如果引风机 B 已合闸，并且满足下列两个“或”条件之一。①空气预热器 A 和 B 皆已合闸；②如果空气预热器 B 在分闸状态，则空气预热器出口烟气连通挡板须开启。

5）如果引风机 B 已分闸，且满足下列 5 个条件：①IDF－B 出口烟气挡板已关；②辅助风门（7 层）已开；③燃料风门（5 层）已开；④二次风总门 1、2、3、4 已开；⑤送风机 A 和 B 热风循环门皆已打开，并且满足下列两个“或”条件之一：a. 空气预热器 A 和 B 皆已合闸，空气预热器出口烟气连通挡板打开；b. 空气预热器 B 已分闸。

（2）引风机 A 停止。若引风机 A 停止条件满足，出现下列情况之一则引风机 A 停止：

①按 CRT 上停止按钮；②有来自引风机的 SCS-OFF 指令或 STEPS-OFF 指令。

在动叶已关闭至 0%，且有下列两个“或”条件之一时，才可发出引风机 A 停止指令。

1）引风机 B 已分闸。

2）引风机 B 已合闸，尚需满足下列两个条件之一：①空气预热器 A 已分闸；②空气预热器 A 已合闸，并且空气预热器出口烟气连通挡板打开。

（3）引风机 A 的故障报警。出现下列情况之一时，发出引风机故障报警：①引风机电动机轴承温度之一高于 80℃；②引风机润滑油压力低；③引风机喘振及振动大；④任一冷却风机发生故障。

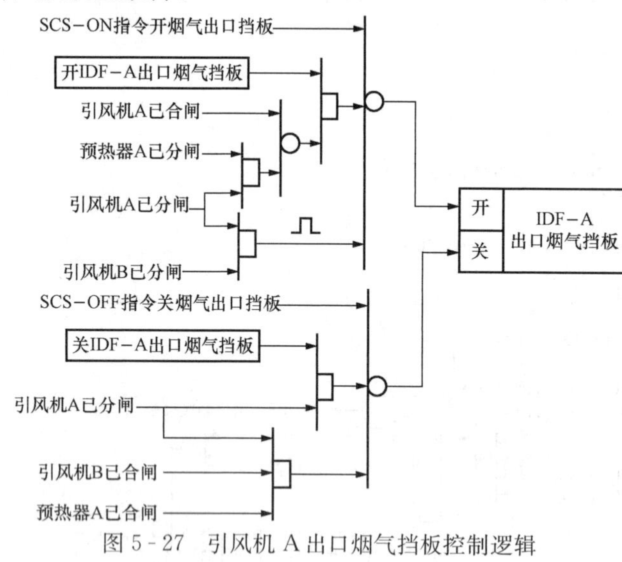

图 5-27　引风机 A 出口烟气挡板控制逻辑

5. 引风机 A 出口烟气挡板控制逻辑

引风机 A 出口烟气挡板控制逻辑如图 5-27 所示。

（1）挡板开启指令（满足 3 个“或”条件之一即可）。①由顺控 SCS-ON 来的开启挡板指令；②由 CRT 来单操 ON 指令，其“与”条件是引风机 A 已合闸或引风机和空气预热器皆已分闸；③引风机 A、B 皆已分闸。

（2）挡板关闭指令（满足 3 个“或”条件之一即可）。①由顺控 SCS-OFF 来或 SCS-ON 来关闭挡板指令；②由 CRT 来单操 OFF 指令，其“与”条件是引风机 A 已分闸；③引风机 A 已分闸，引风机 B 已合闸，空气预热器 A 已合闸三者皆满足。

6. 空气预热器出口烟气连通挡板控制逻辑

空气预热器出口烟气连通挡板控制逻辑如图 5-28 所示。

（1）开连通挡板指令（满足 3 个条件“或”条件之一即可）。

1）由引风机 A 顺控启动 SCS-ON 指令。

2）由 CRT 来单操开挡板指令，且不满足单侧运行，即下列 2 个条件“或”之一满足即可：①AH-A 已分闸、AH-B 已合闸、IDF-A 已分闸、IDF-B 已合闸同时满足；②AH-A 已合闸、AH-B 已分闸、IDF-A 已合闸、IDF-B 已分闸同时满足。

3）满足下面 3 个“或”条件之一即可实现联锁自动开：①AH-B 已分闸，且 IDF-B 已分闸；②AH-A 已分闸，且 IDF-A 已合闸；③空气预热器 A 和 B 均已合闸，并且 IDF-A 已合闸、IDF-B 已分闸，或 IDF-A 已分闸且 IDF-B 已合闸。

（2）关连通挡板指令（满足 3 个“或”条件之一即可）。

1）由空气预热器顺控来 SCS-OFF 指令关闭。

2）由 CRT 来单操指令，且不满足上述联锁自动开条件。

3）满足下列 2 个“或”条件之一，即实现联锁自动关：①AH-A 已分闸，IDF-A 已分闸，AH-B 已合闸，IDF-B 已合闸同时满足；②AH-A 已合闸，IDF-A 已合闸，AH-B 已分

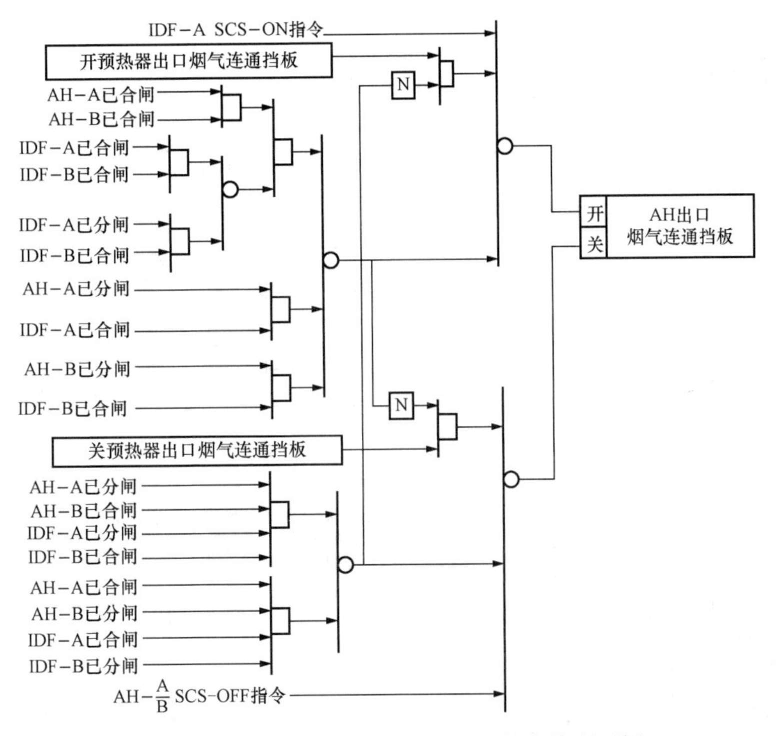

图 5-28 空气预热器出口烟气连通挡板控制逻辑

闸，IDF-B 已分闸同时满足。

五、送风机功能组的顺序控制

1. 概述

该锅炉的送风机是两台轴流式风机，分 A、B 两侧与引风机配套成为锅炉的送引风系统。送风机 A、B 的顺控功能子组与 CCS 和 MFT 等协作配合完成不同工况的控制要求。

送风机子组的被控对象有送风机电动机、送风机动叶、两台动叶油泵（一台工作、一台备用）、两台油冷风机、送风机出口风门及两台送风机出口的连通风门。此外，在送风机 A 功能子组的顺序控制执行过程中，要闭锁送风机 B 功能子组及有关自动控制系统。

除了由程序来的启、停指令外，还可通过 CRT 的单操按钮及联锁自启、停指令对各个被控对象进行操作、控制。

送风机功能组启动和停止过程中必须注意以下方面：

（1）A 子组送风机启、停，应考虑 B 子组送风机运行与否，以及空气预热器是在单侧运行还是在双侧运行等情况。

（2）在启、停顺控过程中，由 SCS 优先控制送风机的动叶开度。

（3）在送风机 A 功能子组的顺序控制执行过程中，要闭锁送风机 B 功能子组及有关自动控制系统。在顺控执行前先闭锁有关操作，以避免顺序控制过程中有关参数受到扰动。

（4）应采取措施，避免送风机发生喘振。

2. 送风机 A 子组的“程合”流程

送风机 A 子组的“程合”操作流程如图 5-29 所示。

（1）送风机 A“程合”的条件。送风机 A“程合”必须同时满足下列许可条件：①送风

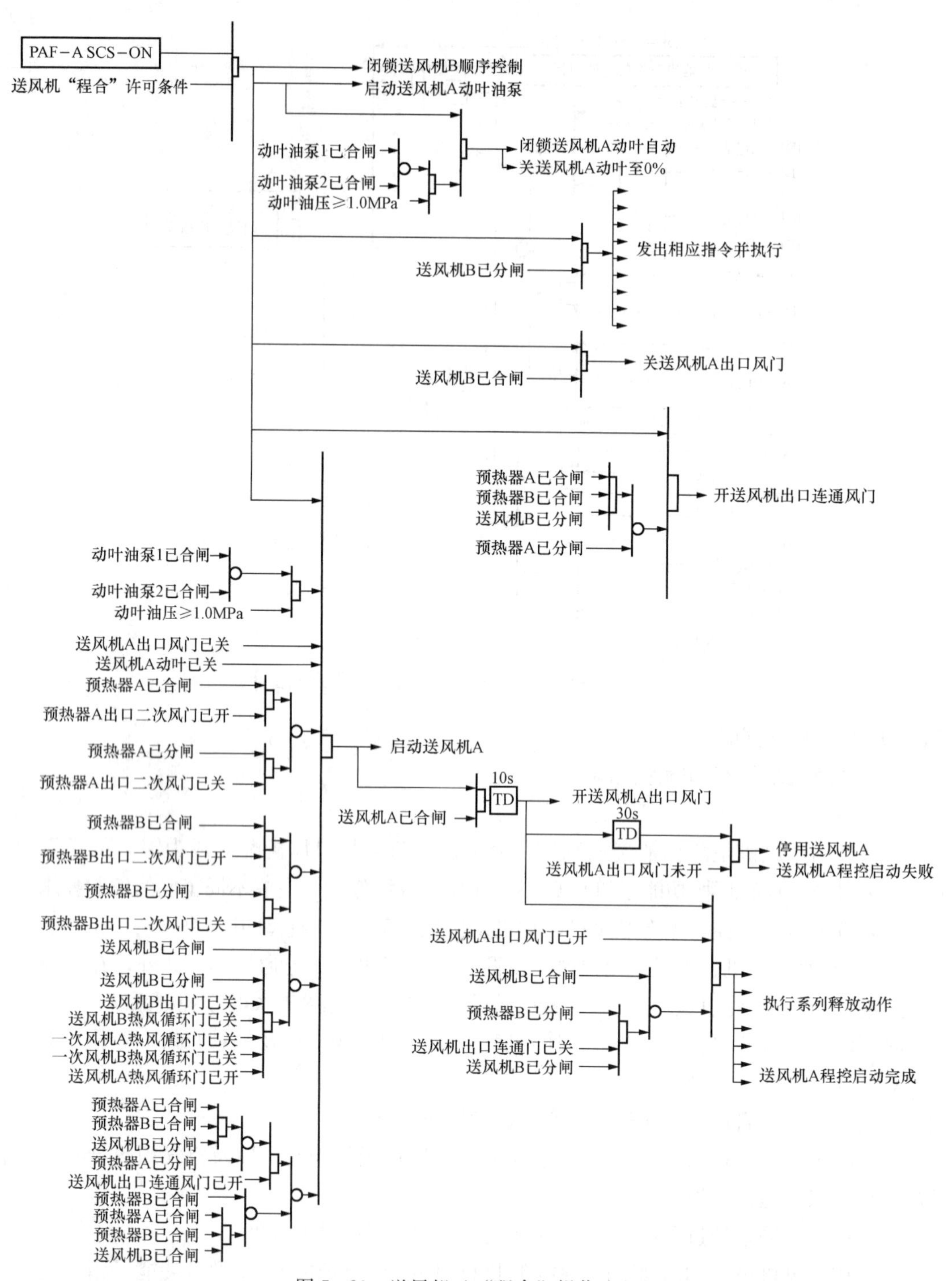

图 5－29　送风机 A“程合”操作流程

机 A 顺控未被闭锁；②送风机 A 电源无故障；③送风机 A 电动机绕组、铁芯、轴承温度皆合格；④送风机 A 风机轴承温度合格；⑤送风机 A 风机轴承振动合格；⑥送风机 A 已分闸；⑦引风机 A 或引风机 B 已合闸。

（2）送风机 A“程合”操作顺序。当“程合”指令和“程合”条件都满足后，则进行下列一系列操作。

1）闭锁送风机B顺控，并发出启动送风机A动叶油泵指令（通过联锁还可自动启动油冷风机）。

2）动叶油泵1合闸或动叶油泵2合闸且动叶油压大于或等于1.0MPa时，闭锁送风机A动叶自动和关送风机A动叶至0%。

3）若送风机B已分闸，则发出下列指令：①闭锁一次风机A热风循环门自动；②关一次风机A热风循环门至0%；③闭锁一次风机B热风循环门自动；④关一次风机B热风循环门至0%；⑤闭锁送风机B热风循环门自动；⑥关送风机B热风循环门至0%；⑦关送风机B出口风门；⑧闭锁送风机A热风循环门自动；⑨开送风机A热风循环门至100%。

4）若送风机B已合闸，则关送风机A出口风门。

5）空气预热器A已合闸、空气预热器B已合闸、送风机B已分闸都满足，或空气预热器A已分闸，则开送风机A、B出口连通风门。

6）当执行完上述指令4）或5）的动作后，再满足启动送风机A的启动条件，则发出启动送风机A的指令。

7）送风机A已合闸，并延时10s之后发出开送风机A出口风门的指令。

8）延时30s后，若送风机A出口风门未开，停用送风机A并显示送风机A子组“程合”失败的指令；若送风机A出口风门已开，则转下一步。

9）送风机出口风门已开，且满足下面两个条件之一，则发出“程合”完成指令：①送风机B已合闸；②送风机B已分闸、空气预热器B已分闸且送风机出口连通风门已关。之后执行下列释放动作：①释放送风机B顺控；②释放一次风机A热风循环门自动；③释放一次风机B热风循环门自动；④释放送风机A热风循环门自动；⑤释放送风机B热风循环门自动；⑥释放送风机A动叶自动。

3. 送风机A子组的“程分”操作流程

送风机A子组的“程分”操作流程见图5-30所示。

（1）送风机A“程分”的条件。“程分”指令的执行必须同时满足下列条件：

1）送风机A顺控未被闭锁。

2）送风机A电源无故障。

3）送风机A已合闸。

4）满足以下2个“或”条件之一：①送风机B已合闸且负荷小于或等于200MW；②送风机B已分闸且发生MFT。

（2）送风机A“程分”操作顺序。当“程分”指令和“程分”条件都满足后，则自动产生下列一系列顺序操作：

1）闭锁送风机B顺控，闭锁送风机A热风循环门至0%。

2）动叶油泵1合闸或动叶油泵2合闸，且动叶油压大于或等于1.0MPa，则发出指令并执行：①闭锁送风机A动叶自动；②关送风机A动叶至0%。

3）空气预热器A合闸且送风机B合闸，则开送风机出口连通风门。

4）当满足送风机停止条件后，停用送风机A。

5）当送风机A已分闸，且送风机A出口风门已关、空气预热器A已合闸（或空气预热器A已分闸及送风机出口连通门已关）时，则：①如果送风机B已合闸，则发出闭锁送

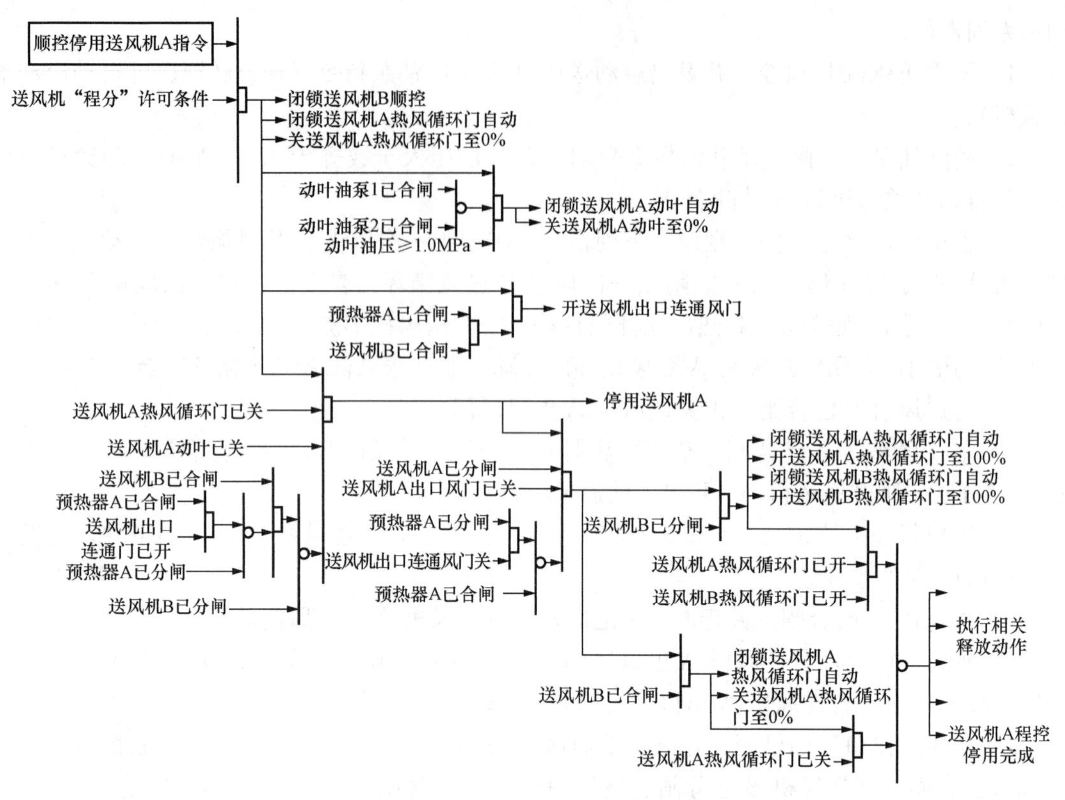

图 5-30　送风机 A 程控停运

风机 A 热风循环门自动和关送风机 A 热风循环门至 0%的指令并执行；②如果送风机 B 已分闸，则发出闭锁送风机 A 热风循环门自动、开送风机 A 热风循环门至 100%、闭锁送风机 B 热风循环门自动、开送风机 B 热风循环门至 100%的指令并执行。

6）上述 5）中第①项执行完成，并且送风机 A 热风循环门已关闭，或上述 5）中第②项执行完成，并且送风机 A、B 热风循环门皆已开，则发出释放送风机 A 动叶自动、释放送风机 A 热风循环门自动、释放送风机 B 热风循环门自动、释放送风机 B 顺控等指令并执行。

“程分”完成。

4. 送风机 A 出口风门控制逻辑和送风机 B 出口风门控制逻辑

送风机 A 出口风门控制逻辑见图 5-31；送风机 B 出口风门控制逻辑见图 5-32。

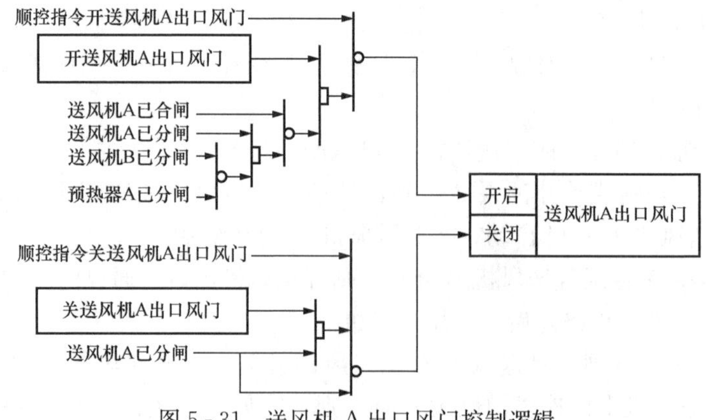

图 5-31　送风机 A 出口风门控制逻辑

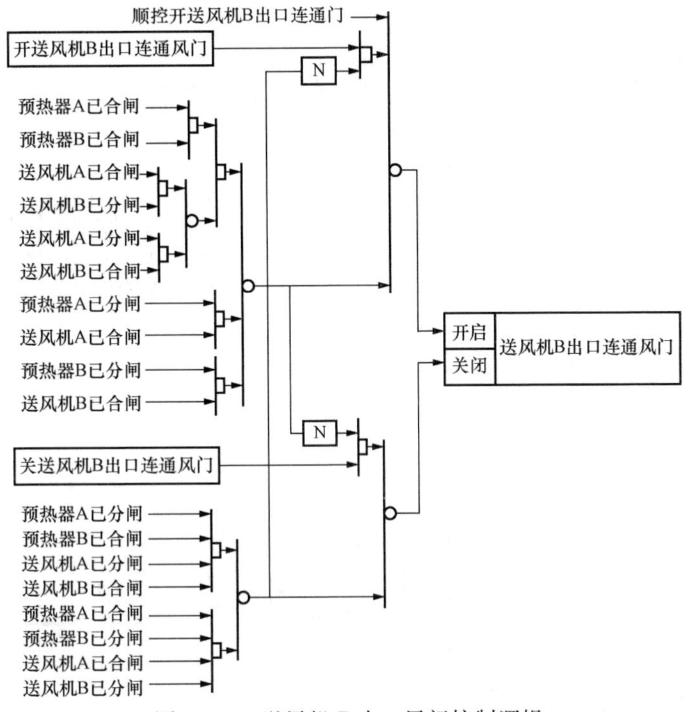

图 5-32 送风机 B 出口风门控制逻辑

六、一次风机功能子组顺序控制

1. 概述

一次风机的任务是完成制粉系统的煤粉输送，其启/停主要取决于制粉系统。正常工况下，一台一次风机可满足两台磨煤机运行的需要；当同时有超过三台磨煤机运行时，则两台一次风机必须同时投入运行。

一次风机的风量由 CCS 通过一次风机的静叶转角来调节。但一次风机在启/停过程中，SCS 将对两个一次风机功能子组（A 和 B）分别进行操作。在启动或停止过程中为防止一次风量扰动过大，必须在启/停一个功能子组时，对另一个功能子组加以闭锁。

一次风机功能子组的被控对象有一次风机 A 电动机、一次风机静叶、一次风机 A 出口风门。

2. 一次风机 A 子组的“程合”操作流程

一次风机 A 子组的“程合”操作流程如图 5-33 所示。

（1）一次风机 A“程合”的条件。一次风机 A“程合”必须同时满足下列许可条件：①一次风机 A 顺控未被闭锁；②一次风机 A 电源无故障；③一次风机 A 已分闸；④一次风机 A 电动机绕组、铁芯、轴承温度皆合格；⑤一次风机 A 风机轴承温度合格；⑥一次风机 A 风机轴承振动合格；⑦送风机 A 或送风机 B 之一已合闸。

（2）一次风机 A“程合”操作顺序。当“程合”指令和“程合”条件都满足后，自动产生下列一系列操作：

1）闭锁一次风机 B 子组顺控，闭锁一次风机 A 热风循环门自动，关一次风机 A 热风循环门至 0%，闭锁一次风机 A 静叶自动，关一次风机 A 静叶至 0%。

2）当上述 1）项的操作完成，且一次风机 B 已分闸时，则发出指令并执行操作：闭锁

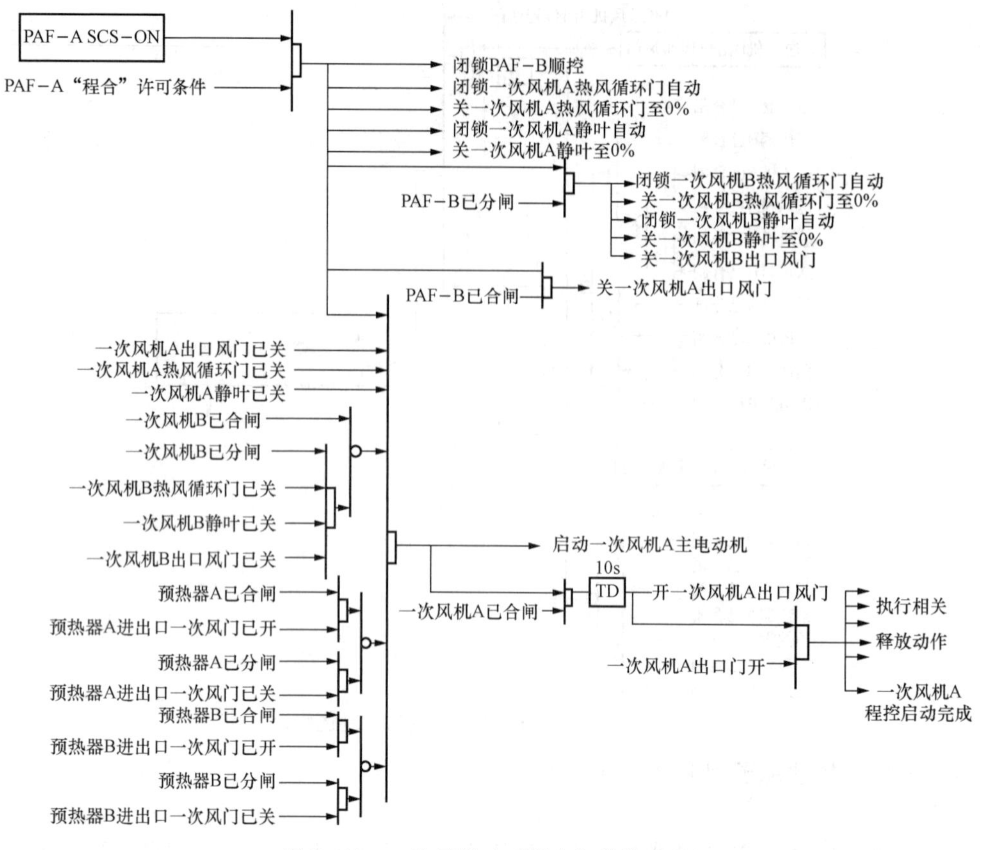

图 5－33　一次风机 A“程合”操作流程

一次风机 B 热风循环门自动；关一次风机 B 热风循环门至 0%；闭锁一次风机 B 静叶自动；关一次风机 B 静叶至 0%；关一次风机 B 出口风门。若一次风机 B 已合闸，则转下一步。

3）当上述 1）项的操作完成，且一次风机 B 已合闸时，关一次风机 A 出口风门。

4）当一次风机 A 出口风门已关，且满足一次风机电动机启动条件时，则启动一次风机 A 主电动机。

5）延时 10s 后，开一次风机 A 出口风门。

6）当一次风机 A 出口风门已开时，则发出指令并执行操作：释放一次风机 B 顺控；释放一次风机 B 热风循环门自动；释放一次风机 B 静叶自动；释放一次风机 A 热风循环门自动；释放一次风机 A 静叶自动；发出一次风机 A“程合”完成指令。“程合”完成。

3. 一次风机 A 子组的“程分”操作流程

一次风机 A 子组的“程分”操作流程见图 5－34 所示。

（1）一次风机 A“程分”的条件。一次风机 A“程分”指令的执行必须同时满足下列条件：

1）一次风机 A 顺控未被闭锁。

2）一次风机 A 电源无故障。

3）一次风机 A 已合闸。

4）满足以下 2 个“或”条件之一：①一次风机 B 已合闸且负荷小于或等于 200MW；

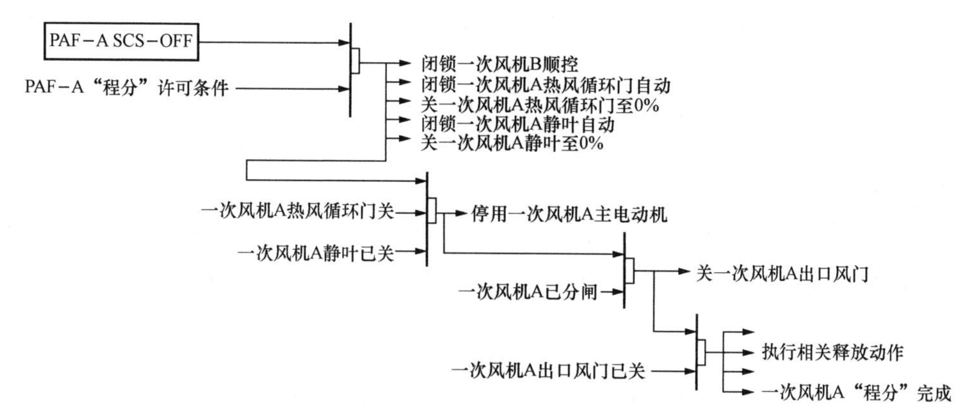

图 5-34 一次风机 A“程分”操作流程

②一次风机 B 已分闸且密封风机 A 和 B 皆已分闸。

(2) 送风机 A“程分”操作顺序。当“程分”指令和“程分”条件都满足后，则自动产生下列一系列顺序操作：

1) 闭锁一次风机 B 顺控，闭锁一次风机 A 热风循环门自动；关一次风机 A 热风循环门至 0%；闭锁一次风机 A 静叶自动；关一次风机 A 静叶至 0%。

2) 停用一次风机 A 主电动机。

3) 关一次风机 A 出口风门。

4) 若一次风机 A 出口风门已关闭，则发出下列指令并执行：释放一次风机 B 顺控、释放一次风机 A 热风循环门自动、释放一次风机 A 静叶自动、发出一次风机 A“程分”完成指令。“程分”完成。

4. 一次风机 A 主电动机控制逻辑

(1) 一次风机 A 主电动机启动许可条件（以下七个条件必须同时满足）。

1) 一次风机 A 出口风门已关。

2) 一次风机 A 热风循环门已关。

3) 一次风机 A 静叶已关。

4) 下列 2 个“或”条件之一满足：①一次风机 B 已合闸；②一次风机 B 已分闸，且一次风机 B 热风循环门已关、一次风机 B 静叶已关、一次风机 B 出口风门已关。

5) 下列 2 个“或”条件之一满足：①空气预热器 A 已合闸，且空气预热器 A 进、出口一次风门皆已开；②空气预热器 A 已分闸，且空气预热器 A 进、出口一次风门皆已关。

6) 下列 2 个“或”条件之一满足：①空气预热器 B 已合闸，且空气预热器 B 进、出口一次风门皆已开；②空气预热器 B 已分闸，且空气预热器 B 进、出口一次风门皆已关。

7) 满足前述一次风机 A“程合”的许可条件。

(2) 一次风机 A 主电动机的启动指令产生（下述两个“或”条件之一)：①由 CRT 来的单操“启动”指令；②由一次风机 A 功能子组来的顺控启动指令。

在上述启动许可条件及启动指令皆成立时，便产生主电机的启动动作命令。

(3) 一次风机 A“停止”的许可条件（以下 3 个条件必须同时满足)：①一次风机 A 热风循环门已关；②一次风机 A 静叶开度已关；③满足前述一次风机 A“程分”的许可条件。

(4) 一次风机 A“停止”指令产生（下列 2 个“或”条件之一)：①由 CRT 上实现的单

操“关”信号指令；②由一次风机A功能子组来的顺控“关”信号。

5．一次风机A出口风门的控制逻辑。

（1）开一次风机A出口风门（下述2个“或”条件之一）：①由一次风机顺控来的SCS-ON开启指令；②由CRT来的ON指令，其“与”条件是一次风机A已合闸或一次风机A、B均已分闸。

（2）一次风机A出口风门（下述3个“或”条件之一）：①由一次风机顺控来SCS-OFF指令关闭；②由CRT来单操指令，其“与”条件是一次风机A已分闸；③一次风机A已分闸。

第四节　汽轮机顺序控制系统

典型300MW机组汽轮机发电机部分SCS有以下项目：①汽动给水泵A、B及电动给水泵系统；②汽轮机低压油系统；③汽封系统；④除氧器系统；⑤凝结水系统；⑥开（闭）式循环水系统；⑦高压加热器系统；⑧低压加热器系统；⑨汽轮机轴封系统；⑩汽轮机（包括给水泵汽轮机）疏水系统；⑪发电机冷却水系统（A、B组）；⑫发电机密封油系统。

下面以给水系统的顺序控制为例进行说明。

一、概述

给水系统的主要任务是将除氧器中被加热了的热水通过给水泵升压，再通过高压加热器加热，然后经过省煤器进入汽包，以保障锅炉蒸发量的需求，维持锅炉工质的平衡。

给水系统为过热器和再热器提供减温水，用以调节过热蒸汽温度，防止过热器和再热器超温。给水系统还为汽轮机高压旁路系统提供减温水，为锅炉炉水循环泵电动机提供高压冷却水的补充水。

给水系统主要由两台汽动给水泵SFP（Steam Feed Pump）和一台电动给水泵MDFP（Motor Driven Feed Pump）及其管系设备组成。为防止汽蚀，三台泵各有一台升压前置泵。汽动给水泵的前置泵为SFBP（Steam Feed Booster Pump）（A）、SFBP（B）；电动给水泵也称锅炉启动给水泵BFSP（Boiler Feed Start-up Pump），其前置泵为BFSBP（Boiler Feed Start-up Booster Pump）。

锅炉正常运行中使用汽动给水泵。在机组启动或汽动给水泵发生故障时，启用电动给水泵工作。每台前置泵都装有电动阀门，给水管引自除氧器的给水箱。前置泵后串有主给水泵，主给水泵出口依次装有一个止回阀、一套流量测量装置和一个电动阀门（称为出口隔离阀），在止回阀阀瓣前引出最小流量再循环管道，接至除氧器给水箱。

在再循环管道上装有给水再循环调节阀。最小流量再循环阀的动作信号来自给水泵出口的流量测量装置。当给水泵出口流量小于其允许的最小流量时，最小流量再循环阀打开，给水经最小流量再循环管道返回给水箱，以确保流经泵体的流量不小于其允许的最小流量，防止泵内流体汽化。

电动给水前置泵与电动给水泵由液力联轴器连接，共用一台电动机驱动。电动给水泵由液力联轴器中的勺管来调节转速，从而达到调节给水泵出水流量的目的。

电动给水泵出口阀之后，给水管的旁路水管上还装有启动流量调节阀，用以实现锅炉启动时低流量的调节。

电动给水泵轴承、主电机轴承以及泵组的推力轴承都需要润滑油及润滑压力油，因此，给水泵配有油泵系统。在正常运行时，由汽动给水泵汽轮机的主油泵供油；在启动过程中，启动辅助油泵（交流油泵）来供油。

给水泵在运行中，泵体内流体压力很高，为防止流体从泵体向外泄漏，给水泵都配备有密封水系统。具有压力的密封水通常从凝结水母管中引出。

汽动给水泵由给水泵汽轮机驱动。给水泵汽轮机都采用双进汽口，共有如下三方面来的汽源。

(1) 从主汽轮机四段抽汽管引来的低压抽汽，分两路送到汽动给水泵的给水泵汽轮机，是给水泵汽轮机正常运行时的汽源。

(2) 从主汽轮机高压缸抽汽引来（或从启动锅炉引来）的高压蒸汽，也分两路送到汽动给水泵的给水泵汽轮机，作为机组启动和低负荷时驱动汽动给水泵的汽源。

(3) 从辅助蒸汽系统来的蒸汽源，主要供给水泵汽轮机调试时使用。

高压汽源和低压汽源在运行中可以切换。给水泵汽轮机设有独立的汽封系统，轴封蒸汽来自主汽轮机的轴封系统。给水泵汽轮机排汽通过排汽隔离阀（电动阀）排入主凝汽器。给水泵汽轮机和汽动给水泵以及电动前置泵的轴承润滑油均由主油泵提供。事故油泵用作主油泵故障情况下的备用油泵。

给水系统顺控功能组分为汽动给水泵 A、B 和电动给水泵 C 三个子功能组。给水泵系统图如图 5-35 所示。

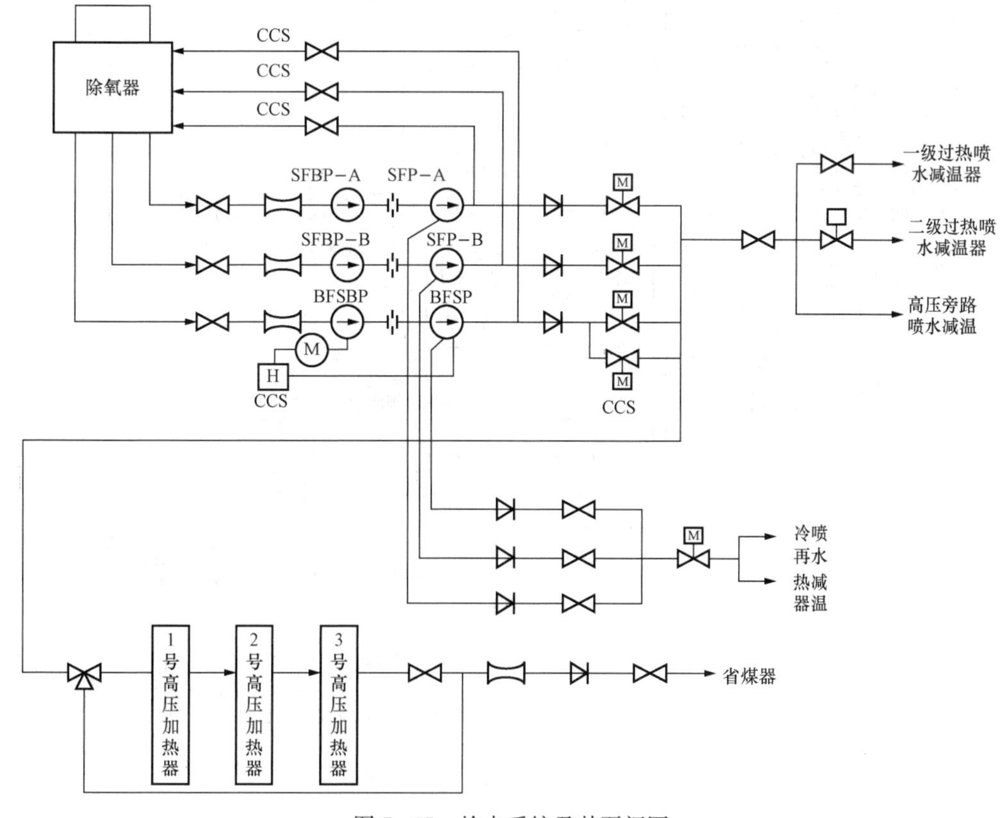

图 5-35 给水系统及其泵阀图

二、电动给水泵C功能子组的顺序控制

（一）该功能子组的顺控对象

（1）电动给水泵C主电动机的启停。

（2）前置泵入口进水阀门开、关。

（3）电动给水泵C的辅助（交流）油泵启、停。

（4）电动给水泵C出水门启、停。

（5）启动流量调节阀的投自动和关闭。

（6）电动给水泵C的再循环阀开启和自动投入。

（二）电动给水泵C的“程合”流程

1. 电动给水泵C“程合”的条件

电动给水泵“程合”必须满足如下9个条件：①MDFP轴承温度高跳闸未动作；②MDFP推力瓦温度高跳闸未动作；③MDFP电动机轴承温度高跳闸未动作；④MDFP润滑油温度高跳闸未动作；⑤MDFP勺管油温高跳闸未动作；⑥MDFP密封水流量低跳闸未动作；⑦MDFP密封水温度低跳闸未动作；⑧MDFP轴承温度高跳闸未动作；⑨给水箱水位低（三取二）跳闸未动作。

2. 电动给水泵C“程合”操作顺序

电动给水泵C“程合”操作顺序如图5-36所示。

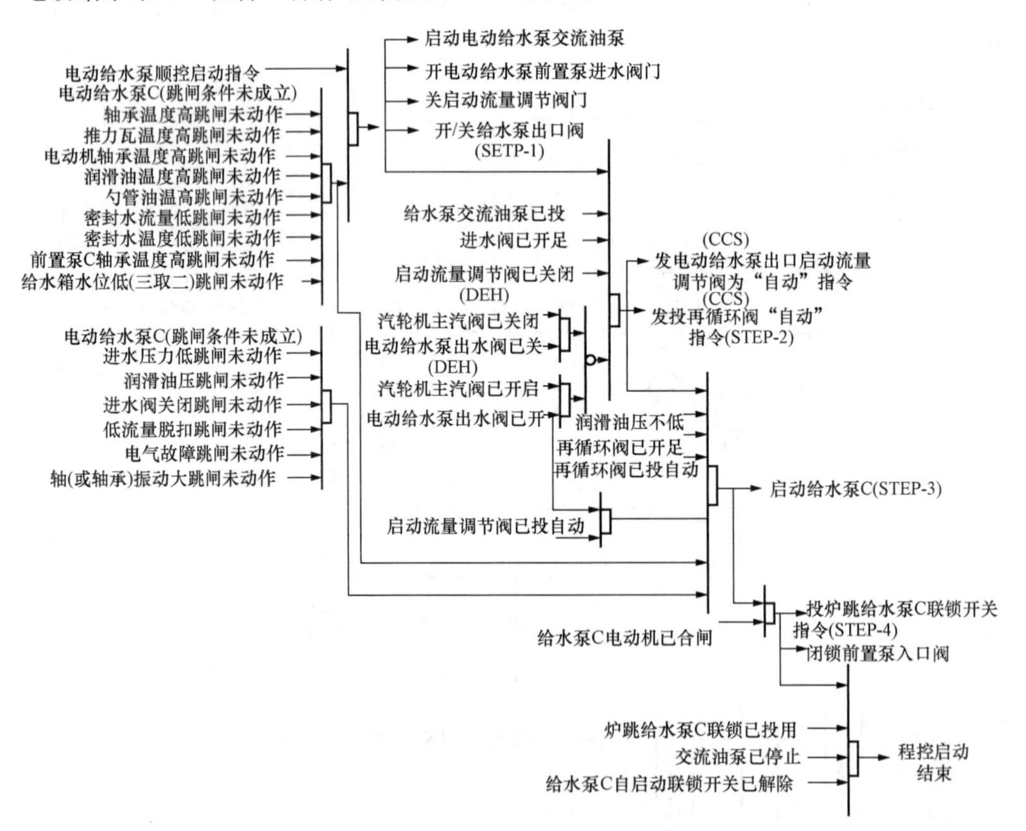

图5-36 电动给水泵C“程合”操作顺序

当电动给水泵“程合”指令和“程合”条件满足时，将产生以下操作步序命令：

（1）启动电动给水泵交流油泵；开电动给水泵前置泵的进水阀门；关闭启动流量调节阀；开/关给水泵出水阀。

（2）向 CCS 发出置启动流量调节阀为“自动”方式的命令；向 CCS 发出置再循环阀为“自动”方式的命令。

（3）当上述步骤执行完毕，并满足下列 6 个条件时，则启动电动给水泵 C 的主电动机。①电动给水泵 C 出口阀已开；②启动流量调节阀已处“自动”方式；③再循环阀已投自动方式；④润滑油压不低；⑤再循环阀已开足；⑥电动给水泵 C“程合”启动条件满足及电动给水泵 C 跳闸条件未成立。

（4）当电动给水泵 C 已投入运行后，发出下列动作指令：①投入炉跳电动给水泵 C 联锁开关；②闭锁前置泵入口阀门。

（5）当炉跳电动给水泵 C 联锁已投入，交流油泵已停，电动给水泵 C 自启动联锁开关已解除后，“程合”过程完成。

（三）电动给水泵 C“程分”操作流程

1. 电动给水泵 C“程分”的条件

电动给水泵 C“程分”必须同时满足下述两个条件：①电动给水泵 C 已运行；②再循环阀已开足。

2. 电动给水泵 C“程分”操作顺序

电动给水泵 C“程分”操作顺序如图 5-37 所示。

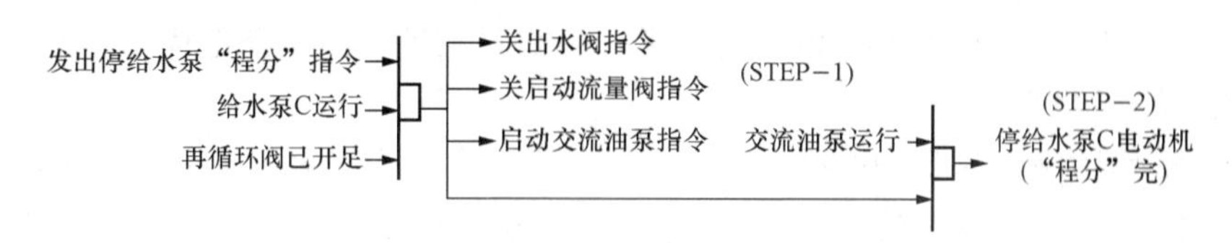

图 5-37 电动给水泵 C“程分”操作流程

（1）关出水阀；关启动流量调节阀；开交流油泵。

（2）上述操作完成，则停电动给水泵 C 主电动机。至此，“程分”完成。

（四）电动给水泵 C 的自动联锁保护

1. 电动给水泵 C 紧急跳闸（紧急“程分”）停泵顺序

电动给水泵紧急跳闸（紧急“程分”）停泵顺序如图 5-38 所示。

（1）电动给水泵紧急跳闸必须满足下列条件：

1）电动给水泵 C 在运行中。

2）满足下述两个条件之一。①电动给水泵 C 跳闸条件之一发生；②锅炉发生 MFT，且锅炉跳给水泵 C 的联锁开关已投用。

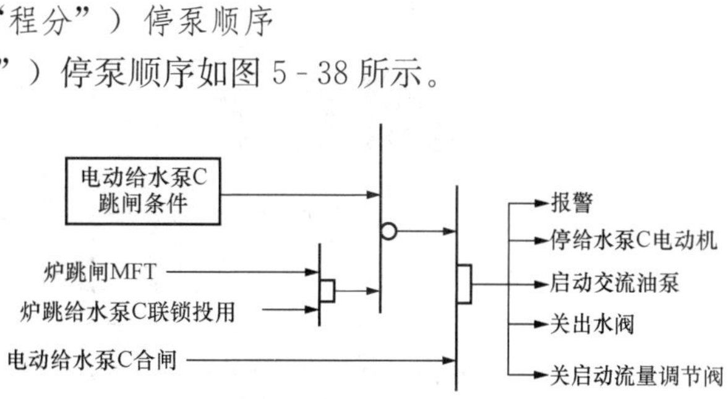

电动给水泵C跳闸条件
炉跳闸MFT
炉跳给水泵C联锁投用
电动给水泵C合闸
报警
停给水泵C电动机
启动交流油泵
关出水阀
关启动流量调节阀

图 5-38 电动给水泵 C 紧急停泵

（2）紧急跳闸停泵的操作内容如下：①发出停泵报警；②停止电动给水泵 C 主电机；③启动交流油泵；④关电动给水泵 C

出水阀；⑤关启动流量调节阀。

2. 电动给水泵C的自启动

当电动给水泵C电动机已停止，且有投用自启动联锁开关的指令时，则将电动给水泵C的自启动联锁开关合闸。

（五）电动给水泵C跳闸停运

当以下15个条件之一成立时，电动给水泵C将跳闸停运：①电动给水泵C轴承温度高至跳闸值；②电动给水泵C推力瓦温度高至跳闸值；③电动给水泵C电动机轴承温度高至跳闸值；④电动给水泵C润滑油温度高至跳闸值；⑤勺管回油温度高至跳闸值；⑥前置泵C轴承温度高至跳闸值；⑦给水箱水位低至跳闸值；⑧电动给水泵密封水流量低至跳闸值；⑨电动给水泵密封水温度高至跳闸值；⑩电动给水泵C进水压力低至跳闸值；⑪电动给水泵C润滑油压低至跳闸值；⑫电动给水泵C进水阀关闭跳闸；⑬电动给水泵C低流量脱扣保护动作跳闸；⑭电动给水泵C电气故障跳闸；⑮电动给水泵C轴或轴承振动值高至跳闸。

三、汽动给水泵A功能子组的顺序控制

（一）汽动给水泵A功能子组“程合”流程

1. 汽动给水泵A“程合”的条件

汽动给水泵A功能子组的“程合”必须同时满足下列13个条件：①汽动给水泵A密封水进水总阀已开；②汽动给水泵A再循环阀已开；③除氧器水位正常；④低压主汽阀前汽压正常；⑤低压主汽阀前温度正常；⑥润滑油压正常；⑦润滑油温正常；⑧给水泵汽轮机排汽阀已开；⑨给水泵汽轮机盘车电动机已运行；⑩给水泵壳A上、下温差小于25℃；⑪给水泵密封水压大于0.1MPa；⑫排汽压力正常；⑬前置泵进水阀检查正常。

2. “程合”操作顺序

“程合”操作顺序如图5-39所示。在上述“程合”指令及输出许可条件都满足后，将执行下列操作顺序：①启动交流油泵两台之一；②开前置泵进水阀，关汽动给水泵A出水阀；③启动前置泵；④启动汽动给水泵A给水泵汽轮机；⑤开汽动给水泵A出水阀。

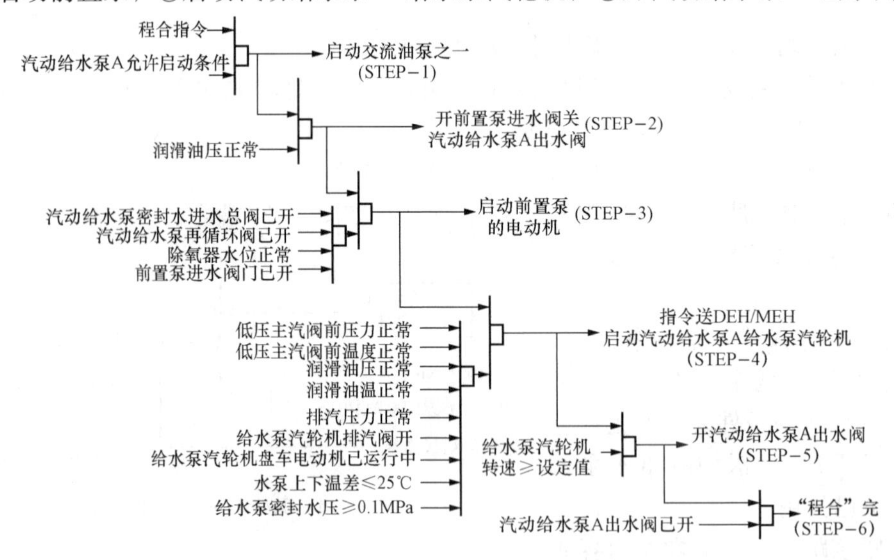

图5-39　汽动给水泵A“程合”操作流程

（二）汽动给水泵A功能子组"程分"流程

1. 汽动给水泵A功能子组"程分"的条件

当下列7个条件"或"之一成立时，将联锁"停止"汽动给水泵A（即自动执行"程分"指令）：①温度保护信号超限；②前置泵A进口阀关闭；③前置泵出口流量低（保持10s），并且再循环阀未开足；④除氧器水位低二值（保持有3s以上）；⑤前置泵A跳闸；⑥汽动给水泵A进口压力低二值；⑦汽动给水泵密封水差压低且密封水回水温度高。

2. 汽动给水泵A"程分"操作顺序：

（1）当给水泵汽轮机转速大于xr/min，且有上述"程分"指令之一产生时，则关汽动给水泵A的出口水阀。

（2）当给水泵汽轮机转速大于yr/min时，停汽动给水泵A前置泵。

（3）当前置泵已停，并延时30s后，关前置泵进口水阀。

（4）关闭了前置泵进口水阀后，"程分"完成。

应注意，x、y这两个参数根据设备性能运行系统要求确定。

图5-40所示为汽动给水泵A"程分"操作流程图。

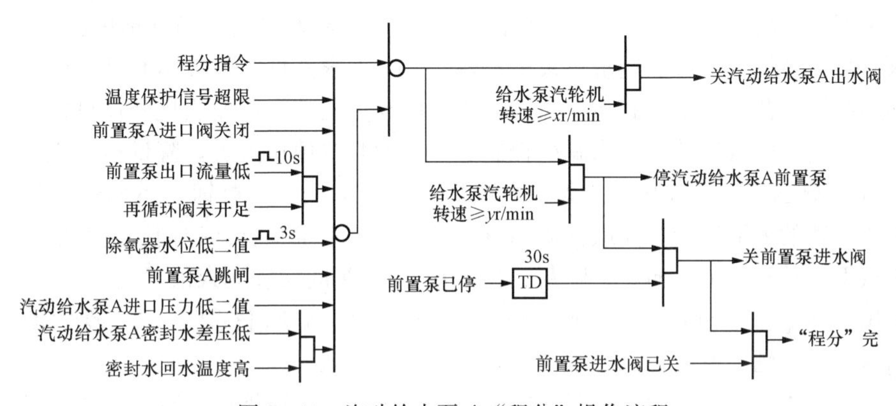

图5-40　汽动给水泵A"程分"操作流程

（三）汽动给水泵A设备级控制

汽动给水泵A功能子组设备级对象有：前置泵A；交流油泵；直流油泵；汽动给水泵出口阀；前置泵出口阀等。

汽动给水泵A前置泵的控制逻辑如下：

（1）同时满足下列4个条件，则启动前置泵：①给水泵密封水进水总阀门打开；②再循环阀开；③除氧器水位正常；④前置泵进水阀开。

（2）若满足下列4个条件之一，则前置泵跳闸：①除氧器水位低二值；②误关前置泵进水阀；③前置泵支持轴承温度高；④前置电动机支持轴瓦温度高。

第五节　辅助系统顺序控制系统

一、火电厂辅助系统

辅助系统一般指除主厂房以外的辅助系统，主要包括：

（1）输煤系统。包括火车卸煤、储煤场、碎煤机、煤仓间、皮带转运设备及煤泥水处理设备等。

（2）灰渣系统。包括飞灰、除渣和电除尘系统等。

（3）水处理系统。包括化学补给水、超滤反渗透、凝结水精处理、机组汽水取样/化学加药、净水处理、废水处理、循环水加药和生活污水处理系统等。

辅助系统的工艺特点如下：

（1）重要性。电厂运行需要随时掌握各辅助系统的运行状况，以保证整个电厂的正常运行。辅助系统一旦出现问题必须及时处理，否则将影响全厂的安全经济运行。

（2）分散性。化学补给水、超滤反渗透、凝结水精处理、机组汽水取样/化学加药、净水处理系统、废水处理、循环水加药、生活污水处理系统、飞灰、除渣、电除尘、输煤等遍布于全厂。

（3）非连续性。各系统属间歇式运行，即在运行需要时才进行操作，满足一定的条件后，系统停止运行，等待下一次运行。

（4）开关量控制为主。开关量控制占据着辅助系统过程控制的核心。

二、辅助系统控制方式

近年来国内单机600MW及以上电厂的出现对辅助系统的监控和管理提出了新的要求。一是要求提高工艺设备本身的经济性及可靠性，二是要求降低投资成本和减员增效。针对大型机组辅助系统工艺子系统控制点多、运行方式差异大的特点，要实现降低投资成本和减员增效，就要采用集中监控的方式来减少控制点，从而减少值班人员，降低运行成本。

2000年燃煤示范电厂方案及《火力发电厂设计技术规程》对辅助系统的控制方式提出的要求为“相邻的辅助生产车间或性质相近的辅助工艺系统宜合并控制系统及控制点，辅助系统控制点不宜超过三个（输煤、除灰、化水），其余车间均按无人值班设计”。目前新建电厂大多采用PLC＋上位机及统一的监控软件和先进的网络通信技术，来实现辅助系统的联网监控。这是目前辅助系统控制系统的主流常规应用方式。

随着控制技术的不断发展，DCS、现场总线控制系统（FCS）也推广应用于辅助系统的控制中。

三、输煤程序控制系统

（一）系统工艺

输煤系统是火电厂中的一个重要部分，承担的主要任务是从煤码头或卸煤沟至储煤场或主厂房运煤。输煤系统的安全、可靠运行是保证全厂安全、高效运行必不可少的环节。输煤系统的特点如下：

（1）运行环境差、劳动强度大。输煤系统基本处于半露天状态，由于各种因素造成输煤系统的运行环境恶劣、脏污，需要占用大量的辅助劳动力，劳动强度大。

（2）一次启动设备多且安全联锁要求高。在输煤系统启动时，需要同时启动的设备多达几十台。这些设备在启动和停止过程中，必须按照严格的顺序，保证逆煤流方向启动，顺煤流方向停止运行。

（3）任务重。为了保证锅炉用煤，输煤系统必须始终处于完好状态，日累计运行时间达8～10h以上。

输煤系统的工艺流程随着锅炉容量、燃料品种、进厂煤的运输方式、环境气候条件、卸煤方式和场地条件不同，而有很大的差别。输煤系统使用的设备多，分布范围广。

电厂输煤系统有皮带机、刮板机、底开车卸煤或翻斗车卸煤装置、斗轮堆/取料机、碎煤机、筛煤机、三通落煤管等设备。另设有筒仓、犁煤车、给煤车、辅助除铁/除木块/除石块装置、取样装置、计量装置、保护装置、报警装置等。系统分为上煤设备和配煤设备。

输煤系统采用逆流程启动，顺流程停机。配煤时为顺序配备，交叉配煤，低煤位优先配煤方式。系统异常时，采用逆流程联锁停机。整个系统分为筒仓前、后两部分，这两部分又分别分为上煤、配煤两部分。从控制角度分析，上煤部分和配煤部分之间既有独立性又相互联系。系统设计要求程序控制装置能对输煤系统各控制设备实现各种工况下的自动控制、手动集控和就地手控。在就地沿皮带机和刮板机装设有拉线开关，以备事故停机。根据不同的出力方式下三通落煤管分煤挡板切换位置等，又将各类运行方式分成若干不同的运行路径。

（二）控制内容

输煤系统的工艺随着锅炉容量、燃料品种、进厂煤的运输方式、环境气候条件、卸煤方式和场地条件的不同而有很大差别。但输煤系统的控制内容基本相同。

（1）卸煤控制。按火车运输或驳船运输，卸煤控制可以分成底开车、翻车机或卸船机控制。其中也包括叶轮给煤机或皮带给煤机控制。

（2）运煤控制。主要解决运煤皮带机的启/停控制及保护联锁、出力指示、紧急跳闸保护等。

（3）斗轮堆取料机控制。用于堆煤和取煤。

（4）配煤控制。由质量传感器、超声波料位计或其他物位探测装置测定主厂房原煤仓的煤位，从而决定各煤仓的煤量分配。常用的设备有犁式卸煤器、卸煤车等。

（5）转运站控制。用于运行方式及路径的切换，主要控制各种分流设备，如挡板、分煤门、闸板门等，也包括辅助设备，如磁铁分离器、金属探测器、木块分离器及给煤机控制。

（6）碎煤机控制。用于碎煤机启/停控制及负荷保护，振动、超温保护联锁。

（7）计量设备。带有瞬时值、累计值指示、打印、记录的电子皮带秤，可显示并记录进煤量、耗煤量等。

（8）辅助设备控制。包括取样装置、除尘和集尘装置、暖通空调、冲洗排污、消防火警等装置的控制。

（9）信号报警系统。设备和人员的安全保护动作，设备异常，煤仓间煤位高、低、超高、超低，动力电源故障，输煤设备及辅助、火警、除尘、集尘、取样、暖通系统的故障等均有事故报警。

（10）控制屏。控制屏实现上述各种控制要求及信号指示，屏上有全系统的模拟流程指示。

（三）控制方式

输煤程序控制系统设计有就地手动控制、集中手动控制以及自动程序控制三种控制方式，自动程序控制是正常控制方式。

（1）就地手动控制。主要控制设备是装有一至数台设备启/停控制按钮的小型控制箱，并设置了设备运行情况、报警状态的简单指示。就地手动控制不能实现复杂的联锁要求，在大多数火电厂中，只是作为设备检修、调试时的辅助控制手段。

（2）集中手动控制。这是国内大多数中小型电厂输煤系统目前所采用的控制方式。设备的启/停控制集中在一个控制屏上，其联锁保护通常由继电器逻辑阵列实现。控制屏上配置有设备运行工况的模拟指示、信号报警。集中手动控制能够实现简单运行方式控制及设备启/停联锁。其缺点是电缆敷设量大，接线复杂，制造完成后其运行方式不易改变。

（3）自动程序控制。这种方式是以 PLC 为主控设备的集中自动控制，能够实现多种运行方式和路径，同时实现系统的优化运行。

四、水处理程序控制系统

电厂水处理工艺系统较多，主要包括预处理、补给水处理、凝结水处理、循环水处理以及废水处理等。其中最主要的是补给水和凝结水处理，是整个电厂水处理的核心。电厂水处理系统的工艺与电厂实际情况有关，在具体配置时有一定差别，这里结合某电厂 600MW 机组水处理系统来进行介绍。

（一）水处理系统工艺

该电厂水处理系统主要有预处理、补给水处理、凝结水处理、循环水处理及废水处理等。

1. 预处理系统

预处理系统主要是对原水进行澄清及过滤，其系统组成原理框图如图 5-41 所示。水源来水引入厂区后，首先经原水池用生水泵抽到澄清池中澄清。水在澄清池加药后其中含有的泥沙大部分沉到池底，加药量根据原水的浊度及流量确定，澄清水经过澄清池的上部自流入双阀滤池，双阀滤池对水中的细小杂质进行进一步过滤，水经过滤后成为清水流入清水池。预处理系统被控对象有阀门、生水泵、加药泵，以及搅拌机和刮泥机等。

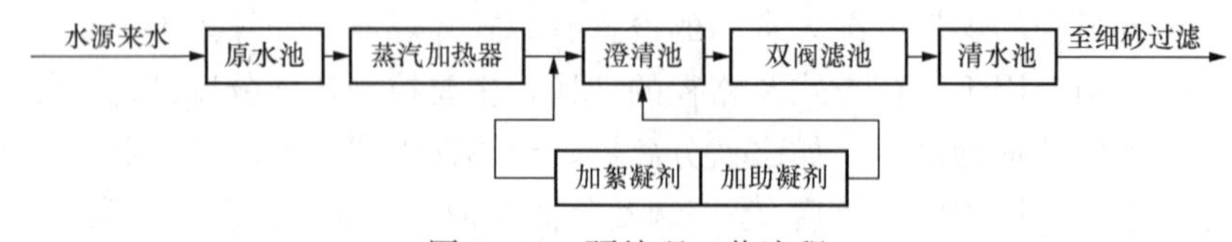

图 5-41　预处理工艺流程

2. 补给水处理

补给水处理是电厂水处理的关键部分，主要利用离子交换器置换出预处理来水中的阴阳离子，给锅炉提供合格的补给水。由于该地区水质的特点主要是高盐分多杂质，所以在离子交换器处理之前又增加了细砂过滤器、活性炭过滤器及反渗透装置，对预处理来水做进一步的过滤及除盐处理。原理框图如图 5-42 所示。

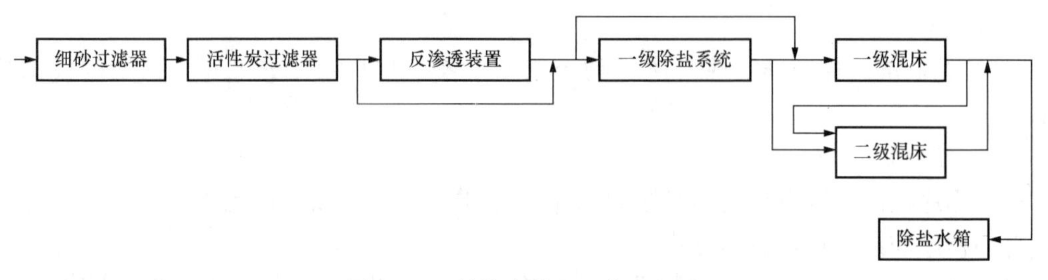

图 5-42　补给水处理工艺流程图

从清水池来水经细砂过滤器及活性炭过滤器过滤后进入反渗透装置，或一级除盐系统除盐后进入混床经二次除盐流入除盐水箱作为锅炉补给水。一级除盐及二次除盐出口均设有导电度、硅离子浓度及钠离子浓度等在线分析仪表以检测除盐效果，作为离子床体失效判断的依据，实现自动投运及再生全过程自动化。在该系统中反渗透和一级除盐系统既可串联运行，又可并联运行，一级混床和二级混床同样既可串联运行又可并联运行。因此这套补给水处理系统具有极大的灵活性，能够根据不同的水质组合使用。补给水系统被控对象有电动阀门、气动阀门、水泵、罗茨风机、除炭风机、空气压缩机、加药泵、计量泵等众多设备。

3. 凝结水处理

为满足电厂锅炉和汽轮发电机组安全、经济运行的需要，减缓腐蚀，延长机组使用寿命，电厂凝结水的水质必须符合相应的国家标准和设计规范的要求。因此，目前发电能力在300MW以上的大型汽轮发电机组均设置凝结水精处理系统，其系统组成原理框图如图5-43所示。凝结水精处理系统采用混床工艺及配套的阴、阳树脂分离及再生装置（体外再生装置），即利用阴、阳离子交换树脂吸收水中的阴、阳离子，达到纯化凝结水的目的。当树脂因饱和而丧失吸收水中的阴、阳离子能力时，利用树脂分离及再生装置，先将阴、阳混合树脂分离，再分别用碱和酸对阴、阳树脂进行再生，以恢复其离子交换能力，从而实现树脂的重复利用，为电厂生产连续提供合格的水质。凝结水精处理系统出水水质的好坏，主要取决于阴、阳树脂分离和再生的效果。

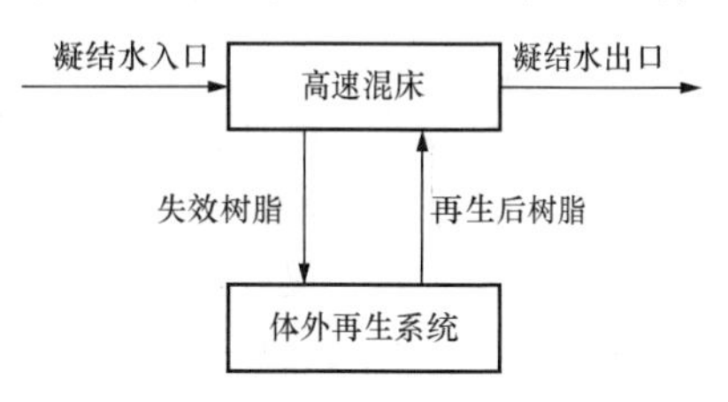

图5-43 凝结水精处理工艺流程图

再生系统包括锥体分离和再生装置，主要由阴、阳树脂分离兼阴树脂再生罐、混合树脂隔离罐、阳树脂再生兼混合树脂储存罐组成，主要被控对象为阀门。再生系统还包括再生公用系统，主要包括酸、碱系统、再生冲洗用水系统，以及混脂用的罗茨风机系统和再生用除盐水加热系统，被控对象主要有再生水泵、罗茨风机、电加热棒及阀门等。被控阀门分为气动门和电动门，气动门用电磁阀控制，而电动门和泵风机等通过MCC柜控制。

（二）程序控制系统

目前国内已建和在建的大型火电厂化学水处理控制系统基本采用化学水综合控制系统。所谓综合化控制即把电厂所有化学水子系统合为一套控制系统，取消传统的操作模拟盘，采用PLC＋上位机的2级控制结构，利用PLC对各个系统中的设备分别进行数据采集和控制，上位机和PLC之间通过数据通信接口进行通信。各系统以局域网总线形式集中连接在化学控制室上位机上，从而实现化学水系统相对集中的显示、操作和自动控制。

PLC系统均采用CPU双机热备形式，采用两套配置相同的主机系统，提高系统的可靠性。通过编程、组态连接，可以形象地反映实际工艺流程，显示动态数据，同时可以查找历史控制趋势、流量累积的统计报表和报警报表等。PID控制参数以及过程参数的设置也可以通过它来进行。每个水处理控制站的控制形式采用“PLC＋上位机”的形式，PLC完成数据采集、逻辑控制等功能，上位机完成工艺运行工况的监视和控制，具有控制操作、数据采集、画面显示、报警显示、报表和操作记录打印等功能。

上位机布置在控制室里，运行人员可在控制室监视和操作。水处理系统分为就地手动控制及远方PLC控制两部分。正常情况下，系统使用远方PLC控制，所有的操作及故障监测、趋势分析都通过控制室内的操作站实现。一旦某些部分出现故障，可将控制切换到就地手动控制。由于水处理系统设备之间运行有很强的时序性，远方PLC控制又设置有自动、半自动、步操及点操四种基本控制方式。

（1）自动方式。系统启动以后，按照系统的工艺流程、不同工艺状况，执行与工艺要求一致的控制程序。根据程序步和程序段的转换条件，自动地进行转换，实现水处理自动操作。当交换器的树脂运行一段时间失效后，失效的交换器通过再生程序，自动进入再生运行，直至再生后的树脂合格后重新返回到备用。程序自动运行时，遇到紧急情况程序控制系统通过联锁的报警条件自动停止。总之，自动方式能对水处理系统从启动、运行、失效到再生后重新投运整个过程自动运行及在线监视。

（2）半自动方式。在人工干预下，操作人员通过键盘或鼠标选择操作。若各床体运行失效，选择再生程序，能自动地从再生第一步到最后一步完成该段操作程序。在自动及半自动方式下，各步序时间可由操作人员在CRT上设置修改，运行及再生时各步序时间在CRT上显示。

（3）步操方式。操作人员可以通过键盘和鼠标，实现现场设备步序的成组操作，即根据系统运行的时序相关性，成组操作某一步序所涉及的所有相关设备。

（4）点操方式。操作人员可以通过键盘或鼠标，对单个被控对象（如阀门、泵及风机等）执行开/关控制，进行一对一的远方操作。

（5）就地手操方式。当就地手操时，相应的设备可以从整个系统设备中解列出来，由操作人员在就地控制设备。如在泵的动力柜、电磁阀箱上可以通过按钮进行现场设备的一对一的操作。

五、锅炉除灰程序控制系统

燃煤火力发电厂的除灰是电力生产过程中不可缺少的组成部分。除灰系统工艺复杂，设备分布广，系统运行中设备动作频繁，操作工作量大，工作环境需要净化以减少污染。为了提高除灰系统的控制水平，实现灰的综合利用及机组的安全、经济运行，就需要对除灰方式、除灰设备的选择和系统的运行管理等进行充分的考虑。

燃煤电厂的除灰，大体上可分为水力除灰、气力除灰和机械除灰三种方式。采用何种除灰方式，要从电厂的实际出发，根据灰渣量、灰渣性质、排灰去向和自然条件等选择确定。如果采用一种除灰方式不能满足要求，可以采用两种或三种方式联用的除灰方式。

某2×600MW机组除飞灰系统包括电除尘器4个电场40个灰斗和省煤器、脱硝灰斗的灰的集中、储存和处理。飞灰气力集中采用正压浓相气力输送系统，正压浓相输送系统与其他类型气力输送系统相比，在适用范围内，具有系统先进、输送速度低、能耗低、磨损小、简单可靠等特点。在500m以内的输送距离条件下，该系统具有很高的灰气比，并且具有很优良的运行业绩，而且投资省，运行费省，布置占地省。

除灰控制系统的流程如图5-44所示。

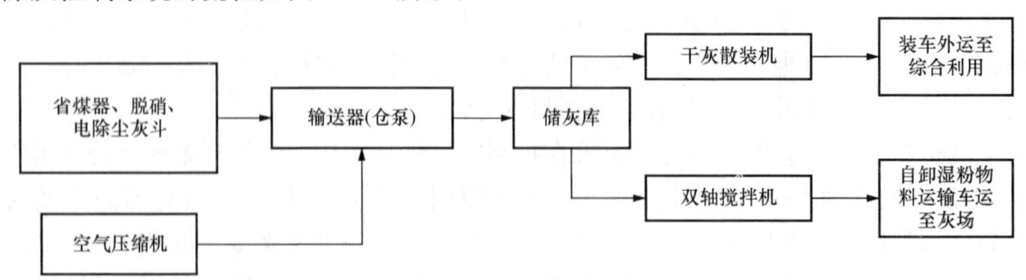

图5-44　除灰系统流程框图

气力输灰系统每炉单独设1套，2台炉形成1个控制单元，合用1个控制室。系统设计出力按大于燃用设计煤种总排灰量的150%（同时不低于锅炉燃用校核煤种总排灰量的120%）考虑，并要求当一电场事故时，除尘器二、三、四、五电场输送系统出力不小于除尘器上一电场实际排灰量，以保证系统的安全运行。

省煤器灰斗、脱硝灰斗和电除尘器一、二电场每个灰斗下设一台输送器（仓泵）将飞灰输送至粗灰库，三、四、五电场每个灰斗下设一台输送器（浓相仓泵或发送器）将飞灰输送至细灰库，也可切换至该台炉对应的粗灰库。

输送器为连续运行，当串接在同一根灰管上的任一台输送器料满或进料时间达到设定值时，串接在同一根灰管上的所有输送器都将关闭进料圆顶阀，然后进行输送。当同一组输送器内的飞灰输送完毕后，关闭进气阀，开启进料阀再进行进料，如此重复，进入下一个输送循环。电除尘器各电场按程序自动运行。

系统所需输送用气、控制用气均由全厂压缩空气配气中心供给。采用水冷型螺杆式压缩机作为供气设备，根据可靠、经济、合理的原则，共设置6台，4台运行（其中除灰用3台、仪用1台），2台备用。

该机组设有3座灰库。每炉对应1座粗灰库，主要接纳省煤器、脱硝灰斗和电除尘器一、二电场的粗灰；2炉共用1座细灰库，主要接纳电除尘器三、四、五电场的细灰。为了保证灰库检修时不影响气力输送系统的正常运行，2台炉粗灰灰管均切换进入另一台粗灰库，细灰灰管可在该台炉对应的粗灰库和细灰库之间切换。灰库顶部设有布袋除尘器，输送空气经其除尘后排入大气。灰库底设有由碳化硅板透气层及钢质壳体组成的气化槽，可通入干热空气使库内储灰气化，便于排出。每座灰库下部均设有1台双轴搅拌机。电除尘器下设置灰斗气化系统，每炉设2台灰斗气化风机和电加热器。

输灰系统的主要控制方式为程序控制，辅以远方手控及就地手操。采用PLC，用于系统的输灰操作控制、报警及检测，并配以CRT显示器。除灰渣控制系统采用PLC＋上位机的控制方式，且与除渣控制系统共用一个控制站，与电除尘器控制室合用，便于集中管理。

气力除灰系统和水力除渣系统分别设置1套冗余的PLC。2套PLC和一套调试上位机通过数据通信网络相连，组成一个除灰渣局域网。通过该控制系统对整个除灰渣系统进行监控。单元控制室内运行人员通过全厂辅助系统上位机监控网络对系统设备发出控制命令，同时系统中各设备的运行状态信息在监控网络和就地上位机的CRT上直观、动态地显示出来。上位机监控网络和PLC之间通过以太网接口进行通信。PLC通过各I/O站对现场设备进行数据采集和控制。就地上位机仅供后备操作及系统现场维护用。

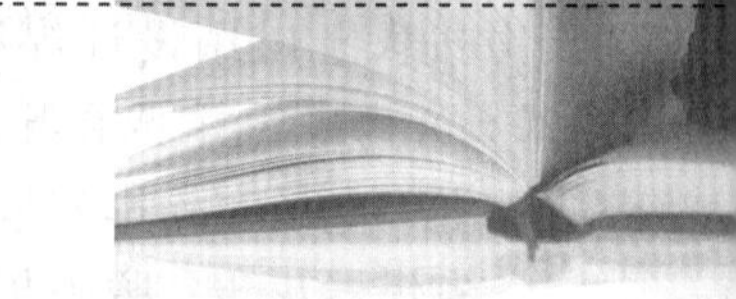

第六章

火电厂烟气脱硫脱硝控制系统

我国煤炭资源十分丰富，是世界上以煤炭为主要能源的国家之一。这种以煤炭为主的能源结构决定了我国的电厂建设必然以煤电机组为主，也决定了我国大气污染的主要特征为煤烟型污染。我国燃煤发电主要是通过直接燃烧的方式，煤炭燃烧产生大量的烟尘、硫氧化物（SO_x）、氮氧化物（NO_x）、汞等重金属氧化物，以及大量的二氧化碳气体。据估算，全国烟尘排放量的70%、二氧化硫排放量的90%、氮氧化物排放量的67%、二氧化碳排放量的70%都来自于煤炭燃烧。

这些污染物排入大气，已经造成了严重的环境问题，是我国经济可持续发展亟待解决的重要问题。在燃煤电厂烟尘排放的控制方面，我国近30多年来一直大力采用高效率的烟气除尘装置，烟尘排放已经得到有效控制。二氧化硫（SO_2）污染已经能够通过烟气脱硫（FGD）等技术得到有效解决。氮氧化物是继二氧化硫之后燃煤发电污染物治理的重点，随着新的国家火电厂污染物排放标准的颁布，火电厂烟气脱硝装置在未来的一段时期内将会大幅度增长。

第一节　烟气脱硫控制系统

我国约80%的电力能源、70%的工业燃料、80%的化工原料、80%的供热和民用燃料都来自煤。燃煤排放对人类生存环境构成直接危害的主要污染物有粉尘、硫氧化物（大部分为SO_2，极少部分SO_3）、氮氧化物及二氧化碳（CO_2）。

一、SO_2的危害

SO_2是当今人类面临的主要大气污染物之一，其污染属于低浓度、长期的污染，对自然生态环境、人类的健康、工农业生产等方面均造成很大的危害。

SO_2带来的最严重的问题是酸雨，这是全球性的问题。排放到大气中的SO_2、NO_x与氧化性物质反应生成硫酸和硝酸，最终形成pH值小于5.6的酸性降雨返回地面。酸雨对环境最突出的危害是会使湖泊变成酸性，导致水生生物死亡，使土壤酸化和贫瘠化，农作物及森林生长减缓。目前，我国煤炭燃烧产生SO_2所造成的污染面积已经占国土面积的40%左右。

SO_2对植物的危害主要是通过叶面气孔进入植物体，破坏叶皮上的毛细孔及植物正常的生理机能，减缓其生长，降低植物对病虫害的抵抗力，使叶片发黄，严重时大量叶片会枯萎，导致植物死亡；SO_2对人体健康的影响主要是通过呼吸道系统进入人体，作用于呼吸器官，在呼吸道黏膜上形成亚硫酸和硫酸，刺激人体组织，使分泌物增加和发生炎症，引起或加重呼吸器官的疾病；SO_2 及其在大气环境中转化成的硫酸雾可被吸附在建筑物材料的表面，会使金属设备、建筑物等遭受腐蚀，大大降低其使用寿命。

我国 SO_2 排放量与煤炭消耗量有密切的关系，而我国的耗煤大户是燃煤电厂，其中 SO_2 排放量占工业总排放量的55%左右。因此，削减和控制燃煤，特别是火电厂燃煤的二氧化硫污染，是当前我国大气污染控制领域最紧迫的任务之一。

二、脱硫方法

目前，控制燃煤 SO_2 污染的技术有燃烧前脱硫、燃烧中脱硫、燃烧后脱硫。

1. 燃烧前脱硫

燃烧前脱硫即"煤脱硫"，是通过各种方法对煤进行净化，去除原煤中所含的硫分等杂质。选煤技术有物理法、化学法和微生物法三种。国内常用的物理选煤技术，能达到45%～55%全硫脱除率和60%～80%硫铁矿硫脱除率，但不能脱除煤中的有机硫。

2. 燃烧中脱硫

在燃烧过程中加入石灰石或白云石粉作为脱硫剂，$CaCO_3$、$MgCO_3$ 受热分解生成 CaO、MgO，与烟气中 SO_2 反应生成硫酸盐，随灰分排出。在我国采用燃烧过程中脱硫的技术主要有型煤固硫和循环流化床燃烧脱硫技术。

3. 燃烧后脱硫

燃烧后脱硫又称烟气脱硫（Flue Gas Desulphurization，FGD），是唯一大规模商业化运作的脱硫技术。按脱硫过程是否加水和脱硫产物的干湿形态，烟气脱硫又可分为干法、半干法和湿法三类。

（1）干法烟气脱硫。干法烟气脱硫技术是反应在无液相介入的完全干燥状态下进行，反应产物也为干粉状，不存在腐蚀、结露等问题。干法烟气脱硫技术主要有炉内喷钙烟气脱硫、炉内喷钙尾部烟气增湿活化脱硫、活性炭吸附再生烟气脱硫技术。

（2）半干法烟气脱硫。半干法烟气脱硫技术是利用烟气湿热蒸发石灰石浆液中的水分，同时在干燥过程中，石灰与烟气中的 SO_2 反应生成亚硫酸钙，并使最终产物为干粉状。半干法工艺简单，干态产物易于处理，无废水产生，投资一般低于湿法，但脱硫效率和脱硫剂的利用率低，一般适用于低、中硫煤烟气脱硫。在半干法烟气脱硫技术中主要有喷雾干燥烟气脱硫、循环流化床烟气脱硫和增湿灰循环烟气脱硫等技术。

（3）湿法烟气脱硫。湿法烟气脱硫技术成熟，脱硫效率高，钙硫比低，运行可靠，操作简单；但脱硫产物处理比较麻烦，烟温降低不利于扩散。

湿法工艺复杂，占地面积和投资比较大。而干法和半干法的脱硫产物为干粉状，容易处理，工艺较简单，投资一般低于湿法，钙硫比高，脱硫效率和脱硫剂的利用率低。

湿法烟气脱硫技术的特点是整个脱硫系统位于燃煤锅炉除尘系统之后，脱硫过程都在溶液中进行，脱硫剂和脱硫生成物均为湿态，脱硫过程的反应温度低于露点，所以脱硫以后的烟气一般需要加热才能从烟囱排出。湿法脱硫过程是气液反应，其脱硫反应速度快，脱硫效率高，钙硫比等于1，可达到90%以上的脱硫效率，适用于大型燃煤电厂锅炉的烟气脱硫。目前，已经开发和推广的湿法烟气脱硫技术，主要有石灰石—石膏洗涤法、双碱法、海水脱硫法等。

石灰石—石膏法采用石灰石（$CaCO_3$）或石灰（CaO）浆液作为洗涤剂，在反应塔（吸收塔）中对烟气进行洗涤，从而除去烟气中的 SO_2。脱硫副产品是石膏（$CaSO_4 \cdot 2H_2O$），可以回收利用。这种工艺技术成熟，脱硫效率高（90%～98%），应用机组容量大，煤种适应性强，性能可靠，吸收剂资源丰富、价格低廉，副产品易回收；但初期投资和运行费用较高，耗水量大，占地面积比其他工艺的要大，现有电厂在没有预留脱硫场地的情况下采用这种工艺有一定的难度。

双碱法脱硫工艺利用氢氧化钠溶液作为启动脱硫剂，将配置好的氢氧化钠溶液直接打入脱硫塔洗涤脱除烟气中的 SO_2 来达到烟气脱硫的目的。脱硫产物经脱硫剂再生池还原成氢氧化钠再打回脱硫塔内循环使用。该技术是为了克服石灰石—石膏法容易结垢的缺点而发展起来的。

海水脱硫就是利用海水的碱度来脱除烟气中的 SO_2。烟气中的 SO_2 被海水吸收生成亚硫酸氢根离子（HSO_3^-）和氢离子（H^+），HSO_3^- 与氧（O_2）反应生成硫酸氢根离子（HSO_4^-），HSO_4^- 与 HCO_3^- 反应生成硫酸根离子 SO_4^{2-} 和 CO_2、水。该工艺脱硫率和可靠性高，同时可以大大降低脱硫系统建设和运行的成本，节约大量淡水和矿石资源。该工艺一般适用于靠近海边、扩散条件好的电厂。

石灰石—石膏法烟气脱硫技术是目前世界上应用最多、技术最为成熟的脱硫工艺，应用该工艺的机组容量约占电厂脱硫装机总容量的85%以上。重庆珞璜电厂、重庆发电厂、半山电厂等均采用此项技术。

三、石灰石—石膏湿法烟气脱硫技术

（一）脱硫系统工艺流程

石灰石—石膏湿法烟气脱硫装置主要由石灰石浆液制备系统、烟气系统、SO_2 吸收系统、石膏脱水系统、烟气排放连续监测系统（Continuous Emission Monitoring System，CEMS），以及自动控制系统和公用工程系统等组成。图 6-1 所示为典型石灰石—石膏湿法烟气脱硫工艺流程图。

锅炉烟气经电除尘器除尘后，通过增压风机（Booster Up Fan，BUF）、烟气换热器[Gas Gas Heater，GGH（可选）] 降温后进入吸收塔。在吸收塔内烟气向上流动且被向下流动的循环浆液以逆流方式洗涤。循环浆液则通过喷浆层内设置的喷嘴喷射到吸收塔中，以便脱除 SO_2、SO_3、HCL 和 HF；同时在“强制氧化工艺”的处理下反应的副产物被导入的空气氧化为石膏（$CaSO_4 \cdot 2H_2O$），并消耗作为吸收剂的石灰石。循环浆液通过浆液循环泵向上输送到喷淋层中，通过喷嘴进行雾化，可使气体和液体得以充分接触。

脱硫的化学过程如下：

吸收塔内：$SO_2 + H_2O \rightleftharpoons H_2SO_3$，$H_2SO_3 \rightleftharpoons H^+ + HSO_3^-$

底部槽罐：$HSO_3^- + 1/2O_2 \rightleftharpoons H^+ + SO_4^{2-}$，$2H^+ + SO_4^{2-} + CaCO_3 + H_2O \rightleftharpoons CaSO_4 \cdot 2H_2O + CO_2$

在吸收塔中，石灰石与二氧化硫反应生成石膏，这部分石膏浆液通过石膏浆液泵排出，进入石膏脱水系统。脱水系统主要包括石膏水力旋流器（作为一级脱水设备）、浆液分配器和真空皮带脱水机。

经过净化处理的烟气流经两级除雾器除雾，将清洁烟气中所携带的浆液雾滴去除。同时按特定程序不时地用工艺水对除雾器进行冲洗。进行除雾器冲洗有两个目的：①防止除雾器堵塞；②冲洗水同时作为补充水，稳定吸收塔液位。

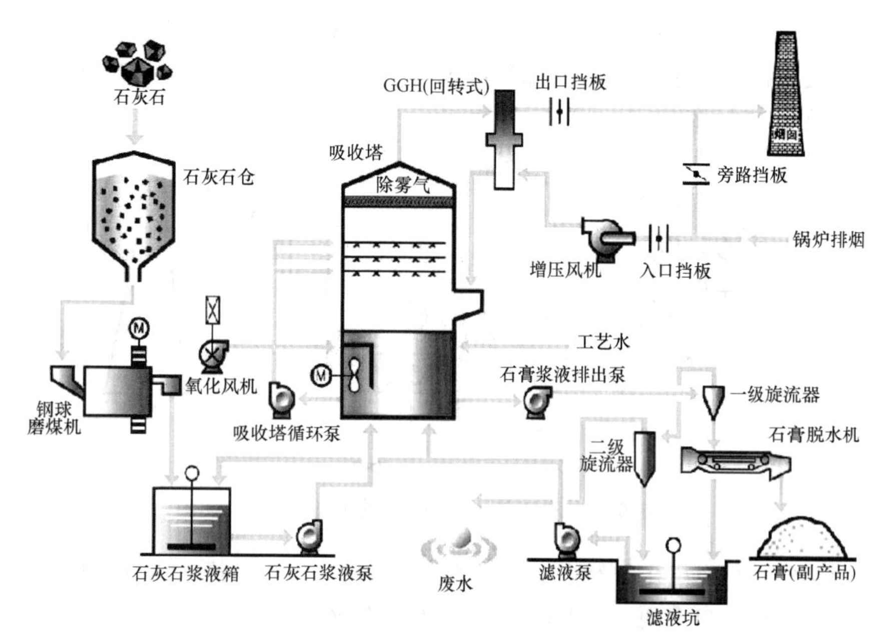

图 6-1 石灰石—石膏湿法烟气脱硫工艺流程图

在吸收塔出口，烟气一般被冷却到 46～55℃，且为水蒸气所饱和。通过 GGH 将烟气加热到 80℃以上，以提高烟气的抬升高度和扩散能力。最后，洁净的烟气通过烟道进入烟囱排向大气。

（二）脱硫系统主要设备

1. 石灰石浆液制备系统

石灰石浆液制备系统包括石灰石卸料及储存、石灰石浆液磨制、石灰石浆液输送和石灰石浆液供应等。该系统的任务是为脱硫系统提供足够数量和符合质量要求的石灰石浆液。

石灰石浆液制备通常分湿磨制浆与干粉制浆两种方式。不同的制浆方式所对应的设备也各不相同。至少包括以下主要设备：磨煤机（湿磨时用）、粉仓（干粉制浆时用）、浆液箱、搅拌器、浆液输送泵。

石灰石仓在顶部设有进料口，底部设有出料口，每个出料口各配一个振动给料斗。每个振动给料斗与输送皮带配套，将石灰石经皮带秤重给料机送往湿式磨煤机进行研磨，同时湿式磨煤机内按比例加入来自石膏脱水系统的滤液。研磨后湿式磨煤机的溢流自流到浆液罐，然后由浆液泵输送到石灰石浆旋流分级站，含有粗颗粒石灰石的旋流分级底流返回湿式磨煤机入口，而旋流分级后的溢流则作为产品流入石灰石浆液中间槽。经过磨制后的石灰石浓度约为 25%，粒度为 325 目，石灰石浆液约占 90%以上。

2. 烟气系统

烟气系统按一套机组配备一套脱硫装置设计，由烟风道、脱硫增压风机、挡板门及其辅助设备组成。

烟气挡板是脱硫装置进入和退出运行的重要设备，分为 FGD 主烟道烟气挡板和旁路烟气挡板。前者安装在 FGD 系统的进出口，由双层烟气挡板组成，当关闭主烟道时，双层烟气挡板之间连接密封空气，以保证 FGD 系统内的防腐衬胶等不受破坏。旁路挡板安装在原锅炉烟道的进出口。当 FGD 系统运行时，旁路烟道关闭，这时烟道内连接密封空气。旁路烟气挡板设有快开机构，保证在 FGD 系统故障时迅速打开旁路烟道，以确保锅炉的正常运行。各烟气挡板见图 6-2。

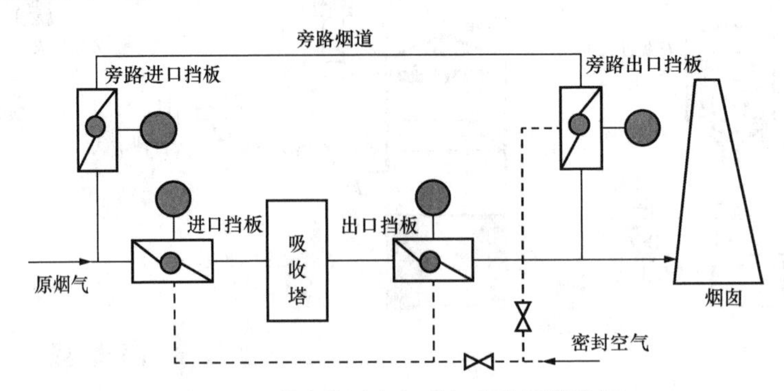

图 6-2　脱硫装置主烟道与旁路烟道挡板

烟气从原钢结构烟道引出，经烟道进口挡板进入增压风机，经增压风机升压后进入吸收塔。烟气在吸收塔内与自上而下的循环石灰石/石膏浆液逆流充分接触后，烟气中的 SO_2 溶解于石灰石/石膏浆液并被吸收，大部分烟尘被截流，进入石灰石/石膏浆液。洗涤后的烟气通过除雾器排出吸收塔，经烟道出口挡板返回到钢烟道净烟气接口，并通过烟囱排放。

可以设置一台调节范围在 30%～100%的动叶/静叶可调轴流式风机，提高装置的整体经济性能；通过切换旁路挡板和脱硫装置进、出口挡板的开关，实现“脱硫装置的运行”和“脱硫装置的旁路运行”，保证在任何情况下不影响发电机组的安全运行。

3. SO_2 吸收系统

SO_2 吸收系统是石灰石—石膏湿法脱硫装置的核心部分，主要由吸收区域、浆液循环泵、持浆槽、除雾器和氧化系统五部分组成。

在吸收塔内，烟气中的 SO_2 被吸收浆液洗涤并与浆液中的 $CaCO_3$ 发生反应，反应生成的亚硫酸钙在吸收塔底部的持液槽被氧化风机送入的空气强制氧化，最终生成石膏。石膏由浆液排出泵排出，送入石膏脱水系统脱水。烟气从吸收塔出来，经过二级除雾器，以除去脱硫后烟气夹带的细小液滴，使烟气在含雾量低于 100mg/m^3（标准状态下，干态）下排出。吸收塔顶部布置有排气挡板，在正常运行时挡板是关闭的。当 FGD 装置走旁路或停运时，排气挡板开启。当旁路挡板开启、原烟气挡板和净烟气挡板关闭时，开启吸收塔排气挡板，其目的是消除在吸收塔氧化风机还在运行时或停运后冷却下来时产生的与大气的压差。

4. 石膏脱水系统

石膏脱水系统包括吸收塔排出泵系统、石膏旋流器、真空皮带脱水机和废水旋流站。在吸收塔持液槽中石膏不断产生，为了保持浆液密度在一定范围内，将石膏浆液（15%～20%固含量）通过浆液泵打入石膏旋流器脱水站。该站包括一个水力旋流器及浆液分配器，将石膏浆液中的部分水分予以脱除，使得底流石膏固体含量达 50%。底流直接进入真空皮带脱水机进行过滤冲洗，得到主要副产物石膏饼，石膏饼送入石膏仓库存放。溢流被送往废水旋流站进一步处理，再次旋流分离后，得到含 3%的溢流进入废水箱，10%的底流最终返回 FGD 系统循环使用。

5. FGD公用系统

FGD公用系统主要由工艺水和压缩空气系统构成。一般两个吸收塔设有一个工艺水箱。工艺水箱配有工艺水泵和除雾器冲洗水泵。在FGD装置中，水的损耗主要用于石膏附带水分、结晶水以及蒸发水，需要通过新鲜工艺水来补充。工艺水系统还提供除雾器运行中的冲洗、浆液道（设备）停运后的清洗以及转动机械的冷却密封用水。

FGD系统所需要的仪用空气和杂用空气一般来自电厂压缩空气系统，在脱硫岛区域分别设置仪用空气和杂用空气的储气罐。仪用空气输送到FGD系统内各个气动阀、气动控制阀和真空皮带脱水机皮带纠偏装置，还用作烟道压力、流量测点和CEMS的吹扫气；杂用空气主要用于换热器吹扫和设备检修。

6. 废水处理系统

废水处理系统采用石灰乳中和、PAC和PAM凝聚、水平沉淀池沉淀、叠片式过滤器过滤的处理工艺。包括四个分系统：石灰乳及絮凝剂投加系统、过滤系统、压滤系统、清水送出系统。

废水处理工艺步骤如下：①用氢氧化钙/石灰浆$Ca(OH)_2$进行碱化处理，通过设定最优的pH值范围，使得部分重金属以氢氧化物的形式沉淀出来；②通过添加絮凝剂和助凝剂，使固体沉淀物以更易沉淀的大粒子絮凝物的形式絮凝出来；③在沉淀池将固体物从废水中分离后送到过滤系统；④将氢氧化物泥浆输送至压滤系统；⑤加入硫酸调节pH值；⑥处理后的废水排入冲渣系统。

四、石灰石—石膏湿法烟气脱硫装置的控制系统

（一）概述

石灰石—石膏湿法烟气脱硫装置运行控制的目的是提高脱硫效率，降低石灰石消耗，保证装置的安全与经济运行。现代大型火电厂的烟气脱硫装置均采用DCS实现脱硫装置的启动、正常运行工况的监视，以及调整、停机和事故处理。其功能包括：数据采集与处理DAS、模拟量控制MCS、顺序控制SCS及联锁保护、脱硫变压器和脱硫厂用电源系统监控等。

燃煤电厂烟气脱硫的辅助系统一般采用专用就地控制设备，即PLC＋上位机的控制方式。包括：石灰石或石灰石粉卸料和存储控制、浆液制备系统控制、皮带脱水机控制、石膏存储和石膏处理控制、脱硫废水控制、GGH的控制等。

当烟气脱硫装置采用DCS来实现全过程的自动调节与程序控制时，整个系统按被控对象分解为下列各控制子系统：①吸收系统的控制，包括吸收塔浆液pH值控制、吸收塔浆液液位控制、吸收塔排出石膏浆液流量控制等；②烟风系统的控制，包括增压风机烟气压力（流量）控制、旁路挡板压差控制、事故挡板控制等；③石灰石浆液供给系统的控制，包括石灰石浆液箱的液位控制与石灰石浆液浓度控制等；④石膏脱水系统的控制，包括真空皮带脱水机石膏层厚度控制与滤液水箱水位控制等；⑤工艺水及冲洗系统的控制，包括除雾器冲洗控制、吸收塔浆液管道冲洗控制与工艺水箱液位控制等；⑥废水处理装置的运行控制。

（二）脱硫装置运行的主要控制系统

1. 吸收塔浆液pH值控制

吸收塔内浆液的pH值是由送入脱硫吸收塔的石灰石浆液的流量来进行调节与控制的，

也常被称为石灰石浆液补充控制。控制的目的是获得最高的石灰石利用率、保证预期的 SO_2 脱除率及提高脱硫装置适应锅炉负荷变化的灵活性。

吸收塔内的石灰石浆液 pH 值在一定范围内时，pH 值增大，脱硫效率提高，pH 值降低，脱硫效率随之降低。通常，浆液 pH 值应维持在 5.0～5.8 范围内。当吸收塔浆液 pH 值降低时，需要增大输入的石灰石浆液流量；当 pH 值增大时，则相应减小输入的石灰石浆液流量。

脱硫装置运行中，可能引起吸收塔浆液 pH 值变化或波动的主要因素为烟气量与烟气中 SO_2 的浓度，以及石灰石浆液的浓度和供给量等。

由于吸收塔内的持液量很大，相对于烟气量变化的速率，浆液 pH 值发生变化的速率要缓慢得多，烟气量的变化不能迅速地体现为 pH 值的变化，即被控量（pH 值）的迟滞与惯性较大。因此，单独依靠浆液 pH 值的检测信号与 pH 值设定值进行比较的反馈控制系统，将不能得到良好的控制质量，而必须采用锅炉烟气量与烟气中 SO_2 的浓度作为控制系统的前馈信号。

但是一般情况下锅炉侧均不设置烟气量的在线检测表计，因此，必须由锅炉的其他在线检测参数来间接得到烟气量。如果锅炉煤质稳定，则烟气量与锅炉负荷呈线性关系；但如果锅炉煤质变化或过量空气系数变化，即使锅炉负荷不变，烟气量也会发生变化。因此，仅仅依据锅炉负荷并不能较理想地反映烟气量的变化。锅炉的送风量既反映锅炉负荷的变化，也反映燃烧煤质及过量空气系数的变化，总是与烟气量呈线性关系，而且锅炉侧通常设置检测送风量的表计。因此，可以将锅炉负荷与送风量一起连同实时检测的原烟气中 SO_2 的浓度作为控制系统的前馈信号。

吸收塔浆液 pH 值控制系统设计有单回路加前馈和串级加前馈两种方式。

（1）单回路加前馈控制。吸收塔内浆液 pH 值单回路加前馈控制系统结构图如图 6-3 所示。图中前馈控制器用来克服由于烟气量与烟气中 SO_2 浓度的变化对被控量 pH 值造成的影响；反馈控制器将浆液 pH 测量值与设定的 pH 值进行比较、运算，运算结果再与前馈控制器的输出信号相叠加；前馈控制与反馈控制共同作用产生一个控制指令，来调节石灰石浆液供给阀门的开度，改变石灰石浆液流量，使吸收塔内浆液 pH 值维持在设定值上。系统原理框图如图 6-4 所示。

（2）串级加前馈控制。吸收塔内浆液 pH 值串级加前馈控制系统结构图如图 6-5 所示。图 6-5 与图 6-3 的主要区别在于增加了石灰石浆液流量测量仪表，流量测量值要比 pH 测量值更快、更直接。为了防止依据 pH 测量值可能造成的过调，采用流量测量值构成一个副反馈回路，pH 测量值构成主反馈回路。图中，主控制器接收浆液 pH 测量值，副控制器接收送入吸收塔的石灰石浆液流量测量值。主控制器的输出作为副控制器的设定值，副控制器的输出与前馈控制器的输出相叠加，来控制石灰石浆液供给阀门的开度，改变石灰石浆液流量，使吸收塔内浆液 pH 值维持在设定值上。串级回路由于引入了副回路，改善了对象的特性，使调节过程加快，具有超前控制的作用，并具有一定的自适应能力，从而有效地克服了滞后，提高了控制质量。系统原理框图如图 6-6 所示。

图 6-7 所示为某电厂吸收塔内浆液 pH 值控制系统逻辑图。整个控制回路采用串级控制，pH 值控制作为一级控制，石灰石浆液流量控制作为二级控制，一级控制器的输出加上修正后的理论石灰石浆液流量作为二级控制器的设定值。在该控制回路中，石灰石浆液流量

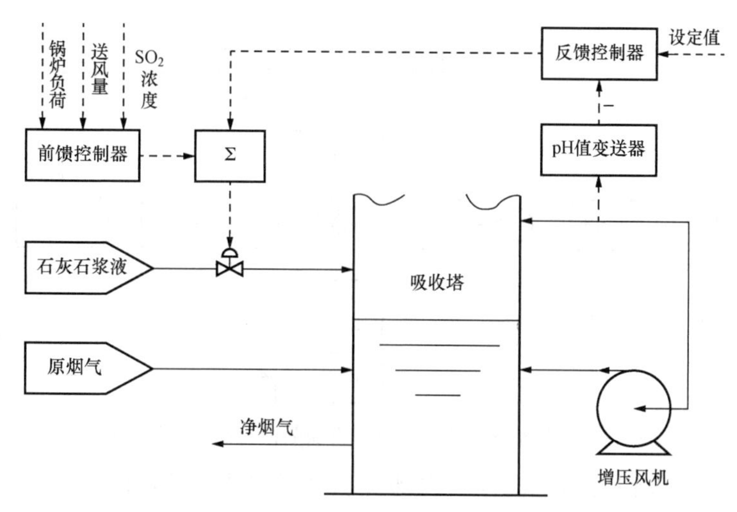

图 6-3　吸收塔浆液 pH 值单回路加前馈控制系统结构图

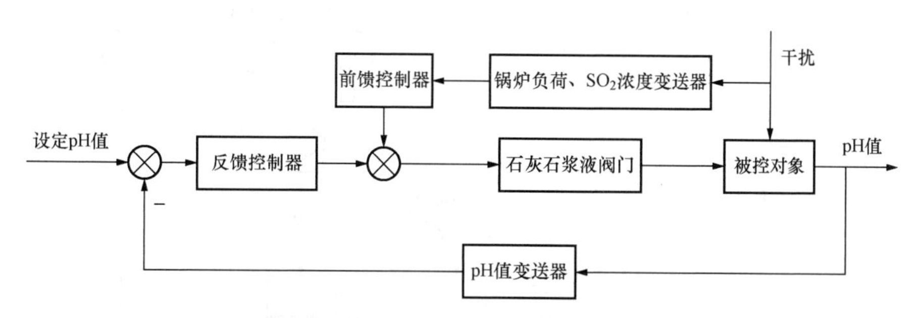

图 6-4　吸收塔浆液 pH 值单回路加前馈控制系统原理图

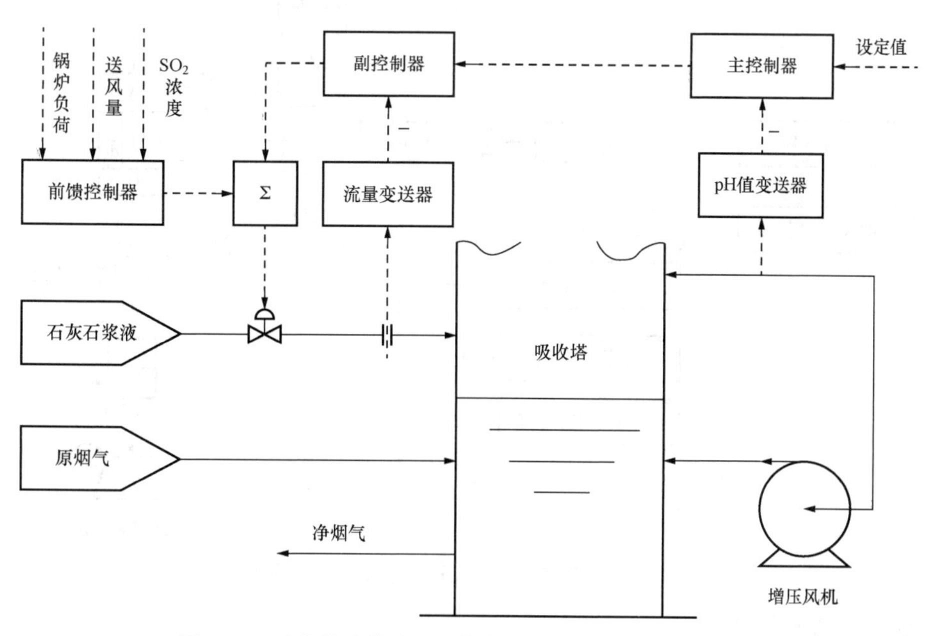

图 6-5　吸收塔内浆液 pH 值串级加前馈控制系统结构图

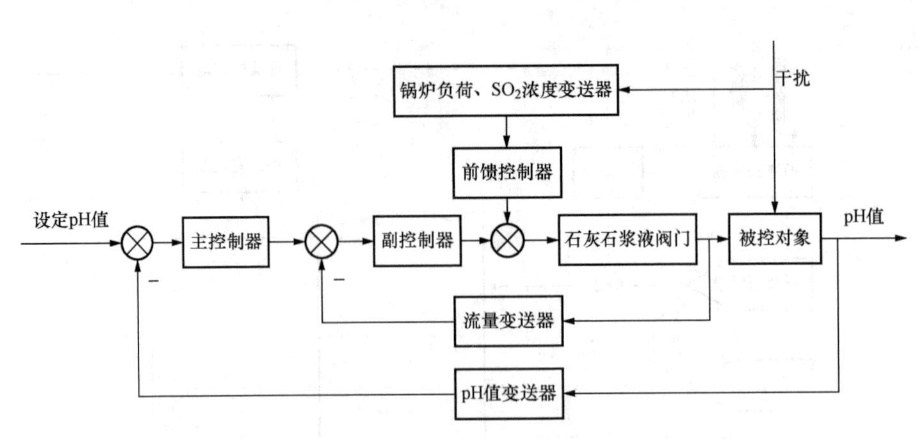

图 6-6　吸收塔浆液 pH 值串级加前馈控制系统原理图

控制作为内回路具有较快的响应时间，内部扰动可以快速得到消除；pH 值控制则是外回路，对象容积大，响应非常缓慢，因此作为前馈的 SO_2 量可以弥补外回路惯性大的不足。

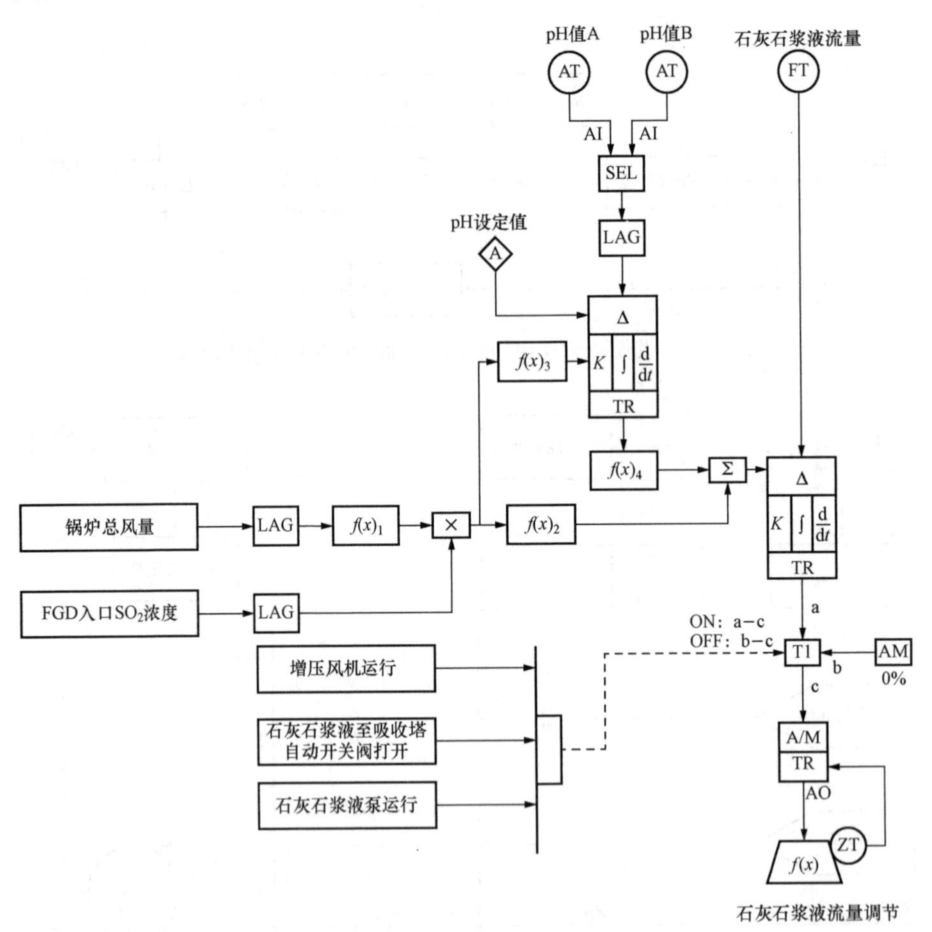

图 6-7　吸收塔内浆液 pH 值控制系统逻辑图

2. 增压风机压力控制

增压风机又称脱硫风机（Boost Fan，BF），是用于克服烟气脱硫（FG）装置的烟气阻力，将原烟气引入脱硫系统，并稳定锅炉引风机出口压力的主要设备。在加装脱硫装置的情况下，锅炉送风机和引风机无法克服 FGD 的烟气阻力。因此，锅炉加装 FGD 装置时，必须增设一台独立的增压风机（比如动叶可调轴流式风机）。

由于锅炉的负荷变化，流过脱硫装置的烟气量及其造成的压力损失也随之变化，所以需要设置专门的控制回路来控制增压风机的叶片调节机构，以控制脱硫装置进口烟道的压力值。

增压风机压力控制回路采用复合控制，系统结构图如图 6-8 所示。为了跟踪锅炉负荷的变化，采用锅炉负荷作为控制系统的前馈信号，采用增压风机入口烟道压力测量值作为反馈信号。将压力测量值与不同锅炉负荷下的设定值进行比较，得到的差值信号与锅炉负荷信号相叠加，前馈与反馈控制共同作用产生一个调节信号，来控制增压风机的叶片调节机构，使增压风机入口烟道压力值维持在设定值。

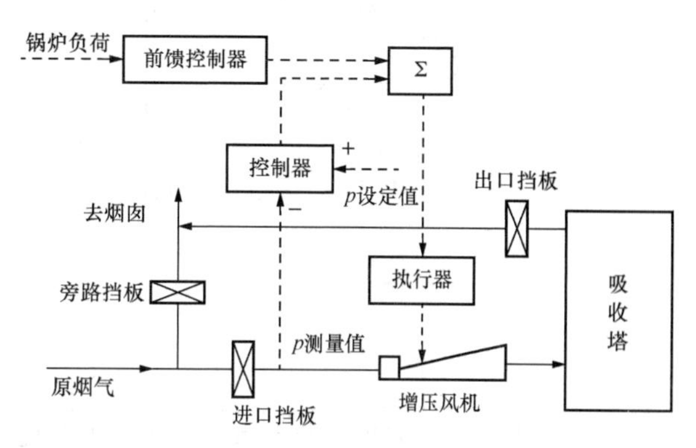

图 6-8　增压风机压力控制系统结构图

图 6-9 所示为某电厂增压风机压力控制系统逻辑图。系统以锅炉送风机入口空气量为前馈信号，对增压风机出口压力进行控制，其目标是稳定增压风机的入口压力，减小增压风机的出力。另外，锅炉负荷指令也可作为增压风机前馈控制的一部分，分别通过函数变换以补偿相关的控制调节量。

该控制回路针对 FGD 系统设置一台动叶可调增压风机。函数 $f(x)_1$ 为锅炉总风量—动叶开度函数，是增压风机的主前馈信号。在正常运行的情况下，旁路挡板处于关闭状态，烟气增压风机按前馈加反馈的控制模式运行。在启停或非正常运行的情况下，旁路挡板处于打开状态，烟气增压风机则仅通过前馈信号（锅炉送风机的入口空气量）调整导叶开度，保证烟气的流通。

考虑到对增压风机 BUF 的机械保护以及系统内部压力的稳定性等因素，在出现以下情况时控制器将由自动控制模式切换至手动控制模式并跟踪输出值：①失速（差压大于 500Pa 且动叶开度大于 42°，根据具体项目风机情况确定）；②PID 输入偏差超过 5%；③入口压力测点故障；④入口压力高低报警值切除压力自动；⑤锅炉风量信号故障。

另外，BUF 动叶的最大开度限制在 70%以内（根据具体项目具体工况确定）。

3. 吸收塔浆池液位控制

吸收塔浆池液位控制系统用于脱硫装置运行中控制吸收塔浆池的液位，维持吸收塔内足够的持液量，保证脱硫的效果。吸收塔浆池的液位是通过调节工艺水进水量来控制的，由于浆液中水分蒸发和烟气携带水分的原因，流出吸收塔的烟气所携带的水分要高于进入吸收塔的烟气水分，所以需要不断地向吸收塔内补充工艺水，以维持脱硫塔的水平衡。在维持液位的同时也起到调节补水量、调节吸收塔浆液浓度的作用，控制吸收塔浆液浓度的主要手段是控制石膏浆液的排放量。

吸收塔浆池液位控制系统的被控量为浆池液位；控制量为输入脱硫塔的工艺水流量，补

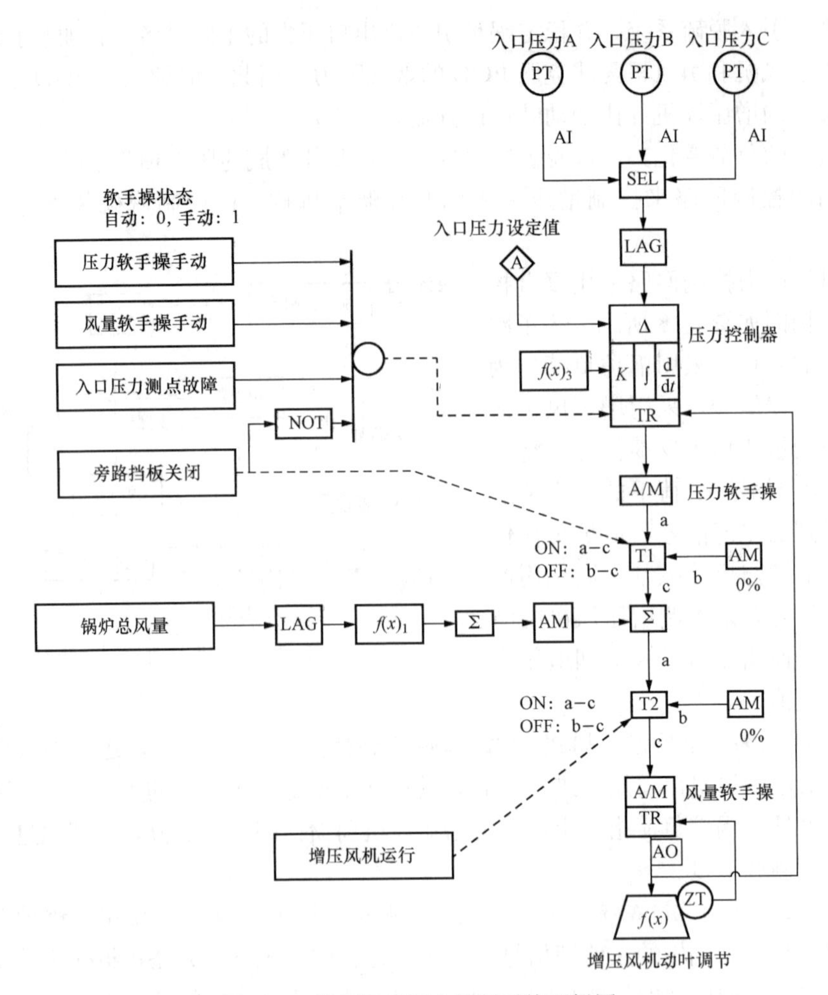

图 6-9　增压风机压力控制系统逻辑图

充水均是以除雾器冲洗水送入的。吸收塔浆池液位是通过控制除雾器冲洗间隔时间来实现的，采取间歇补水方式，吸收塔浆池液位控制系统为闭环断续控制系统。

由于吸收塔浆液损失的水量与进入的烟气量（或烟气温度）成正比，当烟气量增加时，蒸发与携带的水量也随之增大，将使液位下降速率增快；而且，脱硫塔的横截面很大，单靠水位偏差信号控制进水量，其控制速度会比较缓慢。因此，吸收塔浆液池液位控制系统将烟气量（锅炉负荷）作为水位控制的提前补偿信号，来补偿烟气量变化对液位的影响，以克服液位控制的较大惯性，加快控制速度。

图 6-10 所示为吸收塔浆液池液位闭环断续控制系统原理框图。控制系统的作用是启动除雾器冲洗顺控，冲洗水阀门为电动阀门，接受开关量信号 W。在 $W=1$ 时开启补水阀，进入除雾器冲洗顺控，结束后关闭补水阀。开关量 W 是基于图中的运算回路形成的。

运算回路首先将进入吸收塔的烟气量测量值进行运算变换得到 A；A 经乘法器与液位测量值 h 相乘，再经除法器除以液位设定值，得到一个经烟气量补偿的比较值 B；液位设定值 h_0 经积分器输出积分值 C，用比较器比较 B 与 C 的值，当 $B=C$ 时，触发器输出 $W=1$，启动除雾器冲洗顺控，同时将 C 清零，除雾器冲洗顺控结束后进入新一轮等待时间。C 的上升速率由积分器设定的积分时间常数 T 来控制。该系统为单向补水调节，运行调整中需要根据吸收塔中水分实际消耗量调整除雾器阀门开启最长等待时间（即积分时间常数 T），延长等待时间，可相应减少吸收塔的补充水量，避免液位上涨。

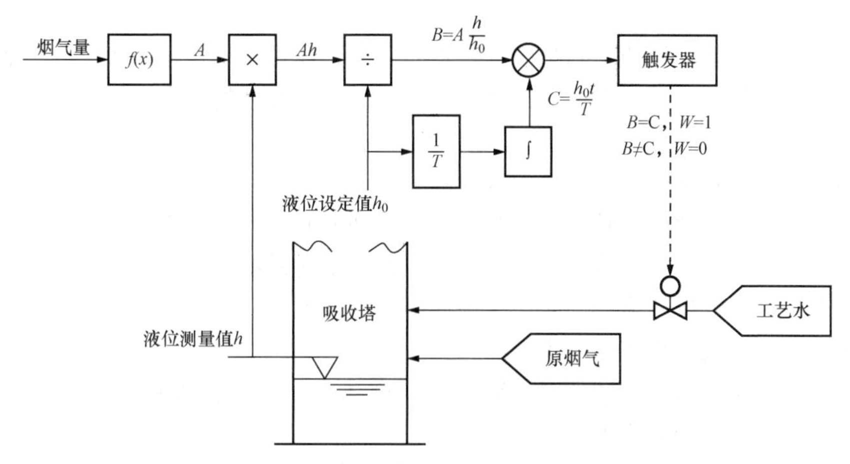

图 6－10　吸收塔浆池液位控制系统原理图

4．吸收塔石膏浆液排出控制

脱硫吸收塔运行中，需要从浆池底部排放浓度较高的石膏浆液，以维持脱硫塔的质量平衡及合适的浆液浓度。过高的浆液浓度会造成浆液管道堵塞；过低的浓度会降低脱硫效率。吸收塔石膏浆液为断续排放，因此石膏浆液的脱水系统也是以间歇方式运行的，吸收塔石膏浆液排放的开关指令同时送给石膏浆液脱水控制系统。

该控制系统为单回路闭环断续控制系统。

目前，常采用两种石膏浆液排出流量控制方式，其区别在于所依据的检测参数不同。

（1）依据石灰石浆液供给量。根据进入吸收塔的石灰石浆液量与流出吸收塔的石膏浆液量的质量平衡关系，由检测的石灰石浆液质量流量计算出应排出吸收塔的石膏浆液的质量流量，依据计算得到的二者之间的线性比例关系，通过开、关石膏排出泵与阀门来控制吸收塔石膏浆液排出。

（2）依据浆液浓度检测参数。需要在浆液循环泵出口的管道上或者石膏浆排放泵出口管道上布置浆液浓度计，实时检测浆液的浓度值，根据检测值与设定值的差值来控制石膏浆液排出泵与阀门的开启与关闭。还可以进一步采用进入吸收塔的石灰石浆液量作为前馈信号，构成单回路加前馈的控制系统。

也有依据吸收塔浆液的液位来控制石膏浆排放量的，但必须同时有其他检测或计算参数作为辅助参数，如浆液浓度、石灰石浆液补给流量等。

5．石灰石浆液箱的液位与浓度控制

石灰石浆液箱液位是依据检测的液位信号，采用单回路闭环控制系统进行控制的。石灰石浆液浓度的控制可通过保持石灰石给料量和工艺水（与过滤水）的流量的比率恒定来实现，以开环方式控制石灰石浆液的浓度；也有依据布置在石灰石浆液泵出口管道上的浓度计检测的浆液浓度，来实现闭环控制的。

6．真空皮带脱水机石膏层厚度控制

在石膏脱水运行中需要保持皮带脱水机上滤饼稳定的厚度，因此，根据厚度传感器检测的皮带脱水机上滤饼厚度，采用变频调速器来调整和控制皮带脱水机的运动速度。该系统为单回路反馈控制系统。

五、脱硫装置的顺序控制、保护与联锁

（一）顺序控制

脱硫装置顺序控制的目的是满足脱硫装置的启动、停止及正常运行工况的控制要求，并实现脱硫装置在事故和异常工况下的控制操作，保证脱硫装置的安全。顺序控制的具体功能包括：

（1）实现脱硫装置主要工艺系统的自启停。

（2）实现吸收塔及辅机、阀门、烟气挡板的顺序控制、控制操作及试验操作。

（3）实现辅机与其相关的冷却系统、润滑系统、密封系统的联锁控制。

（4）在发生局部设备故障跳闸时，联锁启停相关设备。

（5）实现脱硫厂用电系统的联锁控制。

脱硫工艺的顺序控制及联锁功能可纳入脱硫 DCS，也可采用 PLC 实现。

脱硫装置顺序控制的典型项目包括：

（1）脱硫装置烟气系统的顺控，具体为 FGD 的进口与出口烟气挡板，旁路进口与出口烟气挡板的开启与关闭操作。为了确保脱硫装置和机组安全运行，通常配置旁路挡板的后备操作设备。

（2）除雾器系统的顺控，具体为各层冲洗水的开启与关闭操作。

（3）吸收塔浆液循环泵的顺控，具体为循环泵的电动阀、排污阀、冲洗水阀及循环泵的开启与关闭操作。

（4）石灰石浆液泵的顺控，具体为浆液泵的电动阀、排污阀、冲洗水阀及浆液泵的开启与关闭操作。

（5）石膏浆液泵的顺控，具体为浆液泵的电动阀及泵的开启与关闭操作。

（6）工艺水泵的顺控，具体为水泵的电动阀、排污阀、冲洗水阀及循环泵的开启与关闭操作。

（7）排放系统的顺控操作。

（8）电气系统的顺控操作。

（二）保护与联锁

当脱硫装置在启停或运行过程中发生危及设备和人身安全的工况时，为防止事故发生和避免事故扩大，监控设备自动采取保护动作措施。保护动作可分为三类动作形态：

（1）报警信号。向操作人员提示机组运行中的异常情况。

（2）联锁动作。必要时按既定程序自动启动设备或自动切除某些设备及系统，使机组保持原负荷运行或减负荷运行。

（3）跳闸保护。当发生重大故障，危及设备或人身安全时，实施跳闸保护，停止整个装置（或某一部分设备）运行，避免事故扩大。

脱硫运行中的保护与报警的内容包括：①工艺系统的主要热工参数、化工参数和电气参数偏离正常运行范围；②热工保护动作及主要辅机设备故障；③热工监控系统故障；④热工电源、气源故障；⑤辅助系统及主要电气设备故障。

脱硫运行中保护与联锁的典型项目包括：①FGD 装置的保护，FGD 装置停运保护的工

况包括两台浆液循环泵都故障停运、正常运行时 FGD 入口或出口挡板关闭、FGD 系统失电、FGD 入口烟温超过规定值、GGH 发生故障等；②烟气挡板的保护与联锁；③密封风机的保护与联锁；④除雾器系统的联锁；⑤循环泵的保护与联锁；⑥吸收塔搅拌器的保护与联锁；⑦氧化风机的保护与联锁；⑧石灰石浆液泵的保护与联锁；⑨石灰石浆液罐液位及搅拌器的保护与联锁；⑩石膏浆液泵及电动门的保护与联锁；⑪石膏浆罐液位及搅拌器的保护与联锁；⑫工艺水箱液位的保护与联锁。

第二节　烟气脱硝控制系统

随着我国电力建设的迅速发展，大气和酸雨污染日益严重。特别是近年来，大城市 NO_x 污染严重，区域性 NO_x 污染逐渐加剧。研究结果显示，NO_x 排放量的增加使得我国酸雨污染由硫酸型向硫酸和硝酸复合型转变，硝酸根离子在酸雨中所占的比例从 20 世纪 80 年代的 1/10 逐步上升到近年来的 1/3。

一、NO_x 的危害

燃煤发电过程中产生的众多气态污染物中，NO_x 危害很大且很难处理。煤燃烧产生的 NO_x 主要包括一氧化氮（NO）、二氧化氮（NO_2）及少量其他氮的氧化物。其中 NO 排到大气中很快就会被氧化成 NO_2。NO 和 NO_2 都是有毒气体，其中 NO_2 的毒性很大，是 NO 的 5 倍。

NO_2 是一种红棕色有毒的恶臭气体。空气中浓度达到 0.1×10^{-6} 就可闻到，$(1\sim4)\times10^{-6}$ 即有恶臭，而 25×10^{-6} 就恶臭难闻了。NO_2 对人类和动植物的危害很大，见表 6-1。更为严重的是，NO_2 在日光作用下会产生新生态氧原子（$NO_2 \xrightarrow{\text{光合作用}} NO+O$），而新生态氧原子在大气中将会引起一系列连锁反应并与未燃尽的碳氢化合物一起形成光化学烟雾，其毒性更强。

表 6-1　　NO_2 对人类和动植物的影响

<table>
<tr><th>NO_2 浓度（$\times10^{-6}$）</th><th>影响</th><th>NO_2 浓度（$\times10^{-6}$）</th><th>影响</th></tr>
<tr><td rowspan="2">0.5</td><td rowspan="2">连续 4h 暴露，肺细胞病理组织发生变化；连续 3～12 个月，在支气管部位有肺气肿感染，抵抗力减弱</td><td>10～15</td><td>眼、鼻、呼吸道受到刺激</td></tr>
<tr><td>25</td><td>人只能短时暴露</td></tr>
<tr><td>～1</td><td>闻到臭味</td><td rowspan="2">50</td><td rowspan="2">1min 内就会感到呼吸道异常，鼻受刺激</td></tr>
<tr><td rowspan="2">2.5</td><td rowspan="2">超过 7h，豆类、西红柿等农作物的叶变白</td></tr>
<tr><td>80</td><td>3min 内感到胸痛</td></tr>
<tr><td>3.5</td><td>超过 2h，动物细菌感染增大</td><td>100～150</td><td>0.5～1h 就会因肺水肿而死亡</td></tr>
<tr><td>5</td><td>闻到强烈恶臭</td><td>200 以上</td><td>立即死亡</td></tr>
</table>

大气被 NO_2 污染后还会使得机器设备和金属建筑物过早损坏，妨碍和破坏植物的生长，降低大气的可见度，阻碍热力设备出力的提高，甚至使设备的效率降低。

因此，为了防止 NO_2 及其引起的光化学烟雾的危害，必须抑制煤炭等燃料燃烧时 NO_x 的生成。

二、NO_x 的产生

煤燃烧产生的 NO_x 主要来自两部分：一部分是燃烧时空气带进来的氮，在高温下与氧反应所生成的 NO_x，称为热力型 NO_x（Thermal NO_x）；另一部分是燃料中固有的氮化合物经过复杂的化学反应所生成的，称为燃料型 NO_x（Fuel NO_x）。这两部分 NO_x 的形成机理是不同的。除此之外，还有一部分是分子氮在火焰前沿的早期阶段，在碳氢化合物的参与影响下，通过中间产物转化成的 NO_x，称为瞬发（或快速）型 NO_x（Prompt NO_x），这部分数量很少，一般不予考虑。

综上所述，影响燃料燃烧时 NO_x 生成的主要因素有以下几方面：

（1）燃料中氮化合物的含量。氮化合物含量越高，燃料型 NO_x 生成就越多。例如气体燃料中氮化合物含量极少，因此燃烧时生成的 NO_x 几乎都是空气中的氮转化来的；而燃烧固体燃料煤，特别是燃烧煤粉时，烟气中的 NO_x 绝大部分（90%）是由燃料中的固有氮化物转化而来的；液体燃料则介于上述两者之间。

（2）火焰温度（或燃烧区的温度）和高温下的燃烧时间（或滞留时间）。温度越高，NO_x 越易生成，特别是热力型 NO_x。在 2000℃以上时 NO 几乎可以在瞬间氧化而成；在 1600～2000℃范围内，如果持续时间较长，也易生成 NO_x，若时间较短，则 NO_x 的生成速度就慢一些；在 1500℃以下时，热力型 NO_x 的生成速度显著减慢，但燃料型 NO_x 的生成速度不变。

（3）燃烧区中氧的浓度。燃烧区中氧浓度增大，则不论热力型 NO_x 还是燃料型 NO_x，其生成量都增大。此外，当氧量供应适中时，燃烧温度较高，更易生成 NO_x。若空气供应不足，氧量减少，此时燃烧不完全，燃烧温度下降，这样虽然使 NO_x 生成量减少，但会使碳黑及 CO 等增多。如果空气大量过量，燃烧区中氧量与氮量虽然明显增加，但由于此时燃烧温度下降反而会导致 NO_x 生成减少，同时 NO_x 浓度也被大量过量空气所稀释而下降。

在以上各因素中，火焰温度对 NO_x 的生成有很大的影响。温度越高，NO_x 生成越多。此外，NO_x 的生成还与燃烧方式和燃烧装置的形式有很大关系。

三、NO_x 的控制措施

1. 热力型 NO_x 的控制

由前面的分析可知，高温和高的氧浓度是产生热力型 NO_x 的根源。因此，减少热力型 NO_x 可采取以下措施：

（1）减少燃烧最高温度区域范围。

（2）降低燃烧峰值温度。

（3）降低燃烧的过量空气系数和局部氧气浓度。

2. 燃料型 NO_x 的控制

燃料型 NO_x 是由于燃料中的氮在燃烧过程中成离子析出与含氧物质反应形成的。燃料中的氮并非全部转化成 NO_x，依据燃料和燃烧方式的不同而存在一个转化率，该转化率一般为 15%～30%。因此，控制燃料型 NO_x 的产生可采取以下措施：

（1）减小过量空气系数。

（2）控制燃料与空气的前期混合。

（3）提高入炉的局部燃烧浓度。

（4）利用中间生成物反应降低 NO_x。

根据上述 NO_x 的形成特点，可把 NO_x 的控制措施分成燃烧前、燃烧中和燃烧后处理三类。

（1）燃烧前脱氮主要将燃料转化为低氮燃料，该方法成本高，工程应用较少。

（2）燃烧中脱氮主要指各种降低 NO_x 的燃烧技术，该方法费用较低，脱硝率不高，但仍然能满足当前及今后短期内的环保要求。

（3）燃烧后脱氮主要指烟气脱硝技术，该方法脱除效率高，随着环保要求的日益严格，高效率的烟气脱硝技术将是主要的发展方向。

因此，从工程应用的角度可将控制火电厂 NO_x 排放的措施分为两大类：一类是通过燃烧技术的改进（包括采用先进的低 NO_x 燃烧器）降低 NO_x 排放量；另一类是尾部加装烟气脱硝装置，其优点是可将 NO_x 排放量降至 $100mg/m^3$（标准状况下）以下，但其初投资及运行费用高，在德国、日本等国家得到了应用，我国也正在大规模推广应用。

四、选择性催化还原（SCR）技术

锅炉尾部烟气脱硝方法可分成干法和湿法两类。干法有选择性催化还原（Selective Catalytic Reduction，SCR）法、选择性非催化还原（Selective Non-Catalytic Reduction，SNCR）法、活性炭吸附法及联合脱硫脱氮方法等；湿法有分别采用水、酸、碱液吸收法，氧化吸收法和吸收还原法等。由于投资成本及运行操作等方面的原因，火电厂中应用最多的技术是 SCR，其次为 SNCR，其他方法应用较少。SCR 以其技术成熟、脱硝效率高（能达到 70%～90%或以上）等优点，在电厂中得到广泛应用。

1. SCR 反应的基本化学原理

在 SCR 反应过程中，通过加氨（NH_3）可以把 NO_x 转化为空气中天然含有的氮气（N_2）和水（H_2O）。主要的化学反应方程式为

$$4NO + 4NH_3 + O_2 \longrightarrow 4N_2 + 6H_2O$$
$$6NO + 4NH_3 \longrightarrow 5N_2 + 6H_2O$$
$$6NO_2 + 8NH_3 \longrightarrow 7N_2 + 12H_2O$$
$$2NO_2 + 4NH_3 + O_2 \longrightarrow 3N_2 + 6H_2O$$

除上述反应式外，还有一些次要的反应，反应原理如图 6-11 所示。

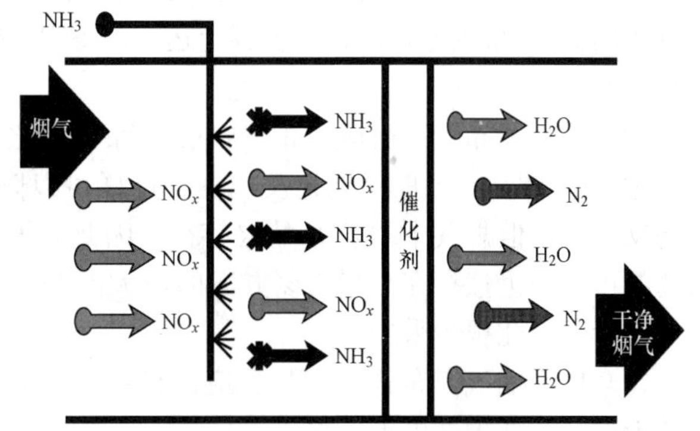

图 6-11　SCR 反应原理

2. SCR 总体布置

SCR 反应器可以安装在锅炉的不同位置，一般有三种情况：高灰段布置、低灰段布置和尾部烟气段布置，见图 6-12。

（1）高灰段布置。SCR 反应器布置在省煤器与空气预热器之间，这里的温度一般为 300～400℃，是适合目前商业催化剂的运行温度。但此时烟气中所含有的全部飞灰和二氧化硫均通过催化剂反应器，反应器是在“不干净”的高尘烟气中工作。催化剂的寿命会受下列因素的影响：

1）烟气所携带的飞灰中含有 Na、Ca、Si、As 等成分时，会使催化剂“中毒”或受污染，从而降低催化剂的效能。

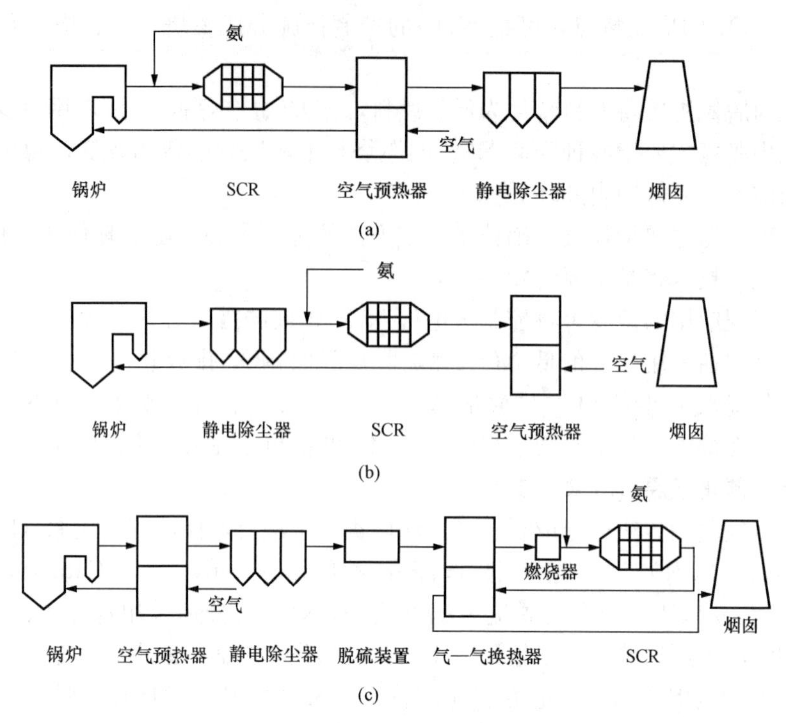

图 6-12　SCR 反应器的布置方式

（a）高灰段布置；（b）低灰段布置；（c）尾部烟气段布置

2）飞灰对 SCR 反应器的磨损。

3）飞灰将 SCR 反应器蜂窝状通道堵塞。

4）如烟气温度升高，会将催化剂烧结，或使之再结晶而失效；如烟气温度降低，NH_3 会与 SO_3 反应生成硫酸铵，从而堵塞 SCR 反应器通道和污染空气预热器。

5）高活性的催化剂会促使烟气中的 SO_2 氧化成 SO_3。

尽管存在诸多缺点，但经与其他方式的比较并考虑其他因素，高灰段布置仍然是一种经济有效的 SCR 布置方式。目前世界上运行的 SCR 装置高灰段布置占有相当大的比例，我国也是如此。

（2）低灰段布置。反应器布置在静电除尘器之后，这时温度一般为 300～400℃。烟气先经过电除尘器，再进入 SCR 反应器，这样可以防止烟气中的飞灰污染催化剂以及磨损或堵塞反应器，但烟气中的 SO_3 始终存在。因此烟气中的 NH_3 和 SO_3 反应生成硫酸铵而发生堵塞的可能性仍然存在。采用该方案的最大问题是静电除尘器无法在 300～400℃ 的温度下正常运行，因此很少采用。

（3）尾部烟气段布置。SCR 反应器布置在 FGD 后，催化剂将完全工作在无尘、无 SO_2 的“干净”烟气中。由于不存在飞灰对反应器的堵塞及腐蚀问题，也不存在催化剂的污染和中毒问题，所以可以采用高活性的催化剂，减少了反应器的体积并使反应器布置紧凑。当催化剂在“干净”烟气中工作时，其工作寿命可达高灰段催化剂使用寿命的两倍。该布置方式的主要问题是将反应器布置在湿式 FGD 脱硫装置后，而低温 SCR 催化剂还没有达到工程应用的程度，其排烟温度仅为 50～60℃。因此，为使烟气在进入 SCR 反应器前达到所需要的反应温度，需要在烟道内加装燃油或燃烧天然气的燃烧器，或蒸汽加热的换热器以加热烟气，从而增加了能源消耗和运行费用。

对于一般燃油或燃煤锅炉，其SCR反应器多选择安装于锅炉省煤器与空气预热器之间。

3. SCR 工艺流程

图6-13所示为SCR烟气脱硝系统简图。SCR系统一般由氨的储存系统、氨与空气混合系统、氨气喷入系统、反应器系统、省煤器旁路、SCR旁路、检测控制系统等组成。

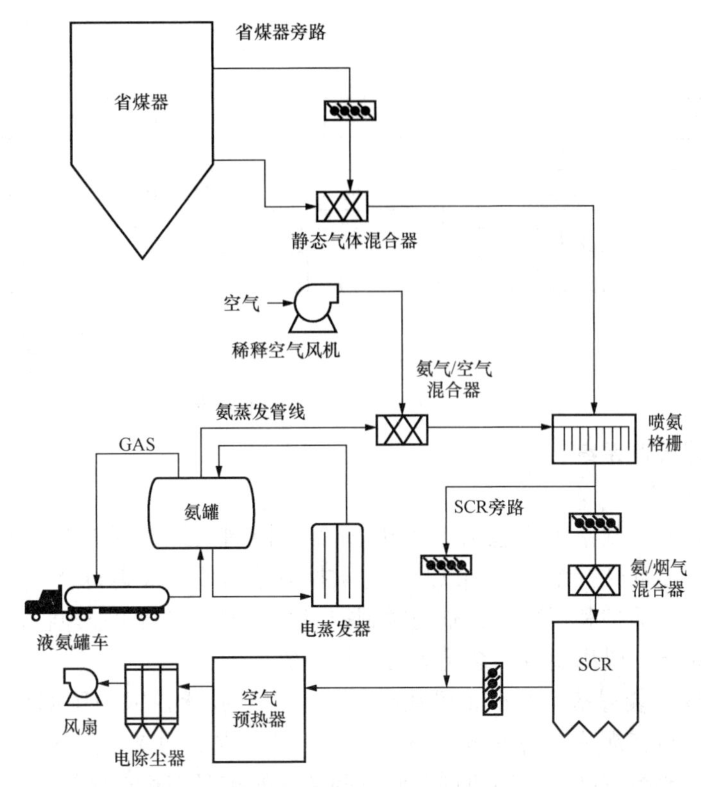

图6-13　SCR脱硝系统

自氨制备区来的氨气与稀释风机来的空气在氨/空气混合器内充分混合。稀释风机流量一般按100%负荷氨量对空气的混合比为5%设计。氨的注入量由SCR进出口NO_x、O_2监视分析仪测量值、烟气温度测量值、稀释风机流量、烟气流量来控制。

混合气体进入位于烟道内的氨喷射格栅，喷入烟道后，或再通过静态混合器与烟气充分混合，然后进入SCR反应器，SCR反应器操作温度可达300～400℃。温度测量点位于SCR反应器进口，当烟气温度在300～400℃范围以外时，温度信号将自动关闭氨进入氨/空气混合器的快速切断阀。

氨与NO_x在反应器内，在催化剂的作用下反应生成N_2和H_2O。N_2和H_2O随烟气进入空气预热器。在SCR进口设置NO_x、O_2、温度监视分析仪，在SCR出口设置NO_x、O_2、NH_3监视分析仪。NH_3监视分析仪监视NH_3的逃逸浓度小于规定值，超过则报警并自动调节NH_3注入量。

在氨气进气装置分管阀后设有氮气预留阀及接口，在停工检修时用于吹扫管内氨气。

SCR反应器内设置蒸汽（耙式）吹灰器或声波吹灰器，吹扫介质一般为蒸汽，根据SCR反应器压差决定吹扫。

在氨存储和制备区，液氨通过卸料软管由槽车内进入液氨储罐。卸车时，储罐内的气体经压缩机加压后进入槽车，槽车内的液体被压入液氨储罐。液氨储罐液位到达高位时自动报警并与进料阀及压缩机电动机联锁，切断进料阀及停止压缩机运行。储罐内的液氨通过出料管至气化器，蒸汽加热后气化为氨气。氨蒸气被送往 SCR 反应器处以供使用。典型的 SCR 工艺流程如图 6-14 所示。

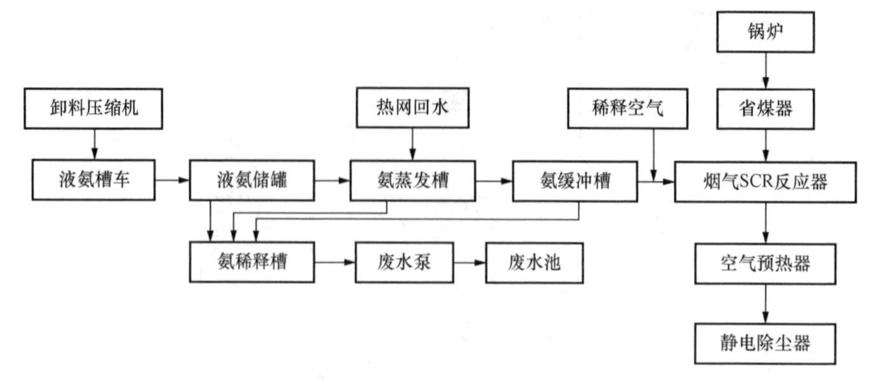

图 6-14　典型的 SCR 系统工艺流程

五、SCR 技术控制系统

1. 控制系统的组成

烟气脱硝装置的控制系统应包括 SCR 反应器区控制系统、蒸汽与声波吹灰控制系统、除灰控制系统和还原剂区控制系统，以及上述被控对象的数据采集 DAS、模拟量控制 MCS、顺序控制 SCS、联锁保护和报警。完整的脱硝控制设计还应包括工业电视监控系统、火灾报警及氨泄漏报警系统，以满足脱硝系统运行监控的要求。

目前，SCR 脱硝装置基本上都布置在高灰段，一般放置在锅炉尾部烟道上的省煤器与空气预热器之间，与其锅炉设备形成一体化格局，从控制角度来说，SCR 脱硝装置已成为机组运行的一个重要组成部分。还原剂存储及制备区的布置则相对比较独立，一般作为厂区公用系统。因此，在脱硝装置的控制系统设计上，要充分考虑这一特点，将两个区域的仪表与控制系统分别对待，并最大限度地优化系统设计。

（1）SCR 区控制系统。SCR 区控制是脱硝系统重要的控制部分，一般采用 DCS 控制。脱硝反应器区域的控制系统采用独立的 SCR 控制子系统，分别纳入各机组 DCS（根据实际需要也可以纳入脱硫 DCS 或公用 DCS），称为 SCR-DCS。

SCR-DCS 可以集中安装在机组电子间，也可以采用机组 DCS 远程站安装在就地脱硝电子间，还可以作为机组 DCS 的远程 I/O 站，安装在就地脱硝电子间内。机组 DCS 远程站的方式对就地脱硝电子间环境要求较高，一般不建议采用。集中安装方式更有利于维护管理；远程 I/O 站方式则在不影响系统安全性、稳定性和操作监视便利性的前提下，设备和安装成本更低。这两种方式在脱硝工程的设计中得到广泛认可。不管使用哪种方式，SCR-DCS 控制子系统的硬件设计必须考虑控制器及配套电源、机柜、机座、I/O 模件及冗余、通信接口及模件、连接电缆（光纤）等，软件设计必须考虑连接方式、通信协议、远程操作、控制逻辑组态、画面组态等。

采用远程 I/O 站方式的 SCR-DCS，就地脱硝电子间不设操作员站，运行人员直接通过单元机组 DCS 操作员站对脱硝系统的工艺参数进行监视和控制。

（2）吹灰控制系统。根据烟气脱硝工程工艺需要，SCR反应器每层催化剂配备声波吹灰器和半伸缩耙式蒸汽吹灰器，对催化剂进行吹扫。吹灰系统的控制部分可以纳入电厂原有吹灰上位机（PLC），也可纳入到脱硝系统的SCR-DCS控制系统中，并保留就地盘柜手动控制方式。

（3）除灰控制系统。根据工程条件，大多数脱硝反应器进口烟道底部需要设置灰斗。不论是进口烟道还是出口烟道，灰斗除灰主要有重力翻板方式、电动锁气器方式和仓泵气力输灰方式三种。重力翻板方式属于机械式除灰，直接将灰排到电除尘入口烟道；电动锁气器方式是根据灰斗料位，由SCR-DCS控制，将灰有序排放到电除尘入口烟道；仓泵气力输灰方式是通过压缩空气，将灰输送到灰库。除灰系统控制可纳入全厂PLC除灰控制系统，或纳入SCR-DCS控制。

（4）还原剂区控制系统。脱硝还原剂储存、制备与供应系统相对比较独立，且距机组有一段距离，设计上宜采用独立的DCS或PLC控制系统。控制器冗余配置，并至少设置一台操作员站（兼工程师站），用于系统管理、维护及就地操作等。还原剂区控制可独立设计，也可利用光纤通信到机组公用系统。

（5）工业电视监控系统。SCR内区域可根据要求，设置工业电视监控系统，电视监控系统纳入全厂监控系统中。脱硝还原剂制备与存储区属于危险源区域，必须设置工业电视监控系统。电视监控系统可纳入全厂监控系统中，或设置独立监视网络。

（6）火灾报警与氨泄漏报警系统。完整的控制系统还应包括火灾及氨泄漏报警和消防控制系统。

2. 喷氨量控制系统

（1）控制原理。喷氨量控制系统包括氨气喷射流量的控制和氨气事故截止阀的控制。系统根据锅炉烟气量、烟气温度、SCR反应器进出口NO_x浓度、SCR反应器出口氨逃逸量等运行参数，自动调节氨喷射量。控制原理见图6-15。

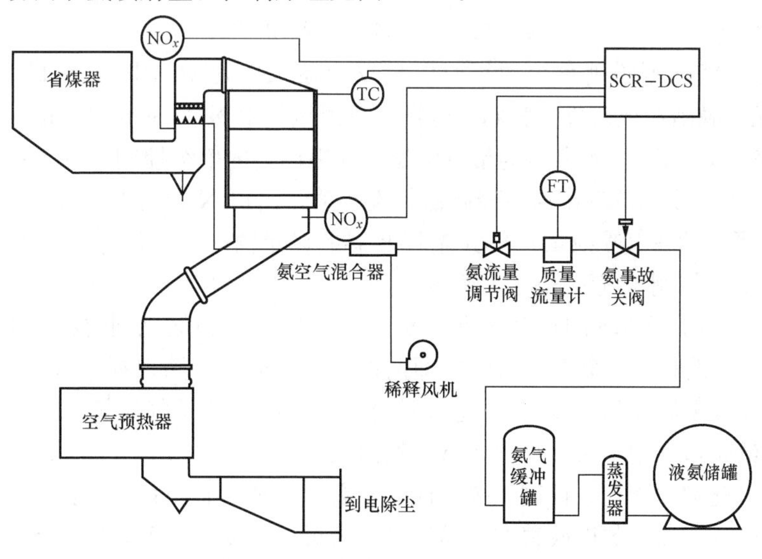

图6-15　氨气喷射流量控制原理图

设计氨流量的控制时，需要注意以下两个问题：

1）目前普遍使用抽取法进行 NO_x 测量，其信号存在较长的时间滞后问题。

2）需要考虑氨逃逸率的控制问题。

（2）烟气流量测量。喷氨量闭环控制离不开烟气流量，而烟气流量的直接测量目前还是烟气脱硝工程中的一道难题，实际工程中的烟气流量通常是通过以下途径计算得到的。

1）根据 DCS 提供的锅炉负荷计算烟气流量，是经常使用的方法之一。

2）根据 DCS 提供的燃料量计算烟气流量，也可根据热量需求信号或主蒸汽流量信号参与烟气量计算。

3）根据 DCS 提供的空气流量计算烟气量，但实际上空气量的测量误差也比较大。

4）利用西安热工研究院的机翼型喷氨隔栅测量烟气流量。

（3）氨气流量测量。喷氨量闭环控制对氨气流量测量有较高的要求，而且流量计算需要经过密度（压力和温度）修正，目前脱硝工程中逐渐采用质量流量计，DCS 中计算时则不需要考虑密度修正。

（4）NO_x 测量。在实际工程应用中，CEMS 测量的是烟气中的 NO 含量，而在实际计算及控制算法中，需要计算烟气中的 NO_x 含量，这就需要首先通过公式进行换算和修正。

烟气中 NO_x 的浓度（干基、标准状况、6%氧量）计算式为

$$[NO_x]=\frac{[NO]}{0.95}\times 2.05\times\frac{21-6}{21-[O_2]}$$

式中：$[NO_x]$ 为标准状况、6%氧量、干烟气下 NO_x 的浓度，mg/m^3；$[NO]$ 为实测干烟气中 NO 的体积含量，$\mu L/L$；$[O_2]$ 为实测干烟气中的氧含量，%；0.95 为经验数据（在 NO_x 中，NO 占 95%，NO_2 占 5%）；2.05 为 NO_2 由体积含量（$\mu L/L$）到质量含量（mg/m^3）的转换系数。

（5）脱硝效率计算。图 6-16 所示氨气喷射量自动控制系统逻辑图中使用脱硝效率计算式为

$$\eta=(C_1-C_2)/C_1\times 100\%$$

式中：C_1 为标准状况下脱硝系统运行时脱硝反应器入口处烟气中 NO_x 的含量，mg/m^3；C_2 为标准状况下脱硝系统运行时脱硝反应器出口处烟气中 NO_x 的含量，mg/m^3。

（6）控制策略。图 6-16 所示为带有喷氨量前馈回路的串级控制系统。在该系统中，出口 NO_x 设定浓度或脱硝效率作为主控制器的设定值，出口 NO_x 浓度的测量值作为被控量；经 PID 运算，得到的氨气喷射量再作为副控制器的设定值，与氨流量计的测量信号经过比较和 PID 运算，来控制氨气流量调节阀。

由于脱硝工程的 CEMS 测量存在明显滞后，且反应器和催化剂也都是时间滞后环节，所以在图 6-16 中设置有一个重要的回路即前馈回路。前馈回路根据烟气量和入口 NO_x 浓度，直接计算出需要脱除的 NO_x 量，进而计算出需要喷入的氨气流量，这一流量直接作用于副控制器的给定值，用于对负荷变化做出快速反应。

如果由于催化剂原因导致控制效果不能满足要求，或出口 NO_x 波动较大，除了根据实际工程特点改变控制器参数以改善控制品质外，还可以从以下两个方面进行改进：

1）缩短 NO_x 分析仪的采样管线以保证对烟气分析的快速响应。

2）采用能够更快速预测 NO_x 变化的信号，如燃料量或蒸汽量。

图 6-16 使用的是以脱硝效率为人工设定值的控制方式，在实际应用中，还会遇到需要

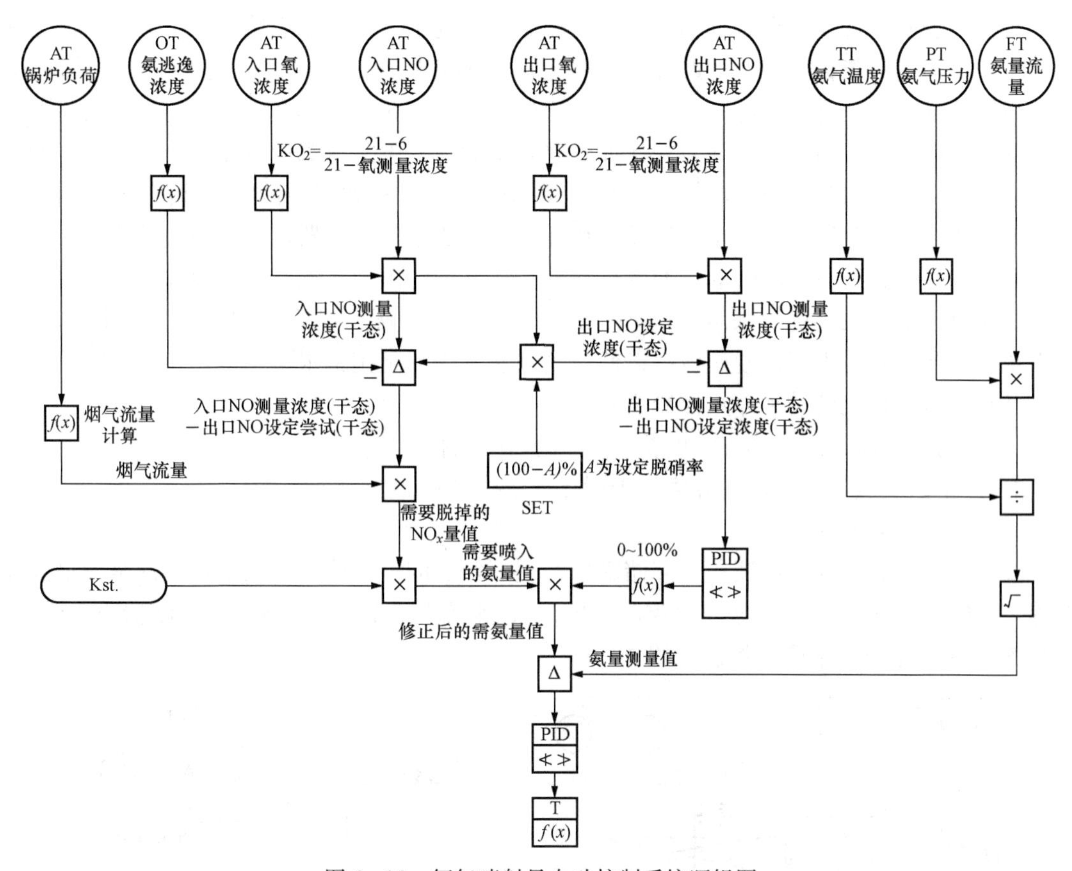

图 6-16　氨气喷射量自动控制系统逻辑图

以出口 NO_x 浓度为人工设定值的情况。这两种方式没有本质区别，只是运行习惯不同，在脱硝工程的 DCS 组态过程中，一般提供两种操作运行方式供用户选择。

还有一种控制方式称为固定摩尔比控制方式，如图 6-17 所示，该方式实际上是利用 NH_3/NO_x 摩尔比来提供所需要的氨气流量。具体来说，就是 SCR 反应器出口的 NO_x 浓度乘以烟气流量得到 NO_x 信号，该信号乘以所需 NH_3/NO_x 摩尔比就是基本氨气流量信号。氨气流量信号作为给定值送入 PID 控制器与实测氨气流量信号比较，由 PID 控制器经运算后发出调节信号控制阀门开度以调节氨气流量。这一控制方式思路简洁，其特点是控制的出口 NO_x 值波动较小，但是氨气消耗相对较大。单纯的固定摩尔比控制方式在实际工程中应用较少。

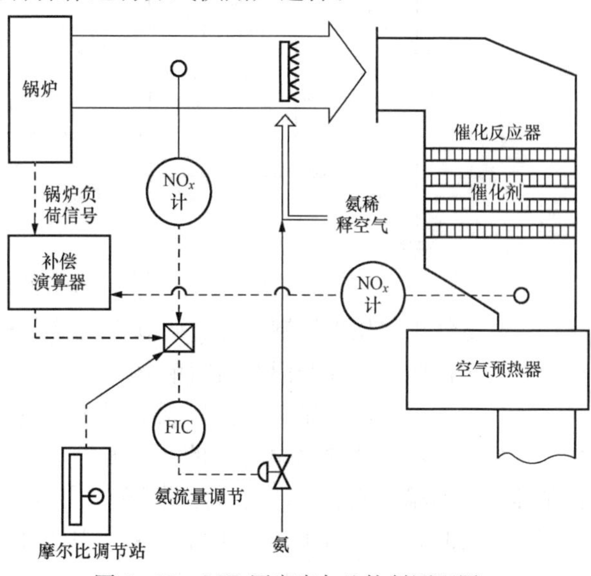

图 6-17　SCR 固定摩尔比控制原理图

（7）关于氨逃逸。在催化剂活性期内，脱硝系统的工艺与控制系统设计可以同时满足脱硝效率和氨逃逸等指标要求，因此控制策略无需考虑氨逃逸的影响。但是催化剂性能减退、脱硝系统喷氨分布不合理、氨气喷嘴流量与烟气中需还原的 NO_x 浓度不匹配、吹灰不及时及控制未经优化等原因，可能导致在保证脱硝效率的前提下，氨逃逸量超标。氨逃逸量超标不但运行不经济，而且会对下游设备产生不良影响。氨气和烟气中的 SO_3 结合生成硫酸铵盐，该化合物容易黏结在空气预热器的换热面上，造成空气预热器堵塞和换热性能下降。因此在调试过程中，要注意氨气的逃逸率。在异常情况下，出现氨气逃逸率较高的问题时，首先需要从催化剂和系统优化来解决问题。如果客观上暂时无法处理这些问题，SCR-DCS 控制系统将在允许范围内降低脱硝效率以使氨气逃逸率恢复至正常水平。

（8）氨喷射系统启动和停止控制逻辑。

1）启动。反应器入口烟气温度符合 SCR 操作条件。

2）停止。反应器入口烟气温度低于漏点或锅炉停运。

3. 液氨蒸发控制系统

液氨蒸发控制系统包括液氨从存储罐传送到蒸发器的过程控制，以及蒸发器蒸发量及温度等参数的控制两部分。液氨蒸发控制系统的控制原理图见图 6-18，其控制器由 DCS 或 PLC 来实现，主要包括两个控制回路。

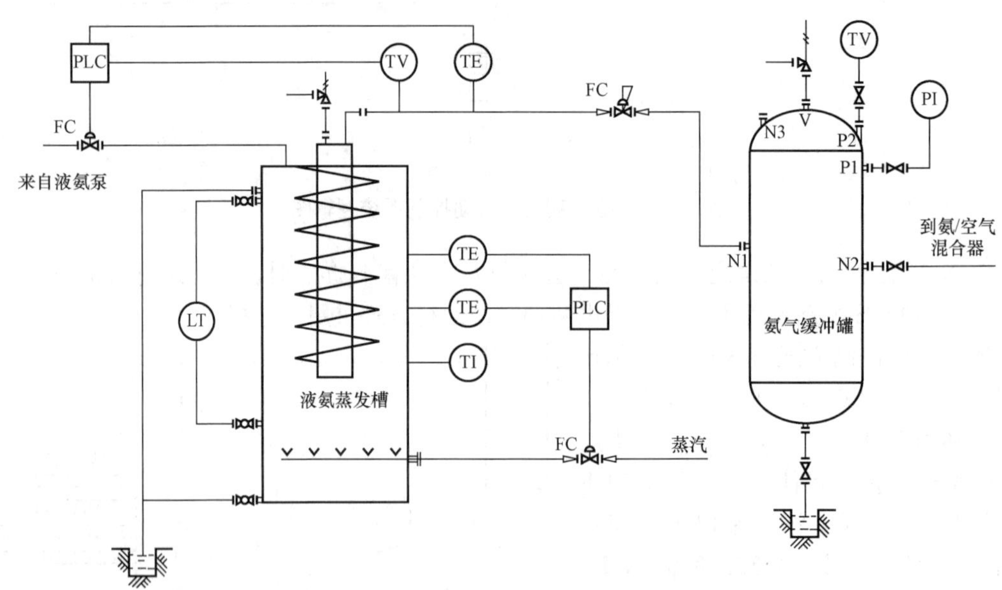

图 6-18 液氨蒸发控制系统的控制原理图

（1）氨气出口压力控制。通过调节蒸发器液氨入口气动调节阀开度，保证氨气出口压力稳定在一定范围。该控制回路为简单 PID 控制。

（2）蒸发器温度控制。该控制系统通过控制蒸发器进口蒸汽阀门开度，以控制蒸汽流量，达到控制蒸发器内水温的目的。温度控制采用简单 PID 控制方式，将设定值送入 PID 控制器与实测温度比较后，输出控制信号，控制蒸汽流量，使蒸发器内水温保持恒定。当氨气用量增大时，蒸发器水温会下降，这时需要开大蒸汽入口阀门开度以继续恒定水温。因此，蒸汽入口阀门控制也是氨气流量控制的间接手段。

在蒸发器自动关闭或蒸发器发生异常情况时（如蒸发器液位高、蒸发器热媒水温高或蒸发器出口氨气温度低)，蒸发器入口阀门需要由 PLC 控制有序关闭。

4. 尿素热解系统

尿素制氨工艺有尿素热解工艺和尿素水解工艺，热解工艺为目前尿素作为还原剂的主流工艺。不管是热解工艺还是水解工艺，尿素溶液制备阶段的工艺都是基本相同的。尿素溶液制备系统流程见图 6-19，尿素热解仪表控制系统原理见图 6-20。尿素溶液制备及热解过程控制原理及主要控制回路有以下几个方面。

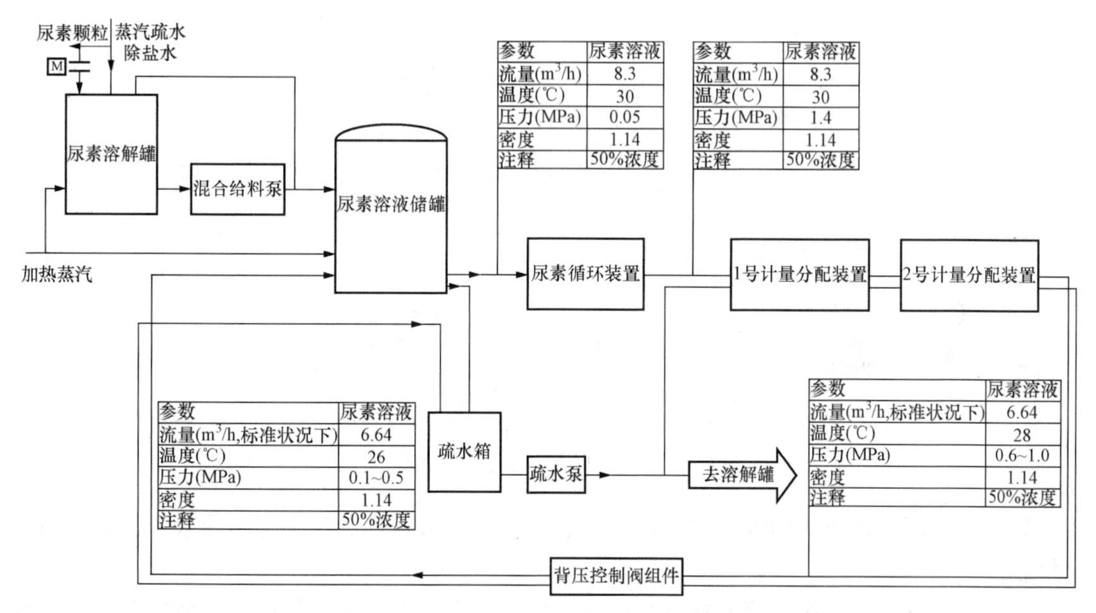

图 6-19　尿素溶液制备系统流程图

(1) 尿素溶解罐温度测量及控制。尿素溶液制备系统中的第一个环节是尿素溶解罐。尿素溶解罐的作用是用除盐水或冷凝水制成约 50%的尿素溶液，当尿素溶液温度过低时，蒸汽加热系统启动使溶液的温度保持在合理的温度范围，防止特定温度下的尿素结晶。溶解罐除设有水流量和温度控制系统之外，还采用输送泵将化学药剂从储罐底部向侧部进行循环，使化学药剂与尿素更好地混合。

(2) 尿素溶液供料系统控制。尿素溶液供料系统实际上是一套高流量循环装置，该装置一般为两台机组共用系统，布置在尿素溶液储罐附近。循环系统每个环节的压力、温度、流量以及浓度等信号送到 DCS 或 PLC 系统进行监视和控制。背压控制回路通过控制背压控制阀组件保证供应尿素所需的稳定流量和压力。

(3) 计量分配装置。每台热解室配备一套计量分配装置，该计量分配装置需要精确测量并独立控制输送到每个喷射器的尿素溶液。计量分配装置布置在 SCR 区热解室附近，用于控制通向分配装置的尿素流量的供给。该装置有一套本地控制器，并响应 SCR—DCS 提供的还原剂需求信号。分配模块通过独立化学剂流量控制和区域压力控制阀门来控制通往多个喷射器的尿素和雾化空气的喷射速率。空气和尿素量通过该装置进行控制，以得到适当的气/液比并最终得到最佳的 SCR 催化剂需求量。

计量分配仪表有仪用及雾化空气压力开关。每个装置都具有流量和压力控制、本地流量和压力显示、电动阀门和化学药剂流量控制等。电动阀用于清洗模块，使清洗水进入分配装

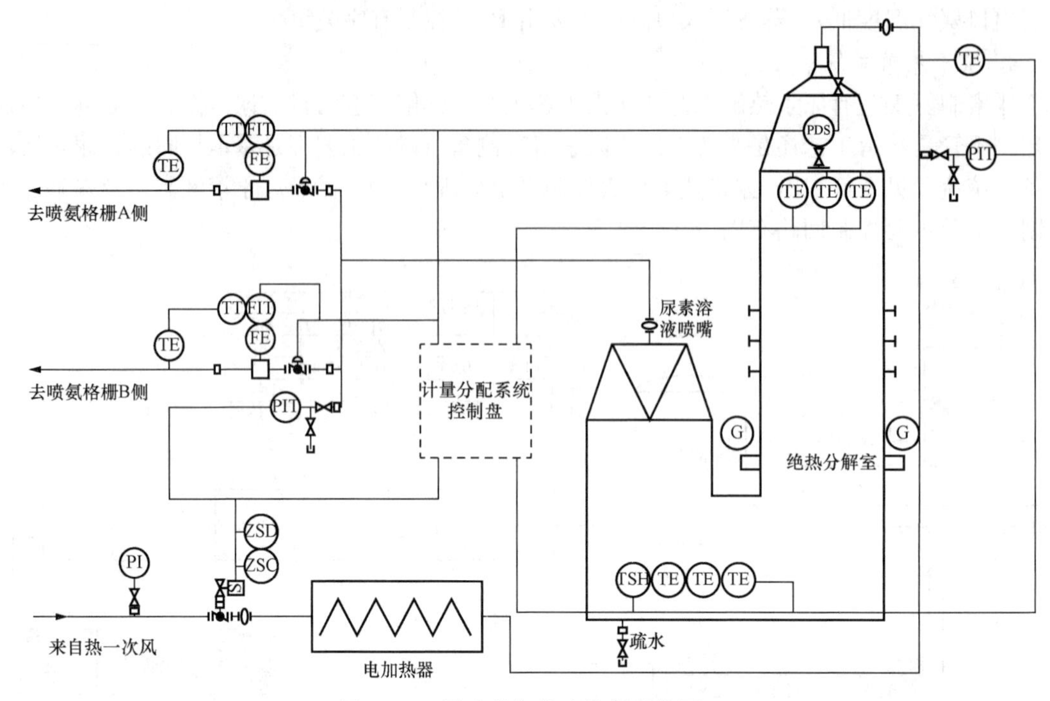

图 6-20　尿素热解仪表控制系统原理

置。分配装置还包括尿素和雾化空气控制阀、雾化空气流量计、压力显示仪表和尿素流量显示仪表。

（4）热解室控制。尿素溶液在绝热分解室的高温下分解，主要设备是热解室和尿素喷射器等。热解室布置在 SCR 反应区。经过计量和分配装置的尿素溶液由喷射器喷入绝热分解室，经过加热器加热的高温热风作为分解室的热源，室内温度控制在 350～650℃。

分解室控制由计量分配系统控制盘完成，主要包括加热器控制系统、分解室压力温度控制，以及氨/空气混合物的流量、压力、温度控制和过程参数监视。

（5）加热气温度控制。尿素热解反应的稀释风一般来自经加热器二次加热后的锅炉一次风或二次风，二次风由稀释风机加压送至电加热器进行再加热，将温度提升到热解室的设计要求范围，以维持合适的尿素分解反应温度。

5. 尿素水解系统

尿素水解原理是将 40%～55%浓度的尿素溶液在一定压力（根据工艺不同压力范围为 0.55～2.5MPa）和温度（115～250℃）条件下进行水解反应，释放出氨气，该反应是尿素生产的逆反应。反应速率是温度和浓度的函数。反应所需热量可由电厂辅助蒸汽提供，根据加热方式可分为直接通入蒸汽加热及盘管换热蒸汽加热两种。

尿素水解的过程控制原理如图 6-21 所示。主要控制回路有尿素溶液液位控制和反应器温度控制。

（1）尿素溶液液位控制为单回路控制系统，反应器设置尿素溶液液位测量装置。将反应器的设定液位与实际测量液位进行比较和 PID 运算，通过入口尿素溶液控制阀来调节反应器尿素溶液液位，保持反应器安全稳定运行。

（2）反应器温度控制是控制反应速度和氨气流量的重要途径，其控制手段主要是入口蒸

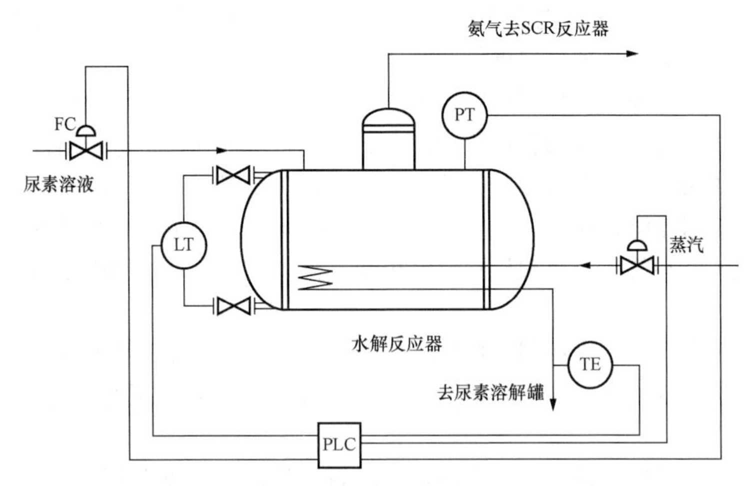

图 6-21　尿素水解的过程控制原理

汽流量调节阀门，开大蒸汽流量阀门开度以提高反应温度和反应速度，增大氨气流量，反之则减小氨气流量。

水解反应器具有独立的 PLC 控制系统，除对液位、温度、压力及流量进行常规控制外，还具有顺序控制及联锁保护功能。该控制器还接受 SCR—DCS 的指令信号，根据 SCR 对氨气量的要求及时控制水解反应器的反应速度，保证氨气供应量。

6. 稀释风机及稀释风量控制

氨气经过空气稀释后，再经过氨气喷嘴进入烟道，与烟气均匀混合。按照工艺要求，喷入反应器烟道的氨气为经空气稀释后的含小于 5%氨气的混合气体。氨气浓度过高，会导致氨气与烟气混合不均匀，且有一定的危险性；氨气浓度过低，会导致大量冷空气进入烟道，影响经济性。因此稀释风机的监控和风量测量显得尤为重要。稀释风量目前普遍使用孔板流量计、文丘里流量计、多点阵列式流量计及巴类流量计测量。

稀释风机一般采用一运一备或两运一备模式，稀释风机配备风压联锁和电动机跳闸联锁。为保证氨不外泄，稀释风机出口阀设故障联锁关闭，并发出故障信号。

7. 顺序控制

脱硝系统的顺序控制分为直接驱动级控制、子组级控制和功能组级控制。从设备分类讲，脱硝系统的顺序控制主要包括以下几方面。

（1）蒸汽吹灰控制。分定时吹灰、手动吹灰和条件吹灰，条件吹灰就是催化剂层间压差大时自动启动蒸汽吹扫逻辑。蒸汽吹灰一般采用半伸缩耙式吹灰器，逻辑设计时主要考虑的设备状态有汽源入口母管电动门开关状态、汽源出口电动门开关状态、出口蒸汽温度、吹灰器退到位、吹灰器过载、吹灰器前进、吹灰器后退、吹灰器启动指令、吹灰器退回指令。所有这些状态和指令必须根据工艺要求有序配合。

（2）声波吹灰控制。一般每侧反应器同时启动一台声波吹灰器，两侧反应器也可同时进行。在 SCR 反应器正常运行时，采用循环模式，依次对每层催化剂进行定时吹扫。声波吹灰器的控制系统设计必须考虑设备或电源故障时，能够在 SCR—DCS 中报警显示。

（3）除灰控制。气力输灰过程一般分为进料、充气、输送、吹扫四个阶段。每个阶段根据锅炉启停状态、仓泵进料阀状态、出料阀状态、气源压力、输灰母管压力、料位等过程状态和参数，按照 SCR—DCS 预先设定的控制时序，启动输灰控制程序。电动锁气器除灰控制是根据灰斗料位或时间，顺序启停每个灰斗下的锁气器电动机。

(4) 稀释风机启停控制。根据稀释风机故障状态、稀释风机出口阀门状态、稀释风机超驰状态、稀释风机运行状态及稀释风流量信号和逻辑，对稀释风机进行启停操作。

(5) 液氨储罐及氨区卸氨操作。相关的逻辑有液氨储罐内的高/低液位报警、储罐的压力和温度、液氨卸料压缩机状态、液氨储罐入口关断阀、液氨蒸发器加热蒸汽调节阀、液氨蒸发器加热蒸汽关断阀等。当出现异常时停止卸氨操作，或自动控制降温喷淋水，保证液氨储存的安全稳定。

(6) 液氨蒸发器启停顺序控制。根据工艺要求、设备条件和运行要求，满足蒸发器热媒液位高于下限，热媒温度低于上限，氨系统超驰关信号为“非”，顺序启停液氨蒸发器。

8. 联锁保护

(1) 氨系统超驰关启动逻辑。某个液氨储罐氨气检测氨浓度“高二值”，某个蒸发器区域的氨浓度检测“高二值”，或氨卸载超驰关信号被激活。

(2) 氨卸载超驰关启动逻辑。任一卸载区的氨浓度检测“高二值”。

(3) SCR 反应器跳闸逻辑。在锅炉 MFT 跳闸、引风机跳闸、手动跳闸、SCR 反应器出口温度异常、稀释风量低、氨/空气比大于 8%、两台稀释风机跳闸时，对应 SCR 反应器跳闸。跳闸时关断 SCR 反应器入口喷氨关断阀门和喷氨量调节阀门，氨系统超驰关。

(4) 氨事故关断阀逻辑。氨系统超驰关、SCR 允许启动信号没有被激活、氨流量控制单元入口压力低、稀释风机母管流量低于下限且持续时间超过 5s、两台稀释风机停止或 NH_3 流量控制阀前氨流量与稀释风机流量之比大于或等于 10%且持续时间超过 5s 时。

(5) 液氨蒸发器跳闸。液氨蒸发器出口压力高、氨系统超驰关、热媒液位低或热媒液位高二值。

(6) 卸氨系统跳闸保护。液氨储罐液位、压力、温度异常，氨卸载超驰关。

(7) 氨区喷淋系统保护。当液氨储罐温度高、液氨储罐压力高、区域氨气泄漏等发生时，报警并启动氨区喷淋系统。

其他联锁保护逻辑还有氨稀释槽喷淋水系统、液氨存储区喷淋系统、稀释风机出口电动阀、污水泵等。

附　　录

附录一　拉普拉斯（Laplace）变换

在线性控制理论中，元件或系统的动态特性都是用常系数线性微分方程式来描述的。为研究自动控制系统的工作性能，最直接的方法是在输入信号为已知的典型时间函数的情况下，求解出输出信号的时间响应函数。但对于用高阶常系数线性微分方程式描述的系统，用直接求解方法是较复杂和困难的。应用拉普拉斯变换，将使运算和求解过程得到简化。拉普拉斯变换可将实数域中的微分、积分运算变换为复数域内简单的代数运算，而且在变换过程中，较易将初始条件的影响考虑进去。另外，应用拉普拉斯变换法分析控制系统时，可以同时得出响应过程的瞬态分量和稳态分量，这给分析系统带来很大方便。

1. 拉普拉斯变换的定义

设函数 $f(t)$，t 是实变数——时间。设 $t\geqslant 0$ 时下列积分有意义，即

$$\int_0^\infty f(t)\mathrm{e}^{-st}\mathrm{d}t<\infty$$

$$s=\alpha+\mathrm{j}\omega(\text{复数})$$

则称 $f(t)$ 为可变换的函数，积分式定义为 $f(t)$ 的拉氏变换式，用符号 $F(s)$ 表示，即

$$F(s)=L[f(t)]=\int_0^\infty f(t)\mathrm{e}^{-st}\mathrm{d}t \tag{附 1 - 1}$$

这样就用拉普拉斯变换将 $f(t)$ 变换成以复变数 s 为自变量的函数 $F(s)$。式中 $f(t)$ 称为原函数，$F(s)$ 称为 $f(t)$ 的象函数（或拉普拉斯变换式）。复变数 $s=\alpha+\mathrm{j}\omega$，其中 α 和 ω 都是实数。L 为拉普拉斯变换符号，$L[f(t)]$ 表示对 $f(t)$ 进行拉氏变换。

若 $F(s)$ 是 $f(t)$ 的拉氏变换，则称 $f(t)$ 是 $F(s)$ 的拉氏逆变换，记为

$$f(t)=L^{-1}[F(s)] \tag{附 1 - 2}$$

【例 1】　求阶跃函数 $x(t)$ 的拉氏变换。

$$x(t)=\begin{cases}x_0 & t\geqslant 0\\ 0 & t<0\end{cases}$$

解　阶跃函数 $x(t)$ 的拉氏变换为

$$X(s)=L[x(t)]=\int_0^\infty x_0\mathrm{e}^{-st}\mathrm{d}t=x_0\int_0^\infty \mathrm{e}^{-st}\mathrm{d}t=-\frac{x_0}{s}\mathrm{e}^{-st}\Big|_0^\infty=-\frac{x_0}{s}(0-1)=\frac{x_0}{s}$$

当 $x_0=1$ 时有

$$X(s)=1/s$$

即单位阶跃函数的拉氏变换式为 $1/s$。

【例 2】　求斜坡函数 $x(t)$ 的拉氏变换。

$$x(t)=\begin{cases}vt & t\geqslant 0\\ 0 & t<0\end{cases}$$

解　斜坡函数 $x(t)$ 的拉氏变换为

$$X(s)=L[x(t)]=\int_0^{\infty}\nu t\mathrm{e}^{-st}\mathrm{d}t=\nu\int_0^{\infty}t\mathrm{e}^{-st}\mathrm{d}t=\nu\left[-\frac{t}{s}\mathrm{e}^{-st}-\frac{1}{s^2}\mathrm{e}^{-st}\right]_0^{\infty}=\frac{\nu}{s^2}$$

当 $\nu=1$ 时有

$$X(s)=1/s^2$$

即单位斜坡函数的拉氏变换式为 $1/s^2$。

【例 3】 求指数函数 $f(t)=\mathrm{e}^{-at}$ 的拉氏变换。

解 指数函数 $f(t)$ 的拉氏变换为

$$F(s)=L[f(t)]=\int_0^{\infty}\mathrm{e}^{-at}\mathrm{e}^{-st}\mathrm{d}t=\int_0^{\infty}\mathrm{e}^{-(a+s)t}\mathrm{d}t=\frac{1}{s+a}$$

对一些复杂的原函数，积分运算较复杂，因此工程上已将这些常用函数的拉氏变换求出，并编好专门的拉氏变换表供计算时使用。

2. 拉普拉斯变换的性质和定理

拉氏变换包括八个基本性质和定理，详见附表 1。现仅介绍分析线性自动控制系统时，经常使用的几个性质，且均不予以证明。

（1）线性性质。拉普拉斯变换也像一般线性函数那样具有均匀（齐次）性和叠加性，总称为线性性质。

若 a、b 为任意两个常数，且有

$$L[f_1(t)]=F_1(s),\ L[f_2(t)]=F_2(s)$$

则有

$$L[af_1(t)\pm bf_2(t)]=aF_1(s)\pm bF_2(s) \tag{附 1 - 3}$$

（2）微分定理。原函数的导数的拉普拉斯变换为

$$L\left[\frac{\mathrm{d}f(t)}{\mathrm{d}t}\right]=sF(s)-f(0)$$

$$L\left[\frac{\mathrm{d}^2f(t)}{\mathrm{d}t^2}\right]=s^2F(s)-sf(0)-f^1(0)$$

$$L\left[\frac{\mathrm{d}^3f(t)}{\mathrm{d}t^3}\right]=s^3F(s)-s^2f(0)-sf^1(0)-f^2(0)$$

$$\cdots$$

$$L\left[\frac{\mathrm{d}^nf(t)}{\mathrm{d}t^n}\right]=s^nF(s)-s^{n-1}f(0)-s^{n-2}f^1(0)-\cdots-f^{n-1}(0)$$

式中：$f(0)$，$f^1(0)$，$f^2(0)$，…，$f^{n-1}(0)$ 为 $t=0$ 时函数 $f(t)$ 及其各阶导数 $\frac{\mathrm{d}f(t)}{\mathrm{d}t}$，$\frac{\mathrm{d}^2f(t)}{\mathrm{d}t^2}$，…，$\frac{\mathrm{d}^{n-1}f(t)}{\mathrm{d}t^{n-1}}$ 的初始值。如果所有的初始值都等于零，则各阶导数的拉普拉斯变换为

$$L\left[\frac{\mathrm{d}f(t)}{\mathrm{d}t}\right]=sF(s);\ L\left[\frac{\mathrm{d}^2f(t)}{\mathrm{d}t^2}\right]=s^2F(s);\ L\left[\frac{\mathrm{d}^3f(t)}{\mathrm{d}t^3}\right]=s^3F(s);$$

$$\cdots;\ L\left[\frac{\mathrm{d}^nf(t)}{\mathrm{d}t^n}\right]=s^nF(s) \tag{附 1 - 4}$$

在这种情况下，对原函数 $f(t)$ 进行 $n(n=1,2,\cdots)$ 次微分运算，其对应的象函数为 $F(s)$ 乘以 s^n。

（3）积分定理。原函数 $f(t)$ 的积分的拉普拉斯变换为

$$L\left[\int_0^t f(t)\,\mathrm{d}t\right]=\frac{F(s)}{s}+\frac{\int_0^t f(t)\,\mathrm{d}t\,|_{t=0}}{s}$$

式中：$\int_0^t f(t)\mathrm{d}t\,|_{t=0}$ 是 $f(t)$ 的积分在 $t=0$ 时的初始值。

当初始值为零时，有

$$L\left[\int_0^t f(t)\,\mathrm{d}t\right]=\frac{F(s)}{s}$$

同样，可写出初始值为零时 $f(t)$ 的 n 重积分的拉普拉斯变换式为

$$L\left[\int_0^t\cdots\int_0^t f(t)\,\mathrm{d}t^n\right]=\frac{F(s)}{s^n} \quad \text{（附 1 - 5）}$$

即对函数 $f(t)$ 进行 n 次积分运算，其对应的象函数为 $F(s)$ 除以 s^n。

（4）初值定理。原函数 $f(t)$ 的初始值可以从它的象函数 $F(s)$ 中求得，这个关系为

$$\lim_{t\to 0}f(t)=\lim_{s\to\infty}sF(s) \quad \text{（附 1 - 6）}$$

按上式求 $f(t)$ 的初始值比较方便，不需进行拉普拉斯反变换。

（5）终值定理。原函数 $f(t)$ 的终值也可以从它的象函数 $F(s)$ 中求得，这个关系为

$$\lim_{t\to\infty}f(t)=\lim_{s\to 0}sF(s) \quad \text{（附 1 - 7）}$$

该定理常用来求系统输出的稳态值。

附表 1　　拉氏变换的定义和基本定理

运算	$f(t)$，$t\geqslant 0$	$F(s)=\mathscr{L}[f(t)]$
定义	$f(t)$	$\int_0^\infty f(t)\mathrm{e}^{-st}\,\mathrm{d}t$
线性	$af_1(t)\pm bf_2(t)$	$aF_1(s)\pm bF_2(s)$
延迟	$f(t-T)1(t-T)$	$\mathrm{e}^{-sT}F(s)$
导数	$\frac{\mathrm{d}}{\mathrm{d}t}f(t)$	$sF(s)$
积分	$\int_0^t f(t)dt$	$\frac{1}{s}F(s)$
位移	$\mathrm{e}^{\pm at}f(t)$	$F(s\mp a)$
初值	$\lim_{t\to 0}f(t)$	$\lim_{s\to\infty}sF(s)$
终值	$\lim_{t\to+\infty}f(t)$	$\lim_{s\to 0}sF(s)$
卷积	$f_1(t)*f_2(t)$	$F_1(s)\cdot F_2(s)$

附表 2　　**常用函数的拉氏变换表**

原函数 $f(t)$，$t\geqslant 0$	像函数 $F(s)$	原函数 $f(t)$，$t\geqslant 0$	像函数 $F(s)$
$\delta(t)$	1	$\frac{1}{b-a}(e^{-at}-e^{-bt})$	$\frac{1}{(s+a)(s+b)}$
$1(t)$	$\frac{1}{s}$	$1-e^{-t/T}$	$\frac{1}{s(Ts+1)}$
e^{-at}	$\frac{1}{s+a}$	$e^{-at}\sin\omega t$	$\frac{\omega}{(s+a)^2+\omega^2}$
t	$\frac{1}{s^2}$	$e^{-at}\cos\omega t$	$\frac{s+a}{(s+a)^2+\omega^2}$
t^n	$\frac{n!}{s^{n+1}}$	$\frac{\omega_n}{\sqrt{1-\zeta^2}}e^{-\zeta\omega_n t}\sin\omega_n\sqrt{1-\zeta^2}t$	$\frac{\omega_n^2}{s^2+2\zeta\omega_n s+\omega_n^2}$ $(0\leqslant\zeta<1)$
$\sin\omega t$	$\frac{\omega}{s^2+\omega^2}$	$\frac{-1}{\sqrt{1-\zeta^2}}e^{-\zeta\omega_n t}\sin(\omega_n\sqrt{1-\zeta^2}t-\theta)$	$\frac{\omega_n^2}{s^2+2\zeta\omega_n s+\omega_n^2}$ $(0\leqslant\zeta<1)$
$\cos\omega t$	$\frac{s}{s^2+\omega^2}$	$\left(\theta=\arctan\frac{\sqrt{1-\zeta^2}}{\zeta}\right)$	

附录二　SAMA 图标准功能图例

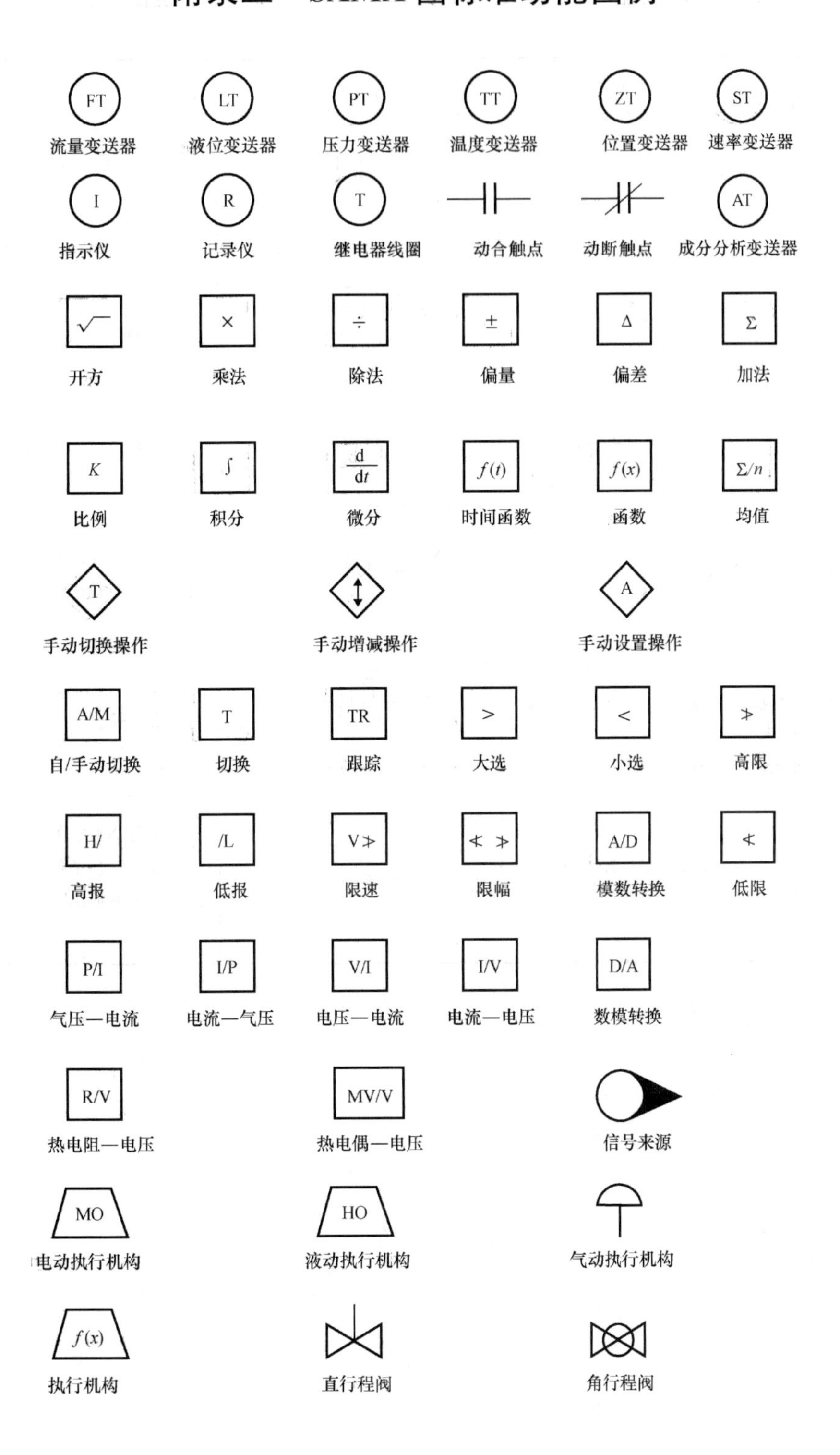

附录三　保护、联锁、程序控制的逻辑框图符号

分类	序号	名　　称	图形符号	说　　明
保护、联锁、程序控制逻辑框图	1	“与”逻辑（A=X1·X2·X3）	X1, X2, X3 → [&] → A	当条件X1、X2、X3都存在时，A有输出
	2	“或”逻辑（A=X1+X2+X3）	X1, X2, X3 → [≥1] → A	当条件X1、X2、X3之一存在时，A有输出
	3	“非”逻辑（$A=\overline{X}$）	X → [1]o → A	当条件X不存在时A才有输出
	4	“与非”逻辑（$A=\overline{X1\cdot X2\cdot X3}$）	X1, X2, X3 → [&]o → A	当条件X1、X2、X3都不存在时，A才有输出
	5	“或非”逻辑（$A=\overline{X1+X2+X3}$）	X1, X2, X3 → [≥1]o → A	当条件X1、X2、X3之一不存在时，A有输出
	6	“禁”逻辑（$A=X1\cdot\overline{X}2$）	X1, oX2 → [ ] → A	当条件X1存在，X2不存在时，A有输出；当条件X1、X2同时存在时，A的输出被禁止

附录四　FSSS的相关符号、电路和器件图

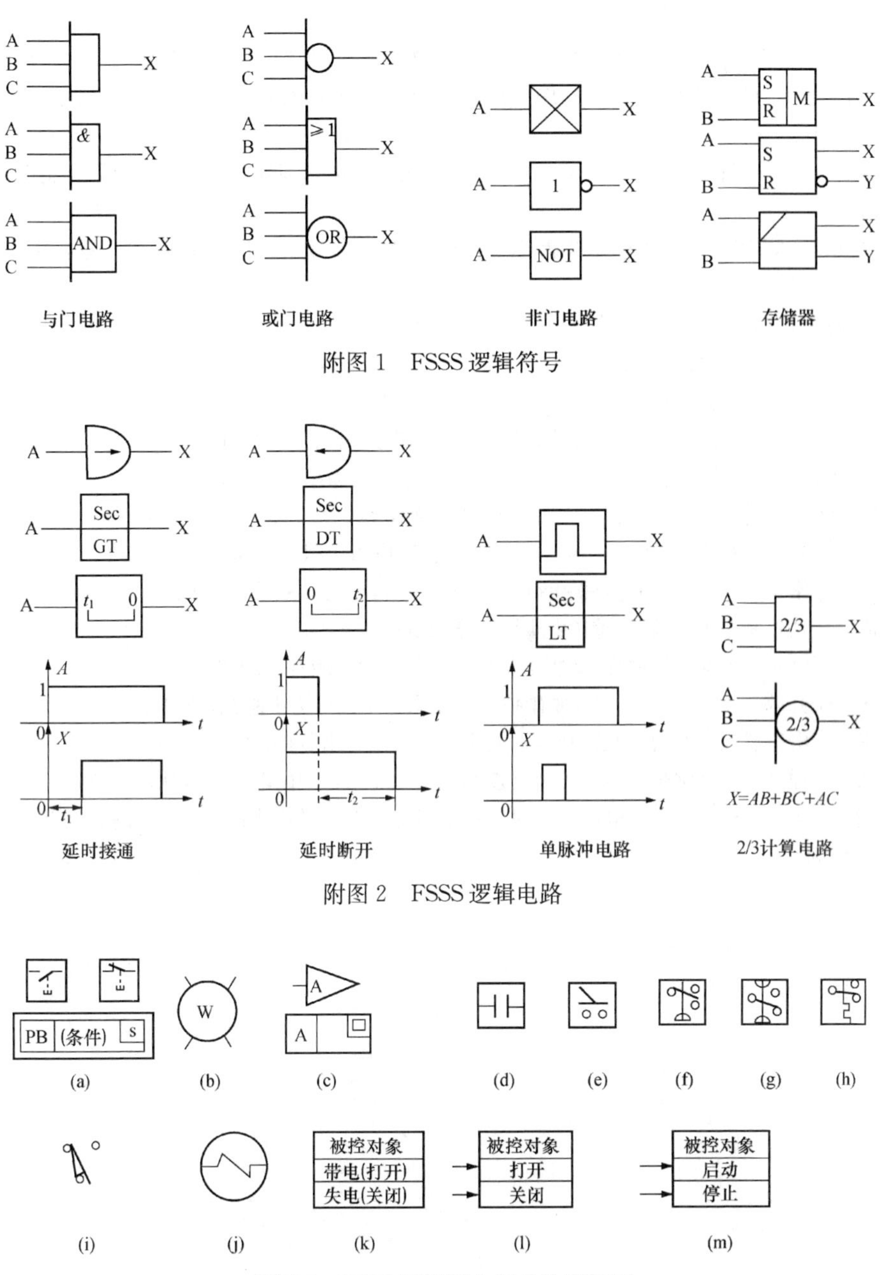

附图1　FSSS逻辑符号

附图2　FSSS逻辑电路

附图3　FSSS逻辑图中相关的器件图

（a）按钮开关；（b）指示灯；（c）报警器；（d）电气触点；（e）选择开关；（f）压力开关；（g）差压开关；（h）温度开关；（i）限位开关；（j）电磁线圈；（k）电磁阀；（l）阀门；（m）电动机启动器

参 考 文 献

[1] 中国动力工程学会．火力发电设备技术手册（第三卷）：自动控制．北京：机械工业出版社，2001.
[2] 广东电网公司电力科学研究院．1000MW 超超临界火电机组技术丛书：热工自动化．北京：中国电力出版社，2010.
[3] 华东六省一市电机工程（电力）学会．600MW 火力发电机组培训教材：热工自动化．北京：中国电力出版社，2000.
[4] 望亭发电厂．300MW 火力发电机组运行与检修技术培训教材：仪控分册．北京：中国电力出版社，2002.
[5] 高伟．计算机控制系统．北京：中国电力出版社，2000.
[6] 文群英．热力过程自动化．2 版．北京：中国电力出版社，2007.
[7] 赵祥生，林文孚．热力过程自动化．北京：中国电力出版社，1996.
[8] 林文孚，胡燕．单元机组自动控制技术．北京：中国电力出版社，2004.
[9] 王志祥，黄伟．热工保护与顺序控制．2 版．北京：中国电力出版社，2008.
[10] 何育生．机组自动控制系统．北京：中国电力出版社，2005.
[11] 李江等．火电厂开关量控制技术及应用．北京：中国电力出版社，2000.
[12] 谷俊杰，丁常富．汽轮机控制监视和保护．北京：中国电力出版社，2002.
[13] 张希周．自动控制原理．2 版．重庆：重庆大学出版社，2003.
[14] 于希宁，刘红军．自动控制原理．2 版．北京：中国电力出版社，2006.
[15] 西安热工研究院．火电厂 SCR 烟气脱硝技术．北京：中国电力出版社，2013.
[16] 周菊华．火电厂燃煤机组脱硫脱硝技术．北京：中国电力出版社，2010.
[17] 周根来，孟祥新．电站锅炉脱硫装置及其控制技术．北京：中国电力出版社，2009.
[18] 阎维平，刘忠，王春波，等．电站燃煤锅炉石灰石湿法烟气脱硫装置运行与控制．北京：中国电力出版社，2005.